实验动物科学丛书 **4**

丛书总主编 / 秦川

Ⅰ 实验动物管理系列

中国实验动物学会
团体标准汇编及实施指南

（第二卷）

（上册）

秦 川 主编

科学出版社

北 京

内 容 简 介

本书收录了由全国实验动物标准化技术委员会（SAC/TC281）和中国实验动物学会实验动物标准化专业委员会联合组织编制的第二批中国实验动物学会团体标准及实施指南。全书包括上、下两册，每册分为三个部分：实验动物管理系列标准、实验动物质量控制系列标准、实验动物检测方法系列标准。管理系列标准包括教学用动物、感染性疾病动物模型评价、安乐死、SPF 猪饲养管理、SPF 鸡和 SPF 鸭饲养管理 5 项。质量控制系列标准包括实验动物爪螨、SPF 猪、实验用猪、SPF 鸭等 5 项。检测方法系列标准包括汉坦病毒、肺支原体、大鼠泰勒病毒、大鼠细小病毒 RMV 株和 RPV 株、鼠放线杆菌、鼠痘病毒、小鼠腺病毒、多瘤病毒、猴免疫缺陷病毒、猴逆转 D 型病毒、仙台病毒、呼肠孤病毒 III 型、豚鼠微卫星 DNA 等检测方法 13 项，总计 23 项标准及相关实施指南。

本书适用于实验动物学、医学、生物学、兽医学研究机构和高等院校从事实验动物生产、使用、管理和检测等相关研究、技术和管理的人员使用，也可供对实验动物标准化工作感兴趣的相关人员使用。

图书在版编目（CIP）数据

中国实验动物学会团体标准汇编及实施指南. 第二卷 / 秦川主编.
—北京：科学出版社，2018.6
（实验动物科学丛书）
ISBN 978-7-03-057592-0

Ⅰ. ①中⋯ Ⅱ. ①秦⋯ Ⅲ. ①实验动物学 - 标准 - 中国 Ⅳ. ① Q95-65

中国版本图书馆 CIP 数据核字（2018）第 109857 号

责任编辑：罗 静 刘 晶 / 责任校对：郑金红
责任印制：张 伟 / 封面设计：北京图阅盛世文化传媒有限公司

斜 学 出 版 社 出版

北京东黄城根北街 16 号
邮政编码：100717
http://www.sciencep.com

北京东华虎彩印刷有限公司 印刷
科学出版社发行 各地新华书店经销

*

2018 年 6 月第 一 版 开本：787×1092 1/16
2018 年 6 月第一次印刷 印张：35 3/4
字数：840 000
定价：268.00 元（上下册）
（如有印装质量问题，我社负责调换）

前　言

实验动物科学是一门新兴交叉学科，集成生物学、兽医学、生物工程、医学、药学、生物医学工程等学科的理论和方法，以实验动物和动物实验为研究对象，为生命科学、医学、药学等相关学科发展提供系统的生物学材料和技术。实验动物科学是推动现代科技革命发展和创新的源动力，在生命科学、医学、药学、军事、环境、食品和生物安全领域有着基础支撑和重大战略地位。

自 20 世纪 50 年代以来，实验动物科学已经在实验动物管理、实验动物资源、实验动物医学、比较医学、实验动物技术等方面取得了重要进展，积累了丰富的研究材料，形成了较为完善的学科体系。为了归纳总结实验动物科学发展成果，开展专业教育和技能培训，我们邀请国内外实验动物领域专家，组织撰写"实验动物科学丛书"，丛书分为"实验动物管理系列""实验动物资源系列""实验动物基础科学系列""比较医学系列""实验动物医学系列""实验动物福利系列""实验动物技术系列""实验动物科普系列"八个系列。本书属于"实验动物管理系列"，是由中国医学科学院医学实验动物研究所和中国实验动物学会共同组织编制的第二批中国实验动物学会团体标准及实施指南，是实验动物标准化工作的一项重要成果。

实验动物科学在中国有 40 年的发展历史，在发展过程中有着中国特色的积累、总结和创新。根据实际工作经验，结合创新研究成果，建立新型的标准，在标准制定和创新方面有"中国贡献"，以引领国际标准发展。标准引领实验动物行业规范化、规模化有序发展，是实验动物依法管理和许可证发放的技术依据。标准为实验动物质量检测提供了依据，并减少人兽共患病的发生。通过对实验动物及相关产品、服务的标准化，可促进行业规范化发展、供需关系良性发展、提高产业核心竞争力、加强国际贸易保护。通过对影响动物实验结果的各因素的规范化，可保障科学研究及医药研发的可靠性和经济性。

根据国务院印发的《深化标准化工作改革方案》（国发〔2015〕13 号）中指出，市场自主制定的标准分为团体标准和企业标准。政府主导制定的标准侧重于保基本，市场自主制定的标准侧重于提高竞争力。团体标准是由社团法人按照团体确立的标准制定程序自主制定发布，由社会自愿采用的标准。

在国家实施标准化战略的大环境下，2015年，中国实验动物学会（CALAS）联合全国实验动物标准化技术委员会（SAC/TC281）被国家标准化管理委员会批准成为全国首批39家团体标准试点单位之一（标委办工一〔2015〕80号），也是中国科学技术协会首批13家团体标准试点学会之一。2017年中国实验动物学会成为团体标准化联盟的副主席单位。

以实验动物标准化需求为导向，以实验动物国家标准和团体标准配合发展为核心，实施实验动物标准化战略，大力推动实验动物标准体系的建设，制定一批关键性标准，提高我国实验动物标准化水平和应用，进而为创新型国家建设提供国际水平的支撑，促进相关学科产生一系列国际认可的原创科技成果，提高我国的科技创新能力。通过制定实验动物国际标准，提高我国在国际实验动物领域的话语权，为我国生物医药等行业参与国际竞争提供保障。

本书收录了中国实验动物学会团体标准第二批23项。为了配合这批标准的理解和使用，我们还以标准编制说明为依据，组织标准起草人编写了23项标准实施指南作为配套图书。参加本书汇编工作的主要人员有：秦川、孔琪、岳秉飞、魏强、张钰、韩凌霞、刘迪文等。希望各位读者在使用过程中发现问题，为进一步修订实验动物标准、推进实验动物标准化发展进程提出宝贵的意见和建议。

丛书总主编　秦川

中国实验动物学会理事长

中国医学科学院医学实验动物研究所所长

北京协和医学院医学实验动物学部主任

目　　录

下　册

第一篇　实验动物管理系列标准

第二篇　实验动物质量控制系列标准

第三篇　实验动物检测方法系列标准

第一篇

实验动物管理系列标准

ICS 65.020.30

B 44

中国实验动物学会团体标准

T/CALAS 29—2017

实验动物　教学用动物使用指南

Laboratory animal - Guideline for using animals in the education

2017-12-29　发布

2018-01-01　实施

中国实验动物学会　发布

前　　言

本标准按照 GB/T 1.1—2009 给出的规则编写。

本标准由中国实验动物学会归口。

本标准由全国实验动物标准化技术委员会（SAC/TC281）技术审查。

本标准由中国实验动物学会实验动物标准化专业委员会提出并组织起草。

本标准起草单位：中国科学院上海生物化学与细胞生物学研究所、中国医学科学院医学实验动物研究所、重庆医科大学。

本标准主要起草人：吴宝金、秦川、孔琪、谭冬梅、谭毅。

实验动物 教学用动物使用指南

1 范围

本标准规定了医学、药学及预防医学专业教学过程中使用动物的原则性要求，包括实验前准备、动物购买、饲养管理、使用要求、实验后护理、安乐死、尸体处理等。

本标准适用于医学、药学及预防医学专业教学过程中使用动物的实验教学活动。其他专业教学活动，可参照本指南执行。

2 规范性引用文件

下列文件对于本标准的应用是必不可少的。凡是注明日期的引用文件，仅所注日期的版本适用于本文件。凡是不注日期的引用文件，其最新版本（包括所有的修改单）适用于本文件。

GB 14925 《实验动物 环境及设施》

GB 14922.1 《实验动物 寄生虫学等级及检测》

GB 14922.2 《实验动物 微生物学等级及监测》

GB 14924.1 《实验动物 配合饲料质量标准》

GB 14924.2 《实验动物 配合饲料卫生标准》

GB 14924.3 《实验动物 配合饲料营养成分》

国科发财字〔2006〕第 398 号 《关于善待实验动物的指导性意见》

农业部公告第 1125 号 《一、二、三类动物疫病病种名录》

农业部公告第 1149 号 《人畜共患传染病名录》

3 术语和定义

以下术语和定义适用于本标准。

3.1

教学用动物 animals used in education

以教学实验为目的使用的各种动物，包括标准化的实验动物及非标准化的实验动物。教学活动优先选择列入国家标准、行业标准、团体标准或地方标准的实验动物，选择非标准化实验动物需充分考虑教学需求、病原控制、饲养方式与条件，以及相关法规等因素。

3.2

标准化实验动物 standardized laboratory animal

列入国家标准、行业标准、团体标准、地方标准的实验动物。

3.3

非标准化实验动物 **non-standardized laboratory animal**

暂未列入国家标准、行业标准、团体标准、地方标准的实验动物。

4 实验前准备

4.1 饲养和实验设施条件

4.1.1 开展教学实验的机构应配备所用动物相应的饲养和实验的场所、设施、设备。

4.1.2 使用标准化实验动物的教学活动，动物饲养和实验的环境参照 GB 14925 中的相关规定，达到普通级动物及以上水平的控制标准。

4.1.3 使用非标准化实验动物，需根据动物种类采用科学合理的饲养方式，并提供必要的环境与实验条件。

4.2 人员条件

4.2.1 饲养人员应具有所用动物相关的教育、从业或培训经历。

4.2.2 实验动物医师应具有所用动物相关的专业教育背景或培训经历，并具有实验动物医师资质。

4.2.3 从事教学实验的教师应具有教学实验相关的专业教育背景或培训经历，并具有相应的实验动物研究人员或技术人员资质。

4.2.4 参加教学实验的学员应经过专门培训，了解所用动物的生物学特性，掌握保定、手术操作、安乐死、抓咬伤处置等基本理论知识。

4.2.5 开展教学实验的机构应配备教学实验所需的各类教职人员，并每年至少一次开展必要的包括动物福利在内的培训活动。

4.3 教学实验方案审查

4.3.1 涉及使用动物的教学实验，应由所在机构的实验动物管理与使用委员会（IACUC）或相应职能组织、部门对教学实验方案进行审查和过程监管。通过审查的教学实验项目方可开展。

4.3.2 任何一项动物教学实验，应定期接受实验动物使用与管理委员会或相应职能组织、部门的重新审查。

5 动物购买

5.1 动物质量要求：一般教学用动物应排除人兽共患病病原及严重影响动物健康的病原；感染性病原教学动物应按照感染性病原管理要求进行。

5.2 购买需求的确认

5.2.1 教学实验负责人以经过审查批准的实验方案为依据，确定所需实验动物的种类、微生物等级、年龄、数量及性别。经实验动物部门负责人确认后，按所在机构的采购流程办理。

5.2.2 购置非标准化实验动物尤其是野生动物/农场动物用于教学实验，应遵守野生动物保护法及动物防疫法等相关规定。

5.3 供应机构的选择

5.3.1 购买动物之前，应对供应机构进行评估。应选择有较好信誉及动物质量控制较好的正规机构。

5.3.2 对于实验需要，但没有正规来源，需要从市场、养殖场等特殊来源购买的动物，应经过实验动物医师进行检验检疫，排除农业部《一、二、三类动物疫病病种名录》中第一、二类病种，以及《人畜共患传染病名录》规定的动物疫病、人畜共患传染病和对教学实验有严重影响的疾病之后，方可使用。

5.4 供应机构的职责

5.4.1 对于标准化的实验动物，供应机构应提供动物的品种品系说明、生产许可证、质量合格证、病原检测报告（近3个月内）、免疫记录及生长记录等资料。对于非标准化动物，供应机构应参照标准化实验动物的要求尽可能提供详细的背景资料。

5.4.2 教学过程中如果使用列入国家标准、行业标准或团体标准的实验动物，相关动物应达到 GB 14922.1 和 GB 14922.2 规定的普通动物及以上级别要求。对于没有国家标准、行业标准或团体标准的动物应排除 5.3.2 中规定的疾病。

5.5 运输要求

5.5.1 应采取保障动物福利的运输方式，以保证实验动物的福利、质量和健康安全。

5.5.2 运输工具应符合 GB 14925 中的有关要求。

5.5.3 运输过程应符合《关于善待实验动物的指导性意见》及实验动物运输相关标准中的要求。

5.6 接收要求

5.6.1 动物运达后，应由实验动物医师和饲养人员核对购买协议、生产许可证、质量合格证、病原检测报告、免疫记录等，检查运输工具是否有损坏，判断在运输途中动物是否受到创伤或应激，在确认无误后签收。

5.6.2 接收人员在接收动物后，应对其进行编号，记录来源、种类、年龄、性别、原编号、体重、临床症状等资料。

6 饲养管理

6.1 检疫观察和健康检查

6.1.1 教学实验机构应把动物的健康作为其最大的福利要求。

6.1.2 新购进的动物根据物种特点设置隔离期。饲养人员每天负责观察记录动物的活动、精神状况、食欲、排泄、毛发等健康情况。

6.1.3 对检疫期出现异常的动物应立即隔离观察。若怀疑传染病则需进一步做病原检测。

6.1.4 对确定患有人兽共患传染病的动物必须根据疫病的微生物等级上报有关部门，并根据规定对动物及其所接触物品、房间进行处理。

6.2 饲养

6.2.1 饲养室应有严格的门禁管理制度，无关人员不得随意进出饲养室。

6.2.2 应由专人饲养，根据动物种类选择恰当的饲养环境与喂养方式。

6.2.3 对标准化实验动物，喂食的饲料应具备质量合格证，符合 GB 14924.1、GB 14924.2、GB 14924.3 有关要求。饮用水和垫料应符合 GB 14925 有关要求。对非标准化实验动物，应提供满足动物健康需求的饲料、饮水和垫料。

6.2.4 应每天观察动物的活动、进食情况、粪便性状、毛色、饮食状况等。

6.2.5　每次喂食、给水、更换垫料和打扫过程中，应动作轻柔，减低噪声，严禁任何影响动物健康的行为。

6.3　饲养用具的清洁消毒

6.3.1　动物饲养用具应定期清洁、更换、消毒。

6.3.2　动物饲养用具在每批实验完成后，应重新清洗、消毒后方能使用。

7　使用要求

7.1　抓取和保定

7.1.1　应由有经验的教师或接受过培训的学员抓取及保定动物。

7.1.2　根据动物种类，采取不同的抓取、保定方式和安全防护措施（包括手套、口罩、防护服等）。

7.1.3　动物保定后，在教师的指导下由学员进行麻醉及实验操作。

7.2　麻醉

7.2.1　非麻醉状态的实验操作，仅限于备皮、抽血、输液、标记等简单操作。

7.2.2　切开皮肤及内窥镜操作，均需在麻醉状态下进行。

7.2.3　动物麻醉可根据实验需要，采取气体麻醉、静脉麻醉或局部阻滞麻醉等不同方法。

7.2.4　麻醉过程中应注意监测动物体温、观察动物的反应及应激状态。

7.2.5　麻醉前禁食：为减少中大型动物在麻醉诱导期和苏醒期呕吐的危险，麻醉前 8~12 h 应禁食。

7.3　实验要求

7.3.1　实验前准备

7.3.1.1　负责实验的教师或技术人员应熟悉实验内容，准备麻醉剂、止痛剂、实验用药、敷料及器械等。

7.3.1.2　学员在实验操作前须充分预习当次实验操作的原理、实验目的、实验步骤及技术要求，熟知实验操作对动物可能的影响，避免给动物带来不必要的疼痛和应激刺激。

7.3.2　实验操作

7.3.2.1　应在有资质教师的指导下开展预定的实验操作。

7.3.2.2　实验操作过程按照实验方案内容进行。

7.3.2.3　进行手术等操作后的动物若需处死，应在动物麻醉复苏前实施安乐死。

7.3.2.4　因特殊实验目的需要通过复苏观察实验操作效果的教学实验，应经过 IACUC 或相应职能组织、部门批准。

7.3.2.5　教学实验不鼓励重复使用经过麻醉及复杂外科实验后的动物。

7.3.3　人员防护

7.3.3.1　实验教师应指导学员做好安全防护工作，包括穿戴防护服、帽子、口罩、手套等。参与人员在实验前后均应洗手及消毒。对特殊类型的教学实验，要采取符合实验要求的防护措施。

7.3.3.2　实验过程中应注意预防动物的咬伤、抓伤等，避免直接接触动物体液和组织样本，预防动物源性的人畜共患病。发生紧急情况时，应及时做相应处理。

7.3.4　实验记录

7.3.4.1　教师应记录对动物实施的实验处理（步骤）、操作效果及动物状态。

7.3.4.2　学员应将所需的动物实验数据和记录保存下来。

7.4　实验后护理

7.4.1　麻醉复苏期间的护理

7.4.1.1　采取必要措施维持麻醉复苏期间的动物体温。

7.4.1.2　密切关注动物是否出现气道阻塞、呕吐、呼吸困难等症状，避免侧卧时间过长导致的肺脏淤血及重力性肺炎。

7.4.1.3　密切关注复苏过程中的疼痛发生与其他健康问题，必要时施用镇痛剂或治疗措施。

7.4.2　麻醉复苏后的护理

7.4.2.1　应单笼单只饲养或有专人看护。

7.4.2.2　应注意动物的采食和排泄等主要生理功能变化及实验后疼痛的行为学表现。

7.4.2.3　应每天监视动物在实验后的切口愈合及感染情况，并给予相应处理。

8　安乐死

8.1　实验结束后，应由实验人员将动物进行安乐死，不做任何他用。

8.2　动物安乐死的方法应符合动物福利要求及相关管理规定。

9　尸体处理

9.1　动物的尸体和组织严禁随意摆放、丢弃、食用或出售。

9.2　应装入专用尸体袋存放于尸体冷藏间或冰柜内，集中做无害化处理。

9.3　感染性实验的动物尸体和组织，应经高压灭菌后再做相应处理。

ICS 65.020.30

B 44

中国实验动物学会团体标准

T/CALAS 30—2017

实验动物 人类感染性疾病动物
模型评价指南

Laboratory animal - Evaluation guideline for animal model of human infectious disease

2017-12-29 发布   2018-01-01 实施

中国实验动物学会 发布

前　言

本标准按照 GB/T 1.1—2009 给出的规则编写。

本标准由中国实验动物学会归口。

本标准由全国实验动物标准化技术委员会（SAC/TC281）技术审查。

本标准由中国实验动物学会实验动物标准化专业委员会提出并组织起草。

本标准起草单位：中国医学科学院医学实验动物研究所。

本标准主要起草人：秦川、魏强、孔琪、向志光。

实验动物　人类感染性疾病动物模型评价指南

1　范围

本标准规定了人类感染性疾病动物模型的分类、制备原则、制备方法和评价要求。

本标准适用于人类感染性疾病动物模型的制备和评价。

2　规范性引用文件

下列文件对于本标准的应用是必不可少的。凡是注明日期的引用文件，仅所注日期的版本适用于本文件。凡是不注日期的引用文件，其最新版本（包括所有的修改单）适用于本文件。

GB 19489—2008　　《实验室生物　安全通用要求》

GB 14925—2010　　《实验动物　环境及设施》

T/CALAS 7—2017　《实验动物　动物实验生物安全通用要求》

国务院令第 424 号　《病原微生物实验室生物安全管理条例》

3　术语和定义

以下术语和定义适用于本标准。

3.1

人类感染性疾病动物模型 animal model of human infectious disease

使用感染性病原感染实验动物，使其出现与人类疾病相同或相似的临床表现、疾病过程等，并使其规范化，用于研究人类疾病，简称感染性疾病模型。

3.2

完全疾病动物模型 animal model of complete disease

人源性病原体或人兽共患病原体在动物中导致的疾病能全部或基本上模拟人类疾病临床表现、疾病过程、病理生理学变化、免疫学反应等疾病特征，简称完全疾病模型。

3.3

部分疾病动物模型 animal model of partial disease

人源性病原体在动物中导致的疾病能部分明显模拟人类疾病临床表现、疾病过程、病理生理学变化、免疫学反应等疾病特征，简称部分疾病模型。

3.4

同类疾病动物模型 animal model of similar disease

人源性病原体不能在动物中直接致病，但本动物或其他种类动物的相同科、属、种的病原，或人-动物重组病原导致的疾病能全部或部分明显模拟人疾病临床表现、疾病过程、病理生理学变化、免疫学反应等疾病特征，简称同类疾病模型。

3.5

　　疾病病理动物模型　animal model of pathological diseas

　　人源性病原体在动物中不能导致明显的模拟人类疾病临床表现、疾病过程等疾病特征，但病理学变化非常具有特征性，常能在动物上出现明显的病理学变化，简称疾病病理模型。

3.6

　　病原免疫动物模型　animal model of pathogen immunation

　　导入人源性或其他动物病原体不能在动物中致病，但能引起动物全部或部分明显模拟人类疾病免疫学反应等特征，简称病原免疫模型。

3.7

　　基因工程动物模型　animal model of gene engineering

　　将病原体的遗传物质（基因）经人工方法导入动物体基因组中，这些基因的表达，引起动物性状的可遗传性修饰，同时可能导致动物出现病原致病的某些变化而成为模型，简称基因工程模型。

3.8

　　复合疾病动物模型　animal model of complex disease

　　将不同感染性疾病病原感染动物，模拟人多重病原感染疾病的临床表现、疾病过程、病理生理学变化、免疫学反应等疾病特征，综合比较研究病原之间的相互作用，如疾病后期的复合感染等，简称复合疾病模型。

3.9

　　群体动物模型　animal model of population

　　一群动物感染某种病原后，检测不到全部动物发病、病原体内复制和出现免疫反应，或病原检测表现为在不同时间、不同部位，免疫检测时间不甚一致。此类模型，可通过计算群体动物发病百分率表示和应用。

3.10

　　特殊疾病动物模型　animal model of special disease

　　将病原导入免疫缺陷、疾病抵抗、胚胎动物、基因工程动物等特殊类型动物，制备特殊条件下的疾病表现动物模型，研究正常动物可能不会或不易检测到的疾病变化，简称特殊疾病模型。

4　分类

　　按照病原种类特性和疾病表现程度，可将感染性疾病模型分为以下类型。

4.1　完全疾病模型

4.2　部分疾病模型

4.3　同类疾病模型

4.4　疾病病理模型

4.5　病原免疫模型

4.6　基因工程模型

4.7　复合疾病模型

4.8　群体动物模型

4.9　特殊疾病模型

5　制备原则

5.1　选择易感动物：应从动物的种类、遗传分类、生物学特性和对感染性疾病病原被感染程度（敏感性）等方面选择动物。

5.2　选择代表性病原：应从感染性疾病病原标准株、代表株、强势病原、活化状态等方面选择病原。

5.3　疾病再现最大化：制备感染性疾病动物模型应最大限度地模拟人类疾病临床表现、疾病过程、病理生理学变化、免疫学反应等疾病特征。这种最大化原则可为全部完整的模拟，也可为部分体现。

5.4　模型制备标准化：模型制备涉及的动物、病原、实验控制、操作程序、标本处理、数据采集、检测指标和结果分析应达到统一、规范和标准化要求，可实现模型重复性好、检测指标稳定，利于客观、公正和真实的应用。

5.5　生物安全：在病原性动物模型制备过程中，避免经病源污染、动物接触、污物扩散、样本采集、意外事件等任何途径导致实验室对人员和环境的生物危害发生，严格按照 GB 19489—2008 和 GB 14925—2010 的要求进行。病原微生物的实验室活动应按照《病原微生物实验室生物安全管理条例》和 T/CALAS 7—2017 中有关要求进行。

6　制备方法

6.1　准备动物

6.1.1　研究成熟的感染性疾病动物模型：动物的种类、微生物等级均已明确，应严格按照模型要求制备。

6.1.2　初次、新发病原、新型动物的模型制备：应首先进行选择动物种类和等级、确定感染性（病原属性、剂量、途径等）等筛选性实验，即预实验。筛选出敏感、稳定的动物（种类、年龄、性别等）后，进行标准化模型制备。应符合实验动物的伦理和福利原则。

6.2　准备病原：选择有代表性的病原株（标准株、地方株），确定病原的活化状态和生物学特性。

6.3　确定制备方法：应选择规范、成熟、稳定的感染性疾病动物模型制备方法，包括病原感染途径、剂量、感染环境控制及检测方法等。

6.4　选择检测指标：应选择观察或检测能表现疾病关键特征的指标，包括临床表现、病原学、血液学、病理生理学和免疫学指标，以及其他辅助性指标。

6.5　模型整体分析：通过上述疾病表现和指标检测，明确模型属于哪类模型，综合评价模型的应用范围。

6.6　排除影响因素：控制模型制备每个环节可能影响动物模型质量的因素，包括动物因素、病原因素、技术方法因素、环境因素等，以实现模型标准化。

7 评价要求

7.1 完全疾病模型

7.1.1 在感染的动物中应检测到活性病原（病原体内复制）。

7.1.2 应检测到机体产生的特异性免疫抗体（机体变化）。

7.1.3 出现典型的模拟人类疾病临床症状和体征，包括体温、体重、活动、死亡等。

7.1.4 血液、生化检测指标明显变化。

7.1.5 出现明显的病理学变化。

7.2 部分疾病模型

7.2.1 在感染的动物中应检测到活性病原（病原体内复制）。

7.2.2 应检测到机体产生的特异性免疫抗体（机体变化）。

7.2.3 出现明显的或部分模拟人类疾病临床症状和体征，包括体温、体重、活动、死亡等。

7.2.4 血液、生化检测指标较明显变化。

7.2.5 出现较明显的病理学变化。

7.3 同类疾病模型

7.3.1 在感染的动物中应检测到活性同类病原（病原体内复制）。

7.3.2 应检测到机体产生的针对同类病原的特异性免疫抗体（机体变化）。

7.3.3 出现全部或部分明显模拟人类疾病临床表现，包括体温、体重、活动、死亡等。

7.3.4 血液、生化检测指标较明显变化。

7.3.5 出现较明显的病理学变化。

7.4 疾病病理模型

7.4.1 在感染的动物中应检测到活性病原（病原体内复制）。

7.4.2 应检测到机体产生的特异性免疫抗体（机体变化）。

7.4.3 出现较明显的特征性病理学变化。

7.5 病原免疫模型

7.5.1 在感染的动物中应检测到活性病原（病原体内复制）。

7.5.2 应检测到机体产生的特异性免疫抗体（机体变化）和特异性细胞免疫应答。

7.6 基因工程模型

7.6.1 可检测到导入的病原成分。

7.6.2 可检测到机体产生的特异性免疫抗体（机体变化）。

7.7 复合疾病模型

7.7.1 在感染动物中应检测到活性复合病原（病原体内复制）。

7.7.2 应检测到机体产生的复合特异性免疫抗体（机体变化）。

7.7.3 出现典型的模拟人类疾病临床症状和体征，包括体温、体重、活动、死亡等。

7.7.4 血液、生化检测指标明显变化。

7.7.5 出现明显的病理学变化。

7.8 群体动物模型

7.8.1 在感染的群体动物中50%以上机体应检测到活性病原（病原体内复制）。

7.8.2 应检测到 50%以上机体产生的特异性免疫抗体（机体变化）。

7.8.3 应出现 50%以上典型的模拟人类疾病临床症状和体征，包括体温、体重、活动、死亡等。

7.8.4 应出现 50%以上机体的血液、生化检测指标明显变化。

7.8.5 应出现 50%以上机体明显的病理学变化。

7.9 特殊疾病模型

7.9.1 在感染的动物中应（或能）检测到活性病原（病原体内复制），或能检测到机体合理产生的特异性免疫抗体（机体变化）。

7.9.2 宜出现模拟人类疾病的临床症状和体征，包括体温、体重、活动、死亡等。

7.9.3 宜出现血液、生化检测指标的明显变化。

7.9.4 宜出现病理学变化。

ICS 65.020.30
B 44

中国实验动物学会团体标准

T/CALAS 31—2017

实验动物　安乐死指南

Laboratory animal - Guideline for euthanasia

2017-12-29　发布 　　　　　　　　　　　　　　　2018-01-01　实施

中国实验动物学会　发布

前　　言

本标准按照 GB/T 1.1—2009 给出的规则编写。

本标准中附录 A、附录 B、附录 C 为规范性附录。

本标准由中国实验动物学会归口。

本标准由全国实验动物标准化技术委员会（SAC/TC281）技术审查。

本标准由中国实验动物学会实验动物标准化专业委员会提出并组织起草。

本标准起草单位：中国医学科学院医学实验动物研究所。

本标准主要起草人：秦川、孔琪、魏强、高虹。

引　言

安乐死是实验动物福利的一个核心内容。美国兽医医学会（AVMA）发布了 *Guidelines for the Euthanasia of Animals*（2013 版《动物安乐死指南》）。加拿大动物保护协会（CCAC）发布了 CCAC *Guidelines on: Euthanasia of Animals Used in Science*（CCAC《科学用动物安乐死指南》）。欧盟委员会发布了 *Recommendations for Euthanasia of Experimental Animals*（《实验动物安乐死推荐方法》）。其中，AVMA 的《动物安乐死指南》在世界范围，尤其是欧美国家广泛使用。

本标准主要参考以上三个指南，结合中国国情编制而成，也参考了中国台湾地区、日本、新加坡等的文献资料。

实验动物　安乐死指南

1　范围

本标准规定了实验动物安乐死的原则性要求，包括实施安乐死的基本原则、实施背景、仁慈终点、药物选择、常用方法等。

本标准适用于实验动物安乐死。

2　规范性引用文件

下列文件对于本标准的应用是必不可少的。凡是注明日期的引用文件，仅所注日期的版本适用于本文件。凡是不注日期的引用文件，其最新版本（包括所有的修改单）适用于本文件。

GB 14925　《实验动物 环境及设施》

国科发财字〔2006〕398号　《关于善待实验动物的指导性意见》

3　术语和定义

下列术语和定义适用于本标准。

3.1

安乐死　euthanasia

用公认的、人道的方式处死动物的过程。

3.2

仁慈终点　human endpoint

动物实验过程中，选择动物表现疼痛和压抑的较早阶段为实验的终点。

4　基本原则

4.1　尊重生命：安乐死的整个过程均应尊重动物生命。

4.2　目的明确：安乐死的目的是以人道的方式使动物死亡，应以最低程度的疼痛、最短的时间使动物失去知觉和痛觉。

4.3　选对方法：应根据动物种类、年龄和健康状态选择合适的方法。还应考虑以下因素：动物的大小、数量、温驯度、兴奋度，对疼痛、窘迫和疾病的感受，保定方法，是否需组织采样，操作人员容易掌握的技术，对操作人员的影响等。选择不常用方法时，应咨询实验动物医师的意见。

4.4　福利审查：动物实验方案中应包含安乐死或善后方法。应符合《关于善待实验动物的指导性意见》有关要求，且通过所在机构实验动物管理和使用委员会（IACUC）的审查。

4.5　动物保定：适当的保定可减低动物的恐惧、焦虑及疼痛，也可保障操作人员的安全。

4.6　人员培训：IACUC 应制定计划，培训操作人员掌握正确的安乐死技术方法，了解实施动物安乐死的目的和动物福利原则，熟悉动物疼痛或窘迫体征，并能确认动物死亡。

4.7　场所选择：动物安乐死时，应选择远离同种动物的非公开场所实施。环境设施符合 GB 14925 的有关要求。

4.8　辅助措施：动物安乐死首要考虑为解除动物的疼痛与窘迫，面对神经质或难以驾御的动物，可先给予镇定剂或止痛剂等药物，以便降低动物的紧迫与恐惧。

4.9　死亡确认：实施安乐死后，操作人员应检查确认动物是否已经死亡，主要依据是心跳是否完全停止。

5　实施条件

a）已达到实验目的；

b）因研究需要采集血液或组织样本；

c）动物疼痛程度超过预期；

d）严重影响动物健康和动物福利；

e）其他原因不适合继续繁殖或饲养。

6　选择仁慈终点的原则

6.1　体重减轻：体重减轻达动物原体重的 20%~25%，或动物出现恶病质或消耗性症状。

6.2　食欲丧失：小型啮齿类动物完全丧失食欲达 24 h 或食欲不佳（低于正常食量的 50%）达 3 天。大动物完全丧失食欲达 5 天或食欲不佳（低于正常食量的 50%）达 7 天。

6.3　虚弱或濒死：无法进食或饮水。动物在没有麻醉或镇静的状态下，长达 24 h 无法站立或极度勉强才可站立，或表现精神萎靡伴随体温过低（常温动物低于 37℃）。

6.4　严重感染：体温升高，白细胞数目增加，抗生素治疗无效并伴随动物全身性不适症状。

6.5　肿瘤：自发性或实验性肿瘤，均需仁慈终点评估。肿瘤生长超过动物原体重的 10%，肿瘤平均直径在成年小鼠超过 20 mm、成年大鼠超过 40 mm；体表肿瘤表面出现溃疡、坏死或感染；腹腔异常扩张、呼吸困难；神经精神症状。

6.6　动物预后不佳：出现器官严重丧失功能的临床症状且治疗无效，或经实验动物医师判断预后不佳。例如，呼吸困难、发绀；大失血、严重贫血（低于正常值 20%）；严重呕吐或下痢、消化道阻塞或套叠、腹膜炎、内脏摘除手术；肾衰竭；中枢神经抑制、震颤、瘫痪、止痛剂治疗无效的疼痛；肢体功能丧失；皮肤伤口无法愈合、重复性自残或严重烫伤等。

7　安乐死方法

7.1　总体要求

7.1.1　本标准推荐的常用实验动物安乐死方法参见附录 A。

7.1.2　本标准推荐的常用啮齿类动物安乐死方法参见附录 B。

7.1.3　安乐死方法选择要点主要包括以下几个方面：

a）可使动物无疼痛、恐惧、焦虑和不安地失去知觉直至死亡；

b）可缩短动物从失去知觉到死亡的时间；

c）安乐死药物及方法经过验证，科学可靠；

d）不影响操作人员情绪、健康和安全；

e）安乐死过程不可逆转；

f）适合不同种类、年龄与健康状况的动物；

g）适合不同实验需求和目的；

h）所用设备方便易得，便于维护；

i）不影响环境卫生。

7.2　吸入性药物

7.2.1　常见吸入性药物包括二氧化碳、氮气、一氧化碳、乙醚、氟烷、甲氧氟烷、异氟烷、安氟醚等。

7.2.2　二氧化碳是实验动物常用的吸入性药物，吸入40%二氧化碳时很快达到麻醉效果，而长时间持续吸入时可导致动物死亡。安乐死箱内动物不宜过多。可使用透视性好的箱子，以便确认动物死亡。二氧化碳安乐死方法见附录C。

7.2.3　大部分吸入性药物对人体有害，应在通风良好场所实施。

7.3　注射药物

7.3.1　有静脉、腹腔等多种注射方法，优先选择静脉注射。

7.3.2　注射药物是动物安乐死的首选方法。

7.3.3　巴比妥类药物及其衍生物是动物安乐死的首选注射药物。

7.3.4　心脏注射技术难度大，只用于呈现垂死、休克或深度麻醉中的动物。

7.3.5　腹腔注射需使用较高剂量的药物，且可使动物死亡时间延长及死前挣扎。

7.4　物理方法

7.4.1　常用物理方法包括颈椎脱臼、断颈、放血、枪击、电击等。

7.4.2　物理方法可用于以下情况：解剖性状适合使用的小型啮齿类动物；大型动物；其他安乐死方法影响实验结果。

7.4.3　所有操作人员应接受完整的技术训练，并以尸体多次练习后方可正式实施。

7.4.4　颈椎脱臼法可用于体重低于200 g的啮齿类动物、禽类，以及体重低于1 kg的仔兔。除非有特殊需求，实施颈椎脱臼前应先给予动物镇定剂或吸入二氧化碳，以减少动物的压力。

7.4.5　因实验需求无法使用化学药物或二氧化碳时，可使用断颈法。如因实验所需采集动物的全身血液或放血，动物需先麻醉或失去知觉后实施。

7.4.6　电击等物理方法需配合使用第二种方法（如放血或重复电击）。

附　录　A

（规范性附录）

常用实验动物安乐死方法

A.1　常用实验动物安乐死方法见附表 A.1。

附表 A.1　常用实验动物安乐死方法

安乐死方法	体重小于 125 g 啮齿类动物	体重 125 g~ 1 kg 啮齿类 动物/兔	体重 1~5 kg 啮齿类动物/兔	犬	猫	非人 灵长 类	牛、马、 猪
静脉注射巴比妥类药物注射液	Y	Y	Y	Y	Y	Y	Y
腹腔注射巴比妥类药物注射液	Y	Y	Y	X	Y	X	X
二氧化碳（CO_2）	Y	Y	Y	X	X	X	X
麻醉后采血（放血）致死	Y	Y	Y	Y	Y	Y	Y
麻醉后静脉注射氯化钾 （1~2 meq/kg）	Y	Y	Y	Y	Y	Y	Y
麻醉后断颈	Y	Y	N	X	X	X	X
麻醉后颈椎脱臼	Y	Y	X	X	X	X	X
动物清醒中直接断颈	N	N	N	X	X	X	X
动物清醒中直接颈椎脱臼	N	X	X	X	X	X	X
乙醚	N	X	X	X	X	X	X
电昏后放血致死	X	X	X	X	X	X	Y

注：Y，建议使用；X，不得使用；N，不推荐，除非实验需要（IACUC 审核通过后可使用）。

A.2　巴比妥类药物的安乐死剂量见附表 A.2，一般以麻醉剂量的 3 倍作为安乐死剂量。

附表 A.2　推荐的巴比妥类药物的安乐死剂量　　　　（单位：mg/kg）

类别	静脉注射	腹腔注射	类别	静脉注射	腹腔注射
小鼠	150	150	雪貂	120	120
大鼠	150	150	猫	80	80
地鼠	150	150	家禽	150	150
豚鼠	120	150	猪	90	N
兔	100	150	绵羊	90	N
犬	80	80	山羊	90	N
非人灵长类	80	N			

注：N，不推荐使用。

附 录 B

（规范性附录）

啮齿类动物安乐死方法

B.1 啮齿类动物安乐死方法操作要点

B.1.1 注射巴比妥类药物（如戊巴比妥钠）为啮齿类动物安乐死首选方法。

B.1.2 操作人员应具备保定动物、注射及相关技术，并能识别动物死亡状态。

B.1.3 断颈时，需以锐利的外科剪刀断颈。

B.1.4 低温麻醉后断颈需将仔鼠放置标本杯，浸入冰浆中约 20 min，以减少脑活性及流血。

B.1.5 放血时应防止动物因放血不完整而苏醒。

B.1.6 14 日龄以下啮齿类动物，不建议单独使用二氧化碳安乐死，需配合断颈。

B.2 常用啮齿类动物安乐死方法见附表 B.1。

附表 **B.1** 常用啮齿类动物安乐死方法

方法	1~6 日龄	7~14 日龄	体重＜200 g	体重＞200 g
静脉注射戊巴比妥钠（100~150 mg/kg，IP，IV）	N	Y	Y	Y
二氧化碳（CO_2）	N	Y	Y	Y
氟烷、甲氧氟烷、异氟醚、安氟醚、七氟醚、地氟醚	N	Y	Y	Y
麻醉后放血	N	N	Y	Y
麻醉后断颈	Y	Y	Y	Y
低温麻醉后断颈	Y	N	N	N
清醒中断颈	Y	X	X	X
麻醉后颈椎脱臼	N	N	Y	Y
麻醉后静脉注射氯化钾（2 meq/kg，IV）	N	N	Y	Y
清醒中颈椎脱臼	N	N	X	X

注：Y，推荐方法；N，不推荐方法，但经 IACUC 同意后可使用的方法；X，不推荐使用；IP，腹腔注射；IV，静脉注射。

附 录 C

（规范性附录）

二氧化碳（CO_2）安乐死方法

C.1 材料

a）待安乐死的动物；

b）安乐死箱，可选用干净可透视的密闭盒；

c）有通气孔的密闭式上盖；

d）二氧化碳（CO_2）钢瓶。

C.2 方法

C.2.1 放入动物前，先灌注 CO_2 于安乐死箱内 20~30 s。关闭 CO_2，放入动物。

C.2.2 再灌注 CO_2 于箱内 1~5 min（兔需较长时间），确定动物不动、不呼吸、瞳孔放大。关闭 CO_2，再观察 2 min，确定动物死亡。

C.2.3 动物尸体以不透明感染性物质专用塑料袋包装、储藏至冷冻柜后依法无害化处理。

C.3 100% CO_2 安乐死参考时间见附表 C.1。

附表 C.1 100% CO_2 安乐死参考时间

小鼠年龄	CO_2 暴露时间/min	备注
0~6 日龄	60	一般需配合断颈法合并使用
7~13 日龄	20	一般需配合断颈法合并使用
14~20 日龄	10	—
≥21 日龄	5	—

ICS 65.020.30

B 44

中国实验动物学会团体标准

T/CALAS 35—2017

实验动物　SPF 猪饲养管理指南

Laboratory animal - Guidelines of breeding and management in SPF swine

2017-12-29　发布

2018-01-01　实施

中国实验动物学会　发布

前　　言

本标准按照 GB/T　1.1—2009 给出的规则编写。

本标准由中国实验动物学会归口。

本标准由全国实验动物标准化技术委员会（SAC/TC281）技术审查。

本标准由中国实验动物学会实验动物标准化专业委员会提出并组织起草。

本标准起草单位：中国农业科学院哈尔滨兽医研究所、东北农业大学。

本标准主要起草人：张圆圆、韩凌霞、陈洪岩、单安山、石宝明、李建平。

实验动物 SPF 猪饲养管理指南

1 范围

本标准规定了无特定病原体 (specific pathogen free , SPF) 猪的基本条件、环境与设施、引种、运输、饲养管理、废弃物及尸体处理、问题处置的要求。

本标准适用于 SPF 猪饲养管理的控制。

2 规范性引用文件

下列文件对于本标准的应用是必不可少的。凡是注明日期的引用文件， 仅所注日期的版本适用于本文件。凡是不注日期的引用文件，其最新版本 (包括所有的修改单) 适用于本文件。

GB 50447—2008 《实验动物设施建筑技术规范》

GB 5749—2006 《生活饮用水卫生标准》

GB 8978—2006 《污水综合排放标准》

GB 14925—2010 《实验动物 环境及设施》

GB/T 22914—2008 《SPF 猪病原的控制与监测》

GB/T 14924.2—2001 《实验动物 配合饲料卫生标准》

GB 14924.1—2001 《实验动物 配合饲料通用质量标准》

GB/T 14924.9—2001 《实验动物 配合饲料 常规营养成分的测定》

GB/T 14924.10—2008 《实验动物 配合饲料 氨基酸的测定》

GB/T 14924.11—2001 《实验动物 配合饲料 维生素的测定》

GB/T 14924.12—2001 《实验动物 配合饲料 矿物质和微量元素的测定》

DB11/T 828.5—2011 《实验用小型猪 第 5 部分：配合饲料》

GB 13078—2001 《饲料卫生标准》

GB 13078.1—2006 《饲料卫生标准 饲料中亚硝酸盐允许量》

GB 13078.2—2006 《饲料卫生标准 饲料中赭曲霉毒素 A 和玉米赤霉烯酮的允许量》

GB 13078.3—2007 《配合饲料中脱氧雪腐镰刀菌烯醇的允许量》

NY/T 1448—2007 《饲料辐照杀菌技术规范》

GB/T 18773—2008 《医疗废物焚烧环境卫生标准》

3 术语和定义

下列术语和定义适用于本标准。

无特定病原体猪 specific pathogen free swine

在屏障环境或隔离环境的饲养条件下，微生物学质量符合 GB/T 22914—2008 的要求，排除了特定的病原微生物和寄生虫的猪群。

4 基本条件

4.1 资质

具有《实验动物使用许可证》和/或《实验动物生产许可证》。

4.2 组织管理体系

4.2.1 饲养繁育单位应具备完善的质量管理、饲养管理、后勤保障体系和管理制度。

4.2.2 饲养繁育单位应配备专职兽医技术人员。主管兽医应具有相关专业本科以上学历并从事兽医工作三年以上，技术管理人员应具备实验动物专业知识。

4.2.3 饲养人员应身体健康，具有高中以上文化程度，掌握操作规程，经过专业培训及具有相应专业资质。

5 环境与设施

5.1 选址

5.1.1 饲养繁殖场所应避开自然疫源地。

5.1.2 应远离有严重空气污染、振动或噪声干扰的区域。

5.1.3 应尽量远离人类生活区、动物园或其他动物密集活动区。

5.2 场区环境

场区划分为辅助区、生产区和隔离检疫区、污水（含排泄物）处理区。

5.2.1 辅助区：应包括办公室、库房、饲料加工或储藏间、洗刷间、废弃物品暂存间或动物尸体冷藏柜、机器设备室、淋浴间、监控室等。

5.2.2 检疫区：应包括更衣室、隔离检疫室、临床检查室等。

5.2.3 生产区：应包括妊娠室、剖腹产室、仔猪室、成年猪室等。

5.3 建筑设施及环境条件

5.3.1 SPF 猪的饲养繁育设施及环境条件（可分为屏障环境和隔离环境）应符合 GB 14925—2010 和 GB 50447—2008 的规定要求。

5.3.2 屏障系统的运行和维持：空调、通风系统配备专职人员进行运行管理，实时监控设备运行状况，保养检修工作人员应每天巡视设备，及时发现隐患，定期检修；定期监测空气指标；遇到紧急情况要按应急预案实施。工作人员进入屏障系统应确保淋浴时间和淋浴效果，淋浴后应按规定穿戴灭菌服装，在屏障系统内按规定路线单向行走，不得逆行。

5.3.3 仔猪寄养隔离器：饲养人员需了解隔离器构造及工作原理，于饲养前检查隔离器运行情况及隔离器的密闭和换气效果，灭菌并检查灭菌效果后，方可引入 SPF 猪剖腹产仔猪。

5.4 物料储备、处理及使用

5.4.1 饲料的储备：采用双层真空包装，经钴-60 照射或通过其他可靠方式灭菌的全价配合饲料，辐照标准应符合 NY/T 1448—2007 规定，卫生标准应符合 GB 13078—2001 的要求；配备专用饲料储藏室，确保无虫、无鼠、低温和干燥，灭菌后饲料最长保存期不得超过 3 个月。剖腹产仔猪饲喂优质超高温灭菌牛奶或配制的无菌人工乳。

5.4.2 饮水：饮水可采用高温高压灭菌法、紫外照射灭菌法和酸化处理法，在满足 GB 5749—2006 要求的基础上，不得检出微生物。

5.4.3 服装：工作人员服装应定期清洗消毒。

5.4.4 其他：其他物料如需在屏障或隔离器内使用，必须经过可靠灭菌后方可使用。

6 引种

引进的种猪应来源清楚，有较完整的资料（包括品种名称、来源、代次及主要生物学特性等）。引种单位应提供相关资质文件。引种单位所引进的种猪，只限本单位生产繁殖使用，不能作为种子向其他单位供应。用于繁殖的种猪应根据具体情况，定期更换。

F_0 代及其子代应依照 GB/T 22914—2008 的规定，定期全群检测或抽检，排除微生物及寄生虫的污染。

7 运输

7.1 运输笼具

7.1.1 坚固，能防止动物破坏、逃逸，笼门开启和关闭方便，宜带有粪尿收集装置；符合动物健康和福利要求；适合搬运，有利于保护动物和搬运人员安全。

7.1.2 符合相应实验动物微生物控制等级要求的环境，便于清洗和消毒。

7.1.3 应用箭头标明笼具的正确摆放方式，有注明活体动物及安全防护标示；标明运输该动物的注意事项。

7.2 运输工具

7.2.1 运输工具宜配备空调等设备，保持环境的温度稳定。

7.2.2 运输工具能够保证有足够的新鲜空气和摆放运输笼具的空间，满足动物的健康、安全和舒适的需要。

7.2.3 运输工具能进行消毒。

7.2.4 长途运输（超过 6 h 以上）时，应提供饮水，必要时提供饲料。

7.3 运输通道

仔猪由剖腹产室运输至寄养隔离器、寄养隔离器运输至仔猪室、仔猪室运输至成猪室、妊娠母猪由成猪室运至妊娠室，这些运输通道及器具需要定期消毒、运输前后消毒。

8 饲养管理

8.1 操作规程

对不同生长时期的 SPF 猪应制定不同的饲养管理操作规程，并根据地区、设施、设备条件的不同制定切实可行的管理操作规程。

8.2 饲料

依照 SPF 猪不同生长及生产阶段配制饲料配方，应符合 GB 14924.1—2001 和 DB11/T 828.5—2011 要求，常规猪饲料应注意控制粗脂肪和粗纤维含量。配合饲料营养成分测定应按照 GB/T 14924.9—2001、GB/T 14924.10—2008、GB/T 14924.11—2001 和 GB/T 14924.

12—2001 执行。饲料要求无任何特殊添加剂，如防霉剂、诱食剂、药物等。每批次饲料饲喂前，应进行微生物等污染物的测定。

8.3 饮水

SPF 猪仔猪饮水采用水盒；其他时期的猪采用饮水器饮水；定期检测饮水乳头处、关键管道、存储设备等位置的微生物污染情况。

8.4 用具

饲养所用的工具物品，应及时清洗、定期消毒、专舍专用、分类存放。

8.5 清洁

每日清理隔离器内粪便；定期进行环境和隔离器的消毒；猪群清空后的隔离器应彻底消毒灭菌，放置一定时间，检验微生物水平，确保合格后，方可引入下一批猪。

8.6 记录

每日记录环境及隔离器或屏障环境的温度、湿度、饲喂量；观察并记录动物的精神、采食及粪便情况；记录环境及隔离器的消毒灭菌方法、频率和效果；确保仔猪的出生体重、耳号、每头猪的代次、年龄、产仔情况清晰明了。

8.7 繁殖

选择体质健壮、被毛有光泽、第二性征明显的种公猪，与母猪同栏饲养，配种后 20 天检查怀孕情况，受孕母猪转移至妊娠舍，采用四天换料法更换妊娠料。

8.8 剖腹产猪的管理

无菌剖取接近出生日龄的仔猪，将脐带血压入仔猪体内后断脐，清洁仔猪口腔、鼻腔及体表，排除弱仔和畸形胎，尽快给仔猪哺喂人工乳，48 h 时腿部肌肉注射 150 mg 铁制剂，15 天再次注射 150 mg 铁制剂；出生后 72 h 肌肉注射 0.5 mL 0.1%亚硒酸钠，60 天再次注射 1 mL 0.1%亚硒酸钠。

剖腹产母猪术后无菌产床休息，连续 5 天静脉滴注 5%葡萄糖生理盐水 1500 mL、抗生素、10%安钠咖 30 mL、维生素 C 40 mL；同时连续 3 天，每天肌注缩宫素 30 万 U，以促进残留胎衣排出。保温灯给母猪保温，密切关注状态，术后 24 h 内禁喂饲料，前 2 天少量饲喂无菌温水浸泡的妊娠料，5 天恢复正常饮食，术后 10 天伤口拆线。

8.9 哺乳仔猪管理

寄养隔离器内仔猪根据体重增加情况和状态，前 7 天需要保温。1~10 天每天哺喂人工乳 8 次以上，由每次 40 mL，逐渐增加到 175 mL；11~20 天每天哺喂 6 次以上，由每次 200 mL 逐渐增加到每次 350 mL。15 天时隔离器内放置少量开口料，不计采食量，只为刺激食欲和适应饲料，为断奶做准备。28 天断奶。

8.10 生长猪管理

饲喂开口料至 2 月龄，需要 4 天逐渐更换至生长料。

8.11 妊娠猪管理

妊娠前期饲料饲喂量不应过大；后期由于胎儿的生长需要，可以稍微加大饲喂量。

8.12 种公猪

与母猪分栏饲养，配种时合栏。

9　废弃物及尸体处理

废弃物应进行无害化处理并应达到 GB 8978—1996 污水综合排放标准的要求；尸体应高压灭菌或焚烧处理，其排放应达到 GB/T 18773—2008 医疗废物焚烧环境卫生标准的要求。

10　问题处置

10.1　意外损伤的防护

饲养人员要防止意外划伤、扎伤、咬伤、抓伤、化学品伤害等，及时处理伤口并长期观察；饲养及管理人员定期体检。

10.2　饲料污染

饲料检测时发现微生物污染、农药及重金属残留等情况时，不得饲喂动物；饲料储存时，如发生发酵、霉变、破损、异味、虫蛀、鼠咬、水浸等情况，饲料应直接销毁，不得饲喂动物。

10.3　水污染

动物饮水检测中如发现微生物污染，应停止饮用，查找污染点，彻底灭菌。

10.4　疾病

如单个或少量动物发生了疾病或死亡情况，应立即进行剖检、取样，查找死亡原因，进而判断是否进行动物或设备灭菌、动物扑杀等。相关饲养设备、运输设备、饲养人员及器具，进行彻底灭菌。

ICS 65.020.30

B 44

中国实验动物学会团体标准

T/CALAS 38—2017

实验动物 SPF 鸡和 SPF 鸭饲养 管理指南

Laboratory animal - Guidelines of breeding and management in SPF chicken and SPF ducks

2017-12-29 发布   2018-01-01 实施

中国实验动物学会 发布

前　言

本标准按照 GB/T 1.1—2009 给出的规则编写。

本标准由中国实验动物学会归口。

本标准由全国实验动物标准化技术委员会（SAC/TC281）技术审查。

本标准由中国实验动物学会实验动物标准化专业委员会提出并组织起草。

本标准起草单位：中国农业科学院哈尔滨兽医研究所、济南斯帕法斯家禽有限公司、北京实验动物研究中心。

本标准主要起草人：韩凌霞、张圆圆、于海波、张伟、陈洪岩、单忠芳、卢胜明。

实验动物　SPF鸡和SPF鸭饲养管理指南

1　范围

本标准规定了无特定病原体（specific pathogen free，SPF）鸡和鸭的基本条件、环境与设施、物料、引种、饲养管理、物品的传入、废弃物及尸体处理。

本标准适用于SPF鸡和SPF鸭饲养管理的控制。

2　规范性引用文件

下列文件对于本标准的应用是必不可少的。凡是注明日期的引用文件，仅所注日期的版本适用于本文件。凡是不注日期的引用文件，其最新版本（包括所有的修改单）适用于本文件。

GB50447—2008　《实验动物设施建筑技术规范》

GB 5749—2006　《生活饮用水卫生标准》

GB 8978—2006　《污水综合排放标准》

GB 14925—2010　《实验动物　环境及设施》

GB 14924.1—2001　《实验动物　配合饲料通用质量标准》

GB 13078—2001　《饲料卫生标准》

NY/T 1448—2007　《饲料辐照杀菌技术规范》

GB/T 18773—2008　《医疗废物焚烧环境卫生标准》

GB/T 17999.1—2008　《SPF鸡　微生物学监测　第1部分：SPF鸡　微生物学监测总则》

T/CALAS 18—2017　《实验动物　SPF鸭微生物学监测总则》

3　术语和定义

下列术语和定义适用于本标准。

3.1

无特定病原体鸡 specific pathogen free chicken

经人工饲育，对其携带的病原微生物和寄生虫实行控制，遗传背景明确或者来源清楚，用于科学研究、教学、生产、检定及其他科学实验的鸡群。

3.2

无特定病原体鸭 specific pathogen free duck

经人工饲育，对其携带的病原微生物和寄生虫实行控制，遗传背景明确或者来源清楚，用于科学研究、教学、生产、检定及其他科学实验的鸭群。

4 环境与设施

4.1 选址

参照 GB50447—2008《实验动物 设施建筑技术规范》和 GB 14925—2010《实验动物环境及设施》。

4.1.1 饲养繁殖场所应避开自然疫源地。

4.1.2 应远离有严重空气污染、振动或噪声干扰的区域。

4.1.3 应尽量远离人类生活区、动物园或其他动物密集活动区。

4.2 设施

4.2.1 设施按功能区分为辅助区和生产区。辅助区一般包括空调机房、洁品库、饲料储藏室、污物库、洗刷间、监控室和办公室等；生产区一般包括孵化室、储蛋库、更衣室、隔离检疫室及饲养厅，如果是屏障环境，再分为育雏室、育成室和种禽室。

4.2.2 设施按环境标准分为屏障环境和隔离环境，应符合 GB 14925—2010 标准。

5 物料

5.1.1 饲料：为经钴-60 照射或高温高压灭菌后的全价配合饲料，采用双层真空包装，辐照标准应符合 NY/T 1448—2007 规定，卫生标准应符合 GB 13078—2001 规定，灭菌后饲料最长保存不得超过 3 个月。

5.1.2 饮水：参照 GB 5749—2006《生活饮用水卫生标准》。饮水可采用反渗透、臭氧消毒或酸化处理等多种方法，微生物不得检出。

5.1.3 服装：屏障环境和隔离环境内饲养人员服装需每周两次高温高压蒸汽消毒。

5.1.4 蛋托：屏障或隔离器内使用的塑料蛋托，应定期经过新洁尔灭浸泡、紫外线照射，不得拿出屏障环境；一旦拿出，应重新消毒。

6 引种

种蛋来源应有完整的资料，包括育种单位、品种名称、遗传背景、引进代次及主要生物学特性等，符合中华人民共和国实验动物管理相关法规。

种禽卵到达设施后，先经过 1%新洁尔灭浸泡 10 min，自然晾干后，用屏障环境内专用蛋托转移至蛋库或孵化器。推荐种卵到达后立即开始孵化，减少运输环境对禽胚活性的影响。

种蛋由种禽室运输至冷库，再由冷库运输至孵化室，出雏后由孵化室运输至育雏室，淘汰禽处理后运至高压灭菌室，这些运输通道需要定期消毒及运输前后消毒。

7 饲养管理

7.1 操作规程

对育雏期、育成期、产蛋前期、产蛋高峰期等不同生长时期的 SPF 鸡和 SPF 鸭制定不同的饲养管理操作规程。

7.2　饲料

依照鸡和鸭的不同生长阶段，使用育雏期、育成期、产蛋前期、产蛋高峰期等不同的配合饲料。SPF 鸡或 SPF 鸭在 20 周龄内需要精料 8 kg 左右，产蛋鸡或鸭每只每天饲喂 100~120 g 的全价配合饲料。如果饲料不足，会影响生长和健康；饲喂过多，不仅浪费饲料，而且也会导致过肥，使生产力下降。产蛋期要对产蛋鸡和鸭进行限饲，以提高饲料的利用率。饲养标准符合 GB 14924.1—2001《实验动物　配合饲料通用质量标准》、GB 13078—2001《饲料卫生标准》和 NY/T 1448—2007《饲料辐照杀菌技术规范》或其他适宜的灭菌方法。

7.3　饮水

SPF 鸡和 SPF 鸭均采用饮水乳头饮水，根据生长状态，及时调整饮水乳头的高度。

7.4　清洁

每日清理隔离器内粪便；定期进行环境和隔离器的消毒；群清空后的隔离器采用加热硅油和多聚甲醛蒸汽消毒，放置一定时间，检验微生物水平，确保合格后，方可引入下一批。清洁后的污水处理符合 GB 8978—2006《污水综合排放标准》。

7.5　集蛋

集蛋后，表面不洁净的脏蛋要用细砂纸或 40℃温水兑制的 0.1%新洁尔灭水溶液擦拭干净，剔除畸形蛋、软皮蛋、破损蛋，以及严重被粪污染的蛋。灭菌后用带过滤器的无菌密闭箱子，经灭菌通道转运至冷库。蛋库温度控制在 13~20℃，湿度控制在 60%~80%，保证胚胎处于静止休眠状态，防止脱水。种蛋在冷库保存以不超过 7 天为宜。入孵前再次灭菌。

7.6　孵化

用于孵化的卵应蛋形正常、蛋色正常，蛋壳结构致密均匀，蛋壳厚度为 0.33~0.35 mm。孵化前，孵化器彻底消毒灭菌。孵化器的温度设定在 37.8℃，湿度设定为 53%~57%（鸡）或 75%~80%（鸭），24 h 保持正常时方可上蛋。入孵后分别于 5 天、11 天照蛋，排除未受精蛋和中死蛋，18 天转移至出雏器，20~22 天出雏。

7.7　育雏

育雏是指自出雏后到转入育成舍前的全过程。育雏室温度要保持在 35℃，随着雏鸡和鸭日龄增加可逐步降低，见表 1。SPF 鸡的相对湿度设为 50%~70%，SPF 鸭的相对湿度设为 60%~70%。孵出后 24~36 h 适宜开食，自由采食。

表 1　SPF 鸡和 SPF 鸭育雏室温度

日龄	温度/℃	日龄	温度/℃
1，3	35	16，17	28
4，5	34	18，19	27
6，7	33	20，21	26
8，9	32	22，23	25
10，11	31	24，25	24
12，13	30	26 以上	23
14，15	29		
4 周龄以上温度控制在 20℃（冬季）至 25℃（夏季）			

7.8　留种

SPF 鸡或 SPF 鸭采用本交方式交配。根据外貌与生理特征选择种禽。体重不宜过大，一般在 4 周龄带翅号进行遗传学质量监测时对全群进行第一次挑选，按♂：♀为 1∶9~10 进行留种，8 周龄时再次进行挑选，20~22 周龄时精选；或者根据生产记录（产蛋率、孵化率、32 周龄体重积和 52 周龄蛋重）等留种。

7.9　疫病监测

7.9.1　SPF 鸡的疫病监测：参照 GB/T 17999.1—2008《SPF 鸡　微生物学监测　第 1 部分：SPF 鸡　微生物学监测总则》。首次监测从 8~10 周龄开始。常规监测时，每隔 4~8 周，监测规定的项目。有特定病原微生物感染危险时，随时进行检测。

7.9.2　SPF 鸭的疫病监测：参照 T/CALAS 18—2017《实验动物　SPF 鸭微生物学监测总则》。有特定病原微生物感染危险时，随时进行检测。SPF 鸭的疫病监测的样品采集如下：禽流感病毒监测可采集咽拭子，禽流感病毒、新城疫病毒、禽腺病毒 III 群、鸭疫里氏杆菌和衣原体可采集血清。

网状内皮增生症病毒、多杀性巴氏杆菌和鸭疫里氏杆菌监测可采集全血，所有病原微生物均可采集泄殖腔拭子进行抗原监测。首次检测从 4~8 周龄开始。SPF 鸭每世代至少监测 2 次。对所有饲养单元的鸭进行全部项目的检测，每个饲养单元按 15% 的比例抽样。

7.10　其他

如单个或少量动物发生了疾病或死亡情况，应立即进行剖检、取样，查找死亡原因，进而判断是否进行动物或设备灭菌、动物扑杀等。相关饲养设备、运输设备、饲养人员及器具，进行彻底灭菌。

7.10.1　断喙：一般在 7~10 日龄断喙，用断喙器将鸡上喙断去 1/2，下喙断去 1/3（指鼻孔到喙尖的距离）。断喙后要将饲槽中料的厚度增加，直到伤口愈合。断喙要在鸡群健康状况下进行，以防更大的应激。断喙不当易造成雏鸡死亡、生长发育不良、均匀度差和产蛋率上升缓慢或无高峰等后果。

7.10.2　防止惊群：雏禽生活环境一定要保持安静，避免有噪声或突然惊吓。观察禽群及日常所有工作动作要轻。不可恫吓鸡群。

7.10.3　产蛋母鸡和母鸭保护：要经常检查母禽的背部是否在交配过程中被公禽踩坏，如果受到损伤，用紫药水涂在患处。

8　物品的传入

8.1　要传入生产区的物品，包括饲料、维修工具、设备配件、消毒剂等，拆掉外包装（如果有），用中性消毒剂（如消毒灵、新洁而灭、碘伏等溶液）进行表面擦拭消毒，由外门放入传递窗，分散平铺，经紫外光照射 30 min 以上后，阴影部分再照射 30 min 以上，由生产区内侧门取出，直接使用或储存。

8.2　要传出的物品，包括隔离器内更换下来的灯具和废弃配件、破损蛋及死亡的禽尸体，从传递窗传出，放入塑料袋中，胶带封口，传入污物传递窗，由饲育员经污物走廊带出。不明原因的死亡，应送检测部门检测。

8.3　粪便应用集粪袋收集，胶带封口，传入污物传递窗，由饲育员经污物走廊带出。

9　废弃物及尸体处理

　　废弃物应进行无害化处理并应达到 GB 8978—1996《污水综合排放标准》的要求；尸体应根据实验类别处理，如需高压灭菌或焚烧处理，其排放应达到 GB/T 18773—2008《医疗废物焚烧环境卫生标准》的要求。污水处理符合 GB 8978—1896《污水综合排放标准》。

第二篇

实验动物质量控制系列标准

ICS 65.020.30

B 44

中国实验动物学会团体标准

T/CALAS 32—2017

实验动物　爪蟾生产和使用指南

Laboratory animal - Guidelines for the production and use of clawed frog

2017-12-29　发布 　　　　　　　　　　　　　　　2018-01-01　实施

中国实验动物学会　发布

前　　言

本标准按照 GB/T 1.1—2009 给出的规则编写。

本标准由中国实验动物学会归口。

本标准由全国实验动物标准化技术委员会（SAC/TC281）技术审查。

本标准由中国实验动物学会实验动物标准化专业委员会提出并组织起草。

本标准起草单位：广东省实验动物监测所。

本标准主要起草人：黄韧、李建军、蔡磊、余露军、鞠晨曦、陈梅丽。

实验动物　爪蟾生产和使用指南

1　范围

本标准规定了爪蟾的形态特征、病害、饲料、设施与环境及其检测方法。

本标准适用于非洲爪蟾（*Xenopus laevis*）和热带爪蟾（*Xenopus tropicalis*）的质量控制。

2　规范性引用文件

下列文件对于本文件的应用是必不可少的。凡是注明日期的引用文件，仅所注日期的版本适用于本文件。凡是不注日期的引用文件，其最新版本（包括所有的修改单）适用于本文件。

GB/T 5750　《生活饮用水标准检验方法》

GB/T 6003.1　《试验筛技术要求和检验》

GB/T 6439　《饲料中水溶性氯化物的测定》

GB 13195　《水质水温的测定温度计或颠倒温度计测定法》

GB 14924.1　《实验动物配合饲料通用质量标准》

GB/T 14924.9　《实验动物配合饲料常规营养成分的测定》

GB/T 14924.10　《实验动物配合饲料氨基酸的测定》

GB/T 14924.11　《实验动物配合饲料维生素的测定》

GB/T 14924.12　《实验动物配合饲料矿物质和微量元素的测定》

GB 14925—2010　《实验动物环境及设施标准》

GB/T 18652　《致病性嗜水气单胞菌检验方法》

GB/T 18654.12　《养殖鱼类种质检验　第12部分：染色体组型分析》

HJ 506　《水质溶解氧的测定——电化学探头法》

HJ 586　《水质游离氯和总氯的测定——*N,N*-二乙基-1,4-苯二胺分光光度法》

NY5072　《无公害食品渔用配合饲料安全限量》

SC/T 1056　《蛙类配合饲料》

SC/T 1077　《渔用配合饲料通用技术要求》

3　术语和定义

下列术语和定义适用于本标准。

3.1

实验爪蟾 experimental clawed frog

经人工繁育，用于发育生物学、细胞生物学、毒理学、神经学、人类疾病和生殖缺陷模型等科学研究及教学、生产、检测等的两栖类动物，包括非洲爪蟾和热带爪蟾。

3.2

养殖单元 breeding unit

用于爪蟾繁育，由同一水体及相关设施设备等组成的一个单位。

3.3

配合饲料 formula feed

根据爪蟾营养需要，将多种饲料原料和添加剂按照一定比例配制的饲料。

3.4

蝌蚪 tadpole

受精卵孵出至尾完全被吸收的爪蟾。

3.5

幼蟾 froglet

尾完全被吸收至接近性成熟的爪蟾。

3.6

成蟾 adult frog

性腺已发育成熟的爪蟾。

3.7

设施 facility

用于爪蟾生产和使用的建筑物及其设备总和。

4 遗传

4.1 分类地位

非洲爪蟾和热带爪蟾隶属于两栖纲（Amphibia）、无尾目（Anura）、负子蟾科（Pipidae）、爪蟾属（*Xenopus*）。

4.2 习性和分布

4.2.1 习性

爪蟾终生水栖，自然状态下喜栖息于温暖、泥质底的淡水水体中，早春至早秋期间繁殖，温度低于 8℃或干旱时进入休眠状态；适宜温度下，可常年繁殖。非洲爪蟾可存活 25~30 年，热带爪蟾可存活 5~20 年。

4.2.2 分布

原产于非洲，非洲爪蟾分布范围南至南非南部，北至苏丹东北，西至尼日利亚西部，肯尼亚、喀麦隆、刚果共和国也有分布；热带爪蟾主要分布于塞内加尔至喀麦隆西北部和萨纳加河西部。

4.3 形态特征

4.3.1 非洲爪蟾

成年个体体长 50~140 mm；后肢有 3 个黑色角质爪（图 1A）。

4.3.2 热带爪蟾

成年个体体长 28~40 mm；后肢有 3~5 个黑色角质爪，内跖突发育成第 4 爪（图 1B）。

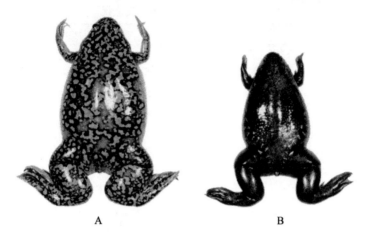

A   B

图 1　非洲爪蟾和热带爪蟾比较（Amaya，1998）

A. 非洲爪蟾；B. 热带爪蟾

4.4　染色体数目

4.4.1　非洲爪蟾

$4N=72$。

4.4.2　热带爪蟾

$2N=20$。

4.5　饲养管理

见附录 A。

4.6　检测方法

4.6.1　抽样数量

按引进爪蟾数量的 6%抽样，每次不少于 5 只，最多不超过 30 只，优先抽取可疑样品。

4.6.2　体长

体长为吻端至泄殖腔孔的距离。

4.6.3　染色体

参照 GB/T 18654.12 执行。

4.7　判定

判定方法如下：

a）形态符合规定，判定为合格；

b）形态存在差异或不可检测时，补充染色体检测，染色体数目符合规定，判定为合格。

5　病害预防与检测

5.1　主要病原及其症状

爪蟾主要病原及其症状见表 1。

表1　爪蟾主要病原及其症状

病原	症状
蛙虹彩病毒 *Ranavirus*	行为呆滞，浮于水面，皮肤有水泡或腐烂，全身性出血，内脏器官有大量出血点，胃胀气；蝌蚪水肿，出血
脑膜炎败血伊利莎白菌 *Elizabethkingia meningosepticum*	运动机能失调，头部歪斜，身体失去平衡，眼角膜浑浊、发白（白内障），同时伴有皮肤溃疡、肝坏死等症状
致病性嗜水气单胞菌 *Aeromonas hydrophila*（pathogenic）	行动迟缓，厌食，后腿红肿，严重时后腿肌肉充血呈紫红色，腹部红肿
分枝杆菌 *Mycobacterium* spp.	行动迟缓，身体瘦弱，皮肤溃疡，肝脏肿大，腹部膨大
水霉 *Saprolegnia* spp.	嗜睡，浮于水面，病灶部位长"白毛"，并伴随皮肤溃疡、坏死和水肿等症状
毛细线虫 *Pseudocapillaroides* spp.	严重感染时呼吸困难，行动无力，厌食，背部皮肤出现管状凸痕
小杆线虫 *Rhabdias* spp.	肺部感染和贫血，生长停滞，肠道有大量幼虫和卵
隐孢子虫 *Cryptosporidia* spp.	身体消瘦，肠道发炎

5.2　病原控制

5.2.1　隔离检疫

5.2.1.1　运输到达后，应缓慢向运输容器添加养殖水，降低爪蟾应激反应。

5.2.1.2　不同来源、不同批次爪蟾应置于不同养殖单元饲养。

5.2.1.3　隔离期2周以上。

5.2.1.4　隔离期间应对进出隔离区域的人员、物品采取病原隔离措施，如人员应穿戴工作服、手套，物品进出前应经消毒处理。

5.2.1.5　隔离检疫结束后，应对隔离区域彻底清洁、消毒。

5.2.2　日常管理

5.2.2.1　养殖设施、设备使用前采用紫外线照射、醋酸熏蒸或84消毒液喷洒等消毒处理。

5.2.2.2　养殖水每月采用0.5 mg/L高锰酸钾溶液或2 mg/L漂白水溶液等至少消毒一次。

5.2.2.3　不同养殖单元的工具不能交叉使用。养殖工具采用5 mg/L高锰酸钾溶液等浸泡30 min以上，每周至少1次。

5.2.2.4　患病个体及时捞出，安乐死后采取深埋、焚烧等处理措施。

5.3　健康检查

5.3.1　每日观察是否出现下列异常情况：

  a）长时间浮于水面、行为异常或反应迟钝；

  b）水中有大量脱落的皮肤；

  c）体表出现瘀斑、溃疡、充血、出血、皮肤粗糙等；

  d）指（趾）缺失；

  e）腹部膨大，身体、四肢肿胀，腹部凹陷；

  f）眼睛浑浊、发白等。

5.3.2　定期（每月至少一次）观察是否出现下列异常情况：

  a）放大镜或解剖镜观察趾蹼有气泡、出血点、瘀斑等；

　　b）放大镜或解剖镜观察背部皮肤下有线虫引起的管状凸起；

　　c）口腔内有胃的回流物或其他异物、充血、出血、溃疡等；

　　d）泄殖腔肿胀或发红；

　　e）腹部触诊有肿块。

5.3.3　异常情况处理

发现异常个体及时隔离，分析异常原因，采取相应处理措施。

5.4　病原检测

5.4.1　检测要求

5.4.1.1　抽样方法

一个养殖单元内随机取样。

5.4.1.2　抽样数量

爪蟾：按取样单元群体数量的 5% 抽样，每次抽样不少于 5 只，最多不超过 30 只。

水样：抽取 25 mL 水样。

5.4.1.3　检测指标

蛙虹彩病毒、脑膜炎败血伊利莎白菌、致病性嗜水气单胞菌为必检指标，其他为必要时检测指标。

5.4.1.4　检测频率

每 6 个月至少检测 1 次。

5.4.2　检测方法

5.4.2.1　细菌

按附录 B.1~B.3 方法执行，常用培养基的配制方法见附录 C。

5.4.2.2　真菌

按附录 B.4 的方法执行。

5.4.2.3　病毒

按附录 D 的方法执行。

5.4.2.4　寄生虫

按附录 E 的方法执行。

5.4.3　判定

养殖单元内的爪蟾和水样如检出蛙虹彩病毒、脑膜炎败血伊利莎白菌或致病性嗜水气单胞菌，则判定该养殖单元内的爪蟾不合格。

6　饲料

6.1　配合饲料分类

爪蟾配合饲料分为蝌蚪粉料、蝌蚪颗粒料、幼蟾颗粒料和成蟾颗粒料 4 个类别，各类饲料规格应符合表 2 的要求。

表 2　饲料分类与规格

饲料类别	非洲爪蟾		热带爪蟾	
	适用对象（日龄）/d	规格（粒径）/mm	适用对象（日龄）/d	规格（粒径）/mm
蝌蚪粉料	7~38	0.2~0.5	7~35	0.1~0.5
蝌蚪颗粒料	39~60	0.5~1.0	36~55	0.5~1.0
幼蟾颗粒料	61~500	1.0~3.0	56~150	1.0~2.0
成蟾颗粒料	>500	3.0~5.0	>150	2.0~3.0

6.2　技术要求

6.2.1　原料要求

应符合 GB/T 14924.1 的规定。

6.2.2　感官指标

色泽、颗粒大小均匀；无霉变、变质、结块和虫蛀现象；无霉味、酸败等异味。

6.2.3　加工质量指标

应符合表 3 的规定。

表 3　爪蟾饲料加工质量指标

指标	粉料	颗粒料
原料粉碎粒度（筛上物）/ % （筛孔尺寸 0.250 mm）	≤5.0[a]	≤5.0[b]
混合均匀度（变异系数）/%	≤10.0	
水中稳定度（溶失率）/%	—	浸泡 60 min，颗粒不开裂，表面不开裂，不脱皮

a 采用"ø 200×50-0.180/0.125"实验筛筛分（GB/T 6003.1）；

b 采用"ø 200×50-0.180/0.160"实验筛筛分（GB/T 6003.1）。

6.2.4　营养成分指标

爪蟾配合饲料常规营养成分指标应符合表 4 的规定，氨基酸、维生素、矿物质和微量元素成分推荐值见附录 F。

表 4　常规营养成分指标

指标 饲料种类	粗蛋白 ≥/%	粗脂肪 ≥/%	粗纤维 ≤/%	粗灰分 ≤/%	氯化钠 ≤/%	水分 ≤/%	钙 ≤/%	总磷 ≥/%
蝌蚪粉料	41	4	5	15	1	10	5	1.2
蝌蚪颗粒饲料	40	4	5	15	1	10	5	1.2
幼蟾颗粒饲料	38	4	6	15	1	10	5	1.2
成蟾颗粒饲料	35	4	6	15	1	10	5	1.2

6.2.5　卫生指标

应符合 NY5072 的规定。

6.3 检测方法

6.3.1 感官指标、原料粉碎粒度、混合均匀度、水中稳定性和卫生指标
按照 SC/T 1056 的规定执行。

6.3.2 配合饲料常规营养成分、氨基酸、维生素、矿物质和微量元素指标
分别按照 GB/T 14924.9~GB/T 14924.12 的规定执行,氯化钠按照 GB/T 6439 的规定执行。

6.4 检测规则
按照 SC/T 1056 的规定执行。

7 设施与环境

7.1 设施

7.1.1 地面、内墙和天花板都应使用无毒材料,且应易于清洗和消毒。

7.1.2 应配备应急电源和漏电保护开关,电箱、插座和灯管等用电设施应有防水装置。

7.1.3 门窗、下水道等与外界连通的部位应有预防敌害生物进入的设施。

7.2 设备

7.2.1 养殖缸
a)选用无毒材质;

b)无锐边、尖角,内外壁光滑;

c)应配有观察、投喂、换水及防逃装置。

7.2.2 辅助设备
应配有温湿度控制、照明、水质监测与消毒等辅助设备。

7.3 环境

7.3.1 养殖间环境

7.3.1.1 噪声小于 60 dB。

7.3.1.2 工作照度≥200 lx。

7.3.2 水环境

7.3.2.1 水环境指标
爪蟾水环境指标应符合表 5 的要求。

表 5 水环境指标

项目	非洲爪蟾	热带爪蟾
水温/℃	18~24	22~28
电导率/(μS/cm)	500~3000	500~1000
总硬度(CaCO₃)/(mg/L)	150~300	100~300
总碱度(CaCO₃)/(mg/L)	50~200	
酸碱度(pH)	蝌蚪(7.0~8.0)	
	幼蟾、成蟾(6.5~8.5)	
溶解氧含量≥/(mg/L)	5	

项目	非洲爪蟾	热带爪蟾
余氯≤/（μg/L）	0.2	
非离子氨≤/（mg/L）	0.02	
亚硝酸盐氮≤/（mg/L）	0.5	
硝酸盐氮≤/（mg/L）	50	
照度≤/lx	500	
昼夜明暗交替时间/h	12/12	

7.3.2.2 病原指标

养殖水中不得携带蛙虹彩病毒、脑膜炎败血伊利莎白菌、致病性嗜水气单胞菌。

7.4 检测方法

病原检测按照 5.4 的方法执行；环境检测按照附录 G 执行。

7.5 检测频率

环境指标应至少每 6 个月检测 1 次。

附 录 A

（资料性附录）

饲 养 管 理

A.1 繁殖

A.1.1 亲蟾选择

选择体质无伤病、无畸形、非近亲个体作为亲蟾。雄蟾应躯体雄健、前肢粗壮、婚垫明显；雌蟾应体型丰满、腹部膨大柔软而富有弹性、卵巢轮廓明显可见、生殖孔微红微突。

A.1.2 繁殖

A.1.2.1 人工催产

向爪蟾背部淋巴囊内注射 HCG 激素，雌性单只注射量为 200 IU，雄性单只注射量为 100 IU，注射完毕的雌雄亲蟾分开饲养，配对当天再次分别注射 100 IU HCG 激素。

A.1.2.2 自然受精

将注射后的雌、雄亲蟾置于深度约为 16 cm、NaCl 浓度为 20 nmol/L 的水中配对过夜，次日清晨收集受精卵。

A.1.2.3 人工授精

A.1.2.3.1 取卵

沿泄殖腔方向轻轻滑动挤压腹部，一般 1~2 min 后开始排出卵子，24 h 内可按照此种方法收集卵子 4~6 次，用无菌培养皿承接成熟卵子，取卵后爪蟾应休养 3~6 个月；也可通过手术取卵方式获得成熟卵子。

A.1.2.3.2 取精

可通过迅速处死雄蟾方式获得精子。

A.1.2.3.3 授精

MMR 溶液使用前于 25℃ 预热，将获取的卵子和精子置于盛有 0.5×MMR（Marc's Modified Ringer's）溶液的无菌培养皿中混合 5 min。MMR 溶液配方见附表 A.1。

附表 A.1 MMR 溶液配方

化学试剂	1×储备液	20×储备液
KCl	2 mmol/L	40 mmol/L
$MgSO_4$	1 mmol/L	20 mmol/L
$CaCl_2$	2 mmol/L	40 mmol/L
NaCl	0.1 mmol/L	2 mmol/L
HEPES	5 mmol/L	100 mmol/L

A.2 孵化

A.2.1 孵化密度

直径为 90 mm 的培养皿中孵化的受精卵不超过 100 粒，尽量使卵分散；根据胚胎发育情况，及时调整孵化密度。

A.2.2 孵化条件

孵化液为 $0.5 \times MMR$；非洲爪蟾孵化温度为 20℃，热带爪蟾孵化温度为 25℃；每天更换孵化液 1 次；及时移除死亡胚胎。

A.3 蝌蚪期饲养

A.3.1 5 日龄前蝌蚪

不投喂，不充氧，于 0.75 g/L 的盐水中养殖；每天更换 50%养殖水，换水前后水质因子尽量一致。

A.3.2 6 日龄蝌蚪至尾完全被吸收

2 周后开始充气，投喂配合饲料；每天投喂 3~8 次；每次投喂量以 15 min 内吃完为宜；及时清理粪便残饵。

A.4 幼成蟾饲养

A.4.1 投喂

每天投喂配合饲料 1 次，投喂量以 1~2 h 内吃完为宜，进食期间保持安静，进食 3~4 h 后清除粪便残饵，避免爪蟾应激反刍。

A.4.2 换水

静水养殖每 2 天换水 1 次，每次换水量 100%，循环水养殖系统每周换水 1/3；换水前后水质因子尽量一致。

A.5 爪蟾养殖密度

爪蟾养殖密度见附表 A.2。

附表 A.2 爪蟾养殖密度 （单位：只/10L）

发育阶段 \ 种类	非洲爪蟾≤	热带爪蟾≤
蝌蚪	100	150
幼蟾	5	10
成蟾	1	3

A.6 日常管理

A.6.1 每天巡查饲养设施设备，并观察爪蟾生活状态。

A.6.2 定期监测水质指标。

A.7 运输

A.7.1 包装

内包装应由无毒材料制成。

A.7.2　标签

每一运输容器应携带标明爪蟾名称、来源、数量、规格等信息的标签。

A.7.3　温度

非洲爪蟾适宜的运输温度为 15~27℃，热带爪蟾为 18~30℃。

A.7.4　密度

运输前一天禁食，运输密度不超过养殖密度的 5 倍。

A.7.5　时间

运输不宜超过 48 h。

附 录 B

（规范性附录）

细菌和真菌鉴定方法

B.1 脑膜炎败血伊利莎白菌

B.1.1 采样

无菌采取爪蟾肝脏或脑组织。

B.1.2 分离培养

将样本接种于营养琼脂平板，（28±1）℃培养48 h。

B.1.3 鉴定

挑选营养琼脂平板上可疑脑膜炎伊丽莎白菌菌落，染色镜检，将符合脑膜炎伊丽莎白菌菌体特征的菌落接种于营养琼脂平板纯化培养，置（28±1）℃培养48 h，挑取新鲜菌落进行生化试验。

B.1.3.1 菌落特征

培养48 h后菌落呈微黄色或亮黄色。

B.1.3.2 菌体特征

革兰氏阴性、细长杆菌，单个分散排列。

B.1.3.3 生化鉴定

氧化酶阳性，葡萄糖、麦芽糖、甘露醇、果糖产酸，不发酵木糖、蔗糖、乳糖，不还原硝酸盐，β-半乳糖甘酸、DNA酶阳性。也可采用生化鉴定试剂盒进行鉴定。

B.1.4 结果判定

经鉴定符合B.1.3中各项检测结果，或根据生化鉴定试剂盒鉴定为脑膜炎败血伊丽莎白菌。

B.2 致病性嗜水气单胞菌

B.2.1 采样

无菌采取爪蟾肝脏或肾脏组织。

B.2.2 分离培养

将样本接种于营养琼脂平板，（28±1）℃培养24 h。

B.2.3 鉴定和结果判定

挑选营养琼脂平板上可疑菌落，染色镜检，将符合嗜水气单胞菌菌体特征的菌落接种于营养琼脂平板纯化培养，置（28±1）℃培养24 h，挑取新鲜菌落进行生化试验。

按GB/T 18652进行鉴定和结果判定。也可采用生化鉴定试剂盒进行鉴定。

B.3 分枝杆菌

B.3.1 采样

无菌采取爪蟾肝或肾组织。

B.3.2 分离培养

将样本接种于罗氏培养基, 28~32℃恒温培养 15~30 天。

B.3.3 鉴定

B.3.3.1 菌落特征

黄色或灰白色（避光培养）凸起的粗糙菌落。

B.3.3.2 菌体特征

挑选可疑菌落（或直接取肾组织涂片），抗酸染色呈红色。

B.3.3.3 PCR 鉴定

按附录 D 的方法进行。

B.3.4 结果判定

经鉴定符合 B.3.3 中各项检测结果，可判定为分枝杆菌。

B.4 水霉

B.4.1 镜检

a）取皮肤病灶组织镜检，可见真菌孢子和菌体。

b）水霉寄生时，体表成片"白毛"即是水霉的菌丝，菌丝直径 15~20 μm；菌丝中有多个细胞核，无横隔，菌丝顶端膨大形成孢子囊。

B.4.2 PCR 鉴定

按附录 D 的方法进行。

B.4.3 结果判定

符合 B.4.1 和 B.4.2 中各项检测结果，可判定为水霉。

附 录 C

（资料性附录）

培养基配制方法

C.1 普通琼脂平板

牛肉膏	3.0 g
蛋白胨	10.0 g
氯化钠	5.0 g
磷酸二氢钾	1.0 g
琼脂	15.0 g

上述各成分加入蒸馏水中，加热溶化，pH 7.2~7.4，补足蒸馏水至 1000 mL，分装后，121℃灭菌 20 min。

C.2 罗氏培养基

L-谷氨酸钠	14.4 g
KH_2PO_4	4.8 g
$MgSO_4$	0.48 g
枸橼酸镁	1.2 g
甘油	24 mL
马铃薯淀粉	60 g

上述各成分加入蒸馏水中，加热溶化，pH 8.4~8.6，补足蒸馏水至 1200 mL，分装后，121℃灭菌 20 min，备用。

上述培养基冷却至 55℃时，以无菌操作加入新鲜鸡蛋卵液 2000 mL（鸡蛋卵液的制备：洗净新鲜鸡蛋表面，浸泡在 70 %乙醇或其他消毒液中 20~30 min，取出，擦干，开口，收集鸡蛋卵液，经过消毒纱布过滤成鸡蛋卵液），混匀；加入 2%孔雀绿水溶液 20 mL，混匀；静置 1 h 后，倒平板，85℃放置 1 h 后，放入冰箱备用。

附 录 D

（规范性附录）

微生物PCR检验方法

D.1 基因组 DNA 的提取

病毒取实验爪蟾脾脏组织、真菌取皮肤组织、细菌取纯培养物或病灶组织，按照常规方法提取 DNA，双蒸水溶解后于–20℃保存备用。阳性对照分别为：确定感染病毒和真菌的组织样本，细菌为模式菌株，病毒、真菌阴性对照为确定健康组织样本，细菌阴性对照为大肠杆菌 ATCC25922 株，空白对照为双蒸水。

D.2 PCR 扩增

PCR 扩增引物序列及反应条件见附表 D.1。

PCR 总反应体积为 50 μL，其中含：10 × PCR Buffer 5 μL（Mg^{2+} Plus），dNTP（2.5 mmol/L each）4 μL，上、下游引物（20 μmol/L）各 1 μL，基因组 DNA 4 μL（100~500 ng），Taq 酶（5 U/μL）0.4 μL，双蒸水补齐至 50 μL。

D.3 琼脂糖凝胶电泳

在电泳缓冲液中加入 1 % 琼脂糖，加热融化后加入溴化乙锭制备凝胶，凝固后进行电泳。8 μL PCR 产物加入 2 μL 5 × 上样缓冲液，混匀后加入上样孔，120 V 恒压电泳 20 min，紫外线透射检测。

D.4 序列测序

PCR 产物经回收纯化后，在 DNA 测序仪上测序；为保证测序的可靠性和准确性，采用双向测序，并进行人工核对、校正。

D.5 结果及判定

D.5.1 试验结果成立条件

阳性对照出现附表 D.1 中相应的目的条带，阴性对照和空白对照没有目的条带出现，试验结果成立；否则，结果不成立。

D.5.2 普通 PCR

琼脂糖凝胶电泳后，在空白和阴、阳性对照成立的情况下，待检样品若没有出现附表 D.1 中相应的目的条带，则判定目标病原核酸阴性；待检样品若出现附表 D.1 中相应的目的条带，则需进一步序列测定。

D.5.3 测序

按 D.4 进行测序，结果采用 BLAST 程序（http://blast.ncbi.nlm.nih.gov/Blast.cgi）与 GenBank 中已登录的相应基因序列进行序列同源性分析，序列同源性在 90% 以上，即可判定待检样本目标病原核酸阳性；否则判定目标病原核酸阴性。

附表 **D.1** 爪蟾病原微生物 **PCR** 检测靶基因、引物序列和反应条件

菌种	靶基因	引物序列（5′→3′）	扩增片段/bp	PCR 反应条件
虹彩病毒	MCP	CGCATGTCTTCTGTAACTGG CGTTACAAGATTGGGAATCC	1392	95℃、4 min；94℃、30 s，50℃、30 s，72℃、60 s，30 个循环；72℃延伸 10 min
		CGCGATAGGCTACTATAACATGG AGATGTGTGACGTTCTGCACC（巢式引物）	500	95℃、4 min；94℃、30 s，52℃、30 s，72℃、45 s，30 个循环；72℃延伸 10 min
分枝杆菌	16S rRNA	GCG AAC GGG TGA GTA ACA CG TGC ACA CAG GCC ACA AGG GA	924	95℃、4 min；94℃、30 s，50℃、1 min，72℃、1 min，35 个循环；72℃延伸 10 min
		AAT GGG CGC AAG CCT GAT G ACC GCT ACA CCA GGA AT（巢式引物）	300	
水霉	ITS	TCCGTAGGTGAACCTGCGG TCCTCCGCTTATTGATATGC	744	95℃、4 min；94℃、30 s，58℃、30 s，72℃、60 s，35 个循环；72℃延伸 10 min

附 录 E

（资料性附录）

寄生虫特征

E.1 寄生虫形态及寄生部位

E.1.1 毛细线虫

虫体细长，白色、圆线形，前端钝圆，体表有许多小乳突，具有坚硬角质层，体长 2~4 mm（附图 E.1）。主要寄生于背部皮肤，呈管状凸起；刮取体表白斑皮肤或水体沉积物中可见成体和幼体。

E.1.2 小杆线虫

虫体透明、纤细，无分节，两侧对称，具有充满体液的假体腔，体表具有角质层，体长 1 mm 左右（附图 E.2）。成体寄生在肺部，肠道内有大量幼体和虫卵。

E.1.3 隐孢子虫

卵形或梨形，卵囊平均大小为 5.43 μm×4.38 μm（附图 E.3）。主要寄生在肠道等部位。

E.2 寄生虫形态图

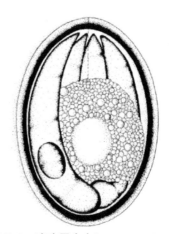

附图 E.1 毛细线虫（Køie et al., 2001）

附图 E.2 隐孢子虫（Current et al., 1986）

附 录 F

（资料性附录）

配合饲料氨基酸、维生素、矿物质和微量元素推荐值

F.1 配合饲料氨基酸推荐值见附表 F.1。

附表 **F.1** 配合饲料氨基酸推荐值

指标	含量	指标	含量
精氨酸/%	2.46~2.57	亮氨酸/%	2.77~3.10
赖氨酸/%	1.70~2.63	异亮氨酸/%	1.49~1.72
甲硫氨酸/%	0.76~0.80	苯基丙氨酸/%	1.44~1.77
胱氨酸/%	0.59~0.93	酪氨酸/%	1.16~1.96
色氨酸/%	0.34~0.45	苏氨酸/%	1.43~1.54
组氨酸/%	0.74~1.12	缬氨酸/%	1.48~2.00

F.2 配合饲料维生素推荐值见附表 F.2。

附表 **F.2** 配合饲料维生素推荐值

指标	含量	指标	含量
维生素 A/（IU/kg）	7400~14000	泛酸/（mg/kg）	34~100
维生素 D_3/（IU/kg）	2000~2400	胆碱/（mg/kg）	2640~3230
维生素 E/（IU/kg）	83.7~175	维生素 B_6/（mg/kg）	12~32
维生素 B_1/（mg/kg）	15~36	叶酸/（mg/kg）	7.0~8.51
维生素 B_2/（mg/kg）	11~37	生物素/（mg/kg）	0.6~0.73
烟酸/（mg/kg）	100~240	维生素 B_{12}/（μg/kg）	58~140
维生素 K/（mg/kg）	5.0~5.85		

F.3 配合饲料矿物质和微量元素推荐值见附表 F.3。

附表 **F.3** 配合饲料矿物质和微量元素推荐值

指标	含量	指标	含量
钾/%	0.6~1.2	锌/（mg/kg）	102~240
钠/%	0.27~0.51	锰/（mg/kg）	77~120
镁/%	0.19~0.23	铜/（mg/kg）	16~42
氯化物/%	0.43~0.70	硒/（mg/kg）	0.09~0.94
铁/（mg/kg）	296~540	碘/（mg/kg）	1.2~2.3

附　录　G

（资料性附录）

养殖间环境和水环境指标检测方法

G.1　养殖间环境指标检测方法见附表 G.1。

附表 G.1　养殖间环境指标检测方法

项目	检测方法
噪声/dB	GB 14925—2010
照度/lx	GB 14925—2010

G.2　水环境指标检测方法见附表 G.2。

附表 G.2　水环境指标检测方法

项目	检测方法
水温/℃	GB 13195
电导率/（μS/cm）	GB/T 5750
总硬度（$CaCO_3$）/（mg/L）	GB/T 5750
总碱度（$CaCO_3$）/（mg/L）	GB/T 5750
酸碱度（pH）	GB/T 5750
溶解氧含量≥/（mg/L）	HJ 506
余氯≤/（μg/L）	HJ 586
非离子氨≤/（mg/L）	GB/T 5750
亚硝酸盐氮≤/（mg/L）	GB/T 5750
硝酸盐氮≤/（mg/L）	GB/T 5750
照度/lx	GB 14925—2010
昼夜明暗交替时间/h	GB 14925—2010

参 考 文 献

陈爱平，江育林，钱冬，等. 2011, 淡水鱼细菌性败血症. 中国水产，（3）：54-55.

陈爱平，江育林，钱冬，等. 2012. 蛙脑膜炎败血金黄杆菌病. 中国水产，（5）：51-52.

全国动物防疫标准化技术委员会. 2002. GB/T 18652 致病性嗜水气单胞菌检验方法.

沈国鑫. 2008. 热带爪蟾繁殖生物学及其人工养殖研究. 南昌：南昌大学硕士学位论文.

世界动物卫生组织（OIE）鱼病专家委员会组织. 2000. 水生动物疾病诊断手册. 北京：中国农业出版社.

Bravo Fariñas L, Monté Boada RJ, Cuéllar Pérez R, et al. 1989. *Aeromonas hydrophila* Infection in *Xenopuslaevis*. Revista Cubana de Medicina Tropical，41（2）：208-213.

Brayton C. 1992. Wasting disease associated with cutaneous and renal nematodes，in commercially obtained *Xenopus laevis*. Ann N Y Acad Sci，653：197-201.

Chai N，Deforges L，Sougakoff W，et al. 2006 *Mycobacterium szulgai* infection in a captive population of African clawed frogs（*Xenopus tropicalis*）. J Zoo Wildlife Med，37：55-58.

Clothier RH，Balls M. 1973. Mycobacteria and lymphoreticular tumours in *Xenopus laevis*，the South African clawed toad. I. Isolation，characterization and pathogenicity for *Xenopus* of *M. marinum* isolated from lymphoreticular tumour cells. Oncology，28：445-457.

Cunningham AA，Sainsbury AW，Cooper JE. 1996. Diagnosis and treatment of a parasitic dermatitis in a laboratory colony of African clawed frogs（*Xenopus laevis*）. Vet Rec，138：640-642.

DB 43/T 1020—2015 非洲爪蟾室内养殖技术规程.

Godfrey D，Williamson H，Silverman J，et al. 2007. Newly identified *Mycobacterium* species in a *Xenopus laevis* colony. Comp Med，57：97-104.

Green SL. 2009. The laboratory *Xenopus* sp. CRC Press.

Green SL，Bouley DM，Josling CA，et al. 2003. *Cryptosporidiosis* associated with emaciation and proliferative gastritis in a laboratory South African clawed frog（*Xenopus laevis*）. Comp Med，53（1）：81-84.

Green SL，Bouley DM，Tolwani RJ，et al. 1999. Identification and management of an outbreak of *Flavobacterium meningosepticum* infection in a colony of South African clawed frogs（*Xenopus laevis*）Am Vet Med Assoc，214：1833.

Green SL，Lifland BD，Bouley DM，et al. 2000. Disease attributed to *Mycobacterium chelonae* in South African clawed frogs（*Xenopus laevis*）. Comp Med，50：675-679.

Hill WA，Newman SJ，Craig LE，et al. 2010. Diagnosis of *Aeromonas hydrophila*，Mycobacterium species，and *Batrachochytrium dendrobatidis* in an African clawed frog（*Xenopus laevis*）. Journal of The American Association for Laboratory Animal Science，49（2）：215-220.

Jafkins A，Abu-Daya A，Noble A，et al. 2012. Husbandry of *Xenopus tropicalis*. *Xenopus* Protocols：Post-genomic Approaches，17-31.

Mveobiang A，Lee RE，Umstot ES，et al. 2005. A newly discovered mycobacterial pathogen isolated from laboratory colonies of *Xenopus species* with lethal infections produces a novel form of mycolactone，the *Mycobacterium ulcerans* macrolide toxin. Infection and Immunity，73（6）：3307-3312.

Poynton S L，Whitaker BR. 2001. Protozoa and metazoa infecting amphibians. Amphibian Medicine and Captive Husbandry，Krieger Publishing Company，Malabar，FL，USA，193-222.

Pritchett KR，Sanders GE. 2007. Epistylididae ectoparasites in a colony of African clawed frogs（*Xenopus laevis*）. Am Assoc Lab Anim Sci，46：86-91.

Reed BT. 2005. Guidance on the housing and care of the African clawed frog *Xenopus laevis*. London：Royal Society of the Prevention of Cruelty to Animals，Research Animals Department.

Robert J，Abramowitz L，Morales HD. 2007. *Xenopus laevis*：a possible vector of *Ranavirus* infection. Wildlife Dis，43（4）：645-652.

Robert J，George E，Andino FDJ，et al. 2011. Waterborne infectivity of the *Ranavirus* frog virus 3 in *Xenopus laevis*. Virology，417（2）：410-417.

Sánchez-Morgado J，Gallagher A，Johnson LK. 2009. *Mycobacterium gordonae* infection in a colony of African clawed frogs（*Xenopus tropicalis*）. Lab Anim，Feb 23.

Schaeffer DO, Kleinow KM, Krulisch L. 1992. The care and use of amphibians, reptiles, and fish in research.

Schwabacher H. 1959. A strain of *Mycobacterium* isolated from skin lesions of a cold-blooded animal, *Xenopus laevis*, and its relation to atypical acid-fast bacilli occurring in man. Hyg（Lond）, 57：57-67.

Sherril L. 2010. Green. The Laboratory *Xenopus* sp. Boca Raton：CRC Press.

Suykerbuyk P, Vleminckx K, Pasmans F, et al. 2007. *Mycobacterium liflandii* infection in European colony of *Siluranatropicalis*. Emerg Infect Dis, 13：743-746.

Trott KA, Stacy BA, Lifland BD, et al. 2004. Characterization of a *Mycobacterium ulcerans*-like infection in a colony of African tropical clawed frogs（*Xenopus tropicalis*）. Comp Med, 54：309-317.

ICS 65.020.30

B 44

中国实验动物学会团体标准

T/CALAS 33—2017

实验动物　SPF猪微生物学监测

Laboratory animal - SPF swine-microbiological surveillance

2017-12-29　发布

2018-01-01　实施

中国实验动物学会　发布

前　言

本标准按照 GB/T 1.1—2009 给出的规则编写。

本标准由中国实验动物学会归口。

本标准由全国实验动物标准化技术委员会（SAC/TC281）技术审查。

本标准由中国实验动物学会实验动物标准化专业委员会提出并组织起草。

本标准起草单位：中国农业科学院哈尔滨兽医研究所、江苏省农业科学院。

本标准主要起草人：陈洪岩、高彩霞、韩凌霞、邵国青。

实验动物　SPF 猪微生物学监测

1　范围

本标准规定了针对无特定病原体（specific pathogen free，SPF）猪推荐的微生物学监测项目及相应的检测程序，包括检测样品、检测项目、检测方法、检测流程、检测内容和结果判定等要求。

本标准适用于 SPF 猪的微生物控制。

2　规范性引用文件

下列文件对于本标准的应用是必不可少的。凡是注明日期的引用文件，仅所注日期的版本适用于本文件。凡是不注日期的引用文件，其最新版本（包括所有的修改单）适用于本文件。

GB/T 14926.4　《实验动物 皮肤病原真菌检测方法》

GB/T 16551　《猪瘟检疫技术规范》

GB/T 18090　《猪繁殖和呼吸综合征诊断方法》

GB/T 18638　《流行性乙型脑炎诊断技术》

GB/T 18641　《伪狂犬病诊断技术》

GB/T 18646　《动物布鲁氏菌病诊断技术》

GB/T 18935　《口蹄疫检疫技术规程》

GB/T 19915.1　《猪链球菌 2 型平板和试管凝集试验操作规程》

GB/T 19915.2　《猪链球菌 2 型分离鉴定操作规程》

GB/T 21674　《猪圆环病毒聚合酶链反应试验方法》

GB/T 27535　《猪流感 HI 抗体检测方法》

NY/T 537　《猪放线杆菌胸膜肺炎诊断技术》

NY/T 541　《动物疫病实验室检验采样方法》

NY/T 544　《猪流行性腹泻诊断技术》

NY/T 545　《猪痢疾诊断技术》

NY/T 546　《猪萎缩性鼻炎诊断技术》

NY/T 548　《猪传染性胃肠炎诊断技术》

NY/T 550　《动物和动物产品沙门氏菌检测方法》

NY/T 564　《猪巴氏杆菌病诊断技术》

NY/T 1186　《猪支原体肺炎诊断技术》

SN/T 1919　《猪细小病毒病红细胞凝集抑制试验操作规程》

3　术语和定义

下列术语、定义适用于本标准。

无特定病原体猪 specific pathogen free swine

经人工饲育,对其携带的病原微生物和寄生虫实行控制,遗传背景明确或者来源清楚,用于科学研究、教学、生产、检定及其他科学实验的猪。

4　检测样品

根据所采用的检测方法,检测样品包括血清、抗凝血、咽拭子、鼻腔拭子、直肠拭子等。

5　检测项目

SPF 猪病原微生物检测项目见表1。

表1　SPF 猪的微生物学监测项目

序号	病原微生物	检测项目
1	猪瘟病毒 Classical swine fever virus	猪瘟
2	口蹄疫病毒 Foot-and-mouth disease virus	口蹄疫
3	猪繁殖与呼吸综合征病毒 Porcine reproductive and respiratory syndrome virus	猪繁殖与呼吸综合征
4	乙型脑炎病毒 Japanese encephalitis virus	流行性乙型脑炎
5	伪狂犬病病毒 Pseudorabies virus	猪伪狂犬病
6	猪圆环病毒 2 型 Porcine circovirus type2	猪圆环病毒病
7	猪细小病毒 Porcine parvovirus	猪细小病毒病
8	布鲁氏菌 *Brucella* spp.	猪布鲁氏菌病
9	猪传染性胃肠炎病毒 Porcine transmissible gastroenteritis virus	猪传染性胃肠炎
10	猪流行性腹泻病毒 Porcine epidemic diarrhea virus	猪流行性腹泻
11	猪 D 型巴氏杆菌 Swine *Pasteurella*	猪巴氏杆菌病
12	猪胸膜肺炎放线杆菌 *Actinobacillus pleuropeumoniae*	猪放线杆菌胸膜肺炎
13	猪痢疾短螺旋体 *Brachyspira hyodysenteriae*	猪痢疾
14	支气管败血波氏杆菌 *Bordetella bronchiseptica*　产毒素性多杀巴氏杆菌 *Toxigenic Pasteurella multocida*	猪萎缩性鼻炎
15	沙门氏菌 *Salmonella* spp.	沙门氏菌病
16	猪肺炎支原体 *Mycoplasmal pneumonia of swine*	猪支原体肺炎
17	猪流感病毒 Swine influenza virus（必要时）	猪流感
18	猪链球菌 2 型 *Streptococcus suis* type 2 （必要时）	猪链球菌病
19	猪皮肤病原真菌 Swine Pathogenic dermal fungi（必要时）	猪皮肤真菌病

6　检测方法

检测方法见表 2。

表 2　SPF 猪病原微生物检测方法

微生物	方法
猪瘟病毒	GB 16551
口蹄疫病毒	GB/T 18935
猪繁殖与呼吸综合征病毒	GB/T 18090
乙型脑炎病毒	GB/T 18638
伪狂犬病病毒	GB/T 18641
猪圆环病毒 2 型	GB/T 21674
猪细小病毒	SN/T 1919
布鲁氏菌	GB/T 18646
猪传染性胃肠炎病毒	NY/T 548
猪流行性腹泻病毒	NY/T 544
猪巴氏杆菌病	NY/T 564
猪胸膜肺炎放线杆菌	NY/T 537
猪痢疾短螺旋体	NY/T 545
支气管败血波氏杆菌	NY/T 546；NY/T 564
产毒素性多杀巴氏杆菌	
沙门氏菌	NY/T 550
猪肺炎支原体	NY/T 1186
猪流感病毒	GB/T 27535
猪链球菌 2 型	GB/T 19915.1；GB/T 19915.2
猪皮肤真菌病	GB/T 14926.4

7　检测流程

检测流程见图 1。

8　检测内容

8.1　检测频率

SPF 猪每年至少检测 2 次。

8.2　样品采集

8.2.1　采集数量

根据猪群大小，采样数量见表 3。

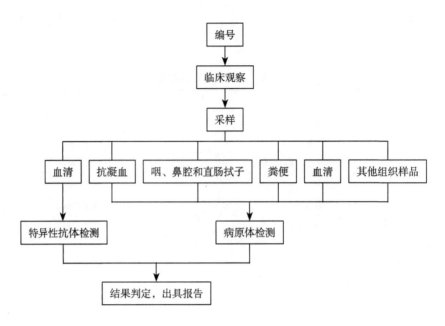

图 1 SPF猪微生物学检测流程

表 3 不同群体采样数量

群体大小/头	采样数量/头
<100	≥5
100~500	≥15
>500	≥20

8.2.2 采样方法

8.2.2.1 按病毒、细菌、真菌、寄生虫检测要求可进行平行联合采样。

8.2.2.2 按照标准 NY/T 541 进行样品采集。

8.3 送检样品要求

按照标准 NY/T 541 进行样品的记录和运送。

9 结果判定

样品检测项目的检测结果均为阴性者，判为合格；若有 1 项以上（含 1 项）为阳性，则判为不合格。

ICS 65.020.30

B 44

中国实验动物学会团体标准

T/CALAS 34—2017

实验动物 SPF 猪寄生虫学监测

Laboratory animal - SPF swine-parasitological surveillance

2017-12-29 发布 2018-01-01 实施

中国实验动物学会 发布

前　　言

本标准按照 GB/T 1.1—2009 给出的规则编写。

本标准由中国实验动物学会归口。

本标准由全国实验动物标准化技术委员会（SAC/TC281）技术审查。

本标准由中国实验动物学会实验动物标准化专业委员会提出并组织起草。

本标准起草单位：中国农业科学院哈尔滨兽医研究所、江苏省农业科学院。

本标准主要起草人：陈洪岩、高彩霞、韩凌霞、邵国青。

实验动物　SPF 猪寄生虫学监测

1　范围

本标准规定了无特定病原体（specific pathogen free，SPF）猪的寄生虫学监测项目的术语和定义、检测要求、检测项目、检测程序、检测方法、检测内容和结果判定。

本标准适用于 SPF 猪的寄生虫学监测。

2　规范性引用文件

下列文件对于本标准的应用是必不可少的。凡是注明日期的引用文件，仅所注日期的版本适用于本文件。凡是不注日期的引用文件，其最新版本（包括所有的修改单）适用于本文件。

GB/T 18448.1　《实验动物　体外寄生虫检测方法》

GB/T 18448.2　《实验动物　弓形虫检测方法》

GB/T 18448.6　《实验动物　蠕虫检测方法》

GB/T 18448.10　《实验动物　肠道鞭毛虫和纤毛虫检测方法》

GB/T 18647　《动物球虫病诊断技术》

NY/T 541　《动物疫病实验室检验采样方法》

3　术语和定义

下列术语和定义适用于本标准。

无特定病原体猪 specific pathogen free swine

经人工饲育，对其携带的病原微生物和寄生虫实行控制，遗传背景明确或者来源清楚，用于科学研究、教学、生产、检定及其他科学实验的猪。

4　检测要求

4.1　外观指标

外观健康、无异常。

4.2　寄生虫检测项目

体外寄生虫（ectoparasites）、弓形虫（*Toxoplasma gondii*）、蠕虫（entero-helminth）、球虫（coccidian）和鞭毛虫（flagellates）要求阴性。

5　检测程序

SPF 猪寄生虫检测程序见图 1。

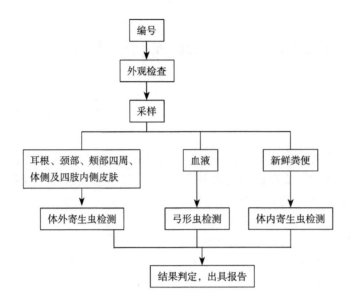

图1 SPF猪寄生虫检测程序

6 检测方法

检测方法见表1。

表1 SPF猪寄生虫检测方法

寄生虫	方法
体外寄生虫	GB/T 18448.1
弓形虫	GB/T 18448.2
螨虫	GB/T 18448.6
球虫	GB/T 18647
鞭毛虫	GB/T 18448.10

7 检测内容

7.1 检测频率

SPF猪每年至少检测2次。

7.2 样品采集

7.2.1 采样数量

根据猪群大小，采样数量见表2。

表 2　不同群体采样数量

群体大小/头	采样数量/头
<100	≥5
100~500	≥15
>500	≥20

7.2.2　采样方法

7.2.2.1　按寄生虫、真菌、病毒和细菌要求平行联合采样检查。

7.2.2.2　按照标准 NY/T 541 进行样品采集。

7.3　送检样品要求

按照标准 NY/T 541 进行样品的记录和运送。

8　结果判定

样品检测项目的检测结果均为阴性者，判为合格；若有 1 项以上（含 1 项）为阳性，则判为不合格。

ICS 65.020.30

B 44

中国实验动物学会团体标准

T/CALAS 36—2017

实验动物　　实验用猪配合饲料

Laboratory animal - Experimental pigs - Formula feeds

2017-12-29　发布

2018-01-01　实施

中国实验动物学会　发布

前　言

本标准按照 GB/T 1.1—2009 给出的规则编写。

本标准由中国实验动物学会归口。

本标准由全国实验动物标准化技术委员会（SAC/TC281）技术审查。

本标准由中国实验动物学会实验动物标准化专业委员会提出并组织起草。

本标准起草单位：中国农业科学院哈尔滨兽医研究所、东北农业大学。

本标准主要起草人：张圆圆、韩凌霞、陈洪岩、单安山、石宝明、李建平。

实验动物 实验用猪配合饲料

1 范围

本标准规定了实验用猪配合饲料的质量要求、营养成分测定要求、检测规则、卫生要求，以及标签、包装、储存和运输要求。

本标准适用于实验用猪配合饲料的质量控制。

2 规范性引用文件

下列文件对于本标准的应用是必不可少的。凡是注明日期的引用文件，仅所注日期的版本适用于本文件。凡是不注日期的引用文件，其最新版本（包括所有的修改单）适用于本文件。

GB/T 10647—2008 《饲料工业术语》

GB/T 22914—2008 《SPF 猪病原的控制与监测》

GB 14924.1—2001 《实验动物 配合饲料通用质量标准》

GB 13078—2001 《饲料卫生标准》

GB 13078.1—2006 《饲料卫生标准 饲料中亚硝酸盐允许量》

GB 13078.2—2006 《饲料卫生标准 饲料中赭曲霉毒素 A 和玉米赤霉烯酮的允许量》

GB 13078.3—2007 《配合饲料中脱氧雪腐镰刀菌烯醇的允许量》

GB/T 5918—2008 《饲料产品混合均匀度的测定》

GB/T 14924.9—2001 《实验动物 配合饲料 常规营养成分的测定》

GB/T 14924.10—2008 《实验动物 配合饲料 氨基酸的测定》

GB/T 14924.11—2001 《实验动物 配合饲料 维生素的测定》

GB/T 14924.12—2001 《实验动物 配合饲料 矿物质和微量元素的测定》

DB11/T 828.1—2011 《实验用小型猪 第 1 部分：微生物学等级及监测》

GB/T 22284—2008 《大约克夏猪种猪》

GB/T 22283—2008 《长白猪种猪》

3 术语和定义

下列术语和定义适用于本标准。

3.1

实验用猪 experimental pig

经人工饲育，对其携带的病原微生物和寄生虫实行控制，遗传背景明确或者来源清楚，用于科学研究、教学、生产、检定及其他科学实验的猪。

3.2

常规猪 common pig

经人工饲育,质量和品种符合 GB/T 22284—2008 和 GB/T 22283—2008 的要求的猪群。

3.3

实验用小型猪 experimental minipig

经人工饲育,对其携带的病原微生物和寄生虫实行控制,遗传背景明确或者来源清楚,12 月龄体重不超过 35kg,用于科学研究、教学、生产、检定及其他科学实验的小型猪。

3.4

开口料 starter diet

用于 1 月龄仔猪哺乳期间诱食、训练采食、断奶过渡时期与其消化相适应的饲料。

3.5

生长料 growth diet

用于 2~4 月龄生长猪饲料。

3.6

妊娠料 gestation diet

用于妊娠母猪的饲料。

3.7

哺乳料 lactation diet

用于哺乳母猪的饲料。

3.8

维持料 maintenance diet

用于大于 5 月龄的成年猪及空怀母猪、种公猪的饲料。

4 质量要求

4.1 感官指标

按 GB 14924.1—2001 的规定执行。

4.2 辐照杀菌

按 NY/T 1448—2007 的规定执行。

5 实验用常规猪营养成分要求

5.1 常规营养成分指标

实验用常规猪配合饲料常规营养指标见表 1。

表 1 实验用常规猪配合饲料常规营养指标 （单位：%）

项目	开口料	生长料	妊娠料	哺乳料	维持料
水分≤	12.00	12.00	12.00	12.00	12.00
消化能≥/（MJ/kg）	14.00	13.50	12.30	13.50	12.50

续表

项目	开口料	生长料	妊娠料	哺乳料	维持料
粗蛋白≥	20.00	15.00	13.00	15.00	14.00
钙≥	0.80	0.55	0.60	0.60	0.45
总磷≥	0.65	0.45	0.50	0.50	0.43
有效磷≥	0.45	0.20	0.30	0.30	0.17

5.2　氨基酸指标

实验用常规猪配合饲料氨基酸指标见表2。

表2　实验用常规猪配合饲料氨基酸指标　　　　（单位：%）

项目	开口料	生长料	妊娠料	哺乳料	维持料
赖氨酸≥	1.20	0.80	0.50	0.80	0.50
甲硫氨酸≥	0.30	0.20	0.14	0.20	0.14
甲硫氨酸+胱氨酸≥	0.65	0.45	0.35	0.40	0.30
精氨酸≥	0.45	0.30	0.10	0.45	0.10
组氨酸≥	0.35	0.25	0.16	0.35	0.15
苏氨酸≥	0.75	0.50	0.40	0.55	0.40
色氨酸≥	0.20	0.15	0.10	0.15	0.10
苯丙氨酸≥	0.65	0.45	0.30	0.45	0.30
苯丙氨酸+酪氨酸≥	1.00	0.70	0.50	0.95	0.50
缬氨酸≥	0.80	0.50	0.30	0.70	0.30
亮氨酸≥	1.10	0.75	0.40	0.95	0.40
异亮氨酸≥	0.65	0.45	0.30	0.45	0.30

5.3　维生素指标

实验用常规猪配合饲料维生素指标见表3。

表3　实验用常规猪配合饲料维生素指标

项目	开口料	生长料	妊娠料	哺乳料	维持料
维生素 A≥/（IU/kg）	2000	1300	4000	2000	1300
维生素 D_3≥/（IU/kg）	200	150	200	200	150
维生素 E≥/（IU/kg）	15.0	11.0	42.0	40.0	10.0
维生素 K≥/（mg/kg）	0.5	0.5	0.5	0.5	0.5
维生素 B_1≥/（mg/kg）	1.5	1.0	1.0	1.0	1.0
维生素 B_2≥/（mg/kg）	3.5	2.0	3.5	3.5	2.0
维生素 B_5≥/（mg/kg）	10.0	7.5	12.0	10.0	7.0
维生素 B_3≥/（mg/kg）	15.0	8.5	10.0	10.0	7.0

项目	开口料	生长料	妊娠料	哺乳料	维持料
维生素 B_{12}≥/（mg/kg）	0.015	0.010	0.015	0.015	0.005
维生素 H≥/（mg/kg）	0.08	0.05	0.20	0.20	0.05
维生素 B_9≥/（mg/kg）	0.3	0.3	1.30	1.30	0.3
维生素 B_6≥/（mg/kg）	1.5	1.0	1.0	1.0	1.0
胆碱≥/（mg/kg）	500	300	1200	1000	300

5.4 微量矿物元素指标

实验用常规猪配合饲料微量矿物元素指标见表4。

表4　实验用常规猪配合饲料微量矿物元素指标　　（单位：mg/kg）

项目	开口料	生长料	妊娠料	哺乳料	维持料
锰≥	3	2	20	20	2
锌≥	100	80	50	50	50
铁≥	100	80	80	80	50
铜≥	5.5	4	5	5	3
碘≥	0.14	0.14	0.14	0.14	0.14
硒≥	0.3	0.25	0.15	0.15	0.25

6 实验用小型猪营养成分要求

6.1 常规营养成分指标

实验用小型猪配合饲料常规营养指标见表5。

表5　实验用小型猪配合饲料常规营养指标　　（单位：%）

项目	开口料	生长料	妊娠料	哺乳料	维持料
水分≤	12.00	12.00	12.00	12.00	12.00
消化能≥/（MJ/kg）	13.00	13.00	12.50	13.00	12.50
粗蛋白≥	18.00	15.00	13.00	15.00	15.00
粗脂肪≥	3.60	3.00	4.00	3.00	3.00
粗纤维≥	3.00	3.00	4.00	3.00	3.00
钙≥	0.80	0.80	0.80	0.80	0.80
总磷≥	0.60	0.60	0.60	0.60	0.60
有效磷≥	0.50	0.30	0.40	0.40	0.30

6.2 氨基酸指标

实验用小型猪配合饲料氨基酸指标见表6。

表6　实验用小型猪配合饲料氨基酸指标　　　　　（单位：%）

项目	开口料	生长料	妊娠料	哺乳料	维持料
赖氨酸≥	1.00	0.80	0.70	0.90	0.80
甲硫氨酸≥	0.35	0.30	0.30	0.40	0.25
甲硫氨酸+胱氨酸≥	0.60	0.50	0.60	0.60	0.40
精氨酸≥	0.90	0.60	0.90	0.90	0.60
组氨酸≥	0.30	0.30	0.40	0.40	0.30
苏氨酸≥	0.60	0.50	0.50	0.50	0.50
色氨酸≥	0.20	0.20	0.20	0.20	0.15
苯丙氨酸≥	0.60	0.50	0.80	0.80	0.50
苯丙氨酸+酪氨酸≥	1.00	0.80	1.00	1.00	0.70
缬氨酸≥	0.55	0.50	0.80	0.75	0.40
亮氨酸≥	0.80	0.80	1.00	1.00	0.80
异亮氨酸≥	0.50	0.40	0.60	0.60	0.40

6.3　维生素指标

实验用小型猪配合饲料维生素指标见表7。

表7　实验用小型猪配合饲料维生素指标

项目	开口料	生长料	妊娠料	哺乳料	维持料
维生素 A≥/（IU/kg）	12 000	8 000	8 000	8 000	8 000
维生素 D_3≥/（IU/kg）	2 000	1 200	1 000	1 200	1 000
维生素 E≥/（IU/kg）	80.0	100.0	80.0	90.0	60
维生素 K≥/（mg/kg）	3.0	3.0	3.0	3.0	3.0
维生素 B_1≥/（mg/kg）	10.0	10.0	10.0	10.0	10.0
维生素 B_2≥/（mg/kg）	10.0	10.0	12.0	12.0	10.0
维生素 B_5≥/（mg/kg）	20.0	30.0	20.0	20.0	20.0
维生素 B_3≥/（mg/kg）	60.0	60.0	80.0	80.0	40.0
维生素 B_{12}≥/（mg/kg）	0.05	0.05	0.05	0.05	0.25
维生素 H≥/（mg/kg）	0.30	0.20	0.18	0.18	0.10
维生素 B_9≥/（mg/kg）	5.00	5.00	5.00	5.00	3.00
维生素 B_6≥/（mg/kg）	10.0	10.0	10.0	10.0	8.0
胆碱≥/（mg/kg）	1 300	1 400	1 500	1 500	1 300

6.4　微量矿物元素指标

实验用小型猪配合饲料微量矿物元素指标见表8。

表 8 实验用小型猪配合饲料微量矿物元素指标 （单位：mg/kg）

项目	开口料	生长料	妊娠料	哺乳料	维持料
锰 ≥	100	100	90	90	90
锌 ≥	90	100	100	100	90
铁 ≥	150	150	180	180	150
铜 ≥	20	20	30	30	20
碘 ≥	1.2	1.1	1.4	1.4	0.8
硒 ≥	0.4	0.3	0.3	0.3	0.3

7 检测规则

饲料配合的混合均匀度符合 GB/T 5918—2008 的要求，常规营养成分、氨基酸、维生素、矿物质和微量元素的检测分别按 GB/T 14924.9—2001、GB/T 14924.10—2008、GB/T 14924.11—2001 和 GB/T 14924.12—2001 执行。

8 卫生要求

饲料的卫生指标应符合 GB 13078.1—2006、GB 13078.2—2006 和 GB 13078.3—2007 的规定。

9 标签、包装、储存和运输要求

标签、包装、储存和运输要求等应符合 GB 14924.1—2001 的规定。

ICS 64.020.30

B 44

中国实验动物学会团体标准

T/CALAS 37—2017

实验动物　SPF鸭遗传学质量监测

Laboratory animal - Population genetics surveillance of specific pathogen-free ducks

2017-12-29　发布

2018-01-01　实施

中国实验动物学会　发布

前　言

本标准按照 GB/T 1.1—2009 给出的规则编写。

本标准参考世界粮农组织推荐的鸭多态性微卫星 DNA 标记位点，确定了无特定病原体（SPF）鸭的群体遗传学质量监测方法。

本标准由中国实验动物学会归口。

本标准由全国实验动物标准化技术委员会（SAC/TC281）技术审查。

本标准由中国实验动物学会实验动物标准化专业委员会提出并组织起草。

本团体标准起草单位：中国农业科学院哈尔滨兽医研究所、中国食品药品检定研究院、北京实验动物研究中心。

本标准主要起草人：韩凌霞、陈洪岩、岳秉飞、卢胜明。

实验动物　SPF鸭遗传学质量监测

1　范围

本标准规定了无特定病原体（SPF）鸭的遗传学质量监测方法。

本标准适用于封闭群鸭和MHC单倍型鸭的遗传学质量控制。

2　术语和定义

下列术语和定义适用于本文件。

2.1

SPF鸭　specific pathogen-free duck

无特定病原体鸭是指人工繁育，对其携带的病原微生物及寄生虫进行控制，遗传背景明确或来源清楚，用于科学研究、教学、生产、检测、检定及其他科学实验的实验鸭。

2.2

单倍型　haplotype

单倍型是单倍体基因型的简称，遗传学上是指在同一条染色体上进行共同遗传的多个基因座上等位基因的组合，即若干个决定同一性状的紧密连锁基因构成的基因型。

2.3

主要组织相容性复合体　major histocompatibility complex，MHC

MHC是一组紧密连锁高度多态的染色体基因群，编码主要组织相容性抗原，其编码产物与免疫识别、排斥和免疫应答有关，在一定程度上决定动物个体对疫病的易感性或抗性。

2.4

基因频率　genotype frequency

基因频率是指一个种群基因库中某个基因占全部等位基因数的比率。

2.5

封闭群　closed colony

以非近亲交配方式进行繁殖生产的SPF鸭种群，在不从其外部引入新个体的条件下，至少连续繁殖4代以上，群体的基因频率达到稳定，每代近交系数增加量不超过1%。

3　繁殖方法

3.1　封闭群

3.1.1　种鸭必须遗传背景明确或来源清楚，有较完整的资料（包括来源、品系名称、日期及主要生物学特征等）。

3.1.2 繁殖原则为尽量保持基因异质性及多态性，避免近交系数随繁殖代数增加而过快上升。

3.1.3 各家系之间采用最佳避免近交法、循环交配或随机交配法，每代近交系数上升不超过 1%。

3.2 MHC 单倍型鸭

3.2.1 鸭群的 MHC 核心区域保持单倍型纯合。

3.2.2 以全同胞或半同胞兄妹交配方式进行繁殖。

3.2.3 雌雄个体比例一般为 1 : 8~1 : 10。

4 遗传质量监测

4.1 封闭群的遗传质量检测

4.1.1 抽样比例

全群检测。

4.1.2 检测方法

采用微卫星分子标记检测方法。具体方法执行附录 A。

4.1.3 检测频率

每个世代进行 1 次遗传质量检测。

4.1.4 结果判定

根据基因频率评价，基因频率保持稳定，判为合格。

4.2 MHC 单倍型鸭的监测

4.2.1 抽样比例

全群检测。

4.2.2 检测方法

检测 MHC 区域核心基因的高变区分型。具体方法见附录 B。

4.2.3 检测频率

每个世代至少进行 1 次遗传质量检测。

4.2.4 结果判断

分型结果与标准序列完全一致，判为合格。

附　录　A

（规范性附录）

封闭群 SPF 鸭的微卫星 DNA 标记检测方法

A.1　基因组 DNA 提取

翅静脉采集柠檬酸钠抗凝血。常规酚-氯仿抽提法提取基因组 DNA。

A.2　PCR 反应程序（附表 A.1）

附表 A.1　封闭群 SPF 鸭 PCR 反应程序

组分	用量/μL	终浓度
10× *Taq* Buffer	1.5	1.5 mm
dNTP	1.5	2.5mmol/L each
Primer Mix	0.25	10 pmol /μL
Taq Polymerase	0.3	2.5 U/μL
DNA Template	1.5	100 ng/μL
ddH$_2$O	10	
总体积	15	

95℃、5 min；　94℃、30 s，50~64℃、30 s，72℃、30 s，30~35 个循环；72℃、10 min；4℃保存。

A.3　PCR 产物检测

取 5 μL PCR 产物与 1 μL 6×Loading Buffer 上样缓冲液混匀，根据其产物片段的大小分别用 2%~2.5%的琼脂糖凝胶，电泳检测，于紫外灯下观察结果并拍照，然后再利用 ABI3130 XL DNA 测序仪进行分析。上样前用灭菌去离子水将 PCR 的扩增产物根据检测结果稀释适宜倍数后，取稀释产物 2 μL 和含分子质量标准的上样缓冲液 8 μL 混合，95℃变性 5 min，取出后立即置于冰上。5 min 后，将变性的 PCR 产物上样，在 ABI3130 DNA 测序仪上选择 Data Collection 程序，电泳，收集荧光信号，形成胶图。应用 GeneMapper 软件进行数据提取、分子质量标准设定和 PCR 产物片段大小的计算，并进行基因型的判定。

A.4　数据分析

采用 Excel Microsatellite Toolkit （Version 3.1）软件或其他类似生物统计学软件计算群体等位基因和基因频率。

A.5　结果判定

根据群体遗传学结构分析，基因频率达到稳定，并结合饲养管理，在未从外部引入新个体的条件下已连续繁殖 4 个世代以上，则判为符合封闭群（附表 A.2）。

附表 A.2 SPF 鸭封闭群遗传检测微卫星位点的相关信息及组合

组合	标记名称	引物序列（5′→3′）	片段范围/bp	荧光标记	退火温度/℃
A	CAUD004	TCCACTTGGTAGACCTTGAG TGGGATTCAGTGAGAAGCCT	202~222	HEX	62
	CAUD005	CTGGGTTTGGTGGAGCATAA TACTGGCTGCTTCATTGCTG	248~266	6FAM	61
	CAUD011	TGCTATCCACCCAATAAGTG CAAAGTTAGCTGGTATCTGC	129~142	HEX	52
	CAUD013	ACAATAGATTCCAGATGCTGAA ATGTCTGAGTCCTCGGAGC	87~105	6FAM	58
	CAUD023	CACATTAACTACATTTCGGTCT CAGCCAAAGAGTTCAACAGG	164~167	6FAM	52
	CAUD026	ACGTCACATCACCCCACAG CTTTGCCTCTGGTGAGGTTC	142~152	6FAM	61
	CAUD035	GTGCCTAACCCTGATGGATG CTTATCAGATGGGGCTCGGA	221~239	6FAM	63
B	CAUD032	GAAACCAACTGAAAACGGGC CCTCCTGCGTCCCAATAAG	118~126	6FAM	58
	CAUD027	AGAAGGCAGGCAAATCAGAG TCCACTCATAAAAACACCCACA	112~122	HEX	64
	APH08	AAAGCCCTGTGAAGCGAGCTA TGTGTGTGCATCTGGGTGTGT	176~187	HEX	53
	APH13	CAACGAGTGACAATGATAAAA CAATGATCTCACTCCCAATAG	243~255	HEX	56
	APH18	TTCTGGCCTGATAGGTATGAG GAATTGGGTGGTTCATACTGT	149~153	6FAM	58
	APH20	ACCAGCCTAGCAAGCACTGT GAGGCTTTAGGAGAGATTGAAAA	166~172	HEX	58
	APH25	CCGTCAGACTGTAGGGAAGG AAAGCTCCACAGAGGCAAAG	102~114	6FAM	59
C	APH09	GGATGTTGCCCCACATATTT TTGCCTTGTTTATGAGCCATTA	104~130	6FAM	58
	APH21	CTTAAAGCAAAGCGCACGTC AGATGCCCAAAGTCTGTGGT	132~139	6FAM	59
	APH22	GTTATCTCCCACTGCACACG CGACAGGAGCAAGCTGGAG	148~158	6FAM	58

附　录　B

（规范性附录）

MHC 单倍型 SPF 鸭的遗传学质量监测方法

B.1　基因组 DNA 的提取

常规苯酚-氯仿法提取基因组 DNA。

B.2　引物序列

D-TAP2-dF：5′-ATG GAG TTG CTG CCC ACC TTG CGC CTG-3′

D-TAP2-dR：5′-TGA AAC CCA TCA GGC ACC ATC CCA GGT-3′

扩增片段为 984 bp。

B.3　PCR 扩增

反应条件：95℃预变性 5 min；94℃变性 30 s，60℃、30 s，30 个循环；最后 72℃延伸 10 min。扩增产物在 1 %的琼脂糖凝胶中电泳，利用凝胶成像系统进行观察，并采集图像结果（附表 B.1）。

附表 **B.1**　**MHC 单倍型 SPF 鸭遗传学检测 PCR 反应体系**

组分	体积/μL	浓度
10×LA　PCR Buffer II(Mg²⁺ plus)	5.0	1.0 mmol/L
dNTP Mixture	8.0	2.5 mmol/μL
引物 F	2.0	20 pmol/μL
引物 R	2.0	20 pmol/μL
DNA 模板	5.0	100 ng/μL
LA *Taq* Polymerase	0.5	5 U/μL
ddH₂O	27.5	
总体积	50	

B.4　PCR 产物测序

PCR 反应结束后,将电泳结果合格的 PCR 产物直接测序。序列分析软件为 Chromas 2.0、MEGA 4.0 和 Lasergene DNAStar 7.0。Chromas 2.0 用于查看和编辑序列，MEGA 4.0 用于序列比对，DNAStar 7.0 用于比对序列和序列相似性分析。

B.5　不同 MHC 单倍型 SPF 鸭的序列

B1：

ATGGAGTTGCTGCCCACCTTGTGCCTGGCCTGTGTCCTGCTCCTGGCTGACCTGGTCG
TGCTGGCAGCACTGGCCCGGTTGGCCCCGGCACTGGCCCAGCTGGGTCTAGTGGCCA
CATGGCTGGAGGCTGGGCTGCGGCTACCAGTGCTGGTGGGAGCTGGGAGGCTGTTG
GCCCCCGGAGGACCCCGGGGAGCCCCGGCCCTGGTGAGCCTGGCCCCTGCCACCTTC
CTTACCCTGCGGGGCTGCCTGGAGCTGCCTGGGGCTCCACCAGTGCTGCTGGCCATG

GCCACACCGTCCTGGCTGGCATTGGCCTATGGGGCAGTCTTGCTGGCCCTGCTCACC
TGGACCTCCCTGGCACCTGGGGTGGCCCTGGGGACCAAGGAGGTCAAGTACCAGGC
GGCCCTGCACCGGCAGCTGGCCCTGGCCTGGCCTGAGTGGCCCTTCCTCAGCGGAGC
CTTCTTCTTCCTCATGCTGGCTGCATTGGGTGAGACCTCCGTGCCCTACTGCACTGGG
AAGGCCTTGGATGTCCTCCGTCATGGGGATGGCCCCACTGCCTTTGCTACTGCCATC
GGCTTTGTGTGCCTCGCCTCTGCCAGCAGGTAGGGACCCCCAGTTCCTCTCCCAGAC
CCTGTCCACACCTGGGATGGTGCCTGATGGGTTTCA

B2：

ATGGAGTTGCTGCCCACCTTGCGCCTGGCCTGTGTCCTGCTCCTGGCTGACCTGGTCG
TGCTGGCAGCACTGGCCCGGTTGGCCCCGGCACTGGCACAGCTGGGTCTGGTGGCCA
CATGGCTGGAGGCTGGGCTGCGGCTACCAGTGCTGGTGGGAGCTGGGAGGCTGTTG
GCCCCCGGAGGACCCCAGGGAGCCGCAGCCCTGGTGAGCCTGGCCCCTGCCACCTTC
CTTACCCTGCGGGGCTGCCTGGAGCTGCCTGGGGCTCCACCAGTGCTGCTGGCCATG
GCCACACCGTCCTGGCTGGCATTGGCCTATGGGGCAGTCTTGCTGGCCCTGCTCACC
TGGACCTCCCTGGCACCTGGGGTGGCCCTGGGGACCAAGGAGGTCAAGTACCAGGC
GGCCCTGCGCCGGCAGCTGGCCCTGGCCTGGCCTGAGTGGCCCTTCCTCAGCGGAGC
CTTCTTCTGCCTCGTGCTGGCTGCATTGGGTGAGACCTCCGTGCCCTACTGCACTGGG
AAGGCCTTAGATGTCCTCCGCCATGGGGACGGCCCCACTGCCTTTGCCACTGCCATC
GGCTTTGTGTGCCTCGCCTCTGCCAGCAGGTAGGGACCCCCAGTTCCTCTCCCAGAG
CCTGTCCACACCTGGGATGGTGCCTGATGGGTTTCA

B3：

ATGGAGTTGCTGCCCACCTTGCGCCTGGCCTGTGTCCTGCTCCTGGCTGACCTGGTGG
TGCTCGCAGCACTGGCCCGGTTGGCCCCGGCACTGGCCCAGCTGGGTCTAGTGGCCA
CATGGTTGGAGGCTGGGCTGCGGCTACCAGTGCTGGTGGGAGCTGGGATGCTGTTGG
CCCCCGGAGGACCCCGGGGAGCGGCAGCCCTGGTGAGCCTGGCCCCTGCCACCTTCC
TTACCCTGCGGGGCTGCCTGGAGCTGCCTGGGGCTCCACCAGTGCTGCTGGCCATGG
CCACACCATCCTGGCTGGCATTGGCCTATGGGGCAGTCTTGCTGGCCCTGCTCACCT
GGACCTCCCTGGCACCTGGGGTGGCCCTGGGGACCAAGGAGGTCAAGTACCAGGCG
GCCCTGCGCCGGCAGCTGGCCCTGGCCTGGCCTGAGTGGCCCTTCCTCAGCGGAGCC
TTCTTCTTCCTCGTGCTGGCTGCATTGGGTGAGACCTCCGTGCCCTACTGCACTGGGA
AGGCCTTAGATGTCCTCCGCCATGGGGACGGCCCCACTGCCTTTGCCACTGCCATCG
GCTTTGTGTGCCTTGCCTCCGCCAGCAGGTAGGGACCTCCAGTTCCTCTCCCAGACCC
TGTCCACACCTGGGATGGTGCCTGATGGGTTTCA

B4：

ATGGAGTTGCTGCCCACCTTGCGCCTGGCCTGTGTCCTGCTCCTGGCTGACCTGGTCG
TGCTGGCAGCACTGGCCCAGTTGGCCCCGGCACTGGCCCAGCTGGGTCTAGTGGCCA
CATGGCTGGAGGCTGGGCTGCGGCTACCAGTGCTGGTGGGAGCTGGGATGCTGTTGG
CCCCCGGAGGACCCCGGGGAGCCGCGGCCCTGGTGAGCCTGGCCCCTGCCACCTTC

TTACCCTGCGGGGCTGCCTGGAGCTGCCTGGGGCTTCACCAGTGCTGCTAGCCATGG
CCACACCGTCCTGGCTGGCATTGGCCTACGGGGCAGTCTTGCTGGCCCTGCTCACCT
GGACCTCCCTGGCACCTGGGGTGGCCCTGGGGACCAAGGAGGTCAAGTACCAGGCG
GCCCTGCGCCGGCAGCTGGCCCTGGCCTGGCCTGAGTGGCCCTTCCTCAGTGGAGCC
TTCTTCTGCCTCGTGCTGGCTGCATTGGGTGAGACCTCCGTGCCCTACTGCACTGGGA
AGGCCTTAGATGTCCTCCGCCATGGGGACGGCCCCACTGCCTTTGCCACTGCCATCG
GCTTTGTGTGCCTTGCCTCCGCCAGCAGGTAGGGACCCCCAGTTCCTCTCCTAGACCC
TGTCCACACCTGGGATGGTGCCTGATGGGTTTCA

第三篇

实验动物检测方法系列标准

ICS 65.020.30

B 44

中国实验动物学会团体标准

T/CALAS 39—2017

实验动物 汉坦病毒 PCR 检测方法

Laboratory animal - PCR method for detection of Hantavirus

2017-12-29 发布

2018-01-01 实施

中国实验动物学会 发布

前　　言

本标准按照 GB/T 1.1—2009 给出的规则编写。

本标准附录 A 为规范性附录。

本标准由中国实验动物学会归口。

本标准由全国实验动物标准化技术委员会（SAC/TC281）技术审查。

本标准由中国实验动物学会实验动物标准化专业委员会提出并组织起草。

本标准主要起草单位：广东省实验动物监测所。

本标准主要起草人：张钰、袁文、黄韧、王静、闵凡贵、吴瑞可。

实验动物 汉坦病毒 PCR 检测方法

1 范围

本标准规定了实验动物汉坦病毒普通 RT-PCR 和实时荧光 RT-PCR 检测方法。

本标准适用于实验动物怀疑本病发生，以及实验动物接种物、实验动物环境和动物源性生物制品中汉坦病毒的检测。

2 规范性引用文件

下列文件对于本文件的应用是必不可少的。凡是注明日期的引用文件，仅所注日期的版本适用于本文件。凡是不注日期的引用文件，其最新版本（包括所有的修改单）适用于本文件。

GB/T 14926.19—2001 《实验动物 汉坦病毒检测方法》

GB 19489 《实验室 生物安全通用要求》

GB/T 19495.2 《转基因产品检测 实验室技术要求》

3 术语、定义和缩略语

3.1 术语和定义

下列术语和定义适合于本标准。

3.1.1

聚合酶链反应 polymerase chain reaction，PCR

体外酶催化合成特异 DNA 片段的方法：模板 DNA 先经高温变性成为单链，在 DNA 聚合酶作用和适宜的反应条件下，根据模板序列设计的两条引物分别与模板 DNA 两条链上相应的一段互补序列发生退火而相互结合，接着在 DNA 聚合酶的作用下以四种 dNTP 为底物，使引物得以延伸，然后不断重复变性、退火和延伸这一循环，使欲扩增的基因片段以几何倍数扩增。

3.1.2

逆转录-聚合酶链反应 reverse transcription polymerase chain reaction，RT-PCR

以 RNA 为模板，采用 Oligo（dT）、随机引物或特异性引物，RNA 在逆转录酶和适宜反应条件下，被逆转录成 cDNA，然后再以 cDNA 作为模板，进行 PCR 扩增。

3.1.3

实时荧光逆转录-聚合酶链反应 real-time RT-PCR，实时荧光 RT-PCR

实时荧光 RT-PCR 方法是在常规 RT-PCR 的基础上，在反应体系中加入特异性荧光探针，利用荧光信号积累实时检测整个 PCR 进程，通过检测每次循环中的荧光发射信号，间接反映了 PCR 扩增的目标基因的量，最后通过扩增曲线对未知模板进行定性或定量分析。（本标准中将"RT-PCR"称为"普通 RT-PCR"是为了与"实时荧光 RT-PCR"进行区别，避免名称混淆。）

3.1.4

Ct 值 cycle threshold

实时荧光 PCR 反应中每个反应管内的荧光信号达到设定的阈值时所经历的循环数。

3.2 缩略语

下列缩略语适用于本标准。

CPE 细胞病变效应 cytopathic effect

DEPC 焦碳酸二乙酯 diethyl pyrocarbonate

DNA 脱氧核糖核酸 deoxyribonucleic acid

HV 汉坦病毒 Hantavirus

PBS 磷酸**盐**缓冲液 phosphate buffered saline

RNA 核糖核酸 ribonucleic acid

4 检测方法原理

用合适的方法提取样本中的总 RNA，分别针对汉坦病毒 M 和 S 片段基因设计特异的引物探针序列，通过 RT-PCR 对模板 RNA 进行扩增，根据 RT-PCR 检测结果判定该样品中是否含有汉坦病毒，套式 PCR 引物中的内引物可用于病毒分型。

实时荧光 PCR 方法是在常规 PCR 的基础上，加入了一条特异性的荧光探针，探针两端分别标记一个报告荧光基团和一个淬灭荧光基团。探针完整时，报告基团发射的荧光信号被淬灭基团吸收；PCR 扩增时，*Taq* 酶的 5'→3'外切酶活性将探针酶切降解，使报告荧光基团和淬灭荧光基团分离，淬灭作用消失，荧光信号产生并被检测仪器接收，随着 PCR 反应的循环进行，PCR 产物与荧光信号的增长呈对应关系。因此，可以通过检测荧光信号对核酸模板进行检测。根据两种类型病毒设计两条探针序列可用于汉坦病毒分型检测。

5 主要设备和材料

5.1 PCR 仪。

5.2 实时荧光 PCR 仪。

5.3 电泳仪。

5.4 凝胶成像分析系统。

5.5 高速冷冻离心机。

5.6 普通离心机。

5.7 恒温孵育器。

5.8 涡旋振荡器。

5.9 组织匀浆器。

5.10 生物安全柜。

5.11 PCR 超净工作台。

5.12 冰箱（−20℃）。

5.13 微量移液器（0.1~2 μL，1~10 μL，10~100 μL，100~1000 μL）。

5.14 灭菌离心管（1.5 mL，2mL，5 mL，15 mL），灭菌吸头（10 μL，200 μL，1 mL），灭菌PCR扩增反应管（0.2 mL，八连管或96孔板）。

5.15 聚乙烯薄膜袋：90 mm×150 mm自封袋，使用前紫外灭菌20 min。

5.16 采样工具：剪刀、镊子和灭菌棉拭子等。

6 试剂

除特别说明外，所有实验用试剂均为分析纯；实验用水为去离子水。

6.1 灭菌PBS。配制方法见附录A。

6.2 无RNase去离子水：经DEPC处理的去离子水或商品无RNase水，见附录A。

6.3 RNA抽提试剂：TRIzol或其他等效产品。

6.4 无水乙醇。

6.5 75%乙醇（无RNase去离子水配制）。

6.6 三氯甲烷（氯仿）。

6.7 异丙醇。

6.8 RT-PCR试剂：PrimeScript™ One Step RT-PCR Kit Ver.2试剂盒或其他等效产品。

6.9 实时荧光RT-PCR试剂：One Step Primerscript™ RT-PCR Kit（Perfect Realtime）或其他等效产品。

6.10 DNA相对分子质量标准：100~2000 bp。

6.11 50×TAE电泳缓冲液，配制方法见附录A。

6.12 溴化乙锭：10 mg/mL，配制方法见附录A；或其他等效产品。

6.13 1.5%琼脂糖凝胶，配制方法见附录A。

6.14 引物和探针：根据表1和表2的序列合成引物和探针，引物和探针加无RNase去离子水配制成10 μmol/L储备液，–20℃保存。

表1　普通RT-PCR检测引物

	引物名称	引物序列（5′→3′）	产物大小/bp
HV通用外引物	P1	AAAGTAGGTGITAYATCYTIACAATGTGG	464
	P2	GTACAICCTGTRCCIACCCC	
型特异性引物-汉滩型	P3	GAATCGATACTGTGGGCTGCAAGTGC	383
	P4	GGATTAGAACCCCAGCTCGTCTC	
型特异性引物-汉城型	P5	GTGGACTCTTCTTCTCATTATT	418
	P6	TGGGCAATCTGGGGGGGTTGCATG	

注：简并碱基Y：T/C，R：A/G。

表 2 实时荧光 RT-PCR 扩增引物和探针

病毒基因型	引物和探针名称	引物和探针序列（5′→3′）
汉滩型	HTN-F	CAATCAYATTTRCACTATTATTATCAGG
	HTN-R	TTAACTGACCCACCCKYTGARTAAT
	HTN-P	FAM- TTCCCACCCATAAATG -MGB
汉城型	SEO-F	GGTGATGAYATGGAYCCAGA
	SEO-R	TTCATAGGTTCCTGGTTHGAGA
	SEO-P	VIC-CTTCGTAGCCTGGCTCA -MGB

注：①简并碱基 Y：T/C，R：A/G，K：T/G，H：A/T/C。
②探针也可选用具有与 FAM、VIC 和 MGB 荧光基团相同检测效果的其他合适的荧光报告基团和荧光淬灭基团组合。

7 检测方法

7.1 生物安全措施

实验操作及处理按照 GB 19489 的规定，由具备相关资质的工作人员进行相应操作。

7.2 采样及样本的处理

采样过程中样本不得交叉污染，采样及样本前处理过程中应戴一次性手套。

7.2.1 脏器组织

剖检，无菌采集动物肺脏和脾脏，剪取待检样本 2.0 g 于无菌 5 mL 离心管，加入 4 mL 灭菌 PBS，使用电动匀浆器充分匀浆 1~2 min，然后将组织悬液在 4℃、3000 r/min 离心 10 min，取上清液转入另一无菌 5 mL 离心管中，编号备用。

7.2.2 细胞培养物

方法一：直接刮取样本接种后出现 CPE 或可疑的细胞培养物于 15 mL 离心管中，3000 r/min 离心 10min，去上清，加 1 mL 灭菌 PBS 重悬细胞，然后将细胞悬液转移到无菌 1.5 mL 离心管中，编号备用。

方法二：将样本接种后出现 CPE 或可疑的细胞培养物反复冻融 3 次，细胞混悬液转移于 15 mL 离心管中，12 000 r/min 离心 10 min，去细胞碎片，上清液转移到无菌 15 mL 离心管中，编号备用。

7.2.3 实验动物环境

7.2.3.1 实验动物饲料、垫料和饮水

取适量实验动物饲料和垫料置于聚乙烯薄膜袋中，加入适量灭菌 PBS（饲料和垫料需全部浸泡于液体中）。密封后浸泡 5~10 min，充分混匀，将混悬液转移至 15 mL 离心管中，4℃、12 000 r/min 离心 10 min，取上清液转入另一无菌 5 mL 离心管中，编号备用。取适量实验动物饮水直接转移到无菌 5 mL 离心管中，编号备用。

7.2.3.2 实验动物设施设备

用灭菌棉拭子拭取实验动物设施设备出风口初效滤膜表面沉积物，将拭子置入灭菌 15 mL 离心管，加入适量灭菌 PBS，浸泡 5~10 min，充分混匀，取出棉拭子，将离心管于 4℃、12 000 r/min 离心 10 min，取上清液转入另一无菌 5 mL 离心管中，编号备用。

7.2.4 样本的存放

采集或处理的样本在 2~8℃条件下保存应不超过 24 h，若需长期保存，须放置–80℃冰箱，但应避免反复冻融（冻融不超过 3 次）。

7.3 样本 RNA 提取

7.3.1 TRIzol 对人体有害，使用时应戴一次性手套，注意防止溅出。

7.3.2 取 200 μL 处理后的样本加 1mL TRIzol 后，充分混匀，室温静置 10 min 使其充分裂解。

7.3.3 按每毫升 TRIzol 加入 200 μL 氯仿，盖紧样本管盖，用手用力振荡摇晃离心管 15 s，不应用涡旋振荡器，以免基因组 RNA 断裂。室温静置 5 min。4℃、12 000 r/min 离心 15min。

7.3.4 离心后混合物分成三层：下层红色的苯酚-氯仿层，中间层，上层无色的水样层。RNA 存在于水样层当中，水样层的容量大约为所加 TRIzol 容量的 60%。吸取上层水相，至另一离心管中，注意不要吸取中间界面。

7.3.5 按每毫升 TRIzol 加入 0.5 mL 异丙醇混匀，室温放置 10 min。4℃、12 000 r/min 离心 10 min，弃上清，RNA 沉淀一般形成胶状沉淀附着于试管壁和管底。

7.3.6 按每毫升 TRIzol 加入 1 mL 75%乙醇，温和振荡离心管，悬浮沉淀。4℃、7500 r/min 离心 5 min，弃上清，将离心管倒立吸水纸上，尽量使液体流干。

7.3.7 室温自然风干干燥 5~10 min，RNA 样本不要过于干燥。

7.3.8 用 50~100 μL 无 RNase 去离子水溶解 RNA 样本，制备好的 RNA 应尽快进行下一步 PCR 反应；若暂时不能进行 PCR 反应，应于–80℃冰箱保存备用。

7.4 普通 RT-PCR

7.4.1 第一轮 RT-PCR

7.4.1.1 RT-PCR 反应体系

第一轮 RT-PCR 反应体系见表 3。反应液的配制在冰浴上操作，每次反应同时设计阳性对照、阴性对照和空白对照，其中阳性对照以含有 HV 的组织或培养物提取的 DNA 作为阳性对照模板，其中阴性对照以不含有 HV DNA 样本（可以是正常动物组织或正常培养物）作为阴性对照模板，空白对照即为不加模板对照（no template control，NTC），即在反应中用水来代替模板。

表 3 每个样本反应体系配制表

反应组分	用量/μL	终浓度
2×Buffer	25	1×
Enzyme Mix	2	
P1（10 μmol/L）	2	400 nmol/L
P2（10 μmol/L）	2	400 nmol/L
DNA 模板	10	
无 RNase 去离子水	9	
总体积	50	

7.4.1.2 RT-PCR 反应参数

RT-PCR 反应参数见表 4。

表4 RT-PCR反应参数

步骤	温度/℃	时间	循环数
逆转录	50	30 min	1
预变性	95	5 min	1
变性	94	1 min	35
退火	55	1 min	
延伸	72	45 s	
延伸	72	10 min	1

注：可使用其他等效的一步法或两步法RT-PCR检测试剂盒进行，反应体系和反应参数可进行相应调整。

7.4.2 第二轮RT-PCR

取第一轮RT-PCR的扩增产物10 μL作为模板，分别采用汉滩型和汉城型两对型特异性引物，参照7.4.1第一轮RT-PCR的反应体系和反应参数（省去逆转录步骤）进行第二轮PCR扩增。

7.4.3 PCR产物的琼脂糖凝胶电泳检测和拍照

将适量50×TAE稀释成1×TAE溶液，配制含核酸染料溴化乙锭的1.5%琼脂糖凝胶。PCR反应结束后，取10 μL PCR产物在1.5%琼脂糖凝胶进行电泳检测，以DNA分子质量作为参照。电压大小根据电泳槽长度来确定，一般控制在3~5 V/cm，当上样染料移动到凝胶边缘时关闭电源。电泳完成后在凝胶成像系统拍照记录电泳结果。

7.5 实时荧光PCR

7.5.1 实时荧光PCR反应体系

实时荧光PCR反应体系见表5。反应液的配制在冰上操作，每次反应同时设计阳性对照、阴性对照和空白对照，其中含有HV的组织或细胞培养物提取的DNA作为阳性对照模板；以不含有HV DNA样本（可以是正常动物组织或正常细胞培养物）作为阴性对照模板；空白对照即为不加模板对照（no template control，NTC），即在反应中用水来代替模板。

表5 每个样本反应体系配制表

反应组分	用量/μL	终浓度
2×One Step RT-PCR Buffer III	25	1×
Ex Taq HS （5 U/μL）	1	
PrimeScriptRT Enzyme Mix II	1	
HTN-F（20 μmol/L）	1	400 nmol/L
HTN-R（20 μmol/L）	1	400 nmol/L
HTN-P（20 μmol/L）	1	400 nmol/L
SEO-F（20 μmol/L）	1	400 nmol/L
SEO-R（20 μmol/L）	1	400 nmol/L
SEO-P（20 μmol/L）	1	400 nmol/L

续表

反应组分	用量/μL	终浓度
Rox	1	
RNA 模板	10	
无 RNase 去离子水	6	
总体积	50	

注：试剂 Rox 只在具有 Rox 荧光校正通道的实时荧光 PCR 仪上进行扩增时添加，否则用水补齐。

7.5.2　实时荧光 PCR 反应参数

实时荧光 PCR 反应参数见表 6。

表 6　实时荧光 PCR 反应参数

步骤	温度/℃	时间	采集荧光信号	循环数
逆转录	42	5 min	否	1
预变性	95	30 s		1
变性	95	5 s		40
退火，延伸	60	34 s	是	

注：可使用其他等效的一步法或两步法实时荧光 RT-PCR 检测试剂盒进行，反应体系和反应参数可进行相应调整。
试验结束后，根据收集的荧光曲线和 Ct 值判定结果。

8　结果判定

8.1　普通 RT-PCR

8.1.1　质控标准

8.1.1.1　第一轮 RT-PCR 反应（外引物）中，阴性对照和空白对照未出现条带、阳性对照出现预期大小（464 bp）的扩增条带，则表明反应体系运行正常。

8.1.1.2　第一轮 RT-PCR 反应（外引物）中，阴性对照和空白对照未出现条带、阳性对照也未出现预期大小（464 bp）的扩增条带，但是第二轮 PCR 反应（基因型鉴别引物）中一对引物的阳性对照出现预期大小（383 bp 或 418 bp）的扩增条带，则表明反应体系运行正常，且阴性对照和空白对照未出现目的条带。

8.1.1.3　符合上述两种情况之一，即可进行结果判定；否则此次试验无效，需重新进行普通 PCR 扩增。

8.1.2　结果判定

8.1.2.1　样本经琼脂糖凝胶电泳，在凝胶成像仪上观察到 383 bp 扩增条带，判为汉滩型汉坦病毒核酸阳性。

8.1.2.2　样本经琼脂糖凝胶电泳，在凝胶成像仪上观察到 418 bp 扩增条带，判为汉城型汉坦病毒核酸阳性。

8.1.2.3　样本经琼脂糖凝胶电泳，在凝胶成像仪上均未观察到 383 bp 和 418 bp 扩增条带，判为汉坦病毒核酸阴性。

8.2 实时荧光 PCR

8.2.1 结果分析和条件设定

直接读取检测结果，基线和阈值设定原则根据仪器的噪声情况进行调整，以阈值线刚好超过正常阴性样本扩增曲线的最高点为准。

8.2.2 质控标准

8.2.2.1 两条探针的空白对照无 Ct 值，并且无荧光扩增曲线，一直为水平线。

8.2.2.2 两条探针的阴性对照无 Ct 值，并且无荧光扩增曲线，一直为水平线。

8.2.2.3 汉滩型和汉城型阳性对照 Ct 值≤35，并且有明显的荧光扩增曲线，则表明反应体系运行正常；否则此次试验无效，需重新进行实时荧光 PCR 扩增。

8.2.3 结果判定

8.2.3.1 若待检测样本无荧光扩增曲线，则判定汉坦病毒核酸阴性。

8.2.3.2 若待检测样本有荧光扩增曲线，且 Ct 值≤35 时，则判断汉坦病毒核酸阳性，根据探针和病毒的对应关系鉴别诊断汉坦病毒的基因型。

8.2.3.3 若待检测样本 Ct 值介于 35 和 40 之间，应重新进行实时荧光 PCR 检测。重新检测后，若 Ct 值≥40，则判定汉坦病毒核酸阴性。重新检测后，若 Ct 值仍介于 35 和 40 之间，则判定汉坦病毒核酸可疑阳性，需进一步进行序列测定。

8.3 序列测定

必要时，可取待检样本扩增出的阳性 PCR 产物进行核酸序列测定，序列结果与已公开发表的 HV 特异性片段序列进行比对，序列同源性在 90% 以上，可确诊待检样本汉坦病毒核酸阳性，否则判定汉坦病毒核酸阴性。

9 检测过程中防止交叉污染的措施

按照 GB/T 19495.2 中的要求执行。

附　录　A

（规范性附录）

溶液的配制

A.1　0.02 mol/L pH7.2 磷酸盐缓冲液（PBS）的配制

A.1.1　A 液

0.2 mol/L 磷酸二氢钠溶液：称取磷酸二氢钠（$NaH_2PO_4 \cdot H_2O$）27.6 g，先加适量去离子水溶解，最后定容至 1000 mL，混匀。

A.1.2　B 液

0.2 mol/L 磷酸氢二钠溶液：称取磷酸氢二钠（$Na_2HPO_4 \cdot 7H_2O$）53.6 g（或 $Na_2HPO_4 \cdot 12H_2O$ 71.6 g，或 $Na_2HPO_4 \cdot 2H_2O$ 35.6 g），先加适量去离子水溶解，最后定容至 1000 mL，混匀。

A.1.3　0.02　mol/L pH7.2 磷酸盐缓冲液（PBS）的配制

取 A 液 14 mL、B 液 36 mL，加氯化钠（NaCl）8.5 g，加 800 mL 无离子水溶解稀释，用 HCl 调 pH 至 7.2，最后定容至 1000 mL，经 121℃高压灭菌 15 min，冷却备用。

A.2　无 RNase 去离子水的配制

实验用去离子水按体积比 0.1%加入 DEPC 摇匀，室温静置过夜，121℃高压灭菌 15 min，冷却备用。

A.3　50×TAE 电泳缓冲液

A.3.1　0.5 mol/L 乙二铵四乙酸二钠（EDTA）溶液（pH8.0）

乙二铵四乙酸二钠（EDTA -$Na_2 \cdot H_2O$）	18.61 g
灭菌去离子水	80 mL
5 mol/L 氢氧化钠溶液	调 pH 至 8.0

灭菌去离子水加至 100 mL，121℃、15 min 灭菌备用。

A.3.2　50×TAE 电泳缓冲液配制

羟基甲基氨基甲烷（Tris）	242 g
冰醋酸	57.1 mL
0.5 mol/L EDTA 溶液，pH8.0	100 mL

灭菌去离子水加至 1000 mL，121℃、15 min 灭菌备用。

用时用灭菌去离子水稀释至 1×使用。

A.4　溴化乙锭（EB）溶液（10 μg/μL）

溴化乙锭	20 mg
灭菌去离子水	20 mL

A.5　含 0.5 μg/mL 溴化乙锭的 1.5%琼脂糖凝胶的配制

琼脂糖	1.5 g
1×TAE 电泳缓冲液	加至 100 mL

　　混合后加热至完全融化，待冷至 50~55℃时，加溴化乙锭（EB）溶液 5 μL，轻轻晃动摇匀，避免产生气泡，将梳子置入电泳槽中，然后将琼脂糖溶液倒入电泳板，凝胶适宜厚度为 3~5 mm，需确认在梳齿下或梳齿间没有气泡，待凝固后取下梳子备用。

参 考 文 献

田克恭. 1992. 实验动物病毒性疾病. 北京：中国农业出版社：76-83.

中华人民共和国卫生部. 2005.《全国肾综合征出血热监测方案（试行）》.

Bootz F, Sieber I, Popovic D, et al. 2003. Comparison of the sensitivity of *in vivo* antibody production tests with *in vitro* PCR-based methods to detect infectious contamination of biological materials. Laboratory Animals，37：341-351.

ICS 65.020.30

B 44

中国实验动物学会团体标准

T/CALAS 40—2017

实验动物 肺支原体 PCR 检测方法

Laboratory animal - PCR method for detection of *Mycoplasma pulmonis*

2017-12-29 发布   2018-01-01 实施

中国实验动物学会 发布

前　言

本标准按照 GB/T 1.1—2009 给出的规则编写。

本标准附录 A 为规范性附录。

本标准由中国实验动物学会归口。

本标准由全国实验动物标准化技术委员会（SAC/TC281）技术审查。

本标准由中国实验动物学会实验动物标准化专业委员会提出并组织起草。

本标准主要起草单位：广东省实验动物监测所。

本标准主要起草人：袁文、王静、黄韧、张钰、闵凡贵、黄树武。

实验动物　肺支原体 PCR 检测方法

1　范围

本标准规定了实验动物肺支原体普通 PCR 和实时荧光 PCR 检测方法。

本标准适用于实验动物怀疑本病发生，实验动物接种物、实验动物环境和动物源性生物制品中肺支原体的检测。

2　规范性引用文件

下列文件对于本文件的应用是必不可少的。凡是注明日期的引用文件，仅所注日期的版本适用于本文件。凡是不注日期的引用文件，其最新版本（包括所有的修改单）适用于本文件。

GB/T 14926.8—2001 　《实验动物 支原体检测方法》

GB 19489 　《实验室 生物安全通用要求》

GB/T 19495.2 　《转基因产品检测 实验室技术要求》

3　术语、定义和缩略语

3.1　术语和定义

下列术语和定义适合于本标准。

3.1.1

聚合酶链反应 polymerase chain reaction，PCR

体外酶催化合成特异 DNA 片段的方法：模板 DNA 先经高温变性成为单链，在 DNA 聚合酶作用和适宜的反应条件下，根据模板序列设计的两条引物分别与模板 DNA 两条链上相应的一段互补序列发生退火而相互结合，接着在 DNA 聚合酶的作用下以四种 dNTP 为底物，使引物得以延伸，然后不断重复变性、退火和延伸这一循环，使欲扩增的基因片段以几何倍数扩增。

3.1.2

实时荧光聚合酶链反应 real-time PCR，实时荧光 PCR

实时荧光 PCR 方法：在常规 PCR 的基础上，在反应体系中加入特异性荧光探针，利用荧光信号积累实时检测整个 PCR 进程，通过检测每次循环中的荧光发射信号，间接反映了 PCR 扩增的目标基因的量，最后通过扩增曲线对未知模板进行定性或定量分析。（本标准中将"PCR"称为"普通 PCR"是为了与"实时荧光 PCR"进行区别，避免名称混淆。）

3.1.3

Ct 值 cycle threshold

实时荧光 PCR 反应中每个反应管内的荧光信号达到设定的阈值时所经历的循环数。

3.2　缩略语

下列缩略语适用于本标准。

DNA 脱氧核糖核酸 deoxyribonucleic acid

PBS 磷酸盐缓冲液 phosphate buffered saline

4 检测方法原理

用合适的方法提取样本中的肺支原体 DNA，针对支原体核酸 16S RNA 基因设计特异的引物和探针序列，通过 PCR 对模板 DNA 进行扩增，根据 PCR 检测结果判定该样品中是否含有肺支原体核酸成分。

实时荧光 PCR 方法是在常规 PCR 的基础上，加入了一条特异性的荧光探针，探针两端分别标记一个报告荧光基团和一个淬灭荧光基团。探针完整时，报告基团发射的荧光信号被淬灭基团吸收；PCR 扩增时，*Taq* 酶的 5′→3′ 外切酶活性将探针酶切降解，使报告荧光基团和淬灭荧光基团分离，淬灭作用消失，荧光信号产生并被检测仪器接收，随着 PCR 反应的循环进行，PCR 产物与荧光信号的增长呈对应关系。因此，可以通过检测荧光信号对核酸模板进行检测。

5 主要设备和材料

5.1 PCR 仪。

5.2 实时荧光 PCR 仪。

5.3 电泳仪。

5.4 凝胶成像分析系统。

5.5 高速冷冻离心机。

5.6 普通离心机。

5.7 恒温孵育器。

5.8 涡旋振荡器。

5.9 组织匀浆器。

5.10 生物安全柜。

5.11 PCR 超净工作台。

5.12 冰箱（−20℃）。

5.13 微量移液器（0.1~2 μL，1~10 μL，10~100 μL，100~1000 μL）。

5.14 灭菌离心管（1.5 mL，2 mL，5 mL，15 mL），灭菌吸头（10 μL，200 μL，1 mL），灭菌 PCR 扩增反应管（0.2 mL，八连管或 96 孔板）。

5.15 聚乙烯薄膜袋：90 mm×150 mm 自封袋，使用前紫外灭菌 20 min。

5.16 采样工具：剪刀、镊子和灭菌棉拭子等。

6 试剂

除特别说明外，所有实验用试剂均为分析纯；实验用水为去离子水。

6.1 灭菌 PBS。配制方法见附录 A。

6.2 DNA 抽提试剂：基因组 DNA 提取试剂盒 DNeasy Blood & Tissue Kit 或其他等效产品。

6.3 无水乙醇。

6.4　PCR 试剂：Premix Taq™（Version 2.0 plus dye）或其他等效产品。

6.5　实时荧光 PCR 试剂：Premix Ex Taq™ （Probe qPCR）或其他等效产品。

6.6　DNA 分子质量标准：100~2000 bp。

6.7　50×TAE 电泳缓冲液，配制方法见附录 A。

6.8　溴化乙锭：10 mg/mL，配制方法见附录 A；或其他等效产品。

6.9　1.5%琼脂糖凝胶，配制方法见附录 A。

6.10　引物和探针：根据表 1、表 2 的序列合成引物和探针，引物和探针加无 RNase 去离子水配制成 10 µmol/L 储备液，–20℃保存。

表 1　普通 PCR 检测引物

引物名称	引物序列（5′→3′）	产物大小/bp
正向引物	AGCGTTTGCTTCACTTTGAA	266
反向引物	GGGCATTTCCTCCCTAAGCT	

表 2　实时荧光 RT-PCR 扩增引物和探针

引物和探针名称	引物和探针序列（5′→3′）
正向引物	GGAAATGCCCTAAGTATGACGG
反向引物	CGGATAACGCTTGCACCCTA
探针	FAM-CCTTGTCAGAAAGCACCGGCTAACTATGTG -BHQ-1

注：探针也可选用具有与 FAM 和 BHQ-1 荧光基团相同检测效果的其他合适的荧光报告基团和荧光淬灭基团组合。

7　检测方法

7.1　生物安全措施

实验操作及处理按照 GB 19489 的规定，由具备相关资质的工作人员进行相应操作。

7.2　采样及样本的处理

采样过程中样本不得交叉污染，采样及样本前处理过程中应戴一次性手套。

7.2.1　脏器组织

剖检，无菌采集动物的鼻咽部组织、气管组织和肺脏，剪取待检样本 2.0 g 于无菌 5 mL 离心管，加入 4 mL 灭菌 PBS，使用电动匀浆器充分匀浆 1~2 min，编号备用。

7.2.2　支原体分离培养物

可以直接使用国标 GB/T 14926.8 分离培养法中支原体半流体培养基的培养物和支原体液体培养基的培养物作为检测样本进行检测。

7.2.3　细胞培养物

直接刮取可疑的细胞培养物于 15 mL 离心管中，3000 r/min 离心 10 min，去上清，加 1 mL 灭菌 PBS 重悬细胞，然后将细胞悬液转移到无菌 1.5 mL 离心管中，编号备用。

7.2.4 实验动物环境

7.2.4.1 实验动物饲料、垫料和饮水

取适量实验动物饲料和垫料置于聚乙烯薄膜袋中，加入适量灭菌 PBS（饲料和垫料需全部浸泡于液体中）。密封后浸泡 5~10 min，充分混匀，将混悬液转移至 15 mL 离心管中，4℃、12 000 r/min 离心 10 min，取上清液转入另一无菌 5 mL 离心管中，编号备用。取适量实验动物饮水直接转移到无菌 5 mL 离心管中，编号备用。

7.2.4.2 实验动物设施设备

用灭菌棉拭子拭取实验动物设施设备出风口初效滤膜表面沉积物，将拭子置入灭菌 15 mL 离心管，加入适量灭菌 PBS，浸泡 5~10 min，充分混匀，取出棉拭子，将离心管于 4℃、12 000 r/min 离心 10 min，取上清液转入另一无菌 5 mL 离心管中，编号备用。

7.2.5 样本的存放

采集或处理的样本在 2~8℃条件下保存应不超过 24 h；若需长期保存，须放置 -80℃冰箱，但应避免反复冻融（冻融不超过 3 次）。

7.3 样本 DNA 提取

7.3.1 取 50~100 μL 的样本至 1.5 mL 或 2 mL 离心管中，加 20 μL 蛋白酶 K，用 PBS 补加至 220 μL。

7.3.2 加入 200 μL 缓冲液 AL，涡旋振荡充分混匀，56℃孵育 10 min。

7.3.3 加入 200 μL 的无水乙醇，涡旋振荡充分混匀。

7.3.4 移取步骤 7.3.3 的混合液至离心柱上，离心柱放在 2 mL 收集管中，$\geqslant 6000\,g$（8000 r/min）离心 1 min。弃收集管/液。

7.3.5 离心柱放至新的 2 mL 收集管上，加 500 μL 的缓冲液 AW1，$\geqslant 6000\,g$（8000 r/min）离心 1 min。弃收集管/液。

7.3.6 离心柱放至新的 2 mL 收集管上，加 500 μL 的缓冲液 AW2，20 000 g（14 000 r/min）离心 3 min。弃收集管/液。

7.3.7 将离心柱放在一个新的 1.5 mL 离心管上，吸取 200 μL 的缓冲液 AE 在吸附膜上，室温孵育 1 min，$\geqslant 6000\,g$（8000 r/min）离心 1 min。制备好的 DNA 应尽快进行下一步 PCR 反应；若暂时不能进行 PCR 反应，应于 -20℃冰箱保存备用。

注：该 DNA 提取方法是针对 DNA 提取试剂盒 DNeasy Blood & Tissue Kit 给出的，可使用其他等效的 DNA 提取试剂盒进行，提取方法可进行相应调整。

7.4 普通 PCR

7.4.1 PCR 反应体系

PCR 反应体系见表 3。反应液的配制在冰浴上操作，每次反应同时设计阳性对照、阴性对照和空白对照。其中，以含有肺支原体的组织或培养物提取的 DNA 作为阳性对照模板；以不含有肺支原体 DNA 样本（可以是正常动物组织或正常培养物）作为阴性对照模板；空白对照为不加模板对照（no template control，NTC），即在反应中用水来代替模板。

表3　每个样本反应体系配制表

反应组分	用量/μL	终浓度
2×Premix Taq Mix（plus dye）	25	1×
正向引物（10 μmol/L）	2	400 nmol/L
反向引物（10 μmol/L）	2	400 nmol/L
DNA 模板	10	
灭菌去离子水	11	
总体积	50	

7.4.2　PCR 反应参数

PCR 反应参数见表4。

表4　PCR 反应参数

步骤	温度/℃	时间/min	循环数
预变性	95	5	1
变性	94	1	35
退火	55	1	
延伸	72	2	
延伸	72	10	1

注：可使用其他等效的 PCR 检测试剂进行，反应体系和反应参数可进行相应调整。

7.4.3　PCR 产物的琼脂糖凝胶电泳检测和拍照

将适量 50×TAE 稀释成 1×TAE 溶液，配制含核酸染料溴化乙锭的 1.5%琼脂糖凝胶。PCR 反应结束后，取 10 μL PCR 产物在 1.5%琼脂糖凝胶进行电泳检测，以 DNA 分子质量作为参照。电压大小根据电泳槽长度来确定，一般控制在 3~5 V/cm，当上样染料移动到凝胶边缘时关闭电源。电泳完成后在凝胶成像系统拍照记录电泳结果。

7.5　实时荧光 PCR

7.5.1　实时荧光 PCR 反应体系

实时荧光 PCR 反应体系见表5。反应液的配制在冰上操作，每次反应同时设计阳性对照、阴性对照和空白对照。其中，以含有肺支原体的组织或细胞培养物提取的 DNA 作为阳性对照模板；以不含有肺支原体 DNA 样本（可以是正常动物组织或正常细胞培养物）作为阴性对照模板；空白对照为不加模板对照（no template control，NTC），即在反应中用水来代替模板。

表5　每个样本反应体系配制表

反应组分	用量/μL	终浓度
2×Premix Ex Taq Mix	25	1×
正向引物（10 μmol/L）	1	200 nmol/L
反向引物（10 μmol/L）	1	200 nmol/L

反应组分	用量/μL	终浓度
探针（10 μmol/L）	2	400 nmol/L
Rox（50×）	1	1×
DNA 模板	10	
灭菌去离子水	10	
总体积	50	

注：试剂 Rox 只在具有 Rox 荧光校正通道的实时荧光 PCR 仪上进行扩增时添加，否则用水补齐。

7.5.2 实时荧光 PCR 反应参数

实时荧光 PCR 反应参数见表 6。

表 6 实时荧光 PCR 反应参数

步骤	温度/℃	时间	采集荧光信号	循环数
预变性	95	30 s	否	1
变性	95	5 s		40
退火，延伸	60	34 s	是	

注：可使用其他等效的实时荧光 PCR 检测试剂盒进行，反应体系和反应参数可进行相应调整。

试验检测结束后，根据收集的荧光曲线和 Ct 值判定结果。

8 结果判定

8.1 普通 PCR

8.1.1 质控标准

在阴性、阳性对照成立的条件下，即阳性对照的扩增产物经电泳检测可见到 266 bp 扩增条带，阴性对照的扩增产物无任何条带，可进行结果判定。

8.1.2 结果判定

8.1.2.1 样本经琼脂糖凝胶电泳，在凝胶成像仪上观察到 266 bp 扩增条带，判为肺支原体核酸阳性。

8.1.2.2 样本经琼脂糖凝胶电泳，在凝胶成像仪上未观察到 266 bp 扩增条带，判为肺支原体核酸阴性。

8.2 实时荧光 PCR

8.2.1 结果分析和条件设定

直接读取检测结果，基线和阈值设定原则根据仪器的噪声情况进行调整，以阈值线刚好超过正常阴性样本扩增曲线的最高点为准。

8.2.2 质控标准

8.2.2.1 空白对照无 Ct 值，并且无荧光扩增曲线，一直为水平线。

8.2.2.2 阴性对照无 Ct 值，并且无荧光扩增曲线，一直为水平线。

8.2.2.3　阳性对照 Ct 值应≤35，并且有明显的荧光扩增曲线，则表明反应体系运行正常；否则此次试验无效，需重新进行实时荧光 PCR 扩增。

8.2.3　结果判定

8.2.3.1　若待检测样本无荧光扩增曲线，则判定肺支原体核酸阴性。

8.2.3.2　若待检测样本有荧光扩增曲线，且 Ct 值≤35 时，则判断肺支原体核酸阳性。

8.2.3.3　若待检测样本 Ct 值介于 35 和 40 之间，应重新进行实时荧光 PCR 检测。重新检测后，若 Ct 值≥40，则判定肺支原体核酸阴性。重新检测后，若 Ct 值仍介于 35 和 40 之间，则判定肺支原体核酸可疑阳性，需进一步进行序列测定。

8.3　序列测定

　　必要时，可取待检样本扩增出的阳性 PCR 产物进行核酸序列测定，序列结果与已公开发表的肺支原体特异性片段序列进行比对，序列同源性在 90%以上，可确诊待检样本肺支原体核酸阳性，否则判定肺支原体核酸阴性。

9　检测过程中防止交叉污染的措施

　　按照 GB/T 19495.2 中的要求执行。

附 录 A

（规范性附录）

溶液的配制

A.1 0.02 mol/L pH7.2 磷酸盐缓冲液（PBS）的配制

A.1.1 A 液

0.2 mol/L 磷酸二氢钠溶液：称取磷酸二氢钠（$NaH_2PO_4 \cdot H_2O$）27.6 g，先加适量去离子水溶解，最后定容至 1000 mL，混匀。

A.1.2 B 液

0.2 mol/L 磷酸氢二钠溶液：称取磷酸氢二钠（$Na_2HPO_4 \cdot 7H_2O$）53.6 g（或 $Na_2HPO_4 \cdot 12H_2O$ 71.6 g 或 $Na_2HPO_4 \cdot 2H_2O$ 35.6 g），先加适量去离子水溶解，最后定容至 1000 mL，混匀。

A.1.3 0.02 mol/L pH7.2 磷酸盐缓冲液（PBS）的配制

取 A 液 14 mL、B 液 36 mL，加氯化钠（NaCl）8.5 g，加 800 mL 无离子水溶解稀释，用 HCl 调 pH 至 7.2，最后定容至 1000 mL，经 121℃高压灭菌 15 min，冷却备用。

A.2 50×TAE 电泳缓冲液

A.2.1 0.5 mol/L 乙二铵四乙酸二钠（EDTA）溶液（pH8.0）

乙二铵四乙酸二钠（EDTA -$Na_2 \cdot H_2O$）	18.61 g
灭菌去离子水	80 mL
5 mol/L 氢氧化钠溶液	调 pH 至 8.0

灭菌去离子水加至 100 mL，121℃、15 min 灭菌备用。

A.2.2 50×TAE 电泳缓冲液配制

羟基甲基氨基甲烷（Tris）	242 g
冰醋酸	57.1 mL
0.5 mol/L EDTA 溶液，pH8.0	100 mL

灭菌去离子水加至 1000 mL，121℃、15 min 灭菌备用。

用时用灭菌去离子水稀释至 1×使用。

A.3 溴化乙锭（EB）溶液（10 μg/μL）

溴化乙锭	20 mg
灭菌去离子水	20 mL

A.4 含 0.5 μg/mL 溴化乙锭的 1.5%琼脂糖凝胶的配制

琼脂糖	1.5 g
1×TAE 电泳缓冲液	加至 100 mL

混合后加热至完全融化,待冷至 50~55℃时，加溴化乙锭（EB）溶液 5 μL，轻轻晃动摇匀，避免产生气泡，将梳子置入电泳槽中，然后将琼脂糖溶液倒入电泳板上，凝胶适宜厚度为 3~5 mm，需确认在梳齿下或梳齿间没有气泡，待凝固后取下梳子备用。

参 考 文 献

GB 14922.2—2011　实验动物　微生物学等级及监测.

GB 14926.28—2001　实验动物　支原体检测方法.

Loganbill JK，Wagner AM，Besselsen DG. 1994. Detection of mycoplasma pulmonis by fluorogenic nuclease polymerase chain reaction analysis. J Virol，68：6476-6486.

van Kuppeveld FJ，Melchers WJ，Willemse HF，et al. 1993. Detection of mycoplasma pulmonis in experimentally infected laboratory rats by 16S rRNA amplification. Laboratory animals，37：341-351.

ICS 65.020.30

B 44

中国实验动物学会团体标准

T/CALAS 41—2017

实验动物 大鼠泰勒病毒检测方法

Laboratory animal - Methods for detection of rat theilovirus（RTV）

2017-12-29 发布

2018-01-01 实施

中国实验动物学会 发布

前　言

本标准按照 GB/T 1.1—2009 给出的规则编写。

本标准附录 A 为规范性附录。

本标准由中国实验动物学会归口。

本标准由全国实验动物标准化技术委员会（SAC/TC281）技术审查。

本标准由中国实验动物学会实验动物标准化专业委员会提出并组织起草。

本标准主要起草单位：广东省实验动物监测所。

本标准主要起草人：袁文、黄韧、张钰、郭鹏举、王静、闵凡贵。

实验动物 大鼠泰勒病毒检测方法

1 范围

本标准规定了实验动物大鼠泰勒病毒检测方法。

本标准适用于实验动物检测,实验动物怀疑本病发生,实验动物接种物、实验动物环境和动物源性生物制品中大鼠泰勒病毒的检测。

2 规范性引用文件

下列文件对于本文件的应用是必不可少的。凡是注明日期的引用文件,仅所注日期的版本适用于本文件。凡是不注日期的引用文件,其最新版本(包括所有的修改单)适用于本文件。

GB 19489 《实验室 生物安全通用要求》

GB/T 19495.2 《转基因产品检测 实验室技术要求》

3 术语、定义和缩略语

3.1 术语和定义

下列术语和定义适合于本标准。

3.1.1

聚合酶链反应 polymerase chain reaction,PCR

体外酶催化合成特异 DNA 片段的方法:模板 DNA 先经高温变性成为单链,在 DNA 聚合酶作用和适宜的反应条件下,根据模板序列设计的两条引物分别与模板 DNA 两条链上相应的一段互补序列发生退火而相互结合,接着在 DNA 聚合酶的作用下以四种 dNTP 为底物,使引物得以延伸,然后不断重复变性、退火和延伸这一循环,使欲扩增的基因片段以几何倍数扩增。

3.1.2

逆转录-聚合酶链反应 reverse transcription polymerase chain reaction,RT-PCR

以 RNA 为模板,采用 Oligo(dT)、随机引物或特异性引物,RNA 在逆转录酶和适宜反应条件下,被逆转录成 cDNA,然后再以 cDNA 作为模板,进行 PCR 扩增。

3.1.3

实时荧光逆转录-聚合酶链反应 real-time RT-PCR,实时荧光 RT-PCR

实时荧光 RT-PCR 方法:在常规 RT-PCR 的基础上,在反应体系中加入特异性荧光探针,利用荧光信号积累实时检测整个 PCR 进程,通过检测每次循环中的荧光发射信号,间接反映了 PCR 扩增的目标基因的量,最后通过扩增曲线对未知模板进行定性或定量分析。(本标准中将"RT-PCR"称为"普通 RT-PCR"是为了与"实时荧光 RT-PCR"进行区别，避免名称混淆。）

3.1.4

Ct 值 cycle threshold

实时荧光 PCR 反应中每个反应管内的荧光信号达到设定的阈值时所经历的循环数。

3.2 缩略语

下列缩略语适用于本标准。

CPE 细胞病变效应 cytopathic effect

DEPC 焦碳酸二乙酯 diethyl pyrocarbonate

DNA 脱氧核糖核酸 deoxyribonucleic acid

ELISA 酶联免疫吸附试验 enzyme-linked immunosorbent assay

IFA 免疫荧光试验 indirect immunofluorescence assay

PBS 磷酸盐缓冲液 phosphate buffered saline

RNA 核糖核酸 ribonucleic acid

RTV 大鼠泰勒病毒 rat theilovirus

4 生物安全措施

实验操作及处理按照 GB 19489 的规定，由具备相关资质的工作人员进行相应操作。

5 酶联免疫吸附试验（ELISA）

5.1 检测方法原理

包被于固相载体表面的已知抗原与待检血清中的特异性抗体结合形成免疫复合物。此抗原抗体复合物仍保持其抗原活性，可与相应的第二抗体酶结合物结合。在酶的催化作用下底物发生反应，产生有色物质。颜色反应的深浅与待检血清中所含有的特异性抗体的量成正比。

5.2 试剂和材料

5.2.1 特异性抗原

用 RTV 感染 BHK21 细胞，当病变达+++ ~ ++++时，收获培养物。冻融三次或超声波处理后，低速离心去除细胞碎片，上清液再经超速离心浓缩后制成 ELISA 抗原。

5.2.2 正常抗原

BHK 细胞冻融破碎后，经低速离心去除细胞碎片而获得的上清液。

5.2.3 阳性血清

自然感染 RTV 的抗体阳性血清，或 RTV 抗原免疫清洁级或 SPF 级大鼠所获得的抗血清。

5.2.4 阴性血清

确诊无 RTV 感染的大鼠血清。

5.2.5 酶结合物

辣根过氧化物酶标记羊或兔抗大鼠 IgG 抗体，或辣根过氧化物酶标记葡萄球菌蛋白 A（SPA）。

5.2.6　其他试剂

包被液、PBS、洗涤液、稀释液、磷酸盐-柠檬酸缓冲液、底物溶液、终止液等，依附录 A 自行配制。

5.3　仪器和设备

5.3.1　酶标仪

5.3.2　恒温培养箱

5.3.3　聚苯乙烯板：40 孔、55 孔或 96 孔（可拆或不可拆）。

5.3.4　微量移液器（1~10 μL，10~100 μL，100~1000 μL）。

5.4　操作步骤

5.4.1　待检样本

采集大鼠血液，分离血清，血清必须清亮、透明、不溶血，–20℃保存或立即检测。

5.4.2　包被抗原

根据滴定的最适工作浓度,将特异性抗原和正常抗原分别用包被液稀释。加入酶标板，每孔 100 μL，置 37℃孵育 1 h 后再 4℃过夜。

5.4.3　洗板

用洗涤液洗 5 次，每次 3 min，叩干；如不马上使用，用铝箔纸真空包装密封，置 4℃保存。

5.4.4　加样

待检血清和阴性、阳性对照血清分别用稀释液做 1∶40 稀释，分别加入两孔（特异性抗原孔和正常抗原孔），每孔 100 μL，37℃孵育 1 h，洗涤同上。

5.4.5　加酶结合物

用稀释液将酶结合物稀释成适当浓度，每孔加入 100 μL，37℃孵育 1 h，洗涤同上。

5.4.6　加底物溶液

每孔加入新配制的底物溶液 100 μL，置 37℃，避光显色 10~15 min。

5.4.7　终止反应

每孔加入终止液 50 μL。

5.4.8　测 OD 值

在酶标仪上，于 490 nm 处读出各孔 OD 值。

5.5　结果判定

5.5.1　质控标准

在阴性和阳性对照血清成立的条件下，即阳性血清与特异性抗原反应的 OD 值≥0.6，阴性血清与特异性抗原反应的 OD 值<0.2，进行结果判定；否则此次试验无效，需重新进行试验。

5.5.2　同时符合下列 3 个条件者，判为阳性：

a）待检血清与正常抗原和特异性抗原反应有明显的颜色区别；

b）待检血清与特异性抗原反应的 OD 值≥0.2；

c）待检血清与特异性抗原反应的 OD 值/阴性对照血清与特异性抗原反应的 OD 值≥2.1。

5.5.3　均不符合上述 3 个条件者，判为阴性。

5.5.4　仅有 1~2 条符合者，判为可疑，需选用同一种方法或另一种方法重试。

6　免疫荧光试验（IFA）

6.1　检测方法原理

含有病毒抗原的细胞（组织培养细胞或动物组织细胞）固定于玻片上，遇相应抗体形成抗原抗体复合物。此抗原抗体复合物仍保持其抗原活性，可与相应的第二抗体荧光素结合物结合。荧光素在紫外光或蓝紫光的照射下，可激发出可见的荧光。因此，在荧光显微镜下以荧光的有无和强弱判定结果。

6.2　试剂和材料

6.2.1　抗原片

用 RTV 感染 BHK21 细胞，接种后 24~48 h，待细胞出现病变或确知细胞内含有丰富的病毒抗原后，用胰酶消化下细胞，PBS 洗涤三次，用适量 PBS 悬浮细胞，将细胞悬液滴于玻片孔中。同时消化未感染病毒的同批细胞，滴加于同一玻片另一孔内，作为正常细胞对照。孔内滴加的细胞以细胞铺开、不重叠为宜。室温干燥后，冷丙酮（4℃）固定 10 min，PBS 漂洗后，充分干燥，−20℃保存。

6.2.2　阳性血清

自然感染 RTV 的抗体阳性血清，或 RTV 抗原免疫清洁级或 SPF 级大鼠所获得的抗血清。

6.2.3　阴性血清

确诊无 RTV 感染的大鼠血清。

6.2.4　酶结合物

异硫氰酸荧光素标记羊或兔抗大鼠 IgG 抗体，使用时用含 0.01%~0.02%伊文思蓝 PBS 稀释至适当浓度。

6.2.5　其他试剂

PBS、50%甘油 PBS 等，依附录 A 自行配制。

6.3　仪器和设备

6.3.1　荧光显微镜

6.3.2　恒温培养箱

6.3.3　印有 10~40 个小孔的玻片。

6.3.4　微量移液器（1~10 μL，10~100 μL，100~1000 μL）。

6.4　操作步骤

6.4.1　待检样本

采集大鼠血液，分离血清，血清必须清亮、透明、不溶血，−20℃保存或立即检测。

6.4.2　加样

取出抗原片，室温干燥后，将适当稀释的待检血清和阴性、阳性血清分别滴于抗原片上，每份血清加两个病毒细胞孔和一个正常细胞孔，置湿盒内，37℃、30~45 min。

6.4.3　洗涤

用 PBS 洗 3 次，每次 5 min，室温干燥。

6.4.4　加荧光标记二抗

取适当稀释的荧光抗体，滴加于抗原片上，置湿盒内，37℃、30~45 min。

6.4.5　洗涤

PBS 洗 3 次，每次 5 min。

6.4.6　结果观察

50%甘油 PBS 封片，荧光显微镜下观察。

6.5　结果判定

在阴性、阳性对照血清成立的条件下，阴性血清与正常细胞和病毒感染细胞反应均无荧光；阳性血清与正常细胞反应无荧光、与病毒感染细胞反应有荧光反应，即可判定结果。

6.5.1　待检血清与正常细胞和病毒感染细胞均无荧光反应，判为阴性。

6.5.2　待检血清与正常细胞反应无荧光，与感染细胞有荧光反应，判为阳性。根据荧光反应的强弱可判定为+~++++。

7　普通 RT-PCR

7.1　检测方法原理

用合适的方法提取样本中的总 RNA，针对大鼠泰勒病毒 5′-UTR 基因设计特异的引物序列，通过 RT-PCR 对模板 RNA 进行扩增，根据 PCR 检测结果判定该样本中是否含有大鼠泰勒病毒。

7.2　试剂和材料

除特别说明外，所有实验用试剂均为分析纯；实验用水为去离子水。

7.2.1　灭菌 PBS。配制方法见附录 A。

7.2.2　无 RNase 去离子水：经焦碳酸二乙酯（DEPC）处理的去离子水或商品无 RNase 水。配制方法见附录 A。

7.2.3　RNA 抽提试剂：TRIzol 或其他等效产品。

7.2.4　无水乙醇。

7.2.5　75%乙醇（无 RNase 去离子水配制）。

7.2.6　三氯甲烷（氯仿）。

7.2.7　异丙醇。

7.2.8　RT-PCR 试剂：PrimeScript™ One Step RT-PCR Kit Ver.2 试剂盒或其他等效产品。

7.2.9　DNA 分子质量标准：100~2000 bp。

7.2.10　50×TAE 电泳缓冲液，配制方法见附录 A。

7.2.11　溴化乙锭：10 mg/mL，配制方法见附录 A；或其他等效产品。

7.2.12　1.5%琼脂糖凝胶，配制方法见附录 A。

7.2.13　引物：根据表 1 的序列合成引物，引物加无 RNase 去离子水配制成 10 μmol/L 储备液，−20℃保存。

表1　普通 RT-PCR 检测引物

引物名称	引物序列（5′→3′）	检测基因	产物大小/bp
正向引物	GACCTCTTTCAACGCGACG	5′-UTR	363
反向引物	CGATGTCTGTTCTAAGTTTCC		

7.3　仪器和设备

7.3.1　PCR 仪。

7.3.2　电泳仪。

7.3.3　凝胶成像分析系统。

7.3.4　高速冷冻离心机。

7.3.5　普通离心机。

7.3.6　恒温孵育器。

7.3.7　涡旋振荡器。

7.3.8　组织匀浆器。

7.3.9　生物安全柜。

7.3.10　PCR 超净工作台。

7.3.11　冰箱（-20℃）。

7.3.12　微量移液器（0.1~2 μL，1~10 μL，10~100 μL，100~1000 μL）。

7.3.13　灭菌离心管（1.5 mL，2 mL，5 mL，15 mL），灭菌吸头（10 μL，200 μL，1 mL），灭菌 PCR 扩增反应管（0.2 mL，八连管或96孔板）。

7.3.14　聚乙烯薄膜袋：90 mm×150 mm 自封袋，使用前紫外灭菌 20 min。

7.3.15　采样工具：剪刀、镊子和灭菌棉拭子等。

7.4　操作步骤

7.4.1　采样及样本的处理

采样过程中样本不得交叉污染，采样及样本前处理过程中应戴一次性手套。

7.4.1.1　脏器组织

剖检，无菌采集动物的肠系膜淋巴结、肾脏、脾脏和肝脏，剪取待检样本 2.0 g 于无菌 5 mL 离心管，加入 4 mL 灭菌 PBS，使用电动匀浆器充分匀浆 1~2 min，然后将组织悬液在 4℃、3000 r/min 离心 10 min，取上清液转入另一无菌 5 mL 离心管中，编号备用。

7.4.1.2　盲肠内容物或粪便

无菌采集动物盲肠内容物或粪便，取待检样本 2.0 g 于无菌 5 mL 离心管，加入 4 mL 灭菌 PBS，使用电动匀浆器充分匀浆 1~2 min，12 000 r/min 离心 10 min，取上清液转入另一无菌 5 mL 离心管中，编号备用。

7.4.1.3　细胞培养物

方法一：直接刮取样本接种后出现 CPE 或可疑的细胞培养物于 15 mL 离心管中，3000 r/min 离心 10 min，去上清，加 1 mL 灭菌 PBS 重悬细胞，然后将细胞悬液转移到无菌 1.5 mL 离心管中，编号备用。

方法二：将样本接种后出现 CPE 或可疑的细胞培养物反复冻融 3 次，细胞混悬液转移于 15mL 离心管中，12 000 r/min 离心 10 min，去细胞碎片，上清液转移到无菌 15 mL 离心管中，编号备用。

7.4.1.4　实验动物环境

7.4.1.4.1　实验动物饲料、垫料和饮水

取适量实验动物饲料和垫料置于聚乙烯薄膜袋中，加入适量灭菌 PBS（饲料和垫料需全部浸泡于液体中）。密封后浸泡 5~10 min，充分混匀，将混悬液转移至 15 mL 离心管中，4℃、12 000 r/min 离心 10 min，取上清液转入另一无菌 5 mL 离心管中，编号备用。取适量实验动物饮水直接转移到无菌 5 mL 离心管中，编号备用。

7.4.1.4.2　实验动物设施设备

用灭菌棉拭子拭取实验动物设施设备出风口初效滤膜表面沉积物，将拭子置入灭菌 15 mL 离心管，加入适量灭菌 PBS，浸泡 5~10 min，充分混匀，取出棉拭子，将离心管于 4℃、12 000 r/min 离心 10 min，取上清液转入另一无菌 5 mL 离心管中，编号备用。

7.4.1.5　样本的存放

采集或处理的样本在 2~8℃条件下保存应不超过 24 h；若需长期保存，须放置-80℃冰箱，但应避免反复冻融（冻融不超过 3 次）。

7.4.2　样本 RNA 提取

7.4.2.1　TRIzol 对人体有害，使用时应戴一次性手套，注意防止溅出。

7.4.2.2　取 200 μL 处理后的样本加 1mL TRIzol 后，充分混匀，室温静置 10 min 使其充分裂解。

7.4.2.3　按每毫升 TRIzol 加入 200 μL 氯仿，盖紧样本管盖，用手用力振荡摇晃离心管 15 s，禁用漩涡振荡器，以免基因组 RNA 断裂。室温静置 5 min。4℃、12 000 r/min 离心 15 min。

7.4.2.4　离心后混合物分成三层：下层红色的苯酚-氯仿层，中间层，上层无色的水样层。RNA 存在于水样层当中，水样层的容量大约为所加 TRIzol 容量的 60%。吸取上层水相至另一离心管中，注意不要吸取中间界面。

7.4.2.5　按每毫升 TRIzol 加入 0.5 mL 异丙醇混匀，室温放置 10 min。4℃、12 000 r/min 离心 10 min，弃上清，RNA 沉淀一般形成一胶状片状沉淀附着于试管壁和管底。

7.4.2.6　按每毫升 TRIzol 加入 1 mL 75%乙醇，温和振荡离心管，悬浮沉淀。4℃、7500 r/min 离心 5 min，弃上清，将离心管倒立吸水纸上，尽量使液体流干。

7.4.2.7　室温自然风干干燥 5~10 min，RNA 样本不要过于干燥。

7.4.2.8　用 50~100 μL 无 RNase 去离子水溶解 RNA 样本，制备好的 RNA 应尽快进行下一步 PCR 反应；若暂时不能进行 PCR 反应，应于-80℃冰箱保存备用。

7.4.3　RT-PCR 反应体系

RT-PCR 反应体系见表 2。反应液的配制在冰上操作，每次反应同时设计阳性对照、阴性对照和空白对照。其中，以含有 RTV 的组织或培养物提取的 RNA 作为阳性对照模板；以不含有 RTV RNA 样本（可以是正常动物组织或正常培养物）作为阴性对照模板；空白对照为不加模板对照（no template control，NTC），即在反应中用水来代替模板。

表2 RT-PCR 反应体系

反应组分	用量/μL	终浓度
2×Buffer	25	1×
Enzyme Mix	2	
P1（10 μmol/L）	2	400 nmol/L
P2（10 μmol/L）	2	400 nmol/L
DNA 模板	10	
无 RNase 去离子水	9	
总体积	50	

7.4.4 RT-PCR 反应参数

RT-PCR 反应参数见表3。

表3 RT-PCR 反应参数

步骤	温度/℃	时间	循环数
逆转录	50	30 min	1
预变性	95	5 min	1
变性	94	1 min	35
退火	55	1 min	
延伸	72	45 s	
延伸	72	10 min	1

注：可使用其他等效的一步法或两步法 RT-PCR 检测试剂盒进行，反应体系和反应参数可进行相应调整。

7.4.5 PCR 产物的琼脂糖凝胶电泳检测和拍照

将适量 50×TAE 稀释成 1×TAE 溶液，配制含核酸染料溴化乙锭的 1.5%琼脂糖凝胶。PCR 反应结束后，取 10 μL PCR 产物在 1.5%琼脂糖凝胶进行电泳检测，以 DNA 分子质量作参照。电压大小根据电泳槽长度来确定，一般控制在 3~5 V/cm，当上样染料移动到凝胶边缘时关闭电源。电泳完成后在凝胶成像系统拍照记录电泳结果。

7.5 结果判定

7.5.1 质控标准

在阴性、阳性对照成立的条件下，阳性对照的扩增产物经电泳检测可见到 363bp 扩增条带，阴性对照的扩增产物无任何条带，可进行结果判定。

7.5.2 结果判定

7.5.2.1 样本经琼脂糖凝胶电泳，在凝胶成像仪上观察到 363 bp 扩增条带，判为大鼠泰勒病毒核酸阳性。

7.5.2.2　样本经琼脂糖凝胶电泳，在凝胶成像仪上未观察到 363 bp 扩增条带，判为大鼠泰勒病毒核酸阴性。

8　实时荧光 RT-PCR

8.1　检测方法原理

实时荧光 RT-PCR 方法是在常规 RT-PCR 的基础上，加入了一条特异性的荧光探针，探针两端分别标记一个报告荧光基团和一个淬灭荧光基团。探针完整时，报告基团发射的荧光信号被淬灭基团吸收；PCR 扩增时，*Taq* 酶的 5′→3′ 外切酶活性将探针酶切降解，使报告荧光基团和淬灭荧光基团分离，淬灭作用消失，荧光信号产生并被检测仪器接收，随着 PCR 反应的循环进行，PCR 产物与荧光信号的增长呈对应关系。因此，可以通过检测荧光信号对核酸模板进行检测。

8.2　试剂和材料

除特别说明外，所有实验用试剂均为分析纯；实验用水为去离子水。

8.2.1　灭菌 PBS。配制方法见附录 A。

8.2.2　无 RNase 去离子水：经 DEPC 处理的去离子水或商品无 RNase 水，配制方法见附录 A。

8.2.3　RNA 抽提试剂：TRIzol 或其他等效产品。

8.2.4　无水乙醇。

8.2.5　75%乙醇（无 RNase 去离子水配制）。

8.2.6　三氯甲烷（氯仿）。

8.2.7　异丙醇。

8.2.8　实时荧光 RT-PCR 试剂：One Step Primerscript™ RT-PCR Kit（Perfect Realtime），或其他等效产品。

8.2.9　引物和探针：根据表 4 的序列合成引物和探针，引物和探针加无 RNase 去离子水配制成 10 μmol/L 储备液，–20℃保存。

表 4　实时荧光 RT-PCR 扩增引物和探针

引物和探针名称	引物和探针序列（5′→3′）
正向引物	CCAAGCGTGTGTCCTATTTGC
反向引物	TCCATAGTAAGAAGATCCGCTGG
探针	FAM-CAGCCATTGACAAAAGTTCCGACGGAAT-BHQ1

注：探针也可选用具有与 FAM 和 BHQ-1 荧光基团相同检测效果的其他合适的荧光报告基团和荧光淬灭基团组合。

8.3　仪器和设备

实时荧光 PCR 仪，其他仪器和设备同 7.3。

8.4　操作步骤

8.4.1　采样及样本的处理

同 7.4.1。

8.4.2 样本 RNA 提取

同 7.4.2。

8.4.3 实时荧光 RT-PCR 反应体系

实时荧光 RT-PCR 反应体系见表 5。反应液的配制在冰上操作，每次反应同时设计阳性对照、阴性对照和空白对照。其中，以含有 RTV 的组织或细胞培养物提取的 RNA 作为阳性对照模板；以不含有 RTV 的 RNA 样本（可以是正常动物组织或正常细胞培养物）作为阴性对照模板；空白对照为不加模板对照（no template control，NTC），即在反应中用水来代替模板。

表 5 实时荧光 RT-PCR 反应体系

反应组分	用量/μL	终浓度
2×One Step RT-PCR Buffer III	25	1×
Ex TaqHS （5 U/μL）	1	
PrimeScript RT Enzyme Mix II	1	
正向引物（10 μmol/L）	2	400 nmol/L
反向引物（10 μmol/L）	2	400 nmol/L
探针（10 μmol/L）	2	400 nmol/L
Rox	1	
RNA 模板	10	
无 RNase 去离子水	6	
总体积	50	

注：试剂 Rox 只在具有 Rox 荧光校正通道的实时荧光 PCR 仪上进行扩增时添加，否则用水补齐。

8.4.4 实时荧光 RT-PCR 反应参数

实时荧光 PCR 反应参数见表 6。

表 6 实时荧光 RT-PCR 反应参数

步骤	温度/℃	时间	采集荧光信号	循环数
逆转录	42	5 min	否	1
预变性	95	30 s		1
变性	95	5 s		40
退火，延伸	60	34 s	是	

注：可使用其他等效的实时荧光 PCR 检测试剂盒进行，反应体系和反应参数可进行相应调整。试验检测结束后，根据收集的荧光曲线和 Ct 值判定结果。

8.5 结果判定
8.5.1 结果分析和条件设定

直接读取检测结果，基线和阈值设定原则根据仪器的噪声情况进行调整，以阈值线刚好超过正常阴性样本扩增曲线的最高点为准。

8.5.2 质控标准

8.5.2.1 空白对照无 Ct 值,并且无荧光扩增曲线,一直为水平线。

8.5.2.2 阴性对照无 Ct 值,并且无荧光扩增曲线,一直为水平线。

8.5.2.3 阳性对照 Ct 值≤35,并且有明显的荧光扩增曲线,则表明反应体系运行正常;否则此次试验无效,需重新进行实时荧光 PCR 扩增。

8.5.3 结果判定

8.5.3.1 若待检测样本无荧光扩增曲线,则判定大鼠泰勒病毒核酸阴性。

8.5.3.2 若待检测样本有荧光扩增曲线,且 Ct 值≤35 时,则判断大鼠泰勒病毒核酸阳性。

8.5.3.3 若待检测样本 Ct 值介于 35 和 40 之间,应重新进行实时荧光 PCR 检测。重新检测后,若 Ct 值≥40,则判定大鼠泰勒病毒核酸阴性。重新检测后,若 Ct 值仍介于 35 和 40 之间,则判定大鼠泰勒病毒核酸可疑阳性,需进一步进行序列测定。

8.6 序列测定

必要时,可取待检样本扩增出的阳性 PCR 产物进行核酸序列测定,序列结果与已公开发表的大鼠泰勒病毒特异性片段序列进行比对,序列同源性在 90%以上,可确诊待检样本大鼠泰勒病毒核酸阳性,否则判定大鼠泰勒病毒核酸阴性。

9 检测过程中防止交叉污染的措施

按照 GB/T 19495.2 中的要求执行。

附 录 A

（规范性附录）

溶液的配制

A.1 PBS（0.01 mol/L，pH 7.4）

NaCl	8 g
KCl	0.2 g
KH_2PO_4	0.2 g
$Na_2HPO_4 \cdot 12H_2O$	2.83 g
蒸馏水	加至 1000 mL

经 121℃高压灭菌 15 min，冷却备用。

A.2 包被液（0.05 mol/L， pH 9.6）

碳酸钠	1.59 g
碳酸氢钠	2.93 g
蒸馏水	加至 1000 mL

A.3 洗涤液

PBS（0.01 mol/L，pH 7.4）	1000 mL
Tween-20	0.5 mL

A.4 稀释液

含 10%小牛血清的洗涤液。

A.5 磷酸盐-柠檬酸缓冲液 （pH5.0）

柠檬酸	3.26 g
$Na_2HPO_4 \cdot 12H_2O$	12.9 g
蒸馏水	700 mL

A.6 底物溶液

磷酸盐-柠檬酸缓冲液（pH 5.0）	10 mL
邻苯二胺（OPD）	4 mg
30% H_2O_2	2 μL

A.7 终止液（2 mol/L 硫酸）

硫酸	58 mL
蒸馏水	442 mL

A.8 50%甘油 PBS

甘油	5 mL
PBS（0.01 mol/L pH7.4）	5 mL

A.9 无 RNase 去离子水的配制

实验用去离子水按 0.1%（V/V）加入 DEPC 摇匀，室温静置过夜，121℃高压灭菌 15

min，冷却备用。

A.10　50×TAE 电泳缓冲液

A.10.1　0.5 mol/L 乙二铵四乙酸二钠（EDTA）溶液（pH8.0）

乙二铵四乙酸二钠（EDTA -Na$_2$·H$_2$O）	18.61 g
灭菌去离子水	80 mL
5 mol/L 氢氧化钠溶液	调 pH 至 8.0

灭菌去离子水加至 100 mL，121℃、15 min 灭菌备用。

A.10.2　50×TAE 电泳缓冲液配制

羟基甲基氨基甲烷（Tris）	242 g
冰醋酸	57.1 mL
0.5 mol/L EDTA 溶液，pH8.0	100 mL

灭菌去离子水加至 1 000 mL，121℃、15 min 灭菌备用。

用时以灭菌去离子水稀释至 1×使用。

A.11　溴化乙锭（EB）溶液（10 μg/μL）

溴化乙锭	20 mg
灭菌去离子水	20 mL

A.12　含 0.5 μg/mL 溴化乙锭的 1.5%琼脂糖凝胶的配制

琼脂糖	1.5 g
1×TAE 电泳缓冲液	加至 100 mL

混合后加热至完全融化，待冷至 50~55℃时，加溴化乙锭（EB）溶液 5 μL，轻轻晃动摇匀，避免产生气泡，将梳子置入电泳槽中，然后将琼脂糖溶液倒入电泳板。凝胶适宜厚度为 3~5 mm，需确认在梳齿下或梳齿间没有气泡，待凝固后取下梳子备用。

参 考 文 献

Drake MT, Besch-Williford C, Myles MH, et al. 2011. *In vivo* tropisms and kinetics of rat theilovirus infection in immunocompetent and immunodeficient rats. Virus Research，160：374-380.

Drake MT, Riley LK, Livingston RS. 2008. Differential susceptibility of SD and CD rats to a novel rat theilovirus. Comparative Medicine，58：458-464.

Dyson MC. 2010. Management of an outbreak of rat theilovirus. Laboratory Animals，39：155-157.

Easterbrook JD, Kaplan JB, Glass GE, et al. 2008. A survey of rodent-borne pathogens carried by wild-caught Norway rats：a potential threat to laboratory rodent colonies. Laboratory Animals，42：92-98.

ICS 65.020.30

B 44

中国实验动物学会团体标准

T/CALAS 42—2017

实验动物 大鼠细小病毒 RMV 株和 RPV 株检测方法

Laboratory animal - Methods for detection of rat minute virus（RMV）and rat parvovirus（RPV）

2017-12-29 发布　　　　　　　　　　　　　　　　2018-01-01 实施

中国实验动物学会　发布

前　言

本标准按照 GB/T 1.1—2009 给出的规则编写。

本标准附录 A 为规范性附录。

本标准由中国实验动物学会归口。

本标准由全国实验动物标准化技术委员会（SAC/TC281）技术审查。

本标准由中国实验动物学会实验动物标准化专业委员会提出并组织起草。

本标准主要起草单位：广东省实验动物监测所。

本标准主要起草人：黄韧、袁文、张钰、王静、闵凡贵、吴瑞可。

实验动物 大鼠细小病毒RMV株和RPV株检测方法

1 范围

本标准规定了实验动物大鼠细小病毒 RMV 株和 RPV 株检测方法。

本标准适用于实验动物检测，实验动物怀疑本病发生，实验动物接种物、实验动物环境及动物源性生物制品中大鼠细小病毒 RMV 株和 RPV 株的检测。

2 规范性引用文件

下列文件对于本文件的应用是必不可少的。凡是注明日期的引用文件，仅所注日期的版本适用于本文件。凡是不注日期的引用文件，其最新版本（包括所有的修改单）适用于本文件。

GB 19489 《实验室 生物安全通用要求》

GB/T 19495.2 《转基因产品检测 实验室技术要求》

3 术语、定义和缩略语

3.1 术语和定义

下列术语和定义适合于本标准。

聚合酶链反应 polymerase chain reaction，PCR

体外酶催化合成特异 DNA 片段的方法：模板 DNA 先经高温变性成为单链，在 DNA 聚合酶作用和适宜的反应条件下，根据模板序列设计的两条引物分别与模板 DNA 两条链上相应的一段互补序列发生退火而相互结合，接着在 DNA 聚合酶的作用下以四种 dNTP 为底物，使引物得以延伸，然后不断重复变性、退火和延伸这一循环，使欲扩增的基因片段以几何倍数扩增。

3.2 缩略语

下列缩略语适用于本标准。

CPE 细胞病变效应 cytopathic effect

DNA 脱氧核糖核酸 deoxyribonucleic acid

ELISA 酶联免疫吸附试验 enzyme-linked immunosorbent assay

IFA 免疫荧光试验 indirect immunofluorescence assay

PBS 磷酸盐缓冲液 phosphate buffered saline

RMV 大鼠细小病毒 RMV 株 rat minute virus

RPV 大鼠细小病毒 RPV 株 rat parvovirus

4　生物安全措施

实验操作及处理按照 GB 19489 的规定，由具备相关资质的工作人员进行相应操作。

5　酶联免疫吸附试验（ELISA）

5.1　检测方法原理

包被于固相载体表面的已知抗原与待检血清中的特异性抗体结合形成免疫复合物。此抗原抗体复合物仍保持其抗原活性，可与相应的第二抗体酶结合物结合。在酶的催化作用下底物发生反应，产生有色物质。颜色反应的深浅与待检血清中所含有的特异性抗体的量成正比。

5.2　试剂和材料

5.2.1　特异性抗原

用 RMV/RPV 感染 C6/324k 细胞（RMB 株感染 C6 细胞；RPV 株感染 324k 细胞），当病变达+++~++++时，收获培养物。冻融三次或超声波处理后，低速离心去除细胞碎片，上清液再经超速离心浓缩后制成 ELISA 抗原或人工表达的 RMV/RPV 重组抗原。

5.2.2　正常抗原

C6/324K 细胞冻融破碎后，经低速离心去除细胞碎片而获得的上清液。

5.2.3　阳性血清

自然感染 RMV/RPV 的抗体阳性血清，或 RMV/RPV 抗原免疫清洁级，或 SPF 级大鼠所获得的抗血清。

5.2.4　阴性血清

确诊无 RMV/RPV 感染的大鼠血清。

5.2.5　酶结合物

辣根过氧化物酶标记羊或兔抗大鼠 IgG 抗体；或辣根过氧化物酶标记葡萄球菌蛋白 A（SPA）。

5.2.6　其他试剂

包被液、PBS、洗涤液、稀释液、磷酸盐-柠檬酸缓冲液、底物溶液、终止液等，依附录 A 自行配制。

5.3　仪器和设备

5.3.1　酶标仪

5.3.2　恒温培养箱

5.3.3　聚苯乙烯板：40 孔、55 孔或 96 孔（可拆或不可拆）。

5.3.4　微量移液器（1~10 μL，10~100 μL，100~1 000 μL）。

5.4　操作步骤

5.4.1　待检样本

采集大鼠血液，分离血清，血清应清亮、透明、不溶血，−20℃保存或立即检测。

5.4.2　包被抗原

根据滴定的最适工作浓度,将特异性抗原和正常抗原分别用包被液稀释。加入酶标板,每孔 100 μL，置 37℃孵育 1 h 后再 4℃过夜。

5.4.3 洗板

用洗涤液洗 5 次，每次 3 min，叩干；如不马上使用，用铝箔纸真空包装密封，置 4℃保存。

5.4.4 加样

待检血清和阴性、阳性对照血清分别用稀释液做 1∶40 稀释，分别加入两孔（特异性抗原孔和正常抗原孔），每孔 100 μL，37℃孵育 1 h，洗涤同上。

5.4.5 加酶结合物

用稀释液将酶结合物稀释成适当浓度，每孔加入 100 μL，37℃孵育 1 h，洗涤同上。

5.4.6 加底物溶液

每孔加入新配制的底物溶液 100 μL，置 37℃，避光显色 10~15 min。

5.4.7 终止反应

每孔加入终止液 50 μL。

5.4.8 测 OD 值

在酶标仪上，于 490 nm 处读出各孔 OD 值。

5.5 结果判定

5.5.1 质控标准

在阴性和阳性对照血清成立的条件下，即阳性血清与特异性抗原反应的 OD 值≥0.6、阴性血清与特异性抗原反应的 OD 值＜0.2，进行结果判定；否则此次试验无效，需重新进行试验。

5.5.2 同时符合下列 3 个条件者，判为阳性：

a）待检血清与正常抗原和特异性抗原反应有明显的颜色区别；

b）待检血清与特异性抗原反应的 OD 值≥0.2；

c）待检血清与特异性抗原反应的 OD 值/阴性对照血清与特异性抗原反应的 OD 值≥2.1。

5.5.3 均不符合上述 3 个条件者，判为阴性。

5.5.4 仅有 1~2 条符合者，判为可疑，需选用同一种方法或另一种方法重试。

6 免疫荧光试验（IFA）

6.1 检测方法原理

含有病毒抗原的细胞（组织培养细胞或动物组织细胞）固定于玻片上，遇相应抗体形成抗原抗体复合物。此抗原抗体复合物仍保持其抗原活性，可与相应的第二抗体荧光素结合物结合。荧光素在紫外光或蓝紫光的照射下，可激发出可见的荧光。因此，在荧光显微镜下以荧光的有无和强弱判定结果。

6.2 试剂和材料

6.2.1 抗原片

用 RMV/RPV 感染 C6/324k 细胞（RMB 株感染 C6 细胞；RPV 株感染 324k 细胞），接种后 24~48 h，待细胞出现病变或确知细胞内含有丰富的病毒抗原后，用胰酶消化下细胞，

PBS 洗涤 3 次，用适量 PBS 悬浮细胞，将细胞悬液滴于玻片孔中。同时消化未感染病毒的同批细胞，滴加同一玻片于另一孔内，作为正常细胞对照。孔内滴加的细胞以细胞铺开、不重叠为宜。室温干燥后，冷丙酮（4℃）固定 10 min，PBS 漂洗后，充分干燥，−20℃保存。

6.2.2　阳性血清

自然感染 RMV/RPV 的抗体阳性血清，或 RMV/RPV 抗原免疫清洁级，或 SPF 级大鼠所获得的抗血清。

6.2.3　阴性血清

确诊无 RMV/RPV 感染的大鼠血清。

6.2.4　酶结合物

异硫氰酸荧光素标记羊或兔抗大鼠 IgG 抗体，使用时用含 0.01%~0.02%伊文思蓝 PBS 稀释至适当浓度。

6.2.5　其他试剂

PBS、50%甘油 PBS 等，依附录 A 自行配制。

6.3　仪器和设备

6.3.1　荧光显微镜。

6.3.2　恒温培养箱。

6.3.3　印有 10~40 个小孔的玻片。

6.3.4　微量移液器（1~10 μL，10~100 μL，100~1000 μL）。

6.4　操作步骤

6.4.1　待检样本

采集大鼠血液，分离血清，血清应清亮、透明、不溶血，−20℃保存或立即检测。

6.4.2　加样

取出抗原片，室温干燥后，将适当稀释的待检血清和阴性、阳性血清分别滴于抗原片上，每份血清加两个病毒细胞孔和一个正常细胞孔，置湿盒内，37℃、30~45 min。

6.4.3　洗涤

用 PBS 洗 3 次，每次 5 min，室温干燥。

6.4.4　加荧光标记二抗

取适当稀释的荧光抗体，滴加于抗原片上，置湿盒内，37℃、30~45 min。

6.4.5　洗涤

PBS 洗 3 次，每次 5 min。

6.4.6　结果观察

50%甘油 PBS 封片，荧光显微镜下观察。

6.5　结果判定

在阴性、阳性对照血清成立的条件下，阴性血清与正常细胞和病毒感染细胞反应均无荧光；阳性血清与正常细胞反应无荧光，与病毒感染细胞反应有荧光反应，即可判定结果。

6.5.1　待检血清与正常细胞和病毒感染细胞均无荧光反应，判为阴性。

6.5.2　待检血清与正常细胞反应无荧光，与感染细胞有荧光反应，判为阳性。根据荧光反应的强弱可判定为+~++++。

7 PCR

7.1 检测方法原理

用合适的方法提取样本中的总 DNA，分别针对大鼠细小病毒 RMV 株的 VP1 基因和 RPV 株的 NS 基因设计特异的引物序列，通过 PCR 对模板 DNA 进行扩增，根据 PCR 检测结果判定该样本中是否含有大鼠细小病毒 RMV 株和 RPV 株。

7.2 试剂和材料

除特别说明外，所有实验用试剂均为分析纯；实验用水为去离子水。

7.2.1 灭菌 PBS。配制方法见附录 A。

7.2.2 DNA 抽提试剂：基因组 DNA 提取试剂盒 DNeasy Blood & Tissue Kit 或其他等效产品。

7.2.3 无水乙醇。

7.2.4 PCR 试剂：Premix Taq^{TM}（Version 2.0 plus dye）或其他等效产品。

7.2.5 DNA 分子质量标准：100~2000 bp。

7.2.6 50×TAE 电泳缓冲液，配制方法见附录 A。

7.2.7 溴化乙锭：10 mg/mL，配制方法见附录 A；或其他等效产品。

7.2.8 1.5% 琼脂糖凝胶，配制方法见附录 A。

7.2.9 引物：根据表 1 的序列合成引物，引物加无 RNase 去离子水配制成 10 μmol/L 储备液，−20℃ 保存。

表 1　普通 RT-PCR 检测引物

病毒	引物名称	引物序列（5′→3′）	检测基因	产物大小/bp
RMV	P1	ACTGAGAACTGGAGACGAATTC	VP1	843
	P2	GGTCTCAGTTTGGCTTTAAGTG		
RPV	P3	CGCACATGTAGAATTTTTGCTG	NS	487
	P4	CAAAGTCACCAGGCAATGTGTT		

7.3 仪器和设备

7.3.1 PCR 仪。

7.3.2 电泳仪。

7.3.3 凝胶成像分析系统。

7.3.4 高速冷冻离心机。

7.3.5 普通离心机。

7.3.6 恒温孵育器。

7.3.7 涡旋振荡器。

7.3.8 组织匀浆器。

7.3.9 生物安全柜。

7.3.10　PCR 超净工作台。

7.3.11　冰箱（–20℃）。

7.3.12　微量移液器（0.1~2 μL，1~10 μL，10~100 μL，100~1000 μL）。

7.3.13　灭菌离心管（1.5 mL，2 mL，5 mL，15 mL），灭菌吸头（10 μL，200 μL，1 mL），灭菌 PCR 扩增反应管（0.2 mL，八连管或 96 孔板）。

7.3.14　聚乙烯薄膜袋：90 mm×150 mm 自封袋，使用前紫外灭菌 20 min。

7.3.15　采样工具：剪刀、镊子和灭菌棉拭子等。

7.4　操作步骤

7.4.1　采样及样本的处理

采样过程中样本不得交叉污染，采样及样本前处理过程中应戴一次性手套。

7.4.1.1　脏器组织

剖检，无菌采集动物的肠系膜淋巴结、肾脏、脾脏和肝脏，剪取待检样本 2.0 g 于无菌 5 mL 离心管，加入 4 mL 灭菌 PBS，使用电动匀浆器充分匀浆 1~2 min，然后将组织悬液在 4℃、3000 r/min 离心 10 min，取上清液转入另一无菌 5 mL 离心管中，编号备用。

7.4.1.2　盲肠内容物或粪便

无菌采集动物盲肠内容物或粪便，取待检样本 2.0 g 于无菌 5 mL 离心管，加入 4 mL 灭菌 PBS，使用电动匀浆器充分匀浆 1~2 min，12 000 r/min 离心 10 min，取上清液转入另一无菌 5 mL 离心管中，编号备用。

7.4.1.3　细胞培养物

方法一：直接刮取样本接种后出现 CPE 或可疑的细胞培养物于 15 mL 离心管中，3000 r/min 离心 10 min，去上清，加 1 mL 灭菌 PBS 重悬细胞，然后将细胞悬液转移到无菌 1.5 mL 离心管中，编号备用。

方法二：将样本接种后出现 CPE 或可疑的细胞培养物反复冻融 3 次，细胞混悬液转移于 15 mL 离心管中，12 000 r/min 离心 10 min，去细胞碎片，上清液转移到无菌 15 mL 离心管中，编号备用。

7.4.1.4　实验动物环境

7.4.1.4.1　实验动物饲料、垫料和饮水

取适量实验动物饲料和垫料置于聚乙烯薄膜袋中，加入适量灭菌 PBS（饲料和垫料需全部浸泡于液体中）。密封后浸泡 5~10 min，充分混匀，将混悬液转移至 15 mL 离心管中，4℃、12 000 r/min 离心 10 min，取上清液转入另一无菌 5 mL 离心管中，编号备用。取适量实验动物饮水直接转移到无菌 5 mL 离心管中，编号备用。

7.4.1.4.2　实验动物设施设备

用灭菌棉拭子拭取实验动物设施设备出风口初效滤膜表面沉积物，将拭子置入灭菌 15 mL 离心管，加入适量灭菌 PBS，浸泡 5~10 min，充分混匀，取出棉拭子，将离心管于 4℃、12 000 r/min 离心 10 min，取上清液转入另一无菌 5 mL 离心管中，编号备用。

7.4.1.5　样本的存放

采集或处理的样本在 2~8℃条件下保存应不超过 24 h；若需长期保存，须放置–80℃冰箱，但应避免反复冻融（冻融不超过 3 次）。

7.4.2 样本 DNA 提取

7.4.2.1 取 50~100 μL 的样本至 1.5 mL 或 2 mL 离心管中，加 20 μL 蛋白酶 K，用 PBS 补加至 220 μL。

7.4.2.2 加入 200 μL 缓冲液 AL，涡旋振荡充分混匀，56℃孵育 10 min。

7.4.2.3 加入 200 μL 的无水乙醇，涡旋振荡充分混匀。

7.4.2.4 移取步骤 7.3.3 的混合液至离心柱上，离心柱放在 2 mL 收集管上，≥6000 g（8000 r/min）离心 1 min。弃收集管/液。

7.4.2.5 离心柱放至新的 2 mL 收集管上，加 500 μL 的缓冲液 AW1，≥6000 g（8000 r/min）离心 1 min。弃收集管/液。

7.4.2.6 离心柱放至新的 2 mL 收集管上，加 500 μL 的缓冲液 AW2，20 000 g（14 000 r/min）离心 3 min。弃收集管/液。

7.4.2.7 将离心柱放在一个新的 1.5 mL 离心管上，吸取 200 μL 的缓冲液 AE 在吸附膜上，室温孵育 1 min，≥6000 g（8000 r/min）离心 1 min。制备好的 DNA 应尽快进行下一步 PCR 反应；若暂时不能进行 PCR 反应，应于-20℃冰箱保存备用。

注：该 DNA 提取方法是针对 DNA 提取试剂盒 DNeasy Blood & Tissue Kit 给出的，可使用其他等效的 DNA 提取试剂盒进行，提取方法可进行相应调整。

7.4.3 PCR 反应体系

PCR 反应体系见表 2。反应液的配制在冰上操作，每次反应同时设计阳性对照、阴性对照和空白对照。其中，以含有 RMV/RPV 的组织或培养物提取的 DNA 作为阳性对照模板；以不含有 RMV/RPV DNA 样本（可以是正常动物组织或正常培养物）作为阴性对照模板；空白对照为不加模板对照（no template control，NTC），即在反应中用水来代替模板。

表 2　PCR 反应体系

反应组分	用量/μL	终浓度
2×Premix Taq Mix（plus dye）	25	1×
P1/P3r（10 μmol/L）	2	400 nmol/L
P2/P4 （10 μmol/L）	2	400 nmol/L
DNA 模板	10	
灭菌去离子水	11	
总体积	50	

7.4.4 PCR 反应参数

PCR 反应参数见表 3。

表 3　PCR 反应参数

步骤	温度/℃	时间	循环数
预变性	95	5 min	1
变性	94	30 s	35
退火	55	30 s	

步骤	温度/℃	时间	循环数
延伸	72	1 min（RMV） 30 s（RPV）	
延伸	72	10 min	1

注：可使用其他等效的 PCR 检测试剂进行，反应体系和反应参数可进行相应调整。

7.4.5 PCR 产物的琼脂糖凝胶电泳检测和拍照

将适量 50×TAE 稀释成 1×TAE 溶液，配制含核酸染料溴化乙锭的 1.5%琼脂糖凝胶。PCR 反应结束后，取 10 μL PCR 产物在 1.5%琼脂糖凝胶进行电泳检测，以 DNA 分子质量作为参照。电压大小根据电泳槽长度来确定，一般控制在 3~5 V/cm，当上样染料移动到凝胶边缘时关闭电源。电泳完成后在凝胶成像系统拍照记录电泳结果。

7.5 结果判定

7.5.1 质控标准

在阴性、阳性对照成立的条件下，阳性对照的扩增产物经电泳检测可见到 843 bp（RMV 株）或 487 bp（RPV 株）扩增条带，阴性对照的扩增产物无任何条带，可进行结果判定。

7.5.2 结果判定

7.5.2.1 样本经琼脂糖凝胶电泳，在凝胶成像仪上观察到 843 bp（RMV 株）或 487 bp（RPV 株）扩增条带，分别判为大鼠细小病毒 RMV 株或 RPV 株核酸阳性。

7.5.2.2 样本经琼脂糖凝胶电泳，在凝胶成像仪上未观察到 843 bp（RMV 株）或 487 bp（RPV 株）扩增条带，分别判为大鼠细小病毒 RMV 株或 RPV 株核酸阴性。

8 序列测定

必要时，可取待检样本扩增出的阳性 PCR 产物进行核酸序列测定，序列结果与已公开发表的大鼠细小病毒 RMV 株/RPV 株特异性片段序列进行比对，序列同源性在 90%以上，可确诊待检样本大鼠细小病毒 RMV 株/RPV 株核酸阳性，否则判定大鼠细小病毒 RMV 株/RPV 株核酸阴性。

9 检测过程中防止交叉污染的措施

按照 GB/T 19495.2 中的要求执行。

附 录 A

（规范性附录）

溶液的配制

A.1 PBS（0.01 mol/L，pH 7.4）

NaCl	8 g
KCl	0.2 g
KH_2PO_4	0.2 g
$Na_2HPO_4 \cdot 12H_2O$	2.83 g
蒸馏水	加至 1000 mL

经 121℃高压灭菌 15min，冷却备用。

A.2 包被液（0.05 mol/L， pH 9.6）

碳酸钠	1.59 g
碳酸氢钠	2.93 g
蒸馏水	加至 1000 mL

A.3 洗涤液

PBS（0.01 mol/L，pH 7.4）	1000 mL
Tween-20	0.5 mL

A.4 稀释液

含 10%小牛血清的洗涤液。

A.5 磷酸盐-柠檬酸缓冲液 （pH5.0）

柠檬酸	3.26 g
$Na_2HPO_4 \cdot 12H_2O$	12.9 g
蒸馏水	700 mL

A.6 底物溶液

磷酸盐-柠檬酸缓冲液（pH 5.0）	10 mL
邻苯二胺（OPD）	4 mg
30% H_2O_2	2 μL

A.7 终止液（2 mol/L 硫酸）

硫酸	58 mL
蒸馏水	442 mL

A.8 50%甘油 PBS

甘油	5 mL
PBS（0.01 mol/L pH7.4）	5 mL

A.9 50×TAE 电泳缓冲液

A.9.1 0.5 mol/L 乙二铵四乙酸二钠（EDTA）溶液（pH8.0）

乙二铵四乙酸二钠（EDTA-Na$_2$·H$_2$O） 18.61 g

灭菌去离子水 80 mL

5 mol/L 氢氧化钠溶液 调 pH 至 8.0

灭菌去离子水加至 100 mL，121℃、15 min 灭菌备用。

A.9.2 50×TAE 电泳缓冲液配制

羟基甲基氨基甲烷（Tris） 242 g

冰醋酸 57.1 mL

0.5 mol/L EDTA 溶液，pH8.0 100 mL

灭菌去离子水加至 1000 mL，121℃、15 min 灭菌备用。

用时以灭菌去离子水稀释至 1×使用。

A.10 溴化乙锭（EB）溶液（10 μg/μL）

溴化乙锭 20 mg

灭菌去离子水 20 mL

A.11 含 0.5 μg/mL 溴化乙锭的 1.5%琼脂糖凝胶的配制

琼脂糖 1.5 g

1×TAE 电泳缓冲液 加至 100 mL

混合后加热至完全融化,待冷至 50~55℃时，加溴化乙锭（EB）溶液 5 μL，轻轻晃动摇匀，避免产生气泡，将梳子置入电泳槽中，然后将琼脂糖溶液倒入电泳板，凝胶适宜厚度为 3~5 mm，需确认在梳齿下或梳齿间没有气泡，待凝固后取下梳子备用。

参 考 文 献

田克恭. 1992. 实验动物病毒性疾病. 北京：中国农业出版社：76-83.

Wan CH，Bauer BA，Pintel DJ，et al. 2006. Detection of rat parvovirus type 1 and rat minute virus type 1 by polymerase chain reaction. Lab Anim Jan, 40（1）：63-69.

ICS 65.020.30

B 44

中国实验动物学会团体标准

T/CALAS 43—2017

实验动物　鼠放线杆菌检测方法

Laboratory animal - Method for detection of *Actinobacillus muris*

2017-12-29　发布

2018-01-01　实施

中国实验动物学会　发布

前　言

本标准按照 GB/T 1.1—2009 给出的规则编写。

本标准附录 A 为规范性附录。

本标准由中国实验动物学会归口。

本标准由全国实验动物标准化技术委员会（SAC/TC281）技术审查。

本标准由中国实验动物学会实验动物标准化专业委员会提出并组织起草。

本标准主要起草单位：广东省实验动物监测所。

本标准主要起草人：袁文、陈梅玲、张钰、黄韧、闵凡贵。

实验动物　鼠放线杆菌检测方法

1　范围

本标准规定了实验动物鼠放线杆菌检测方法。

本标准适用于啮齿类实验动物中鼠放线杆菌的检测。

2　规范性引用文件

下列文件对于本文件的应用是必不可少的。凡是注明日期的引用文件，仅所注日期的版本适用于本文件。凡是不注日期的引用文件，其最新版本（包括所有的修改单）适用于本文件。

GB 19489　《实验室 生物安全通用要求》

GB/T 14926.42　《实验动物 细菌学检测 标本采集》

GB/T 14926.43　《实验动物 细菌学检测 染色法、培养基和试剂》

3　检测方法原理

鼠放线杆菌为革兰氏阴性杆菌，在血琼脂平皿上形成特殊的菌落形态，有独特的生化反应，据此可进行该菌的分离培养和检测。

4　主要设备和材料

4.1　恒温生化培养箱。

4.2　生物显微镜。

5　培养基和试剂

5.1　血琼脂平皿

5.2　氧化酶试剂或试纸条。

5.3　革兰氏染色液。

5.4　生化试验试剂：核糖、甘露醇、果糖、葡萄糖、甘露糖、纤维二糖、麦芽糖、蜜二糖、蔗糖、海藻糖、棉子糖、水杨苷、ONPG、靛基质、山梨醇、木糖、尿素、硝酸盐还原试剂。

6 检测程序

鼠放线杆菌检测程序见图1。

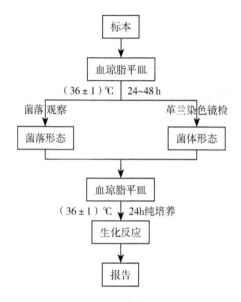

图1 鼠放线杆菌检测程序

7 操作步骤

7.1 生物安全措施

实验操作及处理按照GB 19489的规定，由具备相关资质的工作人员进行相应操作。

7.2 采样

无菌采取动物的呼吸道分泌物。

7.3 分离培养

将样本接种血琼脂平皿置（36±1）℃，培养24~48 h。

7.4 鉴定

挑选血琼脂平皿上可疑鼠放线杆菌菌落，染色镜检，镜检符合鼠放线杆菌菌体特征的样品接种血琼脂平皿纯培养，置（36±1）℃，培养24 h。从血琼脂平皿上挑取新鲜菌落做生化反应试验。

7.4.1 菌落特征

本菌在血琼脂平皿上（36±1）℃、培养24 h后可形成圆形、突起、边缘整齐光滑、有光泽、灰白色、直径1.5~2 mm、不溶血的菌落。培养48 h的菌落可长到3.5~4 mm。菌落质地似黄油，容易乳化。

7.4.2 菌体特征

革兰氏阴性小杆菌，常单在或成对，偶尔呈链状。

7.4.3 氧化酶试验

氧化酶试验阳性。

7.4.4 过氧化氢酶试验

过氧化氢酶试验阳性。

7.4.5 生化鉴定

发酵核糖、甘露醇、果糖、葡萄糖、甘露糖、纤维二糖、麦芽糖、蜜二糖、蔗糖、海藻糖、棉子糖和水杨苷。ONPG、靛基质、山梨醇和木糖试验阴性。尿素酶和硝酸盐还原试验阳性。也可以使用商品化生化鉴定试剂盒进行生化鉴定。

7.5 结果判定

经鉴定符合 7.4 中各项检测结果的，或根据生化鉴定试剂盒鉴定为鼠放线杆菌，可判定为鼠放线杆菌。

7.6 鉴别诊断

鼠放线杆菌与嗜肺巴斯德杆菌的鉴别见表1。

表 1　鼠放线杆菌与嗜肺巴斯德杆菌的鉴别

项目	鼠放线杆菌	嗜肺巴斯德杆菌
核糖	+	+
甘露醇	+	−
果糖	+	+
葡萄糖	+	+
甘露糖	+	−
纤维二糖	+	−
麦芽糖	+	+
蜜二糖	+	+/−
蔗糖	+	+
海藻糖	+	+
棉子糖	+	+/−
水杨苷	+	−
ONPG	−	+
靛基质	−	+/−
山梨醇	−	−
木糖	−	+/−
磷酸酶	−	+

注：+，阳性；−，阴性；−/+，大多数菌株阴性；+/−，大多数菌株阳性。

8 结果报告

凡符合上述各项检测结果者为阳性，不符合者为阴性。

参 考 文 献

Ackerman JI, Fox JG. 1981. Isolation of Pasteurella ureae from reproductive tracts of congenic mice. J Clin Microbiol, 13: 1049-1053.

GB/T 14926.43—2001 实验动物 细菌学检测 标本采集.

GB/T 14926.43—2001 实验动物 细菌学检测 染色法、培养基和试剂.

GB/T 14926.42~14926.43—2001 实验动物 微生物学检测方法（1）.

Holt JG. 1994. Bergey's Manual of Determinative Bacteriology, ninth edition. Philadelphia: Lippincott Williams & Wilkins.

ICS 65.020.30

B 44

中国实验动物学会团体标准

T/CALAS 44—2017

实验动物 鼠痘病毒 PCR 检测方法

Laboratory animal - PCR method for detection of Ectromelia virus

2017-12-29 发布 2018-01-01 实施

中国实验动物学会 发布

前　言

本标准按照 GB/T 1.1—2009 给出的规则编写。

本标准附录为规范性附录。

本标准由中国实验动物学会归口。

本标准由全国实验动物标准化技术委员会（SAC/TC281）技术审查。

本标准由中国实验动物学会实验动物标准化专业委员会提出并组织起草。

本标准主要起草单位：广东省实验动物监测所。

本标准主要起草人：王静、黄韧、张钰、袁文、闵凡贵、吴瑞可。

实验动物　鼠痘病毒 PCR 检测方法

1　范围

本标准规定了鼠痘病毒普通 PCR 和实时荧光 PCR 检测方法。

本标准适用于实验动物怀疑本病发生，实验动物接种物、实验鼠环境和鼠源性生物制品中鼠痘病毒的检测。

2.　规范性引用文件

下列文件对于本文件的应用是必不可少的。凡是注明日期的引用文件，仅所注日期的版本适用于本文件。凡是不注日期的引用文件，其最新版本（包括所有的修改单）适用于本文件。

GB/T 14926.20—2001　《实验动物 鼠痘病毒检测方法》

GB 19489　《实验室 生物安全通用要求》

GB/T 19495.2　《转基因产品检测 实验室技术要求》

3　术语、定义和缩略语

3.1　术语和定义

下列术语和定义适合于本标准。

3.1.1

聚合酶链反应 polymerase chain reaction，PCR

体外酶催化合成特异 DNA 片段的方法：模板 DNA 先经高温变性成为单链，在 DNA 聚合酶作用和适宜的反应条件下，根据模板序列设计的两条引物分别与模板 DNA 两条链上相应的一段互补序列发生退火而相互结合，接着在 DNA 聚合酶的作用下以四种 dNTP 为底物，使引物得以延伸，然后不断重复变性、退火和延伸这一循环，使欲扩增的基因片段以几何倍数扩增。

3.1.2

实时荧光聚合酶链反应 real-time PCR，实时荧光 PCR

实时荧光 PCR 方法是在常规 PCR 的基础上，在反应体系中加入特异性荧光探针，利用荧光信号积累实时检测整个 PCR 进程，通过检测每次循环中的荧光发射信号，间接反映了 PCR 扩增的目标基因的量，最后通过扩增曲线对未知模板进行定性或定量分析。（本标准中将"PCR"称为"普通 PCR"是为了与"实时荧光 PCR"进行区别，避免名称混淆。）

3.1.3

Ct 值 cycle threshold

实时荧光 PCR 反应中每个反应管内的荧光信号达到设定的阈值时所经历的循环数。

3.2　缩略语

下列缩略语适用于本标准。

CPE　细胞病变效应 cytopathic effect

DNA　脱氧核糖核酸 deoxyribonucleic acid

Ect　鼠痘病毒 Ectromelia virus

PBS　磷酸盐缓冲液 phosphate buffered saline

4　检测方法原理

根据鼠痘病毒 GenBank 中序列，针对鼠痘病毒核酸保守序列 IFN-γ 受体和 TNF 受体基因设计特异的引物和探针序列，分别通过 PCR 和实时荧光 PCR 对模板 DNA 进行扩增，根据 PCR 和实时荧光 PCR 检测结果判定该样品中是否含有病毒核酸成分。PCR 的基本工作原理是以拟扩增的 DNA 分子为模板，以一对分别与模板 5′ 端和 3′ 端互补的寡核苷酸片段为引物（primer），在耐热 DNA 聚合酶的作用下，按照半保留复制的机制，沿着模板链延伸直至完成新的 DNA 分子合成。重复这一过程，即可使目的 DNA 片段得以大量扩增。实时荧光 PCR 则设计合成一对特异性引物和一条特异性探针，探针两端分别标记一个报告荧光基团和一个淬灭荧光基团。探针完整时，报告基团发射的荧光信号被淬灭基团吸收；PCR 扩增时，*Taq* 酶的 5′ →3′ 外切酶活性将探针酶切降解，使报告荧光基团和淬灭荧光基团分离，淬灭作用消失，荧光信号产生并被检测仪器接收，随着 PCR 反应的循环进行，PCR 产物与荧光信号的增长呈对应关系。因此，可以通过检测荧光信号对核酸模板进行检测。

5　主要设备和材料

5.1　实时荧光 PCR 仪。

5.2　PCR 仪。

5.3　电泳仪。

5.4　凝胶成像分析系统。

5.5　Nanodrop 紫外分光光度计。

5.6　高速冷冻离心机

5.7　台式离心机。

5.8　恒温孵育器。

5.9　涡旋振荡器。

5.10　组织匀浆器或手持式均质器。

5.11　生物安全柜。

5.12　PCR 工作台。

5.13　–80℃冰箱，–20℃冰箱，2~8℃冰箱。

5.14　微量移液器（10 μL，100 μL，1000 μL）。

5.15　无 RNase 和 DNase 污染的离心管（1.5 mL，2 mL，5 mL，15 mL），无 RNase 和 DNase 污染的吸头（10 μL，200 μL，1 mL），无 RNase 和 DNase 污染的 0.2 mL PCR 扩增反应管。

5.16　采样工具：剪刀、镊子、注射器等。

6　试剂

6.1　灭菌 PBS。配制方法见附录 A。

6.2　DNA 抽提试剂：基因组 DNA 提取试剂盒 DNeasy Blood & Tissue Kit 或其他等效产品。

6.3　无水乙醇。

6.4　PCR 试剂：Premix Taq™（Version 2.0 plus dye）或其他等效产品。

6.5　实时荧光 PCR 试剂：Premix Ex Taq™（Probe qPCR）或其他等效产品。

6.6　DNA 分子质量标准：100~2000 bp。

6.7　50×TAE 电泳缓冲液，配制方法见附录 A。

6.8　溴化乙锭：10 mg/mL，配制方法见附录 A；或其他等效产品。

6.9　1.5%琼脂糖凝胶，配制方法见附录 A。

6.10　引物和探针：根据表 1 和表 2 的序列合成普通 PCR 引物和实时荧光 PCR 引物及探针，引物和探针加无 RNase 去离子水配制成 10 µmol/L 和 5 µmol/L 储备液，−20℃保存。

表 1　普通 PCR 引物序列

引物名称	引物序列（5′→3′）	产物大小/bp
正向引物	TGACTGAATACGACGAC	338
反向引物	TGGATCTAATTGCGCATG	

表 2　实时荧光 RT-PCR 扩增引物和探针

引物和探针名称	引物和探针序列（5′→3′）
正向引物	ATCCGGATACTACTGCGAATTTG
反向引物	CCGTAACCAGAACCACACTTTG
探针	FAM -CAAACGGTTGCAGGCTATGTGTACCACAA-BHQ-1

注：探针也可选用具有与 FAM 和 BHQ-1 荧光基团相同检测效果的其他合适的荧光报告基团和荧光淬灭基团组合。

7　检测方法

7.1　生物安全措施

实验操作及处理按照 GB 19489 的规定，由具备相关资质的工作人员进行相应操作。

7.2　采样及样本的处理

采样过程中样本不得交叉污染，采样及样本前处理过程中应戴一次性手套。

7.2.1　脏器组织

活体动物采用安乐死方法进行处死，剖检，无菌采集动物的肝脏、脾脏或病变皮肤组织，剪取待检样本 1.0 g 于无菌 5 mL 离心管，加入 4 mL 灭菌 PBS，使用电动匀浆器充分匀浆 1~2 min，然后将组织悬液在 4℃、3000 r/min 离心 10 min，取上清液转入另一无菌 5 mL 离心管中，编号备用。

7.2.2　盲肠内容物或粪便

无菌采集约 1 g 的盲肠内容物或 1~2 颗粪便置于无菌 5 mL 离心管，加入 4 mL 灭菌 PBS，使用电动匀浆器充分匀浆 1~2 min, 12 000 r/min 离心 10 min, 取上清液转入另一无菌 5 mL 离心管中，编号备用。

7.2.3 细胞培养物

方法一：直接刮取样本接种后出现 CPE 或可疑的细胞培养物于 15 mL 离心管中，3000 r/min 离心 10 min，去上清，加 1 mL 灭菌 PBS 重悬细胞，然后将细胞悬液转移到无菌 1.5 mL 离心管中，编号备用。

方法二：将样本接种后出现 CPE 或可疑的细胞培养物反复冻融 3 次，细胞混悬液转移于 15 mL 离心管中，12 000 r/min 离心 10 min，去除细胞碎片，上清液转移到无菌 15 mL 离心管中，编号备用。

7.2.4 实验动物环境

7.2.4.1 实验动物饲料、垫料和饮水

取适量实验动物饲料和垫料置于聚乙烯薄膜袋中，加入适量灭菌 PBS（饲料和垫料需全部浸泡于液体中）。密封后浸泡 5~10 min，充分混匀，将混悬液转移至 15 mL 离心管中，4℃、12 000 r/min 离心 10 min，取上清液转入另一无菌 5 mL 离心管中，编号备用。取适量实验动物饮水直接转移到无菌 5 mL 离心管中，编号备用。

7.2.4.2 实验动物设施设备

用灭菌棉拭子拭取实验动物设施设备出风口初效滤膜表面沉积物，将拭子置入灭菌 15mL 离心管，加入适量灭菌 PBS，浸泡 5~10 min，充分混匀，取出棉拭子，将离心管于 4℃、12 000 r/min 离心 10 min，取上清液转入另一无菌 5 mL 离心管中，编号备用。

7.2.5 样本的存放

采集或处理的样本在 2~8℃条件下保存应不超过 24 h；若需长期保存，须放置-80℃冰箱，但应避免反复冻融（冻融不超过 3 次）。

7.3 样本 DNA 提取

7.3.1 取 50~100 μL 的样本至 1.5 mL 或 2 mL 离心管中，加 20 μL 蛋白酶 K，用 PBS 补加至 220 μL。

7.3.2 加入 200 μL 缓冲液 AL，涡旋振荡充分混匀，56℃孵育 10 min。

7.3.3 加入 200 μL 的无水乙醇，涡旋振荡充分混匀。

7.3.4 移取步骤 7.3.3 的混合液至离心柱上，离心柱放入 2 mL 收集管，≥6000 g（8000 r/min）离心 1 min。弃收集管/液。

7.3.5 离心柱放至新的 2 mL 收集管上，加 500 μL 的缓冲液 AW1，≥6000 g（8000 r/min）离心 1 min。弃收集管/液。

7.3.6 离心柱放至新的 2 mL 收集管上，加 500 μL 的缓冲液 AW2，20 000g（14 000 r/min）离心 3 min。弃收集管/液。

7.3.7 将离心柱放在一个新的 1.5 mL 离心管上，吸取 200 μL 的缓冲液 AE 在吸附膜上，室温孵育 1 min，≥6000 g（8000 r/min）离心 1 min。制备好的 DNA 应尽快进行下一步 PCR 反应；若暂时不能进行 PCR 反应，应于-20℃冰箱保存备用。

注：该 DNA 提取方法是针对 DNA 提取试剂盒 DNeasy Blood & Tissue Kit 给出的，可使用其他等效的 DNA 提取试剂盒进行，提取方法可进行相应调整。

7.4 普通 PCR

7.4.1 普通 PCR 反应体系

普通反应体系见表 3。反应液的配制在冰浴上操作，每次反应同时设计阳性对照、阴性对照和空白对照。其中，以含有鼠痘病毒的组织或细胞培养物提取的 DNA 作为阳性对照模板；以不含有鼠痘病毒 DNA 样本（可以是正常动物组织或正常细胞培养物）作为阴性对照模板；空白对照为非模板对照（no template control，NTC）。所有样本和对照设置两个平行反应。若使用其他公司 PCR 试剂，应按照其说明书规定的反应体系进行操作。

表 3　PCR 反应体系

试剂	用量/μL	终浓度
2×Premix Taq Mix （Loading dye mix）	10	1×
ddH$_2$O	6.4	
PCR 正向引物（10 μmol/L）	0.8	0.4 μmol/L
PCR 反向引物（10 μmol/L）	0.8	0.4 μmol/L
DNA 模板	2	
总体积	20	

7.4.2 普通 PCR 反应参数

普通 PCR 反应参数见表 4。

表 4　普通 PCR 反应参数

步骤	温度/℃	时间	循环数
预变性	94	5 min	1
变性	95	30 s	35
退火	55	30 s	
延伸	72	30 s	
后延伸	72	5 min	1

注：可使用其他等效的 PCR 检测试剂盒进行，反应体系和反应参数可进行相应调整。

7.4.3 PCR 产物的琼脂糖凝胶电泳检测和拍照

将适量 50×TAE 稀释成 1×TAE 溶液，配制含核酸染料溴化乙锭的 1.5%琼脂糖凝胶。PCR 反应结束后，取 10 μL PCR 产物在 1.5%琼脂糖凝胶中进行电泳检测，以 DNA 分子质量作为参照。电压大小根据电泳槽长度来确定，一般控制在 3~5 V/cm，当上样染料移动到凝胶边缘时关闭电源。电泳完成后在凝胶成像系统拍照记录电泳结果。

7.5 实时荧光 PCR

7.5.1 实时荧光 PCR 反应体系

实时荧光 PCR 反应体系见表 5。反应液的配制在冰上操作，每次反应同时设计阳性对照、阴性对照和空白对照。其中，以含有鼠痘病毒的组织或细胞培养物提取的 DNA 作为阳性对照模板；以不含有鼠痘病毒 DNA 样本（可以是正常动物组织或正常细胞培养物）

作为阴性对照模板；空白对照即为非模板对照（no template control，NTC）。所有样本和对照设置两个平行反应。若使用其他公司实时荧光 PCR 试剂，应按照其说明书规定的反应体系进行操作。反应体系见表 5。

表 5 实时荧光 PCR 反应体系

反应组分	用量/μL	终浓度
2×Premix Ex Taq Mix	10	1×
正向引物（10 μmol/L）	0.8	400 nmol/L
反向引物（10 μmol/L）	0.8	400 nmol/L
探针（5 μmol/L）	1	250 nmol/L
Rox（50×）	0.4	
cDNA 模板	2	
ddH$_2$O	5	
总体积	20	

注：试剂 Rox 只在具有 Rox 荧光校正通道的实时荧光 PCR 仪上进行扩增时添加，否则用水补齐。

7.5.2 实时荧光 PCR 反应参数

实时荧光 PCR 反应参数见表 6。试验检测结束后，根据收集的荧光曲线和 Ct 值判定结果。

表 6 实时荧光 PCR 反应参数

步骤	温度/℃	时间	循环数	采集荧光信号
预变性	95	30 s	1	否
变性	95	5 s	40	否
退火，延伸	60	34 s		是

注：可使用其他等效的实时荧光 PCR 检测试剂盒进行，反应体系和反应参数可进行相应调整。

8 结果判定

8.1 普通 PCR 结果判定

8.1.1 质控标准：阴性对照和空白对照未出现条带，阳性对照出现预期大小（338 bp）的目的扩增条带则表明反应体系运行正常，否则此次试验无效，需重新进行普通 PCR 扩增。

8.1.2 结果判定

8.1.2.1 质控成立条件下，若样本未出现预期大小（338 bp）的扩增条带，则可判定样本鼠痘病毒核酸检测阴性。

8.1.2.2 质控成立条件下，若样本出现预期大小（338 bp）的扩增条带，则可判定样本鼠痘病毒核酸检测阳性。

8.2 实时荧光 PCR 结果判定

8.2.1 结果分析和条件设定

直接读取检测结果，基线和阈值设定原则根据仪器的噪声情况进行调整，以阈值线刚好超过正常阴性样本扩增曲线的最高点为准。

8.2.2　质控标准

8.2.2.1　空白对照无 Ct 值，并且无荧光扩增曲线，一直为水平线。

8.2.2.2　阴性对照无 Ct 值，并且无荧光扩增曲线，一直为水平线。

8.2.2.3　阳性对照 Ct 值≤35，并且有明显的荧光扩增曲线，则表明反应体系运行正常；否则此次试验无效，需重新进行实时荧光 PCR 扩增。

8.2.3　结果判定

8.2.3.1　质控成立条件下，若待检测样本无荧光扩增曲线，则判定样本鼠痘病毒核酸检测阴性。

8.2.3.2　质控成立条件下，若待检测样本有荧光扩增曲线，且 Ct 值≤35 时，则判定样本中鼠痘病毒核酸检测阳性。

8.2.3.3　质控成立条件下，若待检测样本 Ct 值介于 35 和 40 之间，应重新进行实时荧光 PCR 检测。重新检测后，若 Ct 值≥40，则判定样本未检出鼠痘病毒。重新检测后，若 Ct 值仍介于 35 和 40 之间，则判定样本鼠痘病毒可疑阳性，需进一步进行序列测定。

8.3　序列测定

　　必要时，可取待检样本扩增出的阳性 PCR 产物进行核酸序列测定，序列结果与已公开发表的鼠痘病毒特异性片段序列进行比对，序列同源性在 90%以上，可确诊待检样本鼠痘病毒核酸阳性，否则判定鼠痘病毒核酸阴性。

9　检测过程中防止交叉污染的措施

　　按照 GB/T 19495.2 中的要求执行。

附 录 A

（规范性附录）

溶液的配制

A.1 0.02 mol/L pH7.2 磷酸盐缓冲液（PBS）的配制

A.1.1 A 液

0.2 mol/L 磷酸二氢钠溶液：称取磷酸二氢钠（$NaH_2PO_4 \cdot H_2O$）27.6 g，先加适量去离子水溶解，最后定容至 1000 mL，混匀。

A.1.2 B 液

0.2 mol/L 磷酸氢二钠溶液：称取磷酸氢二钠（$Na_2HPO_4 \cdot 7H_2O$）53.6 g（或 $Na_2HPO_4 \cdot$ $12H_2O$ 71.6 g 或 $Na_2HPO_4 \cdot 2H_2O$ 35.6 g），先加适量去离子水溶解，最后定容至 1000 mL，混匀。

A.1.3 0.02 mol/L pH7.2 磷酸盐缓冲液（PBS）的配制

取 A 液 14 mL、B 液 36 mL，加氯化钠（NaCl）8.5 g，加 800 mL 无离子水溶解稀释，用 HCl 调 pH 至 7.2，最后定容至 1000 mL，经 121℃高压灭菌 15 min，冷却备用。

A.2 50×TAE 电泳缓冲液

A.2.1 0.5 mol/L 乙二铵四乙酸二钠（EDTA）溶液（pH8.0）

乙二铵四乙酸二钠（EDTA -$Na_2 \cdot H_2O$）	18.61 g
灭菌去离子水	80 mL
5 mol/L 氢氧化钠溶液	调 pH 至 8.0

灭菌去离子水加至 100 mL，121℃、15 min 灭菌备用。

A.2.2 50×TAE 电泳缓冲液配制

羟基甲基氨基甲烷（Tris）	242 g
冰醋酸	57.1 mL
0.5 mol/L EDTA 溶液，pH8.0	100 mL

灭菌去离子加至 1000 mL，121℃、15 min 灭菌备用。

用时以灭菌去离子水稀释至 1×使用。

A.3 溴化乙锭（EB）溶液（10 μg/μL）

溴化乙锭	20 mg
灭菌去离子水	20 mL

A.4 含 0.5 μg/mL 溴化乙锭的 1.5%琼脂糖凝胶的配制

琼脂糖	1.5 g
1×TAE 电泳缓冲液	加至 100 mL

混合后加热至完全融化，待冷至 50~55℃时，加溴化乙锭（EB）溶液 5 μL，轻轻晃动摇匀，避免产生气泡，将梳子置入电泳槽中，然后将琼脂糖溶液倒入电泳板，凝胶适宜厚度为 3~5 mm，需确认在梳齿下或梳齿间没有气泡，待凝固后取下梳子备用。

参 考 文 献

付瑞，岳秉飞，贺争鸣．2012．鼠痘病毒 PCR 检测方法的建立及在鼠源性生物制品检定中的应用．实验动物科学，（03）：12-14+19．

葛文平，张旭，高翔，等．2012．我国商业化 SPF 级小鼠病原体污染分析．中国比较医学杂志，（3）：65-68．

李嘉荣，钱琴，来永禄，等．2000．鼠痘病毒潜伏感染的研究．上海实验动物科学，（2）：82-85+95．

钱琴，屈霞琴，陈天培．2003．鼠痘病毒检测方法的进展．上海畜牧兽医通讯，（5）：10-11．

仇保丰，宋鸿雁，董蓉莲，等．2015．鼠痘、小鼠肝炎和鼠仙台病毒感染症的国内流行情况及防控对策．中国动物检疫，（10）：9-14．

应贤平，钱琴，屈霞琴，等．2000．实验小鼠痘病毒感染检测分析．中国实验动物学杂志，（2）：8-12．

赵丽娟．2014．鼠痘病毒环介导等温扩增检测方法的研究．扬州：扬州大学硕士学位论文．

Garver J，Weber L，Vela EM，et al．2016．Ectromelia Virus Disease Characterization in the BALB/c Mouse：A Surrogate Model for Assessment of Smallpox Medical Countermeasures．Viruses，8（7）：203．

McInnes EF，Rasmussen L，Fung P，et al．2011．Prevalence of viral，bacterial and parasitological diseases in rats and mice used in research environments in Australasia over a 5-y period．Lab Anim （NY），40（11）：341-350．

Melo-Silva CR，Tscharke DC，Lobigs M，et al．2017．Ectromelia virus N1L is essential for virulence but not dissemination in a classical model of mousepox．Virus Res，228：61-65．

Sakala IG，Chaudhri G，Scalzo AA，et al．2015．Evidence for Persistence of Ectromelia Virus in Inbred Mice，Recrudescence Following Immunosuppression and Transmission to Naive Mice．PLoS Pathog，11（12）：e1005342．

Sigal LJ．2016．The Pathogenesis and Immunobiology of Mousepox．Adv Immunol，129：251-276．

Szulc-Dabrowska L，Gierynska M，Boratynska-Jasinska A，et al．2013．Quantitative immunophenotypic analysis of antigen-presenting cells involved in ectromelia virus antigen presentation in BALB/c and C57BL/6 mice．Pathog Dis，68（3）：105-115．

ICS 65.020.30

B 44

中国实验动物学会团体标准

T/CALAS 45—2017

实验动物 小鼠腺病毒PCR检测方法

Laboratory animal - PCR method for detection of Murine Adenovirus

2017-12-29 发布 2018-01-01 实施

中国实验动物学会 发布

前　言

本标准按照 GB/T 1.1—2009 给出的规则编写。

本标准附录为规范性附录。

本标准由中国实验动物学会归口。

本标准由全国实验动物标准化技术委员会（SAC/TC281）技术审查。

本标准由中国实验动物学会实验动物标准化专业委员会提出并组织起草。

本标准主要起草单位：广东省实验动物监测所。

本标准主要起草人：吴瑞可、王静、黄韧、袁文、张钰。

实验动物 小鼠腺病毒 PCR 检测方法

1 范围

本标准规定了小鼠腺病毒普通 PCR 和实时荧光 PCR 检测方法。

本标准适用于实验动物小鼠、大鼠怀疑本病发生，及其产品、实验动物接种细胞培养物、实验鼠环境和鼠源性生物制品中小鼠腺病毒的检测。

2 规范性引用文件

下列文件对于本文件的应用是必不可少的。凡是注明日期的引用文件，仅所注日期的版本适用于本文件。凡是不注日期的引用文件，其最新版本（包括所有的修改单）适用于本文件。

GB/T 14926.27—2001 《实验动物 小鼠腺病毒检测方法》

GB 19489 《实验室 生物安全通用要求》

GB/T 19495.2 《转基因产品检测 实验室技术要求》

3 术语、定义和缩略语

3.1 术语和定义

下列术语和定义适合于本标准。

3.1.1

聚合酶链反应 polymerase chain reaction，PCR

体外酶催化合成特异 DNA 片段的方法：模板 DNA 先经高温变性成为单链，在 DNA 聚合酶作用和适宜的反应条件下，根据模板序列设计的两条引物分别与模板 DNA 两条链上相应的一段互补序列发生退火而相互结合，接着在 DNA 聚合酶的作用下以四种 dNTP 为底物，使引物得以延伸，然后不断重复变性、退火和延伸这一循环，使欲扩增的基因片段以几何倍数扩增。

3.1.2

实时荧光聚合酶链反应 real-time PCR，实时荧光 PCR

实时荧光 PCR 方法：在常规 PCR 的基础上，在反应体系中加入特异性荧光探针，利用荧光信号积累实时检测整个 PCR 进程，通过检测每次循环中的荧光发射信号，间接反映了 PCR 扩增的目标基因的量，最后通过扩增曲线对未知模板进行定性或定量分析。（本标准中将"PCR"称为"普通 PCR"是为了与"实时荧光 PCR"进行区别，避免名称混淆。）

3.1.3

Ct 值 cycle threshold

实时荧光 PCR 反应中每个反应管内的荧光信号达到设定的阈值时所经历的循环数。

3.2 缩略语

下列缩略语适用于本标准。

CPE 细胞病变效应 cytopathic effect

DNA 脱氧核糖核酸 deoxyribonucleic acid

Mad 小鼠腺病毒 Murine Adenovirus

PBS 磷酸盐缓冲液 phosphate buffered saline

4 检测方法原理

用合适的方法提取样本中的病毒 DNA,针对 Mad-FL 株、K87 株及 Mad-3 株病毒 Hexon 基因保守区域设计一对通用特异的普通 PCR 引物;针对 Mad-FL 株的 Hexon 基因保守区域 设计一套特异的实时荧光 PCR 引物和探针序列,分别通过普通 PCR 和实时荧光 PCR 对模 板 DNA 进行扩增,根据普通 PCR 和实时荧光 PCR 检测结果判定该样本中是否含有病毒核 酸成分。

PCR 的基本工作原理是以拟扩增的 DNA 分子为模板,以一对分别与模板 5′端和 3′端 互补的寡核苷酸片段为引物(primer),在耐热 DNA 聚合酶的作用下,按照半保留复制的 机制,沿着模板链延伸直至完成新的 DNA 分子合成。重复这一过程,即可使目的 DNA 片 段得以大量扩增。实时荧光 PCR 则设计合成一对特异性引物和一条特异性探针,探针两端 分别标记一个报告荧光基团和一个淬灭荧光基团。探针完整时,报告基团发射的荧光信号 被淬灭基团吸收;PCR 扩增时,*Taq* 酶的 5′→3′ 外切酶活性将探针酶切降解,使报告荧光 基团和淬灭荧光基团分离,淬灭作用消失,荧光信号产生并被检测仪器接受。随着 PCR 反 应的循环进行,PCR 产物与荧光信号的增长呈对应关系。

5 主要设备和材料

5.1 实时荧光 PCR 仪。

5.2 PCR 仪。

5.3 电泳仪。

5.4 凝胶成像分析系统。

5.5 Nanodrop 紫外分光光度计。

5.6 高速冷冻离心机

5.7 台式离心机。

5.8 恒温孵育器。

5.9 涡旋振荡器。

5.10 组织匀浆器或手持式均质器。

5.11 生物安全柜。

5.12 PCR 工作台。

5.13 –80℃冰箱,–20℃冰箱,2~8℃冰箱。

5.14 微量移液器(10 μL,100 μL,1000 μL)。

5.15 无 RNase 和 DNase 污染的离心管（1.5 mL，2 mL，5 mL，15 mL），无 RNase 和 DNase 污染的吸头（10 μL，200 μL，1 mL），无 RNase 和 DNase 污染的 0.2 mL PCR 扩增反应管。

5.16 采样工具：剪刀、镊子、注射器等。

6 试剂

除特别说明外，所有实验用试剂均为分析纯；实验用水为去离子水。

6.1 灭菌 PBS。见附录 A。

6.2 无 DNase/RNase 去离子水。

6.3 DNA 抽提试剂：DNA 抽提试剂盒 DNeasy Blood & Tissue Kit 或其他等效产品。

6.4 普通 PCR 试剂：Premix Taq® Version 2.0（Loading dye mix）或使用其他等效试剂。

6.5 DNA 分子质量标准。

6.6 TAE 电泳缓冲液。配制方法见附录 A。

6.7 溴化乙锭：10 mg/mL，配制方法见附录 A；或其他等效产品。

6.8 1.5% 琼脂糖凝胶，配制方法见附录 A。

6.9 实时荧光 PCR 试剂：Premix Ex Taq™（Probe qPCR）Kit 或其他等效产品。

6.10 引物和探针：根据表 1、表 2 的序列合成普通 PCR 引物和实时荧光 PCR 引物及探针，引物和探针加无 RNase 去离子水配制成 10 μmol/L 和 5 μmol/L 储备液，−20℃保存。

表 1 普通 PCR 引物序列

引物名称	引物序列（5′→3′）	产物大小/bp
正向引物	TWCATGCACATCGCBGG	281
反向引物	CCGCGGATGTCAAA	

注：简并碱基 W：A/T，B：T/C/G。

表 2 实时荧光 RT-PCR 扩增引物和探针

引物和探针名称	引物和探针序列（5′→3′）
正向引物	ACTCTGAGCGGTGTCCGC
反向引物	GATGTGCATGAAGGCCCACT
探针	FAM - TGACGACGCCTTCAATGCAGCC-BHQ1

注：探针也可选用具有与 FAM 和 BHQ-1 荧光基团相同检测效果的其他合适的荧光报告基团和荧光淬灭基团组合。

7 检测方法

7.1 生物安全措施

实验操作及处理按照 GB 19489 的规定，由具备相关资质的工作人员进行相应操作。

7.2 采样及样本的处理

采样过程中样本不得交叉污染，采样及样本前处理过程中应戴一次性手套。

7.2.1 脏器组织

活体动物采用安乐死方法进行处死，剖检，无菌采集动物的肾脏、脾脏、棕色脂肪、胸腺和肠系膜淋巴结，剪取待检样本 2.0 g 于无菌 5 mL 离心管，加入 4 mL 灭菌 PBS，使用电动匀浆器充分匀浆 1~2 min，然后将组织悬液在 4℃、3000 r/min 离心 10 min，取上清液转入另一无菌 5 mL 离心管中，编号备用。

7.2.2 盲肠内容物或粪便

无菌采集约 1 g 的盲肠内容物或 1~2 颗粪便置于无菌 5 mL 离心管，加入 4 mL 灭菌 PBS，使用电动匀浆器充分匀浆 1~2 min，12 000 r/min 离心 10 min，取上清液转入另一无菌 5 mL 离心管中，编号备用。

7.2.3 细胞培养物

方法一：直接刮取样本接种后出现 CPE 或可疑的细胞培养物于 15 mL 离心管中，3000 r/min 离心 10 min，去上清，加 1 mL 灭菌 PBS 重悬细胞，然后将细胞悬液转移到无菌 1.5 mL 离心管中，编号备用。

方法二：将样本接种后出现 CPE 或可疑的细胞培养物反复冻融 3 次，细胞混悬液转移于 15 mL 离心管中，12 000 r/min 离心 10 min，去细胞碎片，上清液转移到无菌 15 mL 离心管中，编号备用。

7.2.4 实验动物环境

7.2.4.1 实验动物饲料、垫料和饮水

取适量实验动物饲料和垫料置于聚乙烯薄膜袋中，加入适量灭菌 PBS（饲料和垫料需全部浸泡于液体中）。密封后浸泡 5~10 min，充分混匀，将混悬液转移至 15 mL 离心管中，4℃、12 000 r/min 离心 10 min，取上清液转入另一无菌 5 mL 离心管中，编号备用。取适量实验动物饮水直接转移到无菌 5 mL 离心管中，编号备用。

7.2.4.2 实验动物设施设备

用灭菌棉拭子拭取实验动物设施设备出风口初效滤膜表面沉积物，将拭子置入灭菌 15 mL 离心管，加入适量灭菌 PBS，浸泡 5~10 min，充分混匀，取出棉拭子，将离心管于 4℃、12 000 r/min 离心 10 min，取上清液转入另一无菌 5 mL 离心管中，编号备用。

7.2.5 样本的存放

采集或处理的样本在 2~8℃条件下保存应不超过 24 h；若需长期保存，须放置−80℃冰箱，但应避免反复冻融（冻融不超过 3 次）。

7.3 样本 DNA 提取

7.3.1 取 50~100 μL 的样本至 1.5 mL 或 2 mL 离心管中，加 20 μL 蛋白酶 K，用 PBS 补加至 220 μL。

7.3.2 加入 200 μL 缓冲液 AL，涡旋振荡充分混匀，56℃孵育 10 min。

7.3.3 加入 200 μL 的无水乙醇，涡旋振荡充分混匀。

7.3.4 移取步骤 7.3.3 的混合液至离心柱上，离心柱放在 2 mL 收集管，≥6000 g（8000 r/min）离心 1 min。弃收集管/液。

7.3.5 离心柱放至新的 2 mL 收集管上，加 500 μL 的缓冲液 AW1，≥6000 g（8000 r/min）离心 1 min。弃收集管/液。

7.3.6 离心柱放至新的 2 mL 收集管上，加 500 μL 的缓冲液 AW2，20 000 g（14 000 r/min）离心 3 min。弃收集管/液。

7.3.7 将离心柱放在一个新的 1.5 mL 离心管上，吸取 200 μL 的缓冲液 AE 在吸附膜上，室温孵育 1 min，≥6000 g（8000 r/min）离心 1 min。制备好的 DNA 应尽快进行下一步 PCR 反应；若暂时不能进行 PCR 反应，应于-20℃冰箱保存备用。

注：该 DNA 提取方法是针对 DNA 提取试剂盒 DNeasy Blood & Tissue Kit 给出的，可使用其他等效的 DNA 提取试剂盒进行，提取方法可进行相应调整。

7.4 普通 PCR 检测

7.4.1 普通 PCR 反应体系

普通反应体系见表 3。反应液的配制在冰浴上操作，每次反应同时设计阳性对照、阴性对照和空白对照。其中，以含有小鼠腺病毒的组织或细胞培养物提取的 DNA 作为阳性对照模板；以不含有小鼠腺病毒毒 DNA 样本（可以是正常动物组织或正常细胞培养物）作为阴性对照模板；空白对照为非模板对照（no template control，NTC）。

表 3　PCR 反应体系

试剂	用量/μL	终浓度
2×Premix Taq Mix　（Loading dye mix）	10	1×
ddH$_2$O	6	
PCR 正向引物（10 μmol/L）	0.8	0.4 μmol/L
PCR 反向引物（10 μmol/L）	0.8	0.4 μmol/L
DNA 模板	2	
总体积	20.6	

7.4.2 普通 PCR 反应参数

普通 PCR 反应参数见表 4。

表 4　普通 PCR 反应参数

步骤	温度/℃	时间	循环数
预变性	94	5 min	1
变性	95	30 s	40
退火	55	30 s	
延伸	72	30 s	
后延伸	72	5 min	1

注：可使用其他等效的 PCR 检测试剂盒进行，反应体系和反应参数可进行相应调整。

7.4.3 PCR 产物的琼脂糖凝胶电泳检测和拍照

PCR 反应结束后，取 10 μL PCR 产物在 1.5%琼脂糖凝胶中进行电泳检测，以 DL2000 Marker 作为 DNA 分子质量参照。电泳条件：电压 120 V，电泳时间 25 min，当溴酚蓝移动到凝胶边缘时关闭电源。电泳完成后在凝胶成像系统拍照记录电泳结果。

7.5 实时荧光 PCR 检测

7.5.1 实时荧光 PCR

实时荧光 PCR 反应体系见表 5。反应液的配制在冰上操作，每次反应同时设计阳性对照、阴性对照和空白对照。其中，以含有小鼠腺病毒的组织或细胞培养物提取的 DNA 作为阳性对照模板，以不含有小鼠腺病毒 DNA 样本（可以是正常动物组织或正常细胞培养物）作为阴性对照模板，空白对照为非模板对照（no template control，NTC）。

表 5 实时荧光 PCR 反应体系

反应组分	用量/μL	终浓度
2×Premix Ex Taq Mix	10	1×
正向引物（10 μmol/L）	0.8	400 nmol/L
反向引物（10 μmol/L）	0.8	400 nmol/L
探针（5 μmol/L）	1	250 nmol/L
Rox（50×）	0.4	
cDNA 模板	2	
ddH$_2$O	5	
总体积	20	

注：试剂 Rox 只在具有 Rox 荧光校正通道的实时荧光 PCR 仪上进行扩增时添加，否则用水补齐。

7.5.2 实时荧光 PCR 反应参数

实时荧光 PCR 反应参数见表 6。试验检测结束后，根据收集的荧光曲线和 Ct 值判定结果。

表 6 实时荧光 PCR 反应参数

步骤	温度/℃	时间/s	循环数	采集荧光信号
预变性	95	30	1	否
变性	95	5	40	否
退火，延伸	60	34		是

注：可使用其他等效的实时荧光 PCR 检测试剂盒进行，反应体系和反应参数可进行相应调整。

8 结果判定

8.1 普通 PCR 结果判定

8.1.1 质控标准：阴性对照和空白对照未出现条带，阳性对照出现预期大小（281 bp）的目的扩增条带则表明反应体系运行正常；否则此次试验无效，需重新进行普通 PCR 扩增。

8.1.2 结果判定

8.1.2.1 质控成立条件下，若样本未出现预期大小（281 bp）的扩增条带，则可判定样本小鼠腺病毒核酸检测阴性。

8.1.2.2 质控成立条件下，若样本出现预期大小（281 bp）的扩增条带，则可判定样本小鼠腺病毒核酸检测阳性。

8.2 实时荧光 PCR 结果判定

8.2.1 结果分析和条件设定

直接读取检测结果,基线和阈值设定原则根据仪器的噪声情况进行调整,以阈值线刚好超过正常阴性样本扩增曲线的最高点为准。

8.2.2 质控标准

8.2.2.1 空白对照无 Ct 值,并且无荧光扩增曲线,一直为水平线。

8.2.2.2 阴性对照无 Ct 值,并且无荧光扩增曲线,一直为水平线。

8.2.2.3 阳性对照 Ct 值≤35,并且有明显的荧光扩增曲线,则表明反应体系运行正常;否则此次试验无效,需重新进行实时荧光 PCR 扩增。

8.2.3 结果判定

8.2.3.1 质控成立条件下,若待检测样本无荧光扩增曲线,则判定样本小鼠腺病毒核酸检测阴性。

8.2.3.2 质控成立条件下,若待检测样本有荧光扩增曲线,且 Ct 值≤35 时,则判断样本中小鼠腺病毒核酸检测阳性。

8.2.3.3 质控成立条件下,若待检测样本 Ct 值介于 35 和 40 之间,应重新进行实时荧光 PCR 检测。重新检测后,若 Ct 值≥40,则判定样本未检出小鼠腺病毒。重新检测后,若 Ct 值仍介于 35 和 40 之间,则判定样本小鼠腺病毒可疑阳性,需进一步进行序列测定。

8.3 序列测定

必要时,可取待检样本扩增出的阳性 PCR 产物进行核酸序列测定,序列结果与已公开发表的小鼠腺病毒特异性片段序列进行比对,序列同源性在 90%以上,可确诊待检样本小鼠腺病毒核酸阳性,否则判定小鼠腺病毒核酸阴性。

9 检测过程中防止交叉污染的措施

按照 GB/T 19495.2 中的要求执行。

附 录 A

（规范性附录）

溶液的配制

A.1 0.02 mol/L pH7.2 磷酸盐缓冲液（PBS）的配制

A.1.1 A 液

0.2 mol/L 磷酸二氢钠溶液：称取磷酸二氢钠（$NaH_2PO_4 \cdot H_2O$）27.6 g，先加适量去离子水溶解，最后定容至 1000 mL，混匀。

A.1.2 B 液

0.2 mol/L 磷酸氢二钠溶液：称取磷酸氢二钠（$Na_2HPO_4 \cdot 7H_2O$）53.6 g（或 $Na_2HPO_4 \cdot 12H_2O$ 71.6 g 或 $Na_2HPO_4 \cdot 2H_2O$ 35.6 g），先加适量去离子水溶解，最后定容至 1000 mL，混匀。

A.1.3 0.02 mol/L pH7.2 磷酸盐缓冲液（PBS）的配制

取 A 液 14 mL、B 液 36 mL，加氯化钠（NaCl）8.5 g，加 800 mL 无离子水溶解稀释，用 HCl 调 pH 至 7.2，最后定容至 1000 mL，经 121℃高压灭菌 15 min，冷却备用。

A.2 50×TAE 电泳缓冲液

A.2.1 0.5 mol/L 乙二铵四乙酸二钠（EDTA）溶液（pH 8.0）

乙二铵四乙酸二钠（EDTA -$Na_2 \cdot H_2O$）	18.61 g
灭菌去离子水	80 mL
5 mol/L 氢氧化钠溶液	调 pH 至 8.0

灭菌去离子水加至 100 mL，121℃、15 min 灭菌备用。

A.2.2 50×TAE 电泳缓冲液配制

羟基甲基氨基甲烷（Tris）	242 g
冰醋酸	57.1 mL
0.5 mol/L EDTA 溶液，pH 8.0	100 mL

灭菌去离子加至 1000 mL，121℃、15 min 灭菌备用。

用时以灭菌去离子水稀释至 1×使用。

A.3 溴化乙锭（EB）溶液（10 μg/μL）

溴化乙锭	20 mg
灭菌去离子水	20 mL

A.4 含 0.5 μg/mL 溴化乙锭的 1.5%琼脂糖凝胶的配制

琼脂糖	1.5 g
1×TAE 电泳缓冲液	加至 100 mL

混合后加热至完全融化，待冷至 50~55℃时，加溴化乙锭（EB）溶液 5 μL，轻轻晃动摇匀，避免产生气泡，将梳子置入电泳槽中，然后将琼脂糖溶液倒入电泳板。凝胶适宜厚度为 3~5 mm，需确认在梳齿下或梳齿间没有气泡，待凝固后取下梳子备用。

参 考 文 献

贺争鸣，范文平，卫礼，等. 1997. 小鼠腺病毒单克隆抗体的研制及初步应用. 中国实验动物学报，12：76-79.

贺争鸣，吴惠英，卫礼，等. 1998. 小鼠腺病毒在鼠群中心感染及血清学检测方法的比较. 北京实验动物学，2：16-20.

田克恭. 1992. 实验动物病毒性疾病. 北京：中国农业出版社：41-45.

王吉，卫礼，巩薇，等. 2008. 2003~2007 年我国实验小鼠病毒抗体检测结果与分析. 实验动物与比较医学，6：394-396.

王翠娥，陈立超，周倩，等. 2014. 实验大鼠和小鼠多种病毒的血清学检测结果分析. 实验动物科学，2：20-24.

姚新华，郭英飞. 2015. 实时荧光定量 PCR 快速检测腺病毒方法的建立与评价. 解放军预防医学杂志，4（33）：127-129.

Adams MJ. 2012. Virus Taxonomy：Adenoviridae-Family. Elsevier Inc：125-141.

Baker DG. 1998. Natural Pathogens of laboratory mice，rats，and rabbits and their effects on research. Clinical Microbiology Reviews，11（2）：231-266.

Becker SD，Bennett M，Stewart JP，et al. 2007. Serological survey of virus infection among wild house mice（*Mus domesticus*）in the UK. Lab Anim，41：229-238.

Bootz F，Sieber I，Popovic D，et al. 2003. Comparison of the sensitivity of in vivo antibody production tests with *in vitro* PCR-based methods to detect infectious contamination of biological materials. Laboratory Animals，37（4）：341-351.

Blailock ZR，Rabin ZR，Melnick JL. 1967. Adenovirus endocarditis in mice. Science，157：69-70.

Blailock ZR，Rabin ER，Melnick JL. 1968. Ade novirus myocarditis in mice. An electron microscopic study. Exp Mol Pathol，9（1）：84-96.

Charles PC，Guida JD，Brosnan CF，et al. 1998. Mouse adenovirus type-1 replication is restricted to vascular endothelium in the CNS of susceptible strains of mice. Virology，245：216-228.

Davison AJ，Benko M，Harrach B. 2003. Genetic content and evolution of adenoviruses. The Journal of General Virology，84：2895-2908.

Ginder DR. 1964. Increased susceptibility of mice infected with mouse adenoviruses to *Escherichia coli*-induced pyelonephritis. J Exp Med，120：1117-1128.

Gralinski LE，Ashley SL，Dixon SD，et al. 2009. Mouse adenovirus type 1-induced breakdown of the blood-brain barrier. The Journal of Virology，83（18），93-98.

Guida JD，Fejer G，Pirofski LA，et al. 1995. Mouse adenovirus type 1 causes a fatal hemorrhagic encephalomyelitis in adult C57BL/6 but not BALB/c mice. J Virol，69：7674-7681.

Hartley JW，Rowe WP. 1960. A new mouse virus apparently related to the ade-novirus group. Virology，11：645-647.

Hashimoto K，Sugiyama T，Sasaki S. 1996. An Adenovirus Isolated from the Feces of Mice I. Isolation and identification. Japanese Journal of Microbiology，10（2）：115-125.

Klempa B，Kruüger DH，Auste B，et al. 2009. A novel cardiotropic murine adenovirus representing a distinct species of mastadenoviruses. Journal of Virology，83（11）：5749-5759.

McCarthy MK, Procario MC, Twisselmann N, et al. 2015. Proinflammatory effects of interferon gamma in mouse adenovirus 1 myocarditis. J Virol, 89（1）: 468-479.

van der Veen J, Mes A. 1974. Serological classification of two mouse adenoviruses. Archv für Die Gesamte Virusforsorschung, 45（4）: 386-387.

ICS 65.020.30

B 44

中国实验动物学会团体标准

T/CALAS 46—2017

实验动物 多瘤病毒 PCR 检测方法

Laboratory animal - PCR method for detection of Polyoma virus

2017-12-29 发布

2018-01-01 实施

中国实验动物学会 发布

前　　言

本标准按照 GB/T 1.1—2009 给出的规则编写。

本标准附录为规范性附录。

本标准由中国实验动物学会归口。

本标准由全国实验动物标准化技术委员会（SAC/TC369）技术审查。

本标准由中国实验动物学会实验动物标准化专业委员会提出并组织起草。

本标准主要起草单位：广东省实验动物监测所。

本标准主要起草人：郭鹏举、袁文、王静、张钰、黄韧、吴瑞可。

实验动物 多瘤病毒 PCR 检测方法

1 范围

本标准规定了多瘤病毒普通 PCR 和实时荧光 PCR 检测方法。

本标准适用于实验动物怀疑本病发生，实验动物接种物、实验鼠环境和鼠源性生物制品中多瘤病毒（Poly）的检测。

2 规范性引用文件

下列文件对于本文件的应用是必不可少的。凡是注明日期的引用文件，仅所注日期的版本适用于本文件。凡是不注日期的引用文件，其最新版本（包括所有的修改单）适用于本文件。

GB/T 14926.29—2001 《实验动物 多瘤病毒检测方法》

GB 19489 《实验室 生物安全通用要求》

GB/T 19495.2 《转基因产品检测 实验室技术要求》

3 术语、定义和缩略语

3.1 术语和定义

下列术语和定义适合于本标准。

3.1.1

聚合酶链反应 polymerase chain reaction，PCR

体外酶催化合成特异 DNA 片段的方法：模板 DNA 先经高温变性成为单链，在 DNA 聚合酶作用和适宜的反应条件下，根据模板序列设计的两条引物分别与模板 DNA 两条链上相应的一段互补序列发生退火而相互结合，接着在 DNA 聚合酶的作用下以四种 dNTP 为底物，使引物得以延伸，然后不断重复变性、退火和延伸这一循环，使欲扩增的基因片段以几何倍数扩增。

3.1.2

实时荧光聚合酶链反应 real-time PCR，实时荧光 PCR

实时荧光 PCR 方法：在常规 PCR 的基础上，在反应体系中加入特异性荧光探针，利用荧光信号积累实时检测整个 PCR 进程，通过检测每次循环中的荧光发射信号，间接反映了 PCR 扩增的目标基因的量，最后通过扩增曲线对未知模板进行定性或定量分析。（本标准中将"PCR"称为"普通 PCR"是为了与"实时荧光 PCR"进行区别，避免名称混淆。）

3.1.3

Ct 值 cycle threshold

实时荧光 PCR 反应中每个反应管内的荧光信号达到设定的阈值时所经历的循环数。

3.2 缩略语

下列缩略语适用于本标准。

CPE 细胞病变效应（cytopathic effect）

DNA 脱氧核糖核酸（deoxyribonucleic acid）

PBS 磷酸盐缓冲液（phosphate buffered saline）

Poly 多瘤病毒（polyoma virus）

4 检测方法原理

用合适的方法提取样本中的病毒 DNA，针对病毒核酸序列 T-antigen 和 VP1 基因设计特异的引物和探针序列，分别通过 PCR 和实时荧光 PCR 对模板 DNA 进行扩增，根据 PCR 和实时荧光 PCR 检测结果判定该样本中是否含有病毒核酸成分。

PCR 的基本工作原理是以拟扩增的 DNA 分子为模板，以一对分别与模板 5′ 端和 3′ 端互补的寡核苷酸片段为引物（primer），在耐热 DNA 聚合酶的作用下，按照半保留复制的机制沿着模板链延伸直至完成新的 DNA 分子合成。重复这一过程，即可使目的 DNA 片段得以大量扩增。实时荧光 PCR 设计合成一对特异性引物和一条特异性探针，探针两端分别标记一个报告荧光基团和一个淬灭荧光基团。探针完整时，报告基团发射的荧光信号被淬灭基团吸收；PCR 扩增时，*Taq* 酶的 5′ →3′ 外切酶活性将探针酶切降解，使报告荧光基团和淬灭荧光基团分离，淬灭作用消失，荧光信号产生并被检测仪器接收，随着 PCR 反应的循环进行，PCR 产物与荧光信号的增长呈对应关系。

5 主要设备和材料

5.1 实时荧光 PCR 仪。

5.2 PCR 仪。

5.3 电泳仪。

5.4 凝胶成像分析系统。

5.5 Nanodrop 紫外分光光度计。

5.6 高速冷冻离心机。

5.7 台式离心机。

5.8 恒温孵育器。

5.9 涡旋振荡器。

5.10 组织匀浆器或手持式均质器。

5.11 生物安全柜。

5.12 PCR 工作台。

5.13 –80℃冰箱，–20℃冰箱，2~8℃冰箱。

5.14 微量移液器（10 μL，100 μL，1000 μL）。

5.15 无 RNase 和 DNase 污染的离心管（1.5 mL，2 mL，5 mL，15 mL），无 RNase 和 DNase 污染的吸头（10 μL，200 μL，1 mL），无 RNase 和 DNase 污染的 0.2 mL PCR 扩增反应管。

5.16　采样工具：剪刀、镊子、注射器等。

6　试剂

除特别说明外，所有实验用试剂均为分析纯；实验用水为去离子水。

6.1　灭菌 PBS。见附录 A。

6.2　无 DNase/RNase 去离子水。

6.3　DNA 抽提试剂：DNA 抽提试剂盒 DNeasy Blood & Tissue Kit，或其他等效产品。

6.4　普通 PCR 试剂：Premix Taq® Version 2.0（Loading dye mix），或使用其他等效试剂。

6.5　DNA 分子质量标准。

6.6　TAE 电泳缓冲液。见附录 A。

6.7　溴化乙锭：10 mg/mL，配制方法见附录 A；或其他等效产品。

6.8　1.5% 琼脂糖凝胶，配制方法见附录 A。

6.9　实时荧光 PCR 试剂：Premix Ex Taq™（Probe qPCR）Kit，或其他等效产品。

6.10　引物和探针：根据表 1、表 2 的序列合成普通 PCR 引物和实时荧光 PCR 引物及探针，引物和探针加无 RNase 去离子水配制成 10 μmol/L 和 5 μmol/L 储备液，−20℃ 保存。

表 1　普通 PCR 引物序列

引物名称	引物序列（5′→3′）	产物大小/bp
正向引物	ATGTGCACAGCGTGTA	369
反向引物	TGTCATCGGGCTCAGC	

表 2　实时荧光 PCR 扩增引物和探针

引物和探针名称	引物和探针序列（5′→3′）
正向引物	CGGCGTCTCTAAATGCGAG
反向引物	AGCAGTTTGGGAACGGGTG
探针	FAM - CAAAATGTACAAAGGCCTGTCCAAGACCC -BHQ1

注：探针也可选用具有与 FAM 和 BHQ-1 荧光基团相同检测效果的其他合适的荧光报告基团和荧光淬灭基团组合。

7　检测方法

7.1　生物安全措施

实验操作及处理按照 GB 19489 的规定，由具备相关资质的工作人员进行相应操作。

7.2　采样及样本的处理

采样过程中样本不得交叉污染，采样及样本前处理过程中应戴一次性手套。

7.2.1　脏器组织

活体动物采用安乐死方法进行处死，剖检，无菌采集动物的肾脏、脾脏、肿瘤组织、乳腺组织、唾液腺、颌下腺、胸腺和肠系膜淋巴结，剪取待检样本 2.0 g 于无菌 5 mL 离心管，加入 4 mL 灭菌 PBS，使用电动匀浆器充分匀浆 1~2 min，然后将组织悬液在 4℃、3000 r/min 离心 10 min，取上清液转入另一无菌 5 mL 离心管中，编号备用。

7.2.2　盲肠内容物或粪便

无菌采集约 1 g 的盲肠内容物或 1~2 颗粪便置于无菌 5 mL 离心管，加入 4 mL 灭菌 PBS，使用电动匀浆器充分匀浆 1~2 min，12 000 r/min 离心 10 min，取上清液转入另一无菌 5 mL 离心管中，编号备用。

7.2.3　细胞培养物

方法一：直接刮取样本接种后出现 CPE 或可疑的细胞培养物于 15mL 离心管中，3000 r/min 离心 10 min，去上清，加 1 mL 灭菌 PBS 重悬细胞，然后将细胞悬液转移到无菌 1.5 mL 离心管中，编号备用。

方法二：将样本接种后出现 CPE 或可疑的细胞培养物反复冻融 3 次，细胞混悬液转移于 15 mL 离心管中，12 000 r/min 离心 10 min，去细胞碎片，上清液转移到无菌 15 mL 离心管中，编号备用。

7.2.4　实验动物环境

7.2.4.1　实验动物饲料、垫料和饮水

取适量实验动物饲料和垫料置于聚乙烯薄膜袋中，加入适量灭菌 PBS（饲料和垫料需全部浸泡于液体中）。密封后浸泡 5~10 min，充分混匀，将混悬液转移至 15 mL 离心管中，4℃、12 000 r/min 离心 10 min，取上清液转入另一无菌 5 mL 离心管中，编号备用。取适量实验动物饮水直接转移到无菌 5 mL 离心管中，编号备用。

7.2.4.2　实验动物设施设备

用灭菌棉拭子拭取实验动物设施设备出风口初效滤膜表面沉积物，将拭子置入灭菌 15mL 离心管，加入适量灭菌 PBS，浸泡 5~10 min，充分混匀，取出棉拭子，将离心管于 4℃、12 000 r/min 离心 10 min，取上清液转入另一无菌 5 mL 离心管中，编号备用。

7.2.5　样本的存放

采集或处理的样本在 2~8℃条件下保存应不超过 24 h；若需长期保存，须放置-80℃冰箱，但应避免反复冻融（冻融不超过 3 次）。

7.3　样本 DNA 提取

7.3.1　取 50~100 μL 的样本至 1.5 mL 或 2 mL 离心管中，加 20 μL 蛋白酶 K，用 PBS 补加至 220 μL。

7.3.2　加入 200 μL 缓冲液 AL，涡旋振荡充分混匀，56℃孵育 10 min。

7.3.3　加入 200 μL 的无水乙醇，涡旋振荡充分混匀。

7.3.4　移取步骤 7.3.3 的混合液至离心柱上，离心柱放在 2 mL 收集管，≥6000 g（8000 r/min）离心 1 min。弃收集管/液。

7.3.5　离心柱放至新的 2 mL 收集管上，加 500 μL 的缓冲液 AW1，≥6000 g（8000 r/min）离心 1 min。弃收集管/液。

7.3.6　离心柱放至新的 2 mL 收集管上，加 500 μL 的缓冲液 AW2，20 000 g（14 000 r/min）离心 3 min。弃收集管/液。

7.3.7　将离心柱放在一个新的 1.5 mL 离心管上，吸取 200 μL 的缓冲液 AE 在吸附膜上，室温孵育 1 min，≥6000 g（8000 r/min）离心 1 min。制备好的 DNA 应尽快进行下一步 PCR 反应；若暂时不能进行 PCR 反应，应于-20℃冰箱保存备用。

　　注：该 DNA 提取方法是针对 DNA 提取试剂盒 DNeasy Blood & Tissue Kit 给出的，可使用其他等效的 DNA 提取试剂盒进行，提取方法可进行相应调整。

7.4　普通 PCR 检测

7.4.1　普通 PCR 反应体系

　　普通反应体系见表 3。反应液的配制在冰上操作，每次反应同时设计阳性对照、阴性对照和空白对照。其中，以含有多瘤病毒的组织或细胞培养物提取的 DNA 作为阳性对照模板；以不含有多瘤病毒 DNA 样本（可以是正常动物组织或正常细胞培养物）作为阴性对照模板；空白对照为非模板对照（no template control，NTC）。

表 3　PCR 反应体系

试剂	用量/μL	终浓度
2×Premix Taq Mix （Loading dye mix）	10	1×
ddH$_2$O	6	
PCR 正向引物（10 μmol/L）	0.8	0.4 μmol/L
PCR 反向引物（10 μmol/L）	0.8	0.4 μmol/L
DNA 模板	2	
总体积	20.6	

7.4.2　普通 PCR 反应参数

　　普通 PCR 反应参数见表 4。

表 4　普通 PCR 反应参数

步骤	温度/℃	时间	循环数
预变性	94	5 min	1
变性	95	30 s	40
退火	55	30 s	
延伸	72	30 s	
后延伸	72	5 min	1

注：可使用其他等效的 PCR 检测试剂盒进行，反应体系和反应参数可进行相应调整。

7.4.3　PCR 产物的琼脂糖凝胶电泳检测和拍照

　　PCR 反应结束后，取 10 μL PCR 产物在 1.5%琼脂糖凝胶进行电泳检测，以 DL2000 Marker 作为 DNA 分子质量参照。电泳条件：电压 120 V，电泳时间 25 min，当溴酚蓝移动到凝胶边缘时关闭电源。电泳完成后在凝胶成像系统拍照记录电泳结果。

7.5　实时荧光 PCR 检测

7.5.1　实时荧光 PCR

实时荧光 PCR 反应体系见表 5。反应液的配制在冰上操作，每次反应同时设计阳性对照、阴性对照和空白对照。其中，以含有多瘤病毒的组织或细胞培养物提取的 DNA 作为阳性对照模板；以不含有多瘤病毒 DNA 样本（可以是正常动物组织或正常细胞培养物）作为阴性对照模板；空白对照为非模板对照（no template control，NTC）。

表 5 实时荧光 PCR 反应体系

反应组分	用量/µL	终浓度
2×Premix Ex Taq Mix	10	1×
正向引物（10 µmol/L）	0.8	400 nmol/L
反向引物（10 µmol/L）	0.8	400 nmol/L
Probe（5 µmol/L）	1	250 nmol/L
Rox（50×）	0.4	
cDNA 模板	2	
ddH₂O	5	
总体积	20	

注：试剂 Rox 只在具有 Rox 荧光校正通道的实时荧光 PCR 仪上进行扩增时添加，否则用水补齐。

7.5.2 实时荧光 PCR 反应参数

实时荧光 PCR 反应参数见表 6。试验检测结束后，根据收集的荧光曲线和 Ct 值判定结果。

表 6 实时荧光 PCR 反应参数

步骤	温度/℃	时间/s	循环数	采集荧光信号
预变性	95	30	1	否
变性	95	5	40	否
退火，延伸	60	34		是

注：可使用其他等效的实时荧光 PCR 检测试剂盒进行，反应体系和反应参数可进行相应调整。

8 结果判定

8.1 普通 PCR 结果判定

8.1.1 质控标准：阴性对照和空白对照未出现条带，阳性对照出现预期大小（369 bp）的目的扩增条带则表明反应体系运行正常；否则此次试验无效，需重新进行普通 PCR 扩增。

8.1.2 结果判定

8.1.2.1 质控成立条件下，若样本未出现预期大小（369 bp）的扩增条带，则可判定样本多瘤病毒核酸检测阴性。

8.1.2.2 质控成立条件下，若样本出现预期大小（369 bp）的扩增条带，则可判定样本多瘤病毒核酸检测阳性。

8.2　实时荧光 PCR 结果判定

8.2.1　结果分析和条件设定

直接读取检测结果，基线和阈值设定原则根据仪器的噪声情况进行调整，以阈值线刚好超过正常阴性样本扩增曲线的最高点为准。

8.2.2　质控标准

8.2.2.1　空白对照无 Ct 值，并且无荧光扩增曲线，一直为水平线。

8.2.2.2　阴性对照无 Ct 值，并且无荧光扩增曲线，一直为水平线。

8.2.2.3　阳性对照 Ct 值≤35，并且有明显的荧光扩增曲线，则表明反应体系运行正常；否则此次试验无效，需重新进行实时荧光 PCR 扩增。

8.2.3　结果判定

8.2.3.1　质控成立条件下，若待检测样本无荧光扩增曲线，则判定样本多瘤病毒核酸检测阴性。

8.2.3.2　质控成立条件下，若待检测样本有荧光扩增曲线，且 Ct 值≤35 时，则判断样本多瘤病毒核酸检测阳性。

8.2.3.3　质控成立条件下，若待检测样本 Ct 值介于 35 和 40 之间，应重新进行实时荧光 PCR检测。重新检测后，若 Ct 值≥40 时，则判定样本未检出多瘤病毒。重新检测后，若 Ct 值仍介于 35 和 40 之间，则判定样本多瘤病毒可疑阳性，需进一步进行序列测定。

8.3　序列测定

必要时，可取待检样本扩增出的阳性 PCR 产物进行核酸序列测定，序列结果与已公开发表的多瘤病毒特异性片段序列进行比对。序列同源性在 90%以上，可确诊待检样本多瘤病毒核酸阳性；否则判定多瘤病毒核酸阴性。

9　检测过程中防止交叉污染的措施

按照 GB/T 19495.2 中的要求执行。

附　录　A

（规范性附录）

溶液的配制

A.1 0.02 mol/L pH7.2 磷酸盐缓冲液（PBS）的配制

A.1.1 A 液

0.2 mol/L 磷酸二氢钠溶液：称取磷酸二氢钠（$NaH_2PO_4 \cdot H_2O$） 27.6 g，先加适量去离子水溶解，最后定容至 1000 mL，混匀。

A.1.2 B 液

0.2 mol/L 磷酸氢二钠溶液：称取磷酸氢二钠（$Na_2HPO_4 \cdot 7H_2O$）53.6g（或 $Na_2HPO_4 \cdot 12H_2O$ 71.6 g 或 $Na_2HPO_4 \cdot 2H_2O$ 35.6 g），先加适量去离子水溶解，最后定容至 1000 mL，混匀。

A.1.3 0.02 mol/L pH7.2 磷酸盐缓冲液（PBS）的配制

取 A 液 14 mL、B 液 36 mL，加氯化钠（NaCl）8.5 g，加 800 mL 无离子水溶解稀释，用 HCl 调 pH 至 7.2，最后定容至 1000 mL，经 121℃ 高压灭菌 15 min，冷却备用。

A.2 50×TAE 电泳缓冲液

A.2.1 0.5 mol/L 乙二铵四乙酸二钠（EDTA）溶液（pH8.0）

乙二铵四乙酸二钠（EDTA -$Na_2 \cdot H_2O$）	18.61 g
灭菌去离子水	80 mL
5 mol/L 氢氧化钠溶液	调 pH 至 8.0

灭菌去离子水加至 100 mL，121℃、15 min 灭菌备用。

A.2.2 50×TAE 电泳缓冲液配制

羟基甲基氨基甲烷（Tris）	242 g
冰醋酸	57.1 mL
0.5 mol/L EDTA 溶液，pH 8.0	100 mL

灭菌去离子加至 1000 mL，121℃、15 min 灭菌备用。

用时以灭菌去离子水稀释至 1× 使用。

A.3 溴化乙锭（EB）溶液（10 μg/μL）

溴化乙锭	20 mg
灭菌去离子水	20 mL

A.4 含 0.5 μg/mL 溴化乙锭的 1.5% 琼脂糖凝胶的配制

琼脂糖	1.5 g
1×TAE 电泳缓冲液	加至 100 mL

混合后加热至完全融化,待冷至 50~55℃ 时，加溴化乙锭（EB）溶液 5 μL，轻轻晃动摇匀，避免产生气泡，将梳子置入电泳槽中，然后将琼脂糖溶液倒入电泳板。凝胶适宜厚度为 3~5 mm，需确认在梳齿下或梳齿间没有气泡，待凝固后取下梳子备用。

参 考 文 献

葛文平, 张旭, 高翔, 等. 2012. 我国商业化 SPF 级小鼠病原体污染分析. 中国比较医学杂志, (3): 65-68.

刘晓丹. 2014. 鼠多瘤病毒样颗粒的表达和纯化. 天津: 天津大学硕士学位论文.

佟巍, 张丽芳, 向志光, 等. 2013. 北京地区 2011~2012 年度实验小鼠 POLY 病毒感染情况调查与分析. 中国比较医学杂志, 23 (12): 40-43.

吴宝成, 张红星. 1997. 人和动物的多瘤病毒. 广西科学, (1): 75-80.

谢军芳. 2009. TMEV、Ect、LCMV、POLY 和 PVM 病毒免疫血清制备及 ELISA 等检测方法的研究. 北京: 中国协和医科大学.

尹雪琴, 袁文, 王静, 等. 2015. 实时荧光 TaqMan-PCR 检测小鼠多瘤病毒方法的建立. 中国比较医学杂志, (06): 53-58.

张纯武, 陈孝倩, 白永恒, 等. 2013. 同时检测人多瘤病毒和巨细胞病毒 PCR 技术的建立及在肾移植受者中的初步应用. 病毒学报, (4): 410-414.

赵宜为, 赵晓琰. 1999. 多瘤病毒分离株的研究. 微生物学杂志, (3): 54-55.

郑文芝. 2012. 人多瘤病毒实时荧光 PCR 检测方法的建立及临床研究. 呼和浩特: 内蒙古农业大学.

Benjamin TL. 2001. Polyoma virus: old findings and new challenges. Virology, 289 (2): 167-173.

Carroll J, Dey D, Kreisman L, et al. 2007. Receptor-binding and oncogenic properties of polyoma viruses isolated from feral mice. PLoS Pathog, 3 (12): e179.

Nakamichi K, Takayama-Ito M, Nukuzuma S, et al. 2010. Long-term infection of adult mice with murine polyomavirus following stereotaxic inoculation into the brain, Microbiol Immunol, 54 (8): 475-482.

Simon C, Klose T, Herbst S, et al. 2014. Disulfide linkage and structure of highly stable yeast-derived virus-like particles of murine polyomavirus. J Biol Chem, 289 (15): 10411-10418.

Sullivan CS, Sung CK, Pack CD, et al. 2009. Murine polyomavirusencodes a microRNA that cleaves early RNA transcripts but is notessential for experimental infection. Virology, 387 (1): 157-167.

Zhang S, McNees AL, Butel JS. 2005. Quantification of vertical transmission of murine polyoma virus by real-time quantitative PCR. J Gen Virol, 86 (10): 2721-2729.

ICS 65.020.30

B 44

中国实验动物学会团体标准

T/CALAS 47—2017

实验动物 猴免疫缺陷病毒 PCR 检测方法

Laboratory animal-PCR method for detection of Simian immunodeficiency virus

2017-12-29 发布

2018-01-01 实施

中国实验动物学会 发布

前　言

本标准按照 GB/T 1.1—2009 给出的规则编写。

本标准附录为规范性附录。

本标准由中国实验动物学会归口。

本标准由全国实验动物标准化技术委员会（SAC/TC281）技术审查。

本标准由中国实验动物学会实验动物标准化专业委员会提出并组织起草。

本标准主要起草单位：广东省实验动物监测所。

本标准主要起草人：黄韧、张钰、王静、袁文、闵凡贵、吴瑞可。

实验动物 猴免疫缺陷病毒 PCR 检测方法

1 范围

本标准规定了实验动物猴免疫缺陷病毒普通 RT-PCR 和实时荧光 RT-PCR 检测方法。

本标准适用于实验猴怀疑本病发生，实验猴环境和猴源性生物制品中猴免疫缺陷病毒的检测。

2 规范性引用文件

下列文件对于本文件的应用是必不可少的。凡是注明日期的引用文件，仅所注日期的版本适用于本文件。凡是不注日期的引用文件，其最新版本（包括所有的修改单）适用于本文件。

GB/T 14926.62—2001 《实验动物 猴免疫缺陷病毒检测方法》

GB 19489 《实验室 生物安全通用要求》

GB/T 19495.2 《转基因产品检测 实验室技术要求》

3 术语、定义和缩略语

3.1 术语和定义

下列术语和定义适合于本标准。

3.1.1

聚合酶链反应 polymerase chain reaction，PCR

体外酶催化合成特异 DNA 片段的方法：模板 DNA 先经高温变性成为单链，在 DNA 聚合酶作用和适宜的反应条件下，根据模板序列设计的两条引物分别与模板 DNA 两条链上相应的一段互补序列发生退火而相互结合，接着在 DNA 聚合酶的作用下以四种 dNTP 为底物，使引物得以延伸，然后不断重复变性、退火和延伸这一循环，使欲扩增的基因片段以几何倍数扩增。

3.1.2

逆转录-聚合酶链反应 reverse transcription polymerase chain reaction，RT-PCR

以 RNA 为模板，采用 Oligo（dT）、随机引物或特异性引物，RNA 在逆转录酶和适宜反应条件下，被逆转录成 cDNA，然后再以 cDNA 作为模板，进行 PCR 扩增。

3.1.3

巢式 PCR nest polymerase chain reaction

巢式 PCR 通过两轮 PCR 反应，使用两套引物扩增特异性的 DNA 片段。第一对 PCR 引物扩增片段和普通 PCR 相似。第二对引物以第一轮 PCR 产物为模板，特异性地扩增位于首轮 PCR 产物内的一段 DNA 片段，从而大大提高了检测的敏感性和特异性。

3.1.4

实时荧光逆转录-聚合酶链反应 real-time RT-PCR, 实时荧光 RT-PCR

实时荧光 RT-PCR 方法是在常规 RT-PCR 的基础上, 在反应体系中加入特异性荧光探针, 利用荧光信号积累实时检测整个 PCR 进程, 通过检测每次循环中的荧光发射信号, 间接反映了 PCR 扩增的目标基因的量, 最后通过扩增曲线对未知模板进行定性或定量分析。本标准中将 "RT-PCR" 称为 "普通 RT-PCR" 是为了与 "实时荧光 RT-PCR" 进行区别, 避免名称混淆。

3.1.5

Ct 值 cycle threshold

实时荧光 PCR 反应中每个反应管内的荧光信号达到设定的阈值时所经历的循环数。

3.2 缩略语

下列缩略语适用于本标准。

CPE 细胞病变效应 cytopathic effect

DEPC 焦碳酸二乙酯 diethyl pyrocarbonate

DNA 脱氧核糖核酸 deoxyribonucleic acid

PBS 磷酸盐缓冲液 phosphate buffered saline

RNA 核糖核酸 ribonucleic acid

SIV 猴免疫缺陷病毒 Simian immunodeficiency virus

4 检测方法原理

用合适的方法提取样本中的病毒 RNA, 通过逆转录酶将病毒 RNA 逆转录成 cDNA, 针对病毒核酸保守序列 gag 基因序列设计巢式 PCR 引物, 并设计一对荧光 PCR 引物及探针。通过巢式 PCR 或实时荧光 PCR 对 cDNA 进行扩增, 也可以直接提取样本 DNA, 对 SIV 前病毒 DNA 进行 PCR 扩增, 根据 PCR 或实时荧光 PCR 检测结果判定该样品中是否含有病毒核酸成分。

猴免疫缺陷病毒属于逆转录病毒科、正逆转录病毒亚科、慢病毒属。病毒基因组的复制和转录都需要经过 DNA 中间体, 这种 DNA 中间体称为前病毒。在临床检测中可通过检测样本中的 SIVRNA 或前病毒 DNA 进行诊断。PCR 的基本工作原理是在 DNA 聚合酶催化下, 以母链 DNA 为模板, 以特定引物为延伸起点, 通过变性、退火、延伸等步骤, 体外复制出与母链模板 DNA 互补的子链 DNA 的过程, 重复这一过程, 即可使目的 DNA 片段得以大量扩增, 从而可检测样本中的病原核酸。实时荧光 PCR 则设计合成一对特异性引物和一条特异性探针, 探针两端分别标记一个报告荧光基团和一个淬灭荧光基团。探针完整时, 报告基团发射的荧光信号被淬灭基团吸收; PCR 扩增时, *Taq* 酶的 5'→3'外切酶活性将探针酶切降解, 使报告荧光基团和淬灭荧光基团分离, 淬灭作用消失, 荧光信号产生并被检测仪器接收, 随着 PCR 反应的循环进行, PCR 产物与荧光信号的增长呈对应关系。因此, 可以通过检测荧光信号对核酸模板进行检测。

5 主要设备和材料

5.1 实时荧光 PCR 仪

5.2 PCR 仪。

5.3 电泳仪。

5.4 凝胶成像分析系统。

5.5 Nanodrop 紫外分光光度计。

5.6 高速冷冻离心机

5.7 台式离心机。

5.8 恒温孵育器。

5.9 涡旋振荡器。

5.10 组织匀浆器或手持式均质器。

5.11 生物安全柜。

5.12 PCR 工作台。

5.13 –80℃冰箱，–20℃冰箱，2~8℃冰箱。

5.14 微量移液器（10 μL，100 μL，1000 μL）。

5.15 无 RNase 和 DNase 污染的离心管（1.5 mL，2 mL，5 mL，15 mL），无 RNase 和 DNase 污染的吸头（10 μL，200 μL，1 mL），无 RNase 和 DNase 污染的 0.2 mL PCR 扩增反应管。

5.16 采样工具：剪刀、镊子、注射器等。

6 试剂

除特别说明外，所有实验用试剂均为分析纯；实验用水为去离子水。

6.1 灭菌 PBS。见附录 A。

6.2 无 DNase/RNase 去离子水：经 DEPC 处理的去离子水或商品无 DNase/RNase 水。见附录 A。

6.3 RNA 抽提试剂 TRIzol，或其他等效产品。

6.4 无水乙醇。

6.5 75%乙醇（无 DNase/RNase 去离子水配制）。

6.6 三氯甲烷（氯仿）。

6.7 异丙醇。

6.8 DNA 抽提试剂:基因组 DNA 提取试剂盒 DNeasy Blood & Tissue Kit 或其他等效产品。

6.9 逆转录试剂：PrimeScript® RT reagent Kit。也可以使用其他公司等效逆转录试剂。

6.10 普通 PCR 试剂：Premix Taq® Version 2.0（Loading dye mix），或使用其他等效试剂。

6.11 DNA 分子质量标准。

6.12 TAE 电泳缓冲液，见附录 A。

6.13 溴化乙锭：10 mg/mL，配制方法见附录 A；或其他等效产品。

6.14 1.5%琼脂糖凝胶，配制方法见附录 A。

6.15 实时荧光 RT-PCR 试剂：Primerscript™ RT-PCR Kit（Perfect Realtime），或其他等效产品。

6.16 引物和探针：根据表 1 和表 2 的序列合成引物和探针，引物和探针加无 RNase 去离子水配制成 10 μmol/L 和 5 μmol/L 储备液，–20℃保存。

表 1 SIV 巢式 PCR 扩增引物

引物名称	引物序列（5′→3′）	产物大小/bp
Gag-outF	TGTCAAAAAATACTTTCGGTCTTAG	796
Gag-outR	TGTTTGAGTCATCCAATTCTTTACT	
Gag-inF	TAAATGCCTGGGTAAAAT	313
Gag-inR	TGGTATGGGGTTCTGTTGTCTGT	

表 2 SIV 实时荧光 PCR 扩增引物和探针

引物和探针名称	引物和探针序列（5′→3′）
Taqsiv-F	GGAAACAGGAACAGCAGAAACTAT
Taqsiv-R	ACCACCTATTTGTTGTACTGGGTA
TaqMan-probe	FAM-CCTCCTCTGCCGCTAGATGGTGCT-BHQ1

注：探针也可选用具有与 FAM 和 BHQ-1 荧光基团相同检测效果的其他合适的荧光报告基团和荧光淬灭基团组合。

7 检测方法

7.1 生物安全措施

实验操作及处理按照 GB 19489 的规定，由具备相关资质的工作人员进行相应操作。

7.2 采样及样本的处理

采样过程中样本不得交叉污染，采样及样本前处理过程中应戴一次性手套。

7.2.1 血液或血浆

抗凝血：无菌采集动物血液，加入适量的抗凝剂置于 1.5 mL Eppendorf 管中，编号备用。

血浆：将抗凝血 3000 r/min 离心 10 min，取上清，转移到新的 Eppendorf 管中，编号备用。

7.2.2 脏器组织

死亡动物可无菌采集动物的淋巴结和脾脏，剪取待检样本 2.0 g 于研钵中充分研磨，再加 4 mL 灭菌 PBS 混匀，或置于组织匀浆器中，加入 4 mL PBS 匀浆，然后将组织悬液转入无菌 5 mL Eppendorf 管中 3000 r/min 离心 10 min，取上清液转入另一无菌 5 mL Eppendorf 管中，编号备用。

7.2.3 细胞培养物

方法一：直接刮取样本接种后出现 CPE 或可疑的细胞培养物于 15 mL 离心管中，3000 r/min 离心 10 min，去上清，加 1 mL 灭菌 PBS 重悬细胞，然后将细胞悬液转移到无菌 1.5 mL 离心管中，编号备用。

方法二：将样本接种后出现 CPE 或可疑的细胞培养物反复冻融 3 次，细胞混悬液转移于 15 mL 离心管中，12 000 r/min 离心 10 min，去细胞碎片，上清液转移到无菌 15 mL 离心管中，编号备用。

7.2.4 样本的存放

采集或处理的样本在 2~8℃条件下保存应不超过 24 h；若需长期保存，须放置−80℃冰箱，但应避免反复冻融（冻融不超过 3 次）。

7.3　样本 RNA 提取

TRIzol 对人体有害，使用时应戴一次性手套，注意防止溅出。

7.3.1　取 200 μL 处理后的样本加 1 mL TRIzol 后，充分混匀，室温静置 10 min 使其充分裂解。

7.3.2　按每毫升 TRIzol 加入 200 μL 氯仿，盖紧样本管盖，用手用力振荡摇晃离心管 15 s；不应用涡旋振荡器，以免基因组 RNA 断裂。室温静置 5 min。4℃、12 000 r/min 离心 15 min。

7.3.3　离心后混合物分成三层：下层红色的苯酚-氯仿层，中间层，上层无色的水样层。RNA 存在于水样层当中，水样层的容量大约为所加 TRIzol 容量的 60%。吸取上层水相，至另一离心管中，注意不要吸取中间界面。

7.3.4　按每毫升 TRIzol 加入 0.5 mL 异丙醇混匀，室温放置 10 min。4℃、12 000 r/min 离心 10 min，弃上清，RNA 沉淀一般形成一胶状片状沉淀附着于试管壁和管底。

7.3.5　按每毫升 TRIzol 加入 1 mL 75% 乙醇，温和振荡离心管，悬浮沉淀。4℃、7500 r/min 离心 5 min，弃上清，将离心管倒立吸水纸上，尽量使液体流干。

7.3.6　室温自然风干干燥 5~10 min，RNA 样本不要过于干燥。

7.3.7　用 50~100 μL 无 RNase 去离子水溶解 RNA 样本，制备好的 RNA 应尽快进行下一步 PCR 反应；若暂时不能进行 PCR 反应，应于 -80℃ 冰箱保存备用。

7.4　样本 DNA 的提取

7.4.1　取 200 μL 已处理好的血液样本或组织匀浆液样本至 1.5 mL 或 2 mL 离心管中，加 20 μL 蛋白酶 K。

7.4.2　加入 200 μL 缓冲液 AL，涡旋振荡充分混匀，56℃孵育 10 min。

7.4.3　加入 200 μL 的无水乙醇，涡旋振荡充分混匀。

7.4.4　移取步骤 7.3.3 的混合液至离心柱上，离心柱放在 2 mL 收集管，≥6000 *g*（8 000 r/min）离心 1 min。弃收集管/液。

7.4.5　离心柱放至新的 2 mL 收集管上，加 500 μL 的缓冲液 AW1，≥6000 *g*（8 000 r/min）离心 1 min。弃收集管/液。

7.4.6　离心柱放至新的 2 mL 收集管上，加 500 μL 的缓冲液 AW2，20 000 *g*（14 000 r/min）离心 3 min。弃收集管/液。

7.4.7　将离心柱放在一个新的 1.5mL 离心管上，吸 200 μL 的缓冲液 AE 在吸附膜上，室温孵育 1 min，≥6000 *g*（8000 r/min）离心 1 min。制备好的 DNA 应尽快进行下一步 PCR 反应；若暂时不能进行 PCR 反应，应于 -20℃ 冰箱保存备用。

注：该 DNA 提取方法是针对 DNA 提取试剂盒 DNeasy Blood & Tissue Kit 给出的，可使用其他等效的 DNA 提取试剂盒进行，提取方法可进行相应调整。

7.5　巢式 RT-PCR 检测

7.5.1　RNA 逆转录

RNA 逆转录反应体系见表 3。反应液的配制在冰浴上操作，反应条件为 37℃、25 min；85℃ 5s。反应产物即为 cDNA，立即进行下一步 PCR 反应；若不能立即进行 PCR，cDNA 保存温度不能低于 -20℃。长时间保藏应置于 -80℃ 冰箱。10 μL 反应体系可最大使用 500 ng

的总 RNA。若使用其他公司逆转录试剂，应按照其说明书规定的反应体系和反应条件进行操作。

表 3 RNA 反转录反应体系

反应组分	用量/μL	终浓度
5×PrimeScript Buffer	2	1×
PrimeScript RT Enzyme Mix I	0.5	
Oligo dT Primer（50 μmol/L）	0.5	25 pmol
Random Primer 6 mers（100 μmol/L）	0.5	50 pmol
RNA 模板	5	
RNase Free dH$_2$O	1.5	
总体积	10	

7.5.2 巢式 PCR 反应

普通 PCR 反应体系见表 4。反应液的配制在冰浴上操作，每次反应同时设计阳性对照、阴性对照和空白对照。其中，以含有猴免疫缺陷病毒的组织或细胞培养物提取的 RNA 作为阳性对照模板；以不含有猴免疫缺陷病毒 RNA 样本（可以是正常动物组织或正常细胞培养物）作为阴性对照模板；空白对照为不加模板对照（no template control，NTC），即在反应中用水来代替模板。

表 4 巢式 PCR 反应体系

反应组分	用量/μL	终浓度
第一轮 PCR		
2×Premix Taq Mix	10	1×
ddH$_2$O	6.4	
Gag-outF （10 μmol/L）	0.8	0.4 μmol/L
Gag-outR （10 μmol/L）	0.8	0.4 μmol/L
cDNA 模板/前病毒 DNA	2	
总体积	20	
第二轮 PCR		
2×Premix Taq Mix （Loading dye mix）	10	1×
ddH$_2$O	7.4	
Gag-in F （10 μmol/L）	0.8	0.4 μmol/L
Gag-in R （10 μmol/L）	0.8	0.4 μmol/L
第一轮 PCR 产物	1	
总体积	20	

7.5.3 巢式 PCR 反应参数

巢式 PCR 反应参数见表 5。

表5　巢式 PCR 反应参数

步骤	温度/℃	时间	循环数
第一轮 PCR	94	5 min	1
	95	30 s	20
	55	30 s	
	72	30 s	
	72	5 min	1
第二轮 PCR	94	3 min	1
	95	30 s	35
	55	30 s	
	72	30 s	
	72	5 min	1

注：可使用其他等效的一步法或两步法 RT-PCR 检测试剂盒进行，反应体系和反应参数可进行相应调整。

7.5.4　PCR 产物的琼脂糖凝胶电泳检测和拍照

PCR 反应结束后，取 10 μL PCR 产物在 1.5% 琼脂糖凝胶进行电泳检测。将适量 50×TAE 稀释成 1×TAE 溶液，配制含核酸染料溴化乙锭的 1.5% 琼脂糖凝胶。以 DNA 分子质量作为参照。电压大小根据电泳槽长度来确定，一般控制在 3~5 V/cm，当上样染料移动到凝胶边缘时关闭电源。电泳完成后在凝胶成像系统拍照记录电泳结果。

7.6　实时荧光 RT-PCR

7.6.1　实时荧光 RT-PCR 反应体系

实时荧光 RT-PCR 反应体系见表 6。反应液的配制在冰上操作，每次反应同时设计阳性对照、阴性对照和空白对照。其中，以含有猴免疫缺陷病毒的组织或细胞培养物提取的 RNA 作为阳性对照模板；以不含有猴免疫缺陷病毒 RNA 样本（可以是正常动物组织或正常细胞培养物）作为阴性对照模板；空白对照为不加模板对照（no template control, NTC），即在反应中用水来代替模板。

表6　实时荧光 RT-PCR 反应体系

反应组分	用量/μL	终浓度
2×One Step RT-PCR Buffer III	25	1×
Ex TaqHS （5 U/μL）	1	
PrimeScriptRT Enzyme Mix II	1	
Taqsiv-F （10 μmol/L）	2.5	500 nmol/L
Taqsiv-R （10 μmol/L）	2.5	500 nmol/L
Probe（5 μmol/L）	2	250 nmol/L
Rox	1	
RNA 模板	10	
无 RNase 去离子水	5	
总体积	50	

注：试剂 Rox 只在具有 Rox 荧光校正通道的实时荧光 PCR 仪上进行扩增时添加，否则用水补齐。

7.6.2　实时荧光 RT-PCR 反应参数

实时荧光 RT-PCR 反应参数见表7。反应结束，根据收集的荧光曲线和 Ct 值判定结果。

表7　实时荧光 PCR 反应参数

步骤	温度/℃	时间	采集荧光信号	循环数
逆转录	42	5 min	否	1
预变性	95	30 s		1
变性	95	5 s		40
退火，延伸	60	34 s	是	

注：可使用其他等效的一步法实时荧光 PCR 检测试剂盒进行，反应体系和反应参数可进行相应调整。

8　结果判定

8.1　巢式 PCR 结果判定

8.1.1　质控标准：阴性对照和空白对照未出现条带，阳性对照出现预期大小（313 bp）的目的扩增条带则表明反应体系运行正常；否则此次试验无效，需重新进行普通 PCR 扩增。

8.1.2　结果判定

8.1.2.1　质控成立条件下，两轮 PCR 结束，若样本未出现预期大小（313 bp）的扩增条带，则可判定样本猴免疫缺陷病毒核酸检测阴性。

8.1.2.2　质控成立条件下，两轮 PCR 结束，若样本出现预期大小（313 bp）的扩增条带，则可判定样本猴免疫缺陷病毒核酸检测阳性。

8.2　实时荧光 PCR 结果判定

8.2.1　结果分析和条件设定

直接读取检测结果，基线和阈值设定原则根据仪器的噪声情况进行调整，以阈值线刚好超过正常阴性样本扩增曲线的最高点为准。

8.2.2　质控标准

8.2.2.1　空白对照无 Ct 值，并且无荧光扩增曲线，一直为水平线。

8.2.2.2　阴性对照无 Ct 值，并且无荧光扩增曲线，一直为水平线。

8.2.2.3　阳性对照 Ct 值≤35，并且有明显的荧光扩增曲线，则表明反应体系运行正常；否则此次试验无效，需重新进行实时荧光 PCR 扩增。

8.2.3　结果判定

8.2.3.1　质控成立条件下，若待检测样本无荧光扩增曲线，则判定样本猴免疫缺陷病毒核酸检测阴性。

8.2.3.2　质控成立条件下，若待检测样本有荧光扩增曲线，且 Ct 值≤35 时，则判断样本中猴免疫缺陷病毒核酸检测阳性。

8.2.3.3　质控成立条件下，若待检测样本 Ct 值介于 35 和 40 之间，应重新进行实时荧光 PCR 检测。重新检测后，若 Ct 值≥40，则判定样本未检出猴免疫缺陷病毒。重新检测后，若 Ct 值仍介于 35 和 40 之间，则判定样本猴免疫缺陷病毒可疑，需进一步进行序列测定。

8.3　序列测定

必要时，可取待检样本扩增出的阳性 PCR 产物进行核酸序列测定，序列结果与已公开发表的猴免疫缺陷病毒特异性片段序列进行比对，序列同源性在 90%以上，可确诊待检样本猴免疫缺陷病毒核酸阳性，否则判定猴免疫缺陷病毒核酸阴性。

9　检测过程中防止交叉污染的措施

按照 GB/T 19495.2 中的要求执行。

附 录 A

（规范性附录）

溶液的配制

A.1 0.02 mol/L pH7.2 磷酸盐缓冲液（PBS）的配制

A.1.1 A 液

0.2 mol/L 磷酸二氢钠溶液：称取磷酸二氢钠（$NaH_2PO_4 \cdot H_2O$）27.6 g，先加适量去离子水溶解，最后定容至 1000 mL，混匀。

A.1.2 B 液

0.2 mol/L 磷酸氢二钠溶液：称取磷酸氢二钠（$Na_2HPO_4 \cdot 7H_2O$）53.6 g（或 $Na_2HPO_4 \cdot 12H_2O$ 71.6 g 或 $Na_2HPO_4 \cdot 2H_2O$ 35.6 g），先加适量去离子水溶解，最后定容至 1000 mL，混匀。

A.1.3 0.02 mol/L pH7.2 磷酸盐缓冲液（PBS）的配制

取 A 液 14 mL、B 液 36 mL，加氯化钠（NaCl）8.5 g，加 800 mL 无离子水溶解稀释，用 HCl 调 pH 至 7.2，最后定容至 1000 mL，经 121℃高压灭菌 15 min，冷却备用。

A.2 无 RNase 去离子水的配制

实验用去离子水按体积比 0.1%加入 DEPC 摇匀，室温静置过夜，121℃高压灭菌 15 min，冷却备用。

A.3 50×TAE 电泳缓冲液

A.3.1 0.5 mol/L 乙二铵四乙酸二钠（EDTA）溶液（pH8.0）

乙二铵四乙酸二钠（EDTA -$Na_2 \cdot H_2O$）	18.61 g
灭菌去离子水	80 mL
5 mol/L 氢氧化钠溶液	调 pH 至 8.0

灭菌去离子加至 100 mL，121℃、15 min 灭菌备用。

A.3.2 50×TAE 电泳缓冲液配制

羟基甲基氨基甲烷（Tris）	242 g
冰醋酸	57.1 mL
0.5 mol/L EDTA 溶液，pH8.0	100 mL

灭菌去离子加至 1000 mL，121℃、15 min 灭菌备用。
用时用灭菌去离子水稀释至 1× 使用。

A.4 溴化乙锭（EB）溶液（10 μg/μL）

溴化乙锭	20 mg
灭菌去离子水	20 mL

A.5 含 0.5 μg/mL 溴化乙锭的 1.5%琼脂糖凝胶的配制

琼脂糖	1.5 g
1×TAE 电泳缓冲液	加至 100 mL

混合后加热至完全融化,待冷至 50~55℃时,加溴化乙锭(EB)溶液 5 μL,轻轻晃动摇匀,避免产生气泡,将梳子置入电泳槽中,然后将琼脂糖溶液倒入电泳板。凝胶适宜厚度为 3~5 mm,需确认在梳齿下或梳齿间没有气泡,待凝固后取下梳子备用。

参 考 文 献

陈静,李茂清,符林春,等. 2012. 中国恒河猴 SIVmac239 艾滋病模型急性期的试验观察. 广州中医药大学学报, 29(5): 582-586.

丛喆,涂新明,蒋红,等. 2015. PCR 技术在猴免疫缺陷病毒(SIV)感染模型中的应用. 中国实验动物学报, 13(2): 84-87.

卢耀增,吴小闲,涂新明,等. 1994. 猴免疫缺陷病毒(SIV)猴模型的建立. 中国实验动物学报, 2(2): 94-102.

王静,张钰,闵凡贵,等. 2013. 实时荧光定量 PCR 技术在猴免疫缺陷病毒感染模型中的应用. 中国比较医学杂志, 23(9): 68-72.

吴小闲,张奉学,何伏秋. 2000. 猴免疫缺陷病毒(SIV)慢性感染猴模型的建立. 广州中医药大学学报, 17(4): 355-373.

Axel F, Stefanhle E, Se′bastien F, et al. 2004. Establishment of a real-time PCR-based approach for accurate quantification of bacterial RNA targets in water, using salmonella as a model organism. Appied And Environmental Microbiology, 70(6): 3618-3623.

Hayward AL, Oefner PJ, Sabatini S, et al. 1998. Modeling and analysis of immunodeficiency virus type 1 proviral Load by a TaqMan competitive RT-PCR. Nucl Acids Res, 26(11): 2511-2518.

http://www.un.org/en/events/aidsday/2012/pdf/.TC2434 World AIDS day results en.Pdf.

Li MH, Li SY, Xia HJ, et al. 2007. Establishment of AIDS animal model with SIVmac239 infected Chineses rhesus monkey. Virologica Sinica, 22(6): 509-516.

Manches O, Bhardwaj N. 2009. Resolution of immune activation defines nonpathogenic SIV infection. J Clin Invest, 119(12): 3512 -3515.

Schupbach J. 1999. Human immunodeficiency viruses. Manual of clinical microbiology. Washington DC: ASM Press: 847-870.

Staprans SI, Dailey PJ, Rosenthal A, et al. 1999. Simian immunodeficiency virus disease course is predicted by the extent of virus replication during primary infection. Virol, 73(6): 4829-4839.

ICS 65.020.30

B 44

中国实验动物学会团体标准

T/CALAS 48—2017

实验动物 猴逆转 D 型病毒 PCR 检测方法

Laboratory animal - PCR method for detection of Simian type D retrovirus

2017-12-29 发布

2018-01-01 实施

中国实验动物学会 发布

前　　言

本标准按照 GB/T 1.1—2009 给出的规则编写。

本标准附录为规范性附录。

本标准由中国实验动物学会归口。

本标准由全国实验动物标准化技术委员会（SAC/TC281）技术审查。

本标准由中国实验动物学会实验动物标准化专业委员会提出并组织起草。

本标准主要起草单位：广东省实验动物监测所。

本标准主要起草人：王静、张钰、黄韧、袁文、吴瑞可。

实验动物 猴逆转 D 型病毒 PCR 检测方法

1 范围

本标准规定了实验动物猴逆转 D 型病毒普通 RT-PCR 和实时荧光 RT-PCR 检测方法。

本标准适用于实验猴怀疑本病发生，实验猴环境和猴源性生物制品中猴逆转 D 型病毒的检测。

2 规范性引用文件

下列文件对于本文件的应用是必不可少的。凡是注明日期的引用文件，仅所注日期的版本适用于本文件。凡是不注日期的引用文件，其最新版本（包括所有的修改单）适用于本文件。

GB/T 14926.61—2001 《实验动物 猴逆转 D 型病毒检测方法》

GB 19489 《实验室 生物安全通用要求》

GB/T 19495.2 《转基因产品检测 实验室技术要求》

3 术语、定义和缩略语

3.1 术语和定义

下列术语和定义适合于本标准。

3.1.1

聚合酶链反应 polymerase chain reaction，PCR

体外酶催化合成特异 DNA 片段的方法：模板 DNA 先经高温变性成为单链，在 DNA 聚合酶作用和适宜的反应条件下，根据模板序列设计的两条引物分别与模板 DNA 两条链上相应的一段互补序列发生退火而相互结合，接着在 DNA 聚合酶的作用下以四种 dNTP 为底物，使引物得以延伸，然后不断重复变性、退火和延伸这一循环，使欲扩增的基因片段以几何倍数扩增。

3.1.2

逆转录-聚合酶链反应 reverse transcription polymerase chain reaction，RT-PCR

以 RNA 为模板，采用 Oligo（dT）、随机引物或特异性引物，RNA 在逆转录酶和适宜反应条件下，被逆转录成 cDNA，然后再以 cDNA 作为模板，进行 PCR 扩增。

3.1.3

巢式 PCR nest polymerase chain reaction

巢式 PCR 通过两轮 PCR 反应，使用两套引物扩增特异性的 DNA 片段。第一对 PCR 引物扩增片段和普通 PCR 相似。第二对引物以第一轮 PCR 产物为模板，特异性的扩增位于首轮 PCR 产物内的一段 DNA 片段，从而大大提高了检测的敏感性和特异性。

3.1.4

实时荧光逆转录-聚合酶链反应 real-time RT-PCR，实时荧光 RT-PCR

实时荧光 RT-PCR 方法是在常规 RT-PCR 的基础上，在反应体系中加入特异性荧光探针，利用荧光信号积累实时检测整个 PCR 进程，通过检测每次循环中的荧光发射信号，间接反映 PCR 扩增的目标基因的量，最后通过扩增曲线对未知模板进行定性或定量分析。本标准中将 "RT-PCR" 称为 "普通 RT-PCR" 是为了与 "实时荧光 RT-PCR" 进行区别，避免名称混淆。

3.1.5

Ct 值 cycle threshold

实时荧光 PCR 反应中每个反应管内的荧光信号达到设定的阈值时所经历的循环数。

3.2 缩略语

下列缩略语适用于本标准。

CPE 细胞病变效应 cytopathic effect

DEPC 焦碳酸二乙酯 diethyl pyrocarbonate

DNA 脱氧核糖核酸 deoxyribonucleic acid

PBS 磷酸盐缓冲液 phosphate buffered saline

RNA 核糖核酸 ribonucleic acid

4 SRV 猴逆转 D 型病毒检测方法原理

用合适的方法提取样本中的病毒 RNA，通过逆转录酶将病毒 RNA 逆转录成 cDNA，针对病毒核酸保守序列 gag 基因设计 2 对巢式 PCR 引物，并根据 env-3′ LTR 片段设计荧光 PCR 引物和探针序列，通过巢式 PCR 或实时荧光 PCR 对 cDNA 进行扩增；也可以直接提取样本 DNA，对 SRV-D 前病毒 DNA 进行 PCR 扩增，根据 PCR 或实时荧光 PCR 检测结果判定该样品中是否含有病毒核酸成分。

猴逆转 D 型病毒（Simian type D retrovirus）属于逆转录病毒科、肿瘤病毒亚科、D 型肿瘤病毒属。病毒基因组的复制和转录都需要经过 DNA 中间体，这种 DNA 中间体称为前病毒。在临床检测中可通过检测样本中的 SRV RNA 或前病毒 DNA 进行诊断。PCR 的基本工作原理是：以拟扩增的 DNA 分子为模板，以一对分别与模板 5′ 端和 3′ 端互补的寡核苷酸片段为引物（primer），在耐热 DNA 聚合酶的作用下，按照半保留复制的机制，沿着模板链延伸直至完成新的 DNA 分子合成。重复这一过程，即可使目的 DNA 片段得以大量扩增。实时荧光 PCR 设计合成一对特异性引物和一条特异性探针，探针两端分别标记一个报告荧光基团和一个淬灭荧光基团。探针完整时，报告基团发射的荧光信号被淬灭基团吸收；PCR 扩增时，*Taq* 酶的 5′→3′ 外切酶活性将探针酶切降解，使报告荧光基团和淬灭荧光基团分离，淬灭作用消失，荧光信号产生并被检测仪器接收，随着 PCR 反应的循环进行，PCR 产物与荧光信号的增长呈对应关系。因此，可以通过检测荧光信号对核酸模板进行检测。

5 主要设备和材料

5.1 实时荧光 PCR 仪

5.2 PCR 仪。

5.3 电泳仪。

5.4 凝胶成像分析系统。

5.5 Nanodrop 紫外分光光度计。

5.6 高速冷冻离心机

5.7 台式离心机。

5.8 恒温孵育器。

5.9 涡旋振荡器。

5.10 组织匀浆器或手持式均质器。

5.11 生物安全柜。

5.12 PCR 工作台。

5.13 –80℃冰箱，–20℃冰箱，2~8℃冰箱。

5.14 微量移液器（10 μL，100 μL，1000 μL）。

5.15 无 RNase 和 DNase 污染的离心管（1.5 mL，2 mL，5 mL，15 mL），无 RNase 和 DNase 污染的吸头（10 μL，200 μL，1 mL），无 RNase 和 DNase 污染的 0.2 mL PCR 扩增反应管。

5.16 采样工具：剪刀、镊子、注射器等。

6 试剂

除特别说明外，所有实验用试剂均为分析纯；实验用水为去离子水。

6.1 灭菌 PBS。见附录 A。

6.2 无 DNase/RNase 去离子水：经 DEPC 处理的去离子水或商品无 DNase/RNase PCR 水，见附录 A。

6.3 RNA 抽提试剂 TRIzol，或其他等效产品。

6.4 无水乙醇。

6.5 75%乙醇（无 DNase/RNase 去离子水配制）。

6.6 三氯甲烷（氯仿）。

6.7 异丙醇。

6.8 DNA 抽提试剂：基因组 DNA 提取试剂盒 DNeasy Blood & Tissue Kit 或其他等效产品。

6.9 逆转录试剂：PrimeScript® RT reagent Kit，也可以使用其他公司等效逆转录试剂。

6.10 普通 PCR 试剂：Premix Taq® Version 2.0（Loading dye mix），或使用其他等效试剂。

6.11 DNA 分子质量标准。

6.12 TAE 电泳缓冲液。见附录 A。

6.13 溴化乙锭：10mg/mL，配制方法见附录 A；或其他等效产品。

6.14 1.5%琼脂糖凝胶，配制方法见附录 A。

6.15 实时荧光 PCR 试剂：Primerscript™ RT-PCR Kit（Perfect Realtime），或其他等效产品。

6.16 引物和探针

根据表 1、表 2 的序列合成引物和探针，引物和探针加无 RNase 去离子水配制成

10 µmol/L 和 5 µmol/L 储备液，–20℃保存。

表 1 SRV-D 巢式 PCR 扩增引物

引物名称	引物序列（5′→3′）	产物大小/bp
F1-outer	GAATCTGTAGCGGACAATTGGCTT	461
R1-outer	GGGCGGATTGCTGCCTGACA	
F2-inner	ACTTGTTAGGGCAGTCCTCTCAGG	400
R2-inner	ACAGGCTGGATTAGCGTTTTCATA	

表 2 实时荧光 PCR 扩增引物和探针

引物和探针名称	引物和探针序列（5′→3′）
SRV-F1qPCR	CTGGWCAGCCAATGACGGG
SRV-R1qPCR	CGCCTGTCTTAGGTTGGAGTG
探针	FAM-TCACTAACCTAAGACAGGAGGGTCGTCA-BHQ1
	FAM-TCCTAAACCTAAGACAGGAGGGCTGTCA-BHQ1

注：简并碱基 W：A/T。探针也可选用具有与 FAM 和 BHQ-1 荧光基团相同检测效果的其他合适的荧光报告基团和荧光淬灭基团组合。

7 检测方法

7.1 生物安全措施

实验操作及处理按照 GB 19489 的规定，由具备相关资质的工作人员进行相应操作。

7.2 采样及样本的处理

采样过程中样本不得交叉污染，采样及样本前处理过程中应戴一次性手套。

7.2.1 血液或血浆

抗凝血：无菌采集动物血液，加入适量的抗凝剂置于 1.5 mL Eppendorf 管中，编号备用。

血浆：将抗凝血 3000 r/min 离心 10 min，取上清，转移到新的 Eppendorf 管中，编号备用。

7.2.2 脏器组织

死亡动物可无菌采集动物的淋巴结和脾脏，剪取待检样本 2.0 g 于研钵中充分研磨，再加 4 mL 灭菌 PBS 混匀，或置于组织匀浆器中，加入 4 mL PBS 匀浆，然后将组织悬液转入无菌 5 mL Eppendorf 管中 3000 r/min 离心 10 min，取上清液转入另一无菌 5 mL Eppendorf 管中，编号备用。

7.2.3 细胞培养物

方法一：直接刮取样本接种后出现 CPE 或可疑的细胞培养物于 15 mL 离心管中，3000 r/min 离心 10 min，去上清，加 1 mL 灭菌 PBS 重悬细胞，然后将细胞悬液转移到无菌 1.5 mL 离心管中，编号备用。

方法二：将样本接种后出现 CPE 或可疑的细胞培养物反复冻融 3 次，细胞混悬液转移于 15 mL 离心管中，12 000 r/min 离心 10 min，去细胞碎片，上清液转移到无菌 15 mL 离心管中，编号备用。

7.2.4　样本的存放

采集或处理的样本在 2~8℃ 条件下保存应不超过 24 h；若需长期保存，须放置 -80℃ 冰箱，但应避免反复冻融（冻融不超过 3 次）。

7.3　样本 RNA 提取

TRIzol 对人体有害，使用时应戴一次性手套，注意防止溅出。

7.3.1　取 200 μL 处理后的样本加 1 mL TRIzol 后，充分混匀，室温静置 10 min 使其充分裂解。

7.3.2　按每毫升 TRIzol 加入 200 μL 氯仿，盖紧样本管盖，用手用力振荡摇晃离心管 15 s；不应用涡旋振荡器，以免基因组 RNA 断裂。室温静置 5 min。4℃、12 000 r/min 离心 15 min。

7.3.3　离心后混合物分成三层：下层红色的苯酚-氯仿层，中间层，上层无色的水样层。RNA 存在于水样层当中，水样层的容量大约为所加 TRIzol 容量的 60%。吸取上层水相至另一离心管中，注意不要吸取中间界面。

7.3.4　按每毫升 TRIzol 加入 0.5 mL 异丙醇混匀，室温放置 10 min。4℃、12 000 r/min 离心 10 min，弃上清，RNA 沉淀一般形成一胶状片状沉淀附着于试管壁和管底。

7.3.5　按每毫升 TRIzol 加入 1 mL 75% 乙醇，温和振荡离心管，悬浮沉淀。4℃、7500 r/min 离心 5 min，弃上清，将离心管倒立吸水纸上，尽量使液体流干。

7.3.6　室温自然风干干燥 5~10 min，注意 RNA 样本不要过于干燥，否则很难溶解。

7.3.7　用 50~100 μL 无 RNase 去离子水溶解 RNA 样本，制备好的 RNA 应尽快进行下一步 PCR 反应；若暂时不能进行 PCR 反应，应于 -80℃ 冰箱保存备用。

7.4　样本 DNA 的提取

7.4.1　取 200 μL 已处理好的血液样本或组织匀浆液样本至 1.5 mL 或 2 mL 离心管中，加 20 μL 蛋白酶 K。

7.4.2　加入 200 μL 缓冲液 AL，涡旋振荡充分混匀，56℃ 孵育 10 min。

7.4.3　加入 200 μL 的无水乙醇，涡旋振荡充分混匀。

7.4.4　移取步骤 7.3.3 的混合液至离心柱上，离心柱放在 2 mL 收集管，≥6000 g（8000 r/min）离心 1 min。弃收集管/液。

7.4.5　离心柱放至新的 2 mL 收集管上，加 500 μL 的缓冲液 AW1，≥6000 g（8000 r/min）离心 1 min。弃收集管/液。

7.4.6　离心柱放至新的 2 mL 收集管上，加 500 μL 的缓冲液 AW2，20 000 g（14 000 r/min）离心 3 min。弃收集管/液。

7.4.7　将离心柱放在一个新的 1.5 mL 离心管上，吸取 200 μL 的缓冲液 AE 在吸附膜上，室温孵育 1 min，≥6000 g（8000 r/min）离心 1 min。制备好的 DNA 应尽快进行下一步 PCR 反应；若暂时不能进行 PCR 反应，应于 -20℃ 冰箱保存备用。

注：该 DNA 提取方法是针对 DNA 提取试剂盒 DNeasy Blood & Tissue Kit 给出的，可使用其他等效的 DNA 提取试剂盒进行，提取方法可进行相应调整。

7.5 巢式 RT-PCR 检测

7.5.1 RNA 逆转录

RNA 逆转录反应体系见表 3。反应液的配制在冰上操作，反应条件为 37℃ 25 min；85℃ 5 s。反应产物即为 cDNA，立即进行下一步 PCR 反应；若不能立即进行 PCR，cDNA 保存温度不能低于–20℃。长时间保藏应置于–80℃ 冰箱。10 μL 反应体系可最大使用 500 ng 的总 RNA。若使用其他公司逆转录试剂，应按照其说明书规定的反应体系和反应条件进行操作。

表 3　RNA 逆转录反应体系

反应组分	用量/μL	终浓度
5×PrimeScript Buffer	2	1×
PrimeScript RT Enzyme Mix I	0.5	
Oligo dT Primer（50 μmol/L）	0.5	25 pmol
Random Primer 6 mers（100 μmol/L）	0.5	50 pmol
RNA 模板	5	
RNase Free dH$_2$O	1.5	
总体积	10	

7.5.2 巢式 PCR 反应

普通 PCR 反应体系见表 4。反应液的配制在冰上操作，每次反应同时设计阳性对照、阴性对照和空白对照。其中，以含有猴逆转 D 型病毒的组织或细胞培养物提取的 RNA 作为阳性对照模板；以不含有猴逆转 D 型病毒 RNA 样本（可以是正常动物组织或正常细胞培养物）作为阴性对照模板；空白对照为不加模板对照（no template control，NTC），即在反应中用水来代替模板。

表 4　巢式 PCR 反应体系

反应组分	用量/μL	终浓度
第一轮 PCR		
2×Premix Taq Mix	10	1×
ddH$_2$O	6.4	
F1-outer（10 μmol/L）	0.8	0.4 μmol/L
R1-outer（10 μmol/L）	0.8	0.4 μmol/L
cDNA 模板/前病毒 DNA	2	
总体积	20	
第二轮 PCR		
2×Premix Taq Mix（Loading dye mix）	10	1×
ddH$_2$O	7.5	
F2-inner（10 μmol/L）	0.8	0.4 μmol/L
R2-inner（10 μmol/L）	0.8	0.4 μmol/L
第一轮 PCR 产物	1	
总体积	20	

7.5.3　巢式 PCR 反应参数

巢式 PCR 反应参数见表 5。

表 5　巢式 PCR 反应参数

步骤	温度/℃	时间	循环数
第一轮 PCR	94	5 min	1
	95	30 s	20
	55	30 s	
	72	30 s	
	72	5 min	1
第二轮 PCR	94	3 min	1
	95	30 s	35
	55	30 s	
	72	30 s	
	72	5 min	1

注：可使用其他等效的一步法或两步法 RT-PCR 检测试剂盒进行，反应体系和反应参数可进行相应调整。

7.5.4　PCR 产物的琼脂糖凝胶电泳检测和拍照

PCR 反应结束后，取 10 μL PCR 产物在 1.5% 琼脂糖凝胶进行电泳检测，以 DL2000 Marker 作为 DNA 分子质量参照。电泳条件：电压 120 V，电泳时间 25 min，当溴酚蓝移动到凝胶边缘时关闭电源。电泳完成后在凝胶成像系统拍照记录电泳结果。

7.6　实时荧光 RT-PCR

7.6.1　实时荧光 RT-PCR 反应体系

实时荧光 RT-PCR 反应体系见表 6。反应液的配制在冰上操作，每次反应同时设计阳性对照、阴性对照和空白对照。其中，以含有猴逆转 D 型病毒的组织或细胞培养物提取的 RNA 作为阳性对照模板；以不含有猴逆转 D 型病毒 RNA 样本（可以是正常动物组织或正常细胞培养物）作为阴性对照模板；空白对照为不加模板对照（no template control，NTC），即在反应中用水来代替模板。

表 6　实时荧光 RT-PCR 反应体系

反应组分	用量/μL	终浓度
2×One Step RT-PCR Buffer III	25	1×
Ex TaqHS（5 U/μL）	1	
PrimeScriptRT Enzyme Mix II	1	
SRV-F1qPCR（10 μmol/L）	2.5	500 nmol/L
SRV-R1qPCR（10 μmol/L）	2.5	500 nmol/L
Probe（5 μmol/L）	2	250 nmol/L
Rox	1	
RNA 模板	10	
无 RNase 去离子水	5	
总体积	50	

注：试剂 Rox 只在具有 Rox 荧光校正通道的实时荧光 PCR 仪上进行扩增时添加，否则用水补齐。

7.6.2 实时荧光 PCR 反应参数

实时荧光 RT-PCR 反应参数见表 7。检测结束，根据收集的荧光曲线和 Ct 值判定结果。

表 7 实时荧光 RT-PCR 反应参数

步骤	温度/℃	时间	采集荧光信号	循环数
逆转录	42	5 min	否	1
预变性	95	30 s		1
变性	95	5 s		40
退火，延伸	60	34 s	是	

注：可使用其他等效的一步法实时荧光 PCR 检测试剂盒进行，反应体系和反应参数可进行相应调整。

8 结果判定

8.1 巢式 PCR 结果判定

8.1.1 质控标准：阴性对照和空白对照未出现条带，阳性对照出现预期大小（400 bp）的目的扩增条带则表明反应体系运行正常；否则此次试验无效，需重新进行巢式 PCR 扩增。

8.1.2 结果判定

8.1.2.1 质控成立条件下，两轮 PCR 结束，若样本未出现预期大小（400 bp）的扩增条带，则可判定样本猴逆转 D 型病毒核酸检测阴性。

8.1.2.2 质控成立条件下，两轮 PCR 结束，若样本出现预期大小（400 bp）的扩增条带，则可判定样本猴逆转 D 型病毒核酸检测阳性。

8.2 实时荧光 PCR 结果判定

8.2.1 结果分析和条件设定

直接读取检测结果，基线和阈值设定原则根据仪器的噪声情况进行调整，以阈值线刚好超过正常阴性样本扩增曲线的最高点为准。

8.2.2 质控标准

8.2.2.1 空白对照无 Ct 值，并且无荧光扩增曲线，一直为水平线。

8.2.2.2 阴性对照无 Ct 值，并且无荧光扩增曲线，一直为水平线。

8.2.2.3 阳性对照 Ct 值≤35，并且有明显的荧光扩增曲线，则表明反应体系运行正常；否则此次试验无效，需重新进行实时荧光 PCR 扩增。

8.2.3 结果判定

8.2.3.1 质控成立条件下，若待检测样本无荧光扩增曲线，则判定样本猴逆转 D 型病毒核酸检测阴性。

8.2.3.2 质控成立条件下，若待检测样本有荧光扩增曲线，且 Ct 值≤35 时，则判断样本中猴逆转 D 型病毒核酸检测阳性。

8.2.3.3 质控成立条件下，若待检测样本 Ct 值介于 35 和 40 之间，应重新进行实时荧光 PCR 检测。重新检测后，若 Ct 值≥40，则判定样本未检出猴逆转 D 型病毒。重新检测后，若 Ct 值仍介于 35 和 40 之间，则判定样本猴逆转 D 型病毒可疑，需进一步进行序列测定。

8.3　序列测定

必要时，可取待检样本扩增出的阳性 PCR 产物进行核酸序列测定，序列结果与已公开发表的猴逆转 D 型病毒特异性片段序列进行比对，序列同源性在 90% 以上，可确诊待检样本猴逆转 D 型病毒核酸阳性，否则判定猴逆转 D 型病毒核酸阴性。

9　检测过程中防止交叉污染的措施

按照 GB/T 19495.2 中的要求执行。

附 录 A

（规范性附录）

溶液的配制

A.1 0.02 mol/L pH7.2 磷酸盐缓冲液（PBS）的配制

A.1.1 A 液

0.2 mol/L 磷酸二氢钠溶液：称取磷酸二氢钠（$NaH_2PO_4 \cdot H_2O$）27.6 g，先加适量去离子水溶解，最后定容至 1000 mL，混匀。

A.1.2 B 液

0.2 mol/L 磷酸氢二钠溶液：称取磷酸氢二钠（$Na_2HPO_4 \cdot 7H_2O$）53.6 g（或 $Na_2HPO_4 \cdot 12H_2O$ 71.6 g 或 $Na_2HPO_4 \cdot 2H_2O$ 35.6 g），先加适量去离子水溶解，最后定容至 1000 mL，混匀。

A.1.3 0.02 mol/L pH7.2 磷酸盐缓冲液（PBS）的配制

取 A 液 14 mL、B 液 36 mL，加氯化钠（NaCl）8.5 g，加 800 mL 无离子水溶解稀释，用 HCl 调 pH 至 7.2，最后定容至 1000 mL，经 121℃高压灭菌 15 min，冷却备用。

A.2 无 RNase 去离子水的配制

实验用去离子水按体积比 0.1%加入 DEPC 摇匀，室温静置过夜，121℃高压灭菌 15 min，冷却备用。

A.3 50×TAE 电泳缓冲液

A.3.1 0.5 mol/L 乙二铵四乙酸二钠（EDTA）溶液（pH8.0）

乙二铵四乙酸二钠（EDTA -Na_2 · H_2O）	18.61 g
灭菌去离子水	8 mL
5 mol/L 氢氧化钠溶液	调 pH 至 8.0

灭菌去离子水加至 100 mL，121℃、15 min 灭菌备用。

A.3.2 50×TAE 电泳缓冲液配制

羟基甲基氨基甲烷（Tris）	242 g
冰醋酸	57.1 mL
0.5 mol/L EDTA 溶液，pH8.0	100 mL

灭菌去离子水加至 1000 mL，121℃、15 min 灭菌备用。

用时以灭菌去离子水稀释至 1× 使用。

A.4 溴化乙锭（EB）溶液（10 μg/μL）

溴化乙锭	20 mg
灭菌去离子水	20 mL

A.5 含 0.5 μg/mL 溴化乙锭的 1.5%琼脂糖凝胶的配制

琼脂糖	1.5 g
1×TAE 电泳缓冲液	加至 100 mL

　　混合后加热至完全融化，待冷至 50~55℃时，加溴化乙锭（EB）溶液 5 μL，轻轻晃动摇匀，避免产生气泡，将梳子置入电泳槽中，然后将琼脂糖溶液倒入电泳板。凝胶适宜厚度为 3~5 mm，需确认在梳齿下或梳齿间没有气泡，待凝固后取下梳子备用。

参 考 文 献

李晓燕，代成波，李春花，等. 2007. 猕猴逆转录病毒多重套式 PCR 检测方法的建立. 四川动物，（3）：534-537.

马荣，高英杰，崔晓兰. 2013. 逆转录病毒及逆转录酶检测方法研究评述. 病毒学报，29（1）：92-96.

王静，张钰，闵凡贵，等. 2013. 猴免疫缺陷病毒（SIV）实时荧光定量 PCR 检测方法的建立. 中国比较医学杂志，23（9）：68-72.

熊炜，蒋静，张强，等. 2013. 猴逆转录病毒 RT-PCR 和 Real-timeRT-PCR 检测方法的建立. 动物医学进展，34（12）：51-54.

杨燕飞. 2016. MBV、SRV、SIV 血清抗体调查及间接 ELISA 检测方法的初步建立. 扬州：扬州大学.

郑霞. 2012. 非人灵长类 SPF 种群建立过程中病毒抗体监测研究. 苏州：苏州大学硕士学位论文.

Buchl SJ, Keeling ME, Voss WR. 1997. Establishing specific pathogen-free（SPF）nonhuman primate colonies. Ilar Journal，38（1）：22-27.

Chung HK, Unangst T, Treece J, et al. 2008. Development of real-time PCR assays for quantitation of simian betaretrovirus serotype-1, -2, -3, and -5 viral DNA in Asian monkeys. J Virol Methods，152（2）：91-97.

Liao Q, Guo H, Tang M, et al. 2011. Simultaneous detection of antibodies to five simian viruses in nonhuman primates using recombinant virul protein based multiples microbead immunoassays. J Virol Methods，178（2）：143-152.

White JA, Todd PA, Rosenthal AN, et al. 2009. Development of a generic real-time PCR assay for simultaneous detection of proviral DNA of simian Betaretrovirus serotypes 1, 2, 3, 4 and 5 and secondary uniplex assays for specific serotype identification. J Vriol Methods，162（1-2）：148-154.

ICS 65.020.30

B 44

中国实验动物学会团体标准

T/CALAS 49—2017

实验动物 仙台病毒 PCR 检测方法

Laboratory animal - PCR method for detection of Sendai virus

2017-12-29 发布 2018-01-01 实施

中国实验动物学会 发布

前　　言

本标准按照 GB/T 1.1—2009 给出的规则编写。

本标准附录为规范性附录。

本标准由中国实验动物学会归口。

本标准由全国实验动物标准化技术委员会（SAC/TC281）技术审查。

本标准由中国实验动物学会实验动物标准化专业委员会提出并组织起草。

本标准主要起草单位：广东省实验动物监测所。

本标准主要起草人：李舸、黄韧、王静、袁文、张钰、吴瑞可。

实验动物 仙台病毒 PCR 检测方法

1 范围

本标准规定了仙台病毒普通 RT-PCR 和实时荧光 RT-PCR 检测方法。

本标准适用于实验动物怀疑本病发生，实验动物接种物、实验动物环境和动物源性生物制品中仙台病毒的检测。

2 规范性引用文件

下列文件对于本文件的应用是必不可少的。凡是注明日期的引用文件，仅所注日期的版本适用于本文件。凡是不注日期的引用文件，其最新版本（包括所有的修改单）适用于本文件。

GB/T 14926.23—2001 《实验动物 仙台病毒检测方法》

GB 19489 《实验室 生物安全通用要求》

GB/T 19495.2 《转基因产品检测 实验室技术要求》

3 术语、定义和缩略语

3.1 术语和定义

下列术语和定义适合于本标准。

3.1.1

聚合酶链反应 polymerase chain reaction，PCR

体外酶催化合成特异 DNA 片段的方法：模板 DNA 先经高温变性成为单链，在 DNA 聚合酶作用和适宜的反应条件下，根据模板序列设计的两条引物分别与模板 DNA 两条链上相应的一段互补序列发生退火而相互结合，接着在 DNA 聚合酶的作用下以四种 dNTP 为底物，使引物得以延伸，然后不断重复变性、退火和延伸这一循环，使欲扩增的基因片段以几何倍数扩增。

3.1.2

逆转录-聚合酶链反应 reverse transcription polymerase chain reaction，RT-PCR

以 RNA 为模板，采用 Oligo（dT）、随机引物或特异性引物，RNA 在逆转录酶和适宜反应条件下，被逆转录成 cDNA，然后再以 cDNA 作为模板，进行 PCR 扩增。

3.1.3

实时荧光逆转录-聚合酶链反应 real-time RT-PCR，实时荧光 RT-PCR

实时荧光 RT-PCR 方法是在常规 RT-PCR 的基础上，在反应体系中加入特异性荧光探针，利用荧光信号积累实时检测整个 PCR 进程，通过检测每次循环中的荧光发射信号，间接反映 PCR 扩增的目标基因的量，最后通过扩增曲线对未知模板进行定性或定量分析。本标准中将"RT-PCR"称为"普通 RT-PCR"是为了与"实时荧光 RT-PCR"进行区别,避免名称混淆。

3.1.4

Ct 值 cycle threshold

实时荧光 PCR 反应中每个反应管内的荧光信号达到设定的阈值时所经历的循环数。

3.2 缩略语

下列缩略语适用于本标准。

CPE 细胞病变效应 cytopathic effect

DEPC 焦碳酸二乙酯 diethyl pyrocarbonate

DNA 脱氧核糖核酸 deoxyribonucleic acid

PBS 磷酸盐缓冲液 phosphate buffered saline

RNA 核糖核酸 ribonucleic acid

SV 仙台病毒 Sendai virus

4 检测方法原理

根据仙台病毒保守序列 L 蛋白基因,设计合成一对普通 RT-PCR 引物,同时根据 M 蛋白基因,设计合成一对特异性引物和一条特异性探针。用合适的方法提取样本中的病毒 RNA,通过逆转录酶将病毒 RNA 逆转录成 cDNA,分别通过特异引物和探针进行 PCR 和实时荧光 PCR,根据 RT-PCR 和实时荧光 RT-PCR 检测结果判定该样品中是否含有病毒核酸成分。

PCR 的基本工作原理是:以拟扩增的 DNA 分子为模板,以一对分别与模板 5′ 端和 3′ 端互补的寡核苷酸片段为引物(primer),在耐热 DNA 聚合酶的作用下,按照半保留复制的机制沿着模板链延伸直至完成新的 DNA 分子合成。重复这一过程,即可使目的 DNA 片段得以大量扩增。实时荧光 PCR 设计合成一对特异性引物和一条特异性探针,探针两端分别标记一个报告荧光基团和一个淬灭荧光基团。探针完整时,报告基团发射的荧光信号被淬灭基团吸收;PCR 扩增时,*Taq* 酶的 5′→3′ 外切酶活性将探针酶切降解,使报告荧光基团和淬灭荧光基团分离,淬灭作用消失,荧光信号产生并被检测仪器接受,随着 PCR 反应的循环进行,PCR 产物与荧光信号的增长呈对应关系。因此,可以通过检测荧光信号对核酸模板进行检测。

5 主要设备和材料

5.1 实时荧光 PCR 仪。

5.2 PCR 仪。

5.3 电泳仪。

5.4 凝胶成像分析系统。

5.5 Nanodrop 紫外分光光度计。

5.6 高速冷冻离心机

5.7 台式离心机。

5.8　恒温孵育器。

5.9　涡旋振荡器。

5.10　组织匀浆器或手持式均质器。

5.11　生物安全柜。

5.12　PCR 工作台。

5.13　–80℃冰箱，–20℃冰箱，2~8℃冰箱。

5.14　微量移液器（10 μL，100 μL，1000 μL）。

5.15　无 RNase 和 DNase 污染的离心管（1.5 mL，2 mL，5 mL，15 mL），无 RNase 和 DNase 污染的吸头（10 μL，200 μL，1 mL），无 RNase 和 DNase 污染的 0.2 mL PCR 扩增反应管。

5.16　采样工具：剪刀、镊子、注射器等。

6　试剂

除特别说明外，所有实验用试剂均为分析纯；实验用水为去离子水。

6.1　灭菌 PBS。见附录 A。

6.2　无 DNase/RNase 去离子水：经 DEPC 处理的去离子水或商品无 DNase/RNase 水。见附录 A。

6.3　RNA 抽提试剂 TRIzol 或其他等效产品。

6.4　无水乙醇。

6.5　75%乙醇（无 DNase/RNase 去离子水配制）。

6.6　三氯甲烷（氯仿）。

6.7　异丙醇。

6.8　逆转录试剂：PrimeScript® RT reagent Kit，也可以使用其他公司等效逆转录试剂。

6.9　普通 PCR 试剂：Premix Taq® Version 2.0（Loading dye mix）或使用其他等效试剂。

6.10　DNA 分子质量标准。

6.11　TAE 电泳缓冲液。见附录 A。

6.12　溴化乙锭：10 mg/mL，配制方法见附录 A；或其他等效产品。

6.13　1.5%琼脂糖凝胶，配制方法见附录 A。

6.14　实时荧光 PCR 试剂：Primerscript™ RT-PCR Kit（Perfect Realtime），或其他等效产品。

6.15　引物和探针：根据表 1 和表 2 的序列合成引物和探针，引物和探针加无 RNase 去离子水配制成 10 μmol/L 和 5 μmol/L 储备液，–20℃保存。

表 1　普通 RT-PCR 扩增引物

引物名称	引物序列（5′→3′）	产物大小/bp
正向引物	ATGAAGGACAAAGCATTATCGCCTA	180
反向引物	CAACCAGTCTCCTGATTCCACGTA	

表2　实时荧光RT-PCR扩增引物和探针

引物和探针名称	引物和探针序列（5′→3′）
正向引物	GGGCGGCATCTGTAGAAATC
反向引物	CGGAAATCACGAGGGATGG-
探针	FAM - AGGCGTCGATGCGGTGTTCCAAC- BHQ-1

注：探针也可选用具有与FAM和BHQ-1荧光基团相同检测效果的其他合适的荧光报告基团和荧光淬灭基团组合。

7　检测方法

7.1　生物安全措施

实验操作及处理按照GB 19489的规定，由具备相关资质的工作人员进行相应操作。

7.2　采样及样本的处理

采样过程中样本不得交叉污染，采样及样本前处理过程中应戴一次性手套。

7.2.1　脏器组织

活体动物采用安乐死方法进行处死，剖检，无菌采集动物的肺、肠系膜淋巴结、肝脏、和脾脏，剪取待检样本2.0 g于无菌5 mL 离心管，加入4 mL 灭菌PBS，使用电动匀浆器充分匀浆1~2 min，然后将组织悬液在4℃、3000 r/min 离心10 min，取上清液转入另一无菌5 mL 离心管中，编号备用。

7.2.2　盲肠内容物或粪便

无菌采集动物盲肠内容物或粪便，取待检样本2.0 g 于无菌5 mL 离心管，加入4 mL 灭菌PBS，使用电动匀浆器充分匀浆1~2 min，12 000 r/min 离心10 min，取上清液转入另一无菌5 mL 离心管中，编号备用。

7.2.3　细胞培养物

方法一：直接刮取样本接种后出现CPE或可疑的细胞培养物于15 mL 离心管中，3000 r/min 离心10 min，去上清，加1 mL 灭菌PBS重悬细胞，然后将细胞悬液转移到无菌1.5 mL 离心管中，编号备用。

方法二：将样本接种后出现CPE或可疑的细胞培养物反复冻融3次，细胞混悬液转移于15 mL 离心管中，12 000 r/min 离心10 min，去细胞碎片，上清液转移到无菌15 mL 离心管中，编号备用。

7.2.4　实验动物环境

7.2.4.1　实验动物饲料、垫料和饮水

取适量实验动物饲料和垫料置于聚乙烯薄膜袋中，加入适量灭菌PBS（饲料和垫料需全部浸泡于液体中）。密封后浸泡5~10 min，充分混匀，将混悬液转移至15 mL 离心管中，4℃、12 000 r/min 离心10 min，取上清液转入另一无菌5 mL 离心管中，编号备用。取适量实验动物饮水直接转移到无菌5 mL 离心管中，编号备用。

7.2.4.2　实验动物设施设备

用灭菌棉拭子拭取实验动物设施设备出风口初效滤膜表面沉积物，将拭子置入灭菌15 mL 离心管，加入适量灭菌PBS，浸泡5~10 min，充分混匀，取出棉拭子，将离心管于

4℃、12 000 r/min 离心 10 min，取上清液转入另一无菌 5 mL 离心管中，编号备用。

7.2.5 样本的存放

采集或处理的样本在 2~8℃条件下保存应不超过 24 h；若需长期保存，须放置-80℃冰箱，但应避免反复冻融（冻融不超过 3 次）。

7.3 样本 RNA 提取

TRIzol 对人体有害，使用时应戴一次性手套，注意防止溅出。

7.3.1 取 200μL 处理后的样本加 1 mL TRIzol，充分混匀，室温静置 10 min 使其充分裂解。

7.3.2 按每毫升 TRIzol 加入 200 μL 氯仿，盖紧样本管盖，用手用力振荡摇晃离心管 15 s；不应用涡旋振荡器，以免基因组 RNA 断裂。室温静置 5 min。 4℃、12 000 r/min 离心 15 min。

7.3.3 离心后混合物分成三层：下层红色的苯酚-氯仿层，中间层，上层无色的水样层。RNA 存在于水样层当中，水样层的容量大约为所加 TRIzol 容量的 60%。吸取上层水相至另一离心管中，注意不要吸取中间界面。

7.3.4 按每毫升 TRIzol 加入 0.5 mL 异丙醇混匀，室温放置 10 min。 4℃、12 000 r/min 离心 10 min，弃上清，RNA 沉淀一般形成一胶状片状沉淀附着于试管壁和管底。

7.3.5 按每毫升 TRIzol 加入 1 mL 75%乙醇，温和振荡离心管，悬浮沉淀。4℃、7500 r/min 离心 5 min，弃上清，将离心管倒立吸水纸上，尽量使液体流干。

7.3.6 室温自然风干干燥 5~10 min，RNA 样本不要过于干燥。

7.3.7 用 50~100 μL 无 RNase 去离子水溶解 RNA 样本，制备好的 RNA 应尽快进行下一步 PCR 反应；若暂时不能进行 PCR 反应，应于-80℃冰箱保存备用。

7.4 普通 RT-PCR 检测

7.4.1 RNA 逆转录

RNA 逆转录反应体系见表 3。反应液的配制在冰浴上操作，反应条件为 37℃、25 min；85℃、5 s。反应产物即为 cDNA，立即进行下一步 PCR 反应；若不能立即进行 PCR，cDNA 保存温度不能低于-20℃。长时间保藏应置于-80℃冰箱。10 μL 反应体系可最大使用 500 ng 的总 RNA。若使用其他公司反转录试剂，应按照其说明书规定的反应体系和反应条件进行操作。

表 3 RNA 反转录反应体系

试剂	用量/μL	终浓度
5×PrimeScript Buffer	2	1×
PrimeScript RT Enzyme Mix I	0.5	
Oligo dT Primer（50 μmol/L）	0.5	25 pmol
Random Primer 6 mers（100 μmol/L）	0.5	50 pmol
RNA 模板	5	
RNase Free dH$_2$O	1.5	
总体积	10	

7.4.2 PCR 反应

普通 PCR 反应体系见表 4。反应液的配制在冰上操作，每次反应同时设计阳性对照、阴性对照和空白对照。其中，以含有仙台病毒的组织或细胞培养物提取的 RNA 作为阳性对照模板；以不含有仙台病毒 RNA 样本（可以是正常动物组织或正常细胞培养物）作为阴性对照模板；空白对照为不加模板对照（no template control，NTC），即在反应中用水来代替模板。

表 4 PCR 反应体系

试剂	用量/μL	终浓度
2×Premix Taq Mix （Loading dye mix）	10	1×
ddH$_2$O	6.4	
PCR 正向引物（10 μmol/L）	0.8	0.4 μmol/L
PCR 反向引物（10 μmol/L）	0.8	0.4 μmol/L
cDNA 模板	2	
总体积	20	

7.4.3 PCR 反应参数

PCR 反应参数见表 5。

表 5 普通 PCR 反应参数

步骤	温度/℃	时间	循环数
预变性	94	5 min	1
变性	95	30 s	40
退火	55	30 s	
延伸	72	30 s	
后延伸	72	5 min	1

注：可使用其他等效的一步法或两步法 RT-PCR 检测试剂盒进行，反应体系和反应参数可进行相应调整。

7.4.4 RT-PCR 产物的琼脂糖凝胶电泳检测和拍照

RT-PCR 反应结束后，取 10 μL PCR 产物在 1.5%琼脂糖凝胶进行电泳检测。将适量 50×TAE 稀释成 1×TAE 溶液，配制含核酸染料溴化乙锭的 1.5%琼脂糖凝胶。以 DNA 分子质量作为参照。电压大小根据电泳槽长度来确定，一般控制在 3~5 V/cm，当上样染料移动到凝胶边缘时关闭电源。电泳完成后在凝胶成像系统拍照记录电泳结果。

7.5 实时荧光 RT-PCR

7.5.1 实时荧光 RT-PCR 反应体系

实时荧光 RT-PCR 反应体系见表 6。反应液的配制在冰上操作，每次反应同时设计阳性对照、阴性对照和空白对照。其中，以含有仙台病毒的组织或细胞培养物提取的 RNA 作为阳性对照模板；以不含有仙台病毒 RNA 样本（可以是正常动物组织或正常细胞培养物）作为阴性对照模板；空白对照为不加模板对照（no template control，NTC），即在反应中用水来代替模板。

表 6　实时荧光 RT-PCR 反应体系配制表

反应组分	用量/μL	终浓度
2×One Step RT-PCR Buffer III	25	1×
Ex Taq HS（5 U/μL）	1	
PrimeScript RT Enzyme Mix II	1	
正向引物（10 μmol/L）	2.5	500 nmol/L
反向引物（10 μmol/L）	2.5	500 nmol/L
探针（5 μmol/L）	2	250 nmol/L
Rox	1	
RNA 模板	10	
无 RNase 去离子水	5	
总体积	50	

注：试剂 Rox 只在具有 Rox 荧光校正通道的实时荧光 PCR 仪上进行扩增时添加，否则用水补齐。

7.5.2　实时荧光 RT-PCR 反应参数

实时荧光 RT-PCR 反应参数见表 7。

表 7　实时荧光 RT-PCR 反应参数

步骤	温度/℃	时间	采集荧光信号	循环数
逆转录	42	5 min	否	1
预变性	95	30 s		1
变性	95	5 s		40
退火，延伸	60	34 s	是	

注：可使用其他等效的一步法或两步法实时荧光 RT-PCR 检测试剂盒进行，反应体系和反应参数可进行相应调整。试验结束后，根据收集的荧光曲线和 Ct 值判定结果。

8　结果判定

8.1　普通 RT-PCR 结果判定

8.1.1　质控标准：阴性对照和空白对照未出现条带，阳性对照出现预期大小（180 bp）的目的扩增条带，则表明反应体系运行正常；否则此次试验无效，需重新进行普通 PCR 扩增。

8.1.2　结果判定

8.1.2.1　质控成立条件下，样本未出现预期大小（180 bp）的扩增条带，则可判定样本仙台病毒核酸检测阴性。

8.1.2.2　质控成立条件下，样本出现预期大小（180 bp）的扩增条带，则可判定样本仙台病毒核酸检测阳性。

8.2　实时荧光 RT-PCR 结果判定

8.2.1　结果分析和条件设定

直接读取检测结果，基线和阈值设定原则根据仪器的噪声情况进行调整，以阈值线刚好超过正常阴性样本扩增曲线的最高点为准。

8.2.2　质控标准

8.2.2.1　空白对照无 Ct 值，并且无荧光扩增曲线，一直为水平线。

8.2.2.2　阴性对照无 Ct 值，并且无荧光扩增曲线，一直为水平线。

8.2.2.3　阳性对照 Ct 值≤35，并且有明显的荧光扩增曲线，则表明反应体系运行正常；否则此次试验无效，需重新进行实时荧光 PCR 扩增。

8.2.3　结果判定

8.2.3.1　质控成立条件下，若待检测样本无荧光扩增曲线，则判定样本仙台病毒核酸检测阴性。

8.2.3.2　质控成立条件下，若待检测样本有荧光扩增曲线，且 Ct 值≤35 时，则判断样本仙台病毒核酸检测阳性。

8.2.3.3　质控成立条件下，若待检测样本 Ct 值介于 35 和 40 之间，应重新进行实时荧光 PCR 检测。重新检测后，若 Ct 值≥40，则判定样本未检出仙台病毒。重新检测后，若 Ct 值仍介于 35 和 40 之间，则判定样本仙台病毒可疑阳性，需进一步进行序列测定。

8.3　序列测定

必要时，可取待检样本扩增出的阳性 PCR 产物进行核酸序列测定，序列结果与已公开发表的仙台病毒特异性片段序列进行比对，序列同源性在 90% 以上，可确诊待检样本仙台病毒核酸阳性，否则判定仙台病毒核酸阴性。

9　检测过程中防止交叉污染的措施

按照 GB/T 19495.2 中的要求执行。

附 录 A

（规范性附录）

溶液的配制

A.1　0.02 mol/L pH7.2 磷酸盐缓冲液（PBS）的配制

A.1.1　A 液

0.2 mol/L 磷酸二氢钠溶液：称取磷酸二氢钠（$NaH_2PO_4 \cdot H_2O$） 27.6 g，先加适量去离子水溶解，最后定容至 1000 mL，混匀。

A.1.2　B 液

0.2 mol/L 磷酸氢二钠溶液：称取磷酸氢二钠（$Na_2HPO_4 \cdot 7H_2O$）53.6 g（或 $Na_2HPO_4 \cdot 12H_2O$ 71.6 g 或 $Na_2HPO_4 \cdot 2H_2O$ 35.6 g），先加适量去离子水溶解，最后定容至 1000 mL，混匀。

A.1.3　0.02 mol/L pH7.2 磷酸盐缓冲液（PBS）的配制

取 A 液 14 mL、B 液 36 mL，加氯化钠（NaCl）8.5 g，加 800 mL 无离子水溶解稀释，用 HCl 调 pH 至 7.2，最后定容至 1000 mL，经 121℃高压灭菌 15 min，冷却备用。

A.2　无 RNase 去离子水的配制

实验用去离子水按体积比 0.1%加入 DEPC 摇匀，室温静置过夜，121℃高压灭菌 15 min，冷却备用。

A.3　50×TAE 电泳缓冲液

A.3.1　0.5 mol/L 乙二铵四乙酸二钠（EDTA）溶液（pH8.0）

乙二铵四乙酸二钠（EDTA -Na_2 · H_2O）	18.61 g
灭菌去离子水	80 mL
5 mol/L 氢氧化钠溶液	调 pH 至 8.0

灭菌去离子水加至 100 mL，121℃、15 min 灭菌备用。

A.3.2　50×TAE 电泳缓冲液配制

羟基甲基氨基甲烷（Tris）	242 g
冰醋酸	57.1 mL
0.5 mol/L EDTA 溶液，pH8.0	100 mL

灭菌去离子水加至 1000 mL，121℃、15 min 灭菌备用。

用时以灭菌去离子水稀释至 1×使用。

A.4　溴化乙锭（EB）溶液（10 μg/μL）

溴化乙锭	20 mg
灭菌去离子水	20 mL

A.5　含 0.5 μg/mL 溴化乙锭的 1.5%琼脂糖凝胶的配制

琼脂糖	1.5 g
1×TAE 电泳缓冲液	加至 100 mL

　　混合后加热至完全融化，待冷至 50~55℃时，加溴化乙锭（EB）溶液 5 μL，轻轻晃动摇匀，避免产生气泡，将梳子置入电泳槽中，然后将琼脂糖溶液倒入电泳板。凝胶适宜厚度为 3~5 mm，需确认在梳齿下或梳齿间没有气泡，待凝固后取下梳子备用。

<h1 style="text-align:center">参 考 文 献</h1>

田克恭. 1992. 实验动物病毒性疾病. 北京：中国农业出版社：41-45.

王吉，卫礼，巩薇，等. 2008. 2003~2007 年我国实验小鼠病毒抗体检测结果与分析. 实验动物与比较医学，6：394-396.

王翠娥，陈立超，周倩，等. 2014. 实验大鼠和小鼠多种病毒的血清学检测结果分析. 实验动物科学，2：20-24.

April M，Wagner，Jessie K，et al. 2003. Detection of Sendai virus and Pneumonia virus of mice by use of fluorogenic nuclease reverse transcriptase polymerase chain reaction analysis. Comparative Medicine, 53(2)：65-69.

Bootz F，Sieber I，Popovic D，et al. 2003. Comparison of the sensitivity of *in vivo* antibody production tests with in vitro PCR-based methods to detect infectious contamination of biological materials. Lab Anim，37（4）：341-351.

Liang CT，Shih A，Chang YH，et al. 2009. Microbial contaminations of laboratory mice and rats in Taiwan from 2004 to 2007. J Am Assoc Lab Anim Sci，48（4）：381-386.

Manjunath S，Kulkarni PG，Nagavelu K，et al. 2015. Sero-prevalence of rodent pathogens in India. PLoS One，10（7）：0131706.

Zenner L，Regnault J P. 2000. Ten-year long monitoring of laboratory mouse and rat colonies in French facilities：a retrospective study. Lab Anim，34（1）：76-83.

ICS 65.020.30

B 44

中国实验动物学会团体标准

T/CALAS 50—2017

实验动物 呼肠孤病毒 III 型 PCR 检测方法

Laboratory animal - PCR method for detection of Reovirus types 3

2017-12-29 发布

2018-01-01 实施

中国实验动物学会 发布

前　　言

本标准按照 GB/T 1.1—2009 给出的规则编写。

本标准附录为规范性附录。

本标准由中国实验动物学会归口。

本标准由全国实验动物标准化技术委员会（SAC/TC281）技术审查。

本标准由中国实验动物学会实验动物标准化专业委员会提出并组织起草。

本标准主要起草单位：广东省实验动物监测所。

本标准主要起草人：王静、袁文、黄韧、张钰、吴瑞可。

实验动物 呼肠孤病毒 III 型 PCR 检测方法

1 范围

本标准规定了呼肠孤病毒 III 型普通 RT-PCR 和实时荧光 RT-PCR 检测方法。

本标准适用于实验动物怀疑本病发生，实验动物接种物、实验动物环境和动物源性生物制品中呼肠孤病毒 III 型核酸检测。

2 规范性引用文件

下列文件对于本文件的应用是必不可少的。凡是注明日期的引用文件，仅所注日期的版本适用于本文件。凡是不注日期的引用文件，其最新版本（包括所有的修改单）适用于本文件。

GB/T 14926.25—2001 《实验动物呼肠孤病毒 III 型检测方法》

GB 19489 《实验室 生物安全通用要求》

GB/T 19495.2 《转基因产品检测 实验室技术要求》

3 术语、定义和缩略语

3.1 术语和定义

下列术语和定义适合于本标准。

3.1.1

聚合酶链反应 polymerase chain reaction，PCR

体外酶催化合成特异 DNA 片段的方法：模板 DNA 先经高温变性成为单链，在 DNA 聚合酶作用和适宜的反应条件下，根据模板序列设计的两条引物分别与模板 DNA 两条链上相应的一段互补序列发生退火而相互结合，接着在 DNA 聚合酶的作用下以四种 dNTP 为底物，使引物得以延伸，然后不断重复变性、退火和延伸这一循环，使欲扩增的基因片段以几何倍数扩增。

3.1.2

逆转录-聚合酶链反应 reverse transcription polymerase chain reaction，RT-PCR

以 RNA 为模板，采用 Oligo（dT）、随机引物或特异性引物，RNA 在逆转录酶和适宜反应条件下，被逆转录成 cDNA，然后再以 cDNA 作为模板，进行 PCR 扩增。

3.1.3

实时荧光逆转录-聚合酶链反应 real-time RT-PCR，实时荧光 RT-PCR

实时荧光 RT-PCR 方法是在常规 RT-PCR 的基础上，在反应体系中加入特异性荧光探针，利用荧光信号积累实时检测整个 PCR 进程，通过检测每次循环中的荧光发射信号，间接反映了 PCR 扩增的目标基因的量，最后通过扩增曲线对未知模板进行定性或定量分析。

（本标准中将"RT-PCR"称为"普通 RT-PCR"是为了与"实时荧光 RT-PCR"进行区别，避免名称混淆。）

3.1.4

Ct 值　cycle threshold

实时荧光 PCR 反应中每个反应管内的荧光信号达到设定的阈值时所经历的循环数。

3.2　缩略语

下列缩略语适用于本标准。

CPE　细胞病变效应（cytopathic effect）

DEPC　焦碳酸二乙酯（diethyl pyrocarbonate）

DNA　脱氧核糖核酸（deoxyribonucleic acid）

PBS　磷酸盐缓冲液（phosphate buffered saline）

Reo-3　呼肠孤病毒 III 型（Reovirus types 3）

RNA　核糖核酸（ribonucleic acid）

4　检测方法原理

呼肠孤病毒 III 型属于呼肠孤病毒科、呼肠孤病毒属，病毒粒子呈正二十面体对称，核酸为双股 RNA。实验小鼠感染呼肠孤病毒 III 型的临床症状以油性被毛效应和脂肪性下痢为特征。病理变化主要表现为肝炎、脑炎和胰腺炎，病毒可使感染动物免疫功能发生改变，严重干扰动物实验。

用合适的方法提取样本中的病毒 RNA，通过逆转录酶将病毒 RNA 逆转录成 cDNA，分别针对病毒核酸保守序列 M2 蛋白和 S3 蛋白基因设计特异的普通 RT-PCR 引物和实时荧光 RT-PCR 引物及探针序列，通过普通 PCR 和实时荧光 PCR 对 cDNA 进行扩增，根据普通 PCR 和实时荧光 PCR 检测结果判定该样本中是否含有病毒核酸成分。

5　主要设备和材料

5.1　实时荧光 PCR 仪。

5.2　PCR 仪。

5.3　电泳仪。

5.4　凝胶成像分析系统。

5.5　Nanodrop 紫外分光光度计。

5.6　高速冷冻离心机

5.7　台式离心机。

5.8　恒温孵育器。

5.9　涡旋振荡器。

5.10　组织匀浆器或手持式均质器。

5.11　生物安全柜。

5.12　PCR 工作台。

5.13　–80℃冰箱，–20℃冰箱，2~8℃冰箱。

5.14　微量移液器（10 μL，100 μL，1000 μL）。

5.15　无 RNase 和 DNase 污染的离心管（1.5 mL，2 mL，5 mL，15 mL），无 RNase 和 DNase 污染的吸头（10 μL，200 μL，1 mL），无 RNase 和 DNase 污染的 0.2 mL PCR 扩增反应管。

5.16　采样工具：剪刀、镊子、注射器等。

6　试剂

除特别说明外，所有实验用试剂均为分析纯；实验用水为去离子水。

6.1　灭菌 PBS。见附录 A。

6.2　无 DNase/RNase 去离子水：经 DEPC 处理的去离子水或商品无 DNase/RNase 水。见附录 A。

6.3　RNA 抽提试剂 TRIzol，或其他等效产品。

6.4　无水乙醇。

6.5　75%乙醇（无 DNase/RNase 去离子水配制）。

6.6　三氯甲烷（氯仿）。

6.7　异丙醇。

6.8　逆转录试剂：PrimeScript® RT Reagent Kit，也可以使用其他公司等效逆转录试剂。

6.9　普通 PCR 试剂：Premix Taq® Version 2.0（Loading dye mix）或使用其他等效试剂。

6.10　DNA 分子质量标准。

6.11　TAE 电泳缓冲液。见附录 A。

6.12　溴化乙锭：10 mg/mL，配制方法见附录 A；或其他等效产品。

6.13　1.5%琼脂糖凝胶，配制方法见附录 A。

6.14　实时荧光 PCR 试剂：Primerscript™ RT-PCR Kit（Perfect Realtime）或其他等效产品。

6.15　引物和探针：根据表 1 的序列合成引物和探针，引物和探针加无 RNase 去离子水配制成 10 μmol/L 和 5 μmol/L 储备液，-20℃保存。

表 1　普通 RT-PCR 扩增引物

引物名称	引物序列（5′→3′）	产物大小/bp
正向引物	TGCAAAGATGGGGAACGC	411
反向引物	TGGTGACACTGACAGCAC	

表 2　实时荧光 RT-PCR 扩增引物和探针

引物和探针名称	引物和探针序列（5′→3′）
正向引物	TGTGAGGTGGACGCGAATAG
反向引物	CGTTGATGCAGCGTGAAGAG
探针	FAM-CGGCCGGCTGGTGATCAGAGTATG-BHQ-1

注：探针也可选用具有与 FAM 和 BHQ-1 荧光基团相同检测效果的其他合适的荧光报告基团和荧光淬灭基团组合。

7 检测方法

7.1 生物安全措施

实验操作及处理按照 GB 19489 的规定，由具备相关资质的工作人员进行相应操作。

7.2 采样及样本的处理

采样过程中样本不得交叉污染，采样及样本前处理过程中应戴一次性手套。

7.2.1 脏器组织

活体动物采用安乐死方法进行处死，剖检，无菌采集动物的肺、肝脏、脾脏、脑，剪取待检样本 2.0 g 于无菌 5 mL 离心管，加入 4 mL 灭菌 PBS，使用电动匀浆器充分匀浆 1~2 min，然后将组织悬液在 4℃、3000 r/min 离心 10 min，取上清液转入另一无菌 5 mL 离心管中，编号备用。

7.2.2 盲肠内容物或粪便

无菌采集动物盲肠内容物或粪便，取待检样本 2.0 g 于无菌 5 mL 离心管，加入 4 mL 灭菌 PBS，使用电动匀浆器充分匀浆 1~2 min，12 000 r/min 离心 10 min，取上清液转入另一无菌 5 mL 离心管中，编号备用。

7.2.3 细胞培养物

方法一：直接刮取样本接种后出现 CPE 或可疑的细胞培养物于 15 mL 离心管中，3000 r/min 离心 10 min，去上清，加 1 mL 灭菌 PBS 重悬细胞，然后将细胞悬液转移到无菌 1.5 mL 离心管中，编号备用。

方法二：将样本接种后出现 CPE 或可疑的细胞培养物反复冻融 3 次，细胞混悬液转移于 15 mL 离心管中，12 000 r/min 离心 10 min，去细胞碎片，上清液转移到无菌 15 mL 离心管中，编号备用。

7.2.4 实验动物环境

7.2.4.1 实验动物饲料、垫料和饮水

取适量实验动物饲料和垫料置于聚乙烯薄膜袋中，加入适量灭菌 PBS（饲料和垫料需全部浸泡于液体中）。密封后浸泡 5~10 min，充分混匀，将混悬液转移至 15 mL 离心管中，4℃、12 000 r/min 离心 10min，取上清液转入另一无菌 5 mL 离心管中，编号备用。取适量实验动物饮水直接转移到无菌 5 mL 离心管中，编号备用。

7.2.4.2 实验动物设施设备

用灭菌棉拭子拭取实验动物设施设备出风口初效滤膜表面沉积物，将拭子置入灭菌 15 mL 离心管，加入适量灭菌 PBS，浸泡 5~10 min，充分混匀，取出棉拭子，将离心管于 4℃、12 000 r/min 离心 10 min，取上清液转入另一无菌 5 mL 离心管中，编号备用。

7.2.5 样本的存放

采集或处理的样本在 2~8℃ 条件下保存应不超过 24 h；若需长期保存，须放置 -80℃ 冰箱，但应避免反复冻融（冻融不超过 3 次）。

7.3 样本 RNA 提取

TRIzol 对人体有害，使用时应戴一次性手套，注意防止溅出。

7.3.1　取 200 μL 处理后的样本加 1 mL TRIzol 后，充分混匀，室温静置 10 min 使其充分裂解。

7.3.2　按每毫升 TRIzol 加入 200 μL 氯仿，盖紧样本管盖，用手用力振荡摇晃离心管 15 s，不应用涡旋振荡器，以免基因组 RNA 断裂。室温静置 5 min。4℃、12 000 r/min 离心 15 min。

7.3.3　离心后混合物分成三层：下层红色的苯酚-氯仿层，中间层，上层无色的水样层。RNA 存在于水样层当中，水样层的容量大约为所加 TRIzol 容量的 60%。吸取上层水相至另一离心管中，注意不要吸取中间界面。

7.3.4　按每毫升 TRIzol 加入 0.5 mL 异丙醇混匀，室温放置 10 min。 4℃、12 000 r/min 离心 10 min，弃上清，RNA 沉淀一般形成一胶状片状沉淀附着于试管壁和管底。

7.3.5　按每毫升 TRIzol 加入 1 mL 75%乙醇，温和振荡离心管，悬浮沉淀。4℃、7500 r/min 离心 5 min，弃上清，将离心管倒立吸水纸上，尽量使液体流干。

7.3.6　室温自然风干干燥 5~10 min，RNA 样本不要过于干燥。

7.3.7　用 50~100 μL 无 RNase 去离子水溶解 RNA 样本，制备好的 RNA 应尽快进行下一步 PCR 反应；若暂时不能进行 PCR 反应，应于 –80℃冰箱保存备用。

7.4　普通 RT-PCR 检测

7.4.1　RNA 逆转录

RNA 逆转录反应体系见表 3。反应液的配制在冰浴上操作，反应条件为 37℃、25 min；85℃、5 s。反应产物即为 cDNA，立即进行下一步 PCR 反应，若不能立即进行 PCR，cDNA 保存温度不能低于 –20℃。长时间保藏应置于 –80℃冰箱。10 μL 反应体系可最大使用 500 ng 的总 RNA。若使用其他公司逆转录试剂，应按照其说明书规定的反应体系和反应条件进行操作。

表 3　RNA 反转录反应体系

试剂	用量/μL	终浓度
5×PrimeScript Buffer	2	1×
PrimeScript RT Enzyme Mix I	0.5	
Oligo dT Primer（50 μmol/L）	0.5	25 pmol
Random Primer 6 mers（100 μmol/L）	0.5	50 pmol
RNA 模板	5	
RNase Free dH$_2$O	1.5	
总体积	10	

7.4.2　PCR 反应

普通 PCR 反应体系见表 4。反应液的配制在冰上操作，每次反应同时设计阳性对照、阴性对照和空白对照。其中，以含有呼肠孤病毒 III 型的组织或细胞培养物提取的 RNA 作为阳性对照模板；以不含有呼肠孤病毒 III 型 RNA 样本（可以是正常动物组织或正常细胞培养物）作为阴性对照模板；空白对照为不加模板对照（no template control，NTC），即在反应中用水来代替模板。

表 4 PCR 反应体系

试剂	用量/μL	终浓度
2×Premix Taq Mix （Loading dye mix）	10	1×
ddH$_2$O	6.4	
PCR 正向引物（10 μmol/L）	0.8	0.4 μmol/L
PCR 反向引物（10 μmol/L）	0.8	0.4 μmol/L
cDNA 模板	2	
总体积	20	

7.4.3 PCR 反应参数

PCR 反应参数见表 5。

表 5 普通 PCR 反应参数

步骤	温度/℃	时间	循环数
预变性	94	5 min	1
变性	95	30 s	40
退火	55	30 s	
延伸	72	30 s	
后延伸	72	5 min	1

注：可使用其他等效的一步法或两步法 RT-PCR 检测试剂盒进行，反应体系和反应参数可进行相应调整。

7.4.4 RT-PCR 产物的琼脂糖凝胶电泳检测和拍照

RT-PCR 反应结束后，取 10 μL PCR 产物在 1.5%琼脂糖凝胶进行电泳检测。将适量 50×TAE 稀释成 1×TAE 溶液，配制含核酸染料溴化乙锭的 1.5%琼脂糖凝胶。以 DNA 分子质量作参照。电压大小根据电泳槽长度来确定，一般控制在 3~5 V/cm，当上样染料移动到凝胶边缘时关闭电源。电泳完成后在凝胶成像系统拍照记录电泳结果。

7.5 实时荧光 RT-PCR

7.5.1 实时荧光 RT-PCR 反应体系

实时荧光 RT-PCR 反应体系见表 6。反应液的配制在冰上操作，每次反应同时设计阳性对照、阴性对照和空白对照。其中，以含有呼肠孤病毒 III 型的组织或细胞培养物提取的 RNA 作为阳性对照模板；以不含有呼肠孤病毒 III 型 RNA 样本（可以是正常动物组织或正常细胞培养物）作为阴性对照模板；空白对照为不加模板对照（no template control, NTC），即在反应中用水来代替模板。

表 6　实时荧光 RT-PCR 反应体系

反应组分	用量/μL	终浓度
2×One Step RT-PCR Buffer III	25	1×
Ex Taq HS（5 U/μL）	1	
PrimeScriptRT Enzyme Mix II	1	
正向引物（10 μmol/L）	2.5	500 nmol/L
反向引物（10 μmol/L）	2.5	500 nmol/L
探针（5 μmol/L）	2	250 nmol/L
Rox	1	
RNA 模板	10	
无 RNase 去离子水	5	
总体积	50	

注：试剂 Rox 只在具有 Rox 荧光校正通道的实时荧光 PCR 仪上进行扩增时添加，否则用水补齐。

7.5.2　实时荧光 RT-PCR 反应参数

实时荧光 RT-PCR 反应参数见表 7。

表 7　实时荧光 RT-PCR 反应参数

步骤	温度/℃	时间	采集荧光信号	循环数
逆转录	42	5 min	否	1
预变性	95	30 s		1
变性	95	5 s		40
退火，延伸	60	34 s	是	

注：可使用其他等效的一步法或两步法实时荧光 PCR 检测试剂盒进行，反应体系和反应参数可进行相应调整。试验检测结束后，根据收集的荧光曲线和 Ct 值判定结果。

8　结果判定

8.1　普通 PCR 结果判定

8.1.1　质控标准：阴性对照和空白对照未出现条带，阳性对照出现预期大小（411 bp）的目的扩增条带则表明反应体系运行正常；否则此次试验无效，需重新进行普通 PCR 扩增。

8.1.2　结果判定

8.1.2.1　质控成立条件下，样本未出现预期大小（411 bp）的扩增条带，则可判定样本呼肠孤病毒 III 型核酸检测阴性。

8.1.2.2　质控成立条件下，样本出现预期大小（411 bp）的扩增条带，则可判定样本呼肠孤病毒 III 型核酸检测阳性。

8.2　实时荧光 PCR 结果判定

8.2.1　结果分析和条件设定

直接读取检测结果，基线和阈值设定原则根据仪器的噪声情况进行调整，以阈值线刚好超过正常阴性样本扩增曲线的最高点为准。

8.2.2　质控标准

8.2.2.1　空白对照无 Ct 值，并且无荧光扩增曲线，一直为水平线。

8.2.2.2　阴性对照无 Ct 值，并且无荧光扩增曲线，一直为水平线。

8.2.2.3　阳性对照 Ct 值≤35，并且有明显的荧光扩增曲线，则表明反应体系运行正常；否则此次试验无效，需重新进行实时荧光 PCR 扩增。

8.2.3　结果判定

8.2.3.1　质控成立条件下，若待检测样本无荧光扩增曲线，则判定样本呼肠孤病毒 III 型核酸检测阴性。

8.2.3.2　质控成立条件下，若待检测样本有荧光扩增曲线，且 Ct 值≤35 时，则判断样本呼肠孤病毒 III 型核酸检测阳性。

8.2.3.3　质控成立条件下，若待检测样本 Ct 值介于 35 和 40 之间，应重新进行实时荧光 PCR 检测。重新检测后，若 Ct 值≥40，则判定样本未检出呼肠孤病毒 III 型核酸。重新检测后，若 Ct 值仍介于 35 和 40 之间，则判定样本呼肠孤病毒 III 型可疑阳性，需进一步进行序列测定。

8.3　序列测定

必要时，可取待检样本扩增出的阳性 PCR 产物进行核酸序列测定，序列结果与已公开发表的呼肠孤病毒 III 型特异性片段序列进行比对，序列同源性在 90% 以上，可确诊待检样本呼肠孤病毒 III 型核酸阳性，否则判定呼肠孤病毒 III 型核酸阴性。

9　检测过程中防止交叉污染的措施

按照 GB/T 19495.2 中的要求执行。

附　录　A

（规范性附录）

溶液的配制

A.1　0.02 mol/L pH7.2 磷酸盐缓冲液（PBS）的配制

A.1.1　A 液

　　0.2 mol/L 磷酸二氢钠溶液：称取磷酸二氢钠（$NaH_2PO_4 \cdot H_2O$）27.6 g，先加适量去离子水溶解，最后定容至 1000 mL，混匀。

A.1.2　B 液

　　0.2 mol/L 磷酸氢二钠溶液：称取磷酸氢二钠（$Na_2HPO_4 \cdot 7H_2O$）53.6 g（或 $Na_2HPO_4 \cdot$ 12H_2O 71.6 g 或 $Na_2HPO_4 \cdot 2H_2O$ 35.6 g），先加适量去离子水溶解，最后定容至 1000 mL，混匀。

A.1.3　0.02 mol/L pH7.2 磷酸盐缓冲液（PBS）的配制

　　取 A 液 14 mL、B 液 36 mL，加氯化钠（NaCl）8.5 g，加 800 mL 无离子水溶解稀释，用 HCl 调 pH 至 7.2，最后定容至 1000 mL，经 121℃高压灭菌 15 min，冷却备用。

A.2　无 RNase 去离子水的配制

　　实验用去离子水按体积比 0.1% 加入 DEPC 摇匀，室温静置过夜，121℃高压灭菌 15 min，冷却备用。

A.3　50×TAE 电泳缓冲液

A.3.1　0.5 mol/L 乙二铵四乙酸二钠（EDTA）溶液（pH8.0）

乙二铵四乙酸二钠（EDTA -Na_2 · H_2O）	18.61 g
灭菌去离子水	80 mL

　　5 mol/L 氢氧化钠溶液调 pH 至 8.0

　　灭菌去离子水加至 100 mL，121℃、15 min 灭菌备用。

A.3.2　50×TAE 电泳缓冲液配制

羟基甲基氨基甲烷（Tris）	242 g
冰醋酸	57.1 mL
0.5 mol/L EDTA 溶液，pH8.0	100 mL

　　灭菌去离子水加至 1000 mL，121℃、15 min 灭菌备用。

　　用时以灭菌去离子水稀释至 1× 使用。

A.4　溴化乙锭（EB）溶液（10 μg/μL）

溴化乙锭	20 mg
灭菌去离子水	20 mL

A.5　含 0.5 μg/mL 溴化乙锭的 1.5% 琼脂糖凝胶的配制

琼脂糖	1.5 g
1×TAE 电泳缓冲液加至 100 mL	

混合后加热至完全融化，待冷至 50~55℃时，加溴化乙锭（EB）溶液 5 μL，轻轻晃动摇匀，避免产生气泡，将梳子置入电泳槽中，然后将琼脂糖溶液倒入电泳板。凝胶适宜厚度为 3~5 mm，需确认在梳齿下或梳齿间没有气泡，待凝固后取下梳子备用。

参 考 文 献

郎书惠，贺争鸣，吴惠英. 1998. 呼肠孤病毒感染不同免疫功能状态小鼠的病理组织学研究. 实验动物科学与管理，15（3）：54.

田克恭. 1992. 实验动物病毒性疾病. 北京：中国农业出版社：41-45.

王翠娥，陈立超，周倩，等. 2014. 实验大鼠和小鼠多种病毒的血清学检测结果分析. 实验动物科学，31（2）：20-24.

徐蓓，李建平，屈霞琴，等. 1989. 上海地区实验小鼠病毒性传染病的血清学调查. 上海实验动物科学，9（1）：34-36.

殷震，刘景华. 1997. 动物病毒学（第 2 版）. 北京：科学出版社：329-330.

Bai B, Shen H, Hu Y, et al. 2014. Serological survey of a new type of reovirus in humans in China. Epidemiol Infect, 142（10）: 2155-2158.

Bootz F, Sieber I, Popovic D, et al. 2003. Comparison of the sensitivity of in vivo antibody production tests with in vitro PCR-based methods to detect infectious contamination of biological materials. Lab Anim, 37（4）: 341-351.

Cheng P, Lau CS, Lai A, et al. 2009. A novel reovirus isolated from a patient with acute respiratory disease. J Clin Virol, 45: 79-80.

Jacoby RO, Lindsey JR. 1998. Risks of infection among laboratory rats and mice at major biomedical research institutions. ILAR J, 39（4）: 266-271.

Kumar S, Dick EJ, Bommineni YR, et al. 2014. Reovirus-associated meningoencephalomyelitis in baboons. Vet Pathol, 51（3）: 641-650.

Marty GD, Morrison DB, Bidulka J, et al. 2015. Piscine reovirus in wild and farmed salmonids in British Columbia, Canada: 1974-2013. J Fish Dis, 38（8）: 713-728.

Mor SK, Verma H, Sharafeldin TA, et al. 2015. Survival of turkey arthritis reovirus in poultry litter and drinking water. Poultry Sci, 94（4）: 639-642.

Ouattara LA, Barin F, Barthez MA, et al. 2011. Novel human reovirus isolated from children with acute necrotizing encephalopathy. Emerg Infect Dis, 17: 1436-1444.

Stanley NF, Dorman DC, Ponsford J. 1953. Studies on the pathogenesis of a hitherto undescribed virus（hepato-encephalomyelitis）producing unusual symptoms in suckling mice. Aust J Exp Biol Med Sci, 31（2）: 147-159.

Tyler KL, Barton ES, Ibach ML, et al. 2004. Isolation and molecular characterization of a novel type 3 reovirus from a child with meningitis. J Infect Dis, 189: 1664-1675.

Waggie K, Kagiyama N, Allen AM. 1994. Manual of microbiologicmonitoring of laboratory animals. Bethesda: MD: NIHPublication: 99-100.

Zhang S, Shu X, Zhou L, et al. 2016. Isolation and identification of a new reovirus associated with mortalities in farmed oriental river prawn, Macrobrachium nipponense（de Haan, 1849）, in China. J Fish Dis, 39（3）: 371-375.

Zhang YW, Liu Y, Lian H, et al. 2016. A natural reassortant and mutant serotype 3 reovirus from mink in China. Arch Virol, 161（2）: 495-498.

ICS 65.020.30

B 44

中国实验动物学会团体标准

T/CALAS 51—2017

实验动物　豚鼠微卫星DNA检测方法

Laboratory animal - Method for microsatellite markers of Guinea pig

2017-12-29　发布　　　　　　　　　　　　　　2018-01-01　实施

中国实验动物学会　发布

前　言

本标准按照 GB/T 1.1—2009 给出的规则编写。

本标准由中国实验动物学会归口。

本标准由全国实验动物标准化技术委员会（SAC/TC281）技术审查。

本标准由中国实验动物学会实验动物标准化专业委员会提出并组织起草。

本标准起草单位：浙江大学、浙江省医学科学院。

本标准主要起草人：刘迪文、卫振、刘月环、吴旧生。

实验动物 豚鼠微卫星 DNA 检测方法

1 范围

本标准规定了实验动物豚鼠 DNA 多态性检测方法。

本标准适用于实验动物豚鼠遗传概貌分析和遗传质量控制。

2 规范性引用文件

下列文件对于本标准的应用是必不可少的。凡是注明日期的引用文件，仅所注日期的版本适用于本标准。凡是不注日期的引用文件，其最新版本（包括所有的修改单）适用于本文件。

GB 14923 《实验动物 哺乳类实验动物的遗传质量控制》

3 术语和定义

下列术语和定义适用于本标准。

3.1

微卫星 DNA microsatellite DNA

指动物基因组中由 1~6 bp 碱基组成一个重复单位，再首尾相连而形成的串联重复序列，简称 STR。

4 操作程序

4.1 试剂

DNA 提取试剂盒、PCR 反应试剂盒、聚丙烯酰胺。

4.2 实验设备和器材

4.2.1 仪器设备：电泳仪、离心机、PCR 仪。

4.2.2 器材：剪刀、镊子、注射器、移液器、离心管、PCR 管。

4.3 微卫星位点的选择

4.3.1 近交系豚鼠：在附表 A.1 中选择 20 个微卫星位点，推荐选择的位点为 2，3，4，5，6，7，8，9，10，11，12，13，14，15，16。

4.3.2 封闭群豚鼠：在附表 A.1 中选择 25 个微卫星位点。

　　a）观察动物外观，核对编号。

　　b）豚鼠心脏采血 2mL，或采用安乐死处死动物，取组织样品。–20℃低温保存。

　　c）提取基因组 DNA：用苯酚-氯仿法或试剂盒提取基因组 DNA。

4.4　PCR

4.4.1　PCR 扩增体系：PCR 总反应体积为 20 μL，其中含 10×PCR Buffer 2 μL，上、下游引物（10 pmol/μL）各 1 μL，dNTP 100 μmol/L 1.2 μL，*Taq* 酶（5 U/μL）1 μL，50～100 ng 基因组 DNA 取 1 μL，镁离子终浓度 1.5 mmol/L，纯水补齐至 20 μL。

4.4.2　PCR 反应程序：95℃预变性，5 min；94℃变性，30 s；退火温度（各位点退火温度参见附表 A.1），30 s；72℃延伸，30 s；35 个循环；72℃继续延伸 8 min；扩增产物 4℃保存。

4.4.3　电泳

4.4.3.1　制胶：制备 10%聚丙烯酰胺凝胶。

4.4.3.2　点样：取 PCR 扩增结果 10 μL，用移液器在凝胶上点样。

4.4.4　凝胶成像系统记录检测结果。

4.4.5　PCR 产物的变性：凝胶电泳，硝酸银染色，凝胶成像仪拍照。

4.5　结果判定

4.5.1　豚鼠 SSR 位点等位基因和基因型的判定

对聚丙烯酰胺电泳图，用基因分型软件进行分析，确定特定位点各个体的条带和大小，判定该个体的等位基因数和基因型。

4.5.2　杂合度分析和 Hardy-Weinberg 平衡

根据 4.5.1 的结果，用遗传分析软件进行处理，计算各位点的平均杂合度，并进行 Hardy-Weinberg 平衡检验。

附 录 A

（资料性附录）

豚鼠微卫星位点

附表 A.1 豚鼠微卫星位点引物序列及扩增条件

序号	引物序列（5′→3′）	退火温度/℃
1	aagggatgtgtgctactgtagg	60
	atctcgaaggatgttggagct	
2	gctgaaacttagctctcagactg	58
	agagagatgttggtttgcttacc	
3	tggcaaagttgcttcaatgga	60
	ccttgcatagaatactctgggca	
4	gtctgtggtaatcaggacacc	59
	gaatgggtcctggagcatgtctc	
5	gcactttctaacccgaatgagg	59
	gctgtcatggagaaaggtcttgg	
6	tgtctaaacgtaggaaactgcac	60
	gatatggctcactgccaaggtc	
7	tcaaggtcagcctgaaccat	58
	acacagatgttctgagtccga	
8	cagctttgaacaagggaggta	58
	gtgtgaagtttcttgcgatgg	
9	tctttgcttccagcaggtg	60
	ccctgatgaagcacttagg	
10	ctagtgccccttgtatctgg	60
	gtcaactgaacctcagcac	
11	ctgctcttgcctgaagtgc	62
	tttgtgaccgtggcacaagg	
12	gctgtgaaagcttctggtgg	62
	acatgtgaggttaggccctgc	
13	ttgccttttgttccagcaa	62
	gctccaggtttgtactgc	
14	gttagcatggcttcacagag	58
	tgtaattccagcagttggca	
15	tgaaaatgtccaggaagcct	62
	ttgcaagcacacagtccta	

序号	引物序列（5'→3'）	退火温度/℃
16	aagccagatcccacactcac	60
	agatctgctgtccagtgac	
17	tcatggccaccatagcaggga	60
	cttggtgccccagctaatgcagg	
18	gatgcaggacattgaacccag	59
	gctacagagtgagaccccgtc	
19	tgggtgcaaattccagcctg	58
	actgagccacaaatcctgct	
20	tctaaccaggggggcactgtg	58
	ttctgctgagtcagggtgg	
21	tgtgtaaaaccctggccat	59
	aggaggattgcagatcagta	
22	gtcctcgaagacccctgtg	58
	ttcagcacactccactggga	
23	ctgcgtctcctcagcgatcc	61
	gaagcctccatctcacgct	
24	aatagccaggcaccgaagac	57
	aggggaacactggcctccat	
25	ttatgaccagcacactgtg	59
	tttaagggatggttcacctc	
26	ctaaagattcgttccacagcca	59
	gcaaccagaggttgcattcc	
27	ttccacttgggaatcaagca	58
	tacttgccaagcagactccct	
28	agctacgctgagtgatgtt	58
	caaccacacaggagcatgg	
29	tgagaaggcagctgaactt	57
	atccatgctactaccaagagc	
30	ctgccaaggttccacagtg	62
	ggtgtctactgcaacggaa	
31	tcgggatactgcaaactcat	62
	taaaggggcttctcaagtc	
32	aaggggagaagcctgagta	58
	tggagttcagtgtctccac	
33	caatgctgcagtttgggtt	62
	tgtgtggatcttggccctc	
34	atgatggcgcatgcctgta	62

序号	引物序列（5′→3′）	退火温度/℃
	gccattctggaacatggtgc	
35	gacagacatgcctagattcag	58
	cacctccagtgacttggga	
36	tgggcctttgtccttcatcccaaa	62
	cagtccccacattgtg	
37	agctaaccagggcactttgc	62
	tgatcagaccctaaggccca	
38	caagactcatgctcagccca	62
	ctagactctggcccttcag	
39	agttccaaggtgacccagc	62
	tctgtgtgggaagtccctc	
40	tcatctggctgcaaggcag	58
	tatgtcaccggtccctaagc	
41	cagggcatttggtgtggcct	58
	actgtgaatctgagggcagc	
42	agtcatggtctaagcgagaa	58
	tttgtgccctctactaggt	
43	acacattctgagacaccca	62
	cactcaaatgggagtcatcat	
44	aagctccctctccctctctc	60
	tagaggcatgcaccaccata	
45	gggttgtaaaaggcatgtggct	60
	aagctggcttccctgtgagg	
46	ctcattctggctgacacctc	60
	gacacgactgatggaacagagc	
47	tggtgtgtacattcttccaggac	60
	tagcgtggtacctggcaagg	
48	gattgtgagttcaatccctggt	60
	ctcttgcgttaacattgagggt	
49	attggttcttcttacccaagagc	58
	ccagtttgaactgcatatggga	
50	gctgagctaaatccccagca	58
	gccctgactaagcactgtctc	
51	actggataggaaccaccca	61
	tcagcatcctgacctctcc	

实验动物科学丛书

实验动物科学丛书 **4**

丛书总主编／秦川

Ⅰ实验动物管理系列

中国实验动物学会
团体标准汇编及实施指南

（第二卷）

（下册）

秦　川　主编

科学出版社

北京

内 容 简 介

本书收录了由全国实验动物标准化技术委员会（SAC/TC281）和中国实验动物学会实验动物标准化专业委员会联合组织编制的第二批中国实验动物学会团体标准及实施指南。全书包括上、下两册，每册分为三个部分：实验动物管理系列标准、实验动物质量控制系列标准、实验动物检测方法系列标准。管理系列标准包括教学用动物、感染性疾病动物模型评价、安乐死、SPF 猪饲养管理、SPF 鸡和 SPF 鸭饲养管理 5 项。质量控制系列标准包括实验动物爪蟾、SPF 猪、实验用猪、SPF 鸭等 5 项。检测方法系列标准包括汉坦病毒、肺支原体、大鼠泰勒病毒、大鼠细小病毒 RMV 株和 RPV 株、鼠放线杆菌、鼠痘病毒、小鼠腺病毒、多瘤病毒、猴免疫缺陷病毒、猴逆转 D 型病毒、仙台病毒、呼肠孤病毒 III 型、豚鼠微卫星 DNA 等检测方法 13 项，总计 23 项标准及相关实施指南。

本书适用于实验动物学、医学、生物学、兽医学研究机构和高等院校从事实验动物生产、使用、管理和检测等相关研究、技术和管理的人员使用，也可供对实验动物标准化工作感兴趣的相关人员使用。

图书在版编目（CIP）数据

中国实验动物学会团体标准汇编及实施指南. 第二卷 / 秦川主编. —北京：科学出版社，2018.6
（实验动物科学丛书）
ISBN 978-7-03-057592-0

I. ①中… II. ①秦… III. ①实验动物学 - 标准 - 中国 IV. ① Q95-65

中国版本图书馆 CIP 数据核字（2018）第 109857 号

责任编辑：罗 静 刘 晶 / 责任校对：郑金红
责任印制：张 伟 / 封面设计：北京图阅盛世文化传媒有限公司

科学出版社 出版
北京东黄城根北街 16 号
邮政编码：100717
http://www.sciencep.com

北京东华虎彩印刷有限公司 印刷
科学出版社发行　　各地新华书店经销

*

2018 年 6 月第 一 版　　开本：787×1092　1/16
2018 年 6 月第一次印刷　　印张：35 3/4
字数：840 000

定价：268.00 元（上下册）
（如有印装质量问题，我社负责调换）

前　言

实验动物科学是一门新兴交叉学科，集成生物学、兽医学、生物工程、医学、药学、生物医学工程等学科的理论和方法，以实验动物和动物实验为研究对象，为生命科学、医学、药学等相关学科发展提供系统的生物学材料和技术。实验动物科学是推动现代科技革命发展和创新的源动力，在生命科学、医学、药学、军事、环境、食品和生物安全领域有着基础支撑和重大战略地位。

自 20 世纪 50 年代以来，实验动物科学已经在实验动物管理、实验动物资源、实验动物医学、比较医学、实验动物技术等方面取得了重要进展，积累了丰富的研究材料，形成了较为完善的学科体系。为了归纳总结实验动物科学发展成果，开展专业教育和技能培训，我们邀请国内外实验动物领域专家，组织撰写"实验动物科学丛书"，丛书分为"实验动物管理系列""实验动物资源系列""实验动物基础科学系列""比较医学系列""实验动物医学系列""实验动物福利系列""实验动物技术系列""实验动物科普系列"八个系列。本书属于"实验动物管理系列"，是由中国医学科学院医学实验动物研究所和中国实验动物学会共同组织编制的第二批中国实验动物学会团体标准及实施指南，是实验动物标准化工作的一项重要成果。

实验动物科学在中国有 40 年的发展历史，在发展过程中有着中国特色的积累、总结和创新。根据实际工作经验，结合创新研究成果，建立新型的标准，在标准制定和创新方面有"中国贡献"，以引领国际标准发展。标准引领实验动物行业规范化、规模化有序发展，是实验动物依法管理和许可证发放的技术依据。标准为实验动物质量检测提供了依据，并减少人兽共患病的发生。通过对实验动物及相关产品、服务的标准化，可促进行业规范化发展、供需关系良性发展、提高产业核心竞争力、加强国际贸易保护。通过对影响动物实验结果的各因素的规范化，可保障科学研究及医药研发的可靠性和经济性。

根据国务院印发的《深化标准化工作改革方案》（国发〔2015〕13 号）中指出，市场自主制定的标准分为团体标准和企业标准。政府主导制定的标准侧重于保基本，市场自主制定的标准侧重于提高竞争力。团体标准是由社团法人按照团体确立的标准制定程序自主制定发布，由社会自愿采用的标准。

在国家实施标准化战略的大环境下，2015 年，中国实验动物学会（CALAS）联合全国实验动物标准化技术委员会（SAC/TC281）被国家标准化管理委员会批准成为全国首批 39 家团体标准试点单位之一（标委办工一〔2015〕80 号），也是中国科学技术协会首批 13 家团体标准试点学会之一。2017 年中国实验动物学会成为团体标准化联盟的副主席单位。

以实验动物标准化需求为导向，以实验动物国家标准和团体标准配合发展为核心，实施实验动物标准化战略，大力推动实验动物标准体系的建设，制定一批关键性标准，提高我国实验动物标准化水平和应用，进而为创新型国家建设提供国际水平的支撑，促进相关学科产生一系列国际认可的原创科技成果，提高我国的科技创新能力。通过制定实验动物国际标准，提高我国在国际实验动物领域的话语权，为我国生物医药等行业参与国际竞争提供保障。

本书收录了中国实验动物学会团体标准第二批 23 项。为了配合这批标准的理解和使用，我们还以标准编制说明为依据，组织标准起草人编写了 23 项标准实施指南作为配套图书。参加本书汇编工作的主要人员有：秦川、孔琪、岳秉飞、魏强、张钰、韩凌霞、刘迪文等。希望各位读者在使用过程中发现问题，为进一步修订实验动物标准、推进实验动物标准化发展进程提出宝贵的意见和建议。

丛书总主编　秦川

中国实验动物学会理事长

中国医学科学院医学实验动物研究所所长

北京协和医学院医学实验动物学部主任

目　　录

──────── 下　册 ────────

第一篇　实验动物管理系列标准

第二篇　实验动物质量控制系列标准

第三篇　实验动物检测方法系列标准

第一篇

实验动物管理系列标准

第一章 T/CALAS 29—2017《实验动物 教学用动物使用指南》实施指南

第一节 工 作 简 况

在 2011 年，某农大布病感染事件后，秦川教授提出制定教学用动物的标准。之后又发生了西安实验犬事件、北京奥林匹克森林公园大鼠放生事件，加上之前的流浪猫事件等，都涉及教学用动物的使用规范问题，也为本标准的制定提供借鉴。

2013 年，中国医学科学院医学实验动物研究所秦川教授承担中国工程院重点战略咨询项目《动物源人兽共患病防控战略研究》下面的实验动物部分，对实验动物源性人兽共患病进行了系统梳理，发现教学用动物是最重要的实验动物源性人兽共患病暴发点，而教学用动物又是实验动物管理真空地带，涉及农业、医药卫生、生物等各个学科。

2015 年 11 月，经过全国实验动物标准化技术委员会审查同意，由中国实验动物学会正式下达《实验动物 教学用动物使用指南》团体标准编制任务。承担单位为中国科学院上海生物化学与细胞生物学研究所、中国医学科学院医学实验动物研究所等。

第二节 工 作 过 程

自 2015 年 11 月，接到中国实验动物学会下达的编制任务之后，编写人员开始了大量的文献检索和资料调研工作。编制工作组在 2015 年 12 月启动编制工作，同时收集整理相关资料。

2015 年 12 月，工作组召开了会议，讨论并确定了标准编制的原则和指导思想；制订了编制大纲和工作计划。2016 年 1~5 月，工作组多次交流编制内容。

教学用动物种类较多，横跨水生生物到非人灵长类等高等动物，涉及的病原也很多。制定一个涵盖面广、简便易行的原则性要求，是本标准制定的出发点。

2016 年 11 月，吴宝金教授提出了《实验教学用犬的使用标准》，为本标准的制定提供了思路和提纲。经过反复讨论修改，《实验动物 教学用动物使用指南》征求意见稿于 2017 年 5 月完成。

2017 年 5~6 月，由中国实验动物学会面向实验动物行业单位公开征求意见。

2017 年 6 月，工作组整理汇总专家对本标准征求意见稿提出的问题，同时对标准格式进行了规范，最终形成标准送审稿和编制说明。

2017 年 7 月，全国实验动物标准化技术委员会邀请全国的实验动物专家，组织召开了标准审查会议。起草人在审查会上详细汇报了本标准（送审稿），现场专家们肯定了本标准的重要性和必要性，同时提出了一些意见或建议。编制工作组对照征求意见进行了修改说明、补充和完善，形成《实验动物 教学用动物使用指南》的报批稿。

2017 年 8 月 30 日，全国实验动物标准化技术委员会年会暨标准审查会在北京召开。在本次会议上，编写组汇报了标准的编制过程及主要条目。实验动物标委会的委员们进行了热烈讨论，并提出很多具体的修改意见，其中最值得关注的意见有两点：一是动物实验教学的硬件条件及管理体系无法达到实验动物使用许可证申领的标准；二是须区别动物实验教学中标准化实验动物与未标准化的动物并做不同要求，同时要考虑动物医学与生物学教学中动物实验的特殊性。

2017 年 9 月 27 日，编写组就 8 月 30 日的专家意见进行了讨论，考虑到动物医学教学及生物学教学的特殊性，决定缩小标准的适用范围，先规范医学教育过程中的动物实验。该版本将教学用动物的"实验动物使用许可证"要求去除，在保证可行性的基础上，待修改时再考虑增加对动物医学动物实验教学及生物学动物实验教学过程的规范性要求。

2017 年 12 月 29 日，中国实验动物学会第七届理事会常务理事会第一次会议批准发布《实验动物 教学用动物使用指南》等 23 项团体标准，并于 2018 年 1 月 1 日起正式实施。

第三节 编 写 背 景

教学实验是实验动物源人兽共患病发生的最主要环节。实验教学在医学院校和农业院校畜牧兽医专业整个教学计划中占有很大的比重。在畜牧兽医专业开设的各门课程学时分配中，实验教学一般占理论教学的 28%~30%，有些课程（动物学、动物生理学、兽医外科手术学等）达 40%~50%，实验动物的使用率占实验教学比重的 50%~80%。由此可见，实验动物作为实验教学环节的重要支撑条件极为重要，但由此引起人兽共患病发生的风险却加大。

这是因为用于教学的实验动物在质量控制级别要求中最低，一般为普通级动物。另外，大多教学用动物由于经费的限制，通常来自集贸市场，其饲养粗放，环境条件较差，管理设备简陋，缺少严格的遗传学和微生物控制，难免存在一些未知的疾病，不仅影响实验的效果，更重要的是由于一些人兽共患病的存在，危及动物和人类身体健康及公共卫生安全。特别是近几年流行的出血热、狂犬病、禽流感、布鲁氏菌病等多种传染性很强的人兽共患病，严重威胁实验动物生产和使用从业人员的生命安全，某农业大学师生群体感染布鲁氏菌的事件就说明了这一点，该事故为动物实验中的安全问题敲响了警钟。

医学类院校的教学用动物出现的问题很多，例如，某医科大学使用流浪猫事件、某医学院使用犬后处置不当事件，都是本标准制定的出发点，为本标准的制定提供了借鉴。

农业是实验动物源人兽共患病发生风险最大的行业。与卫生、军队等行业比较，由于众所周知的原因，农业实验动物发展滞后，同时所使用的动物主要是猪、牛、羊等大家畜，而且大多来自市场，其微生物、寄生虫携带情况不明，潜在感染和传播人兽共患病的风险加大。国内有多起因动物试验而感染从业人员的事件，因此要加强实验动物的管理，做到"以防为主、防治结合"，以确保实验人员的安全。

教学中有很多动物种类并没有制定国家标准，需要排除农业部发布的三类动物疫病，以及农业部与卫生部发布的《人兽共患传染病名录》（2009 年），其中包含 26 种传染病，对实验动物危害严重的人兽共患病包括流行性出血热、狂犬病、流感、沙门氏菌、布鲁氏菌、弓形虫、钩端螺旋体病等。在动物种类上，鼠与人常见的共患病主要有流行性出血热、仙台病毒、淋巴细胞脉络丛脑膜炎病毒、沙门氏菌等，犬猫小动物与人常见共患病主要有狂犬病、弓形虫病、衣原体病、旋毛虫病、绦虫病等，禽类与人常见共患病主要有禽流感、大肠杆菌病、沙门氏菌病、葡萄球菌病等，猪与人常见共患病主要有猪流感、流行性乙型脑炎、猪链球菌病、猪囊尾蚴病、猪旋毛虫病、弓形虫病、猪疥螨病等，反刍动物与人常见共患病主要有痘病、传染性海绵状脑病、炭疽、布鲁菌病、结核病等。流行性出血热在教学用动物感染事件中比较常见，也引起了实验人员的死亡，需要引起重视。

第四节　编 制 原 则

（1）科学性原则：教学实验用动物的使用，首先要保证教学实验的科学性和有效性，避免重复和无效的动物实验。

（2）适用性原则：教学用动物种类较多，各种动物的特点是不同的。本标准针对教学用动物，注重选择适用面较广、有代表性的，也就是能够适用于大多数教学用动物的使用原则性要求。尽量避免每一种动物都制定一个指南，这样容易导致混乱，也不利于使用者掌握。

（3）动物福利原则：动物福利是实验动物的基本诉求，在开展教学实验时，要首先考虑能够满足动物福利的基本需求，尽量避免对动物没有必要的伤害。教学实验方案应经过实验动物福利和伦理审查委员会（IACUC）的批准。

（4）经济性原则：在保证满足科学研究需要的前提下，教学实验用动物要尽量节约，避免浪费。减少实验动物的使用量，提高利用率。

（5）可操作性原则：本标准具有较好的可操作性，简单易用，对规范教学用动物的使用具有实际意义；促进具有可重复性、透明性、精确性、全面性、简明性、逻辑性的高质量使用实验动物开展的教学实验。

第五节　内 容 解 读

一、适用范围

本标准规定了医学、药学及预防医学专业教学过程中使用动物的原则性要求，包括实验前准备、动物购买、饲养管理、使用要求、实验后护理、安乐死、尸体处理等。

本标准适用于医学、药学及预防医学专业教学过程中使用动物的实验教学活动。其他专业教学活动，可参照本指南执行。关于动物医学专业实验动物教学及生物类实验动物教学相关标准，计划在后期修订过程中增补。

二、规范性引用文件

下列文件对于本标准的应用是必不可少的。凡是注明日期的引用文件，仅所注日期的版本适用于本标准。凡是不注日期的引用文件，其最新版本（包括所有的修改单）适用于本文件。

GB 14925 　《实验动物 环境及设施》

GB 14922.1 　《实验动物 寄生虫学等级及检测》

GB 14922.2 　《实验动物 微生物学等级及监测》

GB 14924.1 　《实验动物 配合饲料质量标准》

GB 14924.2 　《实验动物 配合饲料卫生标准》

GB 14924.3 　《实验动物 配合饲料营养成分》

国科发财字〔2006〕第 398 号　《关于善待实验动物的指导性意见》

农业部公告第 1125 号　《一、二、三类动物疫病病种名录》

农业部公告第 1149 号　《人畜共患传染病名录》

三、术语和定义

教学用动物（animals used in education）：以教学实验为目的使用的各种动物，包括标准化的实验动物及非标准化的实验动物。教学活动优先选择列入国家标准、行业标准、团体标准或地方标准的实验动物，选择非标准化实验动物需充分考虑教学需求、病原控制、饲养方式与条件，以及相关法规等因素。

标准化实验动物（standardized laboratory animal）：列入国家标准、行业标准、团体标准、地方标准的实验动物。

非标准化实验动物（non-standardized laboratory animal）：暂未列入国家标准、行业标准、团体标准、地方标准的实验动物。

常见的教学用动物有鱼类、两栖类、啮齿类、禽类、犬、猫等（表1）。

表1　常见的教学用动物

教学用动物	生物学特点	易感人兽共患病
青蛙	两栖类动物，青蛙的身体分头、躯干、四肢三部分，皮肤光滑。游、跳、用舌捕食。卵生、发育变态	细菌病：沙门氏菌感染
蟾蜍	两栖类动物，蟾蜍俗称"癞蛤蟆"，能分泌出一种毒液	寄生虫病：绦虫病、曼氏裂头蚴病、线中殖孔绦虫病、异形吸虫病、棘口吸虫病
小鼠	小鼠性情温顺，易于捕捉，胆小怕惊，一般不会主动攻击人，但仍保持一些野生习性。雄鼠好斗，性成熟的雄鼠在一起，易发生互斗而咬伤；啮齿类动物身上携带一些人兽共患病，一般通过动物身上的跳蚤等寄生虫感染人类	病毒病：流行性出血热、马尔堡出血热 细菌病：鼠疫、猪链球菌病、钩体病、鼠伤寒沙门氏菌、恙虫病立克次体等50多种
大鼠	大鼠一般情况下性格较温顺，很少主动攻击人，但被激怒、袭击或被抓捕时，容易攻击人。大鼠体内缺乏维生素 A 时，经常咬人，或二鼠咬斗致死；尤其是处于怀孕和哺乳期的母鼠，由于上述原因，常常会主动咬饲养人员喂饲时伸进鼠笼的手。雄性大白鼠间常发生殴斗和咬伤	病毒病：流行性出血热、马尔堡出血热 细菌病：鼠疫、猪链球菌病、钩体病、鼠伤寒沙门氏菌、恙虫病立克次体等50多种

续表

教学用动物	生物学特点	易感人兽共患病
	啮齿类动物身上携带一些人畜共患病，一般通过动物身上的跳蚤等寄生虫感染人类	
豚鼠	①豚鼠体形短粗、身圆、无尾，性情温顺、胆小、不咬人也不抓人。②草食动物。③体内不能合成维生素C，因体内缺乏左旋葡萄糖内酯氧化酶。④豚鼠对青霉素、四环素族、红霉素等药物反应较大，常在用药48 h后引起急性肠炎，死亡率很高，且对麻醉药也敏感，麻醉死亡率高。⑤抗缺氧力强，比小鼠强4倍，比大鼠强2倍。⑥豚鼠在黄昏时活动	病毒病：流行性出血热、马尔堡出血热 细菌病：鼠疫、猪链球菌病、钩体病、鼠伤寒沙门氏菌、恙虫病立克次体等50多种
小型猪	小型猪体型矮小，性情温顺，成年猪重在40 kg以下	病毒病：猪流感 细菌病：猪链球菌病、猪钩端螺旋体病 寄生虫病：弓形体病
兔	①夜行性和嗜眠性：家兔仍保留其祖先昼伏夜行的习性。嗜眠性是指家兔在某种条件下，很容易进入睡眠状态，此期间痛觉减低或消失。②胆小怕惊：兔听觉和嗅觉特别灵敏，胆小怕惊。③厌潮湿喜干燥。④食粪性。⑤啃食性。⑥家兔有产生阿托品酯酶的基因，兔内血清和肝中的阿托品酯酶能破坏生物碱	寄生虫病：弓形体病、兔附红细胞体病 衣原体病：鹦鹉热
犬	①狗喜近人，易饲养。②狗属食肉目，但早已失去了野生食肉动物的特性。③雄狗在一起爱咬架，好斗，并有合群欺弱的特性。狗习惯不停地运动。④狗有很强的适应能力，可承受热和冷的气温。⑤狗的嗅觉很灵敏，对外界环境适应力强，喜欢接近人，易于驯养。目前国际公认的理想实验用犬是 Beagle 犬。Beagle 犬温顺，从不咬人，通过训练能很好地配合实验，是医学实验中最常用的大动物	病毒病：狂犬病 细菌病：布鲁氏菌病、结核病、破伤风、沙门氏菌病、伪结核病、钩端螺旋体病、李氏杆菌病、炭疽杆菌病、阿米巴痢疾、猪链球菌病 寄生虫病：弓形体病、绦虫病、蛔虫病、吸虫病、类圆线虫病、旋毛虫病、棘球蚴病、蠕形螨病、皮肤疥癣等 支原体病：Q 热
猕猴/绿猴等灵长类	①猕猴属昼行性动物，食物很杂，主要为素食，喜欢带甜的食物。②猕猴有一个非常僵化的社会等级系统，猴群中总有一只占据支配地位的雄猴"猴王"。③猕猴经常整理自己的皮毛，清理皮屑、异物和寄生虫。④猕猴四肢粗短，有五指（趾），手的拇指、脚的大趾和其他指（趾）相对，能握物、攀登	病毒病：艾滋病、埃博拉病、猴痘病毒、SARS、马尔堡出血热 细菌病：细菌性痢疾
树鼩	树鼩为昼夜活动的攀鼩目树鼩科的小型哺乳类动物，攀缘流窜，行动敏捷。体小，易受惊，如长时间受惊、处于紧张状态时，体重下降，睾丸缩小，臭腺发育受阻。一般单独活动，食物以虫类为主，也可食用幼鸟、鸟蛋、谷类、果类、树叶等。繁殖力强，但存活率低	病毒病：艾滋病、埃博拉病
斑马鱼	习性：性情温和，小巧玲珑，几乎终日在水族箱中不停地游动。易饲养，可与其他种鱼混养。爱在水的上层活动，具集群性 繁殖：斑马鱼的繁殖周期约7天左右，一年可连续繁殖6~7次，而且产卵量高	无
猫	①生性孤独、嫉妒心强。②肉食性。③喜爱清洁。④运动快速、隐蔽、善于爬高。⑤夜游性。不易成群饲养，繁殖较困难。发情期有心理变态，饲养中涉及动物心理学问题	细菌病：鼠疫、沙门氏菌病、炭疽杆菌病、猪链球菌病、破伤风、猫抓病 病毒病：狂犬病、艾滋病 寄生虫病：弓形体病、绦虫病、蛔虫病、吸虫病、蠕形螨病、皮肤疥癣、阿米巴痢疾等

四、饲养和实验设施条件

实验前准备部分提出对饲养和实验设施条件的要求：考虑到国内各教学机构的现状及发展水平，暂没有将实验动物使用许可证的申领作为开展教学活动的前提，待条件成熟后添加该条款。同时，根据实际情况，将饲养要求分成使用标准化实验动物的教学活动及使用非标准化实验动物的教学活动分别对待。

五、人员条件

有关人员资质的设置：从事动物实验教学的相关人员尽管没有实验动物从业人员资格证的要求，但应具有所用动物相关的教育、从业或培训经历。实验动物医师应具有所用动物相关的专业教育背景或培训经历，并具有实验动物医师资质。从事教学实验的教师应具有教学实验相关的专业教育背景或培训经历，并具有相应的实验动物研究人员或技术人员资质。开展教学实验的机构应配备教学实验所需的各类教职人员，并每年至少一次开展必要的包括动物福利在内的培训活动。同时，本标准对学员提出了具体要求，需了解所用动物的生物学特性，掌握保定、手术操作、安乐死、抓咬伤处置等基本理论知识。

六、教学实验方案审查

涉及使用动物的教学实验应由所在机构的实验动物管理与使用委员会（IACUC）或相应职能组织或部门对教学实验方案进行审查和过程监管，通过审查的教学实验项目方可开展。任何一项动物教学实验，应定期接受实验动物使用与管理委员会或相应职能组织或部门的重新审查。

七、动物质量要求

强调对动物的质量要求：一般教学用动物应排除人兽共患病病原及严重影响动物健康的病原；感染性病原教学动物应按照感染性病原管理要求进行。对于实验需要，但没有正规来源，需要从市场、养殖场等特殊来源购买的动物，应经过实验动物医师进行检验检疫，排除农业部《一、二、三类动物疫病病种名录》中第一、二类病种，以及《人畜共患传染病名录》规定的动物疫病、人畜共患传染病和对教学实验有严重影响的疾病之后，方可使用。与此同时，要求教学实验负责人以经过审查批准的实验方案为依据，确定所需实验动物的种类、微生物等级、年龄、数量及性别。购置非标准化实验动物尤其是野生动物/农场动物用于教学实验，应遵守野生动物保护法及动物防疫法等相关规定。购买动物之前，应对供应机构进行评估，选择有较好信誉及动物质量控制较好的正规机构。

八、供应机构的职责

在供应标准化的实验动物时，供应机构应同时提供动物的品种品系说明、生产许可证、质量合格证、病原检测报告（近3个月内）、免疫记录及生长记录等资料。对于非标准化动物，供应机构应参照标准化实验动物的要求尽可能提供详细的背景资料。教学过程中如果使用列入国家标准、行业标准或团体标准的实验动物，相关动物应达到 GB 14922.1 和 GB 14922.2 规定的普通动物及以上级别要求。对于没有国家标准、行业标准或团体标准的动物，应排除本标准 5.3.2 中规定的疾病。

九、运输要求

对动物运输过程的要求是动物福利的重要组成部分，需采取保障动物福利的运输方式，以保证实验动物的质量和健康。运输工具应符合 GB 14925 中的有关要求。运输过程应符合《关于善待实验动物的指导性意见》及实验动物运输相关标准中的要求。

十、接收要求

动物运达后，应由实验动物医师和饲养人员核对购买协议、生产许可证、质量合格证、病原检测报告、免疫记录等，检查运输工具是否有损坏，判断在运输途中动物是否受到创伤或应激，在确认无误后签收。接收人员在接收动物后，应对其进行编号，记录来源、种类、年龄、性别、原编号、体重、临床症状等资料。

十一、检疫观察和健康检查

强调对新进动物的检疫观察和健康检查。教学实验机构应把动物的健康作为其最大的福利要求。新购进的动物根据物种特点设置隔离期。饲养人员每天负责观察记录动物的活动、精神状况、食欲、排泄、毛发等健康情况。对检疫期出现异常的动物应立即隔离观察。若怀疑传染病，则需进一步做病原检测。对确定患有人兽共患传染病的动物，必须根据疫病的微生物等级上报有关部门，并根据规定对动物及其所接触物品、房间进行处理。

十二、饲养要求

对教学动物的饲养进行规范，要求饲养室应有严格的门禁管理制度，无关人员不得随意进出饲养室。应由专人饲养，根据动物种类选择恰当的饲养环境与喂养方式。对标准化实验动物，喂食的饲料应具备质量合格证，符合 GB 14924.1、GB 14924.2、GB 14924.3 有关要求。饮用水和垫料应符合 GB 14925 有关要求。对非标准化实验动物，应提供满足动物健康需求的饲料、饮水和垫料。应每天观察动物的活动、进食情况、粪便性状、毛色、饮食状况等。每次喂食、给水、更换垫料和打扫过程中，应动作轻柔，减低噪声，严禁任何影响动物健康的行为。动物饲养用具应定期清洁、更换、消毒。动物饲养用具在每批实验完成后，应重新清洗、消毒后方能使用。

十三、抓取和保定

使用过程要求有经验的教师或接受过培训的学员抓取及保定动物。根据动物种类，采取不同的抓取、保定方式和安全防护措施（包括手套、口罩、防护服等）。在动物保定后，在教师的指导下由学员进行麻醉及实验操作。

十四、麻醉要求

本指南规范了对动物的麻醉操作。非麻醉状态的实验操作，仅限于备皮、抽血、输液、标记等简单操作。切开皮肤及内窥镜操作，均需在麻醉状态下进行。动物麻醉可根据实验需要，采取气体麻醉、静脉麻醉或局部阻滞麻醉等不同方法。麻醉过程中应注意监测动物体温，观察动物的反应及应激状态。为减少中大型动物在麻醉诱导期和苏醒期呕吐的危险，麻醉前 8~12 h 应禁食。

十五、实验要求

实验要求包括实验前准备、实验操作、人员防护及实验记录等内容。实验前准备要求负责实验的教师或技术人员应熟悉实验内容，准备麻醉剂、止痛剂、实验用药、敷料及器械等；学员在实验操作前须充分预习当次实验操作的原理、实验目的、实验步骤及技术要求，熟知实验操作对动物可能的影响，避免给动物带来不必要的疼痛和应激刺激。应在有资质教师的指导下开展预定的实验操作，实验操作过程按照实验方案内容进行；进行手术等操作后的动物若需处死，应在动物麻醉复苏前实施安乐死。因特殊实验目的需要通过复苏观察实验操作效果的教学实验，应经过 IACUC 或相应职能组织或部门批准。教学实验不鼓励重复使用经过麻醉及复杂外科实验后的动物。实验教师应指导学员做好安全防护工作，包括穿戴防护服、帽子、口罩、手套等。对特殊类型的教学实验，要采取符合实验要求的防护措施。实验过程中应注意预防动物的咬伤、抓伤等，避免直接接触动物体液和组织样本，预防动物源性的人畜共患病。发生紧急情况时，应及时做相应处理。关于实验记录，教师应记录对动物实施的实验处理（步骤）、操作效果及动物状态，学员应将所需的动物实验数据和记录保存下来。

十六、实验后护理

实验后护理针对少部分特殊设计的实验制定，包括麻醉复苏期间的护理及复苏后的护理。复苏期间的护理需采取必要措施维持麻醉复苏期间的动物体温，密切关注动物是否出现气道阻塞、呕吐、呼吸困难等症状；避免侧卧时间过长导致的肺脏淤血及重力性肺炎；密切关注复苏过程中的疼痛发生与其他健康问题，必要时施用镇痛剂或治疗措施。麻醉复苏后的护理需单笼单只饲养或有专人看护；注意动物的采食和排泄等主要生理功能变化及实验后疼痛的行为学表现；每天监视动物在实验后切口愈合及感染情况，并给予相应处理。

十七、安乐死和尸体处理

对实验后动物的安乐死及尸体处理是必须重视的问题，本标准也进行了原则性规范。

第六节　本标准常见知识问答

1. 本标准主要涵盖哪些方面的内容？其适用范围是什么？

答：本标准规定了医学、药学及预防医学专业教学过程中使用动物的原则性要求，包括实验前准备、动物购买、饲养管理、使用要求、实验后护理、安乐死、尸体处理等。

本标准适用于医学、药学及预防医学专业教学过程中使用动物的实验教学活动。其他专业教学活动，可参照本指南执行。

2. 教学用动物、标准化实验动物及非标准化实验动物的概念是什么？

答：教学用动物（animals used in education）是指以教学实验为目的使用的各种动物，包括标准化的实验动物及非标准化的实验动物。教学活动优先选择列入国家标准、行业标准、团体标准或地方标准的实验动物，选择非标准化实验动物需充分考虑教学需求、病原控制、饲养方式与条件，以及相关法规等因素。

标准化实验动物（standardized laboratory animal）：列入国家标准、行业标准、团体标准、地方标准的实验动物。

非标准化实验动物（non-standardized laboratory animal）：暂未列入国家标准、行业标准、团体标准、地方标准的实验动物。

3. 开展动物实验教学对动物饲养和实验设施条件有哪些要求？

答：开展教学实验的机构应配备所用动物相应的饲养和实验的场所、设施、设备。使用标准化实验动物的教学活动，动物饲养和实验的环境参照 GB 14925 中的相关规定，达到普通级动物及以上水平的控制标准。使用非标准化实验动物，需根据动物种类采用科学合理的饲养方式，并提供必要的环境与实验条件。

4. 开展动物实验教学对相关人员的要求有哪些？

答：饲养人员应具有所用动物相关的教育、从业或培训经历。实验动物医师应具有所用动物相关的专业教育背景或培训经历，并具有实验动物医师资质。从事教学实验的教师应具有教学实验相关的专业教育背景或培训经历，并具有相应的实验动物研究人员或技术人员资质。参加教学实验的学员应经过专门培训，了解所用动物的生物学特性，掌握保定、手术操作、安乐死、抓咬伤处置等基本理论知识。开展教学实验的机构应配备教学实验所需的各类教职人员，并每年至少一次开展必要的、包括动物福利在内的培训活动。

5. 动物实验教学方案需要什么样的审查程序？

答：涉及使用动物的教学实验，应由所在机构的实验动物管理与使用委员会（IACUC）或相应职能组织或部门对教学实验方案进行审查和过程监管，通过审查的教学实验项目方可开展。任何一项动物教学实验，应定期接受实验动物管理与使用委员会或相应职能组织或部门的重新审查。

6. 教学实验动物的购置有哪些注意事项？

答：首先是对动物病原微生物控制质量的要求，一般教学用动物应排除人兽共患病病原及严重影响动物健康的病原。教学过程中如果使用列入国家标准、行业标准或团体标准的实验动物，相关动物应达到 GB 14922.1 和 GB 14922.2 规定的普通动物及以上级别要求。对于实验需要但没有正规来源，需要从市场、养殖场等特殊来源购买的动物，应经过实验动物医师进行检验检疫，排除农业部《一、二、三类动物疫病病种名录》中第一、二类病种，以及《人畜共患传染病名录》规定的动物疫病、人畜共患传染病和对教学实验有严重影响的疾病之后，方可使用。感染性病原教学动物应按照感染性病原管理要求进行。其次是确认购买需求，教学实验负责人以经过审查批准的实验方案为依据，确定所需实验动物的种类、微生物等级、年龄、数量及性别。经实验动物部门负责人确认后，按所在机构的采购流程办理。再次,购买购置非标准化实验动物尤其是野生动物/农场动物用于教学实验,应遵守野生动物保护法及动物防疫法等相关规定。最后,在购买动物之前,应对供应机构进行评估,选择有较好信誉及动物质量控制较好的正规机构。

7. 教学实验动物供应机构应该承担哪些职责?

答:对于标准化的实验动物,供应机构应提供动物的品种品系说明、生产许可证、质量合格证、病原检测报告(近3个月内)、免疫记录及生长记录等资料。对于非标准化动物,供应机构应参照标准化实验动物的要求尽可能提供详细的背景资料。供应机构应充分考虑实验动物的运输要求,采取保障动物福利的运输方式,以保证实验动物的福利、质量和健康安全;运输工具应符合 GB 14925 中的有关规定;运输过程应符合《关于善待实验动物的指导性意见》及实验动物运输相关标准中的要求。

8. 教学单位接收动物有哪些注意事项?

答:动物运达后,应由实验动物医师和饲养人员核对购买协议、生产许可证、质量合格证、病原检测报告、免疫记录等,检查运输工具是否有损坏,判断在运输途中动物是否受到创伤或应激,在确认无误后签收。接收人员在接收动物后,应对其进行编号,记录来源、种类、年龄、性别、原编号、体重、临床症状等资料。接收动物的同时,要安排好检疫观察、饲养等后续工作。

9. 新进动物的检疫观察及健康检查工作如何开展?

答:教学实验机构应把动物的健康作为其最大的福利要求。新购进的动物,根据物种特点设置隔离期。饲养人员每天负责观察记录动物的活动、精神状况、食欲、排泄、毛发等健康情况。对检疫期出现异常的动物,应立即隔离观察。若怀疑传染病,则需进一步做病原检测。对确定患有人兽共患传染病的动物,必须根据疫病的微生物等级上报有关部门,并根据规定对动物及其所接触物品、房间进行处理。

10. 教学动物的饲养过程有哪些注意事项?

答:饲养室应有严格的门禁管理制度,无关人员不得随意进出饲养室。应由专人饲养,根据动物种类选择恰当的饲养环境与喂养方式。对标准化实验动物,喂食的饲料应具备质量合格证,符合 GB 14924.1、GB 14924.2、GB 14924.3 有关要求。饮用水和垫料应符合 GB 14925 有关要求。对非标准化实验动物,应提供满足动物健康需求的饲料、饮水和垫料。应每天观察动物的活动、进食情况、粪便性状、毛色、饮食状况等。每次喂食、给水、更换垫料和打扫过程中,应动作轻柔,减低噪声,严禁任何影响动物健康的行为。注意对饲养用具的清洁消毒工作,应定期清洁、更换、消毒,在每批实验完成后,对动物饲养用具应重新清洗、消毒后方能使用。

11. 教学过程中,对动物的抓取与保定需要注意什么?

答:应由有经验的教师或接受过培训的学员抓取及保定动物,并根据动物种类,采取不同的抓取、保定方式和安全防护措施(包括手套、口罩、防护服等)。动物保定后,在教师的指导下由学员进行麻醉及实验操作。

12. 教学实验过程中,对动物的麻醉有何原则性要求?

答:非麻醉状态的实验操作,仅限于备皮、抽血、输液、标记等简单操作。切开皮肤及内窥镜操作,均需在麻醉状态下进行。动物麻醉可根据实验需要,采取气体麻醉、静脉麻醉或局部阻滞麻醉等不同方法。麻醉过程中应注意监测动物体温，观察动物的反应及应激状态。为减少中大型动物在麻醉诱导期和苏醒期呕吐的危险，麻醉前 8~12 h 应禁食。

13. 动物实验教学前的必要准备工作有哪些？

答：负责实验的教师或技术人员应熟悉实验内容，准备麻醉剂、止痛剂、实验用药、敷料及器械等。学员在实验操作前须充分预习当次实验操作的原理、实验目的、实验步骤及技术要求，熟知实验操作对动物可能的影响，避免给动物带来不必要的疼痛和应激刺激。实验教师应指导学员做好安全防护工作，包括穿戴防护服、帽子、口罩、手套等，对特殊类型的教学实验要采取符合实验要求的防护措施。

14. 动物实验过程中，如何正确开展实验操作？

答：应在有资质教师的指导下开展预定的实验操作，并严格按照实验方案内容进行。进行手术等操作后的动物若需处死，应在动物麻醉复苏前实施安乐死。因特殊实验目的需要通过复苏观察实验操作效果的教学实验，应经过 IACUC 或相应职能组织或部门批准。教学实验不鼓励重复使用经过麻醉及复杂外科实验后的动物。实验过程中应注意预防动物的咬伤、抓伤等，避免直接接触动物体液和组织样本，预防动物源性的人畜共患病。发生紧急情况时，应及时做相应处理。实验结束后，要将所需动物实验的过程及数据记录保存下来。

15. 动物教学实验需要术后护理吗？

答：是的，对需要复苏观察的实验对象尤其要重视术后护理问题。采取必要措施维持麻醉复苏期间的动物体温。密切关注动物是否出现气道阻塞、呕吐、呼吸困难等症状，避免侧卧时间过长导致的肺脏淤血及重力性肺炎。密切关注复苏过程中的疼痛发生与其他健康问题，必要时施用镇痛剂或治疗措施。动物麻醉复苏后，应单笼单只饲养或有专人看护。应注意动物复苏过程中的采食和排泄等主要生理功能变化及实验后疼痛的行为学表现。应每天监视动物在实验后切口愈合及感染情况，并给予相应处理。

16. 实验结束后如何处置动物？

答：实验结束后，应由实验人员将动物进行安乐死，不做任何他用。动物安乐死的方法应符合动物福利要求及相关管理规定。

17. 对教学实验后的动物尸体处理有何原则性要求？

答：动物的尸体和组织严禁随意摆放、丢弃、食用或出售。动物尸体应装入专用尸体袋存放于尸体冷藏间或冰柜内，集中做无害化处理。感染性实验的动物尸体和组织应经高压灭菌后再做相应处理。

第七节　其他说明

一、分析报告

参见中国工程院战略咨询报告《动物源人兽共患病防控战略研究》（实验动物部分）。

二、国内外同类标准分析

本标准为国内原创标准，国际上无类似标准。

三、与法律法规、标准的关系

《实验动物管理条例》《实验动物质量管理办法》等法规条文与本标准内容无关联。《实验动物 微生物等级及监测》等实验动物强制性标准与本标准内容无关联。本标准内容与《关于善待实验动物的指导性意见》相符，无冲突。本标准与现行有关标准无冲突，不必废止现行标准。

四、重大分歧的处理和依据

无。

五、标准实施要求和措施

本标准发布实施后，建议积极开展宣传贯彻培训活动。面向各行业开展动物实验教学的机构和个人，宣传贯彻标准内容。

第二章 T/CALAS 30—2017《实验动物 人类感染性疾病动物模型评价指南》实施指南

第一节 工 作 简 况

2015 年 11 月，经过全国实验动物标准化技术委员会审查同意，由中国实验动物学会下达《实验动物 人类感染性疾病动物模型评价指南》团体标准编制任务。承担单位为中国医学科学院医学实验动物研究所。

第二节 工 作 过 程

自 2015 年 11 月，接到中国实验动物学会下达的编制任务之后，编写人员开始了大量的文献检索和资料调研工作。编制工作组在 2015 年 12 月启动编制工作，同时收集整理相关资料。

2016 年 12 月，工作组召开了会议，讨论并确定了标准编制的原则和指导思想；制订了编制大纲和工作计划。2017 年 1~5 月，工作组多次交流编制内容，于 2017 年 5 月完成征求意见稿和编制说明初稿。

2017 年 5~6 月，由中国实验动物学会面向实验动物行业单位公开征求意见。

2017 年 6 月，工作组整理汇总专家对本标准征求意见稿提出的问题，同时对标准格式进行了规范，最终形成标准送审稿和编制说明。

2017 年 7 月，中国实验动物学会实验动物标准化专业委员会邀请全国的实验动物专家，组织召开了标准讨论会议，起草人员在审查会上详细汇报了本标准（送审稿），现场专家们肯定了本标准的重要性和必要性，同时提出了一些意见或建议。起草人员对照征求意见进行了修改说明、补充和完善，形成本标准的送审稿。

2017 年 8 月 30 日，全国实验动物标准化技术委员会年会暨标准审查会在北京召开。在本次会议上，编写组汇报了标准的编制过程及主要条目。实验动物标准化技术委员会的委员们进行了热烈讨论，并提出具体的修改意见。建议题目改为《实验动物 人类感染性疾病动物模型评价指南》，应用范围上有所限定。建议重点介绍与感染性疾病动物模型有关的内容更为合适。

2017 年 10 月 10 日，编写组就 8 月 30 日的专家意见进行了讨论修改，形成了报批稿。

2017 年 12 月 29 日，中国实验动物学会第七届理事会常务理事会第一次会议批准发布《实验动物 人类感染性疾病动物模型评价指南》等 23 项团体标准，并于 2018 年 1 月 1 日起正式实施。

第三节 编 写 背 景

我国是人口大国，也是多种重大传染病、感染性疾病多发国家之一。艾滋病、结核病、乙型肝炎、SARS、手足口病、禽流感和甲型 H1N1 流感等重大感染性疾病都使我国面临重大挑战，也是全球高度关注的重点国家之一。

对这些感染性疾病的预防，可以通过切断传染源等综合措施发挥作用，但对于治疗，包括预防性和治疗性疫苗免疫目前还受到很大的限制，如病原生物学特性尚未完全清楚，致病的机制不十分清楚，药物、疫苗筛选在很大程度上缺乏动物模型等。对感染性疾病或病原性动物模型的认识也一直存在不足，甚至不十分正确。制备的动物模型不规范，针对性不强，甚至不是真正意义上的动物模型。

早期，确定病毒性病原作为某种疾病的病原，需满足 Koch 定律 6 项要素：能从患者中分离到病毒；能在某种宿主细胞中培养；病原具有滤过性；在同一宿主种类或相关动物种类中能复制疾病；在感染的动物中能再分离到病毒；能检测到针对此病毒产生的特异性免疫反应。这些要素也成为动物模型的重要参考指标，其中"在感染的动物中能再分离到病毒"和"能检测到针对此病毒产生的特异性免疫反应"，是制备动物模型的关键。

感染性疾病特性之一是疾病因明确的病原引起，包括病毒、细菌和寄生虫等生物体感染机体，导致疾病发生。因此，动物模型的研究，关键点是病原对动物的致病性问题，也就是说，动物能不能被病原感染，复制、模拟出全部或部分疾病特征的问题。一般来讲，病原进化伴随着宿主或寄生、相伴动物同时进化，形成了相互依存、共处、排斥等关系，这种相互依存、共处、排斥关系，表现为共生关系、机体损伤（疾病）、病原不能存活等情况。

病原依据种类和生物学特性不同，分为体外寄生感染、器官和组织内感染（包括血液）、细胞内感染几种形式。感染的机制明显不同，对感染动物宿主特异性选择要求也不同，一般依寄生虫、细菌和病毒的顺序特异性增强，特别是病毒性病原，其感染往往通过特异性受体进入细胞，而受体的进化在不同动物体内变化程度有时并不随动物种类近似而接近，给动物模型的制备带来了不确定性和复杂性，这也是有些病原没有理想的动物模型的原因之一。

但同时，由于各种动物遗传构成和生物学特性既有相似的一面又有不同的一面，也使得遗传距离大的动物作为感染病模型成为可能。因而，感染性动物模型研究，特别是新发感染性疾病病原，面临的第一个问题是动物的感染性，或称为动物敏感性的问题，往往通过大量不同种类动物的测试、筛选，才能研制出较为理想的模型。

第四节 编 制 原 则

（1）科学性原则：制备和评价感染性疾病动物模型，首先要保证动物模型的科学性和有效性，避免重复和无效的动物实验。

（2）适用性原则：动物模型种类较多，各种动物模型的侧重点是不同的。本标准针对感染性疾病动物模型，注重选择适用面较广、有代表性的，也就是能够适用于大多数感染性疾病的动物模型。尽量避免每一种动物模型都制定一个指南，这样容易导致混乱，也不利于使用者掌握。

（3）动物福利原则：动物福利是实验动物的基本诉求，在制备和评价感染性疾病动物模型时，要首先考虑能够满足动物福利的基本需求，尽量避免对动物没有必要的伤害。动物模型制备方案应经过实验动物福利和伦理审查委员会（IACUC）的批准。

（4）经济性原则：在保证满足科学研究需要的前提下，感染性疾病动物模型的制备和评价要尽量节约，避免浪费。减少实验动物的使用量，提高利用率。

（5）可操作性原则：本标准具有较好的可操作性，简单易用，对规范感染性疾病动物模型的制备和评价具有实际意义；促进具有可重复性、透明性、精确性、全面性、简明性、逻辑性的高质量感染性疾病动物模型的制备和评价。

第五节　内 容 解 读

一、范围

本标准规定了人类感染性疾病动物模型的分类、制备原则、制备方法和评价要求。

本标准适用于人类感染性疾病动物模型的制备和评价。

二、规范性引用文件

下列文件对于本标准的应用是必不可少的。凡是注明日期的引用文件，仅所注日期的版本适用于本标准。凡是不注日期的引用文件，其最新版本（包括所有的修改单）适用于本文件。

GB 19489—2008　《实验室　生物安全通用要求》

GB 14925—2010　《实验动物　环境及设施》

T/CALAS 7—2017　《实验动物　动物实验生物安全通用要求》

国务院令第 424 号　《病原微生物实验室生物安全管理条例》

三、术语和定义

以下术语和定义适用于本标准。

1.

人类感染性疾病动物模型 animal model of human infectious disease

使用感染性病原感染实验动物，使其出现和人类疾病相同或相似的临床表现、疾病过程等，并使其规范化，用于研究人类疾病，简称感染性疾病模型。

2.

完全疾病动物模型　animal model of complete disease

人源性病原体或人兽共患病原体在动物中导致的疾病能全部或基本上模拟人类疾病临床表现、疾病过程、病理生理学变化、免疫学反应等疾病特征，简称完全疾病模型。

3.

部分疾病动物模型 animal model of partial disease

人源性病原体在动物中导致的疾病能部分明显模拟人类疾病临床表现、疾病过程、病理生理学变化、免疫学反应等疾病特征，简称部分疾病模型。

4.

同类疾病动物模型 animal model of similar disease

人源性病原体不能在动物中直接致病，但本动物或其他种类动物的相同科、属、种的病原，或人-动物重组病原导致的疾病能全部或部分明显模拟人疾病临床表现、疾病过程、病理生理学变化、免疫学反应等疾病特征，简称同类疾病模型。

5.

疾病病理动物模型 animal model of pathological disease

人源性病原体在动物中不能导致明显的模拟人类疾病临床表现、疾病过程等疾病特征，但病理学变化非常具有特征性，常能在动物上出现明显的病理学变化，简称疾病病理模型。

6.

病原免疫动物模型 animal model of pathogen immunation

导入人源性或其他动物病原体不能在动物中致病，但能引起动物全部或部分明显模拟人类疾病免疫学反应等特征，简称病原免疫模型。

7.

基因工程动物模型 animal model of gene engineering

将病原体的遗传物质（基因）经人工方法导入动物体基因组中，这些基因的表达，引起动物性状的可遗传性修饰，同时可能导致动物出现病原致病的某些变化而成为模型，简称基因工程模型。

8.

复合疾病动物模型 animal model of complex disease

将不同感染性疾病病原感染动物，模拟人多重病原感染疾病的临床表现、疾病过程、病理生理学变化、免疫学反应等疾病特征，综合比较研究病原之间的相互作用，如疾病后期的复合感染等，简称复合疾病模型。

9.

群体动物模型 animal model of population

一群动物感染某种病原后，检测不到全部动物发病、病原体内复制和出现免疫反应，或病原检测表现为在不同时间、不同部位，免疫检测时间不甚一致。此类模型，可通过计算群体动物发病百分率表示和应用。

10.

特殊疾病动物模型 animal model of special disease

将病原导入免疫缺陷、疾病抵抗、胚胎动物、基因工程动物等特殊类型动物，制备特殊条件下的疾病表现动物模型，研究正常动物可能不会或不易检测到的疾病变化，简称特殊疾病模型。

四、分类

国内外没有严格的感染性疾病模型的分类标准，但是，感染性病原动物模型的分类明显不同于一般动物模型的分类，因此，按照病原种类特性及疾病表现程度可分为以下一些类型。

1. 完全疾病表现模型

人源性病原体在动物中导致的疾病能全部或基本上拟似人类疾病临床表现、疾病过程、病理生理学变化、免疫学反应等疾病特征。在感染的动物中必须能检测到活性病原（病原体内复制）和诱导的特异性免疫抗体（机体改变），这是病原导致疾病的直接证据，也是模型评判的根本要素。例如，一些寄生虫、细菌病原，宿主特异性不高，或一些人兽共患性病毒性病原能在动物上制备的模型。这类模型是最理想的疾病模型，能最大化实现疾病在动物上的再现。

2. 部分疾病表现模型

人源性病原体在动物中导致的疾病能大全部或部分明显拟似人类疾病临床表现、疾病过程、病理生理学变化、免疫学反应等疾病特征，必须能检测到活性病原和诱导的特异性免疫抗体。例如，一些原虫性寄生虫、细菌病原，或一些病毒性病原不能在动物上表现出完全疾病表现，这类模型也是较理想的疾病模型。

3. 同类疾病模型或参比疾病模型

人源性病原体不能在动物中直接致病，但本动物或其他种类动物的相同科、属、种的病原，或人-动物重组病原导致的疾病能全部或部分明显拟似人疾病临床表现、疾病过程、病理生理学变化、免疫学反应等疾病特征，必须能检测到活性病原和诱导的特异性免疫抗体。例如，动物源性寄生虫、细菌病原，病毒性病原在动物上表现出完全类似人类疾病表现，这类模型是较理想的参比疾病模型。

4. 疾病病理模型

人源性病原体在动物中不能导致明显的拟似人疾病临床表现、疾病过程等疾病特征，但病理学变化非常具有特征性，能在动物体内检测到活性病原和诱导的特异性免疫抗体。例如，一些寄生虫、细菌病原，有一定的宿主特异性，或一些病毒性病原常能在动物上出现明显的病理学改变。这类模型常常成为理想的比较医学用疾病模型，如临床患者不可能动态取样了解组织、器官病理改变，而动物模型则能实现实时了解动态变化，为疾病治疗等提供依据。

5. 病原免疫模型

导入人源性或其他动物病原体不能在动物中致病，但能引起动物全部或部分明显拟似人疾病免疫学反应等特征。一般检测不到活性病原，但能检测诱导的特异性免疫抗体。例如，一些宿主性强的寄生虫、细菌病原和病毒性病原，不能通过自然途径或体表途径接种感染而在体内复制，但可通过静脉、肌肉等免疫途径导入机体，机体通过处理免疫原的方式产生抗体或细胞免疫。这类模型严格意义上讲不属于疾病模型，但是考虑到失活病原体成分也可引起类似疾病和免疫反应，在没有动物模型的情况下，也是一种选择。

6. 基因工程疾病模型

将病原体的遗传物质（基因）经人工方法导入动物体基因组中，这些基因的表达，引起动物性状的可遗传性修饰，同时可能导致动物出现病原致病的某些变化而成为模型。这类模型应该能检测到导入的病原成分和诱导的特异性免疫抗体。这类模型主要针对一些目前还不能有较理想动物模型的寄生虫、细菌和病毒病原。

7. 复合疾病的模型

将不同感染性疾病病原感染动物，模拟人多重病原感染疾病的临床表现、疾病过程、病理生理学变化、免疫学反应等疾病特征，综合比较研究病原之间的相互作用，如疾病后期的复合感染等。

8. 群体动物的模型

一群动物感染某种病原后，检测不到全部动物发病、病原体内复制和出现免疫反应，或病原检测表现为在不同时间、不同部位，免疫检测时间不甚一致。此类模型，可通过计算群体动物发病百分率来进行应用。

9. 特殊疾病的模型

将病原导入免疫缺陷、疾病抵抗、胚胎动物、基因工程动物等特殊类型动物，制备特殊条件下的疾病表现动物模型，研究正常动物可能不会或不易检测到的疾病改变。

五、制备原则

感染性疾病动物模型，顾名思义，是以导致感染性疾病的病原感染动物，或人工导入病原遗传物质，使动物发生和人类相同疾病、类似疾病、部分疾病改变或机体对病原产生反应，为疾病系统研究、比较医学研究，以及抗病原药物及疫苗等研制、筛选和评价提供的模式动物。病原性动物模型包括三个要素：确切的病原、明确的动物和充分的实验室指标。根据以上内容，除了动物模型制备的一般原则，病原性动物模型的制备、建立重点要求以下符合原则。

1. 选择易感动物

从动物的种类、遗传分类、生物学特性和对感染性疾病病原被感染程度（敏感性）等方面选择动物。由于感染性疾病病原非常复杂，有些实验动物感染性不强或不能被感染，或新发感染性疾病病原情况不明时，可供模型制备的动物可扩大到实验用动物，包括实验动物、经济动物和野生动物。三类动物选择的优点为：①实验动物遗传背景和微生物、寄生虫等级标准清楚，环境条件可以完全控制，影响因素少，结果准确，标准化程度高；缺点是因为实验动物，尤其是啮齿类动物多为遗传改良动物，与人遗传状态不同，环境条件完全不同，病原致病特性也会不同；②经济动物环境条件类似人类生活环境，疾病发生模式非常相近，但是影响因素多，标准化程度高不高；③野生动物最接近自然，接触的病原也最多，免疫系统较强，对实验影响的不确定因素非常多，往往带来生物安全等问题。所以，在病原敏感性相同或接近情况下，动物选择的优先顺序应该是首选实验动物，其次为经济动物、野生动物。

2. 选择代表性病原

从感染性疾病病原标准株、代表株、强势病原、活化状态等方面选择病原。由于病原是活性生命体，尤其病毒性病原体，非常容易失活，模型制备使用的病原应该是活化状态最好的病原。同时，导致相同感染性疾病的病原在不同地区存在差异，致病性也会不同，因此，应该选择生物学特性明确的、经鉴定的标准株进行模型感染研究，以确保得到的疾病模型保持最高真实性。

3．疾病再现最大化

制备的感染性疾病动物模型能最大限度地拟似疾病临床表现、疾病过程、病理生理学变化、免疫学反应等疾病特征。这种最大化原则可以是全部完整的拟似，也可以是部分体现。

4．标准化、规范化

模型制备涉及的动物、病原、实验控制、操作程序、标本处理、数据采集、检测指标和结果分析应该达到统一、规范和标准化要求，可实现模型重复性好，检测指标稳定，利于客观、公正和真实的应用。标准化强调制备模型中的各种技术、剂量和检测标准应该固定使用，利于模型的稳定重现，因此与病原试验性研究、探索性研究不同。

5．生物安全

在病原性动物模型制备过程中，避免经病源污染、动物接触、污物扩散、样本采集、意外事件等任何途径导致实验室对人员和环境的生物危害发生，严格按照国家关于病原微生物相关规定进行。病原微生物的实验室活动必须按照病原危害等级和防护要求进行。

六、制备方法

1．动物的准备

动物的选择准备是模型制备成功与否的关键。对于成熟的病原动物模型，动物的种类、微生物等级均已明确，应该严格按照模型要求制备。对于初次、新发病原和新动物的模型制备，首先应该进行动物的种类和等级选择、感染性确定（病原属性、剂量、途径等）等筛选性实验，即预实验。筛选出敏感、稳定的动物（种类、年龄、性别等）后，进行标准化模型制备。同时，实验动物的伦理和福利原则也应得到满足。

2．病原的准备

病原的活化状态和特性是模型制备成功的首要条件。标准病原株、地方株等生物学特性的标准化确定等也需提前完成。

3．方法的准备

病原感染途径、剂量、感染环境控制及检测方法等应该是规范、成熟、稳定的。方法、技术达不到上述要求，会在不同程度上影响动物模型的一致性。

4．检测指标的准备

动物模型的成功与否，关键体现在模型动物的疾病表现和指标检测，也就是说，对于一种感染性疾病模型，应该预先确定观察、检测哪些表现疾病关键的特征性指标，尤其是临床表现、病原学指标、病理生理性指标和免疫学指标，以及其他辅助性指标的确定。

5．模型整体分析准备

通过上述疾病表现和指标检测，明确模型属于哪类模型，综合评价模型的应用程度和范围等。

6. 影响因素的排除

在感染性疾病动物模型制备过程中的每个环节，都会出现影响动物模型质量的因素，如动物因素、病原因素、技术方法因素、环境因素等。因此，力求控制这些影响因素，达到模型的规范化、标准化要求，显得非常重要。

感染性动物模型的制备方法通常是，选用标准化感染性病原，确定一定剂量，经不同途径感染候选动物，观察特征性临床表现，检测特异性病原学指标、病理生理性指标、免疫学指标和其他辅助性指标，评价、明确模型类型，综合评价模型的应用程度、范围和比较医学用途等，概括如下：

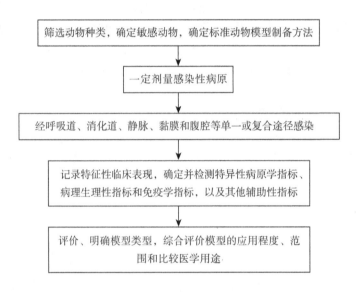

七、评价要求

1. 完全疾病模型

（1）在感染的动物中应检测到活性病原（病原体内复制）。也就是病原学检测，能够证明病原在动物体内的复制，证明病原的活性，证明动物能够感染该病原。可通过解剖、培养等方法发现、证实活性病原，如体内血液、器官、分泌物等收集来源的病毒，应经细胞培养才能证实病毒存活、体内复制，而用 PCR 等方法仅能证实病毒核酸物质的存在，并不能说明病原一定是活的。"病原存在"可能包括残留、污染等情况。另外，模型制备前，检测动物病原携带情况应清楚，应排除对目标病原研究的干扰。

（2）应检测到机体产生的特异性免疫抗体（机体变化）。动物感染病原后最主要的检测指标之一是免疫学检测，动物模型要求在感染的动物中必须能检测到活性病原和诱导的特异性免疫抗体。能使动物机体产生免疫学反应的途径包括感染和免疫。因此，病原感染性疾病动物模型的制备，是通过病原"感染过程"，即体内病毒复制实现机体产生免疫反应，而不是通过"免疫"途径。任何活性病原或失活病原成分都可能会通过静脉注射、肌肉注射、腹腔注射和皮下、皮内等"体内途径"促使机体产生抗体等免疫学改变。因此，检测到抗体，并非就能证明病原感染了机体，一定要排除可能的"抗原免疫"作用引起的免疫反应。规范的感染途径，能保证免疫指标的规范。免疫指标检测涉及的方法，如 IEA、IFA、ELISA、CTL 检测等必须达到标准化要求，判断结果保持一致。

（3）出现典型的模拟人类疾病临床症状和体征，包括体温、体重、活动、死亡等。感染性疾病的临床诊断方法应该统一，包括表征观察、体征测定等。由于观察指标容易因人而异，因此应设计评价标准。例如，动物精神状态观察，最好按程度设定为能较客观评判的分值（0~10 分）。体温等指标测定要考虑动物基础体温和人及动物间的不同。

（4）血液、生化检测指标明显变化。疾病临床观察和检测指标必须客观，检测的时间点应该覆盖整个疾病过程，时间间隔不能过于稀疏。各种检测方法、对照等在整个实验过程中应保持不变，感染方式、病原剂量也应保持不变。尽量避免使用大剂量经静脉等途径感染，动物不会经过潜伏期而直接发病，导致疾病过程不完整。

（5）出现明显的病理学变化。模型动物中一般会出现特征性和共性病理、生理学改变。特征性病理改变，如病原感染的器官、组织和细胞不同，部位不同，细胞变性、坏死特点不同，引起的炎性细胞不同，包涵体特性及病理、生理学动态变化等是模型成立的关键指标，必须进行规范化描述和记录。缺乏特征性病理、生理学改变，再丰富的共性体现，如一般性的出血、细胞变性、坏死、炎性细胞浸润等现象都不能证明模型的成功。感染性动物模型的成功，一般要求通过免疫组化、原位杂交等方法证实病原的组织定位。

2. 部分疾病模型

（1）在感染的动物中应检测到活性病原（病原体内复制）。此处与"完全疾病模型（1）"一致。

（2）应检测到机体产生的特异性免疫抗体（机体变化）。此处与"完全疾病模型（2）"一致。

（3）出现明显的或部分模拟人类疾病临床症状和体征，包括体温、体重、活动、死亡等。此处与"完全疾病模型（3）"范围和程度不同，能模拟部分人类疾病临床症状和体征。

（4）血液、生化检测指标较明显变化。此处检测指标变化程度低于"完全疾病模型（4）"。

（5）出现较明显的病理学变化。此处检测指标变化程度低于"完全疾病模型（5）"。

3. 同类疾病模型

（1）在感染的动物中应检测到活性同类病原（病原体内复制）。此处为同类病原，要求同"完全疾病模型（1）"。

（2）应检测到机体产生的针对同类病原的特异性免疫抗体（机体变化）。此处为同类病原，要求同"完全疾病模型（2）"。

（3）出现全部或部分明显模拟人类疾病临床表现，包括体温、体重、活动、死亡等。此处与"完全疾病模型（3）"和"部分疾病模型（3）"类似。

（4）血液、生化检测指标较明显变化。此处检测指标变化程度低于"完全疾病模型（4）"，与"部分疾病模型（4）"类似。

（5）出现较明显的病理学变化。此处检测指标变化程度低于"完全疾病模型（5）"，与"部分疾病模型（5）"类似。

4. 疾病病理模型

（1）在感染的动物中应检测到活性病原（病原体内复制）。此处与"完全疾病模型（1）"一致。

（2）应检测到机体产生的特异性免疫抗体（机体变化）。此处与"完全疾病模型（2）"一致。

（3）出现较明显的特征性病理学变化。重点是出现特征性病理学改变，也是称为疾病病理模型的原因所在。

5. 病原免疫模型

（1）在感染的动物中应检测到活性病原（病原体内复制）。此处与"完全疾病模型（1）"一致。

（2）应检测到机体产生的特异性免疫抗体（机体变化）和特异性细胞免疫应答。此处与"完全疾病模型（2）"一致。需要出现特异性免疫抗体和特异性细胞免疫应答才能判定为病原免疫模型。可以没有临床表现、病理学改变。

6. 基因工程模型

（1）可检测到导入的病原成分。能检测到导入基因的表达。

（2）可检测到机体产生的特异性免疫抗体（机体变化）。机体针对病原蛋白产生特异性免疫抗体。

7. 复合疾病模型

（1）在感染动物中应检测到活性复合病原（病原体内复制）。多种病原感染动物，方法同"完全疾病模型（1）"。

（2）应检测到机体产生的复合特异性免疫抗体（机体变化）。多种病原产生的复合特异性免疫抗体，方法同"完全疾病模型（2）"。

（3）出现典型的模拟人类疾病临床症状和体征，包括体温、体重、活动、死亡等。此处与"完全疾病模型（3）"一致，强调出现典型临床表现。

（4）血液、生化检测指标明显变化。此处同"完全疾病模型（4）"。

（5）出现明显的病理学变化。此处同"完全疾病模型（5）"。

8. 群体动物模型

（1）在感染的群体动物中50%以上机体应检测到活性病原（病原体内复制）。强调感染群体的感染率，检测方法同"完全疾病模型（1）"。

（2）50%以上机体应检测到特异性免疫抗体（机体变化）。应检测到特异性免疫抗体，检测方法同"完全疾病模型（2）"。

（3）50%以上机体出现典型的模拟人类疾病临床症状和体征，包括体温、体重、活动、死亡等。强调群体的检出率在50%以上。

（4）50%以上机体出现血液、生化检测指标的明显变化。强调群体的检出率在50%以上。

（5）50%以上机体出现明显的病理学变化。强调群体的检出率在50%以上。

9. 特殊疾病模型

（1）在感染的动物中应或能检测到活性病原（病原体内复制），或能检测到机体合理产生的特异性免疫抗体（机体变化）。要求能检测到病原体内复制或出现特异性抗体。满足其中之一即可。

（2）宜出现模拟人类疾病的临床症状和体征，包括体温、体重、活动、死亡等。最好有临床表现，不做要求。

（3）宜出现血液、生化检测指标明显变化。最好有血液、生化指标变化，不做要求。

（4）宜出现病理学变化。最好有病理学变化，不做要求。

第六节　分析报告

一、规范化要求

疾病模型的最终目的是应用，一种疾病模型的制备往往经过多次尝试和实验，模型稳定成熟后的各种要素，包括动物、病原、实验控制、操作程序、标本处理、数据采集、检测指标和结果分析等应该达到统一、规范和标准化要求。只有这样，模型才能起到活的"标尺"、"衡器"的作用。模型研究和应用中最常见的问题往往是动物个体间表现不一、检测指标数值范围过大、不同时期模型差异大等问题。因此，在模型制备和应用的各个环节中，应该重点进行以下几个方面的规范化要求。

1. 疾病模型研制中动物规范化要求

模型制备的实验用动物种类大致包括实验动物、经济动物和野生动物。实验动物的遗传背景和微生物、寄生虫等级标准清楚，环境条件可以完全控制，因而对结果的影响因素少，检测数据比较恒定，结果准确，标准化程度可达到较高要求。实验用动物中的经济动物和野生动物由于没有近交系及封闭群动物，个体差别较大，病原自然感染的机会多，对实验影响的不确定因素非常多，尤其是感染病原后免疫反应的影响非常重要。因此，实验前必须检测所选各类动物有否同类病原的感染情况，尽量选择阴性结果动物。动物的种类、性别、年龄、体重、营养状态、健康情况等必须尽量一致，这些检测数据应该规范化确定下来，作为规范化模型的基础数据。

2. 病原规范化要求

作为感染性模型制备使用的病原，应该是"标准株"、"模式株"或"代表株"，其生物学特性应该明确、来源清楚（如有权威机构的保存号等）。模型制备使用病原的致病性与其活化状态密切相关，因此，应该制备大量的同批次病原，进行小包装储存，保证不同时间制备的模型动物具有致病性一致的特性。导致相同感染性疾病的病原在不同地区可能存在差异，致病性也会不同，因此，如使用这些"地方株"病原，也应该遵循上述原则。对病原可能产生影响的任何因素，都应该得到有效控制，如病毒培养的细胞，均应使用同一来源，培养代数接近。

3. 传染病疾病过程研究规范化要求

疾病观察和检测的指标必须客观，检测的时间点应该覆盖整个疾病过程，时间间隔不能过于稀疏。病原检测和免疫反应检测方法、对照等在整个实验过程中应保持不变，感染方式、病原剂量也应保持不变。尽量避免使用大剂量经静脉等途径感染，动物不会经过潜伏期而直接发病，导致疾病过程不完整。

4. 感染性疾病传播途径研究规范化要求

传染病或感染性疾病有不同的传播途径，有些是多种途径感染机体。因此，在研究传播途径时，原则上应该严格按单一途径感染，避免动物可能因混合途径交叉感染，导致结果错误。单一传播途径的设计应该满足感染动物基本要求，不能避免交叉途径感染，应该如实写明。

5. 病原感染剂量研究规范化要求

病原剂量应该明确，用标准的计量方法测定，如病毒性病原常使用 $TCID_{50}$ 或 pfu/体积等、细菌计数常用菌数等，切忌使用笼统的 mL 等体积单位。有些感染性疾病有剂量依赖感染特性，使用不同病原浓度感染动物，应该确定感染剂量浓度跨度，如对倍稀释、10 倍稀释等方法，并注意严格操作。

6. 动物模型的临床研究规范化要求

感染性疾病的临床诊断方法应该统一，包括表征观察、体征测定等。由于观察指标容易因人而异，因此应该设计评判标准，如动物精神状态观察最好按程度设定为能较客观评判的分值（0~10 分）。发热等指标测定要考虑动物基础体温和人及动物间的不同。

7. 感染性疾病病原学研究规范化要求

一般从两个方面考虑：一方面，病原的来源、状态应该明确，如来自患者、动物的哪些部位；另一方面，病原本身非常复杂，检测指标应该尽量全面，检测方法应该规范。值得注意的是，动物模型往往要求在感染的动物中必须能检测到活性病原，因此，必须通过解剖、培养等方法发现、证实活性病原，如体内血液、器官、分泌物等收集来源的病毒必须经细胞培养才能证实病毒存活、体内复制，而用 PCR 等方法仅能证实病毒核酸物质的存在，并不能说明病原一定是活的，"病原存在"可能包括残留、污染等情况。另外，模型制备前，检测动物病原携带情况必须清楚，要排除对目标病原研究的干扰。

8. 感染性疾病免疫学研究规范化要求

动物感染病原后最主要检测指标之一是免疫学检测，动物模型要求在感染的动物中必须能检测到活性病原和诱导的特异性免疫抗体。能使动物机体产生免疫学反应的途径包括感染和免疫。因此，病原感染性疾病动物模型的制备，是通过病原"感染过程"即体内病毒复制实现机体产生免疫反应，而不是通过"免疫"途径。任何活性病原或失活病原成分都可能会通过静脉注射、肌肉注射、腹腔注射，以及皮下、皮内等"体内途径"促使机体产生抗体等免疫学改变，因此，检测到抗体，并不能证明病原感染了机体，一定要排除可能的"抗原免疫"作用引起的免疫反应。感染途径的规范，才能保证免疫指标的规范。免疫指标检测涉及的方法，如 IEA、IFA、ELISA、CTL 检测等必须达到标准化要求，判断结果保持一致。

9. 感染性疾病病理生理学研究规范化要求

模型动物中一般会出现特征性和共性病理、生理学改变。特征性病理改变，如病原感染的器官、组织和细胞不同，部位不同，细胞变性、坏死特点不同，引起的炎性细胞不同，包涵体特性，以及病理、生理学动态变化等是模型成立的关键指标，必须进行规范化描述和记录。缺乏特征性病理、生理学改变，再丰富的共性体现，如一般性的出血、细胞变性、坏死、炎性细胞浸润等现象都不能证明模型的成功。感染性动物模型的成功，一般会要求通过免疫组化、原位杂交等方法证实病原的组织定位。

10. 药物、疫苗研究规范化要求

药物、疫苗等的有效性研究和评价在很大程度上依赖成功的动物模型。模型研制最重要的目的之一是在药物、疫苗研发中的应用。如果说药物依靠细胞模型体系（也即体外实验，*in vitro*）可以解决一部分问题，那么，疫苗评价依靠机体的免疫反应作为最重要的指标，必须通过动物模型体系（也即体内实验，*in vivo*）解决问题。动物模型作为评价基础，涉及的动物、病原、检测方法、观察手段、测量标准、使用剂量、感染途径、给药途径、评价分析及试验设计等方面必须达到规范化要求。尤其是实验设计中动物分组，必须采用统一标准，达到客观公正的目的。病原感染的模型动物在药物、疫苗评价中应该被设置为"感染对照"，也即疾病对照动物，其他治疗组动物的感染（包括病原剂量、状态、处理、途径、次数等）必须以该组动物模型指标为标准。模型动物确定的病原、病理、免疫、生化、临床等检测和评价指标是药物及疫苗有效性判断的基准。药物、疫苗起到治疗和保护作用等结论的得出，是建立在动物感染病原后，动物模型的客观性、科学性保证的比较医学研究的基础之上，模型的客观性、科学性不准确，评价结果将会出现差异，甚至错误。利用模型研究药物、疫苗效果的另一重要方面是，药物、疫苗通过什么机制发挥作用，机体和病原在药物、疫苗作用下各自发生了哪些改变，这些变化对机体和病原产生了怎样的影响，等等，都需要有针对性研究。

二、感染性疾病动物模型的应用

感染性疾病动物模型研究和应用领域非常广泛。例如，病原的动物感染性实验对研究病原特性、致病机制、病理变化、免疫应答等方面的研究都起到至关重要的作用。稳定、特异的动物模型也在药物筛选、生物制剂和疫苗研发、效果评价中起到不可替代的作用。归纳起来，病原动物模型的研究与应用主要包括以下几个方面。

1. 感染性疾病过程研究

不同感染性疾病过程不同，基本上都有潜伏期、发病早期、持续期和恢复期的特点。如果目的是研究疾病全过程，最理想的方法是模拟自然发病感染方式，病原少剂量、多次，经自然感染途径感染动物，制备模型。如使用大剂量经静脉等途径感染，动物不会经过潜伏期直接发病，无法研究病原在潜伏期和机体的相互作用等问题。

2. 感染性疾病传播途径研究

感染性疾病有不同的传播途径，可利用动物模型进行自然传播途径的确认和机制研究。针对感染性疾病不同的传播途径，可通过非自然途径感染动物，研究病原的致病性差异等。多种途径同时感染可综合了解病原和机体的相互作用。新发感染性疾病病原传播机制研究、不同动物相互感染等研究均可利用不同传播途径设计制备模型。

3．病原感染剂量研究

有些感染性疾病有剂量依赖感染特性，可进行系列不同病原浓度感染动物，以确定最佳感染剂量。不同感染途径，使用的剂量也会不同，特别要注意研究其相互关系。尤其在利用动物模型评价药物、生物制剂和疫苗时，剂量的使用与效果评价结果直接相关。

4．动物模型的临床研究

感染性疾病最初往往是靠临床诊断，因此，动物模型的临床病症非常重要，尤其是特征性疾病表现的发现，对早期疾病诊断非常重要。

5．感染性疾病病原学研究

模型制备中最重要的目的之一是感染性疾病病原学研究。特别是病毒性病原，目前尚没有一种病毒性病原的致病性被了解得非常清楚，一方面是因为病原本身非常复杂，可以说是处于动态变化状态；另一方面是不同来源的不同细胞、组织、机体造成病原存在差异，只有通过大量动物模型的研究积累，才能进一步研究阐明病原本质。

6．感染性疾病免疫学研究

感染性疾病的个体发生，最终结果是病原和机体的相互作用产生的，可能有几种表现：不发病或隐性感染；发生疾病，机体恢复；发病后机体死亡。但不管哪种形式，机体的免疫系统一定会有反应，也可以说，机体免疫反应的结果导致不同疾病的表现形式。不同病原引起的体液和细胞免疫作用不同，特异性免疫和非特异性免疫作用也不同，动物模型的应用可以阐明免疫学许多问题。

7．感染性疾病病理生理学研究

动物模型能够从不同程度反映疾病的病理生理学改变，特别是发现特征性的病理生理学动态变化，对认识病原的致病机制，机体细胞、组织和器官的损伤，以及不同类型免疫细胞的介入等都具有无可替代的作用。

8．感染性疾病遗传学研究

机体疾病的主要发生因素包括：遗传和环境影响，不同类型疾病，遗传和环境因素影响的程度不同。感染性疾病肯定是由病原引起致病，但是，病原为什么会感染机体，尤其是病毒性病原，动物种属、受体结构等都影响发病，虽然进行了大量方方面面的基础研究，动物感染病原微生物和寄生虫的确切遗传机制仍不明确。另外，病原在不同动物体内，为适应机体抵抗，会自我调整，出现变异等情况，机体也会做出新的对应变化，这都需要遗传机制的控制，都是研究的方向。

9．不同动物敏感性研究分析

对某一病原，有些动物感染发病，有些动物隐性感染不发病，有些动物仅仅携带病原，有些动物根本不被感染，从某种意义上讲，这些情况均为不同类型的动物模型，也可以理解为疾病模型和疾病抵抗模型，为什么会有这些情况出现？机体哪些基因参与疾病过程？遗传机制是什么？这些都是重点研究的对象。

10．感染性疾病传播模式研究

对感染性疾病而言，传播模式非常关键，模型研究也是非常困难的，如动物之间的跨种属传播、传播力度的改变等。

11. 感染性疾病比较医学研究

动物模型提供不同程度的疾病拟似研究，尽管可能会有病原完全复制疾病的情况，但毕竟是在动物机体的表现，动物和人类毕竟在遗传构成等诸多方面存在不同，因此，病原在机体的存活情况、机体处理病原的机制等，肯定不完全一样，哪些相同、哪些不同、为什么？只有通过不同方面、不同层次的比较研究，才能更接近认识疾病发生的本质。

12. 感染性疾病血液、生物化学研究

病原导致疾病发生，会引起机体不同器官反应，有些细胞反应会在血液中检测出来，因此，可通过动态监测器官功能指标，如酶类等的变化，了解不同器官在疾病过程中的作用和受损程度，结合病理生理学等变化，认识疾病造成机体的伤害程度。

13. 感染性疾病药物、疫苗研究

模型研制最重要的目的之一是在药物、疫苗研发中的应用。药物和疫苗的有效性研究、评价依靠动物模型的客观性、科学性保证。模型动物确定的病原、病理、免疫、生化、临床等检测和评价指标的比较研究结果为药物、疫苗的有效性提供判断。模型的客观性不准确，评价结果将会出现差异。利用模型研究药物、疫苗效果的另一重要方面是，药物、疫苗通过什么机制发挥作用，机体和病原在药物、疫苗作用下各自发生了哪些改变，这些变化对机体和病原产生了怎样的影响，等等，都需要有针对性研究。

14. 感染性疾病生命科学研究

感染性疾病病原作用于机体导致疾病发生，可以说是两种生命体之间相互作用的综合表现，因此，能观察、检测到的所有改变，包括机体和病原，都是疾病线索，都应该充分研究。作为动物模型，应该是一个非常复杂、系统庞大的体系，对它的任何研究，都将会对生命科学研究至关重要，从某种意义上讲，对疾病和机体的特殊生命表现研究清楚了，我们对生命本身也会更加清楚，这也是病原感染性疾病动物模型具有无限挑战性的特点，同时也是我们细化研究的切入点和突破点，是生命研究的最重要组成部分。

三、感染性疾病动模型的局限性

感染性动物模型毕竟是利用动物，通过人工方式感染，进行模拟研究，尤其是人源性病原体感染动物，往往不会得到和人非常类似的疾病过程，这也是感染性动物模型的局限性，只有认识到这种局限性，才能更好地理解动物模型，正确使用动物模型。另一方面，这也使我们思考，病原为什么在不同动物中，表现出致病性的相同或不同，这也是病原性疾病致病机制研究的重点。概括起来，感染性动物模型的局限性包括以下几个方面。

1. 动物的局限

动物的种类和等级的限制等因素影响动物模型。不同动物遗传和生物学特性不同，对病原的感染性会有不同表现，不同种属、品种、品系的动物也会不同，个体差异也会影响模型的一致性。例如，禽流感病毒 H5N1，可感染小鼠、大鼠、猕猴、食蟹猴、雪雕等不同动物，但其致病性在不同动物有所差异。国外一般推荐使用雪雕作为模型，认为疾病过程和患者类似，但在我国雪雕尚未实验动物化，来源也较困难。动物的微生物和寄生虫携带情况，即微生物学等级，也影响模型制备，一般推荐无特殊病原体（SPF）动物用于模型制备，影响因素较小。另外，动物也可能被感染后不会全部发病，一般利用整组动物感染情况（百分数）作为模型基数而使用。

2. 病原的局限

病原的活化程度、来源、培养、量化、标准病原株、地方株等生物学特性的差异等因素，会影响模型的制备。有些病原不能被培养，其他微生物污染干扰等也影响模型制备。病原在动物体内受到免疫等阻力，也会相应通过变异等方式改变生物学特性。

3. 实验方法的局限

方法学不同或实验室不具备的方法条件会影响模型的指标确定。很多病原存在不同途径感染问题，想选择的感染途径可能不是理想途径。有些病原需要定量检测、病理活检等，实验室条件达不到要求，影响模型的完整性。生物安全要求的实验室条件，和普通实验室条件下的动物模型也会出现不同，如艾滋病灵长类模型动物（SIV/SAIDS）在生物安全三级实验室不会出现像普通环境下的后期严重复合感染情况。

4. 动物和人体的局限

动物毕竟和人体不同，可能使得病原在不同机体表现不同。因此，理论上讲，和人类遗传、进化越接近的动物，可能更能表现出疾病的类似性，也即机体的反应性。但这不是绝对的，病原和不同动物长期相伴，形成了复杂的相互关系，具备了较稳固的抵抗模式，给模型的制备和疾病分析带来极大困难。

5. 应用的局限性

动物的质量和数量，病原在体内复制的不确定性，检测方法的特异性、敏感性和重复性，处死动物的频率和要求，药物和疫苗的特殊要求，这些方面都会影响、限制模型动物的应用。例如，灵长类动物不可能像小动物一样要求遗传均一性和足够数量，甚至达到统计学要求的组（只）数。

第七节　其　他　说　明

一、国内外同类标准分析

本标准为国内原创标准，国际上无类似标准。

二、与法律法规、标准的关系

《实验动物管理条例》《实验动物质量管理办法》等法规条文与本标准内容无关联。《实验动物　微生物等级及监测》等实验动物强制性标准与本标准内容无关联。本标准内容与《关于善待实验动物的指导性意见》相符，无冲突。

本标准引用了 GB 19489—2008《实验室　生物安全通用要求》、GB 14925—2010《实验动物　环境及设施》、T/CALAS 7—2017《实验动物　动物实验生物安全通用要求》、国务院令第 424 号 《病原微生物实验室生物安全管理条例》。

三、重大分歧意见的处理

无。

四、标准实施要求和措施

本标准发布实施后，建议积极开展宣传贯彻培训活动。面向各行业开展动物实验的机构和个人，宣传贯彻标准内容。

第三章 T/CALAS 31—2017《实验动物 安乐死指南》实施指南

第一节 工 作 简 况

安乐死是一种简单的无痛死亡。对于实验动物而言，安乐死则是一种仁慈地处死动物的方法。安乐死的主要目的是：①减轻动物的疾病所带来的痛苦；②在动物完全失去知觉前，将引起痛苦、焦虑、悲伤和害怕的感觉降到最低；③给予一种无痛的、没有悲伤的死亡。

安乐死已经成为实验动物福利的一个重要指标。为了规范实验动物安乐死行为，2015年11月，经过全国实验动物标准化技术委员会审查同意，由中国实验动物学会正式下达《实验动物 安乐死指南》团体标准编制任务。承担单位为中国医学科学院医学实验动物研究所等。

第二节 工 作 过 程

2015年11月，接到中国实验动物学会下达的编制任务之后，编写人员开始了大量的文献检索和资料调研工作。编制工作组在2015年12月启动编制工作，同时收集整理相关资料。

2015年12月，工作组召开了会议，讨论并确定了标准编制的原则和指导思想，制订了编制大纲和工作计划。2016年1~12月，工作组多次交流编制内容。

经过反复讨论修改，本标准征求意见稿在2017年5月完成。

2017年5~6月，由中国实验动物学会面向实验动物行业单位公开征求意见。

2017年7月，工作组整理汇总专家对本标准征求意见稿提出的问题，同时对标准格式进行了规范，最终形成标准送审稿和编制说明。

2017年8月，全国实验动物标准化技术委员会邀请全国的实验动物专家，组织召开了标准讨论会议，起草人在审查会上详细汇报了本标准（送审稿），现场专家们肯定了本标准的重要性和必要性，同时提出了一些意见或建议，编制工作组对照征求意见进行了修改说明、补充和完善，形成本标准的报批稿。

2017年8月30日，全国实验动物标准化技术委员会年会暨标准审查会在北京召开。在本次会议上，编写组汇报了标准的编制过程及主要条目。实验动物标委会的委员们进行了热烈讨论，并提出具体的修改意见。例如，增加清醒动物颈椎脱臼方法；尸体焚烧目前已不合时宜，建议修改为无害化处理。实施安乐死的方法，常用方法和吸入方法不属于一个层面，建议调整。

2017 年 10 月 20 日，编写组就 8 月 30 日的专家意见进行了讨论修改，形成了报批稿。

2017 年 12 月 29 日，中国实验动物学会第七届理事会常务理事会第一次会议批准发布包括本标准在内的《实验动物　教学用动物使用指南》等 23 项团体标准，并于 2018 年 1 月 1 日起正式实施。

第三节　编 写 背 景

安乐死是一个非常重要的动物福利指标。随着国内同行对实验动物福利水平的重视，安乐死也逐渐受到重视。在 2006 年科技部颁布的《关于善待实验动物的指导性意见》（国科发财字〔2006〕398 号）中明确指出，处死实验动物不使用安死术的单位，将吊销单位实验动物生产许可证或实验动物使用许可证。但是，如何开展安乐死是执行这个文件的重要议题。因此，制定安乐死标准指南非常重要：一是配合科技部国科发财字〔2006〕398 号文件执行；二是提高我国实验动物福利水平；三是促进科学研究水平。

本标准主要参考了美国兽医协会（AVMA）制定的 *Guidelines for the Euthanasia of Animals*（《2013 版动物安乐死指南》）、加拿大动物保护协会（CCAC）的 *CCAC Guidelines on：Euthanasia of Animals Used in Science*（《CCAC 科学用动物安乐死指南》）和欧盟委员会发布的 *Recommendations for Euthanasia of Experimental Animals*（《实验动物安乐死推荐方法》），也参考了中国台湾、日本、新加坡等的文献资料，结合我国国情编制而成，可为我国采用国际较为流行的安乐死方法提供指导借鉴。

实验动物的安乐死是指在不影响动物实验结果的前提下，使实验动物短时间内无痛苦地死亡，不会由刺激产生肉体疼痛，以及由于刺激引起精神上的痛苦、恐惧、不安和抑郁。在必须杀死动物的时候，应尽可能地采取减少动物痛苦的方法。动物在供科学研究利用后如陷入不可恢复状态时，研究者应尽可能快地采取动物无痛苦的方法处死动物。应尽可能地使用能使动物意识丧失、不感痛苦，同时动物的心机能、肺机能是非可逆性停止的化学及物理方法处分动物，这些方法应被社会所承认。

欧美很多国家的法律规定，在实验中止和终止时，由于实验计划或在实验中动物生病、负伤不能救助而陷于痛苦时，实验不再使用或决定动物退役，再继续饲养会极大地增加经济负担时，或在意外发生大火、地震等紧急状态时，可以处死动物。处死动物的决定由管理者在充分考虑生命的尊严性而又无其他解决办法时决定。

动物安乐死的方法很多，常用的有二氧化碳（CO_2）吸入、注射巴比妥类药物、断头法、电击法等。安乐死实验动物时应注意，要确认实验动物已经死亡，通过对呼吸、心跳、瞳孔、神经反射等指征的观察，对死亡做出综合判断，还要将尸体进行无害化处理。其中，最重要的死亡判断指标是心跳停止。

第四节　编制原则

（1）科学性原则：实验动物安乐死方法的使用，首先要保证动物实验结果的科学性和有效性，避免重复和无效的动物实验。

（2）适用性原则：实验动物安乐死方法较多，各种动物适合的安乐死方法是不同的。本标准针对常用的实验动物，注重选择国际上比较认可的、适用面较广的、有代表性的，也就是能够适用于大多数实验动物安乐死要求的方法。尽量避免每一种动物都制定一个标准，这样容易导致混乱，也不利于使用者掌握。使用者可以结合实际情况，选择采用。

（3）动物福利原则：动物福利是实验动物的基本诉求，在开展动物实验时，要首先考虑能够满足动物福利的基本需求，尽量避免对动物没有必要的伤害。本标准中推荐的安乐死原则和方法也需要经过各机构实验动物管理和使用委员会（IACUC）的批准。

（4）经济性原则：在保证满足科学研究需要的前提下，实验动物的安乐死操作要尽量节约，避免浪费。

（5）可操作性原则：本标准具有较好的可操作性，简单易用，对规范实验动物的安乐死具有实际意义。

第五节　内容解读

一、范围

本标准规定了实验动物安乐死的原则性要求，包括实施安乐死的基本原则、实施背景、仁慈终点、药物选择、常用方法等。

本标准适用于实验动物安乐死。

二、规范性引用文件

下列文件对于本标准的应用是必不可少的。凡是注明日期的引用文件，仅所注日期的版本适用于本标准。凡是不注日期的引用文件，其最新版本（包括所有的修改单）适用于本文件。

GB 14925　《实验动物 环境及设施》

国科发财字〔2006〕398号　《关于善待实验动物的指导性意见》

三、术语和定义

下列术语和定义适用于本标准。

1.

安乐死 euthanasia

用公认的、人道的方式处死动物的过程。

2.

仁慈终点 human endpoint

动物实验过程中，选择动物表现疼痛和压抑的较早阶段为实验的终点。

四、基本原则

1. 尊重生命

安乐死的整个过程均应尊重动物生命。

2. 明确目的

安乐死的目的是以人道的方式使动物死亡，应以最低程度的疼痛、最短的时间使动物失去知觉和痛觉。

3. 选择方法

应根据动物种类、年龄和健康状态选择合适的方法。还应考虑：动物的大小、数量、温驯度、兴奋度，对疼痛、窘迫和疾病的感受，保定方法，是否需组织采样，操作人员容易掌握的技术，对操作人员的影响等因素。选择不常用方法时，应咨询实验动物医师的意见。

4. 福利审查

动物实验方案中应包含安乐死或善后方法。应符合《关于善待实验动物的指导性意见》有关要求，且通过所在机构实验动物管理和使用委员会（IACUC）的审查。

5. 动物保定

适当的保定可减低动物的恐惧、焦虑及疼痛，也可保障操作人员的安全。

6. 人员培训

IACUC 应制定计划，培训操作人员掌握正确的安乐死技术方法，了解实施动物安乐死的目的和动物福利原则，熟悉动物疼痛或窘迫体征，并能确认动物死亡。

7. 场所选择

动物安乐死时，应选择远离同种动物的非公开场所实施。环境设施符合 GB 14925 的有关要求。

8. 辅助措施

动物安乐死首要考虑为解除动物的疼痛与窘迫，面对神经质或难以驾驭的动物，可先给予镇静剂或止痛剂等药物，以便降低动物的紧迫与恐惧。

9. 死亡确认

实施安乐死后，操作人员应检查确认动物是否已经死亡，主要依据是心跳是否完全停止。

五、实施安乐死的条件

实施安乐死的条件，需要由实验动物医师判断：

（1）已达到实验目的；

（2）因研究需要采集血液或组织样本；

（3）动物疼痛程度超过预期；

（4）严重影响动物健康和动物福利；

（5）其他原因不适合继续繁殖或饲养。

六、选择仁慈终点的原则

1. 体重减轻

体重减轻达动物原体重的 20%~25%，或动物出现恶病质或消耗性症状。

2. 食欲丧失

小型啮齿类动物完全丧失食欲达 24 h 或食欲不佳（低于正常食量的 50%）达 3 天。大动物完全丧失食欲达 5 天或食欲不佳（低于正常量之 50%）达 7 天。

3. 虚弱或濒死

无法进食或饮水。动物在没有麻醉或镇静的状态下，长达 24 h 无法站立或极度勉强才可站立，或表现精神抑郁伴随体温过低（常温动物低于 37℃）。

4. 严重感染

体温升高、白细胞数目增加，且抗生素治疗无效并伴随动物全身性不适症状。

5. 肿瘤

自发性或实验性肿瘤，均需仁慈终点评估。肿瘤生长超过动物原体重的 10%，肿瘤平均直径在成年小鼠超过 20 mm、成年大鼠超过 40 mm；体表肿瘤表面出现溃疡、坏死或感染；腹腔异常扩张、呼吸困难；神经精神症状。

由于 2015 年 *Nature* 杂志发表的癌症研究论文因肿瘤大小超过 15 mm 的撤稿事件，有专家建议改为 15 mm。我们认为世界各地研究机构可接受的肿瘤大小标准不同。15 mm 为麻省总医院 IACUC 为癌症研究工作设定的动物福利指南中的限制规定，不具有广泛代表性。2010 年一个英国研究小组发布的指南推荐的直径在小鼠中正常不应该超过 12 mm。美国机构指南通常推荐最大为 20 mm，具有广泛的代表性。不建议对此限制过度，以免限制我国肿瘤研究发展。

6. 动物预后不佳

出现器官严重丧失功能的临床症状且治疗无效，或经实验动物医师判断预后不佳，包括：呼吸困难、发绀；大失血、严重贫血（低于正常 20%）；严重呕吐或下痢、消化道阻塞或套叠、腹膜炎、内脏摘除手术；肾衰竭；中枢神经抑制、震颤、瘫痪、止痛剂治疗无效的疼痛；肢体功能丧失；皮肤伤口无法愈合、重复性自残或严重烫伤等。

七、安乐死方法的选择和实施

1. 总体要求

（1）本标准推荐的常用实验动物安乐死方法参见附录 A。

（2）本标准推荐的常用啮齿类动物安乐死方法见附录 B。

（3）安乐死方法选择要点主要包括以下几个方面。

a） 可使动物无疼痛、窘迫、焦虑和不安地失去知觉直至死亡；

b） 可缩短动物从失去知觉到死亡的时间；

c） 安乐死药物及方法经过验证，科学可靠；

d）不影响操作人员情绪、健康和安全；

e）安乐死过程不可逆转；

f）适合不同种类、年龄与健康状况的动物；

g）适合不同实验需求和目的；

h）所用设备方便易得，便于维护；

i）不影响环境卫生。

2．吸入性药物

（1）常见吸入性药物包括二氧化碳、氮气、一氧化碳、乙醚、氟烷、甲氧氟烷、异氟烷、安氟醚等。

（2）二氧化碳是实验动物常用的吸入性药物，吸入 40%二氧化碳时很快达到麻醉效果，而长时间持续吸入时可导致动物死亡。安乐死箱内动物不宜过多。可使用透视性好的箱子，以便确认动物死亡。二氧化碳安乐死方法见附录C。

（3）大部分吸入性药物对人体有害，应在通风良好场所实施。

3．注射药物

（1）有静脉、腹腔等多种注射方法，优先选择静脉注射。

（2）注射药物是动物安乐死的首选方法。

（3）巴比妥类药物及其衍生物是动物安乐死的首选注射药物。

（4）心脏注射技术难度大，只用于呈现垂死、休克或深度麻醉中的动物。

（5）腹腔注射需使用较高剂量的药物，且可使动物死亡时间延长及死前挣扎。

4．物理方法

（1）常用物理方法包括颈椎脱臼、断颈、放血、枪击、电击等。

（2）物理方法可用于：解剖性状适合使用的小型啮齿类动物；大型动物；其他安乐死方法影响实验结果。

（3）所有操作人员应接受完整的技术训练，并以尸体多次练习后方可正式实施。

（4）颈椎脱臼法可用于体重低于 200 g 的啮齿类动物、禽类及体重低于 1 kg 的仔兔。除非有特殊需求，实施颈椎脱臼前应先给予动物镇静剂或吸入二氧化碳，以减少动物的压力。

（5）因实验需求无法使用化学药物或二氧化碳时，可使用断颈法。如因实验所需采集动物的全身血液或放血，动物需先麻醉或失去知觉后实施。

（6）电击等物理方法需配合使用第二种方法（如放血或重复电击）。

第六节　分 析 报 告

在实施安乐死过程中，实验动物失去生理功能，应按照以下顺序进行，以确保实验动物不害怕和悲伤：①快速使其失去知觉；②失去运动机能；③失去呼吸和心脏的功能；④永久失去大脑功能。如果运动技能或者呼吸技能和心脏的功能在失去知觉之前失去，实验动物就会开始疼痛和感到悲伤。在某些种类，特别是兔子和鸡，刺激性保定可能导致动物害怕，所以操作时必须保证不导致这样问题出现。

检查动物的行为和生理反应对于评估安乐死的目的是否达到是有需要的。不同的行为和生理反应可能代表了动物正经历着疼痛、害怕，包括（但不限于）哀叫、挣扎、企图逃跑、兴奋、体温降低、攻击行为、害怕的姿势或表情、颤抖、流涎、排尿、肛门腺松弛、瞳孔放大、大喘气、心动过速、发汗等。对于不同种类及个体的动物，安乐死方法不一样（操作、抑制、限制、静脉穿刺、气体等），所以对于每个安乐死都必须由实验动物医师仔细监测。

在尸体处理之前，必须对其进行仔细检查，该检查应该与之相同品种和对应的安乐死方法相符合。操作时一定要注意，不要将麻醉昏迷与死亡混淆。断定因安乐死死亡的动物可能更为困难，因为不同的动物有不同的生理情况。安乐死经常导致化学组织物残留。所以，正确地处理尸体，可有效防止对于环境或者其他动物的污染（如食腐动物和肉食动物）。

其他与动物安乐死相关的因素也应该有所考虑，包括：实施者、旁观者和其他动物的安全；人对于安乐死的心理反应（如悲哀及伤心）；动物的害怕或是焦虑所导致的行为，以及被安乐死动物所释放的信息素、展现及接触其他的动物。安乐死的操作者也有可能感受负面的心理影响。工作单位应减轻安乐死操作者的心理压力。

美国《实验动物管理与使用指南》中规定：动物安乐死应由经过训练的人员根据有关机构的政策和适用法律来实施。安乐死方法的选择取决于动物的种类与研究课题的需要。安乐死方法不应影响尸体解剖或其他操作过程。经批准的方法应遵循美国兽医协会安乐死小组的规定。大多数动物可以采用静脉注射或腹腔注射高浓度戊巴比妥钠溶液的方法处死。小鼠、大鼠和仓鼠可以通过颈椎脱臼，或在不拥挤的箱中暴露于氮气或二氧化碳气体中的方法处死。乙醚或氯仿亦有效，但其对操作人员具有危险性——乙醚可燃烧或爆炸；而氯仿则具有毒性，可能有致癌性。如果动物用乙醚处死，需要有专门的设备和程序可以储存及处理尸体。储存于非防爆的冷冻设备中和焚化处理尸体可能导致严重的爆炸。因此，这些有毒、爆炸性药物的使用和保存的指示标记牌应张贴于显著的处所。

国内不少实验动物机构采用科学合理的安乐死方法，并设立实验动物管理和使用委员会（IACUC），审查动物实验中安乐死方法。具体内容可查阅《浅谈我国实验动物安乐死的实施》（孙嘉康等，实验动物科学，2007，24：12-15）、《实验动物安乐死若干问题》（刘云波，中国比较医学杂志，2008，18（2）：76-18）、《浅谈实验动物安乐死》（朱玉峰等，中国医学伦理学，2011，24（2）：260-261）等文献。

第七节　其他说明

一、国内外同类标准分析

本标准主要参考了美国兽医协会（AVMA）制定的 *Guidelines for the Euthanasia of Animals*（《2013 版动物安乐死指南》）、加拿大动物保护协会（CCAC）的 *CCAC Guidelines on：Euthanasia of Animals Used in Science*（《CCAC 科学用动物安乐死指南》）和欧盟委员

会发布了 *Recommendations for Euthanasia of Experimental Animals*（《实验动物安乐死推荐方法》），也参考了中国台湾地区、日本、新加坡等的文献资料，结合我国国情编制而成，可为我国采用国际较为流行的安乐死方法提供指导借鉴。

二、与法律法规、标准的关系

《实验动物管理条例》《实验动物质量管理办法》等法规条文与本标准内容无关联。《实验动物　微生物等级及监测》等实验动物强制性标准与本标准内容无关联。本标准内容与《关于善待实验动物的指导性意见》相符，无冲突。

三、重大分歧意见的处理

无。

四、标准实施要求和措施

本标准发布实施后，建议积极开展宣传贯彻培训活动。面向各行业开展动物实验的机构和个人，宣传贯彻标准内容。

第四章 T/CALAS 35—2017《实验动物 SPF 猪饲养管理指南》实施指南

第一节 工 作 简 况

根据中国实验动物学会实验动物标准化专业委员会有关文件及 GB/T 16733—1997《国家标准制定程序的阶段划分及代码》和《采用快速程序制定国家标准的管理规定》的要求，全国实验动物标准化技术委员会负责编制该团体标准《实验动物 SPF 猪饲养管理指南》。起草单位和主要起草人为：中国农业科学院哈尔滨兽医研究所的张圆圆、韩凌霞、陈洪岩，东北农业大学的单安山、石宝明、李建平。

第二节 工 作 过 程

2015 年 11 月，召开了标准启动会和第一次研讨会，明确了分工、研究内容、进度安排。2016 年 1 月，完成了对收集到的国内外相关标准及相关资料的整理、分析。2016 年 3 月，通过咨询专家对 SPF 猪饲养管理标准框架的建议和意见，并且结合我们查阅的资料和研究结果，确定了标准框架及内容。

2016 年 5 月，通过 E-mail 方式向实验动物研究、猪培育及饲养等相关领域的专家征求对研究稿及其编写说明的修改意见。2016 年 7 月，根据专家返回的修改意见和建议，对本研究稿进行逐条修改，并完成专家意见的汇总处理。2016 年 10 月，按照团体标准的要求，修改征求意见稿和编制说明的格式及内容。2017 年 1 月，修改并提交征求意见稿和编制说明。

2017 年 7 月，标准征求意见稿在中国实验动物学会网站公开征求意见，共收集意见或建议 2 个，编制组根据专家提出的修改意见和建议，对本标准整理修改后形成标准送审稿、标准送审稿编制说明和征求意见汇总处理表。

2017 年 8 月 30 日，召开标准审查会，专家提出修改意见，编制组根据专家提出的修改意见和建议，对本标准整理修改后形成标准报批稿、标准报批稿编制说明和征求意见汇总处理表。

2017 年 12 月 29 日，中国实验动物学会第七届理事会常务理事会第一次会议批准发布包括本标准在内的《实验动物 教学用动物使用指南》等 23 项团体标准，并于 2018 年 1 月 1 日起正式实施。

第三节 编 写 背 景

SPF 猪除了特定病原体及微生物的干扰，其机体及原代细胞被广泛应用于免疫学、药物学、毒理学、血清和疫苗制造，以及生物学鉴定等方面，是优良的实验动物。针对 SPF 猪的特殊生长状况和生长环境，国内现行的标准中没有对 SPF 猪的饲养管理进行规范，其饲养标准化的研究落后于国外，限制了其在生命科学研究中的应用，相关科研成果也很难得到国际上的认可。由于不同饲养单位没有统一的饲养管理标准，造成猪群健康状况参差不齐、繁殖性能不够稳定等不良后果。因此，应对 SPF 猪的饲养管理进行规范，制定与国际接轨并符合我国目前研究水平和应用要求的 SPF 猪饲养管理标准，为试验结果及其产品质量提供保障，进而满足生命科学研究的需要，为医疗、医药行业服务。

第四节 编 制 原 则

本部分以国务院批准 1988 年国家科委 2 号令公布的《实验动物管理条例》，以及 1997 年国家科学技术委员会和国家技术监督局联合颁布的《实验动物质量管理办法》为依据，同时参考商品猪的饲养管理制定而成。

第五节 内 容 解 读

本标准是在收集、整理国内外相关组织、地方和行业有关 SPF 猪质量控制标准，以及迄今为止国内外研究机构发表的以 SPF 猪作为实验材料开展环境设施质量控制研究的基础上制定的。 确定标准主要内容的论据包括：

（1）GB 22283—2008 《长白猪种猪》

（2）NY/T65—2004 《猪饲养标准》

（3）DB34/T 1064—2009 《六白猪种猪饲养技术规程》

（4）DB51/T 1076—2010 《生猪饲养管理技术规范》

（5）DB13/T 1391—2011 《瘦肉型仔猪饲养管理技术规程》

（6）DB11/T 828.5—2011 《 实验用小型猪 第 5 部分：配合饲料》

（7）DB46/T 251—2013 《实验动物 五指山猪饲料营养要求》

（8）GB/T 22914—2008 《SPF 猪病原的控制与监测》

在原有地方标准及行业标准的基础上，增加了基本条件、环境与设施、运输、废弃物及尸体处理的内容，修订了引种、饲养管理的内容；由于 SPF 饲养环境的特殊性，对于饲料、饮水、用具、运输、废弃物、尸体进行卫生及生物安全要求；饲料配方确保无特殊添加剂的引入；对主要涉及的问题给出了指导性建议。

第六节 分 析 报 告

1. 饲养环境与设施要求

SPF 猪饲养于正压或负压隔离器中，隔离器、外界环境、空气洁净度、压力、温度、湿度、光照都需要人为调整，每一个环节的控制都至关重要。空调系统、温湿度监测系统需要定时检查和长期维护，以保证动物的洁净程度和性能稳定为目的；普通商品猪的饲养环境直接与自然环境相连，易受季节和气候的影响，设备简单，以尊重动物习性和使用操作方便为原则，以追求生长及生产性能为目的；SPF 猪运输笼具的安全性、福利性都高于普通商品猪。SPF 猪对饲养环境和设施的要求总体较商品猪更加严格、精确度更高。

2. 免疫与疾病防治

SPF 猪为排除特定病原体猪，需要依照国标定期全群或抽检微生物和寄生虫感染情况，按照检测结果进行淘汰，无需进行疫苗接种，确保猪群的洁净程度。普通商品猪需要参照国标或生产厂家的免疫程序，按时进行疫苗接种；发病猪只采用药物进行治疗，保证猪及其产品的市场供应。

3. 饲养繁殖及生产性能

根据不同生长阶段，制定切实可行的饲养管理操作规程。SPF 猪的引种：国家实验动物种子中心统一负责实验动物的国外引种，以及为用户提供实验动物种子。其他任何单位，如有必要，也可直接从国外引进国内没有的实验动物品种、品系，仅供本单位做动物实验，但不得提供给其他用户作为实验动物种子。申请实验动物生产许可证的单位或个人，其实验动物种子必须来源于国家实验动物保种中心或国家认可的种源单位。供种单位提供的种应来源清楚，有较完整的资料（包括品种名称、来源、代次及主要生物学特性等），生长和繁殖性能接近于同一品种的商品猪。种公猪需要选择状态良好、体型优秀的进行自然交配。

4. 无菌条件、废弃物处理及尸体处理要求

隔离器、运输通道、孵化过程、人员操作等都需要制定相应的灭菌流程，保证猪群的无菌。

废弃物及尸体的处理按照现有的国家标准执行。

注意生物安全，防止意外伤害的发生。

第七节 其 他 说 明

一、国内外同类标准分析

国际上没有 SPF 猪配合饲养规程标准，目前没有国外标准可借鉴。

本标准在参考了 GB 22283—2008 《长白猪种猪》、NY/T65—2004 《猪饲养标准》、DB34/T 1064—2009 《六白猪种猪饲养技术规程》、DB51/T 1076—2010 《生猪饲养管理技术规范》、DB13/T 1391—2011 《瘦肉型仔猪饲养管理技术规程》、DB11/T 828.5—2011 《实验用小型猪 第 5 部分：配合饲料》、DB46/T 251—2013 《实验动物 五指山猪饲料

营养要求》、GB/T 22914—2008　《SPF 猪病原的控制与监测》的基础上，去除了商品猪免疫、防疫和追求生产性能的内容，增加了剖腹产取仔猪的内容，根据实际饲养经验，结合 SPF 特殊环境，吸取了 GB50447—2008　《实验动物设施建筑技术规范》、GB 14924.1—2001《实验动物　配合饲料通用质量标准》、GB 5749—2006　《生活饮用水卫生标准》、NY/T 1448—2007　《饲料辐照杀菌技术规范》、GB 8978—1996　《污水综合排放标准》、GB/T 18773—2008　《医疗废物焚烧环境卫生标准》等相关内容，进一步丰富和严谨了 SPF 猪的饲养管理规程。

二、与法律法规、标准关系

本标准是在收集、整理国内外相关组织、地方和行业有关 SPF 猪质量控制标准，以及迄今为止国内外研究机构发表的以 SPF 猪作为实验材料开展饲养管理研究的基础上制定的。在确定本标准的各项指标时，严格遵循国家科委颁发的《实验动物管理条例》，以及国家科委与国家技术监督局联合颁发的《实验动物质量管理办法》，结合我国 SPF 猪的生长和繁殖特点，以及各地在培育 SPF 猪的生产实际情况，在综合分析相关的饲养实验数据的基础上制定。在标准中，规定了 SPF 猪的基本条件、环境与设施、引种、运输、饲养及生产管理、废弃物及尸体处理、问题处置的要求。

本部分的编写在格式上采用 GB/T1.1—2009《标准化工作导则 第一部分：标准的结构和编写规则》的规定。

三、重大分歧的处理和依据

从标准结构框架和制定原则的确定、标准的引用、有关技术指标和参数的试验验证、主要条款的确定直到标准草稿征求专家意见（通过函寄和会议形式，多次咨询和研讨），均未出现重大意见分歧的情况。

四、作为推荐性标准的建议

本标准在制定时，充分借鉴了地方标准和农业标准，在此基础上，结合我国目前 SPF 猪饲养及研究的现有水平和发展趋势，基本上代表了我国 SPF 猪饲养管理质量控制要求和水平。但是，由于本标准是首次制定，因此，还需要经过实践的检验逐步完善，建议作为推荐性标准执行。

五、标准实施要求和措施

建议由中国实验动物学会实验动物标准化专业委员会组织本标准的宣传、推广和实施监督。

第五章 T/CALAS 38—2017《实验动物 SPF 鸡和SPF鸭饲养管理指南》实施指南

第一节 工 作 简 况

根据中国实验动物学会实验动物标准化专业委员会有关文件及 GB/T 16733—1997《国家标准制定程序的阶段划分及代码》和《采用快速程序制定国家标准的管理规定》的要求，全国实验动物标准化技术委员会负责编制该国家标准《实验动物 SPF 鸡和SPF 鸭饲养管理指南》。起草单位为中国农业科学院哈尔滨兽医研究所、济南斯帕法斯家禽有限公司、北京实验动物研究中心。主要起草人为韩凌霞、张圆圆、于海波、张伟、陈洪岩、单忠芳、卢胜明。

第二节 工 作 过 程

2015 年 11 月，召开了本项目启动会和第一次研讨会，由负责人明确了各子课题的分工，就课题目标、研究内容、课题管理、经费使用、知识产权等几个方面提出了工作设想，并对研究进度做出了安排。2016 年 1 月，完成了对收集到的国内外相关标准及相关资料的整理、分析。2016 年 3 月，通过咨询专家对 SPF 禽饲养管理标准框架的建议和意见，并且结合我们查阅的资料和研究结果，确定了标准框架及内容。

2016 年 5 月，通过 E-mail 方式向实验动物研究、禽培育及饲养等相关领域的专家征求对研究稿及其编写说明的修改意见。2016 年 7 月，根据专家返回的修改意见和建议，对本研究稿进行逐条修改，并完成专家意见的汇总处理，拟提交给课题主持单位。2016 年 10 月，按照团体标准的要求，修改征求意见稿和编制说明的格式及内容。2017 年 1 月，修改并提交征求意见稿和编制说明。

2017 年 6~8 月，向国内专家公开征求意见。2017 年 8 月，根据专家意见和标委会反馈意见，提交报送稿和征求意见稿汇总表。

2017 年 12 月 29 日，中国实验动物学会第七届理事会常务理事会第一次会议批准发布包括本标准在内的《实验动物 教学用动物使用指南》等 23 项团体标准，并于 2018 年 1 月 1 日起正式实施。

第三节 编 写 背 景

无特定病原体（specific pathogen free）鸡和鸭是指经过人工培育，对其携带微生物实行控制，遗传背景明确、用于禽病学研究的特定鸡/鸭群，是禽病学研究、禽用/禽源生物制品检定、生产的重要实验材料和原材料。SPF 禽、禽胚及胚细胞被广泛应用于肿瘤免疫学、药物学、毒理学、血清和疫苗制造，以及生物学鉴定等领域，是全球病毒学家常用的生物学材料来源。我国鸡和鸭的存栏量居世界第一，但禽病防控技术和禽用疫苗质量落后，禽病多发、高发，禽类产品质量差。没有质量统一的 SPF 鸡和 SPF 鸭种群，就不能解决禽病研究和防控无优质材料的瓶颈问题。我国有 50 多家 SPF 鸡和 SPF 鸭生产单位，但至今没有规范 SPF 禽饲养管理的标准，由于不同饲养单位没有统一的饲养管理标准，造成禽群健康状况参差不齐、繁殖性能不够稳定，相关科研成果也很难得到国际上的认可。因此，对 SPF 禽的饲养管理进行规范，制定与国际接轨并符合我国目前研究水平和应用要求的 SPF 禽饲养管理标准，非常必要而迫切。

第四节 编 制 原 则

本部分以国务院批准的 1988 年国家科委 2 号令公布的《实验动物管理条例》，以及 1997 年国家科学技术委员会和国家技术监督局联合颁布的《实验动物质量管理办法》为依据，同时参考商品蛋禽的饲养管理制定而成。

第五节 内 容 解 读

1. 饲养环境与设施要求

SPF 禽饲养于正压或负压隔离器中。隔离器、外界环境、空气洁净度、压力、温度、湿度、光照都需要人为调整，每一个环节的控制都至关重要，空调系统、温湿度监测系统需要定时检查和长期维护，以保证动物的洁净程度和性能稳定为目的；普通商品蛋禽的饲养环境直接与自然环境相连，易受季节和气候的影响，设备简单，以尊重动物习性和使用操作方便为原则，以追求生长及生产性能为目的；SPF 禽的运输笼具的安全性、福利性都高于普通商品蛋禽。SPF 禽对饲养环境和设施的要求总体较商品蛋禽更加严格、精确度更高。

2. 免疫与疾病防治

SPF 禽为排除特定病原体禽，需要依照国标定期全群或抽检微生物和寄生虫感染情况，按照检测结果进行淘汰，无需进行疫苗接种，确保禽群的洁净程度。普通商品蛋禽需要参照国标或生产厂家的免疫程序，按时进行疫苗接种，发病禽只采用药物进行治疗，保证禽只及其产品的市场供应。

3．饲养繁殖及产蛋性能

根据不同生长阶段，制定切实可行的饲养管理操作规程。SPF 禽的引种必须从实验动物主管部门许可的种质资源基地引进，供种单位提供的种蛋应来源清楚，有较完整的资料（包括品种名称、来源、代次及主要生物学特性等），产蛋性能接近于同一品种的商品蛋禽。种公禽需要选择状态良好、体型优秀的个体进行自然交配。

4．无菌条件、废弃物处理及尸体处理要求

隔离器、运输通道、孵化过程、人员操作等都需要制定相应的灭菌流程，保证禽群和蛋的无菌。

废弃物及尸体的处理按照现有的国家标准执行。

注意生物安全，防止意外伤害的发生。

第六节　其他说明

一、国内外同类标准分析

目前没有 SPF 禽国际标准，只有个别跨国企业制定的企业标准，主要涉及生产阶段的划分、被排除病原微生物和饲料营养指标。本标准主要规范国内 SPF 鸡和 SPF 鸭生产单位的饲养管理过程，有关病原微生物监测项目和饲料营养成分的标准已另行制定。

二、与法律法规、标准关系

本标准是在收集、整理国内外相关组织、地方和行业有关 SPF 禽质量控制标准，以及迄今为止国内外研究机构发表的以 SPF 禽作为实验材料开展饲养管理研究基础上制定的。在确定本标准的各项指标时，严格遵循国家科委颁发的《实验动物管理条例》和国家科委与国家技术监督局联合颁发的《实验动物质量管理办法》，结合我国 SPF 禽的生长和繁殖特点，以及各地在培育 SPF 禽的生产实际情况，在综合分析相关的饲养实验数据的基础上制定。在标准中，规定了 SPF 鸡和 SPF 鸭的基本条件、环境与设施、引种、运输、饲养及生产管理、废弃物及尸体处理、问题处置的要求。

三、重大分歧的处理和依据

从标准结构框架和制定原则的确定、标准的引用、有关技术指标和参数的试验验证、主要条款的确定直到标准草稿征求专家意见（通过函寄和会议形式，多次咨询和研讨），均未出现重大意见分歧的情况。

四、作为推荐性标准的建议

本标准在制定时，充分借鉴了地方标准和农业标准，在此基础上，结合我国目前 SPF 禽饲养及研究的现有水平和发展趋势，基本上代表了我国 SPF 禽饲养管理质量控制要求和水平。但是，由于本标准是首次制定，还需要经过实践的检验逐步完善，建议作为推荐性标准执行。

五、标准实施要求和措施

建议由中国实验动物学会实验动物标准化专业委员会组织本标准的宣传、推广和实施监督。

第二篇

实验动物质量控制系列标准

第六章 T/CALAS 32—2017《实验动物 爪蟾生产和使用指南》实施指南

第一节 工 作 简 况

2017 年 3 月，广东省实验动物监测所提出立项申请，经全国实验动物标准化技术委员会审查同意，由中国实验动物学会下达《实验动物 爪蟾生产和使用指南》团体标准编制任务，承担单位为广东省实验动物监测所。

为明确国内实验爪蟾的生产和使用现状，以及对标准的需求，确保《实验动物 爪蟾生产和使用指南》的科学性和适用性，标准工作组对我国爪蟾生产和使用单位进行了调研，包括暨南大学、南方科技大学等。同时，工作组对爪蟾质量控制相关的文献资料进行了全面检索，检索数据库包括 NCBI、Xenbase、CNKI 等，系统整理总结了国内外实验爪蟾的质量控制研究进展。

标准工作组引进非洲爪蟾和热带爪蟾，并在实验室开展繁育和质量控制技术研究。对非洲爪蟾和热带爪蟾的形态进行对比，并结合形态学分类知识和分子生物学分类验证，筛选非洲爪蟾和热带爪蟾简单、可行的形态学鉴别指标。参考 *The Laboratory Xenopus* sp.等指南关键技术点，对爪蟾健康检查方法进行了整理和提炼，并定期开展检查和监测验证，包括病原分离、水质检测和水环境微生物检测等；根据国内外文献研究结果，对爪蟾危害严重的病原进行了归类，并开展了检测方法验证，包括嗜水气单胞菌、脑膜炎败血伊丽莎白菌等，筛选确定了病原微生物检测指标和检测方法。饲料和养殖环境方面，采纳国外爪蟾养殖指南的经验数据，并在实验室养殖过程中进行了连续的监测和数据积累。

综合调研和技术研究结果，并广泛征求意见，形成本标准稿。

第二节 工 作 过 程

2017 年 3~4 月，广东省实验动物监测所成立工作组，系统启动文献检索和资料调研工作，召开工作组会议，讨论并确定了标准编制的原则和指导思想；制订了编制大纲和工作计划，编制该标准的征求意见稿和编制说明初稿。

2017 年 6~7 月，中国实验动物标准化技术委员会发出《关于第二批中国实验动物学会团体标准征求意见的通知》，向各省（自治区）实验动物管理委员会、学会、各有关单位及专家征求意见，发送《征求意见稿》的单位 12 个，提出意见单位 4 个，提出意见数量 24 条。

2017 年 8~9 月，全国实验动物标准化技术委员会于北京举行全国实验动物标准化技术委员会年会暨标准审查会，会议对标准进行审查，共提出 10 条意见。工作组整理汇总专家对本标准征求意见稿提出的问题，同时对标准格式进行了规范，最终形成标准送审稿和编制说明。

2017 年 10 月 10 日，编写组就 8 月 30 日的专家意见进行了讨论修改，形成了报批稿。

2017 年 12 月 29 日，中国实验动物学会第七届理事会常务理事会第一次会议批准发布包括本标准在内的《实验动物 教学用动物使用指南》等 23 项团体标准，并于 2018 年 1 月 1 日起正式实施。

第三节 编写背景

爪蟾作为两栖类的代表动物，已有超过 150 年的研究历史，因具有产卵量大、体外受精、胚胎体外发育、卵径大、养殖成本低、比果蝇和线虫更高等的优点，自 20 世纪 50 年代以来，以非洲爪蟾（*Xenopus laevis*）和热带爪蟾（*Xenopus tropicalis*）为代表的爪蟾属动物已成为胚胎学、发育生物学、生理学、生态学、毒理学、遗传学、分子生物学等研究的重要模式动物。

在疾病模型研究和应用领域，因实验爪蟾具有体外受精发育，可全程观察胚胎发育，现已建立众多人类疾病动物模型，如恶性肿瘤、心血管疾病、遗传疾病等。在药物筛选和评价方面，利用爪蟾受精卵评价激素、中药提取物、小分子化合物、微生物、细胞色素 c、重组蛋白等对胚胎发育的影响。在发育生物学和基因功能研究领域，利用器官分割技术及转基因技术研究爪蟾胚胎早期发育过程，包括背腹极性建立、原肠胚形成、中胚层形成、神经胚形成等，同时由于爪蟾在蝌蚪开始喂食前的早期阶段心脏功能不完全，是研究心脏不对称发育机制的重要材料。在生态毒理学研究领域，Kloas 等于 1999 年最早报道酚类物质对非洲爪蟾内分泌的干扰作用，并明确提出非洲爪蟾可作为内分泌干扰的模型；Hayes 等研究发现阿特拉津可诱导非洲爪蟾出现双性；美国 Fort 环境实验室多年来致力于 FETAX 的开发和利用，利用非洲爪蟾胚胎对多种环境污染物和环境样品的发育毒性进行评价。随着非洲爪蟾和热带爪蟾全基因组序列的解析，爪蟾的研究和使用将会进一步增加。目前我国研究和使用爪蟾的单位超过 40 家，并呈逐年上升趋势。

实验动物质量是关系动物实验结果科学性和可靠性的一个至关重要的因素。作为生物学研究模型动物的爪蟾虽被使用多年，但是它还没能像其他模型动物那样做到真正的实验动物化，目前国际上仅制定了一些指引，如 *Guidance on the housing and care of African clawed frog Xenopus laevis*、*Guidelines for Egg and Oocyte Harvesting in Xenopus laevis*、*Aquatic Frog Housing Density Guidelines-Animal Care and Use Program*、*Husbandry of Xenopus tropicalis*、*The Laboratory Xenopus* sp. 等，没有有关爪蟾作为实验动物的严格的饲养管理及使用的标准。随着爪蟾应用领域和规模的日益拓展，迫切需要制定《实验动物 爪蟾生产和使用指南》，对爪蟾的生产和使用加以规范，确保爪蟾生产及其实验结果的质量。

第四节　编 制 原 则

（1）科学性。本标准充分借鉴了国外实验爪蟾质量控制的技术内容和指导原则，在 *Guidance on the housing and care of African clawed frog Xenopus laevis*、*Guidelines for Egg and Oocyte Harvesting in Xenopus laevis*、*Aquatic Frog Housing Density Guidelines-Animal Care and Use Program*、*Husbandry of Xenopus tropicalis*、*The Laboratory Xenopus* sp.等指南基础上总结和提炼，对标准内容仔细推敲、验证，并广泛征求意见，确保标准内容的科学性。

（2）可操作性。对我国爪蟾生产和使用单位开展了实地调研，并对标准内容的可操作性进行充分探讨，对标准指标参数和检验方法等进行了系统验证、监测，确保标准的可操作性。

（3）充分考虑我国国情，符合我国技术发展水平。本标准在采纳国外实验爪蟾质量控制技术要点的基础上，充分考虑了我国实验爪蟾的养殖和应用现状，并广泛征求了意见，符合我国实验爪蟾技术发展水平。

第五节　内 容 解 读

一、范围

规定了标准的基本内容和适用范围。

本标准是实验爪蟾质量控制的基本要求，包括爪蟾的种质鉴定、病害预防、饲料、设施与环境及其检测方法。

本标准适用于实验爪蟾，包含非洲爪蟾和热带爪蟾。此两种爪蟾为用于发育生物学、细胞生物学等科学研究及教学、生产、检测等的两栖类代表性模式动物。

本标准的目的是通过借鉴国内外实验爪蟾管理经验和研究成果，指导、规范我国实验动物爪蟾的生产和使用，保障实验爪蟾和爪蟾实验的质量，促进我国实验动物学科的发展。

二、术语和定义

1. 标准条款："3.1 实验爪蟾 experimental clawed frog：经人工繁育，用于发育生物学、细胞生物学、毒理学、神经学、人类疾病和生殖缺陷模型等科学研究及教学、生产、检测等的两栖类动物，包括非洲爪蟾和热带爪蟾。"

按指南培育、饲养的旨在用于各种科学目的的科学研究、教学、检测等的爪蟾，包括非洲爪蟾和热带爪蟾，为两栖类代表性模式动物。本定义的理解需要注意以下几点：①实验爪蟾是按指南要求来培育的，区分于野生爪蟾和粗放式养殖的爪蟾；②以教学、检测或科学实验为目的而培育的爪蟾；③为两栖类模式动物的代表，仅包括应用较多的非洲爪蟾和热带爪蟾两种。

2．标准条款："3.2 养殖单元 breeding unit：用于爪蟾繁育、由同一水体及相关设施设备等组成的一个单位。"

养殖单元是一个养殖群体的养殖空间度量单位。由于爪蟾终生生活在水中，水是其病原传播的重要媒介，因此同一水体内的所有养殖个体视为一个养殖群体，即同一水体及相关设施设备等组成一个养殖单元。同一个水循环系统内（可能包含多个养殖箱）视为一个养殖单元，而独立进排水的养殖箱则视为不同的养殖单元。

3．标准条款："3.4 蝌蚪 tadpole：受精卵孵出至尾完全被吸收的爪蟾。"

爪蟾蝌蚪经历了孵化后各器官的发育完善、四肢的出现到最后尾逐渐被吸收等一系列的变化过程，我们选取了受精卵孵出作为蝌蚪的起始点，尾被完全吸收作为终点，通过两个典型特征定义"蝌蚪"。

4．标准条款："3.5 幼蟾 froglet：从蝌蚪变态发育完全到接近达到性成熟的爪蟾。"

幼蟾一般是指蝌蚪变态发育完全，也就是尾完全吸收后，从形态上讲已与成蟾无差异，逐渐发育到接近性成熟的爪蟾。接近达到性成熟是一个比较难量化的概念，如果从性腺发育来定义操作上较为麻烦，我们根据日常的养殖经验及相关文献进行归纳总结，认为非洲爪蟾在 20℃下养殖约 500 天可以达到接近性成熟，热带爪蟾在 26℃下养殖约 150 天可以达到接近性成熟。

5．标准条款："3.6 成蟾 adult frog：性腺已发育成熟的爪蟾。"

同幼蟾定义的问题一样，性腺是否发育成熟通过解剖来观察较为麻烦，对于有些繁殖实验也不现实。我们对日常的养殖经验及相关文献进行了归纳总结，认为非洲爪蟾在 20℃下养殖超过 500 天性腺已发育成熟，热带爪蟾在 26℃下养殖超过 150 天性腺已发育成熟。不同养殖情况下爪蟾性腺发育存在差异，如需进行繁殖实验，可将养殖时间适当延长。

三、标准正文

（一）遗传

1．标准条款："4.1 分类地位非洲爪蟾和热带爪蟾隶属于两栖纲（Amphibia）、无尾目（Anura）、负子蟾科（Pipidae）、爪蟾属（*Xenopus*）。"

非洲爪蟾和热带爪蟾为同属物种。

2．标准条款："4.2.1 习性：爪蟾终生水栖，自然状态下喜栖息于温暖、泥质底的淡水水体中，早春至早秋期间繁殖，温度低于 8℃或干旱时进入休眠状态；适宜温度下，可常年繁殖。非洲爪蟾可存活 25~30 年，热带爪蟾可存活 5~20 年。"

非洲爪蟾和热带爪蟾虽为两栖类，但在习性上有别于传统两栖类，为终生水栖，不能离水生活。在自然环境中，从早春至晚秋期间繁殖，温度低于 8℃或干旱时会进入休眠状态，待环境条件转好后复苏。在人工养殖条件下，通过控制温度等环境条件，爪蟾可常年繁殖。

3．标准条款："4.2.2 分布：原产于非洲，非洲爪蟾分布范围南至南非南部、北至苏丹东北、西至尼日利亚西部，肯尼亚、喀麦隆、刚果共和国也有分布；热带爪蟾主要分布于塞内加尔至喀麦隆西北部和萨纳加河西部"。

非洲爪蟾和热带爪蟾均原产于非洲，爪蟾分布是指其原产地分布范围，随着爪蟾作为模式动物的广泛应用，现已传播到全球多个国家和地区。

4. 标准条款："4.3 形态特征"

我国用于科学研究的爪蟾属实验动物仅见非洲爪蟾和热带爪蟾，因两种爪蟾传统形态学分类特征均已较为清楚，为方便各使用和生产单位快速鉴别两种爪蟾，标准中仅列出两种爪蟾最典型的两个特征，分别为成体个体大小和角质爪数量，在实际生产和使用过程中非洲爪蟾与热带爪蟾成体体型差异较大，热带爪蟾一般只有非洲爪蟾的 1/3，通常较易分辨，且热带爪蟾的内趾突角化成爪，是区分二者另一重要特征；在蝌蚪期二者从形态上较难分辨，可采取后续染色体方法进行鉴别。

5. 标准条款："4.4 染色体数目"

非洲爪蟾为四倍体，染色体数目为 72；热带爪蟾为二倍体，也是爪蟾属唯一的二倍体生物，染色体数目为 20。

6. 标准条款："4.6 检测方法"

为方便快速区分和鉴别两种爪蟾，标准给出了形态鉴定为主、染色体鉴定为辅的方法；用于种质检测的取样数量理论上是越多越准确，但数量过多会增大工作量，造成浪费，综合考虑我国实验爪蟾养殖现状和可操作性，建议取样数量按引进爪蟾数量的 6%抽样，每次不少于 5 只，最多不超过 30 只。优先抽取可疑样品，可最大限度地排除混杂可能；形态测量按照传统方法测量，染色体检测可参照标准 GB/T 18654.12《养殖鱼类种质检验 第 12部分：染色体组型分析》。

7. 标准条款："4.7 判定方法如下：a） 形态符合规定，判定为合格；b） 形态存在差异或不可检测时，补充染色体检测，染色体数目符合规定，判定为合格。"

如形态检测符合特征，则判定为合格；如形态检测存在差异或蝌蚪期较难从形态上进行判定时，增加染色体检测方法，染色体数目符合规定，则判定为合格。染色体检测通常为较简单粗放的方法，因国内用于实验动物的爪蟾属物种只有非洲爪蟾和热带爪蟾，二者染色体差别较大，可利用此方法进行区别。

8. 标准条款："附录 A 饲养管理"

国内外爪蟾研究机构制定了较多关于爪蟾饲养管理的文献、书籍、指南、标准及实验室SOP（Animal Care and Use Program：AQUATIC FROG HOUSING 和 Amphibian Care &Handling 等）。本标准在综合上述资料的基础上，结合国内爪蟾饲养管理现状，制定了爪蟾的饲养管理指南。

爪蟾饲养管理包含了繁殖、孵化、饲养、养殖密度、日常管理和运输。亲蟾性腺发育质量是能否获得高质量受精卵的关键，在繁殖时亲蟾的选择尤为重要，标准中给出了雌雄亲蟾选择的参考规范；在"繁殖"章节，实际生产和使用过程中通过人工催产获取卵子和精子的方式较为常见，包括注射 HCG 激素人工催产、人工取卵和取精、人工授精，也可通过自然交配方式产卵；孵化时孵化密度尤为重要，初始时可保持约 100 粒/90mm 培养皿的密度，随着受精卵的分裂，需及时调整孵化密度。此外，保持卵的分散是保证高孵化率的关键要素。

蝌蚪期饲养分为两个阶段，分别为 5 日龄前和 6 日龄至尾完全被吸收阶段。5 日龄前不需投喂，不充氧，于 0.75 g/L 的盐水中养殖，每天更换 50%养殖水。6 日龄至尾完全被吸收阶段，投喂配合饲料，每天投喂 3~8 次，每次投喂量以 15 min 内吃完为宜。

幼成蟾期间每天投喂 1 次即可，投喂期间禁止惊扰爪蟾。在惊扰状态下，爪蟾会发生应激反应，有反刍现象。静水养殖每 2 天换水 1 次，每次换水量 100%，循环水养殖系统每周换水 1/3。水质因子的稳定是养殖的关键，应尽量保持换水前后水质因子一致。

每天观察爪蟾的生活状态是日常管理的重要环节，发现异常应及时处理。

随着科学交流的频繁，利用公共邮递系统进行爪蟾的运输也十分常见，运输过程中涉及的包装材料、标签、运输温度、密度和运输时间均需进行控制，标准给出了爪蟾适宜的运输条件。

（二）病害预防与检测

1. 标准条款："5.1 主要病原及其症状"

本标准列举的爪蟾病原遵循确定感染和危害较大两个基本原则。主要病原指标及症状依据 *The Laboratory Xenopus* sp. 第 4 章和国内外文献研究结果，为爪蟾微生物质量控制和健康检查提供参考。而本标准之外可能感染爪蟾并引起危害的病原，根据生产或使用单位需求进行预防和监测。

2. 标准条款："5.2 病原控制"

病原控制是预防爪蟾病害发生的重要举措。病原控制首先需要从源头开始，新引进的爪蟾须经过隔离检疫，确定健康后方可进入养殖区域。隔离检疫过程需尽可能降低爪蟾应激反应，减少发生病害的风险，包括运输过程中和运输到达时水温、水质差异等均应控制在适度范围内，例如，运输到达时，缓慢、多次向运输容器添加养殖水（不超过运输水总体积的 20%）以达到水质条件缓慢变化和平衡的目的；其次，为了降低交叉感染的风险，不同来源、不同批次的爪蟾应置于不同养殖单元饲养，且隔离期 2 周以上为宜；此外，隔离期间，尽量减少隔离区的人流和物流，进出工作人员应做好病原防护措施，避免携带病原和交叉感染；最后，隔离结束后隔离区域要做好清理和消毒工作，避免病原潜伏和传播。

隔离检疫合格的爪蟾进入养殖区域正常养殖，日常病原控制措施也是必不可少的。由于爪蟾生活在水中，一切与水接触的物品均可能携带和传播病原，因此日常管理措施包括养殖设施设备使用前的消毒处理、养殖水和养殖工具的消毒处理等。其中，养殖前为了保证整个养殖区域消毒无死角，建议采用紫外线照射、醋酸熏蒸或 84 消毒液喷洒等消毒方式，覆盖面广，且对设施影响较小。养殖水采用 0.5 mg/L 高锰酸钾溶液或 2 mg/L 漂白水溶液等消毒，消毒频次根据养殖条件和水质状况而异，循环水系统如自带有水质净化系统，则可不对水体消毒，定期更换洁净养殖箱即可，而静水养殖或半流水养殖可增加消毒次数。养殖工具直接接触爪蟾和养殖水体，须保证洁净和避免交叉使用，每周至少彻底消毒 1 次。异常个体应及时捞出处理，切断可能的传播源。

3. 标准条款："5.3 健康检查"

健康检查能尽早发现爪蟾异常个体，并及时采取措施隔离潜在的病原传播源，对预防和控制病害发生具有重要意义。爪蟾健康检查内容参考 *The Laboratory Xenopus* sp. 第 4 章的健康检查技术要点。为了尽可能减少健康检查过程对爪蟾产生的影响，本标准将健康检查内容分为日常检查和定期检查两个部分。日常检查主要包括肉眼易观察到的异常情况，如爪蟾体表皮肤脱落、行为异常等；对需要接触爪蟾进行细致观察的异常情况，定期检查即可（每月至少一次），如趾蹼有出血点、口腔有异物等，以减少对爪蟾的影响。

4. 标准条款："5.4.1.1　抽样方法：一个养殖单元内随机取样"

实验爪蟾病原主要通过水体、各种操作工具、饵料等方式进行传播，水是最重要的传播媒介，因此抽样是以同一水环境下的养殖单元为单位。

5. 标准条款："5.4.1.2　抽样数量"

用于病原检测的采样数量理论上是越多越准确，但数量过多会增大工作量，造成浪费。而且，目前国内实验爪蟾群体基数普遍不大，取样数量过多不利于检测工作的实施和推广。综合考虑我国实验爪蟾养殖现状和可操作性，建议取样数量按养殖单元内的群体数量 5% 取样，最小采样量为 5 尾，最大取样量 30 尾。水体中的微生物含量是动态变化的过程，正常情况下微生物含量较低，检测水体中的微生物理论上也是体积越多越准确，但同时也存在体积过大增加工作量的问题。本标准参照 GB 4789.7《食品安全国家标准 食品微生物学检验 副溶血性弧菌检验中对液体样品取样要求》，在养殖单元内随机取 25 mL 水样进行检测。

6. 标准条款："检测指标"

实验动物微生物控制指标首先需要符合我国动物疫病相关法规规定，同时要排除对爪蟾危害程度大的烈性传染病病原。本标准要求蛙虹彩病毒、脑膜炎败血伊丽莎白菌、致病性嗜水气单胞菌为必检指标，其他为必要时检测指标。具体说明如下。

（1）蛙虹彩病毒 *Ranavirus*

《水生动物疾病诊断手册》（OIE）规定鱼类虹彩病毒是需向 OIE 申报的病原，而蛙虹彩病毒已确定为爪蟾的病原，常表现为短时间内暴发性死亡，列为爪蟾重点监测病原，为必检指标。

（2）脑膜炎败血伊丽莎白菌 *Elizabethkingia meningosptica*

《一、二、三类动物疫病病种名录》规定脑膜炎败血伊丽莎白菌为两栖类动物三类疫病，Green 等研究表明该病原对爪蟾具有强致病性和传染性，死亡率高达 35%，且感染后死亡率 100%，因此该病原需要严格控制，列为必检指标。

（3）嗜水气单胞菌 *Aeromonas hydrophila*

《一、二、三类动物疫病病种名录》规定嗜水气单胞菌为鱼类二类疫病，而嗜水气单胞菌对实验室条件下爪蟾具有较高发病率（14/50）和死亡率（10/14），且常引起其他病原混合感染，因此也列为爪蟾重点监测病原。但嗜水气单胞菌常存在于养殖水体中，为条件致病菌，因此本标准以致病性嗜水气单胞菌为必检指标。

（4）其他病原

除上述病原外，文献研究表明，水霉 *Saprolegnia* spp. 为爪蟾条件致病菌，在实验室养殖条件下爪蟾偶有发病的报道；而分枝杆菌 *Mycobacterium* spp.、毛细线虫 *Pseudocapillaroides* spp.、小杆线虫 *Rhabdias* spp.、隐孢子虫 *Cryptosporidia* spp. 对爪蟾危害严重，但在野外较为常见或具有严格的生活史，因此这类病原指标在不同地区、不同养殖条件下感染概率存在差异，爪蟾生产和使用者可根据自身养殖特点及需求在必要时进行检测。

7. 标准条款："5.4.1.4 检测频率：每 6 个月至少检测 1 次"

对于病原潜伏感染而未表现出异常症状的实验爪蟾，定期抽样进行病原检测是必要的，但检测频率过高势必会增加检测工作量，影响群体数量，增加养殖成本。基于目前国内实验爪蟾养殖规模和数量有限，考虑到可行性，建议每 6 个月至少随机抽样检测 1 次，期间发现异常爪蟾，随时取样进行检测。爪蟾性成熟周期至少在半年以上， 6 个月检测 1 次的频率可保证爪蟾在繁殖前其所在群体至少抽检 1 次以上，可较好地了解其微生物质量状况。

8. 标准条款："5.4.2 检测方法"

常用的细菌检测方法包括传统生化鉴定法和分子生物学鉴定法。生化鉴定作为细菌鉴定的经典方法，仍是细菌鉴定的基础；而对于同属种较多、生化鉴定较难区分的细菌，分子生物学方法是对其进行区分的有效补充，因此本标准建议细菌鉴定首先进行分离、培养和生化鉴定。分枝杆菌生长周期较长，生化鉴定操作难度大，可根据其菌落形态特征和细菌特性（抗酸染色）进行初步鉴定，并结合 PCR 方法进行检测确认。生化鉴定有生化管法、试剂盒法及半自动或全自动细菌鉴定试剂条法等。目前，采用半自动或全自动的细菌快速鉴定试剂条已成为国际细菌鉴定金标准，因此本标准建议采用半自动或全自动的细菌快速鉴定试剂条法进行鉴定，也可按已有标准方法进行鉴定（如致病性嗜水气单胞菌参考 GB/T 18652）。

真菌的孢子和菌体较大，在显微镜下可见其形状和特征，因此本标准建议在病灶部位取样后，通过临床症状和镜检观察真菌孢子形态特征即可初步判定是否为真菌感染，种类鉴定可采用 PCR 的方法确定。

病毒较难分离和培养，因此本标准建议采用 PCR 的方法进行检测。

寄生虫个体较大，通过肉眼或显微镜观察，根据其形态特征进行检测。

9. 标准条款："5.4.3 判定"

5.4.3 是对实验爪蟾微生物质量的判定。当样品检出三种必检病原时，判定该养殖单元内的爪蟾不合格，需淘汰或隔离净化处理；当样品检出其他病原时，根据生产和使用者需求，可采取淘汰发病个体或隔离观察等措施进行处理。

10. 标准条款："附录 B"

附录 B 是对细菌和真菌的检测方法进行的规定，包括样品准备、取样部位、细菌培养及鉴定等。为了防止环境微生物对检测的影响，爪蟾在剖剪取样前需用 75% 乙醇消毒体表，取样过程需要无菌操作。不同病原感染爪蟾的部位有所差异，根据病原感染部位针对性取样，可以提高病原检出率。取样部位参考 *The Laboratory Xenopus* sp. 第 4 章的诊断方法，每个样品至少检测一个规定部位。水样经过 0.2 μm 滤膜过滤后，滤膜在 1 mL 无菌水中反复冲洗，制成浓缩的水样检测液用于病原分离和检测，从而提高水体中病原微生物的检出率。

11. 标准条款："附录 D"

附录 D 是对微生物 PCR 检测方法进行的规定。为了保证 PCR 检测结果的可靠性，每次检测需设立阳性对照组和阴性对照组，对非特异性 PCR 引物，需对扩增结果进行测序，并在 NCBI 数据库中进行分析比对。不同基因其保守性不一样，故判定同种的相似度仍无定论，因此本标准建议在比对分析时，90% 以上相似序列判定为同种。

（三）饲料

1. 标准条款："6.1 配合饲料分类：爪蟾配合饲料分为蝌蚪粉料、蝌蚪颗粒料、幼蟾颗粒料和成蟾颗粒料 4 个类别，各类饲料规格应符合表 2 的要求。"

国外商品爪蟾饲料品牌 Nasco 将爪蟾饲料分为蝌蚪饲料、变态后饲料、幼蟾饲料和成蟾饲料，SC/T 1056—2002《蛙类配合饲料》标准将蛙类饲料分为蝌蚪粉料、蝌蚪粒料、仔蛙料、幼蛙料和成蛙料。综合其他几种爪蟾商品饲料的分类及养殖经验的总结，将爪蟾配合饲料分为蝌蚪粉料、蝌蚪颗粒料、幼蟾颗粒料和成蟾颗粒料 4 个类别，且 4 个类别的饲料也分别对应了蝌蚪无明显四肢出现的阶段、蝌蚪的变态期、幼蟾期和成蟾期。

Nieuwkoop 和 Faber 在文章 *Normal Table of Xenopus laevis*（Daudin）中将非洲爪蟾胚胎发育和蝌蚪的发育分为 58 个期，并说明了在 23℃条件下发育到各期需要的时间。从养殖角度讲，可将 56 期也就是 38 日龄之前视为无明显四肢出现的阶段，由于胚胎发育期及孵化后 4~5 天都可以由卵黄提供营养，不需要摄食，所以非洲爪蟾开始投喂的时间为 7 日龄左右，非洲爪蟾蝌蚪粉料对应的养殖时间为 7~38 日龄。56~58 期也就是 39~60 日龄左右可视为蝌蚪的变态期，应投喂蝌蚪颗粒料。*The Laboratory Xenopus* sp.指出非洲爪蟾的世代交替时间为 1~2 年，我们根据实际的养殖经验，将非洲爪蟾接近达到性成熟时间定为 500 日龄，所以 61~500 日龄的非洲爪蟾应投喂幼蟾饲料，大于 500 日龄的爪蟾应投喂成蟾饲料。《热带爪蟾繁殖生物学及其人工养殖研究》中指出蝌蚪出膜 5 天便可喂食，大约 60% 的蝌蚪在 3 周左右能长出后肢，5 周左右能长出前肢，7~8 周完全变态为幼蟾。同时，根据我们长期的养殖经验，将热带爪蟾蝌蚪粉料适宜日龄的范围定为 7~35 日龄，蝌蚪颗粒料适宜日龄范围为 36~55 日龄。*The Laboratory Xenopus* sp. 指出热带爪蟾的世代交替时间小于 5 个月，所以我们将非洲爪蟾接近达到性成熟时间定为 150 日龄，56~150 日龄的热带爪蟾应投喂幼蟾饲料，大于 150 日龄的爪蟾应投喂成蟾饲料。

对于不同类别饲料的粒径，文献和相关的商品介绍中很少有提及，标准里的粒径数据主要依靠对各品牌各期商品饲料粒径的实测数据及投喂效果的反馈。

2. 标准条款："6.2 技术要求"

（1）标准条款："6.2.1 原料要求：应符合 GB/T 14924.1 的规定。"

GB/T 14924.1 对于饲料原料的质量要求规定：①本标准中的饲料原料是指为提供动物生长所需的蛋白质和能量的单一饲料原料，不包括饲料添加剂；②饲料原料如玉米、高粱、大豆、小麦和花生等均应符合标准列出的原料国家或行业标准的质量指标；③在实验动物配合饲料中使用的饲料添加剂执行其相关的国家和行业标准，不得使用药物添加剂；④为了保证实验动物的正常生长，饲料原料不得使用菜籽饼粕、棉籽饼粕、亚麻仁饼粕等含有有害毒素的饲料原料；⑤不得使用发霉、变质或被农药及其他有毒有害物质污染的饲料原料。

（2）标准条款："6.2.2 感官指标：色泽、颗粒大小均匀；无霉变、变质、结块和虫蛀现象；无霉味、酸败等异味。"

为实验动物饲料标准通用要求。

（3）标准条款："6.2.3 加工质量指标：应符合表 3 的规定。"

爪蟾饲料的加工质量标准主要参考 SC/T 1056—2002《蛙类配合饲料》和 SC/T 1077—2004《渔用配合饲料》通用技术要求。SC/T 1056—2002 中规定各型号蛙饲料原料粉碎粒度（筛上物）均应≤5%。SC/T 1056—2002 中指出各型号蛙饲料的混合均匀度（变异系数）应不大于 5%，SC/T 1077—2004 规定蛙类颗粒饲料的水中稳定度应满足"浸泡 60 min，颗粒不开裂，表面不开裂、不脱皮"。

（4）标准条款："6.2.4 营养成分指标：爪蟾配合饲料常规营养成分指标应符合表 4 规定，氨基酸、维生素、矿物质和微量元素成分推荐值见附录 F。"

　　配合饲料的常规营养成分指标，即饲料配方。按合适的饲料配方生产出的饲料即为配合饲料。配合饲料营养全面，可提高营养物的消化利用率，降低饲料成本，并能很好地促进爪蟾的生长繁殖，可降低变态期蝌蚪的死亡率。

　　实验爪蟾配合饲料常规营养成分指标主要参考了爪蟾相关营养试验的数据、国外商品爪蟾饲料含量参数，综合总结得出。氨基酸、维生素、矿物质和微量元素成分推荐值可查的相关文献较少，数值主要来源于国外几种商品爪蟾的成分含量表，其含量为推荐值，不做强制要求。

　　3. 标准条款："6.3 检测方法"

　　配合饲料各指标的检测方法均较为成熟，本标准直接引用相关检测标准。感官指标、原料粉碎粒度、混合均匀度、水中稳定性和卫生指标按照 SC/T 1056 的规定执行；配合饲料常规营养成分、氨基酸、维生素、矿物质和微量元素指标分别按照 GB/T 14924.9~GB/T 14924.12 的规定执行，氯化钠按照 GB/T 6439 的规定执行。

　　4. 标准条款："6.4 检测规则：按照 SC/T 1056 的规定执行。"

　　SC/T 1056 中规定的蛙类配合饲料检测的取样、出厂检验、型式检验和判定规格均已较为规范，本标准参照执行。

（四）设施与环境

　　1. 标准条款："7.1 设施：地面、内墙和天花板都应使用无毒材料，且应易于清洗和消毒；应配备应急电源和漏电保护开关，电箱、插座和灯管等用电设施应有防水装置；门窗、下水道等与外界连通的部位应有预防敌害生物进入的设施。"

　　地面、内墙和天花板都应使用无毒材料，以免有毒材料分解污染室内空气及养殖设施。这些材料应易于清洗和消毒，以防霉菌等有害物质滋生。由于爪蟾养殖间一般湿度较大，电箱、插座和灯管等用电设施易老化受潮或生锈，应做好防水措施，避免漏电情况发生，实际操作中可在电箱有空隙与外界空气连接的地方涂抹防水胶，选择防水插座，选择密封较严密的 LED 灯、低压 LDE 灯或者防水灯，且漏电保护开关是必不可少的元件，一旦出现漏电可以及时切断电源。应急电源是保证停电时充气泵或循环泵等养殖系统基本设备正常运转的必备设施。外来敌害生物会给养殖间带来未知的病原及危害，在设施建造时应充分考虑到所有可能进入的外界敌害生物，并做好预防措施。

　　2. 标准条款："7.2 设备"

　　标准条款："7.2.2 辅助设备：应配有温湿度控制、照明、水质监测与消毒等辅助设备。"

　　养殖缸应选用无毒材质，防止有毒物质溶解到养殖水体里，对爪蟾有毒害作用。养殖缸应无锐边、 尖角、 内外壁光滑，因为爪蟾外皮很薄，如果养殖缸有锐边、尖角或者内外壁都很粗糙，爪蟾在缸内快速游动、打闹时，皮肤容易划伤或者撞伤。养殖缸应透明或者部分透明，以便于观察爪蟾的日常情况。出水口应根据养殖爪蟾的大小设置相应的隔离网。

　　养殖间内温湿度是生物养殖的最基本条件，温度一般用空调、加热棒或冷热机等设备控制，湿度用抽湿机控制。必须提供生物养殖和养殖人员操作所需的光照条件。养殖水体的定期监测可采用国家标准方法进行，也可采用便携式水质检测仪器（包括溶氧仪、pH 计、电导率仪和硬度计等）。

3. 标准条款："7.3 环境"

（1）标准条款："7.3.1 养殖间环境：噪声小于 60 分贝；工作照度≥200 lx"

对很多动物（如哺乳类、鸟类等）的研究表明，高强度噪声对于动物通讯有损害作用。蛙类主要靠鸣叫声通讯，声传播效率下降会影响蛙类个体间识别、配偶关系、领域防卫等，所以应控制养殖间内噪声。目前两栖类适宜的噪声范围并无明确的规定，本标准参考了 GB 14925—2010 对于室内噪声的规定。工作照度是满足人员日常操作所需要的照度，如果光线太暗会导致视觉疲劳，工作照度参考 GB 14925—2010 的规定。

（2）标准条款："7.3.2 水环境"

a）标准条款："7.3.2.1 水环境指标：爪蟾水环境指标应符合表 5 要求。"。

合适的温度是生物生存的必要条件，适宜的水温能促进水生动物的生长和繁殖。爪蟾对于温度的变化十分敏感，当温度低于适宜温度，它们的新陈代谢和免疫系统将会受到抑制；如果水温继续降低，就会出现冷休克或死亡；而当水温过高时，则会出现热休克甚至死亡。

过低的电导率会使爪蟾应激，流失体内的离子；同样，过高的电导率会增加爪蟾的渗透压负荷，浪费过多的能量，不利于爪蟾的生长发育。接近于爪蟾血液渗透压的电导率值会更加适宜爪蟾生长。

水的硬度主要是指钙镁离子的浓度。硬度偏高的水是雌性爪蟾卵母细胞发育的良好条件，也是显微注射时让爪蟾胚胎更加坚固的方法。

总碱度是衡量水体酸碱缓冲能力的一个重要的指标，对保证硝化细菌的硝化作用非常重要，不仅可以保持 pH 的相对稳定，还可以为硝化反应提供碳源，使有毒的氨氮氧化为无毒的硝酸盐，但这一过程会使总碱度慢慢降低，需要添加碳酸氢钠来稳定水体碱度。

pH 是反应水体酸碱度的指标，pH 过高或者过低都会对生物产生化学毒性。在生物忍耐范围内，pH 偏高会导致水体里的氨氮更多地以分子态存在，这对爪蟾的毒性更大；pH 偏低会抑制硝化作用和碳循环的效率。

溶解氧不仅可以为爪蟾的呼吸作用提供氧气，对于水体硝化系统的运行也是必不可少的。溶氧太低会导致爪蟾窒息，硝化系统效率降低，大量氨氮堆积；溶氧太高，过饱和的氧气又可导致爪蟾"气泡病"。

余氯具有强氧化性，可使爪蟾的皮肤黏膜及内脏黏膜溃烂，直接导致爪蟾死亡。应将余氯的值控制在安全范围内。

氨氮在水体有两种存在方式，即离子态和分子态。离子态氨氮没有毒性；分子态氨氮即非离子态氨，是一种与脂类有较高亲和力的物质，能轻易地穿过生物体的生物膜，使水生动物的免疫力下降；能渗入血液，降低血液载氧能力，从而导致机体呼吸机能下降，引起机体出现一系列的中毒症状，长期过高则将抑制生物的生长、繁殖，严重中毒者甚至死亡。

亚硝酸盐氮也是水体里的一种有毒物质，来源有氨氮的硝化作用、硝酸盐的还原作用及浮游植物的代谢作用。对水生动物来说，过量的亚硝酸盐会被吸收并与体内的血红蛋白发生反应而产生高铁血红蛋白，使血红蛋白的含量降低，不利于供氧，长时间会产生功能性贫血症、呼吸困难甚至窒息死亡，同时还会造成体内器官的损害。

硝酸盐本身没有毒性，但是硝酸盐可以被还原为亚硝酸盐甚至是氨氮，尤其是在厌氧的条件下，过量的硝酸盐不仅增加了被还原的压力，而且会使水体富营养化，藻类细菌大量繁殖。

光照强度对水生生物的生长发育有显著影响，主要对代谢与摄食产生影响，进而影响生长发育。光照对水生生物内分泌的影响是通过动物的视觉器官和中枢神经系统来刺激动物的分泌器官，特别是脑垂体的活动。

光照时间及昼夜更替的光信号刺激使生物体自身昼夜节律调节系统和外部环境保持一致，如睡眠-觉醒节律、运动节律及多种激素的分泌节律等，从而维持水生生物正常的生理及发育。光周期的稳定性和规律性能成为动物内源节律发生触动的因素，激素的分泌活动受光周期的影响。

b）标准条款："7.3.2.2 病原指标：养殖水环境中不得携带蛙虹彩病毒、脑膜炎败血伊丽莎白菌、致病性嗜水气单胞菌。"

爪蟾终生生活在水中，养殖水体是病原重要的传播途径和场所，因此有必要对爪蟾养殖水环境的病原指标进行控制。然而，养殖水体存在有益、有害等多种微生物，完全控制水环境中的微生物或无菌养殖操作难度大且没必要。养殖水体中的微生物多为条件致病菌，在水质、爪蟾体质等状况良好的情况下并不致病，因此本标准仅对水环境中三种危害严重的病原进行控制。

4．标准条款："7.4 检测方法：病原检测按照 5.4 的方法执行；环境项目检测方法按照附录 G 执行。"

病原检测方法见标准 5.4；环境项目检测方法均为常规方法见附录 G。

5．标准条款："7.5 检测频率：环境指标应至少每 6 个月检测 1 次。"

在监督检验时，环境指标应至少每 6 个月检测 1 次；对于实验室自检，常规环境因子如水温、24 小时温差、电导率、pH 等应每天检测 1 次。

第六节 分析报告

实验动物作为生物医学、药学甚至整个生命科学的重要研究基础和支撑条件，受到世界各国政府和科学家的重视及广泛关注。实验动物质量控制是保障动物实验科学、可靠的重要基础，是实验动物学科发展的必然趋势，能体现一个国家科学技术发展水平。为加强我国实验动物管理，我国政府相关管理部门发布了《实验动物质量管理办法》等一系列法规和强制要求，大、小鼠等啮齿类动物质量控制标准也已实施多年，极大地提高了我国实验动物质量，促进了我国生命科学技术的发展。本标准的制定，为我国实验动物爪蟾的质量控制提供了方法和依据，将规范我国实验爪蟾的生产和使用，极大地提高我国实验爪蟾的质量和相关科学技术水平。爪蟾作为两栖类实验动物的代表，是我国实验动物学科发展的重要补充，本标准的实施将提高我国两栖类实验动物标准化水平，对丰富我国实验动物学科内容、促进学科发展具有重要意义，应用前景广泛。

第七节　国内外同类标准分析

在实验爪蟾质量控制方面,国外已制定了一些指南,如 *Guidance on the housing and care of African clawed frog Xenopus laevis*、*Guidelines for Egg and Oocyte Harvesting in Xenopus laevis*、*Aquatic Frog Housing Density Guidelines-Animal Care and Use Program*、*Husbandry of Xenopus tropicalis*、*The Laboratory Xenopus* sp.等;国内仅有湖南省地方养殖标准《DB43/T 1020—2015　非洲爪蟾室内养殖技术规程》。国内外至今尚无实验爪蟾质控标准,行业迫切需要制定《实验动物　爪蟾生产和使用指南》,以规范实验爪蟾的生产和使用,确保实验爪蟾的生产和使用质量。

第八节　其 他 说 明

一、与法律法规、标准关系

本标准按 GB/T 1.1—2009 规则和实验动物标准的基本结构编写,与实验动物标准体系协调统一,与《实验动物管理条例》《实验动物质量管理办法》《实验动物许可证管理办法》《实验动物种子中心管理办法》等国家相关法规及实验动物强制性标准的规定和要求协调一致,是我国实验动物标准体系的重要补充。

二、作为推荐性标准的建议

本标准旨在规范和指导我国实验爪蟾的质量控制,促进实验爪蟾行业有序、较快发展。根据标准立项批复,本标准作为推荐性标准。

三、标准实施要求和措施

本标准作为我国首个实验爪蟾质量控制标准,标准制定经历了广泛的讨论、交流,使标准具有较强的科学性、先进性和适用性。

目前我国实验爪蟾质量良莠不齐,标准颁布后,工作组将通过现场培训、视频讲座、网站专栏、派发宣传资料等多形式、多途径宣传贯彻。标准颁布后,我们将建立示范基地,供全国实验爪蟾生产和使用单位人员学习、交流。

参 考 文 献

陈爱平,江育林,钱冬,等. 2011,淡水鱼细菌性败血症. 中国水产,(3):54-55.

陈爱平,江育林,钱冬,等. 2012. 蛙脑膜炎败血金黄杆菌病. 中国水产,(5):51-52.

全国动物防疫标准化技术委员会. 2002. GB/T 18652 致病性嗜水气单胞菌检验方法.

沈国鑫. 2008. 热带爪蟾繁殖生物学及其人工养殖研究. 南昌:南昌大学硕士学位论文.

世界动物卫生组织(OIE)鱼病专家委员会组织. 2000. 水生动物疾病诊断手册. 北京:中国农业出版社.

Bravo Fariñas L, Monté Boada RJ, Cuéllar Pérez R, et al. 1989. *Aeromonas hydrophila* Infection in *Xenopuslaevis*. Revista Cubana de Medicina Tropical, 41（2）: 208-213.

Brayton C. 1992. Wasting disease associated with cutaneous and renal nematodes, in commercially obtained *Xenopus laevis*. Ann N Y Acad Sci, 653: 197-201.

Chai N, Deforges L, Sougakoff W, et al. 2006 *Mycobacterium szulgai* infection in a captive population of African clawed frogs（*Xenopus tropicalis*）. J Zoo Wildlife Med, 37: 55-58.

Clothier RH, Balls M. 1973. Mycobacteria and lymphoreticular tumours in *Xenopus laevis*, the South African clawed toad. I. Isolation, characterization and pathogenicity for *Xenopus* of *M. marinum* isolated from lymphoreticular tumour cells. Oncology, 28: 445-457.

Cunningham AA, Sainsbury AW, Cooper JE. 1996. Diagnosis and treatment of a parasitic dermatitis in a laboratory colony of African clawed frogs（*Xenopus laevis*）. Vet Rec, 138: 640-642.

DB 43/T 1020—2015 非洲爪蟾室内养殖技术规程.

Godfrey D, Williamson H, Silverman J, et al. 2007. Newly identified *Mycobacterium* species in a *Xenopus laevis* colony. Comp Med, 57: 97-104.

Green SL. 2009. The laboratory *Xenopus* sp. CRC Press.

Green SL, Bouley DM, Josling CA, et al. 2003. *Cryptosporidiosis* associated with emaciation and proliferative gastritis in a laboratory South African clawed frog（*Xenopus laevis*）. Comp Med, 53（1）: 81-84.

Green SL, Bouley DM, Tolwani RJ, et al. 1999. Identification and management of an outbreak of *Flavobacterium meningosepticum* infection in a colony of South African clawed frogs（*Xenopus laevis*）Am Vet Med Assoc, 214: 1833.

Green SL, Lifland BD, Bouley DM, et al. 2000. Disease attributed to *Mycobacterium chelonae* in South African clawed frogs（*Xenopus laevis*）. Comp Med, 50: 675-679.

Hill WA, Newman SJ, Craig LE, et al. 2010. Diagnosis of *Aeromonas hydrophila*, Mycobacterium species, and *Batrachochytrium dendrobatidis* in an African clawed frog （*Xenopus laevis*）. Journal of The American Association for Laboratory Animal Science, 49（2）: 215-220.

Jafkins A, Abu-Daya A, Noble A, et al. 2012. Husbandry of *Xenopus tropicalis*. *Xenopus* Protocols: Post-genomic Approaches, 17-31.

Mveobiang A, Lee RE, Umstot ES, et al. 2005. A newly discovered mycobacterial pathogen isolated from laboratory colonies of *Xenopus species* with lethal infections produces a novel form of mycolactone, the *Mycobacterium ulcerans* macrolide toxin. Infection and Immunity, 73（6）: 3307-3312.

Poynton S L, Whitaker BR. 2001. Protozoa and metazoa infecting amphibians. Amphibian Medicine and Captive Husbandry, Krieger Publishing Company, Malabar, FL, USA, 193-222.

Pritchett KR, Sanders GE. 2007. Epistylididae ectoparasites in a colony of African clawed frogs（*Xenopus laevis*）. Am Assoc Lab Anim Sci, 46: 86-91.

Reed BT. 2005. Guidance on the housing and care of the African clawed frog *Xenopus laevis*. London: Royal Society of the Prevention of Cruelty to Animals, Research Animals Department.

Robert J, Abramowitz L, Morales HD. 2007. *Xenopus laevis*: a possible vector of *Ranavirus* infection. Wildlife Dis, 43（4）: 645-652.

Robert J, George E, Andino FDJ, et al. 2011. Waterborne infectivity of the *Ranavirus* frog virus 3 in *Xenopus laevis*. Virology, 417（2）: 410-417.

Sánchez-Morgado J, Gallagher A, Johnson LK. 2009. *Mycobacterium gordonae* infection in a colony of African clawed frogs（*Xenopus tropicalis*）. Lab Anim, Feb 23.

Schaeffer DO, Kleinow KM, Krulisch L. 1992. The care and use of amphibians, reptiles, and fish in research.

Schwabacher H. 1959. A strain of *Mycobacterium* isolated from skin lesions of a cold-blooded animal, *Xenopus laevis*, and its relation to atypical acid-fast bacilli occurring in man. Hyg（Lond）, 57: 57-67.

Sherril L. 2010. Green. The Laboratory *Xenopus* sp. Boca Raton: CRC Press.

Suykerbuyk P, Vleminckx K, Pasmans F, et al. 2007. *Mycobacterium liflandii* infection in European colony of *Siluranatropicalis*. Emerg Infect Dis, 13: 743-746.

Trott KA, Stacy BA, Lifland BD, et al. 2004. Characterization of a *Mycobacterium ulcerans*-like infection in a colony of African tropical clawed frogs（*Xenopus tropicalis*）. Comp Med, 54: 309-317.

第七章 T/CALAS 33—2017《实验动物 SPF 猪微生物学监测》实施指南

第一节 工 作 简 况

根据中国实验动物学会实验动物标准化专业委员会有关文件及 GB/T 16733《国家标准制定程序的阶段划分及代码》和《采用快速程序制定国家标准的管理规定》的要求,结合实验动物领域具体情况,由中国实验动物学会实验动物标准化专业委员会提出并组织起草本标准。起草单位为中国农业科学院哈尔滨兽医研究所、江苏省农业科学院,主要起草人为陈洪岩、高彩霞、韩凌霞、邵国青。

第二节 工 作 过 程

2016 年上半年,召开了标准起草启动会和研讨会,确定了起草标准的内容、方案和可行性,并完成了对收集到的国内外相关标准及相关资料数据的整理、分析,为整理 SPF 猪微生物学监测项目提供基础参数。

2016 年下半年,向实验动物研究、猪培育和猪病研究等相关领域的专家请教,根据其建议和意见,起草小组进行了反复的研究和商讨后,提出本标准草案。

2017 年 1 月 6 日,在哈尔滨召开了 SPF 猪微生物控制标准研讨会,在国家重点研发计划项目"畜禽疫病防控专用实验动物开发"(项目编号:2017YFD0501600)课题研究基础上,组织研讨了本标准草案,根据专家意见和建议对标准草案进行了修改,形成了本标准征求意见稿。

2017 年 7 月,标准征求意见稿在中国实验动物学会网站公开征求意见,共收集意见或建议 1 条,编制组根据专家提出的修改意见和建议,对本标准整理修改后形成标准送审稿、标准送审稿编制说明和征求意见汇总处理表。

2017 年 9 月,召开送审稿答辩会,专家提出修改意见,编制组根据专家提出的修改意见和建议,对本标准整理修改后形成标准报批稿、标准报批稿编制说明和征求意见汇总处理表。

2017 年 10 月 15 日,编写组就 8 月 30 日的专家意见进行了讨论修改,形成了报批稿。

2017 年 12 月 29 日,中国实验动物学会第七届理事会常务理事会第一次会议批准发布包括本标准在内的《实验动物 教学用动物使用指南》等 23 项团体标准,并于 2018 年 1 月 1 日起正式实施。

第三节　编写背景

无特定病原体（specific pathogen free，SPF）猪是指经人工饲育，对其携带的病原微生物和寄生虫实行控制，遗传背景明确或者来源清楚，用于科学研究、教学、生产和检定，以及其他科学实验的猪，饲养在屏障环境或隔离环境中，是符合国际通用标准的实验动物。标准化 SPF 猪的生产、应用和动物模型是我国农业生命科学研究的基础及重要的支撑条件之一。欧美国家已完成 SPF 猪的培育，而我国尚未建立符合我国国情的 SPF 猪标准；已有的标准 GB/T 22914—2008《SPF 猪病原的控制与监测》主要考虑的是我国养猪业的现状，偏向于集约化生产，并未考虑实验动物化需求，而且颁发时间较早；地方标准 DB/T 828.1—2011《实验用小型猪　微生物学等级及监测》和 DB23/T 1674—2015《无特定病原体猪微生物学监测技术规范》针对我国实验用小型猪及部分现流行的病原并未做出规定，因此导致我国实验用猪携带的病原体质量不清，各种疫苗免疫或自然感染形成的抗体水平参差不齐，严重制约了我国畜禽疫病防控产品的创制、防控措施的建立和防控效果的科学评价。因此，参照国外发达国家 SPF 猪的微生物监测，结合我国国情制定 SPF 猪微生物学监测标准，可加快实验用猪标准化进程，为我国科技自主创新和重大疫病防控提供有力支撑。

第四节　编制原则

本标准在制定中编写格式符合 GB/T 1.1—2000 的规定，规定的技术内容及要求科学合理，具有适用性和可操作性。本标准编写依据 GB/T 22914—2008《SPF 猪病原的控制与监测》、地方标准 DB/T 828.1—2011《实验用小型猪　微生物学等级及监测》和 DB23/T 1674—2015《无特定病原体猪微生物学监测技术规范》，以及迄今为止国内外研究机构发表的以 SPF 猪作为实验材料开展的微生物学质量控制研究成果。

丹麦 SPF 猪群的标准是排除 14 种疾病：地方流行性肺炎、胸膜肺炎嗜血杆菌病、萎缩性鼻炎、猪痢疾、伪狂犬病、古典猪瘟、非洲猪瘟、传染性胃肠炎、口蹄疫、猪水疱病、布氏杆菌病、旋毛虫病、螨和虱。日本 SPF 猪协会推荐的 SPF 养猪标准中 SPF 猪排除 5 种疾病：猪气喘病（猪霉形体性肺炎）、猪萎缩性鼻炎、猪痢疾、伪狂犬病和猪弓浆虫病，部分家畜试验场根据当地生产情况增加了猪巴氏杆菌病和猪接触传染性胸膜肺炎（又称嗜血杆菌感染症，病原为胸膜肺炎放线杆菌）。加拿大 SPF 猪已排除地方流行性肺炎、胸膜肺炎、猪繁殖与呼吸综合征、猪传染性胃肠炎、猪萎缩性鼻炎、猪痢疾和疥癣。中国台湾 SPF 猪主要排除对象有 7 种：萎缩性鼻炎、流行性肺炎、伪狂犬病、嗜血杆菌肺炎、猪赤痢、弓虫症和疥癣。

第五节　内容解读

1. 规定了 SPF 猪病原微生物检测项目和检测方法

根据我国猪病流行和发病情况，以及国外发达国家 SPF 猪排除病原体种类的要求，中国农业科学院哈尔滨兽医研究所进行了我国 SPF 猪微生物监测标准的研究，确定了 SPF 猪微生物学监测的病原体种类，检测项目有猪瘟、口蹄疫、猪繁殖与呼吸综合征、流行性乙型脑炎、猪伪狂犬病、猪圆环病毒病、猪细小病毒病、猪布鲁氏菌病、猪传染性胃肠炎、猪流行性腹泻、猪巴氏杆菌病、猪放线杆菌胸膜肺炎、猪痢疾、猪萎缩性鼻炎、猪沙门氏菌病、猪支原体肺炎、猪流感、猪链球菌病、猪皮肤真菌病。检测方法按已有标准规定的方法进行检测，包括 GB/T 14926.4《实验动物 皮肤病原真菌检测方法》、GB/T 16551《猪瘟检疫技术规范》、GB/T 18090 《猪繁殖和呼吸综合征诊断方法》、GB/T 18638 《流行性乙型脑炎诊断技术》、GB/T 18641 《伪狂犬病诊断技术》、GB/T 18646 《动物布鲁氏菌病诊断技术》、GB/T 18935 《口蹄疫检疫技术规程》、GB/T 19915.1 《猪链球菌 2 型平板和试管凝集试验操作规程》、GB/T 19915.2 《猪链球菌 2 型分离鉴定操作规程》、GB/T 21674 《猪圆环病毒聚合酶链反应试验方法》、GB/T 27535《猪流感 HI 抗体检测方法》、NY/T 537 猪放线杆菌胸膜肺炎诊断技术、NY/T 541 动物疫病实验室检验采样方法、NY/T 544 猪流《行性腹泻诊断技术》、NY/T 545 《猪痢疾诊断技术》、NY/T 546 《猪萎缩性鼻炎诊断技术》、NY/T 548 《猪传染性胃肠炎诊断技术》、NY/T 550 《动物和动物产品沙门氏菌检测方法》、NY/T 564 《猪巴氏杆菌病诊断技术》、NY/T 1186《猪支原体肺炎诊断技术》、SN/T 1919 《猪细小病毒病红细胞凝集抑制试验操作规程》。

2. 规定了 SPF 猪微生物学监测程序和检测内容

根据规定的检测项目，参考已有标准制定了 SPF 猪微生物学监测程序（图 1）和检测内容。

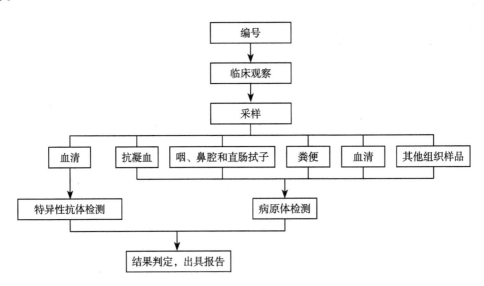

图 1 SP猪微生物学监测流程

3. 规定了结果判定

样品检测项目的检测结果均为阴性者，判为合格；若有 1 项以上（含 1 项）为阳性，则判为不合格。

第六节　分析报告

2014 年 12 月，中国农业科学院哈尔滨兽医研究所从加拿大引进纯种大约克夏猪和长白猪共 100 头进行采血采样，经检疫部门检疫，引进猪无猪喘气病、猪胸膜性肺炎（1、2、5、7、12 型）、萎缩性鼻炎、猪痢疾、猪繁殖与呼吸综合征、猪传染性胃肠炎、猪流行性腹泻、猪流感、伪狂犬等动物疫病；项目组分别在 2015 年 1 月和 5 月对猪群进行包括猪瘟、口蹄疫、猪繁殖与呼吸综合征、流行性乙型脑炎、猪伪狂犬病、猪圆环病毒病、猪布鲁氏菌病、猪链球菌病、猪萎缩性鼻炎、猪放线杆菌胸膜肺炎、猪支原体肺炎、猪流感、猪传染性胃肠炎、猪细小病毒病等在内的 14 个检测参数的检测，结果均为阴性。2016 年 8 月，课题组研究人员对大白猪和长白猪共 92 头进行抗体检测，包括猪瘟、猪繁殖与呼吸综合征、猪伪狂犬病、猪轮状病毒病、猪圆环病毒病、猪传染性胃肠炎、猪细小病毒病、A 型猪流感、口蹄疫、猪乙型脑炎、猪胸膜肺炎、副猪嗜血杆菌病、猪布鲁氏杆菌病、猪支原体肺炎、猪链球菌病共 15 种疫病，其中猪瘟、猪繁殖与呼吸综合征、猪伪狂犬病、猪传染性胃肠炎、A 型猪流感、口蹄疫、猪布鲁氏杆菌病等 7 种为阴性，其余 8 种部分为阳性；进行病原检测，包括猪圆环病毒、猪轮状病毒、猪传染性胃肠炎、流行性腹泻和猪胸膜肺炎共 5 种病原体，其中猪圆环病毒、猪传染性胃肠炎病毒、流行性腹泻病毒阴性，猪轮状病毒和猪胸膜肺炎放线杆菌为阳性。以上基础研究结果为我们制定团体标准提供了重要依据。

第七节　其 他 说 明

一、国内外同类标准分析

目前我国尚未建立符合我国国情的 SPF 猪标准，已有的标准 GB/T 22914—2008《SPF猪病原的控制与监测》主要考虑的是我国养猪业的现状，偏向于集约化生产，并未考虑实验动物化需求，而且颁发时间较早；地方标准 DB/T 828.1—2011《实验用小型猪　微生物学等级及监测》和 DB23/T 1674—2015《无特定病原体猪微生物学监测技术规范》针对我国实验用小型猪及部分现流行的病原并未做出规定。检测方法按已有标准规定的方法进行检测，包括 GB/T 14926.4 《实验动物 皮肤病原真菌检测方法》、GB/T 16551 《猪瘟检疫技术规范》、GB/T 18090 《猪繁殖和呼吸综合征诊断方法》、GB/T 18638 《流行性乙型脑炎诊断技术》、GB/T 18641 《伪狂犬病诊断技术》、GB/T 18646 《动物布鲁氏菌病诊断技术》、GB/T 18935 《口蹄疫检疫技术规程》、GB/T 19915.1 《猪链球菌 2 型平板和试管凝集试验操作规程》、GB/T 19915.2 《猪链球菌 2 型分离鉴定操作规程》、GB/T 21674 《猪圆环病毒聚合酶链反应试验方法》、GB/T 27535 《猪流感 HI 抗体检测方法》、NY/T 537 《猪放线杆菌胸膜肺炎诊断技术》、NY/T 541 《动物疫病实验室检验采样方法》、NY/T 544 《猪流行性腹泻诊断技术》、NY/T 545 《猪痢疾诊断技术》、NY/T 546 《猪萎缩性鼻炎诊断技术》、NY/T 548 《猪传染性胃肠炎诊断技术》、NY/T 550 《动物和动物产品沙门氏菌检测方法》、NY/T

564 《猪巴氏杆菌病诊断技术》、NY/T 1186 《猪支原体肺炎诊断技术》、SN/T 1919 《猪细小病毒病红细胞凝集抑制试验操作规程》。部分检测方法为国际通用方法,因此本标准检测方法与国际接轨。

二、与法律法规、标准关系

本标准在编制过程中参照了一些已有标准,补充了部分检测项目,与国内现行法律、法规和强制性标准没有冲突关系。

三、重大分歧的处理和依据

从标准结构框架和制定原则的确定、标准的引用、有关技术指标和参数的试验验证、主要条款的确定,直到标准草稿征求专家意见(通过函寄和会议形式多次咨询和研讨),均未出现重大意见分歧的情况。

四、标准实施要求和措施

建议由中国实验动物学会实验动物标准化专业委员会组织本标准的宣传、推广和实施监督。

五、本标准常见知识问答

何为 SPF 猪?

答:无特定病原体(specific pathogen free,SPF)猪是指经人工饲育,对其携带的病原微生物和寄生虫实行控制,遗传背景明确或者来源清楚,用于科学研究、教学、生产、检定及其他科学实验的猪,饲养在屏障环境或隔离环境中,是符合国际通用标准的实验动物。

第八章 T/CALAS 34—2017《实验动物 SPF 猪寄生虫学监测》实施指南

第一节 工 作 简 况

根据中国实验动物学会实验动物标准化专业委员会有关文件及 GB/T 16733《国家标准制定程序的阶段划分及代码》和《采用快速程序制定国家标准的管理规定》的要求，结合实验动物领域具体情况，由中国实验动物学会实验动物标准化专业委员会提出并组织起草本标准。起草单位为中国农业科学院哈尔滨兽医研究所、江苏省农业科学院，主要起草人为陈洪岩、高彩霞、韩凌霞、邵国青。

第二节 工 作 过 程

2016 年上半年，召开了标准起草启动会和研讨会，确定了起草标准的内容、方案和可行性，并完成了对收集到的国内外相关标准及相关资料数据的整理、分析，为整理 SPF 猪寄生虫学监测项目提供基础参数。

2016 年下半年，向实验动物研究、猪培育和猪病研究等相关领域的专家请教，根据其建议和意见，起草小组进行了反复的研究和商讨后，提出本标准研究稿。

2017 年 1 月 6 日，在哈尔滨召开了 SPF 猪寄生虫控制标准研讨会，在国家重点研发计划项目"畜禽疫病防控专用实验动物开发"（项目编号：2017YFD0501600）课题研究基础上，组织研讨了本标准草案，根据专家意见和建议对标准草案进行了修改，形成了本标准征求意见稿。

2017 年 7 月，标准征求意见稿在中国实验动物学会网站公开征求意见，共收集意见或建议 1 条，编制组根据专家提出的修改意见和建议，对本标准整理修改后形成标准送审稿、标准送审稿编制说明和征求意见汇总处理表。

2017 年 8 月 30 日，召开标准审查会，专家提出修改意见，编制组根据专家提出的修改意见和建议，对本标准整理修改后形成标准报批稿、标准报批稿编制说明和征求意见汇总处理表。

2017 年 12 月 29 日，中国实验动物学会第七届理事会常务理事会第一次会议批准发布包括本标准在内的《实验动物 教学用动物使用指南》等 23 项团体标准，并于 2018 年 1 月 1 日起正式实施。

第三节 编写背景

无特定病原体（specific pathogen free，SPF）猪是指经人工饲育，对其携带的病原微生物和寄生虫实行控制，遗传背景明确或者来源清楚，用于科学研究、教学、生产、检定及其他科学实验的猪，饲养在屏障环境或隔离环境中，是符合国际通用标准的实验动物。标准化 SPF 猪的生产、应用和动物模型是我国农业生命科学研究的基础及重要的支撑条件之一。欧美各国已完成 SPF 猪的培育，而我国尚未建立符合我国国情的 SPF 猪标准，寄生虫学监测标准化实验动物质量控制的重要组成部分，已有的国家标准 GB/T 22914—2008《SPF 猪病原的控制与监测》主要考虑的是我国养猪业的现状，偏向于集约化生产，并未考虑实验动物化，只包括检测 2 种体外寄生虫，而且颁发时间较早；地方标准 DB/T 828.2—2011《实验用小型猪 寄生虫学等级及监测》是针对我国实验用小型猪颁布的标准，但随着猪血鞭毛虫病的发现，该病严重影响了养猪业的发展，也阻碍了 SPF 猪实验动物标准化研究，因此本标准检测项目加入了鞭毛虫检测来保证 SPF 猪的寄生虫学质量控制。本标准的制定旨在依据我国实验动物质量控制要求，排除主要潜在感染或条件致病性、对科学试验干扰大的各类寄生虫病病原，规范检测要求、检测项目、检测程序、检测方法和检测内容等，以求实现 SPF 猪的实验动物标准化，为我国科技自主创新和重大疫病防控提供有力支撑。

第四节 编制原则

本标准在制定中编写格式符合 GB/T 1.1—2000 的规定，规定的技术内容及要求科学合理，具有适用性和可操作性。本标准编写依据：GB/T 14922.1《实验动物 寄生虫学等级及监测》、GB/T 22914—2008《SPF 猪病原的控制与监测》、DB/T 828.2—2011《实验用小型猪 寄生虫学等级及监测》，以及迄今为止国内外研究机构发表的以猪作为实验材料开展的寄生虫学质量控制研究成果。

丹麦 SPF 猪群的标准是排除 3 种寄生虫，即旋毛虫、螨和虱；日本 SPF 猪协会推荐的 SPF 养猪标准中排除猪弓浆虫病；加拿大 SPF 猪排除疥癣；中国台湾 SPF 猪主要排除弓虫症和疥癣。

第五节 内容解读

1. 规定了 SPF 猪寄生虫学检测项目和检测方法

根据我国猪病流行和实际发病情况，以及国外发达国家 SPF 猪排除寄生虫种类的要求，中国农业科学院哈尔滨兽医研究所进行了我国 SPF 猪寄生虫监测标准的研究，确定了 SPF 猪寄生虫学监测的种类，检测项目有体外寄生虫、弓形虫、蠕虫、球虫和鞭毛虫。检测方法按已有标准规定的方法进行检测，包括 GB/T 18448.1《实验动物 体外寄生虫检测方法》、GB/T 18448.2《实验动物 弓形虫检测方法》、GB/T 18448.6《实验动物 蠕虫检测方法》、GB/T 18448.10 《实验动物　肠道鞭毛虫和纤毛虫检测方法》、GB/T 18647 《动物球虫病诊断技术》。

2．规定了 SPF 猪寄生虫学监测程序和检测内容

根据规定的检测项目，参考已有标准制定了 SPF 猪寄生虫学监测程序（图 1）和检测内容。

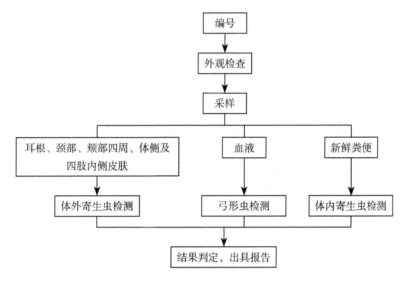

图 1　SPF猪寄生虫学监测流程

3．规定了结果判定

样品检测项目的检测结果均为阴性者，判为合格；若有 1 项以上（含 1 项）为阳性，则判为不合格。

第六节　分析报告

2014 年 12 月，中国农业科学院哈尔滨兽医研究所从加拿大引进纯种大约克夏猪和长白猪共 100 头，项目组分别在 2015 年 1 月和 5 月对猪群进行体外寄生虫和弓形虫监测，结果均为阴性。2016 年 8 月，课题组研究人员对大白猪和长白猪共 92 头进行监测，体外寄生虫和弓形虫亦为阴性。参考文献报道，不同地区猪群感染寄生虫种类不同，如云南省猪寄生虫感染率达 90%，感染强度也较高，较为严重的优势寄生虫包括猪蛔虫、猪毛首线虫、肝片吸虫、猪囊尾蚴、弓形虫、旋毛虫等；影响广西地区养猪业的寄生虫主要是结肠小袋纤毛虫、鞭虫、球虫、类圆线虫、疥螨等几种，特别是猪球虫成为流行的最主要寄生虫。因此，本标准将体外寄生虫、弓形虫、蛔虫、球虫和鞭毛虫列为检测项目。

第七节 其 他 说 明

一、国内外同类标准分析

目前我国尚未建立符合我国国情的 SPF 猪标准，已有的标准 GB/T 22914—2008《SPF 猪病原的控制与监测》主要考虑的是我国养猪业的现状，偏向于集约化生产，并未考虑实验动物化需求，主要排除了 2 种体外寄生虫，而且颁发时间较早；地方标准 DB/T 828.2—2011《实验用小型猪 寄生虫学等级及监测》是针对我国实验用小型猪颁布的标准，但随着猪血鞭毛虫病的发现，该病严重影响了养猪业的发展，也阻碍了 SPF 猪实验动物标准化研究，因此本标准检测项目加入了鞭毛虫检测来保证 SPF 猪的寄生虫学质量控制。检测方法按已有标准规定的方法进行检测，包括 GB/T 18448.1 《实验动物 体外寄生虫检测方法》、GB/T 18448.2 《实验动物 弓形虫检测方法》、GB/T 18448.6 《实验动物 蠕虫检测方法》、GB/T 18448.10 《实验动物 肠道鞭毛虫和纤毛虫检测方法》和 GB/T 18647 《动物球虫病诊断技术》。部分方法为国际通用方法，因此与国际接轨。

二、与法律法规、标准关系

本标准在编制过程中参照了一些已有标准，补充了部分检测项目，与国内现行法律、法规和强制性标准没有冲突关系。

三、重大分歧的处理和依据

从标准结构框架和制定原则的确定、标准的引用、有关技术指标和参数的试验验证、主要条款的确定直到标准草稿征求专家意见（通过函寄和会议形式，多次咨询和研讨），均未出现重大意见分歧的情况。

四、标准实施要求和措施

建议由中国实验动物学会实验动物标准化专业委员会组织本标准的宣传、推广和实施监督。

五、本标准常见知识问答

何为 SPF 猪？

答：经人工饲育，对其携带的病原微生物和寄生虫实行控制，遗传背景明确或者来源清楚，用于科学研究、教学、生产、检定及其他科学实验的猪，饲养在屏障环境或隔离环境中，是符合国际通用标准的实验动物。

第九章 T/CALAS 36—2017《实验动物 实验用猪配合饲料》实施指南

第一节 工作简况

根据中国实验动物学会实验动物标准化专业委员会有关文件及 GB/T 16733—1997《国家标准制定程序的阶段划分及代码》和《采用快速程序制定国家标准的管理规定》的要求，全国实验动物标准化技术委员会负责编制该国家标准《实验动物 实验用猪配合饲料》。起草单位和主要起草人为：中国农业科学院哈尔滨兽医研究所的张圆圆、韩凌霞、陈洪岩，东北农业大学的单安山、石宝明、李建平。

第二节 工作过程

2015 年 9 月，召开了标准启动会和第一次研讨会，明确了分工、研究内容及进度安排。2015 年 10 月，完成了对收集到的国内外相关标准及相关资料数据的整理、分析，为计算实验用猪各阶段配合饲料的营养成分提供基础参数。2015 年 11 月，采集了中国农业科学院哈尔滨兽医研究所国家种子中心及北京科澳协力饲料有限公司实验用猪饲料样品，并检测了常规饲料成分，为制定配合饲料标准积累原始数据。2015 年 12 月，通过咨询专家对实验用猪配合饲料标准框架及指标内容的建议和意见，并且结合我们查阅的资料和研究结果，确定了标准框架及指标内容，初步将生长阶段分为开口料、生长料、妊娠料、哺乳料和维持料五个阶段。2016 年 1 月，参考公司生的饲料品标签营养成分的标示数据，根据 NRC（1998）数据及种子中心多年来积累的实测数据，课题组确定了实验用猪各阶段料营养水平。

2016 年 3 月，通过 E-mail 方式向实验动物研究、动物营养、实验用大白猪、长白猪、实验用小型猪培育及饲养等相关领域的专家征求对研究稿及其编写说明的修改意见。2016 年 4 月，根据专家返回的修改意见和建议，对本研究稿进行逐条修改，并完成专家意见的汇总处理。2016 年 10 月，按照团体标准的要求，修改征求意见稿和编制说明的格式及内容。2016 年 11 月，对 35 项团体标准提出修改意见。2016 年 12 月，参照汇总后的修改意见，对本标准逐条进行修改和审视。

2017 年 7 月，标准征求意见稿在中国实验动物学会网站公开征求意见，共收集意见或建议 3 条，编制组根据专家提出的修改意见和建议，对本标准整理修改后形成标准送审稿、标准送审稿编制说明和征求意见汇总处理表。

2017 年 8 月 30 日，召开标准审查会，专家提出修改意见，编制组根据专家提出的修改意见和建议，对本标准整理修改后形成标准报批稿、标准报批稿编制说明和征求意见汇总处理表。

2017 年 12 月 29 日，中国实验动物学会第七届理事会常务理事会第一次会议批准发布包括本标准在内的《实验动物　教学用动物使用指南》等 23 项团体标准，并于 2018 年 1 月 1 日起正式实施。

第三节　编 写 背 景

实验用猪是经人工饲育，对其携带的病原微生物和寄生虫实行控制，遗传背景明确或者来源清楚，用于科学研究、教学、生产、检定及其他科学实验的猪，包括 SPF 级、清洁级和普通级猪。实验用猪主要为小型猪，大白猪和长白猪是集约化生产饲养最广泛的品种，目前已有实验用 SPF 级、清洁级和普通级水平的猪存栏。作为实验动物，实验用大白猪、长白猪和小型猪的饲养环境及使用目的不能等同于常规饲养的猪，例如，其必须使用全价配合饲料，且配合饲料和饮水必须经过高压灭菌或钴-60 辐照等无菌化处理，不能含有添加剂和抗生素。因此，制定适合实验用大白猪、长白猪和小型猪的配合饲料营养标准是非常必要的。本标准的制定为实验用猪的健康提供基础，为试验结果及其产品质量和稳定性提供保障，进而满足生命科学研究的需要，为医疗、医药行业服务。

第四节　编 制 原 则

本部分以国务院批准 1988 年国家科委 2 号令公布的《实验动物管理条例》，以及 1997 年国家科学技术委员会和国家技术监督局联合颁布的《实验动物质量管理办法》为依据，收集、整理国内外相关组织、地方和行业有关实验用大白猪、长白猪质量控制标准，以及迄今为止国内外研究机构发表的以实验用大白猪、长白猪作为实验材料开展的饲料营养质量控制研究基础上制定的。确定标准主要内容的论据包括 NY/T 65—2004《猪饲养标准》和 NRC（1998）猪营养需要，同时参考商品大白猪、长白猪的营养需要量制定而成。

同样，收集、整理国内外相关组织、地方和行业有关实验用小型猪质量控制标准，以及迄今为止国内外研究机构发表的以实验用小型猪作为实验材料开展饲料营养质量控制研究基础上制定的数据或文献。确定标准主要内容的论据包括：DB11/T 828.5—2011《实验用小型猪　第 5 部分：配合饲料》、DB46/T 251—2013《实验动物　五指山猪饲料营养要求》、《实验用小型猪营养需要研究进展》（高青松，刘源. 中国比较医学杂志，2009，19（2）：74-78）、《贵州实验动物香猪营养需要模型研究》（李昌茂. 贵阳：贵州大学硕士学位论文，2009）、《广西巴马小型猪生长期日粮蛋白与能量水平需要的测定》（兰干球，郭亚芬，王爱德.实验动物科学，2007，24（6）：36-38）、《中国特产（种）动物营养需要及饲料配制技术》（杨嘉实，周毓平，刘继业. 北京：中国科学技术出版社，1994，200：216），同时参考商品小型猪的营养需要量制定而成。

第五节　内容解读

1. 实验用猪配合饲料的阶段划分

现有的实验动物饲料主要划分为两部分，即生长繁殖饲料和维持饲料，这两种饲料可以满足对啮齿类动物的需求。但是，猪体型相对较大，生长周期长，生长速度较快，对于饲料敏感，不同生长和生产阶段的营养需要量变化较大，如果仍然分为两种饲料进行饲喂，不能够很好地满足其生长和生产的特殊性。尤其妊娠期与哺乳期是两个重要的繁殖阶段，因此将其单独划分饲喂是非常必要的。在充分满足猪的生理及营养需要的基础上，综合考虑其他已有报道和可操作性，拟采用五阶段料进行饲喂，即开口料、生长料、妊娠料、哺乳料和维持料。

2. 加工、消毒过程及保质期内储存造成配合饲料营养成分损失的考虑

配合饲料加工过程中通常需要制粒或膨化。制粒或膨化由于其特有的热加工工艺条件，能够使淀粉糊化、蛋白质变性，改善饲料的适口性，提高其消化吸收率，甚至能杀灭其中的微生物，达到消毒目的；但同时也破坏了饲料中的维生素、酶等热敏成分。根据有关报道，维生素 C、维生素 K_3、维生素 B_1、维生素 B_6、维生素 A、维生素 E、维生素 D_3 较为敏感，其中维生素 C 和维生素 K_3 损失最高可达 75%~80%。而制粒或膨化对饲料中蛋白质、氨基酸、脂肪、淀粉、矿物元素等影响不大。

根据《实验动物　配合饲料卫生标准》，实验动物配合饲料常常需要进行灭菌处理，常用的有 ^{60}Co 辐照灭菌、高温高压蒸汽灭菌、微波灭菌、饲料加工工艺灭菌等。高压蒸汽灭菌较为彻底，但是对营养成分破坏较大，尤其是一些热敏成分，如维生素等，蛋白质的品质也会降低。

另外，储存条件和时间对维生素的保存也有影响。Christian 测定了维生素 A 在不同条件下储存 3 个月的保存率，低温低湿条件下为 88%，高温低湿条件下为 86%，高温高湿条件下为 2%。经过制粒加工、存储 8 个月的饲料中各种维生素的活性总存留率，其中最低的为维生素 K，只有 36%；最高的为维生素 B_2，可存留 86%，相差 1 倍多。经过预混、加工（调质、制粒）、干燥、包装及较长时间的储存（8 个月），总存留率较高的有维生素 B_2、维生素 B_{12}、泛酸钙、维生素 E，达 70%以上；总存留率最低的是维生素 K，只有 15%；总存留率较低的有维生素 A、维生素 D_3、叶酸、维生素 B_1，在 45%~60%之间变化。实验动物配合饲料储存时间一般规定为 2~3 个月，在确定实验用猪配合饲料营养素水平时，需要考虑储存过程对饲料中营养物质特别是维生素的损失。

综上，在确定配合饲料营养素水平时，为了使实验用猪采食时饲料中的营养素满足其需要，一定要给予一个安全裕量，以补充配合饲料中营养素特别是维生素在加工过程、消毒过程及保质期内储存期间造成的损失。

3. 实验用猪配合饲料除营养成分外的质量要求、营养成分测定及卫生要求的确定

配合饲料的质量要求（质量要求总原则、饲料原料质量要求、检测规则、标签、包装、储存、运输）应符合 GB/T 14924.1—2001 中的规定；配合饲料营养成分测定按 GB/T 14924.9—2001、GB/T 14924.10—2008、GB/T 14924.11—2001、GB/T 14924.12—2001 执行；配合饲料卫生要求应符合 GB 13078—2001 中的规定。

第六节 分 析 报 告

参照本标准限定的营养成分进行配比，配制得到的饲料应用于各个时期的实验用猪，与原有饲料进行比较后得出：新的饲料配方能够显著缓解妊娠母猪便秘的情况，仔猪生长状况良好，饲料转化率提高；五阶段的配方划分，能很好地满足胎儿发育营养需要，同时保证了母猪的生产性能和体况维持。

第七节 其 他 说 明

一、国内外同类标准分析

国际上没有实验用猪配合饲料标准，目前没有国外标准可借鉴。

海南省 DB46/T 251—2013 《实验动物 五指山猪饲料营养要求》、湖南省 DB43/T 958.3—2014 《实验用小型猪 第 3 部分：配合饲料》、江苏省 DB32/T 1650.2—2010 《实验用猪 第 2 部分：配合饲料》，以及 GB 14924.3—2010 《实验动物 配合饲料营养成分》中对鼠、豚鼠、兔、犬、猴等的饲料种类划分为两部分，即生长繁殖饲料和维持饲料；由于动物种类和生活习性的不同，北京市 DB11/T 828.5—2011 《实验用小型猪 第 5 部分：配合饲料》将饲料种类划分为四个部分，即开食料、生长料、哺乳料和维持料。本标准与以上标准不同的是，单独划分出妊娠阶段的饲料，称为妊娠料。处于妊娠阶段的母猪，满足胎儿发育的同时，需供给母猪营养需要；此时能量不能够过大，防止母猪过肥，影响分娩；由于运动量减少，需增加粗纤维，防止母猪便秘的情况发生。如果以生长料饲喂妊娠期母猪，则粗纤维含量缺乏；如果以哺乳料饲喂妊娠期母猪，则能量过高。因此，五阶段划分开食料、生长料、哺乳料、妊娠料和维持料，最适宜实验用猪的生长和繁育。

二、与法律法规、标准关系

本部分参考国家质量监督检验检疫总局《实验动物 配合饲料通用质量要求》《实验动物 配合饲料卫生标准》等标准，以及国内外大白猪、长白猪营养需要量[如 NY/T 65—2004 《猪饲养标准》、NRC（1998）猪营养需要]、国内外小型猪营养需要量（如 DB46/T 251—2013 《实验动物 五指山猪饲料营养要求》、GB 14924.3—2010 《实验动物 配合饲料营养成分》等）、商品饲料生产企业产品营养标示数据，结合我国实验用猪的生长繁殖特点和各地培育实验用猪的生产实际情况，在综合分析相关的饲养实验数据和营养需要量研究成果的基础上制定。在标准中，规定了实验用猪配合饲料的质量要求、营养成分要求、卫生要求、检测规则，以及标签、包装、储存和运输要求。

本部分的编写在格式上采用 GB/T 1.1—2009 《标准化工作导则 第一部分：标准的结构和编写规则》的规定。

三、重大分歧的处理和依据

从标准结构框架和制定原则的确定、标准的引用、有关技术指标和参数的试验验证、主要条款的确定直到标准草稿征求专家意见（通过函寄和会议形式，多次咨询和研讨），均未出现重大意见分歧的情况。

四、作为推荐性标准的建议

本标准建议，质量要求和日粮常规营养成分水平为强制性条款，其余为推荐性条款。因为质量要求和日粮常规营养成分水平是保证实验用猪生理健康、体况正常的根本，否则将可能影响到实验用猪用于实验研究及其所获得数据的准确性；而其他条款则没有这么重要，故建议定为推荐性条款。

五、标准实施要求和措施

建议由中国实验动物学会实验动物标准化专业委员会组织本标准的宣传、推广和实施监督。

第十章 T/CALAS 37—2017《实验动物 SPF鸭遗传学质量监测》实施指南

第一节 工 作 简 况

根据国家标准化管理委员会下达的《2009 年第二批国家标准制修订计划的通知》中的要求,全国实验动物标准化技术委员会（SAC/TC281）负责组织专家制定《实验动物 SPF鸭遗传学质量监测》团体标准。

第二节 工 作 过 程

本标准由中国实验动物学会实验动物标准化专业委员会提出,由中国农业科学院哈尔滨兽医研究所、中国食品药品检定研究院和北京实验动物研究中心按照团体标准制定要求与程序组成编写小组,制定了编写方案。在本课题组多年来对 SPF 鸡和 SPF 鸭遗传学检测技术的研究基础上,结合国内公开发表的鸭群体遗传学检测的相关研究结果,提出了本标准研究稿。本标准涉及的技术和定义,符合国家禽类实验动物种子中心培育及保存的 SPF鸭封闭群和单倍体型遗传学特征。

2016 年 3 月,向全国从事实验动物遗传学和 SPF 禽类实验动物育种单位的专家征求了意见。之后,根据专家返回的修改意见和建议,完成专家意见的汇总处理。2016 年 10 月,按照团体标准的要求,修改征求意见稿和编制说明的格式及内容。发送《征求意见稿》的单位数 12 个,提出意见单位 3 个,提出意见数量 4 条,全部采纳。2016 年 10 月,在中国实验动物学会广西年会上公开征求意见。

2017 年 8 月,全国实验动物标准化技术委员会在北京召开了标准送审稿专家审查会。会议由全国实验动物标准化技术委员会的委员组成审查组,认真讨论了标准送审稿编制说明、征求意见汇总处理表,提出了修改意见和建议。与会专家认为本标准规范可行,是国标的有力补充,一致同意通过审查。会后,收到委员会秘书处发送的专家意见汇总,共归纳出 7 个问题,编制组采纳了 6 条,未采纳 1 条,全部都做出了详细说明。2017 年 10月,形成了标准报批稿、报批稿编制说明、征求意见汇总处理表和实施指南。

2017 年 12 月 29 日,中国实验动物学会第七届理事会常务理事会第一次会议批准发布包括本标准在内的《实验动物 教学用动物使用指南》等 23 项团体标准,并于 2018 年 1月 1 日起正式实施。

第三节 编 写 背 景

无特定病原体（specific pathogen free，SPF）鸭是人工培育、遗传背景清晰、经过微生物净化的实验鸭，主要用于生命科学研究和生物制品的生产、检定。SPF鸭胚是多种人用及兽用生物制品的生产原材料，目前全国已有多家SPF鸭生产厂家，尤其在禽流感疫苗的研制、诊断及生产供应等研究中发挥不可替代的应用作用，是除SPF鸡外又一重要的禽类实验动物，而且是唯一的水禽类实验动物。

遗传质量是实验动物的重要特性之一，SPF鸭的质量直接影响研究结果的可靠性。但目前成熟的实验动物遗传质量标准只有啮齿类实验动物遗传标准，数以千计的各种近交系和封闭群动物因各自的遗传特性而被特异地应用于生物学、医学、科研和检定中。最初国际上提出近交系（1953年）和封闭群（1972年）的定义时，是基于并针对小鼠的，后来才推广到大鼠、地鼠、豚鼠等其他哺乳类实验动物。

SPF鸭已经排除了高致病性禽流感病毒、新城疫病毒和禽腺病毒III群等特定病原体，全部生命周期都饲养于正压隔离器中。细胞遗传学、微卫星标记等研究结果，已表明国家禽类实验动物种子中心存在HBK-Q、HBK-B、HBK-W及金定鸭等多个SPF鸭品系。为了规范SPF鸭的交配方式，以利于利用遗传控制手段，有目的地培育适合应用的品系，特制定本标准。

目前我国只有针对哺乳类实验动物的强制标准GB 14923—2010《实验动物 哺乳类实验动物的遗传质量控制》，其中规定近交系动物的概念为"在一个动物群体中，任何个体基因组中99%以上的等位位点为纯合时定义为近交系。经典近交系经至少连续20代的全同胞兄妹交配培育而成。品系内所有个体都可追溯到起源于第20代或以后代数的一对共同祖先。经连续20代以上亲子交配与全同胞兄妹交配有等同效果。近交系的近交系数应大于99%"。根据《实验动物质量控制》，"封闭群的关键是不从外部引进新的基因，同时进行随机交配……，从群体遗传学的角度看，动物群体的基因频率达15代后才趋于稳定，动物群体的基因频率稳定后才称得上封闭群"。HBK-SPF鸭群从2008年引进，迄今为止始终未混入外来血缘，虽不足15代，但远超过封闭群小鼠种群要求的4个世代。HBK-W单倍型鸭从2012年起开始采用全同胞或半同胞交配方式饲养至今，已繁育5个世代，分子遗传标记位点稳定，从理论上已满足实验动物封闭群和近交系的要求。

关于检测技术，目前只有两个针对近交系大鼠、小鼠遗传质量检测技术的国家推荐标准，即GB/T 14927.1—2008《近交系小鼠、大鼠生化位点检测方法》和GB/T 14927.2—2008《近交系小鼠、大鼠免疫标记检测方法》，规定了生化位点检测方法和免疫标记检测方法。但建立生化位点检测技术的前提是，先培育国内外公认的近交系品系，而这对于当前的SPF鸭来说，显然不适用。事实上，几十年来发达国家的家禽育种公司更多的是根据国际公认的鸡主要组织相容性复合体（MHC）基因组基因型进行近交化，已成功选育上百个MHC单倍型SPF鸡群。这也为建立国内MHC单倍型SPF鸭（国家禽类实验动物种子中心的HBW品系），以及建立和制定MHC单倍型鸭检测技术提供了理论依据。

微卫星 DNA 具有以下特点：基因组中分布广泛、种类多且呈孟德尔共显性遗传方式、高度多态和遗传连锁不平衡现象，其作为最有价值的一种遗传标记，广泛应用于群体遗传学结构分析。鸭微卫星遗传标记的研究相对滞后，Maak 等通过对北京鸭基因组文库进行富集，先后获得了 25 个微卫星标记，大部分标记在北京鸭（Peking duck）、美洲家鸭（Muscovy duck）和绿头鸭（Mallard）中呈现多态性（Maak et al., 2000; 2003）。Huang 等获得 35 对微卫星标记，并对北京鸭进行了多态性分析，其中 28 个位点是多态的，7 个位点呈现单态，在多态位点上共检测到了 117 个等位基因，每个座位平均 4.18 个；进一步利用 115 个多态微卫星标记对 2 个差异较大的北京鸭品系进行遗传连锁图谱分析，结果表明 115 个标记位于 19 个连锁群中（Huang et al., 2006）。

韩凌霞等利用该标准规定的 16 对微卫星标记国家禽类实验动物种子中心培育保存的 HBK-SPF 鸭 Q 和 B 两个品系进行群体遗传多样性分析，结果表明 F_5 代和 F_6 代 HBK-SPF 鸭共检测到 71 个等位基因，每个位点的平均等位基因数为 4.14，与 F_2 代和 F_3 代相比有所下降；F_5 代和 F_6 代鸭群偏离 Hardy-Weinberg 平衡的位点有所减少，分别仅有 2 个和 4 个位点显著偏离平衡状态；多态信息含量（PIC）大于 0.5 的位点数量减少，F_5 代 2 个群体的平均 PIC 分别为 0.511 和 0.512，F_6 代 2 个群体的平均 PIC 分别为 0.48 和 0.505；F_5 代 2 个群体的期望杂合度（He）分别为 0.575 和 0.574，F_6 代的 He 分别为 0.546 和 0.566。结果表明，经过 6 个世代的繁育，偏离 Hardy-Weinberg 平衡的位点减少，以等位基因数目为标志的群体遗传多样性下降，近交程度呈上升趋势，但群体的杂合度则维持相对稳定；Q 品系从 F_2~F_6 代的遗传背景呈规律性变化，B 品系遗传背景存在一定的交替上升或下降，但总体趋于持续的上升或下降。

主要组织相容性复合体（major histocompatibility complex，MHC）是一组紧密连锁高度多态的染色体基因群，编码与免疫相关的一组重要细胞膜糖蛋白，广泛存在于有颌脊椎动物中，与宿主的抗病性和免疫应答水平密切相关。禽类 MHC 基因简单紧凑，形成一个高度连锁的基因群，基因重组概率低，导致鸭具有稳定的单倍型，每一种 MHC 单倍型都与一个特异的 *TAP1*、*TAP2* 和 *BF2* 基因型连锁存在。2005 年，Moon 等利用亚克隆方法获得了全长 36.8 kb 的鸭 MHC I 区域，同 *TAP1*、*TAP2*、*UAA*、*UBA*、*UCA*、*UDA* 和 *UEA* 组成。*UAA*~*UEA* 是鸭 MHC I 基因的 5 个拷贝基因，它们之间的核苷酸同源性达到 87.4 %；*UAA* 优势表达，位于 *TAP2* 的侧翼；*UDA* 次要表达；*TAP1* 和 *TAP2* 位于 MHC I 基因上游，转录方向相反。

TAP 分子是 MHC class I 抗原提呈路径中一个关键蛋白分子，它将水解的内源性多肽运送到内质网，并提呈给 MHC class I 分子，与 $CD8^+$ T 细胞结合，引起特异的免疫应答。

利用 SSR Hunter 软件、SSCP 和 PCR 产物测序，发现 MHC I 区域的 DNA 序列存在 4 种由数个 SNP 决定的纯合基因型，它们分别与 $(GT)_n$ 重复结构连锁，命名为 B1、B2、B3 和 B4 单倍型（参照鸡 B 复合体命名方式命名）。以纯合个体分别建群，作为 F_0 代，在正压隔离器内繁育，以 F_1 代个体进一步开展鸭 MHC 的研究。以 4 种 MHC 单倍型鸭为实验材料，测通 MHC I 区域的 *TAP1* 和 *TAP2* 基因，长约 8 kb，与参考序列的核苷酸同源性为 97%。*TAP1* 基因组序列长 4061~4187 bp，4 种单倍型之间及其与参考序列的核苷酸同源性均为 97%，与鸡和鹌鹑的核苷酸同源性分别 66% 和 67%~68%。CDS 序列长 1218 bp，编码

406个氨基酸,与参考序列比较,存在8个位点变异。4种单倍型鸭 *TAP2* 基因组序列全长3013~3045 bp,它们之间及其与参考序列的核苷酸同源性均为97%,与鸡和鹌鹑的核苷酸同源性均为77%。CDS长2103 bp,编码701个氨基酸,4个单倍型之间共有24个氨基酸差异,与参考序列 *TAP2A* 和 *TAP2B* 分别有27个和26个氨基酸差异,表明它在蛋白质水平上的多样性要高于TAP1分子。

据此,我们提出了SPF鸭封闭群和MHC单倍型鸭的遗传质量监测标准。

第四节　编制原则

本标准的编制主要遵循以下原则。①科学性原则。本标准是以国家禽类实验动物种子中心培育保存的SPF鸭群的遗传学研究获得的数据为基础。②普适性原则。本标准涉及的技术方法是常规的分子生物学技术,无需个性化的特异生物学试剂,国内当前正规的实验禽类生产单位和质量监督检验单位都具备完成的技术力量。

第五节　内容解读

本标准主要由范围、术语和定义、交配方式、检测技术和附录共9章构成。现将主要技术内容说明如下。

一、范围

本标准适用于封闭群鸭和MHC单倍型鸭的遗传学质量控制。

二、术语和定义

以下术语和定义适用于本标准。

1.

无特定病原体鸭 specific pathogen-free,duck

无特定病原体鸭是指人工培育、对其携带的病原微生物及寄生虫进行控制,遗传背景明确或来源清楚,用于科学研究、教学、生产、检测、检定及其他科学实验的实验鸭。

2.

单倍型 haplotype

单倍型是单倍体基因型的简称,遗传学上是指在同一条染色体上进行共同遗传的多个基因座上等位基因的组合,即若干个决定同一性状的紧密连锁基因构成的基因型。

3.

主要组织相容性复合体 major histocompatibility complex,MHC

主要组织相容性复合体是一组紧密连锁、高度多态的染色体基因群,编码重要的免疫相关细胞MHC抗原,广泛存在于有颌脊椎动物的有核细胞表面,与宿主的抗病性或敏感性密切相关。

4.

基因频率 genotype frequency

基因频率是指一个种群基因库中某个基因占全部等位基因数的比率。

5.

封闭群 closed population

封闭群是指以非近亲交配方式进行繁殖生产的 SPF 鸭种群，在不从其外部引入新个体的条件下，至少连续繁殖 4 代以上，群体的基因频率达到稳定，每代近交系数增加量不超过 1%。

三、交配方式

1. 封闭群

（1）种鸭必须遗传背景明确或来源清楚，有较完整的资料（包括来源、品系名称、日期及主要生物学特征等）。

（2）繁殖原则为尽量保持基因异质性及多态性，避免近交系数随繁殖代数增加而过快上升。

（3）各家系之间采用最佳避免近交法、循环交配或随机交配法，每代近交系数上升不超过 1%。

2. MHC 单倍型鸭

（1）鸭群的 MHC 核心区域保持单倍型纯合。

（2）以全同胞或半同胞兄妹交配方式进行繁殖。

（3）雌雄个体比例一般为 1∶8~1∶10。

四、检测技术

（一）封闭群

1. 抽样比例

全群检测。

2. 采用微卫星分子标记技术

（1）基因组 DNA 提取：翅静脉采集枸橼酸钠抗凝血。常规酚-氯仿抽提法提取基因组 DNA。

（2）PCR 反应程序：95℃、5 min；94℃、30 s，50~64℃、30 s，72℃、30 s，30~35 个循环；72℃、10 min；4℃保存。

（3）PCR 反应体系见表 1。

表 1　封闭群 SPF 鸭 PCR 反应程序

组分	用量/μL	终浓度
10× *Taq* Buffer	1.5	1.5 mmol/L
dNTP	1.5	2.5 mmol/L each
Primer Mix	0.25	10 pmol /μL

续表

组分	用量/μL	终浓度
Taq Polymerase	0.3	2.5 U/μL
DNA 模板	1.5	100 ng/μL
ddH$_2$O	10	
总体积	15	

（4）PCR 产物检测：取 5 μL PCR 产物与 1 μL 6×Loading Buffer 上样缓冲液混匀，根据其产物片段的大小分别用 2%~2.5%的琼脂糖凝胶电泳检测，于紫外灯下观察结果并拍照。然后再利用 ABI3130XL DNA 测序仪进行分析。上样前用灭菌去离子水将 PCR 的扩增产物根据检测结果稀释适宜倍数后，取稀释产物 2 μL 和含分子质量标准的上样缓冲液 8 μL 混合，95℃变性 5 min，取出后立即置于冰上。5 min 后，将变性的 PCR 产物上样，用 ABI3130 DNA 测序仪上选择 Data Collection 程序，电泳，收集荧光信号，形成胶图。应用 GeneMapper 软件进行数据提取、分子质量标准设定和 PCR 产物片段大小的计算，并进行基因型的判定。

（5）数据分析：采用 Excel Microsatellite Toolkit（Version 3.1）软件或其他类似生物统计学软件计算群体等位基因和基因频率。SPF 鸭封闭群遗传检测卫星位点的相关信息见表 2。

表 2　SPF 鸭封闭群遗传检测微卫星位点的相关信息及组合

组合	标记名称	引物序列（5'→3'）	片段范围/bp	荧光标记	退火温度/℃
A	CAUD004	TCCACTTGGTAGACCTTGAG TGGGATTCAGTGAGAAGCCT	202~222	HEX	62
	CAUD005	CTGGGTTTGGTGGAGCATAA TACTGGCTGCTTCATTGCTG	248~266	6FAM	61
	CAUD011	TGCTATCCACCCAATAAGTG CAAAGTTAGCTGGTATCTGC	129~142	HEX	52
	CAUD013	ACAATAGATTCCAGATGCTGAA ATGTCTGAGTCCTCGGAGC	87~105	6FAM	58
	CAUD023	CACATTAACTACATTTCGGTCT CAGCCAAAGAGTTCAACAGG	164~167	6FAM	52
	CAUD026	ACGTCACATCACCCCACAG CTTTGCCTCTGGTGAGGTTC	142~152	6FAM	61
	CAUD035	GTGCCTAACCCTGATGGATG CTTATCAGATGGGGCTCGGA	221~239	6FAM	63
B	CAUD032	GAAACCAACTGAAAACGGGC	118~126	6FAM	58

组合	标记名称	引物序列（5′→3′）	片段范围/bp	荧光标记	退火温度/℃
		CCTCCTGCGTCCCAATAAG			
	CAUD027	AGAAGGCAGGCAAATCAGAG	112~122	HEX	64
		TCCACTCATAAAAACACCCACA			
	APH08	AAAGCCCTGTGAAGCGAGCTA	176~187	HEX	53
		TGTGTGTGCATCTGGGTGTGT			
	APH13	CAACGAGTGACAATGATAAAA	243~255	HEX	56
		CAATGATCTCACTCCCAATAG			
	APH18	TTCTGGCCTGATAGGTATGAG	149~153	6FAM	58
		GAATTGGGTGGTTCATACTGT			
	APH20	ACCAGCCTAGCAAGCACTGT	166~172	HEX	58
		GAGGCTTTAGGAGAGATTGAAAA			
	APH25	CCGTCAGACTGTAGGGAAGG	102~114	6FAM	59
		AAAGCTCCACAGAGGCAAAG			
C	APH09	GGATGTTGCCCCACATATTT	104~130	6FAM	58
		TTGCCTTGTTTATGAGCCATTA			
	APH21	CTTAAAGCAAAGCGCACGTC	132~139	6FAM	59
		AGATGCCCAAAGTCTGTGGT			
	APH22	GTTATCTCCCACTGCACACG	148~158	6FAM	58
		CGACAGGAGCAAGCTGGAG			

3. 检测频率

为每个世代进行 1 次遗传质量检测。

4. 结果判定

根据群体遗传学结构分析，基因频率达到稳定，并结合饲养管理，在未从外部引入新个体的条件下已连续繁殖 4 个世代以上，则判为符合封闭群。

（二）MHC 单倍型鸭的监测

1. 抽样比例

全群检测。

2. 检测频率

每个世代至少进行 1 次遗传质量检测。

3. 检测方法

根据 MHC 区域核心基因的高变区分型。

（1）基因组 DNA 的提取：常规苯酚-氯仿法提取基因组 DNA。

（2）引物序列。D-TAP2-dF：5′-ATGGAGTTG CTGCCCACCTTGCGCCTG-3′；D-TAP2-dR：5′-TGA AACCCATCAGGCACCATCCCAGGT-3′，扩增片段为984 bp。

（3）PCR扩增。反应体系见表3。反应条件为：95℃预变性5 min，94℃变性30 s，60℃ 30 s，30个循环；最后72℃延伸10 min。扩增产物在1%的琼脂糖凝胶中电泳，利用凝胶成像系统进行观察，并采集图像结果。

表3　MHC单倍型SPF鸭遗传学检测PCR反应体系

组分	体积/μL	浓度
10×LA PCR Buffer II(Mg²⁺ plus)	5.0	1.0 mmol/L
dNTP Mixture	8.0	2.5 mmol/μL
Primer F	2.0	20 pmol/μL
Primer R	2.0	20 pmol/μL
DNA Template	5.0	100 ng/μL
LA *Taq* Polymerase	0.5	5 U/μL
ddH₂O	27.5	
Total	50	

（4）PCR产物测序：PCR反应结束后，将电泳结果合格的PCR产物直接测序。序列分析软件为Chromas 2.0、MEGA 4.0和Lasergene DNAStar 7.0。Chromas 2.0用于查看和编辑序列，MEGA 4.0用于序列比对，DNAStar 7.0用于比对序列和序列相似性分析。

4.结果判定

分型结果与标准序列完全一致，判为合格。

（1）MHC B1序列

ATGGAGTTGCTGCCCACCTTGTGCCTGGCCTGTGTCCTGCTCCTGGCTGACCTGGTCG
TGCTGGCAGCACTGGCCCGGTTGGCCCCGGCACTGGCCCAGCTGGGTCTAGTGGCCA
CATGGCTGGAGGCTGGGCTGCGGCTACCAGTGCTGGTGGGAGCTGGGAGGCTGTTG
GCCCCCGGAGGACCCCGGGGAGCCCCGGCCCTGGTGAGCCTGGCCCCTGCCACCTT
CCTTACCCTGCGGGGCTGCCTGGAGCTGCCTGGGGCTCCACCAGTGCTGCTGGCCAT
GGCCACACCGTCCTGGCTGGCATTGGCCTATGGGGCAGTCTTGCTGGCCCTGCTCACC
TGGACCTCCCTGGCACCTGGGGTGGCCCTGGGGACCAAGGAGGTCAAGTACCAGGC
GGCCCTGCACCGGCAGCTGGCCCTGGCCTGGCCTGAGTGGCCCTTCCTCAGCGGAGC
CTTCTTCTTCCTCATGCTGGCTGCATTGGGTGAGACCTCCGTGCCCTACTGCACTGGG
AAGGCCTTGGATGTCCTCCGTCATGGGGATGGCCCCACTGCCTTTGCTACTGCCATCG
GCTTTGTGTGCCTCGCCTCTGCCAGCAGGTAGGGACCCCCAGTTCCTCTCCCAGACC
CTGTCCACACCTGGGATGGTGCCTGATGGGTTTCA

（2）MHC B2序列

ATGGAGTTGCTGCCCACCTTGCGCCTGGCCTGTGTCCTGCTCCTGGCTGACCTGGTCG
TGCTGGCAGCACTGGCCCGGTTGGCCCCGGCACTGGCACAGCTGGGTCTGGTGGCCA

CATGGCTGGAGGCTGGGCTGCGGCTACCAGTGCTGGTGGGAGCTGGGAGGCTGTTG
GCCCCCGGAGGACCCCAGGGAGCCGCAGCCCTGGTGAGCCTGGCCCCTGCCACCTT
CCTTACCCTGCGGGGCTGCCTGGAGCTGCCTGGGGCTCCACCAGTGCTGCTGGCCAT
GGCCACACCGTCCTGGCTGGCATTGGCCTATGGGGCAGTCTTGCTGGCCCTGCTCACC
TGGACCTCCCTGGCACCTGGGGTGGCCCTGGGGACCAAGGAGGTCAAGTACCAGGC
GGCCCTGCGCCGGCAGCTGGCCCTGGCCTGGCCTGAGTGGCCCTTCCTCAGCGGAGC
CTTCTTCTGCCTCGTGCTGGCTGCATTGGGTGAGACCTCCGTGCCCTACTGCACTGGG
AAGGCCTTAGATGTCCTCCGCCATGGGGACGGCCCCACTGCCTTTGCCACTGCCATCG
GCTTTGTGTGCCTCGCCTCTGCCAGCAGGTAGGGACCCCCAGTTCCTCTCCCAGAGC
CTGTCCACACCTGGGATGGTGCCTGATGGGTTTCA

（3）MHC B3 序列

ATGGAGTTGCTGCCCACCTTGCGCCTGGCCTGTGTCCTGCTCCTGGCTGACCTGGTGG
TGCTCGCAGCACTGGCCCGGTTGGCCCCGGCACTGGCCCAGCTGGGTCTAGTGGCCA
CATGGTTGGAGGCTGGGCTGCGGCTACCAGTGCTGGTGGGAGCTGGGATGCTGTTGG
CCCCCGGAGGACCCCGGGGAGCGGCAGCCCTGGTGAGCCTGGCCCCTGCCACCTTC
CTTACCCTGCGGGGCTGCCTGGAGCTGCCTGGGGCTCCACCAGTGCTGCTGGCCATG
GCCACACCATCCTGGCTGGCATTGGCCTATGGGGCAGTCTTGCTGGCCCTGCTCACCT
GGACCTCCCTGGCACCTGGGGTGGCCCTGGGGACCAAGGAGGTCAAGTACCAGGCG
GCCCTGCGCCGGCAGCTGGCCCTGGCCTGGCCTGAGTGGCCCTTCCTCAGCGGAGCC
TTCTTCTTCCTCGTGCTGGCTGCATTGGGTGAGACCTCCGTGCCCTACTGCACTGGGA
AGGCCTTAGATGTCCTCCGCCATGGGGACGGCCCCACTGCCTTTGCCACTGCCATCGG
CTTTGTGTGCCTTGCCTCCGCCAGCAGGTAGGGACCTCCAGTTCCTCTCCCAGACCCT
GTCCACACCTGGGATGGTGCCTGATGGGTTTCA

（4）MHC B4 序列

ATGGAGTTGCTGCCCACCTTGCGCCTGGCCTGTGTCCTGCTCCTGGCTGACCTGGTCG
TGCTGGCAGCACTGGCCCAGTTGGCCCCGGCACTGGCCCAGCTGGGTCTAGTGGCCA
CATGGCTGGAGGCTGGGCTGCGGCTACCAGTGCTGGTGGGAGCTGGGATGCTGTTGG
CCCCCGGAGGACCCCGGGGAGCCGCGGCCCTGGTGAGCCTGGCCCCTGCCACCTTTC
TTACCCTGCGGGGCTGCCTGGAGCTGCCTGGGGCTTCACCAGTGCTGCTAGCCATGG
CCACACCGTCCTGGCTGGCATTGGCCTACGGGGCAGTCTTGCTGGCCCTGCTCACCT
GGACCTCCCTGGCACCTGGGGTGGCCCTGGGGACCAAGGAGGTCAAGTACCAGGCG
GCCCTGCGCCGGCAGCTGGCCCTGGCCTGGCCTGAGTGGCCCTTCCTCAGTGGAGCC
TTCTTCTGCCTCGTGCTGGCTGCATTGGGTGAGACCTCCGTGCCCTACTGCACTGGGA
AGGCCTTAGATGTCCTCCGCCATGGGGACGGCCCCACTGCCTTTGCCACTGCCATCGG
CTTTGTGTGCCTTGCCTCCGCCAGCAGGTAGGGACCCCCAGTTCCTCTCCTAGACCCT
GTCCACACCTGGGATGGTGCCTGATGGGTTTCA

第六节　分析报告

一、封闭群 SPF 鸭的检测

利用本标准提出的针对封闭群 SPF 鸭的遗传学检测技术，对国家禽类实验动物种子中心（国农业科学院哈尔滨兽医研究所实验动物中心）培育的封闭群 HBK-SPF 鸭（包括 HBK-Q 和 HBK-B 品系）进行了检测。结果表明，F_5 代和 F_6 代 HBK-SPF 鸭群中，HBK-SPF 鸭在 16 个位点共检测到 71 个等位基因，每个位点的平均等位基因数为 4.14，与 F_2 代和 F_3 代相比有所下降；F_5 代和 F_6 代鸭群偏离 Hardy-Weinberg 平衡的位点有所减少，分别仅有 2 个和 4 个位点显著偏离平衡状态；多态信息含量（PIC）大于 0.5 的位点数量减少，F_5 代 2 个群体的平均 PIC 分别为 0.511 和 0.512，F_6 代 2 个群体的平均 PIC 分别为 0.48 和 0.505；F_5 代 2 个群体的期望杂合度（He）分别为 0.575 和 0.574，F_6 代的 He 分别为 0.546 和 0.566。结果表明，经过 6 个世代的繁育，偏离 Hardy-Weinberg 平衡的位点减少，以等位基因数目为标志的群体遗传多样性下降，近交程度呈上升趋势，但群体的杂合度则维持相对稳定；Q 品系从 F_2~F_6 代的遗传背景呈规律性变化，B 品系遗传背景存在一定的交替上升或下降，但总体趋于持续的上升或下降。

二、MHC 单倍型 SPF 鸭的检测

利用本标准提出的针对 MHC 单倍型 SPF 鸭的遗传学检测技术，对国家禽类实验动物种子中心（中国农业科学院哈尔滨兽医研究所实验动物中心）培育的单倍型 HBW-SPF 鸭（包括 B1、B2、B3 和 B4 品系）进行了检测。结果表明，在 HBW 鸭群中，在约 37 kb MHC I 区域存在 1 个适合多态性分析的短序列重复结构位点(GT)$_n$，根据重复结构的上游 108 nt 和下游 127 nt，4 种 MHC 单倍体型 1、B2、B3 和 B4 品系鸭的基因型具有单倍型结构，与重复结构连锁。长约 8 kb 的 MHC I 区域的 *TAP1* 和 *TAP2* 基因与参考序列的核苷酸同源性为 97%。*TAP1* 基因组序列长 4061~4187 bp，4 种单倍型之间及其与参考序列的核苷酸之间同源性均为 97%，4 种单倍型鸭 *TAP2* 基因组序列全长 3013~3045 bp，它们之间及其与参考序列的核苷酸之间同源性均为 97%，与鸡和鹌鹑的核苷酸同源性均为 77.0%。CDS 长 2103 bp，编码 701 个氨基酸，4 个单倍型之间共有 24 个氨基酸差异。

上述研究结果表明，本标准制定的 SPF 鸭封闭群和 MHC 单倍型鸭遗传学质量监测技术，适合 SPF 鸭育种单位的现地监测。

第七节　国内外同类标准分析

目前我国尚无有关禽类实验动物遗传学质量的国家或行业标准，只有针对哺乳类的 GB 14923—2010《实验动物　哺乳类实验动物的遗传质量控制》GB/T 14927.1—2008《近交系小鼠、大鼠生化位点检测方法》和 GB/T 14927.2—2008《近交系小鼠、大鼠免疫标记检测方法》，规定了近交系小鼠和大鼠的生活位点检测方法和免疫标记检测方法。但生化位点

的检测判定结果依赖于标准样品，而且特异性低，敏感度不高，重复性差。下颌骨测量和毛色移植试验也不适于禽类。

1994年公布的广东省地方标准DB44/60—94《实验动物啮齿类和鸡的遗传》指出"鸡的近交系是指兄妹连续交配11代以上育成的品系，近交系数90%以上。……鸡近交系动物的繁殖方法参照啮齿类近交系的繁殖方法进行。与啮齿类相比，鸡在近交过程中更易出现生殖能力下降造成世代延续困难，所以多采用半同胞交配为主的近交繁育体系。鸡的取样范围与方法、监测间隔、监测项目和取样数量，参照大、小鼠参照进行"。鸭的生殖特性与啮齿类截然不同，所以上述标准都不适用于SPF鸭的质量控制。

第三篇

实验动物检测方法系列标准

第十一章 T/CALAS 39—2017《实验动物 汉坦病毒 PCR 检测方法》实施指南

第一节 工 作 简 况

根据中国实验动物学会实验动物标准化专业委员会下达的 2017 年团体标准制（修）订计划，由广东省实验动物监测所负责团体标准《实验动物 汉坦病毒普通 PCR 检测方法》起草工作。该项目由全国实验动物标准化技术委员会（SAC/TC281）技术审查，由中国实验动物学会归口管理。

本标准的编制工作是按照中华人民共和国国家标准 GB/T1.1—2009《标准化工作导则》第 1 部分"标准的结构和编写规则"的要求进行编写的。本标准是在广东省科技计划项目"实验动物病毒分子生物学检测技术的建立"（项目编号 2007A060305003）课题基础上制定而成的，在制定过程中参考了国内外相关文献，对方法的敏感性、特异性、重复性等进行了研究，并对所建立的标准方法进行了应用研究，建立了可行、稳定、特异的汉坦病毒普通 RT-PCR 和实时荧光 RT-PCR 检测方法。

第二节 工 作 过 程

本标准由中国实验动物学会实验动物标准化专业委员会提出，广东省实验动物监测所按照团体标准研制要求和编写工作的程序，组成了由本单位专家和专业技术人员参加的编写小组，制定了编写方案，并就编写工作进行了任务分工。编制小组根据任务分工进行了资料收集和调查研究工作，在广东省科技计划项目"实验动物病毒分子生物学检测技术的建立"（项目编号 2007A060305003）课题研究基础上，组织编写实验动物汉坦病毒 RT-PCR 检测方法技术资料，通过起草组成员的努力，多次修改、补充和完善，形成了标准和编制说明初稿。

2017 年 3 月，标准草案首先征求中国实验动物学会实验动物标准化专业委员会的意见，专家对标准稿提出了系列修订建议和意见。根据提出的意见，编制组对《实验动物 汉坦病毒 RT-PCR 和实时荧光 RT-PCR 检测方法》标准草案进行修改，形成本标准征求意见稿和编制说明。

2017 年 4~6 月，标准征求意见稿在中国实验动物学会网站公开征求意见，共收集意见或建议 18 条，编制组根据专家提出的修改意见和建议，采纳 14 条，未采纳 4 条。对《实验动物 汉坦病毒 RT-PCR 和实时荧光 RT-PCR 检测方法》团体标准整理修改后，形成标准送审稿、标准送审稿编制说明和征求意见汇总处理表。

2017 年 8 月 30 日，全国实验动物标准化技术委员会在北京召开了标准送审稿专家审查会。会议由全国实验动物标准化技术委员会的委员组成审查组，认真讨论了标准送审稿编制说明、征求意见汇总处理表，提出了修改意见和建议。与会专家认为本标准填补了汉坦病毒分子检测方法空白，是国标的有力补充，一致同意通过审查。会后，编制组根据与会专家提出的修改意见，对《实验动物　汉坦病毒 PCR 检测方法》团体标准修改完善后，形成标准报批稿、标准报批稿编制说明和征求意见处理汇总表。

2017 年 10 月 10 日，编写组就 8 月 30 日的专家意见进行了讨论修改，形成了报批稿。

2017 年 12 月 29 日，中国实验动物学会第七届理事会常务理事会第一次会议批准发布包括本标准在内的《实验动物　教学用动物使用指南》等 23 项团体标准，并于 2018 年 1 月 1 日起正式实施。

第三节　编写背景

汉坦病毒（Hantavirus，HV），又称流行性出血热病毒（EHFV），属于布尼病毒科汉坦病毒属，病毒粒子呈圆形、椭圆形或多形性，有囊膜。核酸为单股负链 RNA。流行性出血热是由 HV 引起的以发热、出血和肾脏损伤为主要临床表现的烈性传染病，常见于人类，属于自然疫源性疾病，宿主以啮齿类动物为主。啮齿类动物多表现为隐性感染，感染动物可长期向外排毒，从而危及人类健康。HV 主要分为汉滩型（HTN 型）和汉城型（SEO 型）。

HV 是国标中 SPF 级大小鼠需要排除的病原体，快速、准确地检测 HV 是有效防制该病的前提。目前，国内 HV 感染诊断方法主要是针对抗体检测的血清学检测方法如酶联免疫吸附试验（ELISA）、免疫酶试验（IEA）和免疫荧光试验（IFA）等，但是这些方法不能应用于免疫功能低下或免疫缺陷小鼠（如 SCID 小鼠和裸小鼠等）的检测，因为它们不能产生正常的抗体反应，而且血清学检测方法不适用于病毒早期感染的诊断，检测结果也不能真实反映疾病感染的真实情况。此外，抗体检测有一定局限性，一般只有活体动物才能采集血清用于检测，对病死动物和一些动物源性的生物制品（如动物细胞及其他生物材料）检测造成限制。抗原检测方面，常规病毒分离鉴定方法既复杂又烦琐，不利于日常检测。

随着分子生物学的迅速发展，以 PCR 技术为基础的各种分子生物学诊断技术成为 HV 病毒感染诊断的重要手段。PCR 病原检测方法具有特异性强、敏感度高、诊断快速等传统诊断方法无法比拟的优点。美国和欧盟许多实验动物质量检测实验室都推荐采用 PCR 技术作为实验动物病原的检测方法。国内一些实验动物检测机构也开展了实验动物病原 PCR 检测技术研究，增加实验动物病毒分子生物学检测技术方法主要应用于无血清实验动物样本的快速检测，是实验动物质量控制必不可少的方法。广东省实验动物监测所自 2007 年起进行 HV RT-PCR 检测方法研究，通过临床样本试验证明建立的方法敏感性高、特异性强、重复性好。

第四节　编 制 原 则

本标准的编制主要遵循以下原则。①科学性原则。在尊重科学、亲身实践、调查研究的基础上，制定本标准。②可操作性原则。本标准无论是从样品采集、处理、RNA抽提、PCR反应，均操作简单，仅需4 h即可完成，具有可操作性和实用性。③协调性原则。以切实提高我国实验动物汉坦病毒检测技术水平为核心，符合我国现行有关法律、法规和相关的标准要求。

第五节　内 容 解 读

本标准的组成：范围；规范性引用文件；术语、定义和缩略语；检测方法原理；主要设备和材料；试剂；检测方法；结果判定；检测过程中防止交叉污染的措施；附录，共10章。现将《实验动物　汉坦病毒PCR检测方法》征求意见稿主要技术内容确定说明如下。

一、本标准范围的确定

本标准规定适用于实验动物怀疑本病发生，实验动物接种物、实验动物环境和动物源性生物制品中汉坦病毒的检测。现行的实验动物国家标准抗体检测的适用范围存在一定局限，而本标准规定的PCR检测方法适用范围广泛，可以适用于实验动物及产品、实验动物接种物和环境等样本的检测。

二、规范性引用文件

下列文件对于本文件的应用是必不可少的。凡是注明日期的引用文件，仅所注日期的版本适用于本文件。凡是不注日期的引用文件，其最新版本（包括所有的修改单）适用于本文件。

GB/T 14926.19—2001　《实验动物　汉坦病毒检测方法》

GB 19489　《实验室　生物安全通用要求》

GB/T 19495.2　《转基因产品检测　实验室技术要求》

三、术语、定义和缩略语

为方便标准的使用，本标准规定了以下术语、定义和缩略语：

CPE 细胞病变效应 cytopathic effect

Ct值 荧光信号达到设定的阈值时所经历的循环数 cycle threshold

DEPC 焦碳酸二乙酯 diethyl pyrocarbonate

HV 汉坦病毒 Hantavirus

PBS 磷酸盐缓冲液 phosphate buffered saline

PCR 聚合酶链式反应 polymerase chain reaction

RNA 核糖核酸 ribonucleic acid

RT-PCR 逆转录-聚合酶链反应 reverse transcription polymerase chain reaction

实时荧光 RT-PCR 实时荧光逆转录-聚合酶链反应 real-time RT-PCR

四、检测方法原理

标准中采用的技术方法原理：用合适的方法提取样本中的总 RNA，针对汉坦病毒 M 片段基因设计特异的引物序列，通过 RT-PCR 对模板 RNA 进行扩增，根据 RT-PCR 检测结果判定该样品中是否含有汉坦病毒，套式 PCR 引物中的内引物可用于病毒分型。

实时荧光 PCR 方法是在常规 PCR 的基础上，加入了一条特异性的荧光探针，探针两端分别标记一个报告荧光基团和一个淬灭荧光基团。探针完整时，报告基团发射的荧光信号被淬灭基团吸收；PCR 扩增时，*Taq* 酶的 5′ →3′ 外切酶活性将探针酶切降解，使报告荧光基团和淬灭荧光基团分离，淬灭作用消失，荧光信号产生并被检测仪器接受，随着 PCR 反应的循环进行，PCR 产物与荧光信号的增长呈对应关系。因此，可以通过检测荧光信号对核酸模板进行检测。

五、主要设备和材料

规定了检测方法所需要的设备和材料。

六、试剂

规定了检测方法所需要的试剂。

（1）灭菌 PBS。配制方法在标准附录中给出。

（2）无 RNase 去离子水：经 DEPC（焦炭酸乙二酯）处理的去离子水或商品无 RNase 水。配制方法在标准附录中给出。

（3）RNA 抽提试剂 TRIzol（Life technologies 公司，Cat.No. 15596-026），或其他等效产品。RNA 抽提试剂给出了具体的信息，目的是为了方便标准的使用者，并不表示对该产品的认可。如果其他等效产品具有相同的效果，则可以使用这些等效产品。

（4）无水乙醇。

（5）75%乙醇（无 RNase 去离子水配制）。

（6）三氯甲烷（氯仿）。

（7）异丙醇。

（8）RT-PCR 试剂：PrimeScript™ One Step RT-PCR Kit Ver.2 试剂盒，或其他等效产品。RT-PCR 试剂均给出了具体的信息，目的是为了方便标准的使用者，并不表示对该产品的认可。如果其他等效产品具有相同的效果，则可以使用这些等效产品。

（9）实时荧光 RT-PCR 试剂：One Step Primerscript™ RT-PCR Kit（Perfect Realtime），或其他等效产品。实时荧光 RT-PCR 试剂均给出了具体的信息，目的是为了方便标准的使用者，并不表示对该产品的认可。如果其他等效产品具有相同的效果，则可以使用这些等效产品。

（10）DNA 分子质量标准：100~2000 bp 。

（11）50×TAE电泳缓冲液，配制方法在标准附录中给出。

（12）溴化乙锭：10 mg/mL，配制方法在标准附录中给出；或其他等效产品。

（13）1.5%琼脂糖凝胶，配制方法在标准附录中给出。

（14）引物和探针：普通RT-PCR引物设计参照参考文献（Feng，2005）。根据表1、表2的序列合成引物和探针，引物和探针加无灭菌去离子水配制成10 µmol/L储备液，–20℃保存。

表1　普通 RT-PCR 检测引物

引物	引物名称	引物序列（5′→3′）	产物大小/bp
HV 通用外引物	P1	AAAGTAGGTGITAYATCYTIACAATGTGG	464
	P2	GTACAICCTGTRCCIACCCC	
型特异性引物（汉滩型）	P3	GAATCGATACTGTGGGCTGCAAGTGC	383
	P4	GGATTAGAACCCCAGCTCGTCTC	
型特异性引物（汉城型）	P5	GTGGACTCTTCTTCTCATTATT	418
	P6	TGGGCAATCTGGGGGGGTTGCATG	

注：简并碱基 Y：T/C；R：A/G。

表2　实时荧光 RT-PCR 检测引物和探针

病毒基因型	引物和探针名称	引物和探针序列（5′→3′）
汉滩型	HTN-F	CAATCAYATTTRCACTATTATTATCAGG
	HTN-R	TTAACTGACCCACCCKYTGARTAAT
	HTN-P	FAM- TTCCCACCCATAAATG -MGB
汉城型	SEO-F	GGTGATGAYATGGAYCCAGA
	SEO-R	TTCATAGGTTCCTGGTTHGAGA
	SEO-P	VIC-CTTCGTAGCCTGGCTCA -MGB

注：简并碱基 Y：T/C；R：A/G；K：T/G；H：A/T/C。

探针也可选用具有与 FAM、VIC 和 MGB 荧光基团相同检测效果的其他合适的荧光报告基团和荧光淬灭基团组合。

七、检测方法的确定

（一）生物安全措施

实验操作及处理按照 GB 19489 的规定，由具备相关资质的工作人员进行相应操作。

（二）采样及样本的处理

标准规定了以下样本的采集及处理方法：动物脏器组织，细胞培养物，实验动物饲料、垫料和饮水，实验动物设施设备样本。

（三）样本 RNA 提取

规定了样本 RNA 的提取方法。

（四）普通 RT-PCR

1. RT-PCR 反应体系

第一轮 RT-PCR 反应体系见表3。反应液的配制在冰上操作，每次反应同时设计阳性对照、阴性对照和空白对照。其中，以含有汉坦病毒的组织或培养物提取的 DNA 作为阳性对照模板；以不含有汉坦病毒 DNA 样本（可以是正常动物组织或正常培养物）作为阴性对照模板；空白对照为不加模板对照（no template control，NTC），即在反应中用水来代替模板。除引物终浓度不变，RT-PCR 反应体系根据选择的试剂进行确定。

表3　每个样品反应体系

反应组分	用量/μL	终浓度
2×Buffer	25	1×
Enzyme Mix	2	
P1（10 μmol/L）	2	400 nmol/L
P2（10 μmol/L）	2	400 nmol/L
DNA 模板	10	
无 RNase 去离子水	9	
总体积	50	

2. RT-PCR 反应参数（表4）

表4　RT-PCR反应参数

步骤	温度/℃	时间	循环数
逆转录	50	30 min	1
预变性	95	5 min	1
变性	94	1 min	
退火	55	1 min	35
延伸	72	45 s	
延伸	72	10 min	1

注：当使用其他等效的 RT-PCR 检测试剂进行，反应体系和反应参数可进行相应调整。

3. 第二轮 RT-PCR

取第一轮 RT-PCR 的扩增产物 10μL 作为模板，分别采用汉滩型和汉城型两对型特异性引物，参照第一轮 RT-PCR 的反应体系和反应参数（省去逆转录步骤）进行第二轮 PCR 扩增。

4. RT-PCR 产物的琼脂糖凝胶电泳检测和拍照

将适量 50×TAE 稀释成 1×TAE 溶液，配制含核酸染料溴化乙锭的 1.5%琼脂糖凝胶。RT-PCR 反应结束后，取 10 μL RT-PCR 产物在 1.5%琼脂糖凝胶进行电泳检测，以 DNA 分子质量作参照。电压大小根据电泳槽长度来确定，一般控制在 3~5 V/cm，当上样染料移动到凝胶边缘时关闭电源。电泳完成后在凝胶成像系统拍照记录电泳结果。

（五）实时荧光 RT-PCR

1. 实时荧光 RT-PCR 反应体系

实时荧光 RT-PCR 反应体系见表5。

表 5　实时荧光 RT-PCR 反应体系

反应组分	用量/μL	终浓度
2×One Step RT-PCR Buffer III	25	1×
Ex TaqHS （5 U/μL）	1	
PrimeScriptRT Enzyme Mix II	1	
正向引物（10 μmol/L）	2	400 nmol/L
反向引物（10 μmol/L）	2	400 nmol/L
汉滩型探针（10 μmol/L）	2	400 nmol/L
汉城型探针（10 μmol/L）	2	400 nmol/L
Rox	1	
RNA 模板	10	
无 RNase 去离子水	4	
总体积	50	

注：试剂 Rox 只在具有 Rox 荧光校正通道的实时荧光 PCR 仪上进行扩增时添加，否则用水补齐。

2. 实时荧光 RT-PCR 反应参数（表 6）

表 6　实时荧光 RT-PCR 反应参数

步骤	温度/℃	时间	采集荧光信号	循环数
逆转录	42	5 min		1
预变性	95	30 s	否	1
变性	95	5 s		40
退火，延伸	60	34 s	是	

注：试验检测结束后，根据收集的荧光曲线和 Ct 值判定结果。

八、结果判定

（一）普通 RT-PCR

1. 质控标准

（1）第一轮 RT-PCR 反应（外引物）中阴性对照和空白对照未出现条带，阳性对照出现预期大小（464 bp）的扩增条带，则表明反应体系运行正常。

（2）第一轮 RT-PCR 反应（外引物）中阴性对照和空白对照未出现条带，阳性对照也未出现预期大小（464 bp）的扩增条带，但是第二轮 PCR 反应（基因型鉴别引物）中一对引物的阳性对照出现预期大小（383 bp 或 418 bp）的扩增条带，则表明反应体系运行正常，且阴性对照和空白对照未出现目的条带。

（3）符合上述两种情况之一，即可进行结果判定；否则此次试验无效，需重新进行普通 PCR 扩增。

2. 结果判定

（1）样本经琼脂糖凝胶电泳，在凝胶成像仪上观察到 383 bp 扩增条带，判为汉滩型汉坦病毒核酸阳性。

（2）样本经琼脂糖凝胶电泳，在凝胶成像仪上观察到 418 bp 扩增条带，判为汉城型汉坦病毒核酸阳性。

（3）样本经琼脂糖凝胶电泳，在凝胶成像仪上均未观察到 383 bp 和 418 bp 扩增条带，判为汉坦病毒核酸阴性。

（二）实时荧光 RT-PCR

1. 结果分析和条件设定

直接读取检测结果，基线和阈值设定原则根据仪器的噪声情况进行调整，以阈值线刚好超过正常阴性样品扩增曲线的最高点为准。

2. 质控标准

（1）空白对照无 Ct 值，并且无荧光扩增曲线，一直为水平线。

（2）阴性对照无 Ct 值，并且无荧光扩增曲线，一直为水平线。

（3）阳性对照 Ct 值≤35，并且有明显的荧光扩增曲线，则表明反应体系运行正常；否则此次试验无效，需重新进行实时荧光 RT-PCR 扩增。

3. 结果判定

（1）若待检测样品无荧光扩增曲线，则判定样品未检出汉坦病毒。

（2）若待检测样品有荧光扩增曲线，且 Ct 值≤35 时，则判断样品中检出汉坦病毒。

（3）若待检测样品 Ct 值介于 35 和 40 之间，应重新进行实时荧光 RT-RT-PCR 检测。重新检测后，若 Ct 值≥40，则判定样品未检出汉坦病毒；重新检测后，若 Ct 值仍介于 35 和 40 之间，则判定汉坦病毒核酸可疑阳性，需进一步进行序列测定。

（三）序列测定

必要时，可取待检样本扩增出的阳性 PCR 产物进行核酸序列测定，序列结果与已公开发表的汉坦病毒特异性片段序列进行比对，序列同源性在 90% 以上，可确诊待检样本汉坦病毒核酸阳性，否则判定汉坦病毒核酸阴性。

九、检测过程中防止交叉污染的措施

给出了检测过程中如何防止交叉污染的措施，具体按照 GB/T 19495.2 中的要求执行。

十、附录 A

本标准附录为规范性附录，给出了试剂的配制方法。

第六节 分 析 报 告

一、材料与方法

1. 病毒、菌株、载体和临床样本

汉坦病毒（HV）抗原为浙江天元生物药业股份有限公司生产的双价肾综合征出血热（汉滩型和汉城型）灭活疫苗，小鼠肝炎病毒（MHV，ATCC VR-246）、小鼠脑脊髓炎病毒（TMEV，ATCC VR-995）、仙台病毒（SV，ATCC VR-105）、小鼠肺炎病毒（PVM，ATCC

VR-25)、呼肠孤病毒Ⅲ型（Reo-3，ATCC VR-232）购自美国典型微生物菌种保藏中心，淋巴细胞性脉络丛脑膜炎病毒（LCMV）核酸由中国食品药品检定研究院惠赠，MNV Guangzhou/K162/09/CHN 毒株由本实验室分离保存，BHK 细胞（ATCC CCL-10）购自美国典型微生物菌种保藏中心。

pGEM-T easy 克隆载体购自 Promega 公司，大肠杆菌 *E.coli* DH5α 购自宝生物工程（大连）有限公司（TaKaRa 公司）。

临床样本包括： 2010~2014 年本实验室收到的广东、湖北、北京、四川、云南和上海等各省市送检的 SPF 级活体小鼠 100 份。捕获于广州市某实验动物养殖场附近的野鼠 21 份，野鼠为褐家鼠，无菌采集活体小鼠的肺脏，–40℃保存，临床样本共计 121 份。

2. 引物设计合成

普通 RT-PCR 引物源自参考文献，实时荧光 RT-PCR 引物和探针自行设计。引物和探针序列见表 1、表 2，引物和探针由 Invitrogern（广州）公司合成。

3. 病毒和样品核酸提取

病毒样品 RNA 的抽提按 Trizol（Invitrogen 公司，美国）操作说明书进行，脏器样品按照下面的方法预处理，在装有样本的离心管中加入适量灭菌的 PBS，涡旋混匀，将悬液 12 000g 离心 10min，取上清液进行 RNA 抽提。

4. HV 质粒标准品的制备

提取的 HV 汉滩型和汉城型 RNA，逆转录后以 cDNA 为模板，用 Premix Ex Taq（TaKaRa 公司）进行 PCR，反应体系为：2×Premix Ex Taq 25 μL，上游引物 MPV-F（10μmol/L）2.5 μL，下游引物 MPV-R（10μmol/L）2.5 μL，DNA 5 μL，加 RNase Freed H$_2$O 至 50 μL。反应条件：94℃ 2 min，一个循环；94℃ 30 s、55℃ 30 s、72℃ 30 s，共 35 个循环；最后 72℃ 延伸 5 min。反应得到目的大小片段后，用胶回收试剂盒回收目的片段，将回收的目的片段连接至 pMD-19T 载体，并转化至 DH5α 感受态细胞中。用含有 Amp 的 LB 琼脂平板筛选阳性克隆，用 PCR 鉴定阳性克隆菌，并对阳性重组质粒测序验证。用质粒提取试剂盒（Omega 公司）提取质粒，微量紫外分光光度计测定浓度与纯度，根据下面的公式计算拷贝数。拷贝数（copies/μL）=6.022 ×10^{23}（copies/mol）×DNA 浓度（g/μL）/质量 MW（g/mol）。其中，MW=DNA 碱基数（bp）×660 daltons/bp，DNA 碱基数=载体序列碱基数+插入序列碱基数。按照上述方法分别构建普通 RT-PCR 和实时荧光 RT-PCR 的质粒标准。

5. 汉坦病毒普通 RT-PCR 检测方法

采用 PrimeScript™ One Step RT-PCR Kit Ver.2 试剂盒进行 RT-PCR，反应体系为：Enzyme Mix 2 μL，2×Buffer 25 μL，上游引物 TMEV-F（10 μmol/L）2.5 μL，下游引物 TMEV-R（10 μmol/L）2.5 μL，RNA 5 μL，加 RNase Free dH$_2$O 至 50 μL。反应条件：50℃ 30 min，94℃ 2 min，一个循环 94℃ 30 s、55℃ 30 s、72℃ 1 min，共 35 个循环，最后 72℃ 延伸 10 min。反应完成后取 5 μL 扩增产物，1.5%琼脂糖凝胶电泳，紫外灯下观察结果。

6. 普通 RT-PCR 检测方法特异性试验

采用建立的 HV RT-PCR 方法对 HV、LCMV、MHV、TMEV、MNV、SV、PVM 和 Reo-3 的 RNA 进行检测，验证该方法的特异性。

7. 普通 RT-PCR 检测方法敏感性试验

构建 HV 的汉滩型和汉城型重组质粒，将质粒标准品用 Easy Dilution（TaKaRa 公司）做 10 倍系列稀释，得到 $1\times10^9 \sim 1\times10^0$copies/μL 系列标准模板。按建立的方法进行检测，测定模板最低检出量，

8. 实时荧光 RT-PCR 检测方法的建立和条件优化

参照 One Step PrimeScript™ RT-PCR Kit（Perfect Real Time）试剂盒操作说明配制 HV 荧光定量 RT-PCR 反应体系，以汉滩型和汉城型质粒标准品作为反应模板，对多重荧光 RT-PCR 反应体系中引物（0.1~1 μmol/L）和 TaqMan 探针浓度（0.05~1 μmol/L）进行优化，以反应的前 3~15 个循环的荧光信号为荧光本底信号，通过比较 Ct 值和荧光强度增加值（绝对荧光强度与背景荧光强度的差值，ΔRn）来判断优化结果；采用二温循环法对反应的退火温度和循环次数进行优化。

9. 普通 RT-PCR 检测方法特异性试验

采用建立的荧光定量 RT-PCR 方法对 HV、LCMV、MHV、TMEV、MNV、SV、PVM 和 Reo-3 的 RNA 进行检测，验证该方法的特异性。

10. 普通 RT-PCR 检测方法敏感性试验

将汉滩型和汉城型质粒标准品用 Easy dilution（TaKaRa 公司）做 10 倍系列稀释，得到 $1\times10^8 \sim 1\times10^0$copies/μL 系列标准模板。利用优化后的反应体系和条件测定各稀释度的 Ct 值，以 Ct 值为纵坐标、以起始模板浓度的对数为横坐标，绘制标准曲线。

11. 临床样本的检测

利用汉坦病毒普通 RT-PCR 和实时荧光 RT-PCR 方法对 121 份临床样本进行检测，每次反应同时设置阳性对照和阴性对照。采用 ELISA 方法检测动物血清。

二、结果

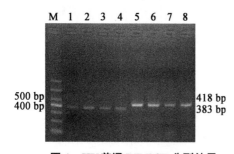

图 1　HV 普通 RT-PCR 分型结果

M，DNA Marker DL1000；1~4，HV 汉滩型病毒；
5~8，HV 汉城型病毒

1. 汉坦病毒普通 RT-PCR 检测方法

采用 PrimeScript™ One Step RT-PCR Kit Ver.2 试剂盒进行 RT-PCR，反应完成后取 5 μL 扩增产物，1.5% 琼脂糖凝胶电泳，紫外灯下观察结果。结果表明，汉滩型和汉城型汉坦病毒分别在 383 bp、418 bp 位置有目的条带，与预期相符（图 1）。

2. 普通 RT-PCR 特异性试验

采用建立的 HV RT-PCR 方法对 HV、LCMV、MHV、TMEV、MNV、SV、PVM 和 Reo-3 的 RNA 进行检测，验证该方法的特异性。结果表明，除 HV 为阳性外，其他病毒均为阴性，说明建立的方法具有良好的特异性（图 2）。

3. 普通 RT-PCR 敏感性试验

构建 HV 的汉滩型和汉城型重组质粒，将质粒标准品用 Easy dilution（TaKaRa 公司）做 10 倍系列稀释，得到 $1\times10^9 \sim 1\times10^0$copies/μL 系列标准模板。按所述方法进行检测，测定模板最低检出量，结果 HV 的汉滩型和汉城型敏感性均为 1×10^2 copies/μL（图 3）。

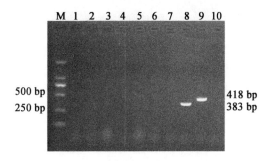

图 2 RT-PCR 检测方法特异性试验结果

M，DNA Marker DL2000；1~7，LCMV、MHV、TMEV、MNV、SV、
PVM 和 Reo-；8，HV 汉滩型病毒；9，HV 汉城型病毒；10，阴性对照

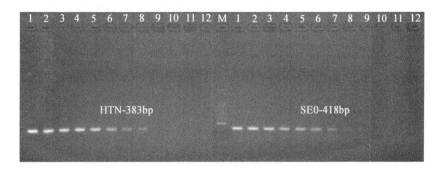

图 3 HV 检测方法敏感性试验结果

M，DNA Marker DL100；1~10，1×10^9 ~1×10^0copies/μL 质粒 DNA；11 和 12，NTC

4. 荧光定量 RT-PCR 检测方法的建立和条件优化

经优化后的 PCR 反应体系：2×One Step RT-PCR Buffer III 25 μL，Ex Taq HS（5 U/μL）
1 μL，PrimeScript RT Enzyme Mix II 1 μL，上、下游引物终浓度均为 0.4 μmol/L，汉滩型和
汉城型探针终浓度均为 0.4 μmol/L，RNA 模板各 5μL，加 RNase Free dH$_2$O 至 50 μL。反应
条件：42℃ 15 min，95℃ 10 s，一个循环；95℃ 5 s，60℃ 34 s，45 个循环，60℃延伸结
束后收集荧光。

5. HV 荧光定量 RT-PCR 检测方法特异性试验

采用建立的荧光定量 RT-PCR 方法对 HV、LCMV、MHV、TMEV、MNV、SV、PVM
和 Reo-3 的 RNA 进行检测，验证该方法的特异性。结果表明，除 HV 为阳性外，其他病
毒均为阴性，说明建立的方法具有良好的特异性（图 4）。

6. 定量标准曲线的建立及敏感性试验

将汉滩型和汉城型质粒标准品用 Easy dilution（TaKaRa 公司）做 10 倍系列稀释，得
到 1×10^8 ~1×10^0copies/μL 系列标准模板。利用优化后的反应体系和条件测定各稀释度的 Ct
值，以 Ct 值为纵坐标、以起始模板浓度的对数为横坐标，绘制标准曲线，结果见图 5。由
图 5 可见，各梯度之间间隔的 Ct 值基本相等，基本在 3.5 个循环左右，无模板对照（no
template control，NTC）没有荧光扩增曲线为阴性结果。

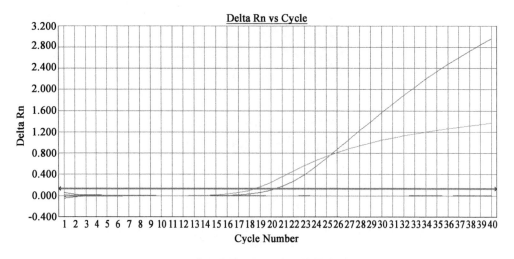

图 4　HV 荧光定量 RT-PCR 特异性检测结果

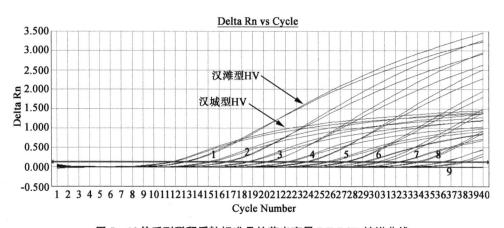

图 5　10 倍系列稀释质粒标准品的荧光定量 RT-PCR 扩增曲线

1~7，1×10^8~1×10^1 copies/μL 质粒标准品；8，1×10^0 copies/μL 质粒和无模板对照

　　以汉滩型标准品稀释拷贝数的对数值为横坐标、以临界环数（threshold cycle，Ct）为纵坐标建立荧光实时定量 PCR 的标准曲线，标准质粒在 1×10^8~1×10^1 copies/μL 具有良好的线性关系，结果见图 6。其线性回归方程为 Ct= $-3.54\times$lg（拷贝数）+41.43，标准曲线斜率为 -3.54，根据公式计算得扩增效率 E=$10^{1/3.54}-1$ =0.916，即扩增效率为 91.6%，相关系数 R^2 =0.9991，说明 PCR 扩增该标准品的效率较高，线性关系良好。标准质粒在 1×10^0 copies/μL 无扩增曲线，故本方法检测的灵敏度为 10 copies/μL。

　　以汉城型标准品稀释拷贝数的对数值为横坐标、以临界环数（threshold cycle，Ct）为纵坐标建立荧光实时定量 PCR 的标准曲线，标准质粒在 1×10^8~1×10^1 copies/μL 具有良好的线性关系，结果见图 7。其线性回归方程为 Ct = $-3.48\times$lg（拷贝数）+39.61，标准曲线斜率为 -3.48，根据公式计算得扩增效率 E=$10^{1/3.48}-1$ =0.938，即扩增效率为 93.8%，相关系数 R^2 =0.9995，说明 PCR 扩增该标准品的效率较高，线性关系良好。标准质粒在 1×10^0 copies/μL 无扩增曲线，故本方法检测的灵敏度为 10copies/μL。

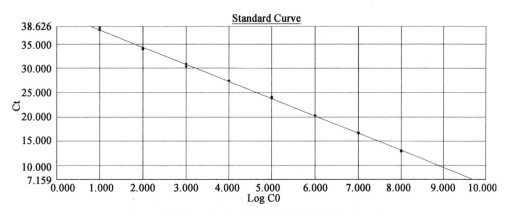

图6　汉滩型10倍系列稀释质粒标准品的标准曲线

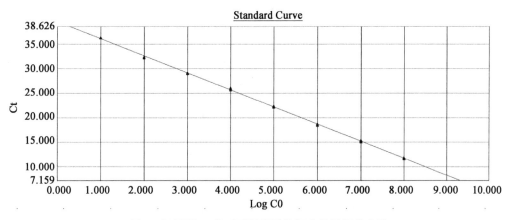

图7　汉城型10倍系列稀释质粒标准品的标准曲线

7. 汉坦病毒 PCR 检测方法的临床应用临床样本的检测

利用汉坦病毒普通 RT-PCR 和实时荧光 RT-PCR 方法对 121 份临床样本进行检测，每次反应同时设置阳性对照和阴性对照，同时采用 ELISA 方法检测动物血清。临床样本检测结果见表7，结果表明 SPF 级大小鼠中未检出汉坦病毒，野鼠中有检测出汉坦病毒，测序结果表明均为汉城型（图8）。需要指出的是，采用 PCR 和 ELISA 检测方法对同一只动物进行检测时，部分动物出现不一致的结果，这是由于病原感染动物后抗原和抗体不同消长规律所造成的。但是对整个动物群体进行检测时，两种方法具有较好的相关性，说明在临床监测中，普通 RT-PCR 和实时荧光 RT-PCR 方法可以作为抗体检测的有效补充手段。

表7　PCR临床样本检测结果

方法	阳性检出率（阳性样本/总样本数量）	
	野鼠样本	SPF 级大小鼠
荧光定量 RT-PCR	4/21	0/100
普通 RT-PCR	3/21	0/100
ELISA	10/21	0/100

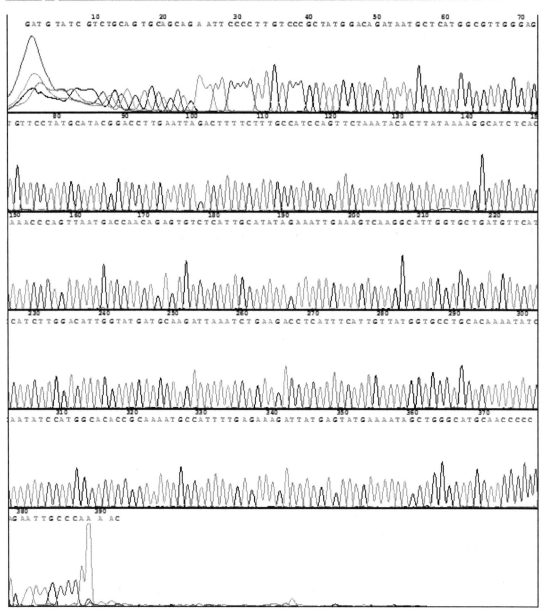

GATGTATCGTCTGCAGTGCAGCAGAATTCCCCTTGTCCCGCTATGGACAGATAATGCT
CATGGCGTTGGGAGTGTTCCTATGCATACGGACCTTGAATTAGACTTTTCTTTGCCATC
CAGTTCTAAATACACTTATAAAAGGCATCTCACAAACCCAGTTAATGACCAACAGAGT
GTCTCATTGCATATAGAAATTGAAAGTCAAGGCATTGGTGCTGATGTTCATCATCTTGG
ACATTGGTATGATGCAAGATTAAATCTGAAGACCTCATTTCATTGTTATGGTGCCTGCA
CAAAATATCAATATCCATGGCACACCGCAAAATGCCATTTTGAGAAAGATTATGAGTAT
GAAAATAGCTGGGCATGCAACCCCCCAGATTGCCCAAAACC

Description	Max score	Total score	Query cover	E value	Ident	Accession
Seoul virus B-1 mRNA for proteins G1 and G2	614	614	95%	6e-172	96%	X53861.1
Seoul virus strain WuhanRn63 glycoprotein gene, complete cds	608	608	95%	3e-170	96%	JQ665901.1
Seoul virus strain WuhanRn58 glycoprotein gene, complete cds	608	608	95%	3e-170	96%	JQ665900.1
Seoul virus strain WuhanRn57 glycoprotein gene, complete cds	608	608	95%	3e-170	96%	JQ665899.1
Seoul virus strain WuhanRn25 glycoprotein gene, complete cds	608	608	95%	3e-170	96%	JQ665897.1
Seoul virus strain WuhanRn10 glycoprotein gene, complete cds	608	608	95%	3e-170	96%	JQ665896.1
Seoul virus strain WuhanRf18 glycoprotein gene, complete cds	608	608	95%	3e-170	96%	JQ665893.1
Seoul virus strain WuhanRf11 glycoprotein gene, complete cds	608	608	95%	3e-170	96%	JQ665891.1
Seoul virus strain WuhanRf07 glycoprotein gene, complete cds	608	608	95%	3e-170	96%	JQ665889.1
Seoul virus strain WuhanMm13 glycoprotein gene, complete cds	608	608	95%	3e-170	96%	JQ665886.1

图 8　测序验证图谱

第七节　本标准常见知识问答

1. 现行实验动物国家标准中已有汉坦病毒检测方法，本标准如何配合这些检测方法使用？

答：实验动物国家标准汉坦病毒检测方法（GB/T 14926.19—2001）规定了酶联免疫吸附试验（ELISA）和间接免疫荧光试验（IFA）两种血清学检测方法，这两种方法都是针对动物抗体进行检测。实际检测中 ELISA 可用于样本的大通量筛查，IFA 一般用于确认试验。

本标准中规定的普通 RT-PCR 和实时荧光 RT-PCR 检测方法属于病原学检测方法，针对病毒的核酸进行检测，适用于发病动物或怀疑发生本病动物，以及实验动物接种物、实验动物环境和动物源性生物制品等样本的检测。可根据实验室的条件，选择其中一种或两种方法进行检测，实时荧光 RT-PCR 检测方法采用闭管检测分析，可以减少检测过程的污染风险。在实际应用中，当普通 RT-PCR 检测为阳性时，可以采用实时荧光 RT-PCR 方法进行确证。当两种方法检测结果不一致时，可通过序列测定方法进行最终验证。

需要指出的是，血清抗体检测是诊断实验动物病毒感染的经典方法。本标准适用于不能通过血清抗体进行检测的样本的快速检测，是实验动物质量控制必不可少的方法。

2. 什么是 PCR 假阳性？产生假阳性的原因是什么？

答：假阳性是指对实验材料中阴性目的物检测反而得到阳性结果的现象。如果一次实验中的几个阴性对照中出现一个或几个阳性结果，提示本次实验中其他标本的检测结果可能有假阳性。假阳性主要来源于样本采集、处理、PCR 过程中的污染，造成假阳性的原因主要有以下几个方面。

（1）样品间交叉污染：非一次性采样器具由于之前采样的痕量残留物含有本次检测的目的核酸而污染本次样品，造成假阳性；盛放样品器具密封不严造成样品间的样本污染；样本核酸模板在提取过程中，由于吸样枪污染导致标本间污染；有些微生物标本尤其是病毒可随气溶胶或形成气溶胶而扩散，导致彼此间的污染。

（2）PCR 试剂的污染：主要是由于在 PCR 试剂配制过程中，加样枪、容器、双蒸水及其他溶液被 PCR 核酸模板污染。

（3）PCR 扩增产物污染：由于 PCR 产物拷贝量大，远远高于 PCR 检测数个拷贝的极限，所以极微量的 PCR 产物污染就可形成假阳性，这是 PCR 反应中最常见的污染问题。

还有一种容易忽视、最可能造成 PCR 产物污染的形式是气溶胶污染，空气与液体面摩擦时可形成气溶胶，在操作时比较剧烈地摇动反应管，开盖时、吸样时及污染进样枪的反复吸样都可形成气溶胶而污染。气溶胶造成的污染是造成假阳性的主要原因。

（4）克隆质粒的污染：常见于用克隆质粒做阳性对照的实验室。由于克隆质粒在单位容积内含量相当高，另外在纯化过程中需用较多的用具及试剂，而且活细胞内的质粒由于活细胞生长繁殖的简便性及具有很强的生命力，其污染可能性也很大。

3. 如何控制 PCR 假阳性？

答：（1）在 PCR 检测时，每次都要设立阴性对照样品和阳性对照样品对检测参数进行参比对照。只有在阴性对照样品和阳性对照样品检测结果成立的前提下，才能对检测样品进行结果判定。

（2）合理分隔实验室：将样品的处理、配制 PCR 反应液、PCR 扩增及 PCR 产物鉴定等步骤分区或分室进行，特别注意样本处理及 PCR 产物的鉴定应与其他步骤严格分开。合理的 PCR 实验室应分为标本处理及核酸抽提区、PCR 反应液制备区、PCR 扩增区和 PCR 产物鉴定区。各区使用的仪器、设备、耗材和工作服应独立专用，实验前应将实验室用紫外线消毒以破坏残留的 DNA 或 RNA。

（3）规范试剂耗材管理：新购买的试剂需进行实验前验证。PCR 试剂可选择小量分装储存，避免污染。试验过程中所用的一次性塑料耗材，如吸头、离心管、八连管等均应采购无核酸酶的，并且使用前进行高温高压处理。塑料器皿用 0.1% DEPC 水浸泡 4 h 后高温高压处理分解 DEPC。玻璃仪器或金属器具使用前须 180℃高温干烤 6 h 以上。

（4）采用 UNG 酶防止污染：由于 PCR 产物是最常见的污染源，PCR 试剂中以 dUTP 取代 dTTP，因此 PCR 产物都是含有 dU 的 DNA 链。在 PCR 开始前增加 50℃的保温步骤，UNG 酶即可将反应体系中已有的 U-DNA 污染物中的尿嘧啶碱基降解，并在随后变性步骤中使 DNA 链断裂，消除由于污染 DNA 产生的扩增，从而保证扩增结果的特异性和准确性。同时，UNG 酶被灭活，不会再降解新扩增的 U-DNA 产物。

（5）操作人员应经过专业培训，具有一定经验和操作技能，必须严格按照质量体系规定的检测标准和检测方法操作。

4. 什么是 PCR 假阴性？产生假阴性的原因是什么？

答：假阴性是指实验中设置的阳性对照未能扩增成阳性结果的现象。这里应注意，阳性对照应该包含样品核酸提取和 PCR 扩增步骤。因此，如果未在样品的核酸提取步骤设置阳性对照，而恰好在该步骤存在问题，即使阳性对照均呈阳性，样品检测中还可能有假阴性。

造成 PCR 假阴性问题的原因较为复杂，概括起来有以下几点。

（1）仪器因素：PCR 仪孔间差异或控温不准，引起扩增失败或扩增效率降低。

（2）试剂因素：核酸抽提试剂、引物和 PCR 扩增试剂质量问题导致扩增失败。

（3）采样因素：不合理的样本采集、转运及处理、样本中微生物滴度过低均有可能导致假阴性结果。

（4）核酸模板因素：模板中存在 PCR 抑制剂，如杂蛋白、多糖、酚等抑制物；容器中存在 RNA 酶导致 RNA 降解。

（5）靶序列变异因素：待测靶序列变异或其他原因导致的序列改变，影响引物与模板特异性结合，可能会导致假阴性结果。

（6）操作人员因素：PCR 实验的环节很多，而且对每一环节的质量要求都很高，如少加或漏加试剂、离心不充分、反应参数设计错误等都能造成结果的假阴性。

5. 如何控制 PCR 假阴性？

答：（1）在 PCR 检测时，每次都要设立阴性对照样品和阳性对照样品对检测参数进行参比对照。只有在阴性对照样品和阳性对照样品检测结果成立的前提下，才能对检测样品进行结果判定。此外，设置合理的内对照（内标）是判断假阴性的有效手段。内对照必须覆盖样品处理、核酸抽提、PCR 扩增和产物检测全过程。

（2）定期监测 PCR 仪，出现问题应及时进行维护并校准。

（3）新购买的试剂和引物需进行实验前验证，试剂应合理保存并分装使用，防止酶失活，避免反复冻融。

（4）严格处理样品程序，核酸提取过程中尽量去除可能干扰或抑制 PCR 反应的物质。可采用稀释或再纯化模板 DNA 方法进行扩增分析，减少假阴性发生。

（5）操作人员应经过专业培训，具有一定经验和操作技能，必须严格按照质量体系规定的检测标准和检测方法操作。

第八节　其他说明

一、国内外同类标准分析

本标准为国内原创标准，国际上无类似标准。

二、与法律法规、标准关系

本标准按 GB/T 1.1—2009 规则和实验动物标准的基本结构编写，与实验动物标准体系协调统一；本标准与《实验动物管理条例》《实验动物质量管理办法》等国家相关法规及实验动物强制性标准的规定和要求协调一致。目前实验动物国家标准没有小鼠汉坦病毒 PCR 检测方法标准，本标准作为团体标准是对现有标准的有利补充。

三、重大分歧的处理和依据

从标准结构框架和制定原则的确定、标准的引用、有关技术指标和参数的试验验证、主要条款的确定直到标准草稿征求专家意见（通过函寄和会议形式，多次咨询和研讨），均未出现重大意见分歧的情况。

四、标准实施要求和措施

本标准发布实施后，建议通过培训班、会议宣传和网络宣传等形式积极开展宣传贯彻培训活动。面向各行业开展动物实验的机构和个人，宣传贯彻标准内容。

参 考 文 献

田克恭. 1992. 实验动物病毒性疾病. 北京：中国农业出版社：76-83.

中华人民共和国卫生部. 2005.《全国肾综合征出血热监测方案（试行）》.

Bootz F, Sieber I, Popovic D, et al. 2003. Comparison of the sensitivity of *in vivo* antibody production tests with *in vitro* PCR-based methods to detect infectious contamination of biological materials. Laboratory Animals, 37：341-351.

第十二章　T/CALAS 40—2017《实验动物　肺支原体 PCR 检测方法》实施指南

第一节　工作简况

根据中国实验动物学会实验动物标准化专业委员会下达的 2017 年团体标准制（修）订计划，由广东省实验动物监测所负责团体标准《实验动物　肺支原体 PCR 检测方法》起草工作。该项目由全国实验动物标准化技术委员会（SAC/TC281）技术审查，由中国实验动物学会归口管理。

本标准的编制工作是按照中华人民共和国国家标准 GB/T1.1—2009《标准化工作导则》第 1 部分"标准的结构和编写规则"的要求进行编写的。本标准是在国家科技支撑计划"实验动物质量检测关键技术研究"（项目编号 2013BAK11B01）和广东省科技计划项目"广东省实验动物检测技术平台"（项目编号 2011B040200010）课题基础上制定而成的。在制定过程中参考了国内外相关文献，对方法的敏感性、特异性、重复性等进行了研究，并对所建立的标准方法进行了应用研究，建立了可行、稳定、特异的肺支原体普通 PCR 和实时荧光 PCR 检测方法。

第二节　工作过程

本标准由中国实验动物学会实验动物标准化专业委员会提出，广东省实验动物监测所按照团体标准研制要求和编写工作的程序组成了由本单位专家和专业技术人员参加的编写小组，制定了编写方案，并就编写工作进行了任务分工。编制小组根据任务分工进行了资料收集和调查研究工作，在国家科技支撑计划"实验动物质量检测关键技术研究"（项目编号 2013BAK11B01）和广东省科技计划项目"广东省实验动物检测技术平台"（项目编号 2011B040200010）课题研究基础上，组织编写实验动物肺支原体 PCR 检测方法技术资料。通过起草组成员的努力，经多次修改、补充和完善，形成了标准和编制说明初稿。

2017 年 3 月，标准草案首先征求中国实验动物学会实验动物标准化专业委员会的意见，专家对标准稿提出了系列修订建议和意见。根据提出的意见，编制组对《实验动物 肺支原体 PCR 检测方法》标准草案进行修改，形成本标准征求意见稿和编制说明。

2017 年 4~6 月，标准征求意见稿在中国实验动物学会网站公开征求意见，共收集意见或建议 3 条，编制组根据专家提出的修改意见和建议，采纳 2 条，未采纳 1 条。对《实验动物 肺支原体 PCR 检测方法》团体标准整理修改后，形成标准送审稿、标准送审稿编制说明和征求意见汇总处理表。

2017 年 8 月 30 日，全国实验动物标准化技术委员会在北京召开了标准送审稿专家审查会。会议由全国实验动物标准化技术委员会的委员组成审查组，认真讨论了标准送审稿编制说明、征求意见汇总处理表，提出了修改意见和建议。与会专家认为本标准填补了肺支原体分子检测方法空白，是国标的有力补充，一致同意通过审查。会后，编制组根据与会专家提出的修改意见，对《实验动物 肺支原体 PCR 检测方法》团体标准修改完善后，形成标准报批稿、标准报批稿编制说明和征求意见处理汇总表。

2017 年 10 月 10 日，编写组就 8 月 30 日的专家意见进行了讨论修改，形成了报批稿。

2017 年 12 月 29 日，中国实验动物学会第七届理事会常务理事会第一次会议批准发布包括本标准在内的《实验动物 教学用动物使用指南》等 23 项团体标准，并于 2018 年 1 月 1 日起正式实施。

第三节　编写背景

支原体是一种简单的原核生物，其大小介于细菌和病毒之间，多数呈球形，没有细胞壁。肺支原体是啮齿类动物呼吸道疾病的主要病原体，肺支原体感染引起鼠的急、慢性呼吸道疾病，如鼻炎、中耳炎、气管炎和肺炎。肺支原体多为隐性感染，且感染率较高，还可与细菌、病毒等引起合并感染，对呼吸道的损害更为严重。肺支原体是国内外实验动物健康监测的一个必检项目，快速、准确地检测肺支原体是有效控制该病原的前提。在肺支原体检测方法研究方面，分离培养法因其可靠、直接的优点而成为肺支原体检测的首选方法，但由于该法同时具有烦琐、检出率不高等缺点，阻碍了该检测方法的应用。血清学检测方法如酶联免疫吸附试验（ELISA）也应用于支原体检测，但是抗体检测方法中不能应用于免疫功能低下或免疫缺陷小鼠如 SCID 小鼠和裸小鼠等的检测，因为它们不能产生正常的抗体反应。此外，抗体检测有一定局限性，一般只有活体动物才能采集血清用于检测，对病死动物和一些动物源性的生物制品（如动物细胞及其他生物材料）检测造成限制。

随着分子生物学的迅速发展，以 PCR 技术为基础的各种分子生物学诊断技术成为病原微生物检测的重要手段。PCR 病原检测方法具有特异性强、敏感度高、诊断快速等传统诊断方法所无法比拟的优点。美国和欧盟许多实验动物质量检测实验室都推荐采用 PCR 技术作为实验动物病原的检测方法。国内一些实验动物检测机构也开展了实验动物病原 PCR 检测技术研究，增加实验动物病原分子生物学检测技术方法除了应用于实验动物质量检测之外，还可以应用于实验动物产品、实验动物接种物和污染环境评价等，具有快速、高效的特点。本项目在现有国家标准的基础上，增加了普通 PCR 和实时荧光 PCR 检测方法，这些方法适用于肺支原体的快速诊断。本标准的制定，对实验大小鼠的肺支原体日常监测、流行病学调查及临床诊断都具有重要的实用意义。

第四节　编制原则

本标准的编制主要遵循以下原则。

（1）科学性原则。在尊重科学、亲身实践、调查研究的基础上，制定本标准。

（2）可操作性原则。本标准无论是从样品采集、处理到检测，都具有可操作性和实用性。

（3）协调性原则。以切实提高我国实验动物病原微生物检测技术水平为核心，符合我国现行有关法律、法规和相关的标准要求。

第五节 内 容 解 读

本标准内容组成：范围；规范性引用文件；术语、定义和缩略语；检测方法原理；主要设备和材料；试剂；检测方法；结果判定；检测过程中防止交叉污染的措施；附录，共10章。现将《实验动物肺支原体 PCR 检测方法》征求意见稿主要技术内容确定说明如下。

一、本标准范围的确定

本标准适用于实验动物及其产品、分离培养物、细胞培养物、实验动物环境和动物源性生物制品中肺支原体的检测。现行的实验动物国家标准抗体检测的适用范围存在一定局限，而本标准规定的 PCR 检测方法适用范围广泛，可以适用于实验动物及产品、实验动物接种物和环境等样本的检测。

二、规范性引用文件

下列文件对于本文件的应用是必不可少的。凡是注明日期的引用文件，仅所注日期的版本适用于本文件。凡是不注日期的引用文件，其最新版本（包括所有的修改单）适用于本文件。

GB/T 14926.8—2001 《实验动物 支原体检测方法》

GB 19489 《实验室 生物安全通用要求》

GB/T 19495.2 《转基因产品检测 实验室技术要求》

三、术语、定义和缩略语

为方便标准的使用，本标准规定了以下术语、定义和缩略语：

Ct 值 荧光信号达到设定的阈值时所经历的循环数 cycle threshold

DNA 脱氧核糖核酸 deoxyribonucleic acid

PBS 磷酸盐缓冲液 phosphate buffered saline

PCR 聚合酶链反应 polymerase chain reaction

实时荧光 PCR 实时荧光聚合酶链反应 real-time PCR

四、检测方法原理

用合适的方法提取样本中的肺支原体 DNA，针对支原体核酸 16S RNA 基因设计特异的引物序列，通过 PCR 对模板 DNA 进行扩增，根据 PCR 检测结果判定该样品中是否含有肺支原体核酸成分。

实时荧光 PCR 方法是在常规 PCR 的基础上，加入了一条特异性的荧光探针，探针两端分别标记一个报告荧光基团和一个淬灭荧光基团。探针完整时，报告基团发射的荧光信号被淬灭基团吸收；PCR 扩增时，*Taq* 酶的 5′→3′ 外切酶活性将探针酶切降解，使报告荧光基团和淬灭荧光基团分离，淬灭作用消失，荧光信号产生并被检测仪器接受。随着 PCR 反应的循环进行，PCR 产物与荧光信号的增长呈对应关系，因此，可以通过检测荧光信号对核酸模板进行检测。

五、主要设备和材料

规定了检测方法所需要的设备和材料。

六、试剂

规定了检测方法所需要的试剂。

（1）灭菌 PBS。配制方法在标准附录中给出。

（2）DNA 抽提试剂：基因组 DNA 提取试剂盒 DNeasy Blood & Tissue Kit（Qiagen 公司，Cat.No.69504），或其他等效产品。DNA 抽提试剂给出了具体的信息，目的是为了方便标准的使用者，并不表示对该产品的认可。如果其他等效产品具有相同的效果，则可以使用这些等效产品。

（3）无水乙醇。

（4）PCR 试剂：Premix Taq™（Version 2.0 plus dye）（TaKaRa 公司，Cat.No.RR901A），或其他等效产品。PCR 试剂均给出了具体的信息，目的是为了方便标准的使用者，并不表示对该产品的认可。如果其他等效产品具有相同的效果，则可以使用这些等效产品。

（5）实时荧光 PCR 试剂：Premix Ex Taq™（Probe qPCR），（TaKaRa 公司，Cat.No.DRR390S），或其他等效产品。实时荧光 PCR 试剂均给出了具体的信息，目的是为了方便标准的使用者，并不表示对该产品的认可。如果其他等效产品具有相同的效果，则可以使用这些等效产品。

（6）DNA 分子质量标准：100~2000 bp。

（7）50×TAE 电泳缓冲液，配制方法在标准附录中给出。

（8）溴化乙锭：10 mg/mL，配制方法在标准附录中给出；或其他等效产品。

（9）1.5%琼脂糖凝胶，配制方法在标准附录中给出。

（10）引物和探针：根据表 1、表 2 的序列合成引物和探针，引物和探针加无灭菌去离子水配制成 10 μmol/L 储备液，−20℃保存。

普通 PCR 引物设计参照文献（van Kuppeveld，1993），引物位于肺支原体 16S RNA 基因序列（GenBank 登录号 NC001510），并使用 GenBank 的 Blast 软件与数据库其他微生物序列进行比较，保证引物和探针序列的通用性和特异性（表 1）。

表 1　普通 PCR 检测引物

引物名称	引物序列（5′→3′）	检测基因	产物大小/bp
正向引物	AGCGTTTGCTTCACTTTGAA	16S RNA	266
反向引物	GGGCATTTCCTCCCTAAGCT		

　　引物和探针设计同样根据肺支原体 16S RNA 基因序列（GenBank 登录号 NC001510）为模板，利用 Primer Express3.0 软件（Applied Biosystems 公司）设计一套荧光定量 PCR 引物和探针（表 2）。

表 2　实时荧光 PCR 扩增引物和探针

引物和探针名称	引物和探针序列（5′→3′）	产物大小/bp
正向引物	GGAAATGCCCTAAGTATGACGG	94
反向引物	CGGATAACGCTTGCACCCTA	
探针	FAM-CCTTGTCAGAAAGCACCGGCTAACTATGTG -BHQ-1	

注：探针也可选用具有与 FAM 和 BHQ-1 荧光基团相同检测效果的其他合适的荧光报告基团和荧光淬灭基团组合。

七、检测方法的确定

（一）采样及样本的处理

　　标准规定了以下方面：动物脏器组织，细菌分离培养物，细胞培养物，实验动物饲料、垫料和饮水，实验动物设施设备样本的采集及处理方法。

（二）样本 DNA 提取

　　对两种不同核酸提取方法进行比较，采用市售的"组织基因组 DNA 提取试剂盒 TIANamp Tissue DNA Kit（天根公司）"和"DNeasy Blood & Tissue Kit（Qiagen 公司）"对 20 份肺组织物样本按各自说明书进行核酸抽提。采用 NanoDrop2000c 仪器对抽提的核酸进行浓度和纯度（OD_{260}/OD_{280}）检测。将两种方法提取的 DNA 模板，采用肺支原体 PCR 分别进行检测，统计检测结果，比较两种提取方法用于 PCR 扩增的检出率。结果表明，两种方法的提取效果相当，OD_{260}/OD_{280} 均为 1.8~2.0，满足 DNA 模板的纯度要求（表 3）。将上述提取的 DNA 模板进行肺支原体检测，结果两种提取方法用于 PCR 扩增的检出率一致（表 4）。因此，两种核酸提取方法均适合用于该检测方法。

表 3　提取 DNA 模板的浓度、纯度比较结果

样本编号	TIANamp Tissue DNA Kit		DNeasy Blood & Tissue Kit	
	OD_{260}/OD_{280}	浓度/（ng/μL）	OD_{260}/OD_{280}	浓度/（ng/μL）
1	1.87	89.2	1.95	90.1
2	1.91	92.6	1.99	93.3
3	1.85	74.5	1.97	75.0
4	1.96	102.3	1.98	105.5
5	1.93	86.5	1.96	86.7
6	1.88	79.1	1.93	80.6
7	1.87	88.6	1.96	89.5
8	1.95	96.8	1.99	96.3
9	1.93	89.9	1.97	90.6
10	1.82	77.3	1.87	77.8

样本编号	TIANamp Tissue DNA Kit		DNeasy Blood & Tissue Kit	
	OD_{260}/OD_{280}	浓度/（ng/μL）	OD_{260}/OD_{280}	浓度/（ng/μL）
11	1.89	73.6	1.96	74.1
12	1.84	85.2	1.88	85.6
13	1.96	93.6	1.93	94.2
14	1.86	65.3	1.92	65.7
15	1.87	88.6	1.89	89.7
16	1.80	91.5	1.86	91.9
17	1.90	92.3	1.93	95.4
18	1.86	84.8	1.95	85.4
19	1.89	87.5	1.92	89.4
20	1.81	66.4	1.85	66.3

表 4 检出率比较结果

试剂	检出率	参考值
TIANamp Tissue Kit	18/20	18/20
DNeasy Blood & Tissue Kit	18/20	

（三）普通 PCR

1. PCR 反应体系

PCR 反应体系见表 5。反应液的配制在冰上操作，每次反应同时设计阳性对照、阴性对照和空白对照。其中，以含有肺支原体的组织或培养物提取的 DNA 作为阳性对照模板；以不含有肺支原体 DNA 样本（可以是正常动物组织或正常培养物）作为阴性对照模板；空白对照即为不加模板对照（no template control，NTC），即在反应中用水来代替模板。

表 5 PCR 反应体系

反应组分	用量/μL	终浓度
2×Premix Taq Mix（plus dye）	25	1×
正向引物（10 μmol/L）	2	400 nmol/L
反向引物（10 μmol/L）	2	400 nmol/L
DNA 模板	10	
灭菌去离子水	11	
总体积	50	

2. PCR 反应参数

PCR 反应参数见表 6。

表 6　PCR 反应参数

步骤	温度/℃	时间/min	循环数
预变性	95	5	1
变性	94	1	
退火	55	1	35
延伸	72	2	
延伸	72	10	1

3．PCR 产物的琼脂糖凝胶电泳检测和拍照

将适量 50×TAE 稀释成 1×TAE 溶液，配制含核酸染料溴化乙锭的 1.5% 琼脂糖凝胶。PCR 反应结束后，取 10 μL PCR 产物在 1.5% 琼脂糖凝胶进行电泳检测，以 DNA 分子质量作为参照。电压大小根据电泳槽长度来确定，一般控制在 3~5 V/cm，当上样染料移动到凝胶边缘时关闭电源。电泳完成后在凝胶成像系统拍照记录电泳结果。

（四）实时荧光 PCR

规定了实时荧光 PCR 反应体系和反应参数。反应体系和反应参数的确定依据以下优化试验。

1．方法优化

实时荧光 PCR 反应选用的试剂盒为 Premix Ex Taq™（Probe qPCR）（TaKaRa 公司，Cat.No.DRR390S），扩增和检测在全自动荧光定量仪 Applied Biosystems 7500 Real-Time PCR Systems 上进行。

（1）扩增程序的确定。根据引物、探针的具体特性，仪器上的反应程序在退火延伸条件选择上试验了 3 种温度和 3 种时间：95℃ 30 s，95℃ 5 s→（58/60/62）℃（34/45/60）s，40 次循环，在退火延伸阶段采集荧光信号。各种试剂的加样量分别为每个反应管中含 2×Premix Ex Taq 25 μL、正向引物（10 μmol/L）1 μL、反向引物（10 μmol/L）1 μL、探针（10 μmol/L）2 μL、Rox 1 μL、模板 DNA 10 μL，用去离子水补足到反应总体积 50 μL。结果均可见阳性扩增曲线，但考虑到使引物扩增有更好的特异性和缩短反应时间，最后确定扩增程序为：95℃ 30 s，95℃ 5 s→60℃ 34 s，40 次循环。

（2）最佳引物浓度的确定。应用以上扩增程序，先固定探针终浓度为 200 nmol/L，肺支原体上下游引物浓度在 100 nmol/L、200 nmol/L、400 nmol/L、600 nmol/L、800 nmol/L、1000 nmol/L 中选择，通过比较 Ct 值和荧光强度增加值（绝对荧光强度与背景荧光强度的差值，ΔRn）来判断优化结果。最佳引物浓度的确定以 Ct 值最小，扩增曲线荧光强度增加值最大所对应的引物浓度为最佳浓度（表 7，图 1）。最终确定肺支原体、上下游引物终浓度为 200 nmol/L。

表 7　肺支原体引物优化结果

	M. pulmonis 引物终浓度					
	100 nmol/L	200 nmol/L	400 nmol/L	600 nmol/L	800 nmol/L	1000 nmol/L
Ct 值	23.80/23.67	22.76/22.77	23.13/23.01	22.89/23.12	23.06/23.30	23.57/23.46

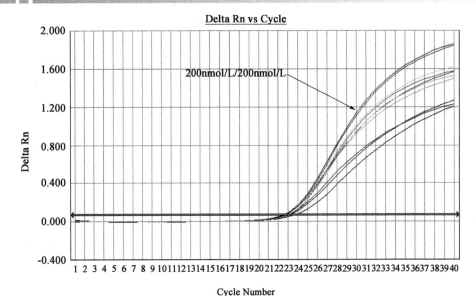

图1 肺支原体引物优化扩增曲线

（3）最佳探针浓度的确定。根据选择好的最佳肺支原体上、下游引物终浓度 400 nmol/L，进一步进行 TaqMan 探针浓度的确定，在 100 nmol/L、200 nmol/L、300 nmol/L、400 nmol/L、500 nmol/L、600 nmol/L、700 nmol/L 中选择。以 Ct 值最小、扩增曲线荧光强度增加值最大所对应的探针浓度为最佳浓度（表8，图2）。考虑探针成本，最终确定 TMEV 探针终浓度 400 nmol/L。

表8 肺支原体探针优化结果

	M. pulmonis-P 终浓度						
	100 nmol/L	200 nmol/L	300 nmol/L	400 nmol/L	500 nmol/L	600 nmol/L	700 nmol/L
Ct 值	23.09/23.19	23.71/23.54	23.21/23.28	22.70/22.61	22.98/23.00	23.31/23.26	23.15/23.21

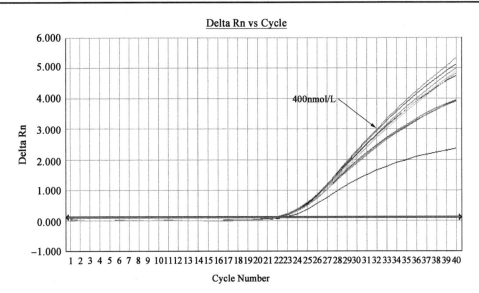

图2 肺支原体探针扩增曲线

2. 不同试剂的测试

本标准方法主要采用 Premix Ex Taq™（Probe qPCR）（TaKaRa 公司，Cat.No.DRR390S）。除此以外，还选用了多种试剂，按优化好的引物和探针浓度进行了测试，即按上、下游引物终浓度 400 nmol/L、探针终浓度 200 nmol/L、反应总体积为 50 μL 的情况下，模板 DNA 量为 10 μL。不同试剂选用不同的 *Taq* 酶激活条件及 PCR 条件，40 次循环。结果所有试剂均可得到很好的扩增结果。这些试剂包括：TaqMan® Universal PCR Master Mix（美国 Applied Biosystems 公司产品，Cat #4304437），GoTaq Probe qPCR Master Mix（Promega 产品，货号 A6101）。

八、结果判定

（一）普通 PCR

1. 质控标准

在阴性、阳性对照成立的条件下，即阳性对照的扩增产物经电泳检测可见到 266 bp 扩增条带、阴性对照的扩增产物无任何条带，可进行结果判定。

2. 结果判定

（1）样本经琼脂糖凝胶电泳，在凝胶成像仪上观察到 266 bp 扩增条带，判为肺支原体核酸阳性。

（2）样本经琼脂糖凝胶电泳，在凝胶成像仪上未观察到 266 bp 扩增条带，判为肺支原体核酸阴性。

（二）实时荧光 PCR

1. 结果分析和条件设定

直接读取检测结果，基线和阈值设定原则根据仪器的噪声情况进行调整，以阈值线刚好超过正常阴性样品扩增曲线的最高点为准。

2. 质控标准

（1）空白对照无 Ct 值，并且无荧光扩增曲线，一直为水平线。

（2）阴性对照无 Ct 值，并且无荧光扩增曲线，一直为水平线。

（3）阳性对照 Ct 值≤35，并且有明显的荧光扩增曲线，则表明反应体系运行正常；否则此次试验无效，需重新进行实时荧光 PCR 扩增。

3. 结果判定

（1）若待检测样品无荧光扩增曲线，则判定肺支原体核酸阴性。

（2）若待检测样品有荧光扩增曲线，且 Ct 值≤35，则判断肺支原体核酸阳性。

（3）若待检测样品 Ct 值介于 35 和 40 之间，应重新进行实时荧光 PCR 检测。重新检测后，若 Ct 值≥40，则判定肺支原体核酸阴性；重新检测后，若 Ct 值仍介于 35 和 40 之间，则判定肺支原体核酸阳性。

（三）序列测定

必要时，可取待检样本扩增出的阳性 PCR 产物进行核酸序列测定。序列结果与已公开发表的肺支原体特异性片段序列进行比对，序列同源性在 90% 以上，可确诊待检样本肺支原体核酸阳性，否则判定肺支原体核酸阴性。

九、检测过程中防止交叉污染的措施

给出了检测过程中如何防止交叉污染的措施,具体按照 GB/T 19495.2 中的要求执行。

十、附录 A

本标准附录为规范性附录,给出了试剂配制方法。

第六节 分 析 报 告

一、材料与方法

(一)细菌、菌株、载体和临床样本

肺支原体(ATCC 23115)、嗜肺巴斯德杆菌(ATCC 35149)、鼠放线杆菌(ATCC 49577)、仙台病毒(SV,ATCC VR-105)、小鼠肺炎病毒(PVM,ATCC VR-25)购自美国典型微生物菌种保藏中心,肺炎克雷伯菌(CMCC 46117)、金黄色葡萄球菌(ATCC 6538)、大肠埃希菌(ATCC 25922)、鼠伤寒沙门氏菌(CMCC 50115)、小肠结肠炎耶尔森菌(CMCC 2207)、假结核耶尔森菌(CMCC 53504)、铜绿假单胞菌(ATCC 27853)购自广东省微生物研究所,大肠杆菌 *E.coli* DH5α 和克隆载体 pMD19-T 购自宝生物工程(大连)有限公司(TaKaRa 公司)。临床样本包括: 2010~2014 年本实验室收到的广东、湖北、北京、四川、云南和上海等各地送检的 SPF 级活体大鼠或大鼠肺脏 50 份;2014 年本实验室收到的广东省送检的 SD 大鼠,背景调查表明该 SD 大鼠曾饲养于普通环境,共 50 份;捕获于广州市某实验动物养殖场附近的野鼠 59 份,野鼠为褐家鼠,无菌采集活体大鼠的肺脏,–40℃保存;临床样本共计 159 份。

(二)引物及探针的设计合成

引物和探针序列见表 1 和表 2,引物和探针由 Invitrogern(广州)公司合成。

(三)细菌和样品核酸提取

纯化的细菌的核酸抽提直接按组织基因组提取试剂盒(Qiagen 公司)操作说明书进行;在提取革兰氏阳性菌 DNA 之前,细菌经过溶菌酶 37℃处理 30 min,然后再用组织基因组提取试剂盒进行核酸提取。

(四)肺支原体质粒标准品的制备

以提取的肺支原体 DNA 为模板,用 Premix Ex Taq(TaKaRa 公司)进行 PCR,反应体系为: 2×Premix Ex Taq 25 μL,上游引物肺支原体-F(10 μmol/L)2.5 μL,下游引物肺支原体-R(10 μmol/L)2.5 μL,DNA 5 μL,加 RNase Free dH₂O 至 50 μL。反应条件:94℃ 2 min,一个循环;94℃ 30s、55℃ 30s、72℃ 30s,共 35 个循环;最后 72℃ 延伸 5 min。反应得到目的大小片段后,用胶回收试剂盒回收目的片段,将回收的目的片段连接至 pMD-19T 载体,并转化至 DH5α 感受态细胞中。用含有 Amp 的 LB 琼脂平板筛选阳性克隆,用 PCR 鉴定阳性克隆菌,并对阳性重组质粒测序验证。用质粒提取试剂盒(Omega 公司)提取质粒,微量紫外分光光度计测定浓度与纯度,根据下面的公式计算拷贝数:拷贝数

（copies/μL）=6.022 ×10^{23}（copies/mol）×DNA 浓度（g/μL）/质量 MW（g/mol）。其中，MW= DNA 碱基数（bp）×660 daltons/bp，DNA 碱基数=载体序列碱基数+插入序列碱基数。

（五）特异性试验

采用建立的荧光定量 PCR 方法对肺支原体、嗜肺巴斯德杆菌、鼠放线杆菌、仙台病毒、小鼠肺炎病毒、肺炎克雷伯菌、金黄色葡萄球菌、大肠埃希菌、鼠伤寒沙门氏菌、小肠结肠炎耶尔森菌、假结核耶尔森菌、铜绿假单胞菌的 DNA 进行检测，验证该方法的特异性。

（六）定量标准曲线的建立及敏感性试验

将质粒标准品用 Easy dilution（TaKaRa 公司）做 10 倍系列稀释，得到 $1×10^8$ ~$1×10^0$copies/μL 系列标准模板。利用表 5 中优化后的反应体系和条件测定各稀释度的 Ct 值，以 Ct 值为纵坐标、以起始模板浓度的对数为横坐标，绘制标准曲线。

（七）重复性试验

对 5 份 10 倍系列稀释的肺支原体质粒标准品（$1×10^6$ ~$1×10^2$copies/μL）在同一次反应中进行 5 次重复测定，对各稀释度的 Ct 值进行统计，计算每个样品各反应管之间的批内变异系数（CV%）；对上述样品分别进行 5 次测定，计算同一样品每次测定结果之间的批间变异系数（CV%）。

（八）临床样本的检测

利用肺支原体荧光定量 PCR 方法对 159 份临床样本进行检测，每次反应同时设置阳性对照和阴性对照。同时采用普通 PCR 方法进行检测，比较两种方法的阳性检出率。

二、结果

（一）肺支原体质粒标准品制备

用 PCR 扩增肺支原体得到大小约 94bp 的特异片段，与预期目的片段大小相符（图 3）。与 pMD19-T 载体连接构建重组阳性质粒，对重组质粒进行 PCR 鉴定，条带大小与预期结果相符。重组质粒的测序结果与目的基因序列同源性为 100%，表明质粒标准品制备成功。

（二）特异性试验

采用建立的荧光定量 PCR 方法对肺支原体、嗜肺巴斯德杆菌、鼠放线杆菌、仙台病毒、小鼠肺炎病毒、肺炎克雷伯菌、金黄色葡萄球菌、大肠埃希菌、鼠伤寒沙

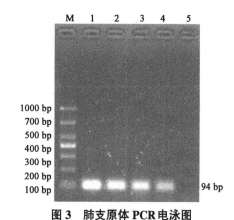

图 3　肺支原体 PCR 电泳图

M，DNA Marker DL2000；1~4，肺支原体；5，阴性对照

门氏菌、小肠结肠炎耶尔森菌、假结核耶尔森菌、铜绿假单胞菌的 DNA 进行检测，结果除肺支原体为阳性外，其他病原微生物均为阴性，表明建立的方法具有良好的特异性（图 4）。

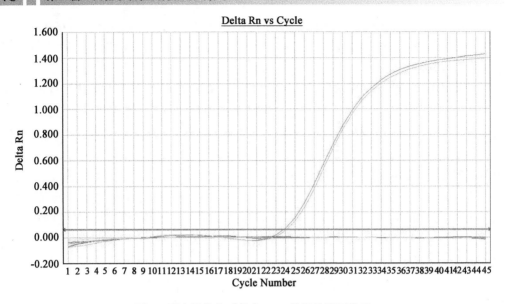

图4　肺支原体实时荧光 PCR 特异性检测结果

（三）定量标准曲线的建立及敏感性试验

将质粒标准品用 Easy dilution（TaKaRa 公司）做 10 倍系列稀释，得到 $1\times10^8\sim$ 1×10^0copies/μL 系列标准模板。利用优化后的反应体系和条件测定各稀释度的 Ct 值，以 Ct 值为纵坐标、以起始模板浓度的对数为横坐标，绘制标准曲线，结果见图5。由图5可见各梯度之间间隔的 Ct 值基本相等，无模板对照（no template control，NTC）没有荧光扩增曲线为阴性结果，该方法的最低检测限为 100 copies/μL。以标准品稀释拷贝数的对数值为横坐标、以临界环数（threshold cycle，Ct）为纵坐标建立荧光实时定量 PCR 的标准曲线，标准质粒在 $1\times10^8\sim1\times10^1$copies/μL 具有良好的线性关系，结果见图6。其线性回归方程为 Ct= $-3.28\times$lg（拷贝数）+39.80，标准曲线斜率为-3.28，根据公式计算得扩增效率 E = $10^{1/3.28}-1$ =0.942，即扩增效率为 94.2%，相关系数 R^2=0.9978，说明 PCR 扩增该标准品的效率较高，线性关系良好。标准质粒在 1×10^0copies/μL 无扩增曲线，故本方法检测的灵敏度为 10 个拷贝。

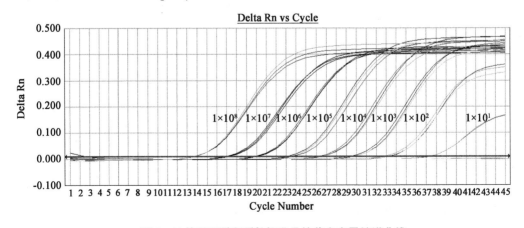

图5　10倍系列稀释质粒标准品的荧光定量扩增曲线

1~7，$1\times10^8\sim1\times10^2$ copies/μL 质粒标准品；8，1×10^1 copies/μL、 1×10^0 copies/μL 质粒和无模板对照

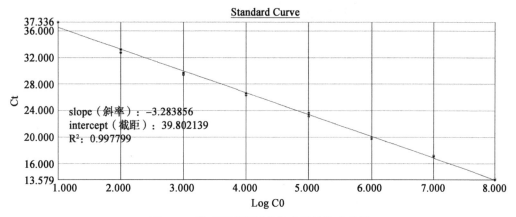

图6 10倍系列稀释质粒标准品的标准曲线

（四）重复性试验结果

通过对 $1×10^7 \sim 1×10^2$ copies/μL 5 个稀释度质粒标准品样本进行重复性检测，批内及批间重复性试验的变异系数均小于 4 %（表 9），表明建立荧光定量 PCR 方法重复性好，方法稳定可靠。

表9 肺支原体荧光定量PCR批内和批间重复性试验检测结果

质粒/（copies/μL）	Ct 值					Ct 平均值	标准差（SD）	变异系数（CV）/%
	1	2	3	4	5			
批内重复								
$1×10^7$	15.80	16.62	17.30	16.60	16.68	16.60	0.53	3.20
$1×10^6$	19.07	20.28	20.22	20.18	20.25	20.00	0.52	2.61
$1×10^5$	22.32	23.47	23.46	23.25	23.76	23.25	0.56	2.43
$1×10^4$	25.73	27.07	26.47	26.42	26.55	26.45	0.48	1.85
$1×10^3$	29.41	30.18	—	30.12	29.56	29.82	0.33	1.13
批间重复								
$1×10^6$	19.54	19.52	19.08	19.63	19.83	19.52	0.54	2.75
$1×10^5$	23.08	23.11	22.18	22.75	23.09	22.84	0.91	3.99
$1×10^4$	26.52	26.41	25.95	25.75	26.67	26.26	1.03	3.92
$1×10^3$	29.17	29.42	28.60	29.29	29.54	29.20	1.06	3.65
$1×10^2$	32.65	32.41	32.40	32.24	33.21	32.58	1.24	3.80

（五）荧光定量PCR在临床样本检测中的应用

应用建立的肺支原体荧光定量 PCR 方法和普通 PCR 方法对 159 份样本进行检测，同时采用 ELISA 方法检测动物抗体，比较三种方法的阳性检出率（表 10）。结果发现，荧光定量 PCR 比普通 PCR 敏感。需要指出的是，采用 PCR 和 ELISA 检测方法对同一只动物进行检测时，部分动物出现不一致的结果，这是由病原感染动物后抗原和抗体不同消长规律所造成的。但是对整个动物群体进行检测时，两种方法具有较好的相关性，说明在临床监测中，普通 PCR 和实时荧光 PCR 方法可以作为抗体检测的有效补充手段。

表10 肺支原体荧光定量PCR临床样本检测结果

临床样品	阳性数/样本数（检出率，%）		
	肺支原体荧光PCR检测方法	普通PCR检测方法	ELISA
SPF级大鼠	0/50（0%）	0/50（0%）	0/50（0%）
普通环境下饲养的SD大鼠	12/50（24%）	9/50（18%）	50/50（100%）
野鼠	57/59（96.6%）	53/59（89.8%）	16/16（100%）

（六）阳性样本测序验证

对其中2份阳性进行测序验证，结果显示2个样本扩增的基因序列相同，均为94 bp。通过 GenBank 上的 Blast 软件进行序列比对，阳性样本的序列与 GenBank 上的肺支原体毒株的同源性在99%~100%（图7），证明样本为肺支原体阳性样本，也验证了建立的检测方法正确有效。

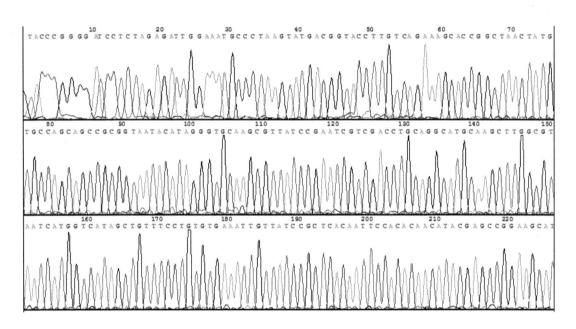

图7 肺支原体PCR产物测序图

（七）普通 PCR

1. 菌株、载体和临床样本

同实时荧光 PCR。

2. 肺支原体普通 PCR 检测方法

PCR 试剂采用 TaKaRa 公司的 rTaq Premix，反应体系为 20 μL：DNA 模板 2 μL，2×Premix Buffer（含 Mg^{2+}、dNTP、rTaq 酶）10μL，上游引物（10 μmol/L）1 μL，下游引物（10 μmol/L）1 μL，补 H_2O 至 20 μL。反应条件：94℃ 5 min，94℃ 1 min、55℃ 1 min、72℃ 1 min，共 35 个循环，最后 72℃延伸 10 min。反应完成后取 5 μL 扩增产物，1.5%琼脂糖凝胶电泳，紫外灯下观察结果。结果表明，肺支原体在 266 bp 位置有目的条带，与预期结果相符（图 8）。

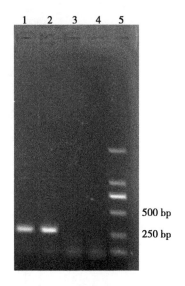

图 8　肺支原体普通 PCR 结果

M，DNA Marker DL2000；1~2，肺支原体；
3~4，阴性对照；5，对照

3. 普通 PCR 特异性试验

采用建立的 PCR 方法对肺支原体、嗜肺巴斯德杆菌、鼠放线杆菌、仙台病毒、小鼠肺炎病毒、肺炎克雷伯菌、金黄色葡萄球菌、大肠埃希菌、鼠伤寒沙门氏菌、小肠结肠炎耶尔森菌、假结核耶尔森菌、铜绿假单胞菌 DNA 进行检测，验证该方法的特异性。结果表明，除肺支原体为阳性外，其他病原均为阴性，表明建立的方法具有良好的特异性（图 9）。

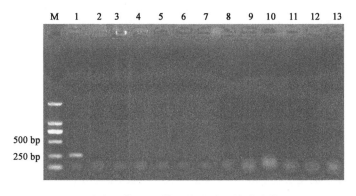

图 9　肺支原体 PCR 检测方法特异性试验结果图

M，DNA Marker DL2000；1，肺支原体；2~12，其他 11 种微生物；13，NTC

4. 普通 PCR 敏感性试验

构建肺支原体的重组质粒，将质粒标准品用 Easy dilution（TaKaRa 公司）做 10 倍系列稀释，得到 $1×10^8 \sim 1×10^0$ copies/μL 系列标准模板。按所建立的方法进行检测，测定模板最低检出量，结果肺支原体敏感性为 $1×10^2$ copies/μL（图 10）。

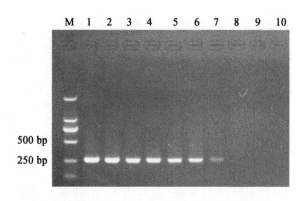

图 10 肺支原体检测方法敏感性试验结果

M，DNA Marker DL2000； 1~9，$1 \times 10^8 \sim 1 \times 10^0$ copies/μL 质粒 DNA；10，NTC

第七节 其 他 说 明

一、国内外同类标准分析

本标准为国内原创标准，国际上无类似标准。

二、与法律法规、标准关系

本标准按 GB/T 1.1—2009 规则和实验动物标准的基本结构编写，与实验动物标准体系协调统一；本标准与《实验动物管理条例》《实验动物质量管理办法》等国家相关法规及实验动物强制性标准的规定和要求协调一致。目前实验动物国家标准没有肺支原体 PCR 检测方法标准，本标准作为团体标准是对现有标准的有利补充。

三、重大分歧的处理和依据

从标准结构框架和制定原则的确定、标准的引用、有关技术指标和参数的试验验证、主要条款的确定直到标准草稿征求专家意见（通过函寄和会议形式，多次咨询和研讨），均未出现重大意见分歧的情况。

四、标准实施要求和措施

本标准发布实施后，建议通过培训班、会议宣传和网络宣传等形式积极开展宣传贯彻培训活动。面向各行业开展动物实验的机构和个人，宣传贯彻标准内容。

参 考 文 献

GB 14922.2—2011 实验动物 微生物学等级及监测.
GB 14926.28—2001 实验动物 支原体检测方法.

Loganbill JK，Wagner AM，Besselsen DG. 1994. Detection of mycoplasma pulmonis by fluorogenic nuclease polymerase chain reaction analysis. J Virol，68：6476-6486.

van Kuppeveld FJ，Melchers WJ，Willemse HF，et al. 1993. Detection of mycoplasma pulmonis in experimentally infected laboratory rats by 16S rRNA amplification. Laboratory animals，37：341-351.

第十三章　T/CALAS 41—2017《实验动物 大鼠泰勒病毒检测方法》实施指南

第一节　工 作 简 况

根据中国实验动物学会实验动物标准化专业委员会下达的 2017 年团体标准制（修）订计划，由广东省实验动物监测所负责团体标准《实验动物 大鼠泰勒病毒检测方法》起草工作。该项目由全国实验动物标准化技术委员会（SAC/TC281）技术审查，由中国实验动物学会归口管理。

本标准的编制工作是按照中华人民共和国国家标准 GB/T1.1—2009《标准化工作导则》第 1 部分"标准的结构和编写规则"的要求进行编写的。本标准是在国家科技支撑计划"实验动物质量检测关键技术研究"（项目编号 2013BAK11B01）课题基础上制定而成的，在制定过程中参考了国内外相关文献，对方法的敏感性、特异性、重复性等进行了研究，并对所建立的标准方法进行了应用研究。

第二节　工 作 过 程

本标准由中国实验动物学会实验动物标准化专业委员会提出，广东省实验动物监测所按照团体标准研制要求和编写工作的程序，组成了由本单位专家和专业技术人员参加的编写小组，制订了编写方案，并就编写工作进行了任务分工。编制小组根据任务分工进行了资料收集和调查研究工作，在国家科技支撑计划"实验动物质量检测关键技术研究"（项目编号 2013BAK11B01）课题研究基础上，组织编写实验动物大鼠泰勒病毒检测方法技术资料。通过起草组成员的努力，经多次修改、补充和完善，形成了标准和编制说明初稿。

2017 年 3 月，标准草案首先征求中国实验动物学会实验动物标准化专业委员会的意见，专家对标准稿提出了系列修订建议和意见。根据提出的意见，编制组对《实验动物 大鼠泰勒病毒检测方法》标准草案进行修改，形成本标准征求意见稿和编制说明。

2017 年 4~6 月，标准征求意见稿在中国实验动物学会网站公开征求意见，共收集意见或建议 4 条，编制组根据专家提出的修改意见和建议，采纳 3 条，未采纳 1 条。对《实验动物大鼠泰勒病毒检测方法》团体标准整理修改后，形成标准送审稿、标准送审稿编制说明和征求意见汇总处理表。

2017 年 8 月 30 日，全国实验动物标准化技术委员会在北京召开了标准送审稿专家审查会。会议由全国实验动物标准化技术委员会的委员组成审查组，认真讨论了标准送审稿编制说明、征求意见汇总处理表，提出了修改意见和建议。与会专家认为本标准填补了汉坦病毒分子检测方法空白，是国标的有力补充，一致同意通过审查。会后，编制组根据与会专家提出的修改意见，对《实验动物 汉坦病毒 PCR 检测方法》团体标准修改完善后，形成标准报批稿、标准报批稿编制说明和征求意见处理汇总表。

2017 年 10 月 10 日，编写组就 8 月 30 日的专家意见进行了讨论修改，形成了报批稿。

2017 年 12 月 29 日，中国实验动物学会第七届理事会常务理事会第一次会议批准发布包括本标准在内的《实验动物 教学用动物使用指南》等 23 项团体标准，并于 2018 年 1 月 1 日起正式实施。

第三节 编 写 背 景

大鼠泰勒病毒（rat theilovirus，RTV），也称为大鼠疑似泰勒病毒（Theiler's-like virus of rats）或大鼠脑脊髓炎病毒（rat encephalomyelitis virus），是近些年新发现一种感染大鼠的心病毒属病毒。RTV 的理化特征与 TMEV 相似，而且 RTV 与 TMEV 之间有抗原交叉反应。最近研究报道表明 RTV 是目前大鼠流行的病毒之一，感染率为 0.6%~54.4%。国外实验动物机构和国内一些 CRO 公司都把 RTV 列为日常健康监测中的一个常规检测项目。目前 RTV 的检测方法主要是 ELISA 方法，但是一些检测机构采用 TMEV 作为包被抗原进行大鼠 RTV 检测，因此不能鉴别是 TMEV 感染还是 RTV 感染。PCR 检测也是 RTV 诊断的一种有效方法。

第四节 标准编制原则

本标准的编制主要遵循以下原则。

（1）科学性原则。在尊重科学、亲身实践、调查研究的基础上，制定本标准。

（2）可操作性原则。本标准无论是从样品采集、处理到分离培养鉴定，均操作简单，具有可操作性和实用性。

（3）协调性原则。以切实提高我国实验动物病原微生物检测技术水平为核心，符合我国现行有关法律、法规和相关的标准要求。

第五节 内 容 解 读

本标准内容组成：范围；规范性引用文件；缩略语；生物安全措施；酶联免疫吸附试验（ELISA）；免疫荧光试验（IFA）；普通 RT-PCR；实时荧光 RT-PCR；序列测定；检测过程中防止交叉污染的措施；附录，共 11 章。现将《实验动物大鼠泰勒病毒检测方法》征求意见稿主要技术内容确定说明如下。

一、本标准范围的确定

本标准规定适用于实验动物大鼠泰勒病毒的检测。

二、规范性引用文件

下列文件对于本文件的应用是必不可少的。凡是注明日期的引用文件，仅所注日期的版本适用于本文件。凡是不注日期的引用文件，其最新版本（包括所有的修改单）适用于本文件。

GB 19489 　《实验室　生物安全通用要求》

GB/T 19495.2 　《转基因产品检测　实验室技术要求》

三、术语、定义和缩略语

为方便标准的使用，本标准规定了以下术语、定义和缩略语：

CPE 细胞病变效应 cytopathic effect

Ct 值　荧光信号达到设定的阈值时所经历的循环数 cycle threshold

ELISA　酶联免疫吸附试验 enzyme-linked immunosorbent assay

IFA　免疫荧光试验 indirect immunofluorescence assay

PBS　磷酸盐缓冲液 phosphate buffered saline

PCR　聚合酶链反应 polymerase chain reaction

RNA　核糖核酸 ribonucleic acid

RT-PCR　逆转录-聚合酶链反应 reverse transcription polymerase chain reaction

RTV　大鼠泰勒病毒 rat theilovirus

实时荧光 RT-PCR 实时荧光逆转录-聚合酶链反应 real-time RT-PCR

四、生物安全措施

规定了实验操作及处理按照 GB 19489 的规定执行，由具备相关资质的工作人员进行相应操作。

五、酶联免疫吸附试验（ELISA）

规定了 ELISA 检测方法的原理、试剂和材料、仪器和设备、操作步骤、结果判定。本章内容主要依据国家标准 GB/T14926.50—2001《实验动物 酶联免疫吸附试验》编写。

六、免疫荧光试验（IFA）

规定了 IFA 检测方法的原理、试剂和材料、仪器和设备、操作步骤、结果判定。本章内容主要依据国家标准 GB/T14926.52—2001《实验动物 免疫荧光试验》编写。

七、普通 RT-PCR

规定了普通 RT-PCR 检测方法的原理、试剂和材料、仪器和设备、操作步骤、结果判定。

八、实时荧光 RT-PCR

规定了实时荧光 RT-PCR 检测方法的原理、试剂和材料、仪器和设备、操作步骤、结果判定。

九、序列测定

必要时，可取待检样本扩增出的阳性 PCR 产物进行核酸序列测定，序列结果与已公开发表的大鼠泰勒病毒特异性片段序列进行比对，序列同源性在 90% 以上，可确诊待检样本大鼠泰勒病毒核酸阳性，否则判定大鼠泰勒病毒核酸阴性。

十、检测过程中防止交叉污染的措施

给出了检测过程中如何防止交叉污染的措施，具体按照 GB/T 19495.2 中的要求执行。

十一、 附录 A

本标准附录为规范性附录，给出了 PBS 配制方法。

第六节　分析报告

一、实时荧光 RT-PCR

（一）材料与方法

1. 病毒、菌株、载体和临床样本

大鼠泰勒病毒 RTV-PSD32 毒株由本实验室分离保存；小鼠脑脊髓炎病毒（TMEV，ATCC VR-995）、小鼠肝炎病毒（MHV，ATCC VR-246）、大鼠冠状病毒/涎泪腺炎病毒（RCV，ATCC VR-1410）、仙台病毒（SV，ATCC VR-105）、小鼠肺炎病毒（PVM，ATCC VR-25）、呼肠孤病毒Ⅲ型（Reo-3，ATCC VR-232）、大鼠细小病毒 KRV 株（KRV， ATCC VR-235）、大鼠细小病毒 H-1 株（H-1，ATCC VR-356）、小鼠细小病毒 MVM 株（MVM，ATCC VR-1346）、鼠痘病毒（Ect，ATCC VR-1374）、多瘤病毒（Poly，ATCC VR-252）、小鼠腺病毒（Mad，ATCC VR-550）、小鼠巨细胞病毒（MCMV，ATCC VR-1399）购自美国典型微生物菌种保藏中心；小鼠出血热病毒（HV）抗原为浙江天元生物药业股份有限公司生产的双价肾综合征出血热（汉滩型和汉城型）灭活疫苗；淋巴细胞性脉络丛脑膜炎病毒（LCMV）核酸由中国食品药品检定研究院惠赠；MNV Guangzhou/K162/09/CHN毒株由本实验室分离保存；BHK 细胞（ATCC CCL-10）购自美国典型微生物菌种保藏中心。

大肠杆菌 *E.coli* DH5α 购自宝生物工程（大连）有限公司（TaKaRa 公司）；含 T7 启动子的克隆载体 pGEM-T Easy 购自 Promega 公司。临床样本包括： 2010~2014 年本实验室收到的广东、湖北、北京、四川、云南和上海等各地送检的 SPF 级活体大鼠或大鼠粪便 50份；2014 年本实验室收到的广东省送检的 SD 大鼠，背景调查表明该 SD 大鼠曾饲养于普通环境，共 52 份；捕获于广州市某实验动物养殖场附近的野鼠 59 份，野鼠为褐家鼠，无菌采集活体大鼠的盲肠内容物，–40℃保存；临床样本共计 159 份。

2. 引物及探针的设计合成

根据 GenBank 中收录的 RTV-1(登录号为 EU542581)全基因组序列，选取前导肽(leader peptide) 基因序列作为检测靶区，利用 Primer Express3.0 软件（ Applied Biosystems 公司 ）设计一套荧光定量 PCR 引物和 Taqman 探针，并使用 GenBank 的 Blast 软件与 NCBI 数据库的其他 RTV 毒株序列进行比较，保证引物和探针序列的通用性，引物和探针序列见表 1。

表 1 引物和探针序列

引物名称	序列（5′→3′）	产物大小/bp
RTV-F	CCARRCGTGTGTCCTATTTGC	104
RTV -R	TCCATAGTAAGAAGATCCGCTGG	
RTV -P	JOE-CAGCCATTGACAAAAGTTCCGACGGAAT-BHQ1	

3. 病毒核酸提取

病毒样品 RNA 的抽提按 Trizol（ Invitrogen 公司，美国 ）操作说明书进行。盲肠内容物和粪便样品按照下面的方法预处理：在装有样本的离心管中加入适量灭菌的 PBS，涡旋混匀，将悬液 12 000 g 离心 10 min，取上清液通过 0.22 μm 滤膜（ Pall 公司，美国 ）过滤，取滤液进行 RNA 抽提。每份样品均加入内标同步参与样品核酸的提取。

4. RTV-RNA 阳性质控品的制备

提取大鼠泰勒病毒 RNA，分别以 RTV-F 和 RTV-R 为引物，用 PrimeScript™ One Step RT-PCR Kit Ver.2 试剂盒（ TaKaRa 公司 ）进行 RT-PCR。

反应体系为：Enzyme Mix 2 μL，2×RT-PCR Buffer 25 μL，上游引物 RTV-F（ 10 μmol/L ）2.5 μL，下游引物 RTV-R（ 10 μmol/L ）2.5 μL，RNA 5 μL，加 RNase Free dH$_2$O 至 50 μL。

反应条件：50℃ 30 min，94℃ 2 min，一个循环 94℃ 30 s、55℃ 30 s、72℃ 30 s，共 35 个循环，最后 72℃ 延伸 7 min。PCR 产物经 2%琼脂糖凝胶电泳，回收目的片段后克隆至 pGEM-T Easy 载体，阳性克隆菌（ pGEM-RTV ）送英潍捷基（上海）贸易有限公司进行测序，pGEM- RTV 菌中含有的 PCR 产物大小为 104 bp。

将 pGEM- RTV 质粒，37℃ *Sal* I 单酶切 4 h，使质粒线性化，琼脂糖凝胶电泳及试剂盒回收纯化质粒 DNA 线性化产物，用于体外转录，按 T7 体外转录试剂盒 Ribomax™ Large Scale RNA Production Systems （ Promega 公司 ）说明加入反应试剂 37℃作用 2 h，然后加 DNase I 酶 1 μL，37℃消化转录产物中未转录的 DNA 15 min，70℃灭活 DNase I 酶 15 min，用 QIAamp Viral RNA Mini Kit 试剂盒（ Qiagen 公司 ）进行 RNA 提取，得到体外转录的 RTV-RNA。用微量紫外分光光度计测定 RNA 浓度，根据重组质粒 pGEM- RTV 的大小计算质粒体外转录的 RNA 拷贝数。按照下面的公式计算 RNA 拷贝数。拷贝数（ copies/μL ）=6.022 ×10^{23}（ copies/mol ）×RNA 浓度（ g/μL ）/质量 MW（ g/mol ）。其中，MW= RNA 碱基数×340 daltons/碱基，RNA 碱基数=载体序列碱基数+插入序列碱基数。结果 RTV-RNA 浓度为 6.4×10^{11} copies /μL。调整 RTV-RNA 的浓度到 1×10^{11} copies/mL。–80℃ 保存备用。

5. RTV 荧光定量 RT-PCR 检测方法的建立和条件优化

参照 One Step PrimeScript™ RT-PCR Kit （Perfect Real Time）试剂盒操作说明配制 RTV 荧光定量 RT-PCR 反应体系，以 RTV RNA 标准品（1×10⁵copies/μL）作为反应模板，对多重荧光 RT-PCR 反应体系中引物（0.1~0.8μmol/L）和 TaqMan 探针浓度（0.05~0.4 μmol/L）进行优化，以反应的前 3~15 个循环的荧光信号为荧光本底信号，通过比较 Ct 值和荧光强度增加值（绝对荧光强度与背景荧光强度的差值，ΔRn）来判断优化结果；采用二温循环法对反应的退火温度和循环次数进行优化。

6. 特异性试验

采用建立的 qRT-PCR 方法对 RTV、TMEV、RCV、KRV、H-1、MNV、MHV、SV、PVM、Reo-3、HV、LCMV、MVM、Ect、Poly、Mad 和 MCMV 的 RNA 及 cDNA 进行检测，验证该方法的特异性。

7. 定量标准曲线的建立及敏感性试验

将 RTV-RNA 标准品用 Easy dilution（TaKaRa 公司）做 10 倍系列稀释，得到 1×10⁸~1×10⁰copies/μL 系列标准模板。利用表 2 和表 3 中优化后的反应体系和条件测定各稀释度的 Ct 值，以 Ct 值为纵坐标、以起始模板浓度的对数为横坐标，绘制标准曲线。

8. 重复性试验

对 5 份 10 倍系列稀释的 RTV-RNA 标准品（1×10⁶~1×10²copies/μL）在同一次反应中进行 5 次重复测定，对各稀释度的 Ct 值进行统计，计算每个样品各反应管之间的批内变异系数（CV%）；对上述样品分别进行 5 次测定，计算同一样品每次测定结果之间的批间变异系数（CV%）。

9. 临床样本的检测

利用建立的 RTV 荧光定量 RT-PCR 方法对收集到的 159 份临床样本进行检测，每次反应同时设置阳性对照和阴性对照。采用测序方法对部分阳性样本进行测序，对检测方法做进一步验证。

（二）结果

1. RTV-RNA 阳性质控品的制备

用 RT-PCR 扩增 RTV 得到大小约 104 bp 的特异片段，与预期目的片段大小相符（图 1）。与 pGEM-T Easy 载体连接构建重组阳性质粒，对重组质粒进行 PCR 鉴定，条带大小与预期结果相符。重组质粒的测序结果与目的基因序列同源性为 100%，表明质粒构建成功。采用 T7 体外转录试剂盒 Ribomax™ Large Scale RNA Production Systems （Promega 公司）对质粒进行体外转录，得到体外转录的 RTV-RNA。

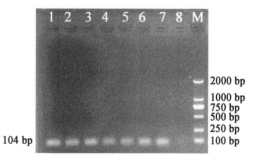

图 1　RTV RT-PCR电泳图

M，DNA Marker DL2000；1~7，MNV；
8，无模板对照

2. 荧光定量 PCR 反应体系的建立和优化

经优化后的双重 RT-PCR 反应体系：2×One Step RT-PCR Buffer III 10 μL、Ex Taq HS （5 U/μL）0.4 μL、PrimeScript RT Enzyme Mix II 0.4 μL、RTV 上下游引物终浓度为

0.4 μmol/L（表2，图2），探针终浓度 0.2 μmol/L（表3，图3），RTV RNA 模板 2~4 μL，加 RNase Free dH$_2$O 至 20 μL。反应条件：42℃ 15 min，95℃ 10 s，一个循环；95℃ 5 s，60℃ 34 s，45 个循环，60℃延伸结束后收集荧光。

表 2　引物优化 Ct 值结果

引物浓度	100 nmol/L	200 nmol/L	400 nmol/L	600 nmol/L	800 nmol/L
Ct 值	23.67±0.07	23.51±0.09	23.41±0.10	24.04±0.03	24.38±0.33

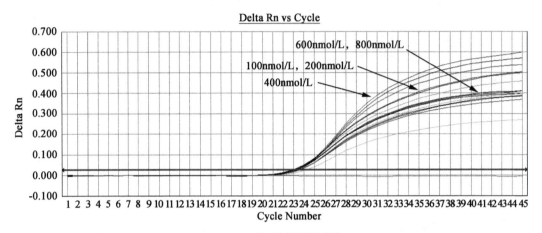

图 2　RTV 引物优化扩增曲线

表 3　探针优化 Ct 值结果

浓度	50 nmol/L	100 nmol/L	200 nmol/L	300 nmol/L	400 nmol/L
Ct 值	25.65±0.06	25.08±0.08	24.45±0.23	24.52±0.21	24.73±0.05

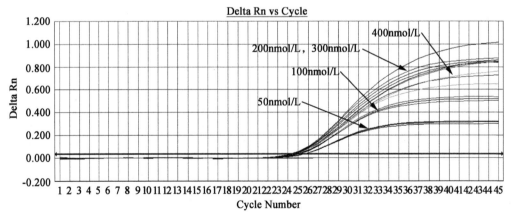

图 3　RTV 探针优化扩增曲线

3. 特异性试验

采用建立的荧光定量PCR方法对RTV、TMEV、RCV、KRV、H-1、MNV、MHV、SV、PVM、Reo-3、HV、LCMV、MVM、Ect、Poly、Mad和MCMV的RNA及cDNA进行检测，结果除RTV为阳性外，其他病毒均为阴性，表明建立的方法具有良好的特异性（图4）。

4．定量标准曲线的建立及敏感性试验

将阳性质控品用 Easy dilution（TaKaRa 公司）做 10 倍系列稀释，得到 $1×10^8 \sim 1×10^0$ copies/μL 系列标准模板。利用优化后的反应体系和条件测定各稀释度的 Ct 值，以 Ct 值为纵坐标、以起始模板浓度的对数为横坐标，绘制标准曲线，结果见图 5。由图 5 可见，各梯度之间间隔的 Ct 值基本相等，无模板对照（no template control，NTC）没有荧光扩增曲线为阴性结果，该方法的最低检测限为 100 copies/μL。以标准品稀释拷贝数的对数值为横坐标、以临界环数（threshold cycle，Ct）为纵坐标建立荧光实时定量 PCR 的标准曲线，标准质粒在 $1×10^8 \sim 1×10^2$ copies/μL 之间具有良好的线性关系，结果见图 6。其线性回归方程为 Ct= $-3.38×\lg$（拷贝数）+40.10，标准曲线斜率为 -3.38，根据公式计算得扩增效率 E = $10^{1/3.38}-1$ =0.977，即扩增效率为 97.7%，相关系数 R^2=0.9992，说明 PCR 扩增该标准品的效率较高，线性关系良好。

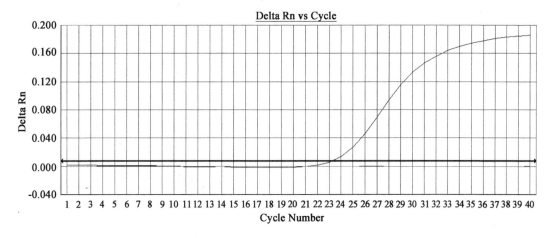

图 4　RTV 荧光定量 RT-PCR 特异性检测结果

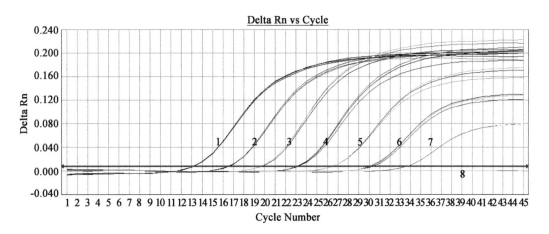

图 5　10 倍系列稀释质粒标准品的荧光定量扩增曲线

1~7，$1×10^8 \sim 1×10^2$ copies/μL RNA 标准品；8，$1×10^1$ copies/μL、$1×10^0$ copies/μLRNA 标准品和无模板对照

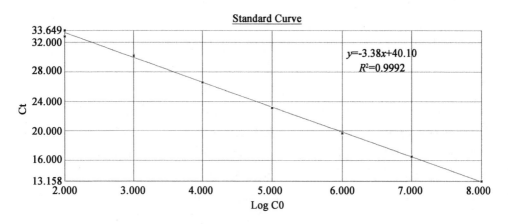

图6 10倍系列稀释质粒标准品的标准曲线

5. 重复性试验结果

通过对 $1 \times 10^6 \sim 1 \times 10^2$ copies/μL 共 5 个稀释度 RNA 样本进行重复性检测，批内及批间重复性试验的变异系数均小于 4%（表 4），表明建立荧光定量 RT-PCR 方法重复性好，方法稳定可靠。

表4 RTV荧光定量PCR批内和批间重复性试验检测结果

样本/（copies/μL）	Ct 值					Ct 平均值	标准差（SD）	变异系数（CV）/%
	1	2	3	4	5			
批内								
1×10^6	19.75	19.58	19.23	19.38	19.19	19.43	0.24	1.22
1×10^5	23.24	23.17	23.11	22.62	23.1	23.05	0.25	1.07
1×10^4	26.53	26.5	26.54	26.04	26.11	26.34	0.25	0.94
1×10^3	30.30	30.06	30.19	29.85	29.39	29.96	0.36	1.20
1×10^2	33.65	32.85	31.99	32.11	33.08	32.74	0.69	2.11
批间								
1×10^6	18.83	19.32	20.22	20.25	19.34	19.59	0.62	3.17
1×10^5	22.36	22.12	23.4	23.44	22.76	22.82	0.60	2.62
1×10^4	25.97	26.96	27.02	27.04	26.13	26.62	0.53	1.98
1×10^3	29.66	29.39	30.22	29.12	29.6	29.60	0.41	1.37
1×10^2	31.7	31.4	32.75	33.09	33.112	32.41	0.81	2.49

6. 荧光定量 PCR 在临床样本检测中的应用

应用建立的 RTV 荧光定量 RT-PCR 方法对 159 份样本进行检测，结果 50 份 SPF 级活体大鼠或大鼠粪便中检出 3 份 RTV 阳性，阳性率为 6.0%；52 份饲养于普通环境的 SD 大鼠检出 40 份 RTV 阳性，阳性率为 80.0%；59 份野鼠中检出 20 份 RTV 阳性，阳性率为 33.9%。159 份样本合计检出 63 份 RTV 阳性，阳性率为 39.6%。

7. 阳性样本测序验证

对 7 份 RTV 阳性样品的部分非编码蛋白序列（UTR）进行测序验证，获得了 920 bp 的序列，并与 GenBank 上已有的 3 条基因序列进行比较分析，结果显示 7 个样本扩增的基因序列与 GenBank 上的 RTV 毒株的同源性在 94.6%~98.9%，与 TMEV GDVII 毒株同源性在 77.4%~78.2%（图 7）。进化树分析表明 7 个阳性样本与其他 3 株 RTV 同在一个聚类（图 8），证明样本为 RTV 阳性样本，也验证了建立的检测方法正确有效。

Percent Identity

	1	2	3	4	5	6	7	8	9	10	11		
1	■	77.7	78.2	77.4	77.7	78.2	77.9	78.2	77.9	77.9	78.1	1	TMEV-GDVII(X56019)
2	26.6	■	94.5	98.8	94.7	94.8	94.8	95.2	95.0	94.8	94.8	2	RTV(EU542581)
3	25.9	5.8	■	94.7	94.7	94.6	95.0	95.1	95.1	95.2	95.2	3	RTV(AB090161)
4	26.9	1.2	5.6	■	94.7	95.0	94.8	95.2	95.2	95.0	94.8	4	RTV(EU815052)
5	26.7	5.5	5.6	5.5	■	98.0	98.8	98.3	98.2	98.0	98.8	5	RTV-44*
6	25.9	5.4	5.7	5.2	1.2	■	98.7	98.6	98.3	98.1	98.7	6	RTV-32*
7	26.4	5.4	5.2	5.4	1.3	1.3	■	98.4	98.5	98.3	99.4	7	RTV-pSD32
8	25.9	5.0	5.1	5.0	1.7	1.4	1.6	■	98.8	98.6	98.4	8	RTV-pSD31
9	26.4	5.2	5.1	5.0	1.8	1.7	1.5	1.2	■	98.9	98.3	9	RTV-Y17
10	26.4	5.3	5.0	5.3	2.1	1.9	1.7	1.4	1.1	■	98.1	10	RTV-Y11
11	26.1	5.4	5.4	5.4	1.3	0.6	1.6	1.7	1.9	1.9	■	11	RTV-pSD8
	1	2	3	4	5	6	7	8	9	10	11		

Divergence

图 7　阳性样本序列比较结果

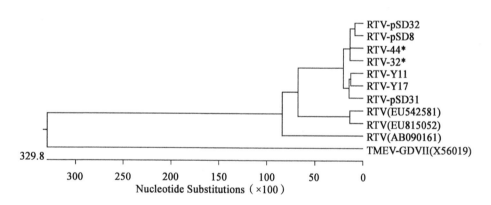

RTV-pSD32
RTV-pSD8
RTV-44*
RTV-32*
RTV-Y11
RTV-Y17
RTV-pSD31
RTV(EU542581)
RTV(EU815052)
RTV(AB090161)
TMEV-GDVII(X56019)

329.8

300　250　200　150　100　50　0

Nucleotide Substitutions（×100）

图 8　RTV 进化树分析

二、普通 RT-PCR

（一）病毒、菌株、载体和临床样本

同 "实时荧光 RT-PCR"。

（二）RTV 普通 RT-PCR 检测方法

采用 PrimeScript™ One Step RT-PCR Kit Ver.2 试剂盒进行 RT-PCR，反应体系为：Enzyme Mix 2 μL，2×Buffer 25 μL，上游引物 TMEV-F（10 μmol/L）2.5 μL，下游引物 TMEV-R（10 μmol/L）2.5 μL，RNA 5 μL，加 RNase Free dH$_2$O 至 50 μL。反应条件：50℃

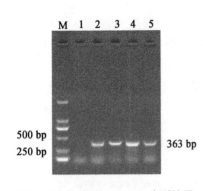

图9 RTV普通RT-PCR分型结果

M，DNA Marker DL2000；1，阴性对照；
2~5，RTV

30 min，94℃ 2 min，一个循环 94℃ 30 s、55℃ 30 s、72℃ 1 min，共 35 个循环，最后 72℃ 延伸 10 min。反应完成后取 5 μL 扩增产物，1.5%琼脂糖凝胶电泳，紫外灯下观察结果。结果表明，RTV 在 363 bp 位置有目的条带，与预期结果相符（图9）。

（三）普通 RT-PCR 特异性试验

采用建立的 HV RT-PCR 方法对 RTV、LCMV、MHV、RCV、TMEV、MNV、SV、HV、PVM、Reo-3 KRV 和 H-1 的 RNA 及 DNA 进行检测，验证该方法的特异性。结果表明，除 RTV 为阳性外，其他病毒均为阴性，说明建立的方法具有良好的特异性（图 10）。

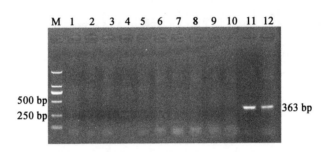

图10 RT-PCR检测方法特异性试验结果图

M，DNA Marker DL2000；1~10，LCMV、MHV、RCV、TMEV、MNV、SV、HV、PVM、
Reo 和 H-1；11~12，RTV

（四）普通 RT-PCR 敏感性试验

构建 RTV 的重组质粒，将质粒标准品用 Easy dilution（TaKaRa 公司）做 10 倍系列稀释，得到 $1\times10^9 \sim 1\times10^0$ copies/μL 系列标准模板。按所建立的方法进行检测，测定模板最低检出量，结果 RTV 敏感性为 1×10^2 copies/μL（图 11）。

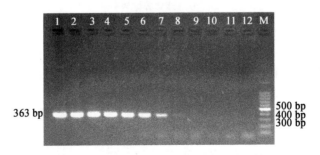

图11 RTV检测方法敏感性试验结果

M，DNA Marker DL100；1~10，$1\times10^9 \sim 1\times10^0$ copies/μL 质粒 DNA；11、12，NTC

第七节　其他说明

一、国内外同类标准分析

本标准为国内原创标准，国际上无类似标准。

二、与法律法规、标准关系

本标准按 GB/T 1.1—2009 规则和实验动物标准的基本结构编写，与实验动物标准体系协调统一；本标准与《实验动物管理条例》《实验动物质量管理办法》等国家相关法规及实验动物强制性标准的规定和要求协调一致。目前实验动物国家标准没有小鼠泰勒病毒检测方法标准，本标准作为团体标准是对现有标准的有利补充。

三、重大分歧的处理和依据

从标准结构框架和制定原则的确定、标准的引用、有关技术指标和参数的试验验证、主要条款的确定直到标准草稿征求专家意见（通过函寄和会议形式，多次咨询和研讨），均未出现重大意见分歧的情况。

四、标准实施要求和措施

本标准发布实施后，建议通过培训班、会议宣传和网络宣传等形式积极开展宣传贯彻培训活动。面向各行业开展动物实验的机构和个人，宣传贯彻标准内容。

参 考 文 献

Drake MT, Besch-Williford C, Myles MH, et al. 2011. In vivo tropisms and kinetics of rat theilovirus infection in immunocompetent and immunodeficient rats. Virus Research, 160：374-380.

Drake MT, Riley LK, Livingston RS. 2008. Differential susceptibility of SD and CD rats to a novel rat theilovirus. Comparative Medicine, 58：458-464.

Dyson MC. 2010. Management of an outbreak of rat theilovirus. Laboratory Animals, 39：155-157.

Easterbrook JD, Kaplan JB, Glass GE, et al. 2008. A survey of rodent-borne pathogens carried by wild-caught Norway rats：a potential threat to laboratory rodent colonies. Laboratory Animals, 42：92-98.

第十四章 T/CALAS 42—2017《实验动物 大鼠细小病毒 RMV 株和 RPV 株检测方法》实施指南

第一节 工 作 简 况

根据中国实验动物学会实验动物标准化专业委员会下达的 2017 年团体标准制（修）订计划，由广东省实验动物监测所负责团体标准《实验动物 大鼠细小病毒 RMV 株和 RPV 株检测方法》起草工作。该项目由全国实验动物标准化技术委员会（SAC/TC281）技术审查，由中国实验动物学会归口管理。

本标准的编制工作是按照中华人民共和国国家标准 GB/T1.1—2009《标准化工作导则》第 1 部分"标准的结构和编写规则"的要求进行编写的。本标准是在广东省科技计划项目"广东省实验动物检测技术平台"（项目编号 2011B040200010）课题基础上制定而成的。在制定过程中参考了国内外相关文献，对方法的敏感性、特异性、重复性等进行了研究，并对所建立的标准方法进行了应用研究。

第二节 工 作 过 程

本标准由中国实验动物学会实验动物标准化专业委员会提出，广东省实验动物监测所按照团体标准研制要求和编写工作的程序组成了由本单位专家和专业技术人员参加的编写小组，制订了编写方案，并就编写工作进行了任务分工。编制小组根据任务分工进行了资料收集和调查研究工作，在广东省科技计划项目"广东省实验动物检测技术平台"（项目编号 2011B040200010）课题研究基础上，组织编写实验动物大鼠细小病毒 RMV 株和 RPV 株检测方法技术资料。通过起草组成员的努力，经多次修改、补充和完善，形成了标准和编制说明初稿。

2017 年 3 月，标准草案首先征求中国实验动物学会实验动物标准化专业委员会的意见，专家对标准稿提出了系列修订建议和意见。根据提出的意见，编制组对《实验动物大鼠细小病毒 RMV 株和 RPV 株检测方法》标准草案进行修改，形成本标准征求意见稿和编制说明。

2017 年 4~6 月，标准征求意见稿在中国实验动物学会网站公开征求意见，共收集意见或建议 5 条，编制组根据专家提出的修改意见和建议，采纳 2 条，未采纳 3 条。对《实验

动物 大鼠细小病毒 RMV 株和 RPV 株检测方法》团体标准整理修改后，形成标准送审稿、标准送审稿编制说明和征求意见汇总处理表。

2017 年 8 月 30 日，全国实验动物标准化技术委员会在北京召开了标准送审稿专家审查会。会议由全国实验动物标准化技术委员会的委员组成审查组，认真讨论了标准送审稿编制说明、征求意见汇总处理表，提出了修改意见和建议。与会专家认为本标准填补了大鼠细小病毒 RMV 株和 RPV 株检测方法空白，一致同意通过审查。会后，编制组根据与会专家提出的修改意见，对《实验动物 大鼠细小病毒 RMV 株和 RPV 株检测方法》团体标准修改完善后，形成标准报批稿、标准报批稿编制说明和征求意见处理汇总表。

2017 年 10 月 10 日，编写组就 8 月 30 日的专家意见进行了讨论修改，形成了报批稿。

2017 年 12 月 29 日，中国实验动物学会第七届理事会常务理事会第一次会议批准发布包括本标准在内的《实验动物 教学用动物使用指南》等 23 项团体标准，并于 2018 年 1 月 1 日起正式实施。

第三节 编 写 背 景

大鼠细小病毒（RMV 株和 RPV 株）属于细小病毒科细小病毒属，核酸为单股 DNA，无囊膜。目前 RMV 株有 RMV-1 一种型，RPV 株至少存在 RPV-1、RPV-2 两种型。大鼠细小病毒（RMV 株和 RPV 株）对实验大鼠危害严重，成年大鼠感染多无临床症状，免疫抑制等因素可激发该病。种鼠群感染繁殖率下降。乳鼠感染表现发育不良、黄疸、运动失调等症状。该病毒还可以污染肿瘤抑制物和细胞系，对实验研究产生严重干扰。国外实验动物机构及国内一些 CRO 公司都把 RMV 和 RPV 列为日常健康监测中的一个常规检测项目。目前 RMV 和 RPV 的检测方法主要是 ELISA 方法，PCR 检测也是 RMV 和 RPV 诊断的一种有效方法。

第四节 标准编制原则

本标准的编制主要遵循以下原则。

（1）科学性原则。在尊重科学、亲身实践、调查研究的基础上，制定本标准。

（2）可操作性原则。本标准无论是从样品采集、处理到分离培养鉴定，均操作简单，具有可操作性和实用性。

（3）协调性原则。以切实提高我国实验动物病原微生物检测技术水平为核心，符合我国现行有关法律、法规和相关的标准要求。

第五节 内 容 解 读

本标准内容组成：范围；规范性引用文件；术语、定义和缩略语；生物安全措施；酶联免疫吸附试验（ELISA）；免疫荧光试验（IFA）；普通 PCR；序列测定；检测过程中如何防止交叉污染的措施；附录，共 11 章。现将《实验动物 大鼠细小病毒 RMV 株和 RPV 株检测方法》征求意见稿主要技术内容确定说明如下。

一、本标准范围的确定

本标准规定适用于实验动物大鼠细小病毒 RMV 株和 RPV 株的检测。

二、规范性引用文件

下列文件对于本文件的应用是必不可少的。凡是注明日期的引用文件，仅所注日期的版本适用于本文件。凡是不注日期的引用文件，其最新版本（包括所有的修改单）适用于本文件。

GB 19489 《实验室 生物安全通用要求》

GB/T 19495.2 《转基因产品检测 实验室技术要求》

三、术语、定义和缩略语

为方便标准的使用，本标准规定了以下术语、定义和缩略语：

CPE 细胞病变效应 cytopathic effect

Ct 值 荧光信号达到设定的阈值时所经历的循环数 cycle threshold

ELISA 酶联免疫吸附试验 enzyme-linked immunosorbent assay

IFA 免疫荧光试验 indirect immunofluorescence assay

PBS 磷酸盐缓冲液 phosphate buffered saline

PCR 聚合酶链反应 polymerase chain reaction

RNA 核糖核酸 ribonucleic acid

RT-PCR 逆转录-聚合酶链反应 reverse transcription polymerase chain reaction

RMV 大鼠细小病毒 RMV 株 rat minute virus

RPV 大鼠细小病毒 RPV 株 rat parvovirus

实时荧光 PCR 实时荧光逆转录-聚合酶链反应 real-time PCR

四、生物安全措施

规定了实验操作及处理按照 GB 19489 的规定执行，由具备相关资质的工作人员进行相应操作。

五、酶联免疫吸附试验（ELISA）

规定了 ELISA 检测方法的原理、试剂和材料、仪器和设备、操作步骤、结果判定。本章内容主要依据国家标准 GB/T14926.50—2001《实验动物 酶联免疫吸附试验》编写。

六、免疫荧光试验（IFA）

规定了 IFA 检测方法的原理、试剂和材料、仪器和设备、操作步骤、结果判定。本章内容主要依据国家标准 GB/T14926.52—2001《实验动物 免疫荧光试验》编写。

七、普通 PCR

规定了普通 PCR 检测方法的原理、试剂和材料、仪器和设备、操作步骤、结果判定。

八、实时荧光 PCR

规定了实时荧光 PCR 检测方法的原理、试剂和材料、仪器和设备、操作步骤、结果判定。

九、序列测定

必要时，可取待检样本扩增出的阳性 PCR 产物进行核酸序列测定，序列结果与已公开发表的大鼠细小病毒 RMV 株和 RPV 株特异性片段序列进行比对，序列同源性在 90% 以上，可确诊待检样本大鼠细小病毒 RMV 株和 RPV 株核酸阳性，否则判定大鼠细小病毒 RMV 株和 RPV 株核酸阴性。

十、检测过程中防止交叉污染的措施

给出了检测过程中如何防止交叉污染的措施，具体按照 GB/T 19495.2 中的要求执行。

十一、附录 A

本标准附录为规范性附录，给出了 PBS 等试剂配制方法。

第六节　分析报告

一、大鼠细小病毒 RMV 株 PCR 检测方法

（一）材料与方法

1. 病毒

大鼠细小病毒 RMV 株和大鼠细小病毒 RPV 株病料由本实验室保存。小鼠细小病毒 MVM 株（MVM，ATCC VR-1346）、大鼠细小病毒 KRV 株（KRV，ATCC VR-235）、大鼠细小病毒 H-1 株（H-1，ATCC VR-356）购自美国典型微生物菌种保藏中心。

2. 引物设计合成

引物设计参照参考文献（Wan et al.，2006），引物位于 RMV 株的 VP1 序列。引物由 Invitrogern（广州）公司合成（表 1）。

表 1　普通 PCR 扩增引物

病原	引物	引物序列（5′→3′）	目的基因	产物大小/bp
RMV	正向引物	ACTGAGAACTGGAGACGAATTC	VP1	843
	反向引物	GGTCTCAGTTTGGCTTTAAGTG		

3. 病原微生物 DNA 提取

纯化的病毒样品 DNA 的抽提按病毒基因组提取试剂盒（天根公司）操作说明书进行，病毒 RNA 的抽提采用 Trizol 试剂（Invitrogern 公司）按说明书进行。盲肠内容物和粪便样品按照下面的方法预处理，在装有样本的离心管中加入适量灭菌的 PBS，匀浆，采用粪便基因组 DNA 提取试剂盒（天根公司）按说明书进行抽提。

4. 普通 PCR 检测方法的建立

以 RMV 的基因组 DNA 为模板用各自引物进行 PCR 扩增，PCR 试剂采用 TaKaRa 的 rTaq Premix，反应体系为 20 μL：DNA 模板 2 μL，Premix Buffer 2×（含 Mg^{2+}、dNTP、rTaq 酶）10 μL，上游引物（10 μmol/L）1 μL，下游引物（10 μmol/L）1 μL，补 H_2O 至 20 μL。反应条件：94℃ 5 min，94℃ 1 min、55℃ 1 min、72℃ 1 min，共 35 个循环，最后 72℃ 延伸 10 min。反应完成后取 5 μL 扩增产物，1.5%琼脂糖凝胶电泳，紫外灯下观察结果。

5. 特异性试验

采用建立的 PCR 方法对 RMV、RMV、KRV、H-1、MVM 和 MPV 的 DNA 进行检测，验证 RMV 检测方法的特异性。

同时将 RMV 阳性 PCR 产物送上海英潍捷基有限公司进行序列测定，并用 NCBI 网站 Blast 软件对其进行核苷酸同源性分析，验证产物的特异性。

6. 敏感性试验

1）RMV 质粒标准品的制备

以提取的 RMV DNA 为模板，用 Premix Ex Taq（TaKaRa 公司）进行 PCR，反应体系为：2×Premix Ex Taq 25 μL，上游引物 MVM-F（10μmol/L）2.5 μL，下游引物 MVM-R（10 μmol/L）2.5 μL，DNA 5 μL，加 RNase Free dH_2O 至 50 μL。反应条件：94℃ 2 min，一个循环；94℃ 30 s、55℃ 30 s、72℃ 30 s，共 35 个循环；最后 72℃延伸 5 min。反应得到目的大小片段后，用胶回收试剂盒回收目的片段，将回收的目的片段连接至 pMD-19T 载体，并转化至 DH5α 感受态细胞中。用含有 Amp 的 LB 琼脂平板筛选阳性克隆，用 PCR 鉴定阳性克隆菌，并对阳性重组质粒测序验证。用质粒提取试剂盒（Omega 公司）提取质粒，微量紫外分光光度计测定浓度与纯度，根据下面的公式计算拷贝数。拷贝数（copies/μL）=6.022×10^{23}（copies/mol）×DNA 浓度（g/μL）/质量 MW（g/mol）。其中，MW= DNA 碱基数（bp）×660 daltons/bp，DNA 碱基数=载体序列碱基数+插入序列碱基数。

2）敏感性试验

将质粒标准品用 Easy dilution（TaKaRa 公司）做 10 倍系列稀释，得到 1×10^8~1×10^0copies/μL 系列标准模板。按上述方法进行检测，测定模板最低检出量，判定该方法的敏感度。

7. 在临床样本检测中的应用

应用 RMV PCR 检测方法对 224 份 SPF 级大鼠的盲肠内容物或粪便样本进行检测。同时应用 RMV PCR 检测方法对 50 只普通环境饲养大鼠的盲肠内容物进行检测。

（二）结果

1. 普通 PCR 检测方法的建立

以 RMV 的基因组 DNA 为模板用各自引物进行 PCR 扩增，PCR 试剂采用 TaKaRa 的 rTaq Premix，反应体系为 20 μL：DNA 模板 2 μL，Premix Buffer 2×（含 Mg^{2+}、dNTP、rTaq

酶）10 μL，上游引物（10 μmol/L）1μL，下游引物（10 μmol/L）1 μL，补 H$_2$O 至 20 μL。反应条件：94℃ 5 min，94℃ 1 min、55℃ 1 min、72℃ 1 min，共 35 个循环，最后 72℃延伸 10 min。反应完成后取 5 μL 扩增产物，1.5%琼脂糖凝胶电泳，紫外灯下观察结果。结果表明，RMV 阳性样本在 843 bp 位置有一条目的条带，与预期结果相符（图 1）。

2. RMV PCR 检测方法特异性试验

采用建立的 PCR 方法对 RMV、RMV、KRV、H-1、MVM 和 MPV 的 DNA 进行检测，验证 RMV 检测方法的特异性。结果显示只有 RMV 有目的条带，其他病原核酸均为阴性，表明建立的方法具有良好的特异性（图 2）。

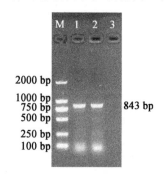

图 1 RMV PCR 电泳结果

M，DNA Marker DL2000；

1、2，RMV；3，阴性对照

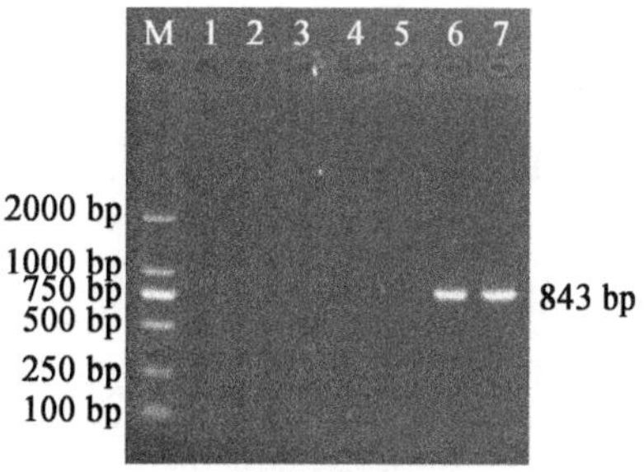

图 2 RMV PCR 检测方法特异性试验结果

M，DNA Marker DL2000； 1，RMV；2，H-1；

3，KRV；4，MPV；5，MVM；6、7，RMV

3. PCR 产物测序鉴定

将 RMV 阳性 PCR 产物送上海英潍捷基有限公司进行序列测定，并用 NCBI 网站 Blast 软件对其进行核苷酸同源性分析，验证产物的特异性。测序结果表明，RMV PCR 产物大小为 843 bp，与 GenBank 中登录的核苷酸同源性为 99%以上，说明引物特性好。

4. RMV PCR 检测方法敏感性试验

将质粒标准品用 Easy dilution（TaKaRa 公司）做 10 倍系列稀释，得到 1×10^9~1×10^{0}copies/μL 系列标准模板。按所建立的方法进行检测，测定模板最低检出量，结果 RMV 敏感性为 1×10^3 copies/μL（图 3）。

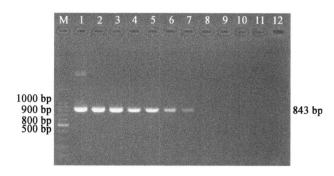

图 3 RMV PCR 检测方法敏感性试验结果

M，DNA Marker DL100；1~10，1×10^9~1×10^{0}copies/μL 质粒 DNA；11、12，NTC

二、鼠细小病毒 RPV 株 PCR 检测方法

（一）材料与方法

1. 病毒

大鼠细小病毒 RPV 株病料和大鼠细小病毒 RMV 株由本实验室保存。小鼠细小病毒 MVM 株（MVM，ATCC VR-1346）、大鼠细小病毒 KRV 株（KRV， ATCC VR-235）、大鼠细小病毒 H-1 株（H-1，ATCC VR-356）购自美国典型微生物菌种保藏中心。

2. 引物设计合成

引物设计参照参考文献（Wan et al.，2006），引物位于 RPV 株的 NS 序列。引物由 Invitrogern（广州）公司合成（表 2）。

表 2 普通 PCR 扩增引物

病原	引物	引物序列（5′→3′）	目的基因	产物大小/bp
RPV	正向引物	CGCACATGTAGAATTTTTGCTG	NS	487
	反向引物	CAAAGTCACCAGGCAATGTGTT		

3. 病原微生物 DNA 提取

纯化的病毒样品 DNA 的抽提按病毒基因组提取试剂盒（天根公司）操作说明书进行，病毒 RNA 的抽提采用 Trizol 试剂（Invitrogern 公司）按说明书进行。盲肠内容物和粪便样品按照下面的方法预处理：在装有样本的离心管中加入适量灭菌的 PBS，匀浆，采用粪便基因组 DNA 提取试剂盒（天根公司）按说明书进行抽提。

4. 普通 PCR 检测方法的建立

以 RPV 的基因组 DNA 为模板，用各自引物进行 PCR 扩增，PCR 试剂采用 TaKaRa 的 rTaq Premix，反应体系为 20 μL：DNA 模板 2 μL，Premix Buffer 2×（含 Mg^{2+}、dNTP、rTaq 酶）10 μL，上游引物（10μmol/L）1 μL，下游引物（10 μmol/L）1 μL，补 H_2O 至 20 μL。反应条件：94℃ 5 min，94℃ 1 min、55℃ 1 min、72℃ 1 min，共 35 个循环，最后 72℃ 延伸 10 min。反应完成后取 5 μL 扩增产物，1.5%琼脂糖凝胶电泳，紫外灯下观察结果。

5. 特异性试验

采用建立的 PCR 方法对 RPV、RMV、KRV、H-1、MVM 和 MPV 的 DNA 进行检测，验证 RPV 检测方法的特异性。

同时将 RPV 阳性 PCR 产物送上海英潍捷基有限公司进行序列测定，并用 NCBI 网站 Blast 软件对其进行核苷酸同源性分析，验证产物的特异性。

6. 敏感性试验

1）RPV 质粒标准品的制备

以提取的 RPV DNA 为模板，用 Premix Ex Taq（TaKaRa 公司）进行 PCR，反应体系为：2×Premix Ex Taq 25 μL，上游引物 MVM-F（10μmol/L）2.5 μL，下游引物 MVM-R（10 μmol/L）2.5 μL，DNA 5 μL，加 RNase Free dH_2O 至 50 μL。反应条件：94℃ 2 min，一个循环；94℃

30 s、55℃ 30 s、72℃ 30 s，共 35 个循环；最后 72℃延伸 5 min。反应得到目的大小片段后，用胶回收试剂盒回收目的片段，将回收的目的片段连接至 pMD-19T 载体，并转化至 DH5α 感受态细胞中。用含有 Amp 的 LB 琼脂平板筛选阳性克隆，用 PCR 鉴定阳性克隆菌，并对阳性重组质粒测序验证。用质粒提取试剂盒（Omega 公司）提取质粒，微量紫外分光光度计测定浓度与纯度，根据下面的公式计算拷贝数。拷贝数（copies/μL）=6.022×10²³（copies/mol）×DNA 浓度（g/μL）/质量 MW（g/mol）。其中，MW= DNA 碱基数（bp）×660 daltons/bp，DNA 碱基数=载体序列碱基数+插入序列碱基数。

2）敏感性试验

将质粒标准品用 Easy dilution（TaKaRa 公司）做 10 倍系列稀释，得到 $1×10^8 \sim 1×10^0$copies/μL 系列标准模板。按所建立的方法进行检测，测定模板最低检出量，判定该方法的敏感度。

7. 在临床样本检测中的应用

应用 RPV PCR 检测方法对 224 份 SPF 级大鼠的盲肠内容物或粪便样本进行检测。同时应用 RPV PCR 检测方法对 50 只普通环境饲养大鼠的盲肠内容物进行检测。

（二）结果

1. 普通 PCR 检测方法的建立

以 RPV 的基因组 DNA 为模板用各自引物进行 PCR 扩增，PCR 试剂采用 TaKaRa 的 rTaq Premix，反应体系为 20 μL：DNA 模板 2 μL，Premix Buffer 2×（含 Mg^{2+}、dNTP、rTaq 酶） 10 μL，上游引物（10 μmol/L）1 μL，下游引物（10 μmol/L）1 μL，补 H_2O 至 20 μL。反应条件：94℃ 5 min，94℃ 1 min、55℃ 1 min、72℃ 1 min，共 35 个循环，最后 72℃延伸 10 min。反应完成后取 5μL 扩增产物，1.5%琼脂糖凝胶电泳，紫外灯下观察结果。结果 RPV 阳性样本在 487bp 位置有一条目的条带，与预期结果相符（图 4）。

2. RPV PCR 检测方法特异性试验

采用建立的 PCR 方法对 RPV、RMV、KRV、H-1、MVM 和 MPV 的 DNA 进行检测，验证 RPV 检测方法的特异性。结果显示只有 RPV 有目的条带，其他病原核酸均为阴性，表明建立的方法具有良好的特异性（图 5）。

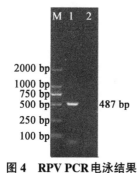

图 4　RPV PCR 电泳结果

M，DNA Marker DL2000；1，RMV；
2，阴性对照

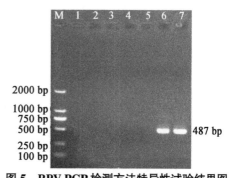

图 5　RPV PCR 检测方法特异性试验结果图

M，DNA Marker DL2000；1，RMV；2，H-1；3，KRV；
4，MPV；5，MVM；6、7，RMV

3. PCR 产物测序鉴定

将 RPV 阳性 PCR 产物送上海英潍捷基有限公司进行序列测定,并用 NCBI 网站 Blast 软件对其进行核苷酸同源性分析,验证产物的特异性。测序结果表明 RPV PCR 产物大小分别为 705 bp、843 bp 和 487 bp,与 GenBank 中登录的核苷酸同源性为 99% 以上,说明引物特性好。

4. RPV PCR 检测方法敏感性试验

将质粒标准品用 Easy dilution(TaKaRa 公司)做 10 倍系列稀释,得到 $1\times10^9 \sim 1\times10^0$ copies/μL 系列标准模板。按所建立法的方法进行检测,测定模板最低检出量,结果 RPV 敏感性 1×10^2 copies/μL(图 6)。

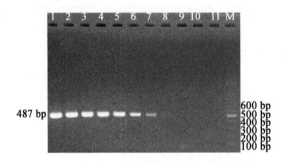

图 6 RPV PCR 检测方法敏感性试验结果

M,DNA Marker DL100;1~10,$1\times10^9 \sim 1\times10^0$ copies/μL 质粒 DNA;11,NTC

5. 在临床样本检测中的应用

应用 RMV 和 RPV PCR 检测方法对 224 份大鼠盲肠内容物或粪便样本进行检测,结果 SPF 级大鼠样本中未检出 RMV 和 RPV。应用 RMV PCR 检测方法对 50 只普通环境饲养大鼠的盲肠内容物进行检测。RMV 检出 4 份阳性,感染率为 8%。对 RMV 阳性样本进行测序,结果证实为 RMV。RPV 检出 3 份阳性,感染率为 6%。对 RPV 阳性样本进行测序,结果证实为 RPV。同时采用 ELISA 方法检测动物血清。需要指出的是,采用 PCR 和 ELISA 检测方法对同一只动物进行检测时,部分动物出现不一致的结果,这是由于病原感染动物后抗原和抗体不同消长规律所造成的。但是对整个动物群体进行检测时,两种方法具有较好的相关性。

表 3 临床样本检测结果

病毒	方法	阳性检出率(阳性样本/总样本数量)	
		SPF 级大鼠	普通级大鼠
RMV	PCR	0/244	4/50
	ELISA	—	3150
RPV	PCR	0/244	3/50
	ELISA	—	22/50

第七节　其 他 说 明

一、国内外同类标准分析

本标准为国内原创标准，国际上无类似标准。

二、与法律法规、标准关系

本标准按 GB/T 1.1—2009 规则和实验动物标准的基本结构编写，与实验动物标准体系协调统一；本标准与《实验动物管理条例》《实验动物质量管理办法》等国家相关法规和实验动物强制性标准的规定和要求协调一致。目前实验动物国家标准没有小鼠汉坦病毒 PCR 检测方法标准，本标准作为团体标准是对现有标准的有利补充。

三、重大分歧的处理和依据

从标准结构框架和制定原则的确定、标准的引用、有关技术指标和参数的试验验证、主要条款的确定直到标准草稿征求专家意见（通过函寄和会议形式，多次咨询和研讨），均未出现重大意见分歧的情况。

四、标准实施要求和措施

本标准发布实施后，建议通过培训班、会议宣传和网络宣传等形式积极开展宣传贯彻培训活动。面向各行业开展动物实验的机构和个人，宣传贯彻标准内容。

参 考 文 献

田克恭. 1992. 实验动物病毒性疾病. 北京：中国农业出版社：76-83.

Wan CH，Bauer BA，Pintel DJ，et al. 2006. Detection of rat parvovirus type 1 and rat minute virus type 1 by polymerase chain reaction. Lab Anim Jan，40（1）：63-69.

第十五章 T/CALAS 43—2017《实验动物 鼠放线杆菌检测方法》实施指南

第一节 工 作 简 况

根据中国实验动物学会实验动物标准化专业委员会下达的 2017 年团体标准制（修）订计划，由广东省实验动物监测所负责团体标准《实验动物 鼠放线杆菌检测方法》起草工作。该项目由全国实验动物标准化技术委员会（SAC/TC281）技术审查，由中国实验动物学会归口管理。

本标准的编制工作是按照《中华人民共和国国家标准 GB/T1.1 2009 标准化工作导则》第 1 部分"标准的结构和编写规则"的要求进行编写的。

第二节 工 作 过 程

本标准由中国实验动物学会实验动物标准化专业委员会提出，广东省实验动物监测所按照团体标准研制要求和编写工作的程序组成了由本单位专家和专业技术人员参加的编写小组，制订了编写方案，并就编写工作进行了任务分工。编制小组根据任务分工进行了资料收集和调查研究工作，通过起草组成员的努力，经多次修改、补充和完善，形成了标准和编制说明初稿。

2017 年 3 月，标准草案首先征求中国实验动物学会实验动物标准化专业委员会的意见，专家对标准稿提出了系列修订建议和意见。根据提出的意见，编制组对《实验动物 鼠放线杆菌检测方法》标准草案进行修改。形成本标准征求意见稿和编制说明。

2017 年 4~6 月，标准征求意见稿在中国实验动物学会网站公开征求意见，共收集意见或建议 6 条，编制组根据专家提出的修改意见和建议，采纳 4 条，未采纳 2 条。对《实验动物 鼠放线杆菌检测方法》团体标准整理修改后，形成标准送审稿、标准送审稿编制说明和征求意见汇总处理表。

2017 年 8 月 30 日，全国实验动物标准化技术委员会在北京召开了标准送审稿专家审查会。会议由全国实验动物标准化技术委员会的委员组成审查组，认真讨论了标准送审稿编制说明、征求意见汇总处理表，提出了修改意见和建议。与会专家认为本标准填补了鼠放线杆菌检测方法检测方法空白，一致同意通过审查。会后，编制组根据与会专家提出的修改意见，对《实验动物 鼠放线杆菌检测方法》团体标准修改完善后，形成标准报批稿、标准报批稿编制说明和征求意见处理汇总表。

2017年10月10日，编写组就8月30日的专家意见进行了讨论修改，形成了报批稿。

2017年12月29日，中国实验动物学会第七届理事会常务理事会第一次会议批准发布包括本标准在内的《实验动物　教学用动物使用指南》等23项团体标准，并于2018年1月1日起正式实施。

第三节　编 写 背 景

鼠放线杆菌（*Actinobacillus muris*）属于巴斯德杆菌成员，《伯杰氏系统细菌学手册》（第二版）中将分离自啮齿类动物的巴斯德杆菌归类为啮齿动物群（rodent cluster）。该群由9个种组成，已命名的种包括鼠放线杆菌、嗜肺巴斯德杆菌、小鼠流感嗜血杆菌（*H. influenzae-murium*），未命名的包括 Bisgaard 17 分类群 （大鼠）、Kunstyr 507 株（MCCM 02120 [仓鼠]）、Mannheim Michael A （CCUG28028 [豚鼠]）、 Kunstyr 246 （CCUG 28030 [仓鼠]）、Mannheim A/5a （MCCM 00235 [大鼠]）和 Forsyth A3（小鼠）。巴斯德杆菌是目前啮齿类实验动物中最常见的细菌，嗜肺巴斯德杆菌感染可引起动物炎症，严重的可形成脓肿。鼠放线杆菌可感染小鼠并致病。国标中，嗜肺巴斯德杆菌是实验动物必须排除的病原，鼠放线杆菌是国外实验动物健康监测的一个项目，欧盟实验动物科学协会（FELASA）建议 SPF 级小鼠中需要排除所有啮齿动物巴斯德杆菌。我国实验动物国家标准中虽然尚未把鼠放线杆菌列入检测项目，但是一些实验动物生产或使用单位，以及一些 CRO 公司都把鼠放线杆菌列为筛查项目。

分离培养法是鼠放线杆菌检测的首选方法，本研究参照文献报道建立了鼠放线杆菌分离培养鉴定检测方法。为了使该病原检测技术能更好地为生产服务，特制定本检测方法标准。这一标准的制定，对实验动物鼠放线杆菌的日常监测、流行病学调查及临床诊断都具有重要的实用意义。

第四节　标准编制原则

本标准的编制主要遵循以下原则。

（1）科学性原则。在尊重科学、亲身实践、调查研究的基础上，制定本标准。

（2）可操作性原则。本标准无论是从样品采集、处理到分离培养鉴定，均操作简单，具有可操作性和实用性。

（3）协调性原则。以切实提高我国实验动物病原微生物检测技术水平为核心，符合我国现行有关法律、法规和相关的标准要求。

第五节　内 容 解 读

本标准内容组成：范围；规范性引用文件；检测方法原理；主要设备和材料；培养基发热试剂；检测程序；操作步骤、结果报告，共8章。现将《实验动物　鼠放线杆菌检测方法》征求意见稿主要技术内容确定说明如下。

一、本标准范围的确定

本标准规定适用于啮齿类实验动物中鼠放线杆菌的检测。

二、规范性引用文件

下列文件对于本文件的应用是必不可少的。凡是注明日期的引用文件，仅所注日期的版本适用于本文件。凡是不注日期的引用文件，其最新版本（包括所有的修改单）适用于本文件。

GB 19489　《实验室　生物安全通用要求》

GB/T 14926.42　《实验动物　细菌学检测　标本采集》

GB/T 14926.43　《实验动物　细菌学检测　染色法、培养基和试剂》

三、检测方法原理

简要介绍了标准中采用的技术方法原理。鼠放线杆菌为革兰氏性阴杆菌，在血琼脂平皿上形成特殊的菌落形态，有独特的生化反应，据此可进行该菌的分离培养和检测。

四、主要设备和材料

规定了检测方法所需要的设备和材料。

五、培养基和试剂

规定了检测方法所需要的培养基和试剂。这些培养基、生化试剂的配制均引用国家标准"GB/T 14926.43 实验动物 细菌学检测 染色法、培养基和试剂"。

六、检测程序

以图的形式规定了鼠放线杆菌标准检测程序。

七、检测方法的确定

（一）生物安全措施

实验操作及处理按照 GB 19489 的规定，由具备相关资质的工作人员进行相应操作。

（二）采样

鼠类柠檬酸杆菌为巴斯德杆菌科细菌，定殖于呼吸道，因此标准规定了采样部位为呼吸道分泌物。

（三）分离培养

将样本接种血琼脂平皿置（36±1）℃，培养 24~48h。

（四）鉴定

规定了染色镜检、生化鉴定试验结果及判定标准。生化反应特征主要参考《伯杰氏系统细菌学手册》。

八、结果报告

根据染色镜检、生化鉴定试验结果及判定标准，符合各项检测结果者为阳性，不符合者为阴性。

第六节 分析报告

一、材料与方法

（一）菌株

鼠放线杆菌（*Actinobacillus muris*，ATCC 49577）购自美国典型微生物菌种保藏中心。

（二）培养基

（1）血琼脂平板：购自广州迪景微生物有限公司。

（2）生化管：购自杭州天和微生物试剂有限公司。

（三）培养条件

37℃培养48h。

二、结果

（一）菌落特征

培养24 h即可见特征菌落。菌落为灰白色、湿润、光滑、圆形、凸起、不溶血；直径为1~2 mm，48 h可以长到3~4 mm。

（二）染色镜检

革兰氏阴性杆菌，无芽胞，无荚膜（图1）。

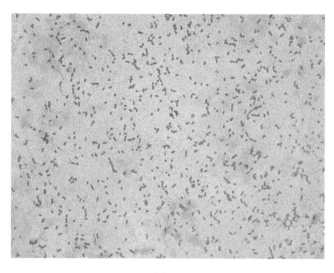

图1 染色镜检结果

（三）生化反应结果

生化鉴定结果均符合鼠放线杆菌的生化特征（表1）。

表1 生化鉴定结果

生化反应	结果	生化反应	结果
核糖	+	棉子糖	+
甘露醇	+	水杨苷	+
果糖	+	ONPG	−
葡萄糖	+	靛基质	−
甘露糖	+	山梨醇	−
纤维二糖	+	木糖	−
麦芽糖	+	尿素酶	+
蜜二糖	+	硝酸盐还原	+
蔗糖	+	氧化酶	+
海藻糖	+	过氧化氢	+
松三糖	−		

（四）鉴别诊断

鼠放线杆菌与嗜肺巴斯德杆菌同属于巴斯德杆菌成员，可以通过生化反应区别鉴定（表2）。

表2 鼠放线杆菌与嗜肺巴斯德杆菌的鉴别

项目	鼠放线杆菌	嗜肺巴斯德杆菌
核糖	+	+
甘露醇	+	−
果糖	+	+
葡萄糖	+	+
甘露糖	+	−
纤维二糖	+	−
麦芽糖	+	+
蜜二糖	+	+/−
蔗糖	+	+
海藻糖	+	+
棉子糖	+	+/−
水杨苷	+	−
ONPG	−	+
靛基质	−	+/−
山梨醇	−	−
木糖	−	+/−
磷酸酶	−	+

注：+表示阳性；−表示阴性；−/+表示大多数菌株阴性；+/−表示大多数菌株阳性。

第七节 其 他 说 明

一、国内外同类标准分析

本标准为国内原创标准，国际上无类似标准。

二、与法律法规、标准关系

本标准按 GB/T 1.1—2009 规则和实验动物标准的基本结构编写，与实验动物标准体系协调统一；本标准与《实验动物管理条例》《实验动物质量管理办法》等国家相关法规和实验动物强制性标准的规定和要求协调一致。目前实验动物国家标准没有鼠放线杆菌检测方法标准，本标准作为团体标准是对现有标准的有利补充。

三、重大分歧的处理和依据

从标准结构框架和制定原则的确定、标准的引用、有关技术指标和参数的试验验证、主要条款的确定直到标准草稿征求专家意见（通过函寄和会议形式，多次咨询和研讨），均未出现重大意见分歧的情况。

四、标准实施要求和措施

本标准发布实施后，建议通过培训班、会议宣传和网络宣传等形式积极开展宣传贯彻培训活动。面向各行业开展动物实验的机构和个人，宣传贯彻标准内容。

参 考 文 献

Ackerman JI, Fox JG. 1981. Isolation of Pasteurella ureae from reproductive tracts of congenic mice. J Clin Microbiol，13：1049-1053.

GB/T 14926.43—2001 实验动物 细菌学检测 标本采集.

GB/T 14926.43—2001 实验动物 细菌学检测 染色法、培养基和试剂.

GB/T 14926.42~14926.43—2001 实验动物 微生物学检测方法（1）.

Holt JG. 1994. Bergey's Manual of Determinative Bacteriology，ninth edition. Philadelphia：Lippincott Williams & Wilkins.

第十六章　T/CALAS 44—2017《实验动物　鼠痘病毒 PCR 检测方法》实施指南

第一节　工 作 简 况

根据中国实验动物学会实验动物标准化专业委员会下达的 2017 年团体标准制（修）订计划安排，由广东省实验动物监测所负责团体标准《实验动物　鼠痘病毒 PCR 检测方法》起草工作。该项目由全国实验动物标准化技术委员会（SAC/TC281）技术审查，由中国实验动物学会归口管理。

本标准的编制工作按照中华人民共和国国家标准 GB/T1.1—2009《标准化工作导则》第 1 部分"标准的结构和编写规则"要求进行编写。本标准是在国家科技支撑计划"实验动物质量检测关键技术研究"（项目编号 2013BAK11B01）、广东省科技计划项目"广东省实验动物检测技术平台"（项目编号 2011B040200010）课题基础上制定而成的。在制定过程中参考了国内外相关文献，对方法的敏感性、特异性、重复性等进行了研究，并对所建立的标准方法进行了应用研究，建立了可行、稳定、特异的鼠痘病毒普通 PCR 和实时荧光 PCR 检测方法。

第二节　工 作 过 程

本标准由中国实验动物学会实验动物标准化专业委员会提出，广东省实验动物监测所按照团体标准研制要求和编写工作的程序组成了由单位专家和专业技术人员参加的编写小组，制订了编写方案，并就编写工作进行了任务分工。编制小组根据任务分工进行了资料收集和调查研究工作，在国家科技支撑计划"实验动物质量检测关键技术研究"（项目编号 2013BAK11B01）和广东省科技计划项目"广东省实验动物检测技术平台"（项目编号 2011B040200010）课题研究基础上，组织编写实验动物鼠痘病毒普通 PCR 和实时荧光 PCR 检测方法技术资料，通过起草组成员的努力，经多次修改、补充和完善，形成了标准和编制说明初稿。

2017 年 3 月，标准草案首先征求中国实验动物学会实验动物标准化专业委员会的意见，专家对标准稿提出了系列修订建议和意见。根据提出的意见，编制组对《实验动物　鼠痘病毒 PCR 检测方法》标准草案进行修改，形成本标准征求意见稿和编制说明；组织编写了鼠痘病毒（Ect.）普通 PCR 和实时荧光 PCR 检测方法技术资料，于 2017 年 3 月完成了标准草案的起草工作。

2017 年 4~6 月，标准征求意见稿在中国实验动物学会网站公开征求意见，共收集意见或建议 3 条，编制组根据专家提出的修改意见和建议，采纳 2 条，未采纳 1 条。对《实验动物　鼠痘病毒 PCR 检测方法》团体标准整理修改后，形成标准送审稿、标准送审稿编制说明和征求意见汇总处理表。

2017 年 8 月 30 日，全国实验动物标准化技术委员会在北京召开了标准送审稿专家审查会。会议由全国实验动物标准化技术委员会的委员组成审查组，认真讨论了标准送审稿编制说明、征求意见汇总处理表，提出了修改意见和建议。与会专家认为本标准填补了鼠痘病毒分子检测方法空白，是国标的有力补充，一致同意通过审查。会后，编制组根据与会专家提出的修改意见，对《实验动物　鼠痘病毒 PCR 检测方法》团体标准修改完善后，形成标准报批稿、标准报批稿编制说明和征求意见处理汇总表。

2017 年 10 月 10 日，编写组就 8 月 30 日的专家意见进行了讨论修改，形成了报批稿。

2017 年 12 月 29 日，中国实验动物学会第七届理事会常务理事会第一次会议批准发布包括本标准在内的《实验动物　教学用动物使用指南》等 23 项团体标准，并于 2018 年 1 月 1 日起正式实施。

第三节　编写背景

鼠痘（mouse pox）是由鼠痘病毒（Ectrolelia virus）引起的实验小鼠的一种烈性传染病。鼠痘病毒属于痘病毒科、脊索动物痘病毒亚科、正痘病毒属。核酸型为双股 DNA，病毒粒子呈卵圆形或砖形，直径 170~250 nm。鼠痘在世界各地鼠群广泛流行，可表现为急性、慢性或隐性感染。急性感染临床表现以四肢、尾和头部肿胀、溃烂、坏死甚至脚趾脱落为特征，故又称脱脚病。潜伏感染时，病毒基因潜伏在组织或细胞内，动物不表现临床症状，在一定条件下病毒被激活而急性发作，对科学研究造成干扰，影响实验结果的准确性和重复性，是国标中 SPF 级小鼠需要排除的病原体。快速、准确地检测 Ect 是有效防治该病的前提。目前，国内 Ect 感染诊断方法主要是针对抗体检测的血清学检测方法如酶联免疫吸附试验（ELISA）、免疫荧光试验（IFA）等，但是这些方法不能应用于免疫功能低下或免疫缺陷小鼠（如 SCID 小鼠和裸小鼠等）的检测，因为它们不能产生正常的抗体反应，而且，血清抗体检测有一定局限性，一般只有活体动物才能采集血清用于检测，对病死动物和一些动物源性的生物制品（如动物细胞及其他生物材料）检测造成限制。抗原检测方面，常规病毒分离鉴定方法既复杂又烦琐，不利于日常检测。

随着分子生物学的迅速发展，以 PCR 技术为基础的各种分子生物学诊断技术成为 Ect 病毒感染诊断的重要手段。PCR 病原检测方法具有特异性强、敏感度高、诊断快速等传统诊断方法所无法比拟的优点。美国和欧盟许多实验动物质量检测实验室都推荐采用 PCR 技术作为实验动物病原的检测方法。国内一些实验动物检测机构也开展了实验动物病原 PCR 检测技术研究，增加实验动物病毒分子生物学检测技术方法主要应用于无血清实验动物样本的快速检测，是实验动物质量控制必不可少的方法。广东省实验动物监测所自 2011 年起进行鼠痘病毒分子诊断方法研究，通过大量临床样本试验证明建立了敏感高、特异强、重复性好的普通 PCR 和实时荧光 PCR 检测技术。

第四节 编 制 原 则

本标准的编制主要遵循以下原则。

（1）科学性原则。在尊重科学、亲身实践、调查研究的基础上，制定本标准。

（2）可操作性原则。本标准无论是从样品采集、处理、DNA 抽提到 PCR 反应，均操作简单，仅需 4 h 即可完成，具有可操作性和实用性。

（3）协调性原则。以切实提高我国实验动物鼠痘病毒检测技术水平为核心，符合我国现行有关法律、法规和相关的标准要求。

第五节 内 容 解 读

本标准内容组成：范围；规范性引用文件；术语、定义及缩略语；检测方法原理；主要设备和材料；试剂；检测方法；结果判定；检测过程中防污染措施；附录，共 10 章。现将《实验动物 鼠痘病毒 PCR 检测方法》征求意见稿主要技术内容确定说明如下。

一、本标准范围的确定

本标准规定适用于小鼠及其产品、细菌培养物、实验鼠环境和鼠源性生物制品中鼠痘病毒的检测。

二、规范性引用文件

下列文件对于本文件的应用是必不可少的。凡是注明日期的引用文件，仅所注日期的版本适用于本文件。凡是不注日期的引用文件，其最新版本（包括所有的修改单）适用于本文件。

GB 19489 《实验室 生物安全通用要求》

GB/T 14926.20 《2001 实验动物鼠痘病毒检测方法》

GB/T 19495.2 《转基因产品检测实验室技术要求》

三、术语、定义及缩略语

为方便标准的使用，本标准规定了以下术语、定义及缩略语。

（一）术语及定义

1.

聚合酶链反应 polymerase chain reaction，PCR

体外酶催化合成特异 DNA 片段的方法：模板 DNA 先经高温变性成为单链，在 DNA 聚合酶作用和适宜的反应条件下，根据模板序列设计的两条引物分别与模板 DNA 两条链上相应的一段互补序列发生退火而相互结合，接着在 DNA 聚合酶的作用下以四种 dNTP 为底物，使引物得以延伸，然后不断重复变性、退火和延伸这一循环，使欲扩增的基因片段以几何倍数扩增。

2.

实时荧光聚合酶链反应 real-time PCR，实时荧光 PCR

实时荧光 PCR 方法是在常规 PCR 的基础上，在反应体系中加入特异性荧光探针，利用荧光信号积累实时检测整个 PCR 进程，通过检测每次循环中的荧光发射信号，间接反映了 PCR 扩增的目标基因的量，最后通过扩增曲线对未知模板进行定性或定量分析。本标准中将"PCR"称为"普通 PCR"是为了与"实时荧光 PCR"进行区别，避免名称混淆。

3.

Ct 值 cycle threshold

实时荧光 PCR 反应中每个反应管内的荧光信号达到设定的阈值时所经历的循环数。

（二）缩略语

CPE 细胞病变效应 cytopathic effect

DNA 脱氧核糖核酸 deoxyribonucleic acid

PBS 磷酸盐缓冲液 phosphate buffered saline

Ect 鼠痘病毒 Ectromelia virus

四、检测方法原理

根据鼠痘病毒 GenBank 中序列，针对鼠痘病毒核酸保守序列 IFN-γ 受体基因设计特异的引物和探针序列，分别通过 PCR 和实时荧光 PCR 对模板 DNA 进行扩增，根据 PCR 和实时荧光 PCR 检测结果判定该样品中是否含有病毒核酸成分。PCR 的基本工作原理是：以拟扩增的 DNA 分子为模板，以一对分别与模板 5′ 端和 3′ 端互补的寡核苷酸片段为引物（primer），在耐热 DNA 聚合酶的作用下，按照半保留复制的机制沿着模板链延伸直至完成新的 DNA 分子合成。重复这一过程，即可使目的 DNA 片段得以大量扩增。实时荧光 PCR 则是设计合成一对特异性引物和一条特异性探针，探针两端分别标记一个报告荧光基团和一个淬灭荧光基团。探针完整时，报告基团发射的荧光信号被淬灭基团吸收；PCR 扩增时，*Taq* 酶的 5′→3′ 外切酶活性将探针酶切降解，使报告荧光基团和淬灭荧光基团分离，淬灭作用消失，荧光信号产生并被检测仪器接受，随着 PCR 反应的循环进行，PCR 产物与荧光信号的增长呈对应关系。因此，可以通过检测荧光信号对核酸模板进行检测。采用实时荧光 PCR，可以减少检测过程的污染风险。同时，实时荧光 PCR 比普通 PCR 检测灵敏度要高，可用于普通 PCR 检测结果的验证。

五、主要设备和材料

规定了检测方法所需要的设备和材料。

六、试剂

（1）灭菌 PBS。配制方法在标准附录中给出。

（2）DNA 抽提试剂：基因组 DNA 提取试剂盒 DNeasy Blood & Tissue Kit（Qiagen 公司，Cat.No.69504），或其他等效产品。DNA 抽提试剂给出了具体的信息，目的是为了方便标准的使用者，并不表示对该产品的认可。如果其他等效产品具有相同的效果，则可以使用这些等效产品。

（3）无水乙醇。

（4）PCR 试剂：Premix Taq ^{TM}（Version 2.0 plus dye）（TaKaRa 公司，Cat.No.RR901A），或其他等效产品。PCR 试剂均给出了具体的信息，目的是为了方便标准的使用者，并不表示对该产品的认可。如果其他等效产品具有相同的效果，则可以使用这些等效产品。

（5）实时荧光 PCR 试剂：TaqMan® Universal PCR Master Mix（Thermo Fisher Scientific 公司，Cat.No.4304437），或其他等效产品。实时荧光 PCR 试剂均给出了具体的信息，目的是为了方便标准的使用者，并不表示对该产品的认可。如果其他等效产品具有相同的效果，则可以使用这些等效产品。

（6）DNA 分子质量标准：100~2000 bp。

（7）50×TAE 电泳缓冲液，配制方法在标准附录中给出。

（8）溴化乙锭：10 mg/mL，配制方法在标准附录中给出；或其他等效产品。

（9）1.5%琼脂糖凝胶，配制方法在标准附录中给出。

（10）引物和探针：根据表1、表2 的序列合成普通 PCR 引物和实时荧光 PCR 引物及探针，引物和探针加无 RNase 去离子水配制成 10 μmol/L 和 5 μmol/L 储备液，–20℃保存。

表1　普通 PCR 引物序列

引物名称	引物序列（5′→3′）	产物大小/bp
正向引物	TGACTGAATACGACGAC	338
反向引物	TGGATCTAATTGCGCATG	

表2　实时荧光 RT–PCR 扩增引物和探针

引物和探针名称	引物和探针序列（5′→3′）	产物大小/bp
正向引物	ATCCGGATACTACTGCGAATTTG	81
反向引物	CCGTAACCAGAACCACACTTTG	
探针	Fam -CAAACGGTTGCAGGCTATGTGTACCACAA-BHQ-1	

七、检测方法的确定

（一）生物安全措施

实验操作及处理按照 GB 19489 的规定，由具备相关资质的工作人员进行相应操作。

（二）采样及样本的处理

标准规定了以下样品的采集及处理方法：动物脏器组织，胃内容物、盲肠内容物或粪便，细菌培养物，实验动物饲料、垫料和饮水，实验动物设施设备样本。

（三）样本 DNA 提取

规定了样本 DNA 的提取方法。

（四）普通 PCR

1. PCR 反应体系

普通反应体系见表3。反应液的配制在冰上操作，每次反应同时设计阳性对照、阴性对照和空白对照。其中，以含有鼠痘病毒的组织或细胞培养物提取的 DNA 作为阳性对照模板；以不含有鼠痘病毒 DNA 样本（可以是正常动物组织或正常细胞培养物）作为阴性对照模板；空白对照为非模版对照（no template control，NTC）。所有样本和对照设置两个平行反应。若使用其他公司 PCR 试剂，应按照其说明书规定的反应体系进行操作。

表3 普通 PCR 反应体系

试剂	用量/μL	终浓度
2×Premix Taq Mix （Loading dye mix）	10	1×
ddH$_2$O	6.4	
PCR 正向引物（10 μmol/L）	0.8	0.4 μmol/L
PCR 反向引物（10 μmol/L）	0.8	0.4 μmol/L
DNA 模板	2	
总体积	20	

2. 普通 PCR 反应参数

普通 PCR 反应参数见表4。

表4 普通 PCR 反应参数

步骤	温度/℃	时间	循环数
预变性	94	5 min	1
变性	95	30 s	35
退火	55	30 s	
延伸	72	30 s	
后延伸	72	5 min	1

注：可使用其他等效的 PCR 检测试剂盒进行，反应体系和反应参数可做相应调整。

3. PCR 产物的琼脂糖凝胶电泳检测和拍照

将适量 50×TAE 稀释成 1×TAE 溶液，配制含核酸染料溴化乙锭的 1.5% 琼脂糖凝胶。PCR 反应结束后，取 10 μL PCR 产物在 1.5% 琼脂糖凝胶进行电泳检测，以 DNA 分子质量作为参照。电压大小根据电泳槽长度来确定，一般控制在 3~5 V/cm，当上样染料移动到凝胶边缘时关闭电源。电泳完成后在凝胶成像系统拍照记录电泳结果。

（五）实时荧光 PCR

1. 实时荧光 PCR 反应体系

实时荧光 PCR 反应体系见表5。反应液的配制在冰上操作，每次反应同时设计阳性对照、阴性对照和空白对照。其中，以含有鼠痘病毒的组织或细胞培养物提取的 DNA 作为阳性对照模板；以不含有鼠痘病毒 DNA 样本（可以是正常动物组织或正常细胞培养物）作为阴性对照模板；空白对照即为非模版对照（no template control，NTC）。所有样本和对照设置两个平行反应。若使用其他公司实时荧光 PCR 试剂，应按照其说明书规定的反应体系进行操作。反应体系见表5。

表5 实时荧光 PCR 反应体系

反应组分	用量/μL	终浓度
2×Premix Ex Taq Mix	10	1×
正向引物（10 μmol/L）	0.8	400 nmol/L
反向引物（10 μmol/L）	0.8	400 nmol/L
探针（5 μmol/L）	1	250 nmol/L
Rox（50×）	0.4	
cDNA 模板	2	
ddH$_2$O	5	
总体积	20	

注：试剂 Rox 只在具有 Rox 荧光校正通道的实时荧光 PCR 仪上进行扩增时添加，否则用水补齐。

2. 实时荧光 PCR 反应参数

实时荧光 PCR 反应参数见表6，试验检测结束后，根据收集的荧光曲线和 Ct 值判定结果。

表6 实时荧光 PCR 反应参数

步骤	温度/℃	时间/s	循环数	采集荧光信号
预变性	95	30	1	否
变性	95	5	40	否
退火，延伸	60	34		是

注：可使用其他等效的实时荧光 PCR 检测试剂盒进行，反应体系和反应参数可做相应调整。

八、结果判定

（一）普通 PCR 结果判定

1. 质控标准

阴性对照和空白对照未出现条带，阳性对照出现预期大小（338 bp）的目的扩增条带则表明反应体系运行正常；否则此次试验无效，需重新进行普通 PCR 扩增。

2. 结果判定

（1）质控成立条件下，若样本未出现预期大小（338 bp）的扩增条带，则可判定样本鼠痘病毒核酸检测阴性。

（2）质控成立条件下，若样本出现预期大小（338 bp）的扩增条带，则可判定样本鼠痘病毒核酸检测阳性。

（二）实时荧光 PCR 结果判定

1. 结果分析和条件设定

直接读取检测结果,基线和阈值设定原则根据仪器的噪声情况进行调整,以阈值线刚好超过正常阴性样品扩增曲线的最高点为准。

2. 质控标准

(1)空白对照无 Ct 值,并且无荧光扩增曲线,一直为水平线。

(2)阴性对照无 Ct 值,并且无荧光扩增曲线,一直为水平线。

(3)阳性对照 Ct 值≤35,并且有明显的荧光扩增曲线,则表明反应体系运行正常;否则此次试验无效,需重新进行实时荧光 PCR 扩增。

3. 结果判定

(1)质控成立条件下,若待检测样品无荧光扩增曲线,则判定样品鼠痘病毒核酸检测阴性。

(2)质控成立条件下,若待检测样品有荧光扩增曲线,且 Ct 值≤35,则判定样品中鼠痘病毒核酸检测阳性。

(3)质控成立条件下,若待检测样品 Ct 值介于 35 和 40 之间,应重新进行实时荧光 PCR 检测。重新检测后,若 Ct 值≥40,则判定样品未检出鼠痘病毒。重新检测后,若 Ct 值仍介于 35 和 40 之间,则判定样品鼠痘病毒可疑阳性,需进一步进行序列测定。

(三)序列测定

必要时,可取待检样本扩增出的阳性 PCR 产物进行核酸序列测定。序列结果与已公开发表的鼠痘病毒特异性片段序列进行比对,序列同源性在 90% 以上,可确诊待检样本鼠痘病毒核酸阳性,否则判定鼠痘病毒核酸阴性。

九、检测过程中防止交叉污染的措施

给出了检测过程中如何防止交叉污染的措施,具体按照 GB/T 19495.2 中的要求执行。

十、附录 A

本标准附录为规范性附录,给出了试剂的配制方法。

第六节 分 析 报 告

一、材料与方法

(一)菌株和临床样本

鼠痘病毒(Ect ATCC VR-1374)、小鼠腺病毒 FL 株(Mad,ATCC VR-550)、小鼠细小病毒(MVM,ATCC VR-1346)、多瘤病毒(Poly,VR 252)、小鼠巨细胞病毒(MCMV,ATCC VR-1399)、小鼠淋巴白血病病毒(MLLV ATCCVR-190)购自美国典型微生物菌种保藏中心;MPV 核酸由本实验室分离保存;BHK 细胞(ATCC CCL-10)购自美国典型微生物菌种保藏中心;pGEM-T easy 克隆载体购自 Promega 公司;大肠杆菌 *E.coli* DH5α 购自宝生物工程(大连)有限公司(TaKaRa 公司)。

临床样本包括:本实验室人工感染品 144 份,临床送检 SPF 小鼠活体小鼠或小鼠粪便样品 100 份。

（二）引物及探针的合成

普通 PCR 引物序列见表 1；实时荧光 PCR 引物和探针序列见表 2。引物和探针均由 Invitrogern（广州）公司合成。

（三）样品核酸提取

处理好的组织或细胞样品使用组织基因组提取试剂盒（Qiagen 公司）按操作说明书进行；盲肠内容物和粪便样品采用粪便基因组 DNA 提取试剂盒 DP302-02（天根公司）进行核酸提取。

（四）Ect 质粒标准品的制备

分别将普通 PCR 及荧光 PCR 扩增片段克隆至 T 载体中构建阳性质粒对照。以提取的 Ect DNA 为模板，用 Premix Ex Taq（TaKaRa 公司）进行 PCR，反应体系为：2×Premix Ex Taq 25 μL，上游引物（10 μmol/L）2.5 μL，下游引物（10 μmol/L）2.5 μL，DNA 5 μL，加 RNase Free dH$_2$O 至 50 μL。反应条件：94℃ 2 min，一个循环；94℃ 30 s、55℃ 30 s、72℃ 30 s，共 35 个循环；最后 72℃延伸 10 min。将反应得到目的片段用胶回收试剂盒回收，将回收的目的片段连接至 pMD-19T 载体，并转化至 DH5α 感受态细胞中。用含有 Amp 的 LB 琼脂平板筛选阳性克隆，用 PCR 鉴定阳性克隆菌，并对阳性重组质粒测序验证。用质粒提取试剂盒提取质粒，微量紫外分光光度计测定浓度与纯度，根据下面的公式计算拷贝数。拷贝数（copies/μL）=6.022 ×10^{23}（copies/mol）×DNA 浓度（g/μL）/质量 MW（g/mol）。其中，MW= DNA 碱基数（bp）×660 daltons/bp，DNA 碱基数=载体序列碱基数+插入序列碱基数。

（五）普通 PCR 检测方法的建立和优化

PCR 试剂采用 TaKaRa 公司的 rTaq Premix，反应体系为 20 μL：DNA 模板 2 μL，2×Premix Buffer（含 Mg^{2+}、dNTP、rTaq 酶）10 μL，上游引物（10 μmol/L）1 μL，下游引物（10 μmol/L）1 μL，补 H$_2$O 至 20 μL。反应条件：94℃ 5 min，94℃ 30 s、55℃ 30 s、72℃ 30 s，共 35 个循环，最后 72℃延伸 5 min。反应完成后取 10 μL 扩增产物，1.5%琼脂糖凝胶电泳，紫外灯下观察结果。

（六）实时荧光 PCR 检测方法的建立和条件优化

参照 TaKaRa 公司 Premix Ex Taq™ Probe qPCR Kit 试剂盒操作说明配制 Ect 实时荧光 PCR 反应体系，以 Ect 质粒标准品作为反应模板，采用矩阵法对多重荧光 PCR 反应体系中引物（0.05~0.5 μmol/L）和 TaqMan 探针浓度（0.1~1.0 μmol/L）进行优化，以反应的前 3~15 个循环的荧光信号为荧光本底信号，通过比较 Ct 值和荧光强度增加值（绝对荧光强度与背景荧光强度的差值，ΔRn）来判断优化结果；采用二温循环法对反应的退火温度和循环次数进行优化。

（七）特异性试验

分别采用建立的普通 PCR 和实时荧光 PCR 方法对鼠痘病毒（Ect）、小鼠腺病毒 FL 株（Mad）、小鼠细小病毒 MVM 株、MPV 株、多瘤病毒（Poly）、小鼠巨细胞病毒（MCMV）、小鼠淋巴白血病病毒（MLLV）DNA 进行检测，验证该方法的特异性。

（八）敏感性试验

将质粒标准品用 Easy dilution（TaKaRa 公司）做 10 倍系列稀释。利用表 5 和表 6 中优化后的反应体系和条件测定各稀释度的 Ct 值。以 Ct 值为纵坐标、以起始模板浓度的对数为横坐标，绘制标准曲线，确定检测方法的敏感性。

（九）重复性试验

将 ECTV 质粒标准品进行梯度稀释，设置 4 个水平的重复性对照，包括：R1，不含 ECTV 的样本；R2，ECTV 浓度为 $2×10^4$copies/mL； R3，ECTV 浓度为 $1×10^6$copies/mL；R4，ECTV 浓度为 $1×10^8$copies/mL。对 4 份 10 倍系列稀释的质粒标准品在同一次反应中进行 10 次重复测定，对各稀释度的 Ct 值进行统计，计算同一次检测中每个样品各反应管之间的变异系数（CV%）。

（十）临床样品检测应用

1. 人工感染样品的临床检测应用

将 48 只小鼠分为人工感染组和对照组，每组各 24 只。动物饲养与 IVC 独立隔离笼，严格隔离饲养。人工感染组每只小鼠经皮下接种 0.05 mL ECTV 细胞毒，对照组皮下接种 PBS 同样处理。两组动物分别于感染的第 0 天、3 天、7 天、9 天、10 天、14 天、21 天、30 天各处死 3 只动物，采集各组动物组织病料、小鼠的新鲜粪便及环境样本用于 ECTV 核酸检测，采集动物血清用于抗体检测。

2. 临床样品检测应用

应用 Ect 普通 PCR 和实时荧光 PCR 检测方法进行临床应用评价。临床样品包括 SPF 小鼠和开放饲养小鼠，SPF 小鼠来源于 2010~2014 年本实验室收到广东、湖北、北京、四川、云南和上海等各地送检的 SPF 级活体小鼠或小鼠粪便 100 份；开放饲养小鼠为从广州周边地区收集的 76 只 KM 小鼠和褐家鼠。

二、结果

（一）普通 PCR 检测方法的建立

按照表 5 反应体系和条件进行 PCR 扩增，完成后取 10 μL 扩增产物，1.5%琼脂糖凝胶电泳，紫外灯下观察结果。结果表明，Ect 阳性样本在约 300 bp 位置有一条目的条带，与预期结果相符（图 1）。

（二）普通 PCR 检测方法特异性试验结果

采用建立的 Ect 普通 PCR 方法对鼠痘病毒（Ect）、小鼠腺病毒 FL 株（Mad）、小鼠细小病毒 MVM 株、MPV 株、多瘤病毒（Poly）、小鼠巨细胞病毒（MCMV）、小鼠淋巴白血病病毒（MLLV）DNA 进行检测，验证该方法的特异性。结果显示 Ect 有约 330 bp 目的条带，其他病原核酸无目的条带（图 2）。

图 1　Ect 普通 PCR 电泳结果

M，DNA Marker DL500；1、2，为 Ect 阳性样本；N，阴性对照

（三）普通 PCR 检测方法敏感性试验

将 Ect 质粒标准品用 Easy dilution（TaKaRa 公司）做 10 倍系列稀释，得到 $6.6×10^9$~$6.6×10^0$copies/μL 系列标准模板。按表 5 所述方法进行检测，测定模板最低检出量，普通 PCR 检测敏感性为 $6.6×10^1$ copies/μL（图 3）。

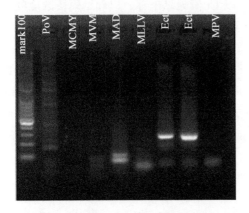

图2　Ect普通PCR特异性试验结果

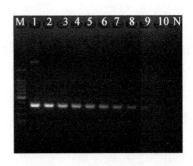

图3　Ect普通PCR检测方法敏感性试验结果

M, 100 bp DNA Marker；N，阴性对照；1~10，$6.6×10^9$ ~
$1×10^0$ copies/μL　质粒DNA

（四）实时荧光PCR反应体系的建立和优化

经优化后的PCR反应体系为：2×Premix Ex Taq 10 μL，Ect上、下游引物终浓度均为0.11 μmol/L（表7、图4），探针终浓度0.44 μmol/L（表8、图5），Ect DNA模板2 μL，加RNase Free dH₂O至20 μL。反应条件：95℃ 30 s，一个循环；95℃ 5 s，60℃ 34 s，40个循环，60℃延伸结束后收集荧光。

表7　ECT实时荧光PCR引物优化结果

ECTV-R 用量	ECTV-F 用量					
	5 pmol	10 pmol	15 pmol	20 pmol	25 pmol	30 pmol
5 pmol	24.89/24.97	26.07/26.10	26.01/25.88	25.97/25.99	25.99/26.10	26.30/26.41
10 pmol	25.01/25.14	26.03/26.02	25.88/25.71	25.76/25.74	25.87/25.69	26.15/26.04
15 pmol	25.15/25.26	26.18/26.11	26.04/26.24	25.99/26.14	25.58/26.51	26.38/26.27
20 pmol	25.43/25.69	26.05/26.03	26.07/26.19	25.77/25.74	26.51/26.51	26.12/26.34
25 pmol	26.06/25.91	26.02/26.15	26.01/26.14	26.30/26.35	26.53/26.53	26.59/26.68
30 pmol	26.09/26.14	26.38/26.13	26.15/26.11	26.15/26.28	26.56/26.39	26.45/26.59

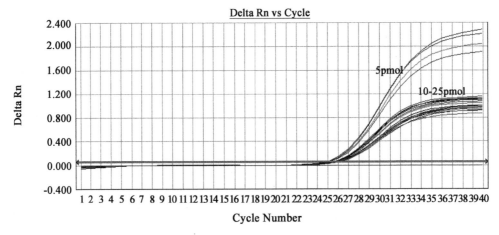

图4　ECT实时荧光PCR引物量优化实验结果

表8 ECT实时荧光PCR探针优化结果

	ECTV-P 用量					
	5 pmol	**10 pmol**	**15 pmol**	**20 pmol**	**25 pmol**	**30 pmol**
Ct 值	26.92/26.74	25.48/25.45	25.25/25.32	24.49/24.37	24.67/24.48	24.78/24.56

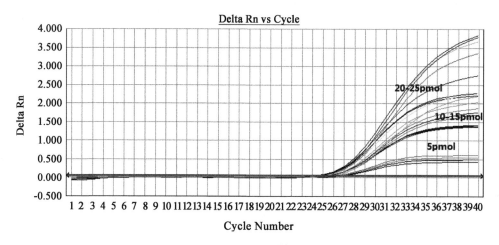

图5 ECTV探针量优化结果

（五）实时荧光PCR定量标准曲线的建立及敏感性试验

将 Ect 质粒标准品 Easy dilution（TaKaRa 公司）做 10 倍系列稀释，得到 $1×10^9$~$1×10^0$ copies/μL 系列标准模板。利用优化后的反应体系和条件测定各稀释度的 Ct 值。以 Ct 值为纵坐标、以起始模板浓度的对数为横坐标绘制标准曲线。结果可见，各梯度之间间隔的 Ct 值基本相等，无模板对照（no template control，NTC）没有荧光扩增曲线为阴性结果。以标准品稀释拷贝数的对数值为横坐标、以临界环数（threshold cycle，Ct）为纵坐标建立荧光实时定量 PCR 的标准曲线，标准品在 $1×10^8$~$1×10^1$copies/μL 之间具有良好的线性关系，结果见图6和图7。其线性回归方程为 Ct= -3.348×lg（拷贝数）+37.26，标准曲线斜率为 -3.348，根据公式计算得扩增效率 E = $10^{1/3.348}$-1 =0.989，即扩增效率为98.9%，相关系数 R^2=0.998，说明 PCR 扩增该标准品的效率较高，线性关系良好。标准品 $1×10^0$ copies/μL 无扩增曲线，故本方法检测的灵敏度为 10 copies/μL。

（六）实时荧光PCR特异性试验

采用建立的实时荧光 PCR 方法对鼠痘病毒（Ect）、小鼠腺病毒 FL 株（Mad）、小鼠细小病毒 MVM 株、MPV 株、多瘤病毒（Poly）、小鼠巨细胞病毒（MCMV）、小鼠淋巴白血病病毒（MLLV）DNA 进行检测，验证该方法的特异性。结果显示，Ect Ct 值为 28，其他病原核酸均无荧光信号（表9），说明本检测方法具有很好的特异性。

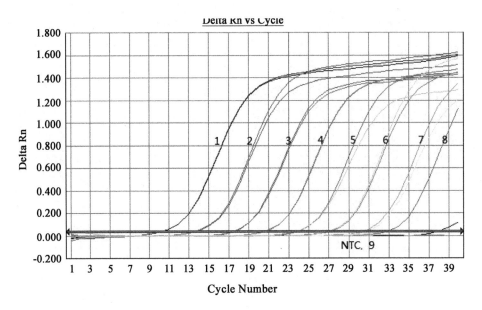

图6 10倍系列稀释标准品的荧光定量扩增曲线

1~8，依次为 1×10^{8}~1×10^{1} copies/μL 标准品；9，1×10^{0} copies/μL 标准品和 NTC 为无模板对照

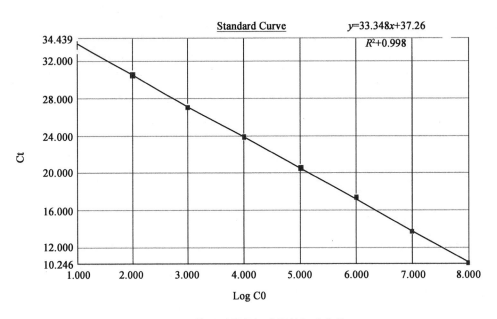

图7 10倍系列稀释标准品的标准曲线

表9 Ect实时荧光PCR特异性试验

	编号	样本	平均Ct值	结果判定
特异性样本	N-1	阴性样本	Not	阴性
	N-2	阴性样本	Not	阴性
	N-3	阴性样本	Not	阴性
	N-4	阴性样本	Not	阴性
	N-5	小鼠淋巴白血病病毒细胞培养物（MLLV）	Not	阴性
	N-6	小鼠细小病毒MPV株（MPV）临床样本	Not	阴性
	N-7	小鼠细小病毒MVM株（MVM）人工感染样本	Not	阴性
	N-8	小鼠腺病毒（MAD）人工感染样本	Not	阴性
	N-9	小鼠多瘤病毒（Poly）人工感染样本	Not	阴性
	N-10	小鼠巨细胞病毒（MCMV）人工感染样本	Not	阴性
	P1	鼠痘病毒人工感染样本（Ect）	28	阳性

（七）实时荧光 PCR 重复性试验

将 ECTV 质粒标准品进行梯度稀释，设置 4 个水平的重复性对照，包括：R1，不含 ECTV 的样本；R2，ECTV 浓度为 $2×10^4$ copies/mL；R3，ECTV 浓度为 $1×10^6$ copies/mL；R4，ECTV 浓度为 $1×10^8$ copies/mL。进行检测方法重复性检测，批内及批间重复性试验的变异系数均小于 2%（表 10、表 11），表明建立实时荧光 PCR 方法重复性好，方法稳定可靠。

表10 批内重复性试验数据（Ct）及变异系数（CV）

样本浓度/（copies/mL）	10次检测结果（Ct值）										CV值/%
	1	2	3	4	5	6	7	8	9	10	
0	无	无	无	无	无	无	无	无	无	无	0
$2×10^4$	34.73	34.78	33.98	34.56	35.02	34.79	34.57	34.49	34.39	34.78	0.83
$1×10^6$	28.09	28.01	28.14	28.99	28.25	28.23	28.79	28.84	28.96	28.45	1.35
$1×10^8$	21.97	21.99	22.5	22.31	22.35	22.19	22.3	22.22	22.13	22.35	0.75

表11 三批试剂批间重复性试验数据

试剂	检测样本	检测样品数	平均Ct	标准差	CV值/%
三批	R1	30	无	0	0
试剂	R2	30	34.54	0.33	0.96
	R3	30	28.41	0.37	1.30
	R4	30	22.38	0.19	0.83

（八）临床检测应用

实时荧光 PCR 在 Ect 人工感染样本检测中的应用

（1）抗体检测结果：感染后 10 天左右开始产生抗体，18 天达到高峰（表 12）。

表 12 ETC 人工感染鼠抗体检测结果

组号	感染天数/d	IFA 检测结果	抗体滴度
实验组	0	阴性	–
	7	阴性	–
	10	阳性	1∶640
	14	阳性	1∶1280
	18	阳性	1∶2560
	21	阳性	1∶5120
	30	阳性	1∶5120
对照组	0	阴性	–
	7	阴性	–
	10	阴性	–
	18	阴性	–
	30	阴性	–

（2）ECTV 核酸检测结果：感染后每隔 3 天采样，提取 DNA，对不同组织样本进行实时荧光 PCR 检测。检测发现，经皮下攻毒途径感染小鼠，感染后第 3 天即可在动物组织内检测到病毒核酸，感染第 7 天在病毒在体内达到增殖高峰期，在各组织脏器均可检测到 ECT 病毒核酸，其中肝、脾脏含毒量最高。而对照组各时间段均未检测到病毒核酸阳性（表 13），说明该检测方法可适用于早期感染的检测。

表 13 ETCV 人工感染鼠荧光 PCR 病原检测结果

time	实时荧光 PCR Ct							
	spleen	liver	kindey	lung	Cecal cont	brain	heart	stomach
3d	34.8±1.16	34.9±1.00	37.1 ±0.28	36.4±0.35	36.0±0.82	35.2±0.08	36.0±0.59	36.0±0.25
7d	15.5±2.42	22.0±4.24	26.5±1.28	24.3±4.03	28.2±1.54	29.1±2.05	28.6±0.06	24.8±1.41
10d	23.3±3.98	21.2±4.67	25.5±3.20	22.4±2.22	26.3 ±3.30	26.6±2.57	26.3±3.01	27.1±1.07
14d	28.1±4.25	27.5±0.65	29.0±1.85	27.6±1.42	29.9± 1.28	30.1±0.50	27.9±1.99	22.9±1.07
18d	29.2±0.28	28.1±4.20	30.5±1.95	26.7±1.73	26.8 ±0.87	29.2±0.14	30.3±2.57	27.2±2.03
21d	30.7±2.41	31.7±4.83	31.6±1.53	31.2±1.80	30.2 ±0.72	30.9±0.74	29.5±2.04	31.3±1.07

（3）临床样品的检测应用：应用 Ect 普通 PCR 和实时荧光 PCR 检测方法对 2012~2014 年送检的 100 份 SPF 级小鼠盲肠内容物进行检测，结果检出 0 份阳性，阳性率为 0。

对 84 份开放环境饲养鼠进行检测，80 份 Ect 抗体为阳性，4 份样品为 Ect 阴性；Ect 核酸实时荧光 PCR 检测 3 份样品阳性，81 份阴性。

（4）抗体检测与核酸检测结果比较：人工感染试验分别采用 ELISA 检测血清抗体，同时用实时荧光 PCR 及普通 PCR 检测方法进行组织样本 SV 核酸检测。检测结果见表 14。感染组小鼠血清抗体在感染后第 10 天开始检出，第 10~44 天一直维持在高抗体水平，实时荧光 PCR 检测方法在感染后第 3 天开始，3 只小鼠组织 ECTV 核酸全部阳性，组织 ECTV 核酸全阳性一直维持至第 21 天，28 天后 ECTV 核酸阳性率开始下降，第 44 天后组织 ECTV 实时荧光 PCR 检测为阴性。普通 PCR 检测阳性率结果与实时荧光 PCR 接近。

表 14　人工感染试验抗体检测与核酸检测结果比较

样本采集时间/d	感染组			哨兵组		
	抗体阳性率	实时荧光 PCR 阳性率	普通 PCR 阳性率	抗体阳性率	实时荧光 PCR 阳性率	普通 PCR 阳性率
0	0/3	0/3	0/3	0/3	0/3	—
3	0/3	3/3	3/3	0/3	0/3	—
7	0/3	3/3	3/3	0/3	0/3	—
10	3/3	3/3	3/3	0/3	0/3	—
14	3/3	3/3	3/3	0/3	0/3	—
18	3/3	3/3	3/3	0/3	0/3	—
21	3/3	3/3	2/3	0/3	0/3	—
28	3/3	2/3	1/3	0/3	0/3	—
37	3/3	0/3	0/3	0/3	0/3	—
44	3/3	0/3	0/3	0/3	0/3	—

该结果表明，采用血清学和病原学检测方法对同一只动物进行检测时，可能出现不一致的结果，这是由于病原感染动物后的不同阶段，抗原和抗体不同消长规律所造成的。在感染早期，动物体内可检测到病原核酸却无抗体产生。而在动物群里可能出现不同感染阶段的动物，或某些病原在动物体内潜伏感染，未刺激抗体产生却可能会持续带毒排毒，因此分子检测方法可作为抗体检测的有效补充手段。

第七节　其 他 说 明

一、国内外同类标准分析

本标准为国内原创标准，国际上无类似标准。

二、与法律法规、标准关系

本标准的编制依据为现行的法律、法规和国家标准，与这些文件中的规定相一致。目前实验动物国家标准没有鼠痘病毒普通 PCR 和实时荧光 PCR 检测方法标准，本标准作为团体标准是对现有标准的有利补充。

三、重大分歧的处理和依据

从标准结构框架和制定原则的确定、标准的引用、有关技术指标和参数的试验验证、主要条款的确定直到标准草稿征求专家意见（通过函寄和会议形式，多次咨询和研讨），均未出现重大意见分歧的情况。

四、标准实施要求和措施

本标准发布实施后，建议通过培训班、会议宣传和网络宣传等形式积极开展宣传贯彻培训活动。面向各行业开展动物实验的机构和个人，宣传贯彻标准内容。

参 考 文 献

付瑞，岳秉飞，贺争鸣. 2012. 鼠痘病毒 PCR 检测方法的建立及在鼠源性生物制品检定中的应用. 实验动物科学，（03）：12-14+19.

葛文平，张旭，高翔，等. 2012. 我国商业化 SPF 级小鼠病原体污染分析. 中国比较医学杂志，（3）：65-68.

李嘉荣，钱琴，来永禄，等. 2000. 鼠痘病毒潜伏感染的研究. 上海实验动物科学，（2）：82-85+95.

钱琴，屈霞琴，陈天培. 2003. 鼠痘病毒检测方法的进展. 上海畜牧兽医通讯，（5）：10-11.

仇保丰，宋鸿雁，董蓉莲，等. 2015. 鼠痘、小鼠肝炎和鼠仙台病毒感染症的国内流行情况及防控对策. 中国动物检疫，（10）：9-14.

应贤平，钱琴，屈霞琴，等. 2000. 实验小鼠痘病毒感染检测分析. 中国实验动物学杂志，（2）：8-12.

赵丽娟. 2014. 鼠痘病毒环介导等温扩增检测方法的研究. 扬州：扬州大学硕士学位论文.

Garver J，Weber L，Vela EM, et al. 2016. Ectromelia Virus Disease Characterization in the BALB/c Mouse：A Surrogate Model for Assessment of Smallpox Medical Countermeasures. Viruses，8（7）：203

McInnes EF，Rasmussen L，Fung P, et al. 2011. Prevalence of viral, bacterial and parasitological diseases in rats and mice used in research environments in Australasia over a 5-y period. Lab Anim （NY），40（11）：341-350.

Melo-Silva CR，Tscharke DC，Lobigs M, et al. 2017. Ectromelia virus N1L is essential for virulence but not dissemination in a classical model of mousepox. Virus Res，228：61-65.

Sakala IG，Chaudhri G，Scalzo AA, et al. 2015. Evidence for Persistence of Ectromelia Virus in Inbred Mice, Recrudescence Following Immunosuppression and Transmission to Naive Mice. PLoS Pathog，11（12）：e1005342.

Sigal LJ. 2016. The Pathogenesis and Immunobiology of Mousepox. Adv Immunol，129：251-276.

Szulc-Dabrowska L，Gierynska M，Boratynska-Jasinska A, et al. 2013. Quantitative immunophenotypic analysis of antigen-presenting cells involved in ectromelia virus antigen presentation in BALB/c and C57BL/6 mice. Pathog Dis，68（3）：105-115.

第十七章 T/CALAS 45—2017《实验动物 小鼠腺病毒 PCR 检测方法》实施指南

第一节 工 作 简 况

根据中国实验动物学会实验动物标准化专业委员会下达的 2017 年团体标准制（修）订计划安排，由广东省实验动物监测所负责团体标准《实验动物 小鼠腺病毒 PCR 检测方法》起草工作。该项目由全国实验动物标准化技术委员会（SAC/TC281）技术审查，由中国实验动物学会归口管理。

本标准的编制工作按照《中华人民共和国国家标准 GB/T1.1 2009 标准化工作导则》第 1 部分"标准的结构和编写规则"要求进行编写。本标准是在国家科技支撑计划"实验动物质量检测关键技术研究"（项目编号 2013BAK11B01）、广东省科技计划项目"广东省实验动物检测技术平台"（项目编号 2011B040200010）课题基础上制定而成的，在制定过程中参考了国内外相关文献，对方法的敏感性、特异性、重复性等进行了研究，并对所建立的标准方法进行了应用研究，建立了可行、稳定、特异的小鼠腺病毒普通 PCR 和实时荧光 PCR 检测方法。

第二节 工 作 过 程

本标准由中国实验动物学会实验动物标准化专业委员会提出，广东省实验动物监测所按照团体标准研制要求和编写工作的程序，组成了由单位专家和专业技术人员参加的编写小组，制订了编写方案，并就编写工作进行了任务分工。编制小组根据任务分工进行了资料收集和调查研究工作，在国家科技支撑计划"实验动物质量检测关键技术研究"（项目编号 2013BAK11B01）和广东省科技计划项目"广东省实验动物检测技术平台"（项目编号 2011B040200010）课题研究基础上，组织编写实验动物小鼠腺病毒（Mad.）普通 PCR 和实时荧光 PCR 检测方法技术资料，通过起草组成员的努力，经多次修改、补充和完善，形成了标准和编制说明初稿。

2017 年 3 月，标准草案首先征求中国实验动物学会实验动物标准化专业委员会的意见，专家对标准稿提出了系列修订建议和意见。根据提出的意见，编制组对《实验动物 小鼠腺病毒 PCR 检测方法》标准草案进行修改，形成本标准征求意见稿和编制说明。组织编写了腺病毒普通 PCR 和实时荧光 PCR 检测方法技术资料，于 2017 年 3 月完成了标准草案的起草工作。

　　2017 年 4~6 月，标准征求意见稿在中国实验动物学会网站公开征求意见，共收集意见或建议 3 条，编制组根据专家提出的修改意见和建议，采纳 2 条，未采纳 1 条。对《实验动物　小鼠腺病毒 PCR 检测方法》团体标准整理修改后，形成标准送审稿、标准送审稿编制说明和征求意见汇总处理表。

　　2017 年 8 月 30 日，全国实验动物标准化技术委员会在北京召开了标准送审稿专家审查会。会议由全国实验动物标准化技术委员会的委员组成审查组，认真讨论了标准送审稿编制说明、征求意见汇总处理表，提出了修改意见和建议。与会专家认为本标准填补了小鼠腺病毒分子检测方法空白，是国标的有力补充，一致同意通过审查。会后，编制组根据与会专家提出的修改意见，对《实验动物　小鼠腺病毒 PCR 检测方法》团体标准修改完善后，形成标准报批稿、标准报批稿编制说明和征求意见处理汇总表。

　　2017 年 10 月 10 日，编写组就 8 月 30 日的专家意见进行了讨论修改，形成了报批稿。

　　2017 年 12 月 29 日，中国实验动物学会第七届理事会常务理事会第一次会议批准发布包括本标准在内的《实验动物　教学用动物使用指南》等 23 项团体标准，并于 2018 年 1 月 1 日起正式实施。

第三节　编　写　背　景

　　小鼠腺病毒（mouse adenovirus，Mad）属于腺病毒科、哺乳动物腺病毒属，核酸线性双股 DNA。目前已报道有 Mad-1 型 FL 株（1960 年 Hartley 等分离）、Mad-2 型 K87 株（Kazuo Hashimaoto 等 1996 年分离）和 Mad-3 型（Boris Klempa 等 2009 年分离）三个血清型。FL 株可引发小鼠的全身性感染，病毒侵入棕色脂肪、肾上腺、心肌和肾等处，对裸鼠，乳鼠的致病性较强，可以引起死亡；对成年鼠不引起死亡，但可产生高滴度的中和抗体。K87 株对肠道局部感染，不引起死亡，只是经粪便不断排毒并产生高滴度的中和抗体。小鼠是 Mad 的自然宿主，Becker 等于 2007 年在英国地区捕获的野血清流行病调查中检测出有较高 Mad 阳性率（68%），但在实验鼠自然感染率不高，隐性感染居多，被感染的小鼠可长期带毒和排毒并可增加感染其他病原微生物可能性，影响小鼠健康，干扰实验研究。国家实验动物微生物监测标准（GB14922.2—2011）将 Mad 列入需要排除的检测项目。

　　目前，国内 Mad 感染诊断方法主要是针对抗体检测的血清学检测方法如酶联免疫吸附试验（ELISA）、免疫荧光试验（IFA）等，但是这些方法不能应用于免疫功能低下或免疫缺陷小鼠（如 SCID 小鼠和裸小鼠等）的检测，因为它们不能产生正常的抗体反应。而且，血清抗体检测有一定局限性，一般只有活体动物才能采集血清用于检测，对病死动物和一些动物源性的生物制品（如动物细胞及其他生物材料）检测造成限制。抗原检测方面，常规病毒分离鉴定方法既复杂又烦琐，不利于日常检测。

　　随着分子生物学的迅速发展，以 PCR 技术为基础的各种分子生物学诊断技术成为 Mad 病毒感染诊断的重要手段。PCR 病原检测方法具有特异性强、敏感度高、诊断快速等传统诊断方法所无法比拟的优点。美国和欧盟许多实验动物质量检测实验室都推荐采用 PCR 技术作为实验动物病原的检测方法。国内一些实验动物检测机构也开展了实验动物病原 PCR

检测技术研究，增加实验动物病毒分子生物学检测技术方法主要应用于无血清实验动物样本的快速检测，是实验动物质量控制必不可少的方法。广东省实验动物监测所自 2011 年起进行小鼠腺病毒分子诊断方法研究，通过大量临床样本试验证明 PCR 检测方法具有敏感高、特异强、重复性好的特点。

第四节　编 制 原 则

本标准的编制主要遵循以下原则。

（1）科学性原则。在尊重科学、亲身实践、调查研究的基础上，制定本标准。

（2）可操作性原则。本标准无论是从样品采集、处理、DNA 抽提到 PCR 反应，均操作简单，仅需 4 h 即可完成，具有可操作性和实用性。

（3）协调性原则。以切实提高我国实验动物小鼠腺病毒检测技术水平为核心，符合我国现行有关法律、法规和相关的标准要求。

第五节　内 容 解 读

本标准内容组成：范围；规范性引用文件；术语、定义及缩略语；检测方法原理；主要设备和材料；试剂；检测方法；结果判定；检测过程中防止交叉污染的措施；附录，共 10 章。现将《实验动物　小鼠腺病毒 PCR 检测方法》征求意见稿主要技术内容确定说明如下。

一、本标准范围的确定

本标准规定适用于小鼠及其产品、细菌培养物、实验鼠环境和鼠源性生物制品中小鼠腺病毒的检测。

二、规范性引用文件

下列文件对于本文件的应用是必不可少的。凡是注明日期的引用文件，仅所注日期的版本适用于本文件。凡是不注日期的引用文件，其最新版本（包括所有的修改单）适用于本文件。

GB 19489　《实验室　生物安全通用要求》

GB/T 14926.27—2001　《实验动物　小鼠腺病毒检测方法》

GB/T 19495.2　《转基因产品检测　实验室技术要求》

三、术语、定义及缩略语

为方便标准的使用，本标准规定了以下术语、定义及缩略语。

（一）术语及定义

1.

聚合酶链反应 polymerase chain reaction，PCR

体外酶催化合成特异 DNA 片段的方法：模板 DNA 先经高温变性成为单链，在 DNA

聚合酶作用和适宜的反应条件下，根据模板序列设计的两条引物分别与模板 DNA 两条链上相应的一段互补序列发生退火而相互结合，接着在 DNA 聚合酶的作用下以四种 dNTP 为底物，使引物得以延伸，然后不断重复变性、退火和延伸这一循环，使欲扩增的基因片段以几何倍数扩增。

2.

实时荧光聚合酶链反应 real-time PCR，实时荧光 PCR

实时荧光 PCR 方法是在常规 PCR 的基础上，在反应体系中加入特异性荧光探针，利用荧光信号积累实时检测整个 PCR 进程，通过检测每次循环中的荧光发射信号，间接反映了 PCR 扩增的目标基因的量，最后通过扩增曲线对未知模板进行定性或定量分析。本标准中将"PCR"称为"普通 PCR"是为了与"实时荧光 PCR"进行区别，避免名称混淆。

3.

Ct 值 cycle threshold

实时荧光 PCR 反应中每个反应管内的荧光信号达到设定的阈值时所经历的循环数。

（二）缩略语

CPE 细胞病变效应 cytopathic effect

DNA 脱氧核糖核酸 deoxyribonucleic acid

Mad 小鼠腺病毒 Murine adenovirus

PBS 磷酸盐缓冲液 phosphate buffered saline

四、检测方法原理

用合适的方法提取样本中的病毒 DNA，针对 Mad-FL 株、K87 株及 Mad-3 株病毒核酸 Hexon 基因保守序列设计一对通用特异的普通 PCR 引物；针对 Mad-FL 株的 *Hexon* 基因保守区域设计一套特异的实时荧光 PCR 引物和探针序列，分别通过普通 PCR 和实时荧光 PCR 对模板 DNA 进行扩增，根据普通 PCR 和实时荧光 PCR 检测结果判定该样品中是否含有病毒核酸成分。采用实时荧光 PCR，可以减少检测过程的污染风险。同时，实时荧光 PCR 比普通 PCR 检测灵敏度要高，可用于普通 PCR 检测结果的验证。

PCR 的基本工作原理是以拟扩增的 DNA 分子为模板，以一对分别与模板 5′ 端和 3′ 端互补的寡核苷酸片段为引物（primer），在耐热 DNA 聚合酶的作用下，按照半保留复制的机制沿着模板链延伸直至完成新的 DNA 分子合成。重复这一过程，即可使目的 DNA 片段得以大量扩增。实时荧光 PCR 则是设计合成一对特异性引物和一条特异性探针，探针两端分别标记一个报告荧光基团和一个淬灭荧光基团。探针完整时，报告基团发射的荧光信号被淬灭基团吸收；PCR 扩增时，*Taq* 酶的 5′→3′ 外切酶活性将探针酶切降解，使报告荧光基团和淬灭荧光基团分离，淬灭作用消失，荧光信号产生并被检测仪器接受，随着 PCR 反应的循环进行，PCR 产物与荧光信号的增长呈对应关系。

五、主要设备和材料

规定了检测方法所需的设备和材料。

六、试剂

（1）灭菌 PBS。配制方法在标准附录中给出。

（2）DNA 抽提试剂：基因组 DNA 提取试剂盒 DNeasy Blood & Tissue Kit（Qiagen 公司，Cat.No.69504），或其他等效产品。DNA 抽提试剂给出了具体的信息，目的是为了方便标准的使用者，并不表示对该产品的认可。如果其他等效产品具有相同的效果，则可以使用这些等效产品。

（3）无水乙醇。

（4）PCR 试剂：Premix Taq ^{TM}（Version 2.0 plus dye）（TaKaRa 公司，Cat.No.RR901A），或其他等效产品。PCR 试剂均给出了具体的信息，目的是为了方便标准的使用者，并不表示对该产品的认可。如果其他等效产品具有相同的效果，则可以使用这些等效产品。

（5）实时荧光 PCR 试剂：TaqMan® Universal PCR Master Mix（Thermo Fisher Scientific 公司，Cat.No. 4304437），或其他等效产品。实时荧光 PCR 试剂均给出了具体的信息，目的是为了方便标准的使用者，并不表示对该产品的认可。如果其他等效产品具有相同的效果，则可以使用这些等效产品。

（6）DNA 分子质量标准：100~2000 bp。

（7）50×TAE 电泳缓冲液，配制方法在标准附录中给出。

（8）溴化乙锭：10 mg/mL，配制方法在标准附录中给出；或其他等效产品。

（9）1.5%琼脂糖凝胶，配制方法在标准附录中给出。

（10）引物和探针：根据表1、表2 的序列合成普通 PCR 引物和实时荧光 PCR 引物及探针，引物和探针加无 RNase 去离子水配制成 10 μmol/L 和 5 μmol/L 储备液，–20℃保存。

表1 普通 PCR 引物序列

引物名称	引物序列（5'→3'）	产物大小/bp
正向引物	TWCATGCACATCGCBGG	281
反向引物	CCGCGGATGTCAAA	

表2 实时荧光 RT-PCR 扩增引物和探针

引物和探针名称	引物和探针序列（5'→3'）	产物大小/bp
正向引物	ACTCTGAGCGGTGTCCGC	64
反向引物	GATGTGCATGAAGGCCCACT	
探针	FAM - TGACGACGCCTTCAATGCAGCC-BHQ1	

七、检测方法的确定

（一）生物安全措施

实验操作及处理按照 GB 19489 的规定，由具备相关资质的工作人员进行相应操作。

（二）采样及样本的处理

标准规定了以下样本的采集及处理方法：动物脏器组织，胃内容物、盲肠内容物或粪便，细菌培养物，实验动物饲料、垫料和饮水，实验动物设施设备样本。

（三）样本 DNA 提取

规定了样本 DNA 的提取方法。

（四）普通 PCR

1. 普通 PCR 反应体系

普通 PCR 反应体系见表 3。反应液的配制在冰上操作，每次反应同时设计阳性对照、阴性对照和空白对照。其中，以含有小鼠腺病毒的组织或细胞培养物提取的 DNA 作为阳性对照模板；以不含有小鼠腺病毒 DNA 样本（可以是正常动物组织或正常细胞培养物）作为阴性对照模板；空白对照为非模版对照（no template control，NTC）。所有样本和对照设置两个平行反应。若使用其他公司 PCR 试剂，应按照其说明书规定的反应体系进行操作。

表 3　普通 PCR 反应体系

试剂	用量/μL	终浓度
2×Premix Taq Mix （Loading dye mix）	10	1×
ddH₂O	6.4	
PCR 正向引物（10 μmol/L）	0.8	0.4 μmol/L
PCR 反向引物（10 μmol/L）	0.8	0.4 μmol/L
DNA 模板	2	
总体积	20	

2. 普通 PCR 反应参数

普通 PCR 反应参数见表 4。

表 4　普通 PCR 反应参数

步骤	温度/℃	时间	循环数
预变性	94	5 min	1
变性	95	30 s	35
退火	55	30 s	
延伸	72	30 s	
后延伸	72	5 min	1

注：可使用其他等效的 PCR 检测试剂盒进行，反应体系和反应参数可做相应调整。

3. PCR 产物的琼脂糖凝胶电泳检测和拍照

将适量 50×TAE 稀释成 1×TAE 溶液，配制含核酸染料溴化乙锭的 1.5% 琼脂糖凝胶。PCR 反应结束后，取 10 μL PCR 产物在 1.5% 琼脂糖凝胶进行电泳检测，以 DNA 分子质量作为参照。电压大小根据电泳槽长度来确定，一般控制在 3~5 V/cm，当上样染料移动到凝胶边缘时关闭电源。电泳完成后在凝胶成像系统拍照记录电泳结果。

（五）实时荧光 PCR

1. 实时荧光 PCR 反应体系

实时荧光 PCR 反应体系见表 5。反应液的配制在冰上操作，每次反应同时设计阳性对照、阴性对照和空白对照。其中，以含有小鼠腺病毒的组织或细胞培养物提取的 DNA 作为阳性对照模板；以不含有小鼠腺病毒 DNA 样本（可以是正常动物组织或正常细胞培养物）作为阴性对照模板；空白对照为非模版对照（no template control，NTC）。所有样本和对照设置两个平行反应。若使用其他公司实时荧光 PCR 试剂，应按照其说明书规定的反应体系进行操作。

表 5　实时荧光 PCR 反应体系

反应组分	用量/μL	终浓度
2×Premix Ex Taq Mix	10	1×
正向引物（10 μmol/L）	0.8	400 nmol/L
反向引物（10 μmol/L）	0.8	400 nmol/L
探针（5 μmol/L）	1	250 nmol/L
Rox（50×）	0.4	
cDNA 模板	2	
ddH$_2$O	5	
总体积	20	

注：试剂 Rox 只在具有 Rox 荧光校正通道的实时荧光 PCR 仪上进行扩增时添加，否则用水补齐。

2. 实时荧光 PCR 反应参数

实时荧光 PCR 反应参数见表 6。试验检测结束后，根据收集的荧光曲线和 Ct 值判定结果。

表 6　实时荧光 PCR 反应参数

步骤	温度/℃	时间	循环数	采集荧光信号
预变性	95	30 s	1	否
变性	95	5 s	40	否
退火，延伸	60	34 s		是

注：可使用其他等效的实时荧光 PCR 检测试剂盒进行，反应体系和反应参数可进行相应调整。

八、结果判定

（一）普通 PCR 结果判定

1）质控标准

阴性对照和空白对照未出现条带，阳性对照出现预期大小（281 bp）的目的扩增条带则表明反应体系运行正常；否则此次试验无效，需重新进行普通 PCR 扩增。

2）结果判定

（1）质控成立条件下，若样本未出现预期大小（281 bp）的扩增条带，则可判定样本小鼠腺病毒核酸检测阴性。

（2）质控成立条件下，若样本出现预期大小（281 bp）的扩增条带，则可判定样本小鼠腺病毒核酸检测阳性。

（二）实时荧光 PCR 结果判定

1. 结果分析和条件设定

直接读取检测结果，基线和阈值设定原则根据仪器的噪声情况进行调整，以阈值线刚好超过正常阴性样品扩增曲线的最高点为准。

2. 质控标准

（1）空白对照无 Ct 值，并且无荧光扩增曲线，一直为水平线。

（2）阴性对照无 Ct 值，并且无荧光扩增曲线，一直为水平线。

（3）阳性对照 Ct 值≤35，并且有明显的荧光扩增曲线，则表明反应体系运行正常；否则此次试验无效，需重新进行实时荧光 PCR 扩增。

3. 结果判定

（1）质控成立条件下，若待检测样品无荧光扩增曲线，则判定样品小鼠腺病毒核酸检测阴性。

（2）质控成立条件下，若待检测样品有荧光扩增曲线，且 Ct 值≤35 时，则判断样品中小鼠腺病毒核酸检测阳性。

（3）质控成立条件下，若待检测样品 Ct 值介于 35 和 40 之间，应重新进行实时荧光 PCR 检测。重新检测后，若 Ct 值≥40，则判定样品未检出小鼠腺病毒。重新检测后，若 Ct 值仍介于 35 和 40 之间，则判定样品小鼠腺病毒可疑阳性，需进一步进行序列测定。

（三）序列测定

必要时，可取待检样本扩增出的阳性 PCR 产物进行核酸序列测定。序列结果与已公开发表的小鼠腺病毒特异性片段序列进行比对，序列同源性在 90% 以上，可确诊待检样本小鼠腺病毒核酸阳性，否则判定小鼠腺病毒核酸阴性。

九、检测过程中防止交叉污染的措施

给出了检测过程中如何防止交叉污染的措施，具体按照 GB/T 19495.2 中的要求执行。

十、附录 A

本标准附录为规范性附录，给出了试剂的配制方法。

第六节 分析报告

一、材料与方法

（一）菌株和临床样本

小鼠腺病毒 FL 株（Mad，ATCC VR-550 ）、小鼠多瘤病毒（Poly ATCC VR-252）、小鼠细小病毒（MVM，ATCC VR-1346）、鼠痘病毒（Ect，VR 1374）、小鼠巨细胞病毒（MCMV，

ATCC VR-1399）、小鼠淋巴白血病病毒（MLLV ATCC VR-190）购自美国典型微生物菌种保藏中心；MPV 核酸由本实验室分离保存；BHK 细胞（ATCC CCL-10）购自美国典型微生物菌种保藏中心；pGEM-T easy 克隆载体购自 Promega 公司；大肠杆菌 *E.coli* DH5α 购自宝生物工程（大连）有限公司（TaKaRa 公司）。临床样本包括 100 份 SPF 小鼠和 76 份普通环境开放饲养小鼠。

（二）引物及探针的合成

普通 PCR 引物序列见表 1；实时荧光 PCR 引物和探针序列见表 2。引物和探针均由 Invitrogern（广州）公司合成。

（三）样品核酸提取

处理好的组织或细胞样品使用组织基因组提取试剂盒（Qiagen 公司）按操作说明书进行；盲肠内容物和粪便样品采用粪便基因组 DNA 提取试剂盒 DP302-02（天根公司）进行核酸提取。

（四）Mad 质粒标准品的制备

分别将普通 PCR 及荧光 PCR 扩增片段克隆至 T 载体中构建阳性质粒对照。以提取的 Mad DNA 为模板，用 Premix Ex Taq（TaKaRa 公司）进行 PCR，反应体系为：2×Premix Ex Taq 25 μL，上游引物（10μmol/L） 2.5 μL，下游引物（10μmol/L）2.5 μL，DNA 5 μL，加 RNase Free dH$_2$O 至 50 μL。反应条件：94℃ 2 min，一个循环；94℃ 30 s、55℃ 30 s、72℃ 30 s，共 35 个循环；最后 72℃ 延伸 10 min。将反应得到目的片段用胶回收试剂盒回收目的片段，将回收的目的片段连接至 pMD-19T 载体，并转化至 DH5α 感受态细胞中。用含有 Amp 的 LB 琼脂平板筛选阳性克隆，用 PCR 鉴定阳性克隆菌，并对阳性重组质粒测序验证。用质粒提取试剂盒提取质粒，微量紫外分光光度计测定浓度与纯度，根据下面的公式计算拷贝数。拷贝数（copies/μL）=6.022×10^{23}（copies/mol）×DNA 浓度（g/μL）/质量 MW（g/mol）。其中，MW= DNA 碱基数（bp）×660 daltons/bp，DNA 碱基数=载体序列碱基数+插入序列碱基数。

（五）普通 PCR 检测方法的建立和优化

PCR 试剂采用 TaKaRa 公司的 rTaq Premix，反应体系为 20 μL：DNA 模板 2 μL，2×Premix Buffer（含 Mg^{2+}、dNTP、rTaq 酶）10 μL，上游引物（10 μmol/L）1 μL，下游引物（10 μmol/L）1 μL，补 H$_2$O 至 20 μL。反应条件：94℃ 5 min，94℃ 30 s、55℃ 30 s、72℃ 30 s，共 35 个循环，最后 72℃延伸 5 min。反应完成后取 10 μL 扩增产物，1.5%琼脂糖凝胶电泳，紫外灯下观察结果。

（六）实时荧光 PCR 检测方法的建立和条件优化

参照 TaKaRa 公司 Premix Ex Taq™ Probe qPCR Kit 试剂盒操作说明配制 Mad 实时荧光 PCR 反应体系，以 Mad 质粒标准品作为反应模板，采用矩阵法对多重荧光 PCR 反应体系中引物（0.1~0.6 μmol/L）和 TaqMan 探针浓度（0.1~0.6 μmol/L）进行反应条件优化，同时设置 BHK 细胞 DNA 为阴性对照，水为空白对照。以反应的前 3~15 个循环的荧光信号为荧光本底信号，通过比较 Ct 值和荧光强度增加值（绝对荧光强度与背景荧光强度的差值，ΔRn）来判断优化结果；采用二温循环法对反应的退火温度和循环次数进行优化。

（七）特异性试验

分别采用建立的普通 PCR 和实时荧光 PCR 方法进行特异性分析。对小鼠多瘤病毒、小鼠细小病毒 MVM 株、MPV 株、小鼠巨细胞病毒（MCMV）、小鼠淋巴白血病病毒（MLLV）、小家鼠螺杆菌（*H. muridarum*）DNA 进行检测，每种病毒 2 个重复孔。同时设立小鼠腺病毒 DNA 为阳性对照，BHK 细胞 DNA 为阴性对照，水为空白对照。

（八）敏感性试验

将质粒标准品用 Easy dilution（TaKaRa 公司）做 10 倍系列稀释。利用表 5 和表 6 中优化后的反应体系和条件测定各稀释度的 Ct 值，以 Ct 值为纵坐标、以起始模板浓度的对数为横坐标，绘制标准曲线，确定检测方法的敏感性。

（九）重复性试验

将 Mad 质粒标准品进行梯度稀释，设置 4 个水平的重复性对照，包括：R1，不含 Mad 的样本；R2，Mad 浓度为 $2×10^4$copies/mL；R3，Mad 浓度为 $1×10^6$copies/mL；R4，Mad 浓度为 $1×10^8$copies/mL。对 4 份 10 倍系列稀释的质粒标准品在同一次反应中进行 10 次重复测定，对各稀释度的 Ct 值进行统计，计算同一次检测中每个样品各反应管之间的变异系数（CV%）。

（十）检测方法在临床样品中的检测应用

1. 人工感染样品的临床检测应用

人工感染试验在本实验室的屏障环境实验间［SYXK（粤）2012-0122］进行。SPF 级 BALB/c 小鼠 36 只，购于广东省医学实验动物中心（No.44007200018834），实验前，随机抽取部分动物血清经酶联免疫吸附试验（ELISA）检测确定为 Mad 抗体阴性。取浓度约为 $4.5×10^6$ copies/μL 的病毒液，腹腔注射病毒液 0.2 mL/只。动物接种病毒后，观察 60 天。每天观察动物的皮毛、外观、行为活动、饮食和精神状态，并在感染后第 3 天、7 天、10 天、15 天、18 天、21 天、30 天、37 天、44 天、51 天、60 天时，随机各取 3 只，活体采集动物血清进行抗体检测；同时，安乐死处死动物后采集心、肝、脾、肺、肾、脑、胃、盲肠内容物，按照 DNA 抽提试剂盒操作步骤提取样本 DNA，用本研究建立的荧光 PCR 方法进行检测，每份做 3 个重复检测，观察扩增曲线，并用普通 PCR 引物对 qPCR 扩增阳性 DNA 进行验证。

2. 临床样品的检测应用

应用 Mad 普通 PCR 和实时荧光 PCR 检测方法进行临床应用评价。临床样品包括 SPF 小鼠和开放饲养小鼠。SPF 小鼠来源于 2010~2014 年本实验室收到的广东、湖北、北京、四川、云南和上海等各地送检的 SPF 级活体小鼠或小鼠粪便 100 份；开放饲养小鼠为从广州周边地区收集的 76 只 KM 小鼠和褐家鼠。

二、结果

（一）普通 PCR 检测方法的建立

按照 1.5 反应体系和条件进行 PCR 扩增，完成后取 10 μL 扩增产物，1.5%琼脂糖凝胶电泳，紫外灯下观察结果。结果表明，Mad 阳性样本在约 280 bp 位置有一条目的条带，与预期结果相符（图 1）。

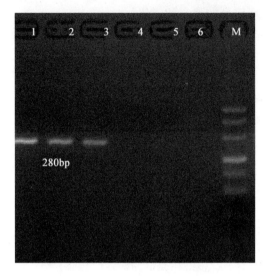

图 1　Mad 普通 PCR 电泳结果

M，DNA Marker DL500；1~3，Mad 阳性样本；4~6，阴性对照

（二）普通 PCR 检测方法特异性试验结果

采用建立的 Mad 普通 PCR 方法对小鼠多瘤病毒（Poly）、小鼠细小病毒 MVM 株、MPV 株、小鼠腺病毒（Mad）、小鼠巨细胞病毒（MCMV）、小鼠淋巴白血病病毒（MLLV）、小家鼠螺杆菌 DNA 进行检测，验证该方法的特异性。结果显示，仅阳性对照孔有约 280 bp 目的条带，其他病原核酸无目的条带（图 2）。

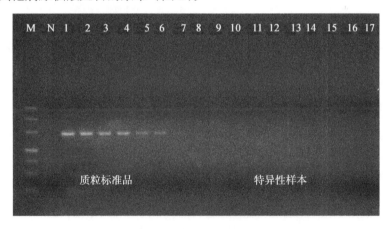

图 2　Mad 普通 PCR 敏感性试验和特异性试验结果

M，500bp DNA Marker；N，空白对照；1~9 依次为 $6.6×10^8$~$6.6×10^0$copies/μL 质粒 DNA；11~16
依次为 Poly、MVM、MPV、MCMV、MLLV 、肝螺杆菌 DNA 对照；17，细胞对照阴性

（三）普通 PCR 检测方法敏感性试验

将 MAD 质粒标准品用 Easy dilution（TaKaRa 公司）做 10 倍系列稀释，得到 $1×10^8$~$1×10^0$copies/μL 系列标准模板。按 1.5 所述方法进行检测，测定模板最低检出量，普通 PCR 检测敏感性为 $6.6×10^2$ copies/μL（图 2）。

（四）实时荧光 PCR 反应体系的建立和优化

以重组质粒 DNA 为模板，采用矩阵法对引物和探针浓度进行优化。通过对引物浓度（0.1~0.6 μmol/L）、探针浓度（0.1~0.6 μmol/L）、退火温度（55~65℃）进行条件优化，筛选出最佳反应体系如下：2×Premix Ex Taq 10 μL，上、下游引物终浓度 0.4 μmol/L，探针终浓度 0.2 μmol/L，Mad DNA 模板 2 μL，加 RNase Free dH$_2$O 至 20 μL。反应程序两步法为：95℃ 30 s；95℃ 5 s，60℃ 34 s，40 个循环。读板温度为 60℃。结果见表 7、表 8，图 3、图 4。

表 7 Mad 实时荧光 PCR 引物优化结果

Mad-R 用量	Mad-F 用量					
	0.1 μmol/L	0.2 μmol/L	0.3 μmol/L	0.4 μmol/L	0.5 μmol/L	0.6 μmol/L
0.1 μmol/L	26.30/26.12	26.03/26.14	25.67/25.78	25.73/25.47	26.21/26.10	27.01/27.14
0.2 μmol/L	26.39/26.42	25.93/26.08	26.01/25.99	25.38/25.22	26.03/26.10	26.38/26.47
0.3 μmol/L	25.86/26.11	25.20/25.24	25.45/25.31	25.25/25.13	25.78/25.51	26.72/27.00
0.4 μmol/L	26.49/26.46	25.43/25.35	25.54/25.65	25.07/25.05	25.51/25.71	26.97/26.84
0.5 μmol/L	26.75/26.57	26.26/26.31	26.01/26.14	25.63/25.44	25.53/25.66	27.09/26.96
0.6 μmol/L	26.84/26.93	26.42/26.68	26.15/26.11	26.38/26.13	27.01/27.07	27.24/27.52

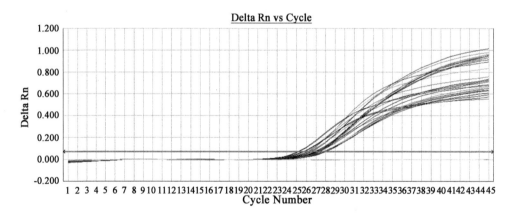

图 3 Mad 实时荧光 PCR 引物量优化实验结果

表 8 Mad 实时荧光 PCR 探针优化结果

	Mad-P 终浓度					
	0.1 μmol/L	0.2 μmol/L	0.3 μmol/L	0.4 μmol/L	0.5 μmol/L	0.6 μmol/L
Ct 值	27.21/27.35	25.81/25.59	25.63/25.78	25.78/25.71	25.73/25.81	26..01/26.07

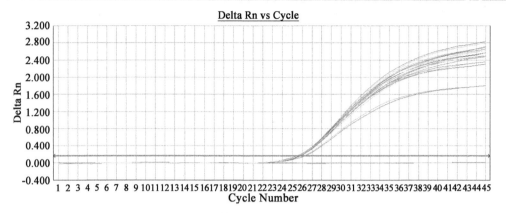

图 4　Mad 实时荧光 PCR 探针优化实验结果

（五）实时荧光 PCR 定量标准曲线的建立及敏感性试验

将 Mad 质粒标准品 Easy dilution（TaKaRa 公司）做 10 倍系列稀释，得到 $1×10^9$~$1×10^0$copies/μL 系列标准模板。利用优化后的反应体系和条件测定各稀释度的 Ct 值，以 Ct 值为纵坐标、以起始模板浓度的对数为横坐标绘制标准曲线。结果可见，各梯度之间间隔的 Ct 值基本相等，无模板对照（no template control，NTC）没有荧光扩增曲线为阴性结果。以标准品稀释拷贝数的对数值为横坐标、以临界循环数（threshold cycle，Ct）为纵坐标建立荧光实时定量 PCR 的标准曲线，标准品在 $1×10^8$~$1×10^1$ copies/μL 具有良好的线性关系（图 5）。其线性回归方程为 Ct= –3.363X（拷贝数）+ 36.63，标准曲线斜率为–3.35，根据公式计算得扩增效率 E = $10^{1/3.35}$–1 =0.982，即扩增效率为 98.2%，相关系数 R^2=0.9992（图 6），说明 PCR 扩增该标准品的效率较高，线性关系良好。标准品 $1×10^0$copies/μL 无扩增曲线，故本方法检测的灵敏度为 10 copies/μL。

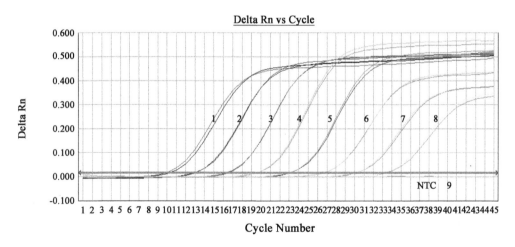

图 5　Mad 实时荧光 PCR 方法敏感性试验结果

1~8，依次为 $1×10^8$~$1×10^1$ copies/μL 标准品；9，$1×10^0$ copies/μL 标准品；NTC 为阴性模板对照

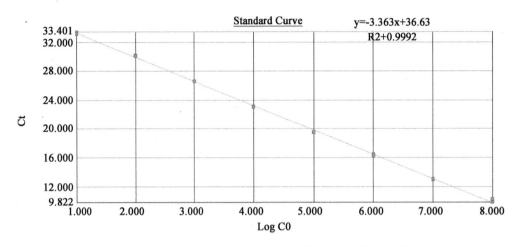

图6 Mad 实时荧光 PCR 方法 10 倍系列稀释标准品的标准曲线

（六）实时荧光 PCR 特异性试验

实时荧光 PCR 方法特异性分析显示：仅小鼠腺病毒 DNA 出现扩增曲线，对小鼠多瘤病毒、小鼠细小病毒 MVM 株、MPV 株、小鼠巨细胞病毒（MCMV）、小鼠淋巴白血病病毒（MLLV）、小家鼠螺杆菌（*H. muridarum*）DNA 及细胞对照和空白对照均无扩增曲线（图7）。

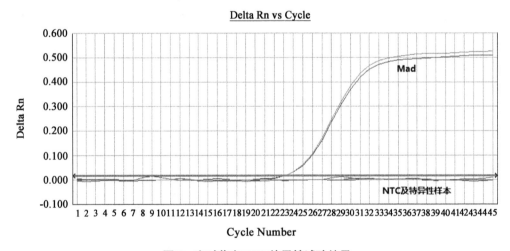

图7 实时荧光 PCR 特异性试验结果

（七）实时荧光 PCR 重复性试验

将 Mad 质粒标准品进行梯度稀释，设置 4 个水平的重复性对照，包括：R1，不含 Mad 的样本；R2，Mad 浓度为 $2×10^4$ copies/mL；R3，Mad 浓度为 $1×10^6$ copies/mL，R4，Mad 浓度为 $1×10^8$ copies/mL。进行检测方法重复性检测，批内及批间重复性试验的变异系数均小于 2%（表9），表明建立实时荧光 PCR 方法重复性好，方法稳定可靠。

表 9　Mad 重复性试验数据（Ct）及变异系数（CV）

样本浓度/ （copies/mL）	10 次检测结果（Ct 值）										CV 值
	1	2	3	4	5	6	7	8	9	10	
0	无	无	无	无	无	无	无	无	无	无	0
2×10^4	34.56	34.97	34.25	33.98	34.12	34.65	33.79	34.65	34.58	34.97	1.17%
1×10^6	27.81	27.91	28.05	28.16	28.45	28.53	28.75	28.23	28.45	28.67	1.11%
1×10^8	21.98	22.03	21.79	22.29	22.45	22.36	22.17	22.28	22.23	22.38	0.94%

（八）临床检测应用

1. 对人工感染 MAD 样本的检测

1）qPCR 检测组织病毒含量变化

感染后第 3 天及第 7 天小鼠各组织病毒核酸检测阳性率均为 100%（3/3），其中以脾脏 100% 阳性检测率维持时间最长（图 8A）。感染后第 7 天病毒核酸在脾脏组织中含量最高，其次是心脏、盲肠和胃，最低的是肺脏和肝脏（图 8B）。小鼠体内各组织病毒含量均在人工感染后第 7 天达到高峰（肝脏在第 3 天），随后病毒核酸开始下降（图 8C、图 8D）。

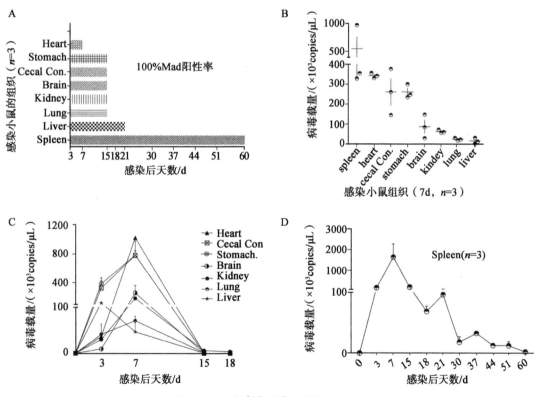

图 8　Mad 病毒在感染小鼠各组织差异

A. 100% 核酸阳性率在各组织的维持时间；B. 0~18 天心、盲肠内容物、胃、脑、肾、肺、肝 Mad 病毒核酸含量变化；
C. 各组织感染第 7 天核酸含量差异；D. 0~60 天脾脏 Mad 病毒核酸含量变化

2）人工感染鼠 Mad 血清抗体滴度变化

感染小鼠体内抗体滴度随着感染时间迁移而升高，接种后 15 天可测出阳性抗体[阳性率为 100%（3/3）]，在 37 天达到峰值，此后至 60 天可一直维持高水平。为便于计算，抗体滴度用 Log2 的指数表示（图 9）。

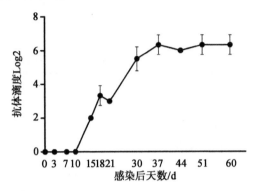

图 9　感染 BALB/c 小鼠抗 Mad 血清抗体的测定（$n=3$）

2.　临床样品的检测应用

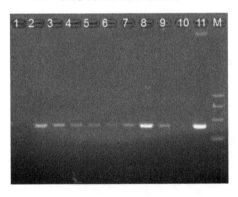

图 10　Mad 临床阳性样本普通 PCR 鉴定

（1）送检 SPF 小鼠样品检测：应用 Mad 普通 PCR 和实时荧光 PCR 检测方法对 2012~2014 年送检的 100 份 SPF 级活体小鼠或粪便样品进行检测，结果检出 0 份阳性，阳性率为 0。

（2）阳性样本普通 PCR 和测序鉴定：荧光 PCR 检测 76 份开放环境先饲养小鼠样品，检测到 8 份阳性；使用普通 PCR 引物对阳性样本进行 PCR 扩增，凝胶电泳结果显示片段大小为 280 bp 左右，与预期片段大小一致，并送公司测序，证实为 Mad 阳性（图 10、图 11）。

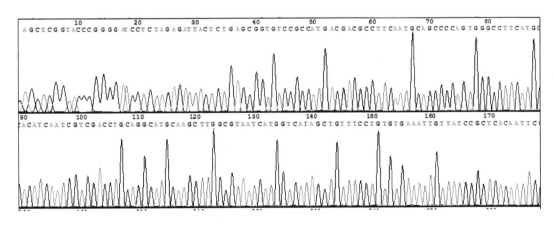

图 11　临床阳性样本测序图

3. 抗体检测与核酸检测结果比较

人工感染试验分别在接种小鼠腺病毒后每隔 3 天取样, 对血清样本进行 ELISA 抗体检测, 同时用 qPCR 及普通 PCR 检测方法进行组织样本 Mad 核酸检测。检测结果见表 10。结果可见, 小鼠血清抗体在感染后第 15 天开始检出, 第 18~60 天一直维持在高抗体水平, 而 qPCR 及普通 PCR 检测方法在感染后第 3 天开始检测到 Mad 核酸阳性, 第 3 天组织含毒量最高, 此后组织排毒逐渐下降, 持续至第 60 天脾脏组织仍能检测到 Mad 核酸阳性, 含毒量较高组织为脾脏。普通 PCR 检测阳性率结果与 qPCR 接近。

表 10　Mad 人工感染试验抗体检测与分子检测结果比较

样本采集时间/d	感染组		
	抗体阳性率	qPCR 各组织阳性率	普通 PCR 各组织阳性率
0	0/3	0/24	0/24
3	0/3	24/24	24/24
7	0/3	24/24	23/24
15	3/3	15/16	5/16
18	3/3	13/24	4/19
21	3/3	16/24	10/24
30	2/2	10/24	5/24
37	3/3	16/24	7/24
44	3/3	9/24	3/24
51	3/3	4/24	4/24
60	3/3	5/24	1/24

该结果表明, 采用血清学和病原学检测方法对同一只动物进行检测时, 可能出现不一致的结果, 这是由于病原感染动物后的不同阶段, 抗原和抗体不同消长规律所造成的。在本感染实验中可见在 Mad 感染后约 2 周左右出现抗体, 早期抗体检测为阴性, 而抗原分子检测早在感染后 3 天就能检测到; 在 Mad 抗体维持高滴度水平期间, 仍然可在动物组织中检测到 Mad 病原核酸, 抗原抗体同时存在, 因此在临床监测中, 分子检测方法可作为抗体检测的有效补充手段。

第七节　其 他 说 明

一、国内外同类标准分析

本标准为国内原创标准, 国际上无类似标准。

二、与法律法规、标准关系

本标准的编制依据为现行的法律、法规和国家标准，与这些文件中的规定相一致。目前实验动物国家标准没有小鼠腺病毒普通 PCR 和实时荧光 PCR 检测方法标准，本标准作为团体标准是对现有标准的有利补充。

三、重大分歧的处理和依据

从标准结构框架和制定原则的确定、标准的引用、有关技术指标和参数的试验验证、主要条款的确定直到标准草稿征求专家意见（通过函寄和会议形式，多次咨询和研讨），均未出现重大意见分歧的情况。

四、标准实施要求和措施

本标准发布实施后，建议通过培训班、会议宣传和网络宣传等形式积极开展宣传贯彻培训活动。面向各行业开展动物实验的机构和个人，宣传传贯彻彻标准内容。

参 考 文 献

贺争鸣，范文平，卫礼，等．1997．小鼠腺病毒单克隆抗体的研制及初步应用．中国实验动物学报，12：76-79．

贺争鸣，吴惠英，卫礼，等．1998．小鼠腺病毒在鼠群中心感染及血清学检测方法的比较．北京实验动物学，2：16-20．

田克恭．1992．实验动物病毒性疾病．北京：中国农业出版社：41-45．

王吉，卫礼，巩薇，等．2008．2003~2007 年我国实验小鼠病毒抗体检测结果与分析．实验动物与比较医学，6：394-396．

王翠娥，陈立超，周倩，等．2014．实验大鼠和小鼠多种病毒的血清学检测结果分析．实验动物科学，2：20-24．

姚新华，郭英飞．2015．实时荧光定量 PCR 快速检测腺病毒方法的建立与评价．解放军预防医学杂志，4（33）：127-129．

Adams MJ．2012．Virus Taxonomy：Adenoviridae-Family．Elsevier Inc：125-141．

Baker DG．1998．Natural Pathogens of laboratory mice，rats，and rabbits and their effects on research．Clinical Microbiology Reviews，11（2）：231-266．

Becker SD，Bennett M，Stewart JP，et al．2007．Serological survey of virus infection among wild house mice（*Mus domesticus*）in the UK．Lab Anim，41：229-238．

Bootz F，Sieber I，Popovic D，et al. 2003. Comparison of the sensitivity of in vivo antibody production tests with *in vitro* PCR-based methods to detect infectious contamination of biological materials．Laboratory Animals，37（4）：341-351．

Blailock ZR，Rabin ZR，Melnick JL．1967．Adenovirus endocarditis in mice．Science，157：69-70．

Blailock ZR，Rabin ER，Melnick JL. 1968. Adenovirus myocarditis in mice. An electron microscopic study. Exp Mol Pathol，9（1）：84-96．

Charles PC, Guida JD, Brosnan CF, et al. 1998. Mouse adenovirus type-1 replication is restricted to vascular endothelium in the CNS of susceptible strains of mice. Virology, 245: 216-228.

Davison AJ, Benko M, Harrach B. 2003. Genetic content and evolution of adenoviruses. The Journal of General Virology, 84: 2895-2908.

Ginder DR. 1964. Increased susceptibility of mice infected with mouse adenoviruses to *Escherichia coli*-induced pyelonephritis. J Exp Med, 120: 1117-1128.

Gralinski LE, Ashley SL, Dixon SD, et al. 2009. Mouse adenovirus type 1-induced breakdown of the blood-brain barrier. The Journal of Virology, 83 (18), 93-98.

Guida JD, Fejer G, Pirofski LA, et al. 1995. Mouse adenovirus type 1 causes a fatal hemorrhagic encephalomyelitis in adult C57BL/6 but not BALB/c mice. J Virol, 69: 7674-7681.

Hartley JW, Rowe WP. 1960. A new mouse virus apparently related to the ade-novirus group. Virology, 11: 645-647.

Hashimoto K, Sugiyama T, Sasaki S. 1996. An Adenovirus Isolated from the Feces of Mice I. Isolation and identification. Japanese Journal of Microbiology, 10 (2): 115-125.

Klempa B, Krüger DH, Auste B, et al. 2009. A novel cardiotropic murine adenovirus representing a distinct species of mastadenoviruses. Journal of Virology, 83 (11): 5749-5759.

McCarthy MK, Procario MC, Twisselmann N, et al. 2015. Proinflammatory effects of interferon gamma in mouse adenovirus 1 myocarditis. J Virol, 89 (1): 468-479.

van der Veen J, Mes A. 1974. Serological classification of two mouse adenoviruses. Archv Für Die Gesamte Virusforsorchung, 45 (4): 386-387.

第十八章　T/CALAS 46—2017《实验动物　多瘤病毒 PCR 检测方法》实施指南

第一节　工作简况

根据中国实验动物学会实验动物标准化专业委员会下达的 2017 年团体标准制（修）订计划安排，由广东省实验动物监测所负责团体标准《实验动物　多瘤病毒 PCR 检测方法》起草工作。该项目由全国实验动物标准化技术委员会（SAC/TC281）技术审查，由中国实验动物学会归口管理。

本标准的编制工作按照中华人民共和国国家标准 GB/T1.1—2009《标准化工作导则》第 1 部分"标准的结构和编写规则"要求进行编写。本标准是在国家科技支撑计划"实验动物质量检测关键技术研究"（项目编号 2013BAK11B01）、广东省科技计划项目"广东省实验动物检测技术平台"（项目编号 2011B040200010）课题基础上制定而成的，在制定过程中参考了国内外相关文献，对方法的敏感性、特异性、重复性等进行了研究，并对所建立的标准方法进行了应用研究，建立了可行、稳定、特异的多瘤病毒普通 PCR 和实时荧光PCR 检测方法。

第二节　工作过程

本标准由中国实验动物学会实验动物标准化专业委员会提出，广东省实验动物监测所按照团体标准研制要求和编写工作的程序组成了由单位专家和专业技术人员参加的编写小组，制订了编写方案，并就编写工作进行了任务分工。编制小组根据任务分工进行了资料收集和调查研究工作，在国家科技支撑计划"实验动物质量检测关键技术研究"（项目编号2013BAK11B01）和广东省科技计划项目"广东省实验动物检测技术平台"（项目编号2011B040200010）课题研究基础上，组织编写实验动物多瘤病毒（Poly）普通 PCR 和实时荧光 PCR 检测方法技术资料，通过起草组成员的努力，经多次修改、补充和完善，形成了标准和编制说明初稿。

2017 年 3 月,标准草案首先征求中国实验动物学会实验动物标准化专业委员会的意见，专家对标准稿提出了系列修订建议和意见。根据提出的意见，编制组对《实验动物　多瘤病毒 PCR 检测方法》标准草案进行修改，形成本标准征求意见稿和编制说明。

2017 年 4~6 月，标准征求意见稿在中国实验动物学会网站公开征求意见，共收集意见或建议 3 条，编制组根据专家提出的修改意见和建议，采纳 2 条，未采纳 1 条。对《实验

动物　多瘤病毒 PCR 检测方法》团体标准整理修改后，形成标准送审稿、标准送审稿编制说明和征求意见汇总处理表。

2017 年 8 月 30 日，全国实验动物标准化技术委员会在北京召开了标准送审稿专家审查会。会议由全国实验动物标准化技术委员会的委员组成审查组，认真讨论了标准送审稿编制说明、征求意见汇总处理表，提出了修改意见和建议。与会专家认为本标准填补了多瘤病毒分子检测方法空白，是国标的有力补充，一致同意通过审查。会后，编制组根据与会专家提出的修改意见，对《实验动物　多瘤病毒 PCR 检测方法》团体标准修改完善后形成标准报批稿、标准报批稿编制说明和征求意见处理汇总表。

2017 年 10 月 10 日，编写组就 8 月 30 日的专家意见进行了讨论修改，形成了报批稿。

2017 年 12 月 29 日，中国实验动物学会第七届理事会常务理事会第一次会议批准发布包括本标准在内的《实验动物　教学用动物使用指南》等 23 项团体标准，并于 2018 年 1 月 1 日起正式实施。

第三节　编　写　背　景

小鼠多瘤病毒（Ploymal virus，Poly）属于多瘤病毒科、多瘤病毒属，是已知最小的致癌病毒之一。核酸为双股 DNA，病毒粒子呈圆形，无囊膜。鼠多瘤病毒具有高度的肿瘤原性，在自然条件下多呈隐性感染，可引起实验小鼠和野生小鼠的地方性流行，人工感染可使小鼠、大鼠等动物产生各种肿瘤。病毒可在多种组织器官内复制，幼鼠于出生后数月内能自然受成年鼠的尿或唾液感染；亦能发生宫内感染，导致幼鼠变小或胎儿被吸收。多瘤病毒感染不仅对实验动物本身造成危害，还对科研工作造成潜在干扰，是国标中 SPF 级小鼠需要排除的病原体，快速准确地检测 Poly 是有效防制该病的前提。目前，国内 Poly 感染诊断方法主要是针对抗体检测的血清学检测方法如酶联免疫吸附试验（ELISA）、免疫荧光试验（IFA）等，但是这些方法不能应用于免疫功能低下或免疫缺陷小鼠（如 SCID 小鼠和裸小鼠等）的检测，因为它们不能产生正常的抗体反应，而且血清学检测方法不适用于病毒早期感染的诊断，检测结果也不能真实反映疾病感染的真实情况。此外，抗体检测有一定局限性，一般只有活体动物才能采集血清用于检测，对病死动物和一些动物源性的生物制品（如动物细胞及其他生物材料）检测造成限制。抗原检测方面，常规病毒分离鉴定方法既复杂又烦琐，不利于日常检测。

随着分子生物学的迅速发展，以 PCR 技术为基础的各种分子生物学诊断技术成为 Poly 病毒感染诊断的重要手段。PCR 病原检测方法具有特异性强、敏感度高、诊断快速等传统诊断方法所无法比拟的优点。美国和欧盟许多实验动物质量检测实验室都推荐采用 PCR 技术作为实验动物病原的检测方法。国内一些实验动物检测机构也开展了实验动物病原 PCR 检测技术研究，增加实验动物病毒分子生物学检测技术方法主要应用于无血清实验动物样本的快速检测，是实验动物质量控制必不可少的方法。广东省实验动物监测所自 2011 年起进行多瘤病毒分子诊断方法研究，通过大量临床样本试验证明 PCR 检测方法具有敏感高、特异强、重复性好的特点。

第四节 编 制 原 则

本标准的编制主要遵循以下原则。

（1）科学性原则。在尊重科学、亲身实践、调查研究的基础上，制定本标准。

（2）可操作性原则。本标准无论是从样品采集、处理、DNA 抽提到 PCR 反应，均操作简单，仅需 4 h 即可完成，具有可操作性和实用性。

（3）协调性原则。以切实提高我国实验动物多瘤病毒检测技术水平为核心，符合我国现行有关法律、法规和相关的标准要求。

第五节 内 容 解 读

本标准内容组成：范围；规范性引用文件；术语、定义及缩略语；检测方法原理；主要设备和材料；试剂；检测方法；结果判定；检测过程中防止交叉污染的措施；附录，共 10 章。现将《实验动物 多瘤病毒 PCR 检测方法》征求意见稿主要技术内容确定说明如下。

一、本标准范围的确定

本标准规定适用于小鼠及其产品、细菌培养物、实验鼠环境和鼠源性生物制品中多瘤病毒的检测。

二、规范性引用文件

下列文件对于本文件的应用是必不可少的。凡是注明日期的引用文件，仅所注日期的版本适用于本文件。凡是不注日期的引用文件，其最新版本（包括所有的修改单）适用于本文件。

GB 19489 《实验室 生物安全通用要求》

GB/T 14926.29—2001 《实验动物 多瘤病毒检测方法》

GB/T 19495.2 《转基因产品检测 实验室技术要求》

三、术语、定义及缩略语

为方便标准的使用，本标准规定了以下术语、定义及缩略语。

（一）术语及定义

1.

聚合酶链反应 polymerase chain reaction，PCR

体外酶催化合成特异 DNA 片段的方法：模板 DNA 先经高温变性成为单链，在 DNA 聚合酶作用和适宜的反应条件下，根据模板序列设计的两条引物分别与模板 DNA 两条链上相应的一段互补序列发生退火而相互结合，接着在 DNA 聚合酶的作用下以 4 种 dNTP 为底物，使引物得以延伸，然后不断重复变性、退火和延伸这一循环，使欲扩增的基因片段以几何倍数扩增。

2.

实时荧光聚合酶链反应 real-time PCR，实时荧光 PCR

实时荧光 PCR 方法是在常规 PCR 的基础上，在反应体系中加入特异性荧光探针，利用荧光信号积累实时检测整个 PCR 进程，通过检测每次循环中的荧光发射信号，间接反映了 PCR 扩增的目标基因的量，最后通过扩增曲线对未知模板进行定性或定量分析。本标准中将"PCR"称为"普通 PCR"是为了与"实时荧光 PCR"进行区别，避免名称混淆。

3.

Ct 值 cycle threshold

实时荧光 PCR 反应中每个反应管内的荧光信号达到设定的阈值时所经历的循环数。

（二）缩略语

CPE 细胞病变效应 cytopathic effect

DNA 脱氧核糖核酸 deoxyribonucleic acid

PBS 磷酸盐缓冲液 phosphate buffered saline

Poly 多瘤病毒 Polyoma virus

四、检测方法原理

用合适的方法提取样本中的病毒 DNA，针对 POLY 病毒核酸 T-antigen 保守基因序列设计一对特异的普通 PCR 引物；针对病原的 VP1 保守基因序列设计一套特异的实时荧光 PCR 引物和探针序列，分别通过 PCR 和实时荧光 PCR 对模板 DNA 进行扩增，根据 PCR 和实时荧光 PCR 检测结果判定该样品中是否含有病毒核酸成分。采用实时荧光 PCR，可以减少检测过程的污染风险。同时，实时荧光 PCR 比普通 PCR 检测灵敏度要高，可用于普通 PCR 检测结果的验证。

PCR 的基本工作原理是：以拟扩增的 DNA 分子为模板，以一对分别与模板 5′ 端和 3′ 端互补的寡核苷酸片段为引物（primer），在耐热 DNA 聚合酶的作用下，按照半保留复制的机制沿着模板链延伸直至完成新的 DNA 分子合成。重复这一过程，即可使目的 DNA 片段得以大量扩增。实时荧光 PCR 则设计合成一对特异性引物和一条特异性探针，探针两端分别标记一个报告荧光基团和一个淬灭荧光基团。探针完整时，报告基团发射的荧光信号被淬灭基团吸收；PCR 扩增时，*Taq* 酶的 5′ →3′ 外切酶活性将探针酶切降解，使报告荧光基团和淬灭荧光基团分离，淬灭作用消失，荧光信号产生并被检测仪器接受，随着 PCR 反应的循环进行，PCR 产物与荧光信号的增长呈对应关系。

五、主要设备和材料

规定了检测方法所需要的设备和材料。

六、试剂

（1）灭菌 PBS。配制方法在标准附录中给出。

（2）DNA 抽提试剂：基因组 DNA 提取试剂盒 DNeasy Blood & Tissue Kit（Qiagen 公

司，Cat.No.69504），或其他等效产品。DNA 抽提试剂给出了具体的信息，目的是为了方便标准的使用者，并不表示对该产品的认可。如果其他等效产品具有相同的效果，则可以使用这些等效产品。

（3）无水乙醇。

（4）PCR 试剂：Premix Taq TM(Version 2.0 plus dye)(TaKaRa 公司，Cat.No.RR901A)，或其他等效产品。PCR 试剂均给出了具体的信息，目的是为了方便标准的使用者，并不表示对该产品的认可。如果其他等效产品具有相同的效果，则可以使用这些等效产品。

（5）实时荧光 PCR 试剂：TaqMan® Universal PCR Master Mix (Thermo Fisher Scientific 公司，Cat.No. 4304437)，或其他等效产品。实时荧光 PCR 试剂均给出了具体的信息，目的是为了方便标准的使用者，并不表示对该产品的认可。如果其他等效产品具有相同的效果，则可以使用这些等效产品。

（6）DNA 分子质量标准：100~2000 bp。

（7）50×TAE 电泳缓冲液，配制方法在标准附录中给出。

（8）溴化乙锭：10 mg/mL 配制方法在标准附录中给出；或其他等效产品。

（9）1.5%琼脂糖凝胶，配制方法在标准附录中给出。

（10）引物和探针：根据表1、表2的序列合成普通 PCR 引物及实时荧光 PCR 引物及探针，引物及探针加无 RNase 去离子水配制成 10 μmol/L 和 5 μmol/L 储备液，–20℃保存。

表 1　普通 PCR 引物序列

引物名称	引物序列（5′→3′）	产物大小/bp
正向引物	ATGTGCACAGCGTGTA	369
反向引物	TGTCATCGGGCTCAGC	

表 2　实时荧光 PCR 扩增引物和探针

引物和探针名称	引物和探针序列（5′→3′）	产物大小/bp
正向引物	CGGCGTCTCTAAATGCGAG	69
反向引物	AGCAGTTTGGGAACGGGTG	
探针	FAM - CAAAATGTACAAAGGCCTGTCCAAGACCC -BHQ1	

七、检测方法的确定

（一）生物安全措施

实验操作及处理按照 GB 19489 的规定，由具备相关资质的工作人员进行相应操作。

（二）采样及样本的处理

标准规定了以下样品的采集处理方法：动物脏器组织，胃内容物、盲肠内容物或粪便，细菌培养物，实验动物饲料、垫料和饮水，实验动物设施设备样本。

（三）样本 DNA 提取

规定了样本 DNA 的提取方法。

（四）普通 PCR

1. 普通 PCR 反应体系

普通 PCR 反应体系见表 3。反应液的配制在冰上操作，每次反应同时设计阳性对照、阴性对照和空白对照。其中，以含有多瘤病毒病的组织或细胞培养物提取的 DNA 作为阳性对照模板；以不含有多瘤病毒 DNA 样本（可以是正常动物组织或正常细胞培养物）作为阴性对照模板；空白对照为非模版对照（no template control，NTC）。所有样本和对照设置两个平行反应。若使用其他公司 PCR 试剂，应按照其说明书规定的反应体系进行操作。

表 3　PCR 反应体系

试剂	用量/μL	终浓度
2×Premix Taq Mix （Loading dye mix）	10	1×
ddH₂O	6.4	
PCR 正向引物（10 μmol/L）	0.8	0.4 μmol/L
PCR 反向引物（10 μmol/L）	0.8	0.4 μmol/L
DNA 模板	2	
总体积	20	

2. 普通 PCR 反应参数

普通 PCR 反应参数见表 4。

表 4　普通 PCR 反应参数

步骤	温度/℃	时间	循环数
预变性	94	5 min	1
变性	95	30 s	35
退火	55	30 s	
延伸	72	30 s	
后延伸	72	5 min	1

注：可使用其他等效的 PCR 检测试剂盒进行，反应体系和反应参数可进行相应调整。

3. PCR 产物的琼脂糖凝胶电泳检测和拍照

将适量 50×TAE 稀释成 1×TAE 溶液，配制含核酸染料溴化乙锭的 1.5%琼脂糖凝胶。PCR 反应结束后，取 10 μL PCR 产物在 1.5%琼脂糖凝胶进行电泳检测，以 DNA 分子质量作为参照。电压大小根据电泳槽长度来确定，一般控制在 3~5 V/cm，当上样染料移动到凝胶边缘时关闭电源。电泳完成后在凝胶成像系统拍照记录电泳结果。

（五）实时荧光 PCR

1. 实时荧光 PCR 反应体系

实时荧光 PCR 反应体系见表 5。反应液的配制在冰上操作，每次反应同时设计阳性对照、阴性对照和空白对照。其中，以含有多瘤病毒的组织或细胞培养物提取的 DNA

作为阳性对照模板；以不含有多瘤病毒 DNA 样本（可以是正常动物组织或正常细胞培养物）作为阴性对照模板；空白对照为非模版对照（no template control，NTC）。所有样本和对照设置两个平行反应。若使用其他公司实时荧光 PCR 试剂，应按照其说明书规定的反应体系进行操作。

表 5　实时荧光 PCR 反应体系

反应组分	用量/μL	终浓度
2×Premix Ex Taq Mix	10	1×
正向引物（10 μmol/L）	0.8	400 nmol/L
反向引物（10 μmol/L）	0.8	400 nmol/L
探针（5μmol/L）	1	250 nmol/L
Rox（50×）	0.4	
cDNA 模板	2	
ddH₂O	5	
总体积	20	

注：试剂 Rox 只在具有 Rox 荧光校正通道的实时荧光 PCR 仪上进行扩增时添加，否则用水补齐。

2. 实时荧光 PCR 反应参数

实时荧光 PCR 反应参数见表 6，试验检测结束后，根据收集的荧光曲线和 Ct 值判定结果。

表 6　实时荧光 PCR 反应参数

步骤	温度/℃	时间/s	循环数	采集荧光信号
预变性	95	30	1	否
变性	95	5	40	否
退火，延伸	60	34		是

注：可使用其他等效的实时荧光 PCR 检测试剂盒进行，反应体系和反应参数可做相应调整。

八、结果判定

（一）普通 PCR 结果判定

1. 质控标准

阴性对照和空白对照未出现条带，阳性对照出现预期大小（369 bp）的目的扩增条带则表明反应体系运行正常；否则此次试验无效，需重新进行普通 PCR 扩增。

2. 结果判定

（1）质控成立条件下，若样本未出现预期大小（369 bp）的扩增条带，则可判定样本多瘤病毒核酸检测阴性。

（2）质控成立条件下，若样本出现预期大小（369 bp）的扩增条带，则可判定样本多瘤病毒核酸检测阳性。

（二）实时荧光 PCR 结果判定

1. 结果分析和条件设定

直接读取检测结果，基线和阈值设定原则根据仪器的噪声情况进行调整，以阈值线刚好超过正常阴性样本扩增曲线的最高点为准。

2. 质控标准

（1）空白对照无 Ct 值，并且无荧光扩增曲线，一直为水平线。

（2）阴性对照无 Ct 值，并且无荧光扩增曲线，一直为水平线。

（3）阳性对照 Ct 值≤30，并且有明显的荧光扩增曲线，则表明反应体系运行正常；否则此次试验无效，需重新进行实时荧光 PCR 扩增。

3. 结果判定

（1）质控成立条件下，若待检测样本无荧光扩增曲线，则判定样本多瘤病毒核酸检测阴性。

（2）质控成立条件下，若待检测样本有荧光扩增曲线，且 Ct 值≤35 时，则判断样本多瘤病毒核酸检测阳性。

（3）质控成立条件下，若待检测样本 Ct 值介于 35 和 40 之间，应重新进行实时荧光 PCR 检测。重新检测后，若 Ct 值≥40，则判定样本未检出多瘤病毒。重新检测后，若 Ct 值仍介于 35 和 40 之间，则判定样本多瘤病毒可疑阳性，需进一步进行序列测定。

（三）序列测定

必要时，可取待检样本扩增出的阳性 PCR 产物进行核酸序列测定。序列结果与已公开发表的多瘤病毒特异性片段序列进行比对，序列同源性在 90% 以上，可确诊待检样本多瘤病毒核酸阳性，否则判定多瘤病毒核酸阴性。

九、检测过程中防止交叉污染的措施

按照 GB/T 19495.2 中的要求执行。

十、附录 A

本标准附录为规范性附录，给出了试剂的配制方法。

第六节　分析报告

一、材料与方法

（一）菌株和临床样本

多瘤病毒（Poly ATCC VR-252）、小鼠腺病毒 FL 株（Mad，ATCC VR-550）、小鼠细小病毒（MVM，ATCC VR-1346）、鼠痘病毒（Ect，VR 1374）、小鼠巨细胞病毒（MCMV，ATCC VR-1399）、小鼠淋巴白血病病毒（MLLV ATCC VR-190）购自美国典型微生物菌种保藏中心；MPV 核酸由本实验室分离保存；BHK 细胞（ATCC CCL-10）购自美国典型微生物菌种保藏中心；pGEM-T easy 克隆载体购自 Promega 公司；大肠杆菌 *E.coli* DH5α 购自宝生物工程（大连）有限公司（TaKaRa 公司）。临床样本包括：本实验室人工感染品 18 份，临床送检 SPF 小鼠活体小鼠或小鼠粪便样品 86 份。

（二）引物及探针的合成

普通 PCR 引物序列见表 1；实时荧光 PCR 引物和探针序列见表 2。引物和探针均由 Invitrogern（广州）公司合成。

（三）样品核酸提取

处理好的组织或细胞样品使用组织基因组提取试剂盒（Qiagen 公司）按操作说明书进行；盲肠内容物和粪便样品采用粪便基因组 DNA 提取试剂盒 DP302-02（天根公司）进行核酸提取。

（四）质粒标准品的制备

分别将普通 PCR 及荧光 PCR 扩增片段克隆至 T 载体中构建阳性质粒对照。以提取的 Poly DNA 为模板，用 Premix Ex Taq（TaKaRa 公司）进行 PCR，反应体系为：2×Premix Ex Taq 25 μL，上游引物（10 μmol/L）2.5 μL，下游引物（10 μmol/L）2.5 μL，DNA 5 μL，加 RNase Free dH$_2$O 至 50μL。反应条件：94℃ 2 min，一个循环；94℃ 30 s、55℃ 30 s、72℃ 30 s，共 35 个循环；最后 72℃ 延伸 10 min。将反应得到目的片段用胶回收试剂盒回收，将回收的目的片段连接至 pMD-19T 载体并转化至 DH5α 感受态细胞中。用含有 Amp 的 LB 琼脂平板筛选阳性克隆，用 PCR 鉴定阳性克隆菌，并对阳性重组质粒测序验证。用质粒提取试剂盒提取质粒，微量紫外分光光度计测定浓度与纯度，根据下面的公式计算拷贝数。拷贝数（copies/μL）=6.022 ×10^{23}（copies/mol）×DNA 浓度（g/μL）/质量 MW（g/mol）。其中，MW= DNA 碱基数（bp）×660 daltons/bp，DNA 碱基数=载体序列碱基数+插入序列碱基数。

（五）普通 PCR 检测方法的建立和优化

PCR 试剂采用 TaKaRa 公司的 rTaq Premix，反应体系为 20 μL：DNA 模板 2 μL，2×Premix Buffer（含 Mg^{2+}、dNTP、rTaq 酶）10 μL，上游引物（10 μmol/L）1 μL，下游引物（10 μmol/L）1 μL，补 H$_2$O 至 20 μL。反应条件：94℃ 5 min，94℃ 30 s、55℃ 30 s、72℃ 30 s，共 35 个循环，最后 72℃延伸 5 min。反应完成后取 10 μL 扩增产物，1.5%琼脂糖凝胶电泳，紫外灯下观察结果。

（六）实时荧光 PCR 检测方法的建立和条件优化

参照 TaKaRa 公司 Premix Ex Taq™ Probe 实时荧光 PCR Kit 试剂盒操作说明配制 Poly 实时荧光 PCR 反应体系，以 Poly 质粒标准品作为反应模板，采用矩阵法对多重荧光 PCR 反应体系中引物（0.1~1.0 μmol/L）和 TaqMan 探针浓度（0.2~1.0 μmol/L）进行反应条件优化，同时设置 BHK 细胞 DNA 为阴性对照，水为空白对照。以反应的前 3~15 个循环的荧光信号为荧光本底信号，通过比较 Ct 值和荧光强度增加值（绝对荧光强度与背景荧光强度的差值，ΔRn）来判断优化结果；采用二温循环法对反应的退火温度和循环次数进行优化。

（七）特异性试验

分别采用建立的普通 PCR 和实时荧光 PCR 方法进行特异性分析。对小鼠腺病毒 FL 株（Mad）、小鼠细小病毒 MVM 株、MPV 株、多瘤病毒（Poly）、小鼠巨细胞病毒（MCMV）、小鼠淋巴白血病病毒（MLLV）、小家鼠螺杆菌（*H. muridarum*）DNA 进行检测，每种病毒 2 个重复孔。同时设立小鼠多瘤病毒 DNA 为阳性对照，BHK 细胞 DNA 为阴性对照，水为空白对照。

（八）敏感性试验

将质粒标准品用 Easy dilution（TaKaRa 公司）做 10 倍系列稀释。利用表 5 和表 6 中优化后的反应体系和条件测定各稀释度的 Ct 值，以 Ct 值为纵坐标、以起始模板浓度的对数为横坐标，绘制标准曲线，确定检测方法的敏感性。

（九）重复性试验

取 3 份阳性感染 Ploy 的 BHK 细胞 DNA，用该方法测定 3 次；每次试验每个样本设 3 个重复孔，计算批内、批间差异，从而对本方法检测的重复性进行考核。

（十）实时荧光检测方法在临床样品中的检测应用

1．人工感染样品的临床检测应用

人工感染试验在本实验室的屏障环境实验间［SYXK（粤）2012-0122］进行。用 Poly 细胞毒（Ct 值为 28.33）对 1 日龄 BALB/c 小鼠进行 0.5 μL 滴鼻感染，感染后 1 周再滴鼻感染 10 μL，共感染 6 只；另设 2 只阴性对照小鼠，滴鼻等量灭菌生理盐水。饲养小鼠至 21 日龄,断颈处死后收集肺脏、脾脏和粪便,按照 DNA 抽提试剂盒操作步骤提取样本 DNA，用本研究建立的荧光 PCR 方法分别对 6 只攻毒鼠与 2 只阴性小鼠各组织器官样品进行检测，每份做 3 个重复检测，观察扩增曲线。同时，用普通 PCR 引物对实时荧光 PCR 扩增阳性粪便 DNA 进行复检，设立阴性对照，凝胶电泳观察结果。

2．对临床样品的检测

用建立的荧光 PCR 方法对来自广东省广州市实验鼠场的 86 份送检粪便样品进行了测定，同时设立阳性对照，观察各样品的扩增曲线与 Ct 值。同时，用普通 PCR 引物对实时荧光 PCR 扩增阳性粪便 DNA 进行复检，设立阴性对照，凝胶电泳观察结果。

二、结果

（一）普通 PCR 检测方法的建立

按照表 5 反应体系和条件进行 PCR 扩增，完成后取 10 μL 扩增产物，1.5%琼脂糖凝胶电泳，紫外灯下观察结果。结果表明，Poly 阳性样本在约 370 bp 位置有一条目的条带，与预期结果相符（图 1）。

（二）普通 PCR 检测方法特异性试验结果

采用建立的 Poly 普通 PCR 方法对多瘤病毒（Poly）、小鼠腺病毒 FL 株（Mad）、小鼠细小病毒 MVM 株、MPV 株、多瘤病毒（Poly）、小鼠巨细胞病毒（MCMV）、小鼠淋巴白血病病毒（MLLV）DNA 进行检测，验证该

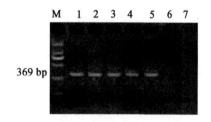

图 1　Poly 普通 PCR 电泳结果

M，DNA Marker DL2000；1~5，Poly 阳性样本；6、7，阴性对照

方法的特异性。结果显示，仅阳性对照孔有约 369 bp 目的条带，其他病原核酸无目的条带（图 2）。

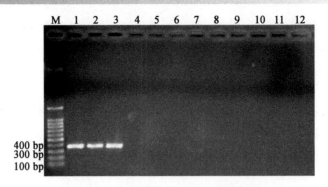

图 2 Poly 普通 PCR 特异性试验结果

M，100 bp DNA Marker；1~3，Poly 阳性对照；4~10 依次为 MAD、MVM、MPV、
MCMV、MLLV、肝螺杆菌 DNA 对照；10~12，阴性样本对照

（三）普通 PCR 检测方法敏感性试验

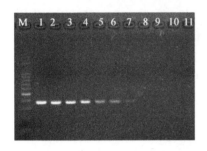

图 3 Poly 普通 PCR 检测方法敏感性试验结果

M，100 bp DNA Marker；1~10 依次为 2.1×10^9 ~$2.1 \times$
10^0copies/uL 质粒 DNA；11，阴性对照

将 Poly 质粒标准品用 Easy dilution（TaKaRa 公司）做 10 倍系列稀释，得到 2.1×10^9 ~2.1×10^0copies/μL 系列标准模板。按表 5 所述方法进行检测，测定模板最低检出量，普通 PCR 检测敏感性为 2.1×10^3 copies/μL（图 3）。

（四）实时荧光 PCR 反应体系的建立和优化

以重组质粒 DNA 为模板，通过对引物浓度（0.1~1.0 μmol /L）、探针浓度（0.2~1.0 μmol /L）、退火温度（55~65℃）进行条件优化，筛选出最佳反应体系如下：2×Premix Ex Taq 10 μL，

上、下游引物终浓度 0.4 μmol /L，探针终浓度 0.8 μmol /L，Poly DNA 模板 2 μL，加无 RNase dH₂O 至 20 μL。反应程序两步法为：95℃ 30 s；95℃ 5 s，60℃ 34 s，40 个循环。读板温度为 60℃。

（五）实时荧光 PCR 定量标准曲线的建立及敏感性试验

将 Poly 质粒标准品 Easy dilution（TaKaRa 公司）做 10 倍系列稀释，得到 1×10^9 ~1×10^0copies/μL 系列标准模板。利用优化后的反应体系和条件测定各稀释度的 Ct 值，以 Ct 值为纵坐标、以起始模板浓度的对数为横坐标绘制标准曲线。结果可见，各梯度之间间隔的 Ct 值基本相等，无模板对照（no template control，NTC）没有荧光扩增曲线为阴性结果。以标准品稀释拷贝数的对数值为横坐标、以临界循环数（threshold cycle，Ct）为纵坐标建立荧光实时定量 PCR 的标准曲线，标准品在 1×10^8 ~1×10^1copies/μL 范围内具有良好的线性关系（图 4）。其线性回归方程为 Ct= –3.35X（拷贝数）+ 39.67，标准曲线斜率为–3.35，根据公式计算得扩增效率 E = $10^{1/3.35}$–1 =0.976，即扩增效率为 97.6%，相关系数 R^2=0.9993（图 5），说明实时荧光 PCR 扩增该标准品的效率较高，线性关系良好。标准品 1×10^0copies/μL 无扩增曲线，故本方法检测的灵敏度为 10copies/μL。

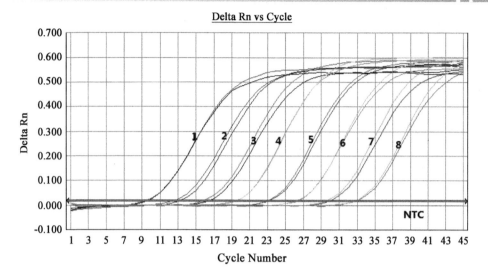

图4 10倍系列稀释标准品的实时荧光扩增曲线

1~8，依次为 $1×10^8$~$1×10^1$ copies/μL 标准品；NTC，$1×10^0$ copies/μL 标准品和无模板对照

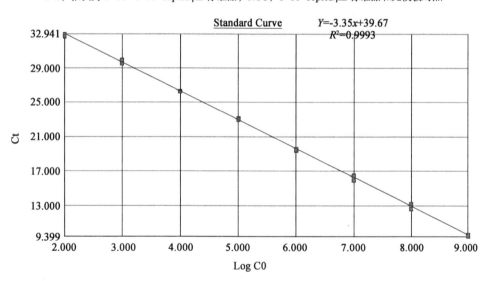

图5 10倍系列稀释标准品的标准曲线

（六）实时荧光 PCR 特异性试验

用所建立的实时荧光 PCR 方法对小鼠多瘤病毒及其他非小鼠多瘤病毒的病原 DNA 或 cDNA 进行检测，只有小鼠多瘤病毒 DNA 出现特异性扩增，在小鼠巨细胞病毒（MCMV）、小鼠细小病毒 MVM 株（MVM）、鼠痘病毒（ECT）、小鼠腺病毒（MAD）、小鼠脑脊髓炎病毒（TMEV）、呼肠孤病毒 III 型（Reo-3）、仙台病毒（SV）、小鼠肝炎病毒（MHV）、小鼠诺如病毒（MNV）、小家鼠螺杆菌（*H. muridarum*）、BHK 细胞阴性对照及水空白对照组中无扩增（图6）。

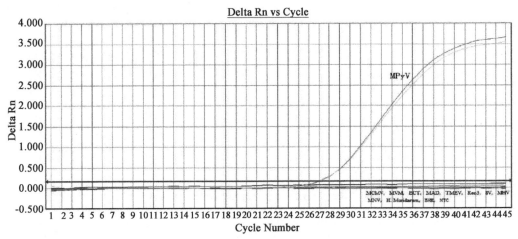

图6 实时荧光 PCR 特异性试验结果

（七）荧光 PCR 重复性试验

用实时荧光 PCR 对 3 份不同的阳性细胞毒 DNA 进行重复性检测，每次试验每个样本设 3 个重复，并对检测结果进行统计学分析，做出批内批间重复性评价。结果表明，批内检测变异系数（CV） 均小于 0.85%（表 7），批间检测变异系数（CV）均小于 1.13%（表 8）。

表7 阳性样本批内重复性实验

阳性样本	Ct 值			平均值	变异系数（CV）/%
	1	**2**	**3**		
1	27.96	28.33	28.06	28.12	0.69
2	24.53	24.62	24.53	24.56	0.20
3	21.68	21.53	21.90	21.70	0.85

表8 阳性样本批间重复性实验

阳性样本	Ct 值			平均值	变异系数（CV）/%
	1	**2**	**3**		
1	28.12	28.06	28.43	28.20	0.70
2	24.56	24.76	24.79	24.70	0.50
3	21.70	21.88	22.19	21.92	1.13

（八）临床检测应用

1. 对人工感染 Poly 组织样本的检测

人工感染试验分别在接种 Poly 病毒后每隔 3 天采血和动物组织心、肝、脾、肺、肾、颌下腺、盲肠内容物等，对血清样本进行 ELISA 抗体检测，同时用实时荧光 PCR 及普通 PCR 检测方法进行组织样本 Poly 核酸检测。检测结果如图 7 所示，实时荧光 PCR 检测方法在感染后第 3 天开始，3 只小鼠各组织 Poly 核酸全部阳性，感染后第 7 天各组织核酸含毒量最高，39 天后部分组织中检测不到 Poly 核酸，含毒量较高组织为脾脏、盲肠内容物、颌下腺；采样至 60 天仍可从脾脏组织中检测到高拷贝量 Poly 病原。普通 PCR 检测阳性率结果与实时荧光 PCR 接近。

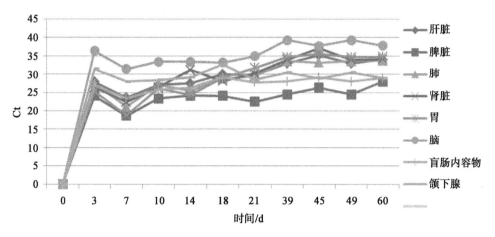

图 7　人工感染试验各组织带毒量实时荧光 PCR 监测结果

2．临床样品调查结果

用本研究建立的实时荧光 PCR 方法对广东省广州市一家大型实验鼠场抽样送检的 84 份粪便样品进行了测定，检出 3 只小鼠粪便中含有多瘤病毒。普通 PCR 引物对对此 3 份粪便 DNA 进行 PCR 扩增，凝胶电泳结果显示片段大小为 370 bp 左右，与预期片段大小一致，送公司测序，证实为 Poly 阳性（图 8）。

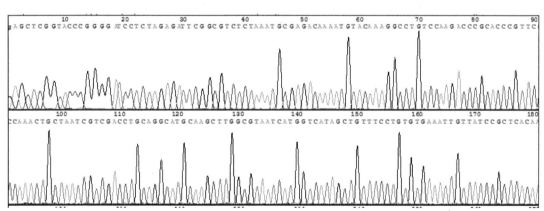

图 8　临床阳性样本测序图

3．抗体检测与核酸检测结果比较

人工感染试验分别在接种 Poly 病毒后每隔 3 天取 3 只动物进行血清和组织采样，对血清样本进行 ELISA 抗体检测，同时用实时荧光 PCR 及普通 PCR 检测方法进行组织样本 Poly 核酸检测。检测结果见表 9。由结果可见，小鼠血清抗体在感染后第 14 天开始检出，第 21~60 天一直维持在高抗体水平，而实时荧光 PCR 及普通 PCR 检测方法在感染后第 3 天开始检测到 Poly 核酸阳性，第 7 天组织含毒量达到最高，此后组织排毒持续至第 60 天仍能检测到，含毒量较高组织为脾脏、盲肠内容物，采样至 60 天仍可从脾脏组织中检测到高拷贝量 Poly 病原。普通 PCR 检测阳性率结果与实时荧光 PCR 接近。

该结果表明，采用血清学和病原学检测方法对同一只动物进行检测时，可能出现不一致的结果，这是由于病原感染动物后的不同阶段，抗原和抗体不同消长规律所造成的。在本感染实验中可见在 Poly 感染早期抗体检测为阴性，而抗原分子检测早在感染后 3 天就能检测到；在 Poly 抗体维持高滴度水平期间，仍然可在动物组织中检测到高拷贝量的 Poly 病原核酸，抗原抗体同时存在，因此在本项目临床监测中，分子检测方法可作为抗体检测的有效补充手段。

表 9　Poly 人工感染试验抗体检测与分子检测结果比较

样本采集时间/d	感染组		
	抗体阳性率	实时荧光 PCR 各组织阳性率	普通 PCR 各组阳性率
0	0/3	0/27	0/27
3	0/3	25/27	22/27
7	0/3	27/27	24/27
10	0/3	27/27	24/27
14	1/3	26/27	25/24
18	3/3	27/27	24/27
21	3/3	25/27	21/27
39	3/3	19/27	13/27
45	3/3	15/27	11/27
49	3/3	19/27	17/27
60	3/3	16/27	15/27

第七节　其 他 说 明

一、国内外同类标准分析

本标准为国内原创标准，国际上无类似标准。

二、与法律法规、标准关系

本标准的编制依据为现行的法律、法规和国家标准，与这些文件中的规定相一致。目前实验动物国家标准没有多瘤病毒普通 PCR 和实时荧光 PCR 检测方法标准，本标准作为团体标准是对现有标准的有利补充。

三、重大分歧的处理和依据

从标准结构框架和制定原则的确定、标准的引用、有关技术指标和参数的试验验证、主要条款的确定直到标准草稿征求专家意见（通过函寄和会议形式，多次咨询和研讨），均未出现重大意见分歧的情况。

四、标准实施要求和措施

本标准发布实施后，建议通过培训班、会议宣传和网络宣传等形式积极开展宣传贯彻培训活动。面向各行业开展动物实验的机构和个人，宣传贯彻标准内容。

<h1 style="text-align:center">参 考 文 献</h1>

葛文平，张旭，高翔，等. 2012. 我国商业化 SPF 级小鼠病原体污染分析. 中国比较医学杂志，（03）: 65-68.

刘晓丹. 2014. 鼠多瘤病毒样颗粒的表达及纯化. 天津：天津大学硕士学位论文.

佟巍，张丽芳，向志光，等. 2013. 北京地区 2011~2012 年度实验小鼠 POLY 病毒感染情况调查与分析. 中国比较医学杂志，23（12）: 40-43.

吴宝成，张红星. 1997. 人和动物的多瘤病毒. 广西科学，（1）: 75-80.

谢军芳. 2009. TMEV、Ect、LCMV、POLY 和 PVM 病毒免疫血清制备及 ELISA 等检测方法的研究. 北京：中国协和医科大学.

尹雪琴，袁文，王静，等. 2015. 实时荧光 TaqMan-PCR 检测小鼠多瘤病毒方法的建立. 中国比较医学杂志，（06）: 53-58.

张纯武，陈孝倩，白永恒，等. 2013. 同时检测人多瘤病毒和巨细胞病毒 PCR 技术的建立及在肾移植受者中的初步应用. 病毒学报，（4）: 410-414.

赵宜为，赵晓琰. 1999. 多瘤病毒分离株的研究. 微生物学杂志，（3）: 54-55.

郑文芝. 2012. 人多瘤病毒实时荧光 PCR 检测方法的建立及临床研究. 呼和浩特：内蒙古农业大学.

Benjamin TL. 2001. Polyoma virus: old findings and new challenges. Virology, 289（2）: 167-173.

Carroll J, Dey D, Kreisman L, et al. 2007. Receptor-binding and oncogenic properties of polyoma viruses isolated from feral mice. PLoS Pathog, 3（12）: e179.

Nakamichi K, Takayama-Ito M, Nukuzuma S, et al. 2010. Long-term infection of adult mice with murine polyomavirus following stereotaxic inoculation into the brain, Microbiol Immunol, 54（8）: 475-482.

Simon C, Klose T, Herbst S, et al. 2014. Disulfide linkage and structure of highly stable yeast-derived virus-like particles of murine polyomavirus. J Biol Chem, 289（15）: 10411-10418.

Sullivan CS, Sung CK, Pack CD, et al. 2009. Murine polyomavirusencodes a microRNA that cleaves early RNA transcripts but is notessential for experimental infection. Virology, 387（1）: 157-167.

Zhang S, McNees AL, Butel JS. 2005. Quantification of vertical transmission of murine polyoma virus by real-time quantitative PCR. J Gen Virol, 86（10）: 2721-2729.

第十九章 T/CALAS 47—2017《实验动物 猴免疫缺陷病毒 PCR 检测方法》实施指南

第一节 工 作 简 况

根据中国实验动物学会实验动物标准化专业委员会下达的 2017 年团体标准制（修）订计划安排，由广东省实验动物监测所负责团体标准《实验动物 猴免疫缺陷病毒 PCR 检测方法》起草工作。该项目由全国实验动物标准化技术委员会（SAC/TC281）技术审查，由中国实验动物学会归口管理。

本标准的编制工作按照中华人民共和国国家标准 GB/T1.1—2009《标准化工作导则》第 1 部分"标准的结构和编写规则"要求进行编写。本标准是在国家科技支撑计划"实验动物质量检测关键技术研究"（项目编号 2013BAK11B01）、广东省科技计划项目"广东省实验动物检测技术平台"（项目编号 2011B040200010）、"非人灵长类实验动物标准化服务平台"（穗科信字 2012 224-41 号）课题基础上制定而成的，在制定过程中参考了国内外相关文献，对方法的敏感性、特异性、重复性等进行了研究，并对所建立的标准方法进行了应用研究，建立了可行、稳定、特异的猴免疫缺陷病毒普通 RT-PCR 和实时荧光 RT-PCR 检测方法。

第二节 工 作 过 程

本标准由中国实验动物学会实验动物标准化专业委员会提出，广东省实验动物监测所按照团体标准研制要求和编写工作的程序组成了由单位专家和专业技术人员参加的编写小组，制订了编写方案，并就编写工作进行了任务分工。编制小组根据任务分工进行了资料收集和调查研究工作，在国家科技支撑计划"实验动物质量检测关键技术研究"（项目编号 2013BAK11B01）、广东省科技计划项目"广东省实验动物检测技术平台"（项目编号 2011B040200010）和"非人灵长类实验动物标准化服务平台"（穗科信字 2012 224-41 号）课题研究基础上，组织编写实验动物猴免疫缺陷病毒 RT-PCR 检测方法技术资料，通过起草组成员的努力，经多次修改、补充和完善，形成了标准和编制说明初稿。

2017 年 3 月，标准草案首先征求中国实验动物学会实验动物标准化专业委员会的意见，专家对标准稿提出了系列修订建议和意见。根据提出的意见，编制组对《实验动物 猴免疫缺陷病毒 PCR 检测方法》标准草案进行修改，形成本标准征求意见稿和编制说明。

2017 年 4~6 月，标准征求意见稿在中国实验动物学会网站公开征求意见，共收集意见或建议 5 条，编制组根据专家提出的修改意见和建议，采纳 4 条，未采纳 1 条。对《实验动物　猴免疫缺陷病毒 PCR 检测方法》团体标准整理修改后，形成标准送审稿、标准送审稿编制说明和征求意见汇总处理表。

2017 年 8 月 30 日，全国实验动物标准化技术委员会在北京召开了标准送审稿专家审查会。会议由全国实验动物标准化技术委员会的委员组成审查组，认真讨论了标准送审稿编制说明、征求意见汇总处理表，提出了修改意见和建议。与会专家认为本标准填补了猴免疫缺陷病毒分子检测方法空白，是国标的有力补充，一致同意通过审查。会后，编制组根据与会专家提出的修改意见，对《实验动物　猴免疫缺陷病毒 PCR 检测方法》团体标准修改完善后形成标准报批稿、标准报批稿编制说明和征求意见处理汇总表。

2017 年 10 月 10 日，编写组就 8 月 30 日的专家意见进行了讨论修改，形成了报批稿。

2017 年 12 月 29 日，中国实验动物学会第七届理事会常务理事会第一次会议批准发布包括本标准在内的《实验动物　教学用动物使用指南》等 23 项团体标准，并于 2018 年 1 月 1 日起正式实施。

第三节　编 写 背 景

非人灵长类动物由于具有与人高度相似的生理生化特征，在人类重大疾病的基础研究及新药临床评价中越来越受到人们的重视，如猴艾滋病（SAIDS）就是研究人艾滋病的主要动物模型。近年来，全世界实验猴的使用量剧增，我国每年出口和引进实验猴的数量也增多。为保证实验结果的科学性、准确性和可重复性，实验猴的质量标准化程度至关重要的。在实验猴疾病控制方面，已报道的多种实验猴病原如猴免疫缺陷病毒、猴淋巴细胞白血病病毒、猴逆转 D 型病毒、猴疱疹 B 病毒等，这些病原不仅影响实验猴质量，对实验结果造成干扰，而且有感染人或潜在感染人的危险，是国标中 SPF 级猴需要排除的病原体，也是进出口猴必须检测项目。

SIV 是 RNA 病毒，属逆转录病毒科、慢病毒亚科。SIV 感染宿主细胞后，首先将病毒的 RNA 转录成双链 DNA，后者再在整合酶的作用下，整合于宿主 DNA 中，形成前病毒。目前，国内 SIV 感染诊断方法主要是针对抗体检测的血清学检测方法如酶联免疫吸附试验（ELISA）、免疫酶试验（IEA）和免疫荧光试验（IFA）等。SIV 感染猴通常表现为无症状状态，且在感染的初期或终末期，动物免疫系统功能低下，常规血清学 SIV 抗体检测可能出现假阴性的结果，抗体检测方法不能真实反映动物体内的 SIV 病毒感染状态。对于需要进行实验动物种群净化的单位来说，通常需要增加病原检测方法。传统的 SIV 病原检测以病毒分离结果作为衡量病毒感染情况的重要指标，病毒分离的方法操作相对简便，结果稳定，特异性好，但培养周期过长，敏感性低，尤其在疾病的潜伏期和平台期，即血浆 RNA 病毒载量降低的情况下，病毒分离出现假阴性结果，不能真实反映 SIV 感染猴的病毒感染状态。因此，建立一个敏感的实验技术，对实验猴 SIV 感染后体内 SIV 病毒 RNA 或 DNA 前病毒水平进行实时监测是十分有必要的。

随着分子生物学的迅速发展，以 PCR 技术为基础的各种分子生物学诊断技术成为 SIV 病毒感染诊断的重要手段。PCR 病原检测方法具有特异性强、敏感度高、诊断快速等传统诊断方法所无法比拟的优点。美国和欧盟许多实验动物质量检测实验室都推荐采用 PCR 技术作为实验动物病原的检测方法。国内一些实验动物检测机构也开展了实验动物病原 PCR 检测技术研究，增加实验动物病毒分子生物学检测技术方法除了应用于实验动物质量检测之外，还可以应用于实验动物产品、实验动物接种物和污染环境评价等，具有快速、高效的特点。广东省实验动物监测所自 2011 年起进行猴免疫缺陷病毒普通 RT-PCR 及荧光定量 RT-PCR 检测方法研究，并通过大量临床样本试验证明建立的方法敏感高、特异性强、重复性好。

第四节 编 制 原 则

本标准的编制主要遵循以下原则。

（1）科学性原则。在尊重科学、亲身实践、调查研究的基础上，制定本标准。

（2）可操作性原则。本标准无论是从样品采集、处理、RNA/DNA 抽提到 PCR 反应，均操作简单，仅需 4 h 即可完成，具有可操作性和实用性。

（3）协调性原则。以切实提高我国实验动物猴免疫缺陷病毒检测技术水平为核心，符合我国现行有关法律、法规和相关的标准要求。

第五节 内 容 解 读

本标准内容组成：范围；规范性引用文件；术语、定义及缩略语；检测方法原理；主要设备和材料；试剂；检测方法；结果判定；检测过程中防污染措施；附录，共 10 章。现将《实验动物 猴免疫缺陷病毒 PCR 检测方法》征求意见稿主要技术内容确定说明如下。

一、本标准范围的确定

本标准适用于实验猴及其产品、细胞培养物、实验猴环境和猴源性生物制品中猴免疫缺陷病毒的检测。

二、规范性引用文件

下列文件对于本文件的应用是必不可少的。凡是注明日期的引用文件，仅所注日期的版本适用于本文件。凡是不注日期的引用文件，其最新版本（包括所有的修改单）适用于本文件。

GB/T 14926.62—2001 《实验动物 猴免疫缺陷病毒检测方法》

GB 19489 《实验室 生物安全通用要求》

GB/T 19495.2 《转基因产品检测 实验室技术要求》

三、术语、定义及缩略语

为方便标准的使用，本标准规定了以下术语、定义及缩略语。

（一）术语及定义

1.

聚合酶链反应 polymerase chain reaction，PCR

体外酶催化合成特异 DNA 片段的方法：模板 DNA 先经高温变性成为单链，在 DNA 聚合酶作用和适宜的反应条件下，根据模板序列设计的两条引物分别与模板 DNA 两条链上相应的一段互补序列发生退火而相互结合，接着在 DNA 聚合酶的作用下以 4 种 dNTP 为底物，使引物得以延伸，然后不断重复变性、退火和延伸这一循环，使欲扩增的基因片段以几何倍数扩增。

2.

逆转录-聚合酶链反应 reverse transcription polymerase chain reaction，RT-PCR

以 RNA 为模板，采用 Oligo（dT）、随机引物或特异性引物，RNA 在逆转录酶和适宜反应条件下，被逆转录成 cDNA，然后再以 cDNA 作为模板，进行 PCR 扩增。

3.

巢式 PCR nest polymerase chain reaction

巢式 PCR 通过两轮 PCR 反应，使用两套引物扩增特异性的 DNA 片段。第一对 PCR 引物扩增片段和普通 PCR 相似。第二对引物以第一轮 PCR 产物为模板，特异性地扩增位于首轮 PCR 产物内的一段 DNA 片段，从而大大提高了检测的敏感性和特异性。

4.

实时荧光逆转录-聚合酶链反应 real-time RT-PCR，实时荧光 RT-PCR

实时荧光 RT-PCR 方法是在常规 RT-PCR 的基础上，在反应体系中加入特异性荧光探针，利用荧光信号积累实时检测整个 PCR 进程，通过检测每次循环中的荧光发射信号，间接反映了 PCR 扩增的目标基因的量，最后通过扩增曲线对未知模板进行定性或定量分析。本标准中将 "RT-PCR" 称为 "普通 RT-PCR" 是为了与 "实时荧光 RT-PCR" 进行区别，避免名称混淆。

5.

Ct 值 cycle threshold

实时荧光 PCR 反应中每个反应管内的荧光信号达到设定的阈值时所经历的循环数。

（二）缩略语

CPE 细胞病变效应 cytopathic effect

DEPC 焦碳酸二乙酯 diethyl pyrocarbonate

DNA 脱氧核糖核酸 deoxyribonucleic acid

PBS 磷酸盐缓冲液 phosphate buffered saline

RNA 核糖核酸 ribonucleic acid

SIV 猴免疫缺陷病毒 Simian immunodeficiency virus

四、检测方法原理

猴免疫缺陷病毒属于逆转录病毒科、正逆转录病毒亚科、慢病毒属。病毒基因组的复制和转录都需要经过 DNA 中间体，这种 DNA 中间体称为前病毒。在临床检测中可通过检测样本中的 SIV RNA 或前病毒 DNA 进行诊断。根据猴免疫缺陷病毒保守序列病毒核酸保守序列 gag 基因设计巢式 PCR 引物 Gag-outF/R 和 Gag-inF/R，并设计一对荧光 PCR 引物及探针；通过巢式 PCR 或实时荧光 PCR 对 cDNA 进行扩增；也可以直接提取样本 DNA，对 SIV 前病毒 DNA 进行 PCR 扩增，根据 PCR 或实时荧光 PCR 检测结果判定该样品中是否含有病毒核酸成分。采用实时荧光 PCR，可以减少检测过程的污染风险，同时实时荧光 PCR 比普通 PCR 检测灵敏度要高，可用于普通 PCR 检测结果的验证。

五、主要设备和材料

规定了检测方法所需的设备和材料。

六、试剂

（1）灭菌 PBS，配制方法在标准附录中给出。

（2）无 RNase 去离子水：经 DEPC（焦炭酸乙二酯）处理的去离子水或商品无 RNase 水。配制方法在标准附录中给出。

（3）RNA 抽提试剂 TRIzol（Life Technologies 公司，Cat.No. 15596-026），或其他等效产品。RNA 抽提试剂给出了具体的信息，目的是为了方便标准的使用者，并不表示对该产品的认可。如果其他等效产品具有相同的效果，则可以使用这些等效产品。

（4）无水乙醇。

（5）75%乙醇（无 RNase 去离子水配制）。

（6）三氯甲烷（氯仿）。

（7）异丙醇。

（8）基因组 DNA 提取试剂盒 DNeasy Blood & Tissue Kit（Qiagen 公司，Cat.No.69504），或其他等效产品。DNA 抽提试剂给出了具体的信息，目的是为了方便标准的使用者，并不表示对该产品的认可。如果其他等效产品具有相同的效果，则可以使用这些等效产品。

（9）反转录试剂：PrimeScript® RT reagent Kit（TaKaRa 公司）或其他等效产品。逆转录试剂给出了具体的信息，目的是为了方便标准的使用者，并不表示对该产品的认可。如果其他等效产品具有相同的效果，则可以使用这些等效产品。

（10）PCR 试剂：Premix Taq ™（Version 2.0 plus dye）（TaKaRa 公司，Cat.No.RR901A）或其他等效产品。PCR 试剂均给出了具体的信息，目的是为了方便标准的使用者，并不表示对该产品的认可。如果其他等效产品具有相同的效果，则可以使用这些等效产品。

（11）DNA 分子质量标准：100~2000 bp。

（12）50×TAE 电泳缓冲液，配制方法在标准附录中给出。

（13）溴化乙锭：10 mg/mL，配制方法在标准附录中给出；或其他等效产品。

（14）1.5%琼脂糖凝胶，配制方法在标准附录中给出。

（15）实时荧光 RT-PCR 试剂：One Step Primerscript™ RT-PCR Kit（Perfect Realtime）（TaKaRa 公司，Cat.No.RR064A），或其他等效产品。实时荧光 RT-PCR 试剂均给出了具体的信息，目的是为了方便标准的使用者，并不表示对该产品的认可。如果其他等效产品具有相同的效果，则可以使用这些等效产品。

（16）引物和探针：根据表 1、表 2 的序列合成引物及探针，引物及探针加无 RNase 去离子水配制成 10 μmol/L 和 5 μmol/L 储备液，–20℃保存。

表 1　SIV 巢式 PCR 扩增引物

引物名称	引物序列（5′→3′）	产物大小/bp
Gag-outF	TGTCAAAAAATACTTTCGGTCTTAG	796
Gag-outR	TGTTTGAGTCATCCAATTCTTTACT	
Gag-inF	TAAATGCCTGGGTAAAAT	313
Gag-inR	TGGTATGGGGTTCTGTTGTCTGT	

表 2　SIV 实时荧光 PCR 扩增引物和探针

引物和探针名称	引物和探针序列（5′→3′）	产物大小/bp
Taqsiv-F	GGAAACAGGAACAGCAGAAACTAT	97
Taqsiv-R	ACCACCTATTTGTTGTACTGGGTA	
TaqMan-probe	FAM-CCTCCTCTGCCGCTAGATGGTGCT-BHQ1	

七、检测方法的确定

（一）生物安全措施

实验操作及处理按照 GB 19489 的规定，由具备相关资质的工作人员进行相应操作。

（二）采样及样本的处理

标准规定了动物血液样本、动物组织样本、细胞培养物的采集及处理方法。

（三）样本 RNA 提取

规定了样本 RNA 的提取方法。

（四）样本 DNA 提取

规定了样本 DNA 的提取方法。

（五）巢式 RT-PCR 检测

规定了巢式 RT-PCR 反应体系、反应参数及结果检测方法。

1. RNA 逆转录

RNA 逆转录反应体系见表 3。反应液的配制在冰上操作，反应条件为 37℃ 25 min；85℃ 5 s。反应产物即为 cDNA，立即进行下一步 PCR 反应；若不能立即进行 PCR，cDNA 保存温度不能低于–20℃，长时间保藏应置于–80℃冰箱。10 μL 反应体系可最大使用 500 ng 的 Total RNA。若使用其他公司逆转录试剂，应按照其说明书规定的反应体系和反应条件进行操作。

表 3 RNA 逆转录反应体系

反应组分	用量/μL	终浓度
5×PrimeScript Buffer	2	1×
PrimeScript RT Enzyme Mix I	0.5	
Oligo dT Primer（50 μmol/L）	0.5	25 pmol/L
Random Primer 6 mers（100 μmol/L）	0.5	50 pmol/L
RNA 模板	5	
RNase Free dH$_2$O	1.5	
总体积	10	

2. 巢式 PCR 反应

巢式 PCR 反应体系见表 4。反应液的配制在冰上操作，每次反应同时设计阳性对照、阴性对照和空白对照。其中，以含有猴免疫缺陷病毒的组织或细胞培养物提取的 RNA 作为阳性对照模板；以不含有猴免疫缺陷病毒 RNA 样品（可以是正常动物组织或正常细胞培养物）作为阴性对照模板；空白对照为不加模版对照（no template control，NTC），即在反应中用水来代替模板。

表 4 巢式 PCR 反应体系

反应组分	用量/μL	终浓度
第一轮 PCR		
2×Premix Taq Mix	10	1×
ddH$_2$O	6.4	
Gag-outF（10 μmol/L）	0.8	0.4 μmol/L
Gag-outR（10 μmol/L）	0.8	0.4 μmol/L
cDNA 模板/前病毒 DNA	2	
总体积	20	
第二轮 PCR		
2×Premix Taq Mix（Loading dye mix）	10	1×
ddH$_2$O	7.4	
Gag-in F（10 μmol/L）	0.8	0.4 μmol/L
Gag-in R（10 μmol/L）	0.8	0.4 μmol/L
第一轮 PCR 产物	1	
总体积	20	

3. 巢式 PCR 反应参数

巢式 PCR 反应参数见表 5。

表 5 巢式 PCR 反应参数

步骤	温度/℃	时间	循环数
第一轮 PCR	94	5 min	1
	95	30 s	20
	55	30 s	

步骤	温度/℃	时间	循环数
	72	30 s	
	72	5 min	1
第二轮 PCR	94	3 min	1
	95	30 s	35
	55	30 s	
	72	30 s	
	72	5 min	1

注：可使用其他等效的 PCR 检测试剂盒进行，反应体系和反应参数可做相应调整。

4．RT-PCR 产物的琼脂糖凝胶电泳检测和拍照

PCR 反应结束后，取 10 μL PCR 产物在 1.5% 琼脂糖凝胶进行电泳检测。将适量 50× TAE 稀释成 1×TAE 溶液，配制含核酸染料溴化乙锭的 1.5% 琼脂糖凝胶。以 DNA 分子质量作为参照。电压大小根据电泳槽长度来确定，一般控制在 3~5 V/cm，当上样染料移动到凝胶边缘时关闭电源。电泳完成后在凝胶成像系统拍照记录电泳结果。

（六）实时荧光 RT-PCR

规定了实时荧光 RT-PCR 的反应体系、反应参数。

1．实时荧光 RT-PCR 反应体系

实时荧光 RT-PCR 反应体系见表 6。反应液的配制在冰上操作，每次反应同时设计阳性对照、阴性对照和空白对照。其中，以含有猴免疫缺陷病毒的组织或细胞培养物提取的 RNA 作为阳性对照模板；以不含有猴免疫缺陷病毒 RNA 样品（可以是正常动物组织或正常细胞培养物）作为阴性对照模板；空白对照为不加模板对照（no template control，NTC），即在反应中用水来代替模板。

表 6 实时荧光 RT-PCR 反应体系

反应组分	用量/μL	终浓度
2×One Step RT-PCR Buffer III	25	1×
Ex Taq HS（5 U/μL）	1	
PrimeScript RT Enzyme Mix II	1	
Taqsiv-F（10 μmol/L）	2.5	500 nmol/L
Taqsiv-R（10 μmol/L）	2.5	500 nmol/L
探针（5 μmol/L）	2	250 nmol/L
Rox	1	
RNA 模板	10	
无 RNase 去离子水	5	
总体积	50	

注：试剂 Rox 只在具有 Rox 荧光校正通道的实时荧光 PCR 仪上进行扩增时添加，否则用水补齐。

2. 实时荧光 RT-PCR 反应参数

实时荧光 RT-PCR 反应参数见表 7，反应结束，根据收集的荧光曲线和 Ct 值判定结果。

表 7　实时荧光 PCR 反应参数

步骤	温度/℃	时间	采集荧光信号	循环数
逆转录	42	5 min	否	1
预变性	95	30 s		1
变性	95	5 s		40
退火，延伸	60	34 s	是	

注：可使用其他等效的一步法或两步法实时荧光 PCR 检测试剂盒进行，反应体系和反应参数可做相应调整。

八、结果判定

（一）巢式 RT-PCR 结果判定

1. 质控标准

阴性对照和空白对照未出现条带，阳性对照出现预期大小（313 bp）的目的扩增条带则表明反应体系运行正常；否则此次试验无效，需重新进行普通 PCR 扩增。

2. 结果判定

（1）质控成立条件下，两轮 PCR 结束，若样本未出现预期大小（313 bp）的扩增条带，则可判定样本猴免疫缺陷病毒核酸检测阴性。

（2）质控成立条件下，两轮 PCR 结束，若样本出现预期大小（313 bp）的扩增条带，则可判定样本猴免疫缺陷病毒核酸检测阳性。

（二）实时荧光 PCR 结果判定

1. 结果分析和条件设定

直接读取检测结果，基线和阈值设定原则根据仪器的噪声情况进行调整，以阈值线刚好超过正常阴性样品扩增曲线的最高点为准。

2. 质控标准

（1）空白对照无 Ct 值，并且无荧光扩增曲线，一直为水平线。

（2）阴性对照无 Ct 值，并且无荧光扩增曲线，一直为水平线。

（3）阳性对照 Ct 值≤35，并且有明显的荧光扩增曲线，则表明反应体系运行正常；否则此次试验无效，需重新进行实时荧光 PCR 扩增。

3. 结果判定

（1）质控成立条件下，若待检测样品无荧光扩增曲线，则判定样品未检出猴免疫缺陷病毒。

（2）质控成立条件下，若待检测样品有荧光扩增曲线，且 Ct 值≤35 时，则判断样品中检出猴免疫缺陷病毒。

（3）质控成立条件下，若待检测样品 Ct 值介于 35 和 40 之间，应重新进行实时荧光 PCR 检测。重新检测后，若 Ct 值≥40 时，则判定样品未检出猴免疫缺陷病毒。重新检测后，若 Ct 值仍介于 35 和 40 之间，则判定样品猴免疫缺陷病毒可疑，需进一步进行序列测定。

（三）序列测定

必要时，可取待检样本扩增出的阳性 PCR 产物进行核酸序列测定。序列结果与已公开发表的猴免疫缺陷病毒特异性片段序列进行比对，序列同源性在 90% 以上，可确诊待检样本猴免疫缺陷病毒核酸阳性，否则判定猴免疫缺陷病毒核酸阴性。

九、检测过程中防止交叉污染的措施

按照 GB/T 19495.2 中的要求执行。

十、附录 A

本标准附录为规范性附录，给出了试剂的配制方法。

第六节　分 析 报 告

一、材料与方法

（一）猴免疫缺陷病毒（SIV）普通 PCR 检测方法的建立

1. 材料与方法

1）毒株、载体和 SIV 人工感染阳性样本

猴免疫缺陷病毒 SIVmac251 毒株由美国伊利诺伊大学陈维政教授惠赠，猴逆转 D 型病毒 SRV-1、SRV-2、SRV-3、SRV-4、SRV-5 共 5 个血清型毒株由中国科学院昆明动植物研究所贡昆龙教授惠赠。猴 T 淋巴细胞趋向性病毒 I 型（STLV-1）阳性血液病料由本实验室保存。大肠杆菌 *E.coli* DH5α 和克隆载体 pMD19-T 购自宝生物工程（大连）有限公司（TaKaRa 公司）。恒河猴 SIV 感染模型由本实验室制作，15 份恒河猴 SIV 人工感染血液样本由本实验室–80℃保存。

2）引物的设计合成

利用 Primer Premier5.0 引物设计软件，根据 GenBank 数据库中登记的 SIV gag 基因序列，设计一套巢式特异性 PCR 引物，并使用 GenBank 的 Blast 软件与数据库同一病毒的其他毒株及其他种类病毒序列进行比较，保证引物序列的通用性和特异性。引物由 Invitrogern（广州）公司合成。引物序列见表1。

3）病毒和样品核酸提取

血浆 RNA 的抽提按 TRIzol（Invitrogen）操作说明书进行。全血样本使用 DNA 提取试剂盒 DNeasy Blood & Tissue Kit（Qiagen）按操作说明书进行。

4）SIV 普通 RT-PCR 检测方法的建立

SIV 属于逆转录病毒，也可以提取病毒 RNA，逆转录得到 cDNA，再按照优化的反应体系和条件进行 PCR 扩增；也可以直接提取病毒 DNA 进行 PCR 检测。

RNA 逆转录：采用 TaKaRa 公司的 PrimeScript RT Kit 对制备的 RNA 进行逆转录。反应体系为 10 μL：5×PrimeScript Buffer 2 μL，PrimeScript RT Enzyme Mix I 0.5 μL，Oligo dT Primer（50 μmol/L）0.5 μL，Random Primer 6 mers（100 μmol/L）0.5 μL，RNA 模板 5 μL，RNase Free dH$_2$O 1.5 μL；反应条件为：37℃ 25 min，85℃ 5 s。

巢式 PCR 反应：PCR 试剂采用 TaKaRa 公司的 rTaq Premix，采用巢式 PCR 反应进行检测，第一轮 PCR 反应体系为 20 μL：cDNA/DNA 模板 2 μL，2×Premix Buffer（含 Mg^{2+}、dNTP、rTaq 酶）10 μL，上游引物（10 μmol/L）1 μL，下游引物（10 μmol/L）1 μL，补 H$_2$O 至 20 μL；反应条件：94℃ 5 min，94℃ 30 s、55℃ 30 s、72℃ 30 s，共 20 个循环，最后 72℃延伸 5 min。第二轮 PCR 反应体系 20 μL：第一轮 PCR 反应产物为模板取 1 μL，2×Premix Buffer（含 Mg^{2+}、dNTP、rTaq 酶）10 μL，上游引物（10 μmol/L）1 μL，下游引物（10 μmol/L）1 μL，补 H$_2$O 至 20 μL；反应条件：94℃ 5 min，94℃ 30 s、55℃ 30 s、72℃ 30 s，共 30 个循环，最后 72℃延伸 5 min。反应完成后取 10 μL 扩增产物，1.5%琼脂糖凝胶电泳，紫外灯下观察结果。

5）特异性试验

采用建立的 SIV 普通 PCR 方法对 SIV、SRV-1、SRV-2、SRV-3、SRV-4、SRV-5、STLV 前 DNA 作为模板进行检测，验证该方法的特异性。

6）敏感性试验

将 4）STV 普通 RT-PCR 检测方法的建立中反应得到的目的片段用胶回收试剂盒回收，将回收的目的片段连接至 pMD-19T 载体，并转化至 DH5α 感受态细胞中。用含有 Amp 的 LB 琼脂平板筛选阳性克隆，用 PCR 鉴定阳性克隆菌，并对阳性重组质粒测序验证。用质粒提取试剂盒（Omega 公司）提取质粒，微量紫外分光光度计测定浓度与纯度，根据下面的公式计算拷贝数。拷贝数（copies/μL）=6.022×10^{23}（copies/mol）×DNA 浓度（g/μL）/质量 MW（g/mol）。其中，MW= DNA 碱基数（bp）×660 daltons/bp，DNA 碱基数=载体序列碱基数+插入序列碱基数。将质粒标准品用 Easy dilution（TaKaRa 公司）做 10 倍系列稀释，得到 1×10^8 ~1×10^0 copies/μL 系列标准模板，按 4）STV 普通 RT-PCR 检测方法的建立中所述方法进行检测，测定检测方法的灵敏度。

7）SIV 实验感染猴阳性样品中的检测

利用血液基因组提取试剂盒提取 1 mL 血浆中病毒 RNA，利用建立的 SIV 普通 RT-PCR 检测方法对 15 份恒河猴 SIV 人工感染样本进行检测。

2. 结果

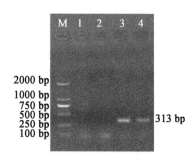

图 1　SIV 巢式 PCR 电泳结果

M，DNA Marker DL2000；1、2，阴性对照；3、4，SIV

1）SIV 巢式 PCR 检测方法的建立

按照建立的 SIV 巢式 PCR 方法反应体系和条件进行 PCR 扩增，完成后取 5 μL 扩增产物，1.5%琼脂糖凝胶电泳，紫外灯下观察结果。结果 SIV 阳性样本在 313 bp 位置有一条目的条带，与预期结果相符（图 1）。

2）SIV 巢式 PCR 检测方法特异性试验

采用建立的 SIV 巢式 PCR 方法对 SIV、SRV-1、SRV-2、SRV-3、SRV-4、SRV-5、STLV 前 DNA 作为模板进行检测，结果显示只有 SIV 有目的条带，其他病原核酸均为阴性，表明建立的方法具有良好的特异性（图 2）。

3）SIV 巢式 PCR 检测方法敏感性试验

将质粒标准品用 Easy dilution 做 10 倍系列稀释，得到 $2.3 \times 10^9 \sim 2.3 \times 10^0$ copies/μL 系列标准模板。按所述方法进行检测，测定模板最低检出量，结果 SIV 检测灵敏度为 2.3×10^3 copies/μL（图 3）。

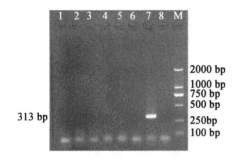

图 2 SIV 巢式 PCR 特异性试验结果

M, DNA Marker DL2000；1~5, SRV-1、SRV-2、SRV-3、SRV-4、SRV-5：6. STLV：7. SIV：8. 阴性对照

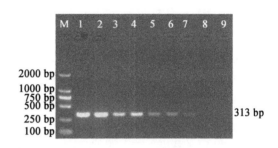

图 3 SIV 巢式 PCR 检测方法敏感性试验结果

M，DNA Marker DL2000；1~9，依次为 $1 \times 10^9 \sim 1 \times 10^0$ copies/μL SIV 质粒 DNA

4）SIV 实验感染猴阳性样品中的检测

利用建立的 SIV 巢式 PCR 检测方法对 15 份恒河猴 SIV 人工感染样本进行检测，结果 15 份样本均为阳性（图 4）。

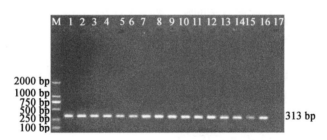

图 4 SIV 实验感染猴阳性样品中的检测

（二）猴免疫缺陷病毒（SIV）实时荧光 RT-PCR 检测方法的建立

1．材料与方法

1）菌株、载体和临床样本

猴免疫缺陷病毒 SIVmac251 毒株由美国伊利诺伊大学陈维政教授惠赠；猴逆转 D 型病毒 SRV-1、SRV-2、SRV-3、SRV-4、SRV-5 共 5 个血清型毒株由中国科学院昆明动植物研究所贾昆龙教授惠赠；猴 T 淋巴细胞趋向性病毒 I 型（STLV-1）阳性血液病料由本实验室保存；大肠杆菌 E.coli DH5α 和克隆载体 pMD19-T 购自宝生物工程（大连）有限公司（TaKaRa 公司）；恒河猴 SIV 感染模型由本实验室制作，90 份恒河猴 SIV 人工感染血液样本由本实验室−80℃保存；临床样品为 40 份食蟹猴血液样品，由广东省某猴场送检。

2）引物及探针的设计合成

利用 Primer Express3.0 引物探针设计软件（Applied Biosystems），根据 GenBank 数据库中登记的 SIV gag 基因序列，设计一套特异性实时荧光 RT-PCR 引物及探针。使用

GenBank 的 Blast 软件与数据库同一病毒的其他毒株及其他种类病毒序列进行比较，保证引物序列的通用性和特异性。同时设计一对普通 PCR 引物（gag-outF1/R1）扩增 gag 基因片段，包含 qPCR 扩增片段。引物和探针由 Invitrogern（广州）公司合成。引物和探针序列见表 2。

3）病毒和样品核酸提取

血浆 RNA 的抽提按 TRIzol（Invitrogen）操作说明书进行。全血样本使用 DNA 提取试剂盒 DNeasy Blood & Tissue Kit（Qiagen），按操作说明书进行。

4）SIV 质粒标准品的制备

以提取的 SIV DNA 为模板，以普通 PCR 外引物 gagoutF1/R1 为引物，用 Premix Ex Taq（TaKaRa 公司）进行 PCR，反应体系为：2×Premix Ex Taq 25 μL，上游引物（10 μmol/L）2.5 μL，下游引物（10 μmol/L）2.5 μL，DNA 5 μL，加 RNase Free dH$_2$O 至 50 μL。反应条件：94℃ 2 min，一个循环；94℃ 30 s、55℃ 30 s、72℃ 60 s，共 35 个循环；最后 72℃ 延伸 5 min。将反应得到目的片段用胶回收试剂盒回收，将回收的目的片段连接至 pMD-19T 载体，并转化至 DH5α 感受态细胞中。用含有 Amp 的 LB 琼脂平板筛选阳性克隆，用 PCR 鉴定阳性克隆菌，并对阳性重组质粒测序验证。用质粒提取试剂盒提取质粒，微量紫外分光光度计测定浓度与纯度，根据下面的公式计算拷贝数。拷贝数（copies/μL）=6.022× 10^{23}（copies/mol）×DNA 浓度（g/μL）/质量 MW（g/mol）。其中，MW= DNA 碱基数（bp）×660 daltons/bp，DNA 碱基数=载体序列碱基数+插入序列碱基数。

5）实时荧光 RT-PCR 检测方法的建立和条件优化

参照 TaKaRa 公司 Premix Ex Taq（Perfect Real Time）试剂盒操作说明配制 SIV 实时荧光 RT-PCR 反应体系，以 SIV 质粒标准品（1×10^5 copies/μl）作为反应模板，采用矩阵法对荧光 PCR 反应体系中引物（0.1~1.0 μmol/L）和 TaqMan 探针浓度（0.1~0.70 μmol/L）进行优化，以反应的前 3~15 个循环的荧光信号为荧光本底信号，通过比较 Ct 值和荧光强度增加值（绝对荧光强度与背景荧光强度的差值，ΔRn）来判断优化结果；采用二温循环法对反应的退火温度和循环次数进行优化。

SIV 属于逆转录病毒，也可以提取病毒 RNA，逆转录得到 cDNA，再按照优化的反应体系和条件进行 PCR 扩增。逆转录试剂采用 TaKaRa 公司的 Primerscript RT reagent Kit（Perfect Real Time），反应体系：2 μL 5×Primerscript Buffer，0.5 μL oligo dT（50 μmol/L），0.5 μL Random 6 mers（100 μmol/L），0.5 μL Primerscript RT Enzyme Mix I，约 1 μg RNA，补水至 10 μL，混匀离心后于 37℃作用 15 min，最后于 85℃作用 5 min 失活 Primerscript RTase。

6）特异性试验

采用建立的实时荧光 RT-PCR 方法对 SIV、SRV-1、SRV-2、SRV-3、SRV-4、SRV-5、STLV 前 DNA 作为模板进行 SIV qPCR 特异性检测，同时设 Cem174 细胞 DNA 为阴性对照，水作为空白对照（NTC），验证该方法的特异性。

7）标准曲线的建立及敏感性试验

将质粒标准品用 Easy Dilution（TaKaRa 公司）做 10 倍系列稀释，得到 2×10^7~2× 10^0copies/μL 系列标准模板。利用 5）实时荧光 RT-PCR 检测方法的建立和条件优化中优化后的反应体系和条件测定各稀释度的 Ct 值，以 Ct 值为纵坐标、以起始模板浓度的对数为横坐标，绘制标准曲线。

8）重复性试验

对 6 份 10 倍系列稀释的质粒标准品（$2×10^7$~$2×10^2$copies/μL）在同一次反应中进行 5 次重复测定，对各稀释度的 Ct 值进行统计，计算每个样品各反应管之间的变异系数（CV%）。

9）SIV 实时荧光 RT-PCR 检测方法的检测应用

（1）恒河猴 SIV 感染模型中的检测应用。

恒河猴 SIV 感染模型由本实验室制作，3 只 3~4 岁雄性恒河猴购于广东蓝岛生物技术有限公司，隔离检疫后静脉接种 $1.6×10^2$~$7.2×10^3$TCID$_{50}$/mL SIV 病毒液。动物接种病毒后应用 SIV 实时荧光 RT-PCR 检测方法对 SIV 实验感染猴感染急性期（1~56 天）、无症状潜伏期和 ARC 期（56~690 天）血浆中 SIV 病毒载量进行了连续采样测定。前 3 个月每周采集血液进行病毒载量的检测，之后每个月采集血样进行检测。

利用 Qiagen 公司 RNA 大提试剂盒提取 1 mL 血浆中病毒 RNA，参照 TaKaRa 公司逆转录试剂盒操作说明按 10 μL 反应体系配制反应试剂：42℃作用 20 min，95℃ 2 min，逆转录获得 cDNA 模板。参照 5）实时荧光 RT-PCR 检测方法的建立和条件优化中所建立和优化的反应体系和条件进行 qPCR，测定血浆病毒载量。

（2）在临床样品中的检测应用。

对送检的 40 份猴血样品提取 PBMC DNA 后按建立的方法进行检测。

2. 结果

1）SIV 质粒标准品制备

用 PCR 扩增 SIV 得到大小约 796 bp 的特异片段与 pMD19-T 载体连接构建重组阳性质粒，对重组质粒进行 PCR 鉴定，条带大小与预期结果相符（图 5）。重组质粒的测序结果与目的基因序列同源性为 100%，表明质粒标准品制备成功。

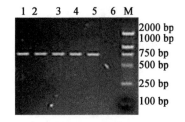

图 5　SIV 重组质粒 PCR 鉴定电泳结果

M，Marker DL2000；1~5，筛选到的 pMD-SIV-*gag* 质粒阳性克隆菌落，目的片段约 796bp；6，阴性对照

2）实时荧光 RT-PCR 反应体系的建立和优化

经优化后的 PCR 反应体系：2×Premix Ex Taq 10 μL，SIV 上游引物终浓度均为 0.6 μmol/L，SIV 下游引物终浓度均为 0.8 μmol/L（表 8、图 6），探针终浓度 0.2 μmol/L（表 9、图 7），SIV DNA 模板 2 μL，加 RNase Free dH$_2$O 至 20 μL。反应条件：95℃ 30 s，一个循环；95℃ 5 s，60℃ 34 s，45 个循环，60℃延伸结束后收集荧光。

表 8　引物优化 Ct 值结果

SIV-R1 终浓度	SIV-F1 终浓度					
	100 nmol/L	200 nmol/L	400 nmol/L	600 nmol/L	800 nmol/L	1000 nmol/L
100 nmol/L	27.94	27.76	27.80	27.52	27.34	27.25

续表

SIV-R1 终浓度	SIV-F1 终浓度					
	100 nmol/L	200 nmol/L	400 nmol/L	600 nmol/L	800 nmol/L	1000 nmol/L
200 nmol/L	28.00	27.52	27.57	27.39	27.34	27.21
400 nmol/L	27.89	27.43	27.22	27.27	27.27	27.11
600 nmol/L	28.06	27.22	27.42	27.20	27.25	27.27
800 nmol/L	29.24	27.46	27.24	<u>27.16</u>	27.25	27.32
1000 nmol/L	28.09	27.46	28.00	27.47	27.29	27.11

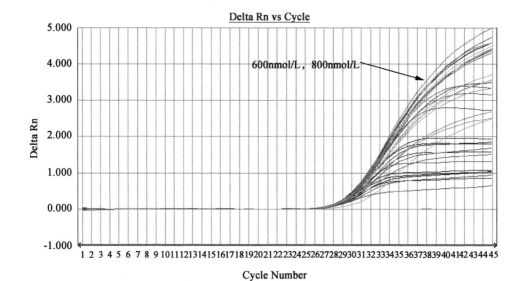

图 6 引物优化扩增曲线

表 9 探针优化 Ct 值结果

	SIV-P 终浓度						
	100 nmol/L	200 nmol/L	300 nmoL/L	400 nmol/L	500 nmol/L	600 nmol/L	700 nmol/L
Ct 值	27.93/28.19	28.13/28.23	28.43/28.51	28.60/28.64	29.05/28.77	29.33/29.13	30.00/29.74

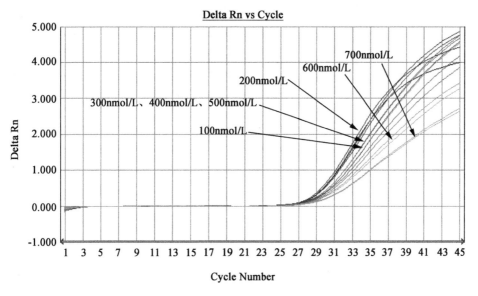

图 7 探针优化扩增曲线

3）特异性试验

采用建立的实时荧光 RT-PCR 方法对 SIV、SRV-1、SRV-2、SRV-3、SRV-4、SRV-5、STLV 前 DNA 进行检测，结果除 SIV 为阳性外，其他病毒均为阴性，用空白 Cem174 细胞 DNA 和水空白对照也均未出现扩增，表明建立的方法具有良好的特异性（图 8）。

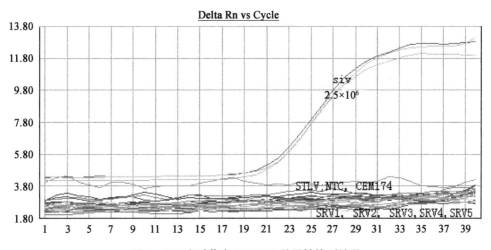

图 8 SIV 实时荧光 RT-PCR 特异性检测结果

4）定量标准曲线的建立及敏感性试验

将质粒标准品用 Easy dilution（TaKaRa 公司）做 10 倍系列稀释，得到 $2×10^7$~$2×10^0$ copies/μL 系列标准模板。利用优化后的反应体系和条件测定各稀释度的 Ct 值，以 Ct 值为纵坐标、以起始模板浓度的对数为横坐标，绘制标准曲线，结果见图 9。由图可见，各梯度之间间隔的 Ct 值基本相等，Cem174 细胞 DNA 和 ddH₂O 没有荧光扩增曲线为阴性结果。以标准品稀释拷贝数的对数值为横坐标、以临界环数（threshold cycle，Ct）为纵坐标建立荧光实时定量 PCR 的标准曲线，标准质粒在 $2\times10^7 \sim 2\times10^2$ copies/μL 范围内具有良好的线性关系，结果见图 10。其线性回归方程为 Ct= −3.26×lg（拷贝数）+41.02，标准曲线斜率为−3.26，根据公式计算得扩增效率 $E = 10^{1/3.26} − 1 = 1.027$，即扩增效率为 102.7%，相关系数 R^2=0.999，说明 PCR 扩增该标准品的效率较高，线性关系良好。2×10^0 copies/μL 组因模板浓度较低无扩增曲线。因此，本研究中标准品定量 200 拷贝以上能表现较好的线性和相关性，故本方法检测的灵敏度为 200 个拷贝。定性判定可认为 Ct 值大于 35 为阴性，Ct 值小于 35 为阳性。

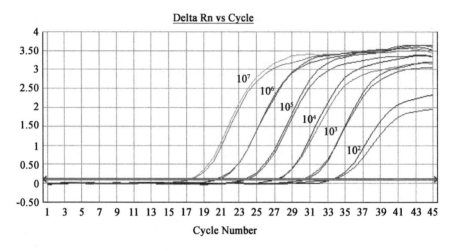

图 9　10 倍系列稀释质粒标准品的荧光定量扩增曲线

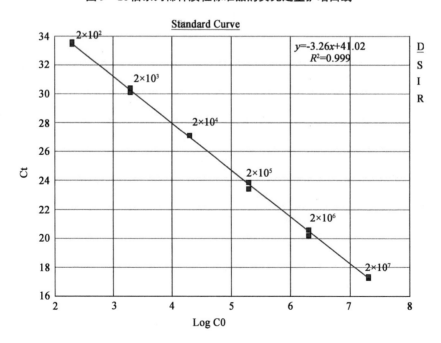

图 10　10 倍系列稀释质粒标准品的标准曲线

5）重复性试验结果

通过对 $2×10^7$~$2×10^2$ copies/μL 6 个稀释度样本进行重复性检测，重复性试验的变异系数均小于 1%（表 10），表明建立实时荧光 RT-PCR 方法重复性好，方法稳定可靠。

表 10　SIV 荧光定量检测方法的重复性实验

模板/ （copies/well）	Ct1	Ct2	Ct3	Ct4	Ct5	Ct 平均值	标准差 （SD）	变异系数 （CV）/%
$2×10^7$	17.26	17.35	17.26	17.21	17.29	17.27	0.051	0.30
$2×10^6$	20.2	20.6	20.37	20.38	20.71	20.45	0.202	0.99
$2×10^5$	23.9	23.4	23.46	23.56	23.48	23.56	0.198	0.84
$2×10^4$	27.1	27.09	27.03	27.53	27.11	27.17	0.203	0.75
$2×10^3$	30.13	30.41	30.78	30.48	30.01	30.36	0.304	1.00
$2×10^2$	33.42	33.6	33.76	33.8	33.15	33.55	0.267	0.80

6）SIV 实时荧光 RT-PCR 检测方法在 SIV 实验感染猴阳性样品中的检测应用

应用 SIV 实时荧光 RT-PCR 检测方对 SIV 实验感染猴感染急性期（1~56 天）、无症状潜伏期和 ARC 期（56~690 天）血浆中 SIV RNA 载量进行了连续采样测定。结果显示，所建立的 SIV RNA 实时荧光 RT-PCR 检测系统最低检测限度为每反应 5000 DNA 拷贝，Ct 值和 DNA 拷贝数呈线性关系（$R^2 > 0.990$）。本研究中通过对标准品由 10^9~10^1 的 10 倍倍比稀释作为反应模板验证复合探针的检测灵敏性，发现模板在 10^7~10^2 copies 范围之间，理论上其定量准确性可以达到 200 个拷贝，但我们在对样品 cDNA 进行倍比稀释进行扩增时，只有 5000 copies 以上能表现良好的浓度相关性，因此本研究中对 5000 copies 以下的样品设置为检测极限值，这也就降低了定量检测的灵敏度。这可能与我们的标准品是用质粒来进行定量而忽略了逆转录效率及 RNA 提取率有关。

数据分析结果可见，在感染急性期，血浆病毒载量急速上升，最高可以达到 10^8 RNA copies/mL 血浆（表 11），随后出现缓慢下降，下降程度可达 2 个数量级以上；无症状潜伏期，血浆病毒载量维持相对稳定，5 只感染猴维持在 10^4 RNA copies/mL 血浆以上（图 11）。感染后 510 天，477 号猴死亡，死前病毒载量未出现大幅度上升，但与感染第 1 年相比，上升 10.9%，具有显著差异。感染 690 天，649 号猴的血浆病毒载量出现缓慢地上升，与感染第 1 年相比上升 17.1%，也具有显著差异；623 号猴的血浆病毒载量出现下降趋势，下降至 10^4 RNA copies/mL 血浆以下，与感染第 1 年相比下降 7.7%，无显著差异。

感染急性期 SIV 感染猴的血浆病毒载量出现一过性上升；进入无症状潜伏期和 ARC 期，维持稳定的病毒载量变化。649 号、477 号猴感染第 2 年比第 1 年病毒载量出现上升趋势，623 号猴出现下降趋势。

表 11 SIV 感染急性期血浆 SIV 病毒载量 （单位：copies/mL 血浆）

时间/d	动物编号		
	477	623	649
7	1.82×10^8	5.72×10^8	5.15×10^8
14	1.93×10^8	2.54×10^8	1.26×10^9
21	1.09×10^8	1.70×10^8	2.20×10^8
35	7.16×10^6	3.53×10^8	2.30×10^8
42	5.19×10^6	3.23×10^6	6.73×10^6
49	7.50×10^5	6.46×10^5	5.96×10^7
56	9.25×10^5	7.68×10^5	1.38×10^7

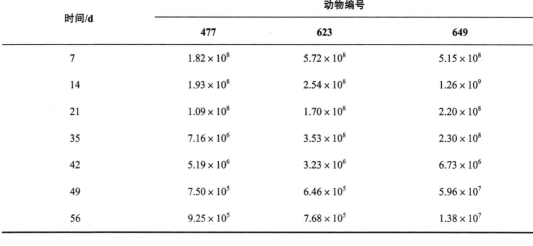
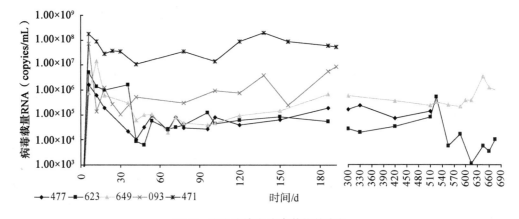

图 11 SIV 感染猴病毒载量的变化

7）抗体检测与核酸检测结果比较

在 SIV 感染急性期，5 只猴病毒 SIV 抗体滴度较低，OD 值小于 0.2 以下；进入无症状潜伏期后，病毒抗体值逐渐上升，维持较高的抗体水平，OD 值大于 1.0 以上。相比较而言，血浆病毒载量较高的 471 号猴的抗体上升较慢，感染 120 天 SIV 抗体 OD 值为 0.315。

与血浆 SIV 病毒载量 QPCR 监测结果比较，可见在 SIV 感染急性期病毒血浆病毒量处于高水平阶段；而在进入平台期后，血浆 SIV 抗体水平上升，病毒载量下降，二者有一定对于关系，但对于 SIV、SRV 这类免疫缺陷病毒感染来说，病毒在动物内长期并潜伏存在，随着动物免疫系统机能的改变，有可能又启动病毒大量复制，因此，临床上使用分子检测方法对病毒核酸载量进行监测是一个非常必要和常规的手段。

该结果表明，采用血清学和病原学检测方法对同一只动物进行检测时，可能出现不一致的结果，这是由于病原感染动物后的不同阶段，抗原和抗体不同消长规律所造成的。在感染早期，动物体内可检测到病原核酸却无抗体产生。而在动物群里可能出现不同感染阶段的动物，或某些病原在动物体内潜伏感染，未刺激抗体产生却可能会持续带毒排毒，因此分子检测方法可作为抗体检测的有效补充手段。

8）SIV 实时荧光 RT-PCR 检测方法在临床样品中的检测应用

对送检的 40 份猴血样品提取 PBMC DNA，进行 SIV QPCR 检测 SIV 前 DNA，阴性、阳性对照成立，而检测样本均未出现阳性扩增，Ct 值均大于 35，可判定为 SIV 阴性（图 12）。

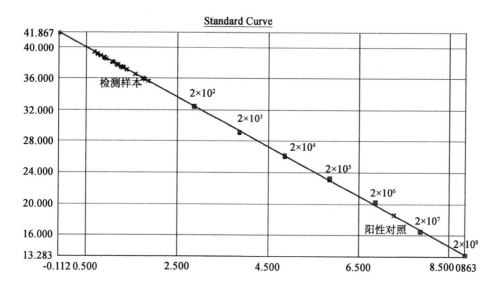

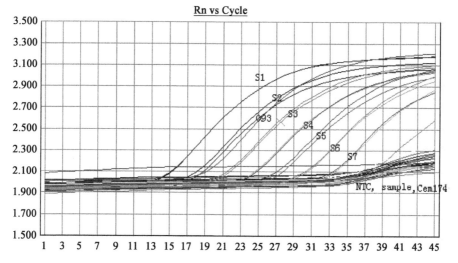

图 12　临床猴血 PBMC 样中 QPCR 检测结果

第七节 其他说明

一、国内外同类标准分析

本标准为国内原创标准，国际上无类似标准。

二、与法律法规、标准关系

本标准的编制依据为现行的法律、法规和国家标准，与这些文件中的规定相一致。目前实验动物国家标准没有猴免疫缺陷病毒（SIV）PCR 检测方法标准，本标准作为团体标准是对现有标准的有利补充。

三、重大分歧的处理和依据

从标准结构框架和制定原则的确定、标准的引用、有关技术指标和参数的试验验证、主要条款的确定直到标准草稿征求专家意见（通过函寄和会议形式，多次咨询和研讨），均未出现重大意见分歧的情况。

四、标准实施要求和措施

本标准发布实施后，建议通过培训班、会议宣传和网络宣传等形式积极开展宣传贯彻培训活动。面向各行业开展动物实验的机构和个人，宣传贯彻标准内容。

参 考 文 献

陈静，李茂清，符林春，等. 2012. 中国恒河猴 SIVmac239 艾滋病模型急性期的试验观察. 广州中医药大学学报，29（5）：582-586.

丛喆，涂新明，蒋红，等. 2015. PCR 技术在猴免疫缺陷病毒（SIV）感染模型中的应用. 中国实验动物学报，13（2）：84-87.

卢耀增，吴小闲，涂新明，等. 1994. 猴免疫缺陷病毒（SIV）猴模型的建立. 中国实验动物学报，2（2）：94-102.

王静，张钰，闵凡贵，等. 2013. 实时荧光定量 PCR 技术在猴免疫缺陷病毒感染模型中的应用. 中国比较医学杂志，23（9）：68-72.

吴小闲，张奉学，何伏秋. 2000. 猴免疫缺陷病毒（SIV）慢性感染猴模型的建立. 广州中医药大学学报，17（4）：355-373.

Axel F，Stefanhle E，Se′bastien F，et al. 2004. Establishment of a real-time PCR-based approach for accurate quantification of bacterial RNA targets in water, using salmonella as a model organism. Appied And Environmental Microbiology，70（6）：3618-3623.

Hayward AL，Oefner PJ，Sabatini S，et al. 1998. Modeling and analysis of immunodeficiency virus type 1 proviral Load by a TaqMan competitive RT-PCR. Nucl Acids Res，26（11）：2511-2518.

http：//www.un.org/en/events/aidsday/2012/pdf/.TC2434 World AIDS day results en.Pdf.

Li MH，Li SY，Xia HJ，et al. 2007. Establishment of AIDS animal model with SIVmac239 infected Chineses rhesus monkey. Virologica Sinica，22（6）：509-516.

Manches O，Bhardwaj N. 2009. Resolution of immune activation defines nonpathogenic SIV infection. J Clin Invest，119（12）：3512-3515.

Schupbach J. 1999. Human immunodeficiency viruses. Manual of clinical microbiology. Washington DC：ASM Press：847-870.

Staprans SI，Dailey PJ，Rosenthal A，et al. 1999. Simian immunodeficiency virus disease course is predicted by the extent of virus replication during primary infection. Virol，73（6）：4829-4839.

第二十章　T/CALAS 48—2017《实验动物　猴逆转 D 型病毒 PCR 检测方法》实施指南

第一节　工　作　简　况

根据中国实验动物学会实验动物标准化专业委员会下达的 2017 年团体标准制（修）订计划安排，由广东省实验动物监测所负责团体标准《实验动物　猴逆转 D 型病毒 PCR 检测方法》起草工作。该项目由全国实验动物标准化技术委员会（SAC/TC281）技术审查，由中国实验动物学会归口管理。

本标准的编制工作按照中华人民共和国国家标准 GB/T1.1—2009《标准化工作导则》第 1 部分"标准的结构和编写规则"要求进行编写。本标准是在国家科技支撑计划"实验动物质量检测关键技术研究"（项目编号 2013BAK11B01）、广东省科技计划项目"广东省实验动物检测技术平台"（项目编号 2011B040200010）、"非人灵长类实验动物标准化服务平台"（穗科信字 2012 224-41 号）课题基础上制定而成的，在制定过程中参考了国内外相关文献，对方法的敏感性、特异性、重复性等进行了研究，并对所建立的标准方法进行了应用研究，建立了可行、稳定、特异的猴逆转 D 型病毒普通 RT-PCR 和实时荧光 RT-PCR 检测方法。

第二节　工　作　过　程

本标准由中国实验动物学会实验动物标准化专业委员会提出，广东省实验动物监测所按照团体标准研制要求和编写工作的程序组成了由单位专家和专业技术人员参加的编写小组，制订了编写方案，并就编写工作进行了任务分工。编制小组根据任务分工进行了资料收集和调查研究工作，在国家科技支撑计划"实验动物质量检测关键技术研究"（项目编号 2013BAK11B01）、广东省科技计划项目"广东省实验动物检测技术平台"（项目编号 2011B040200010）和"非人灵长类实验动物标准化服务平台"（穗科信字 2012 224-41 号）课题研究基础上，组织编写实验动物猴逆转 D 型病毒 RT-PCR 检测方法技术资料，通过起草组成员的努力，经多次修改、补充和完善，形成了标准和编制说明初稿。

2017 年 3 月，标准草案首先征求中国实验动物学会实验动物标准化专业委员会的意见，专家对标准稿提出了系列修订建议和意见。根据提出的意见，编制组对《实验动物　猴逆转 D 型病毒 PCR 检测方法》标准草案进行修改，形成本标准征求意见稿和编制说明。

2017 年 4~6 月，标准征求意见稿在中国实验动物学会网站公开征求意见，共收集意见或建议 5 条，编制组根据专家提出的修改意见和建议，采纳 4 条，未采纳 1 条。对《实验动物　猴逆转 D 型病毒 PCR 检测方法》团体标准整理修改后，形成标准送审稿、标准送审稿编制说明和征求意见汇总处理表。

2017 年 8 月 30 日，全国实验动物标准化技术委员会在北京召开了标准送审稿专家审查会。会议由全国实验动物标准化技术委员会的委员组成审查组，认真讨论了标准送审稿编制说明、征求意见汇总处理表，提出了修改意见和建议。与会专家认为本标准填补了猴逆转 D 型病毒分子检测方法空白，是国标的有力补充，一致同意通过审查。会后，编制组根据与会专家提出的修改意见，对《实验动物　猴逆转 D 型病毒 PCR 检测方法》团体标准修改完善后，形成标准报批稿、标准报批稿编制说明和征求意见处理汇总表。

2017 年 10 月 10 日，编写组就 8 月 30 日的专家意见进行了讨论修改，形成了报批稿。

2017 年 12 月 29 日，中国实验动物学会第七届理事会常务理事会第一次会议批准发布包括本标准在内的《实验动物　教学用动物使用指南》等 23 项团体标准，并于 2018 年 1 月 1 日起正式实施。

第三节　编　写　背　景

猴逆转 D 型病毒属于逆转录病毒科、肿瘤病毒亚科、D 型肿瘤病毒属，具有多种血清型（SRV-D1，2，3，4，5 型）。亚洲的猕猴属是 SRV 的主要宿主，有地方性感染的特征，疾病表现为一系列的亚临床症状、机会感染和肿瘤形成，最终导致免疫抑制，类似 AIDS 疾病。SRV-D 在其天然宿主亚洲猕猴中可以致病，有的猴群中其流行程度很高，一旦暴发可能导致整个猴群大批死亡。20 世纪 70 年代至 80 年代初，美国几个灵长类中心暴发的 SAIDS 导致大批猴子死亡，经病毒分离鉴定为 SRV-D，与人 AIDS 相似。感染了 SRV 的动物有时仅仅作为病毒携带者而在相当长一段时期内为无症状状态，不易通过外观发现，从而造成对实验结果的干扰。在 HIV 等逆转录病毒疾病模型构建和抗逆转录病毒药物的筛选中，SRV 是必须排除的一项，也是目前出口实验猴必须检测的项目。因此在实验猴饲养管理工作中、科学研究疾病动物模型的建立过程中，对 SRV-D 的常规监测是非常必要的。目前国内对 SRV 感染的诊断方法主要是针对抗体检测的血清学检测方法如酶联免疫吸附试验（ELISA）、免疫酶试验（IEA）和免疫荧光试验（IFA）等。通过检测 SRV 抗体判断动物是否感染 SRV，代表试剂为美国 BioReliance 的 ELISA 试剂盒及 VRL 实验室的 DOT-ELISA 试剂。但是，SRV 感染猴通常表现为无症状状态，且病毒载量较低，甚至没有血清学转化，常规血清的 SRV 检测可能出现假阴性的结果。只使用 ELISA 方法进行初筛，将可能增加假阴性结果，这种现象在 SRV ELISA 检测中较突出。对于需要进行实验动物种群净化的单位来说，通常需要增加病原检测方法。

传统的 SRV 病原检测以病毒分离结果作为衡量病毒感染情况的重要指标，病毒分离的方法操作相对简便，结果稳定，特异性好，但培养周期过长，敏感性低，尤其在疾病的潜伏期和平台期，即血浆 RNA 病毒载量降低的情况下，病毒分离出现假阴性结果，不能真实反映 SRV 感染猴的病毒感染状态。因此，建立一个敏感的实验技术，对实验猴 SRV 感染后体内 SRV 病毒 RNA 或 DNA 前病毒水平进行实时监测是十分有必要的。随着分子生物学技术的发展，PCR 检测技术因高效、快速、简便等优点而被广泛应用于病原核酸检测。实时荧光 PCR（real-time fluorescence PCR）技术是在 PCR 扩增反应过程中加入荧光基团，利用荧光信号累积实时检测整个 PCR 进程，最后通过标准曲线对未知模板进行定量分析的方法。它具有定量准确、灵敏度高、反应速度快、重复性好及 PCR 反应后不需电泳检测等优点。该技术自发明以来，已被广泛地应用于 DNA 或 RNA 绝对定量分析、基因表达差异分析和肿瘤基因检测等多个学科领域。增加实验动物病毒分子生物学检测技术方法除了应用于实验动物质量检测之外，还可以应用于实验动物产品、实验动物接种物和污染环境评价等，具有快速、高效的特点。广东省实验动物监测所自 2011 年起进行猴逆转 D 型病毒普通 RT-PCR 及荧光定量 RT-PCR 检测方法研究，并通过大量临床样本试验证明建立的方法敏感高、特异性强、重复性好。

第四节　编　制　原　则

本标准的编制主要遵循以下原则。

（1）科学性原则。在尊重科学、亲身实践、调查研究的基础上，制定本标准。

（2）可操作性原则。本标准无论是从样品采集、处理、RNA/DNA 抽提到 PCR 反应，均操作简单，仅需 4 h 既可完成，具有可操作性和实用性。

（3）协调性原则。以切实提高我国实验动物猴逆转 D 型病毒检测技术水平为核心，符合我国现行有关法律、法规和相关的标准要求。

第五节　内　容　解　读

本标准内容组成：范围；规范性引用文件；术语、定义及缩略语；检测方法原理；主要设备和材料；试剂；检测方法；结果判定；检测过程中防污染措施；附录，共 10 章。现将《实验动物　猴逆转 D 型病毒 PCR 检测方法》征求意见稿主要技术内容确定说明如下。

一、本标准范围的确定

本标准适用于实验猴及其产品、细胞培养物、实验猴环境和猴源性生物制品中猴逆转 D 型病毒的检测。

二、规范性引用文件

下列文件对于本文件的应用是必不可少的。凡是注明日期的引用文件，仅所注日期的版本适用于本文件。凡是不注日期的引用文件，其最新版本（包括所有的修改单）适用于本文件。

GB/T 14926.61—2001　《实验动物　猴逆转 D 型陷病毒检测方法》

GB 19489　《实验室　生物安全通用要求》

GB/T 19495.2　《转基因产品检测　实验室技术要求》

三、术语、定义及缩略语

为方便标准的使用，本标准规定了以下术语、定义及缩略语。

（一）术语及定义

1.

聚合酶链反应 polymerase chain reaction，PCR

体外酶催化合成特异 DNA 片段的方法：模板 DNA 先经高温变性成为单链，在 DNA 聚合酶作用和适宜的反应条件下，根据模板序列设计的两条引物分别与模板 DNA 两条链上相应的一段互补序列发生退火而相互结合，接着在 DNA 聚合酶的作用下以四种 dNTP 为底物，使引物得以延伸，然后不断重复变性、退火和延伸这一循环，使欲扩增的基因片段以几何倍数扩增。

2.

逆转录-聚合酶链反应 reverse transcription polymerase chain reaction，RT-PCR

以 RNA 为模板，采用 Oligo（dT）、随机引物或特异性引物，RNA 在逆转录酶和适宜反应条件下，被逆转录成 cDNA，然后再以 cDNA 作为模板，进行 PCR 扩增。

3.

巢式 PCR nest polymerase chain reaction

巢式 PCR 通过两轮 PCR 反应，使用两套引物扩增特异性的 DNA 片段。第一对 PCR 引物扩增片段和普通 PCR 相似。第二对引物以第一轮 PCR 产物为模板，特异性地扩增位于首轮 PCR 产物内的一段 DNA 片段，从而大大提高了检测的敏感性和特异性。

4.

实时荧光逆转录-聚合酶链反应 real-time RT-PCR，实时荧光 RT-PCR

实时荧光 RT-PCR 方法是在常规 RT-PCR 的基础上，在反应体系中加入特异性荧光探针，利用荧光信号积累实时检测整个 PCR 进程，通过检测每次循环中的荧光发射信号，间接反映了 PCR 扩增的目标基因的量，最后通过扩增曲线对未知模板进行定性或定量分析。（本标准中将"RT-PCR"称为"普通 RT-PCR"是为了与"实时荧光 RT-PCR"进行区别，避免名称混淆。）

5.

Ct 值 cycle threshold

实时荧光 PCR 反应中每个反应管内的荧光信号达到设定的阈值时所经历的循环数。

（二）缩略语

CPE 细胞病变效应 cytopathic effect

DEPC 焦碳酸二乙酯 diethyl pyrocarbonate

DNA 脱氧核糖核酸 deoxyribonucleic acid

PBS 磷酸盐缓冲液 phosphate buffered saline

RNA 核糖核酸 ribonucleic acid

SRV 猴逆转 D 型病毒 Simian immunodeficiency virus

四、检测方法原理

猴逆转录 D 型病毒属于逆转录病毒科、肿瘤病毒亚科、D 型肿瘤病毒属。病毒基因组的复制和转录都需要经过 DNA 中间体，这种 DNA 中间体称为前病毒。在临床检测中可通过检测样本中的 SRV RNA 或前病毒 DNA 进行诊断。针对 SRV-D 病毒核酸保守序列 gag 基因设计 2 对巢式 PCR 引物，针对 env 基因设计荧光 PCR 引物和探针序列，通过巢式 PCR 或实时荧光 PCR 对 cDNA 进行扩增，也可以直接提取样本 DNA，对 SRV-D 前病毒 DNA 进行 PCR 扩增，根据 PCR 或实时荧光 PCR 检测结果判定该样品中是否含有病毒核酸成分。采用实时荧光 PCR，可以减少检测过程的污染风险，同时实时荧光 PCR 比巢式 PCR 检测灵敏度要高，可用于巢式 PCR 检测结果的验证。

五、主要设备和材料

规定了检测方法所需要的设备和材料。

六、试剂

（1）灭菌 PBS，配制方法在标准附录中给出。

（2）无 RNase 去离子水：经 DEPC（焦炭酸乙二酯）处理的去离子水或商品无 RNase 水。配制方法在标准附录中给出。

（3）RNA 抽提试剂 TRIzol（Life technologies 公司，Cat.No. 15596-026），或其他等效产品。RNA 抽提试剂给出了具体的信息，目的是为了方便标准的使用者，并不表示对该产品的认可。如果其他等效产品具有相同的效果，则可以使用这些等效产品。

（4）无水乙醇。

（5）75%乙醇（无 RNase 去离子水配制）。

（6）三氯甲烷（氯仿）。

（7）异丙醇。

（8）基因组 DNA 提取试剂盒 DNeasy Blood & Tissue Kit（Qiagen 公司，Cat.No.69504），或其他等效产品。DNA 抽提试剂给出了具体的信息，目的是为了方便标准的使用者，并不表示对该产品的认可。如果其他等效产品具有相同的效果，则可以使用这些等效产品。

（9）逆转录试剂：PrimeScript® RT reagent Kit（TaKaRa 公司），或其他等效产品。逆转录试剂给出了具体的信息，目的是为了方便标准的使用者，并不表示对该产品的认可。如果其他等效产品具有相同的效果，则可以使用这些等效产品。

（10）PCR 试剂：Premix Taq™（Version 2.0 plus dye）（TaKaRa 公司，Cat.No.RR901A）或其他等效产品。PCR 试剂均给出了具体的信息，目的是为了方便标准的使用者，并不表示对该产品的认可。如果其他等效产品具有相同的效果，则可以使用这些等效产品。

（11）DNA 分子质量标准：100~2000 bp。

（12）50×TAE 电泳缓冲液，配制方法在标准附录中给出。

（13）溴化乙锭：10mg/mL，配制方法在标准附录中给出；或其他等效产品。

（14）1.5%琼脂糖凝胶，配制方法在标准附录中给出。

（15）实时荧光 RT-PCR 试剂：One Step Primerscript^{TM} RT-PCR Kit（Perfect Realtime）（TaKaRa 公司，Cat.No.RR064A），或其他等效产品。实时荧光 RT-PCR 试剂均给出了具体的信息，目的是为了方便标准的使用者，并不表示对该产品的认可。如果其他等效产品具有相同的效果，则可以使用这些等效产品。

（16）引物和探针：根据表 1、表 2 的序列合成引物和探针，引物和探针加无 RNase 去离子水配制成 10 μmol/L 和 5 μmol/L 储备液，−20℃保存。

表 1　SRV-D 巢式 PCR 扩增引物

引物名称	引物序列（5′→3′）	产物大小/bp
F1-outer	GAATCTGTAGCGGACAATTGGCTT	461
R1-outer	GGGCGGATTGCTGCCTGACA	
F2-inner	ACTTGTTAGGGCAGTCCTCTCAGG	400
R2-inner	ACAGGCTGGATTAGCGTTTTCATA	

表 2　SRV-D 实时荧光 PCR 扩增引物和探针

引物和探针名称	引物和探针序列（5′→3′）	产物大小/bp
SRV-F1qPCR	CTGGWCAGCCAATGACGGG	110
SRV-R1qPCR	CGCCTGTCTTAGGTTGGAGTG	
探针	FAM-TCACTAACCTAAGACAGGAGGGTCGTCA-BHQ1	
	FAM-TCCTAAACCTAAGACAGGAGGGCTGTCA-BHQ1	

七、检测方法的确定

（一）生物安全措施

实验操作及处理按照 GB 19489 的规定，由具备相关资质的工作人员进行相应操作。

（二）采样及样本的处理

标准规定了动物血液样本、动物组织样本、细胞培养物的采集及处理方法。

（三）样本 RNA 提取

规定了样本 RNA 的提取方法。

（四）样本 DNA 提取：

规定了样本 DNA 的提取方法。

（五）巢式 RT-PCR 检测

规定了巢式 RT-PCR 反应体系、反应参数及结果检测方法。

1. RNA 逆转录

RNA 逆转录反应体系见表 3。反应液的配制在冰上操作，反应条件为 37℃ 25 min；85℃ 5 s。反应产物即为 cDNA，立即进行下一步 PCR 反应；若不能立即进行 PCR，cDNA 保存温度不能低于−20℃。长时间保藏应置于−80℃冰箱。10 μL 反应体系可最大使用 500 ng 的 Total RNA。若使用其他公司逆转录试剂，应按照其说明书规定的反应体系和反应条件进行操作。

表 3 RNA 反转录反应体系

反应组分	用量/μL	终浓度
5×PrimeScript Buffer	2	1×
PrimeScript RT Enzyme Mix I	0.5	
Oligo dT Primer（50 μmol/L）	0.5	25 pmol/L
Random Primer 6 mers（100 μmol/L）	0.5	50 pmol/L
RNA 模板	5	
RNase Free dH$_2$O	1.5	
总体积	10	

2. 巢式 PCR 反应

巢式 PCR 反应体系见表 4。反应液的配制在冰上操作，每次反应同时设计阳性对照、阴性对照和空白对照。其中，以含有猴逆转 D 型病毒的组织或细胞培养物提取的 RNA 作为阳性对照模板；以不含有猴逆转 D 型病毒 RNA 样品（可以是正常动物组织或正常细胞培养物）作为阴性对照模板；空白对照为不加模板对照（no template control，NTC），即在反应中用水来代替模板。

表 4 巢式 PCR 反应体系

反应组分	用量/μL	终浓度
第一轮 PCR		
2×Premix Taq Mix	10	1×
ddH$_2$O	6.4	
F1-outer（10 μmol/L）	0.8	0.4 μmol/L
R1-outer（10 μmol/L）	0.8	0.4 μmol/L
cDNA 模板/前病毒 DNA	2	
总体积	20	
第二轮 PCR		
2 × Premix Taq Mix（Loading dye mix）	10	1×
ddH$_2$O	7.4	
F2-inner（10 μmol/L）	0.8	0.4 μmol/L
R2-inner（10 μmol/L）	0.8	0.4 μmol/L
第一轮 PCR 产物	1	
总体积	20	

3. 巢式 PCR 反应参数

巢式 PCR 反应参数见表 5。

表 5 巢式 PCR 反应参数

步骤	温度/℃	时间	循环数
第一轮 PCR	94	5 min	1
	95	30 s	20
	55	30 s	
	72	30 s	
	72	5 min	1
第二轮 PCR	94	3 min	1
	95	30 s	35
	55	30 s	
	72	30 s	
	72	5 min	1

注：可使用其他等效的 PCR 检测试剂盒进行，反应体系和反应参数可进行相应调整。

（六）实时荧光 RT-PCR

规定了实时荧光 RT-PCR 的反应体系、反应参数。

1. 实时荧光 RT-PCR 反应体系

实时荧光 RT-PCR 反应体系见表 6。反应液的配制在冰上操作，每次反应同时设计阳性对照、阴性对照和空白对照。其中，以含有猴 D 型逆转录病毒的组织或细胞培养物提取的 RNA 作为阳性对照模板；以不含有猴 D 型逆转录病毒 RNA 样品（可以是正常动物组织或正常细胞培养物）作为阴性对照模板；空白对照为不加模版对照（no template control，NTC），即在反应中用水来代替模板。

表 6 实时荧光 RT-PCR 反应体系

反应组分	用量/μL	终浓度
2×One Step RT-PCR Buffer Ⅲ	25	1×
Ex Taq HS （5 U/μL）	1	
PrimeScript RT Enzyme Mix Ⅱ	1	
TaqSRV-D-F （10 μmol/L）	2.5	500 nmol/L
TaqSRV-D-R （10 μmol/L）	2.5	500 nmol/L
探针（5 μmol/L）	2	250 nmol/L
Rox	1	
RNA 模板	10	
无 RNase 去离子水	5	
总体积	50	

注：试剂 Rox 只在具有 Rox 荧光校正通道的实时荧光 PCR 仪上进行扩增时添加，否则用水补齐。

2．实时荧光 RT-PCR 反应参数

实时荧光 RT-PCR 反应参数见表 7。反应结束，根据收集的荧光曲线和 Ct 值判定结果。

表 7　实时荧光 PCR 反应参数

步骤	温度/℃	时间	采集荧光信号	循环数
逆转录	42	5 min	否	1
预变性	95	30 s		1
变性	95	5 s		40
退火，延伸	60	34 s	是	

注：可使用其他等效的一步法或两步法实时荧光 PCR 检测试剂盒进行，反应体系和反应参数可做相应调整。

八、结果判定

（一）巢式 RT-PCR 结果判定

1．质控标准

阴性对照和空白对照未出现条带，阳性对照出现预期大小（400 bp）的目的扩增条带则表明反应体系运行正常；否则此次试验无效，需重新进行巢式 PCR 扩增。

2．结果判定

（1）质控成立条件下，两轮 PCR 结束，若样本未出现预期大小（400 bp）的扩增条带，则可判定样本猴逆转 D 型病毒核酸检测阴性。

（2）质控成立条件下，两轮 PCR 结束，若样本出现预期大小（400 bp）的扩增条带，则可判定样本猴逆转 D 型病毒核酸检测阳性。

（二）实时荧光 PCR 结果判定

1．结果分析和条件设定

直接读取检测结果，基线和阈值设定原则根据仪器的噪声情况进行调整，以阈值线刚好超过正常阴性样品扩增曲线的最高点为准。

2．质控标准

（1）空白对照无 Ct 值，并且无荧光扩增曲线，一直为水平线。

（2）阴性对照无 Ct 值，并且无荧光扩增曲线，一直为水平线。

（3）阳性对照 Ct 值≤35，并且有明显的荧光扩增曲线，则表明反应体系运行正常；否则此次试验无效，需重新进行实时荧光 PCR 扩增。

3．结果判定

（1）质控成立条件下，若待检测样品无荧光扩增曲线，则判定样品猴逆转 D 型病毒核酸检测阴性。

（2）质控成立条件下，若待检测样品有荧光扩增曲线，且 Ct 值≤35 时，则判断样品中猴逆转 D 型病毒核酸检测阳性。

（3）质控成立条件下，若待检测样品 Ct 值介于 35 和 40 之间，应重新进行实时荧光 PCR 检测。重新检测后，若 Ct 值≥40，则判定样品未检出猴逆转 D 型病毒。重新检测后，若 Ct 值仍介于 35 和 40 之间，则判定样品猴逆转 D 型病毒可疑，需进一步进行序列测定。

九、序列测定

检样本扩增出的阳性 PCR 产物进行核酸序列测定，序列结果与已公开发表的猴逆转 D 型病毒特异性片段序列进行比对，序列同源性在 90%以上，可确诊待检样本猴逆转 D 型病毒核酸阳性，否则判定猴逆转 D 型病毒核酸阴性。

十、检测过程中防止交叉污染的措施

按照 GB/T 19495.2 中的要求执行。

十一、附录 A

本标准附录为规范性附录，给出了试剂的配制方法。

第六节　分析报告

一、材料与方法

（一）猴逆转 D 型病毒（SRV）巢式 PCR 检测方法的建立

1. 材料与方法

1）毒株、载体和 SRV 感染阳性样本

猴逆转 D 型病毒 SRV-1、SRV-2、SRV-3、SRV-4、SRV-5 共 5 个血清型毒株中国科学院昆明动植物研究所贾昆龙教授惠赠；猴免疫缺陷病毒 SIVmac251 毒株由美国伊利诺伊大学陈维政教授惠赠；猴 T 淋巴细胞趋向性病毒 I 型（STLV-1）阳性血液病料由本实验室保存；大肠杆菌 *E.coli* DH5α 和克隆载体 pMD19-T 购自宝生物工程（大连）有限公司（TaKaRa 公司）；24 份 SRV 抗体阳性猴血液样本由本实验室保存（-80℃）。

2）引物的设计合成

利用 Primer Premier5.0 引物设计软件，根据 GenBank 数据库中登记的 SRV 基因序列（登录号 M11841、M16605、M12349、AF033815），选取 SRV gag 基因保守序列区，设计一套巢式 PCR 引物，并使用 GenBank 的 Blast 软件与数据库同一病毒的其他毒株及其他种类病毒序列进行比较，保证引物序列的通用性和特异性。引物由 Invitrogern（广州）公司合成。引物序列见表 1。

3）病毒和样品核酸提取

血浆 RNA 的抽提按 TRIzol（Invitrogen）操作说明书进行。全血样本使用 DNA 提取试剂盒 DNeasy Blood & Tissue Kit（Qiagen），按操作说明书进行。

4）SRV 巢式 PCR 检测方法的建立

SRV 属于逆转录病毒，可提取病毒 RNA，逆转录得到 cDNA，再按照优化的反应体系和条件进行 PCR 扩增；也可以直接提取病毒 DNA 进行 PCR 检测。

（1）RNA 逆转录：采用 TaKaRa 公司的 PrimeScript RT Kit 对制备的 RNA 进行逆转录。反应体系为 10 μL：5×PrimeScript Buffer 2 μL，PrimeScript RT Enzyme Mix I 0.5 μL，Oligo dT Primer（50 μmol/L）0.5 μL，Random Primer 6 mers（100 μmol/L）0.5 μL，RNA 模板 5 μL，RNase Free dH$_2$O 1.5 μL；反应条件为：37℃ 25 min，85℃ 5 s。

（2）巢式 PCR 反应：PCR 试剂采用 TaKaRa 公司的 rTaq Premix，采用巢式 PCR 反应进行检测，第一轮 PCR 反应体系为 20 μL：cDNA/DNA 模板 2 μL，2×Premix Buffer（含 Mg^{2+}、dNTP、rTaq 酶）10 μL，上游引物（10μmol/L）1 μL，下游引物（10 μmol/L）1 μL，补 H$_2$O 至 20 μL；反应条件：94℃ 5 min，94℃ 30 s、55℃ 30 s、72℃ 30 s，共 20 个循环，最后 72℃延伸 5 min。

第二轮 PCR 反应体系 20 μL：第一轮 PCR 反应产物为模板取 1 μL，2×Premix Buffer（含 Mg^{2+}、dNTP、rTaq 酶）10 μL，上游引物（10μmol/L）1 μL，下游引物（10 μmol/L）1 μL，补 H$_2$O 至 20 μL。反应条件：94℃ 5 min，94℃ 30 s、55℃ 30 s、72℃ 30 s，共 30 个循环，最后 72℃延伸 5 min。反应完成后取 10 μL 扩增产物，1.5%琼脂糖凝胶电泳，紫外灯下观察结果。

5）特异性试验

采用建立的 SRV 巢式 PCR 方法对 SRV-1、SRV-2、SRV-3、SRV-4、SRV-5、SIV、STLV-1 前 DNA 作为模板进行检测，验证该方法的特异性。

6）敏感性试验

按 1.1.4 所述反应体系和条件扩增 SRV-1 得到目的片段，用胶回收试剂盒回收，将回收的目的片段连接至 pMD-19T 载体，并转化至 DH5α 感受态细胞中。用含有 Amp 的 LB 琼脂平板筛选阳性克隆，用 PCR 鉴定阳性克隆菌并对阳性重组质粒测序验证。用质粒提取试剂盒提取质粒，微量紫外分光光度计测定浓度与纯度，根据下面的公式计算拷贝数：拷贝数（copies/μL）=6.022 ×10^{23}（copies/mol）×DNA 浓度（g/μL）/质量 MW（g/mol）。其中，MW= DNA 碱基数（bp）×660 daltons/bp，DNA 碱基数=载体序列碱基数+插入序列碱基数。

将质粒标准品用 Easy dilution（TaKaRa 公司）做 10 倍系列稀释，得到 1×10^8 ~ 1×10^{0}copies/μL 系列标准模板，按 1.1.4 所述方法进行检测，测定检测方法的灵敏度。

7）SRV 抗体阳性猴样品的检测

24 份 SRV 猴血浆样本通过 ELISA 和免疫印迹试验检测确认为 SRV 抗体阳性，利用血液基因组提取试剂盒提取 200μL 全血细胞中病毒前 DNA，利用建立的 SRV 巢式 PCR 检测方法对 24 份 SRV 抗体阳性猴样本进行检测。

2. 结果

1）SRV 巢式 PCR 检测方法的建立

按照 1.1.4 反应体系和条件进行 PCR 扩增，完成后取 5 μL 扩增产物，1.5%琼脂糖凝胶电泳，紫外灯下观察结果。结果 SRV 阳性样本在 400 bp 位置有一条目的条带，与预期结果相符（图 1）。

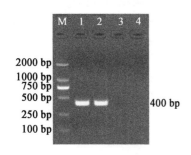

图 1 SRV 巢式 PCR 电泳结果

M，DNA Marker DL2000；1、2，SRV；
3、4，阴性对照

2）SRV 巢式 PCR 检测方法特异性试验

采用建立的 SRV 巢式 PCR 方法对 SRV-1、SRV-2、SRV-3、SRV-4、SRV-5、SIV、STLV-1 前 DNA 作为模板进行检测，结果显示 SRV-1、SRV-2、SRV-3、SRV-4 有目的条带，SRV-5 和其他病原核酸无目的条带，因此该方法可以检测 SRV 1~4 四种血清型，但会对 SRV-5 造成漏检（图 2）。

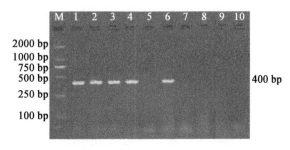

图 2 SRV 巢式 PCR 特异性试验结果

M，DNA Marker DL2000；1~5，SRV-1、SRV-2、SRV-3、SRV-4、
SRV-5；6，SRV1~5 Mix；7，SIV；8，STLV；9、10，阴性对照

3）SRV 巢式 PCR 检测方法敏感性试验

将质粒标准品用 Easy dilution 做 10 倍系列稀释，得到 $1.7 \times 10^{10} \sim 1.7 \times 10^{0}$ copies/μL 系列标准模板。按 1.1.4 所述方法进行检测，测定模板最低检出量，结果 SRV 检测灵敏度为 1.7×10^{2} copies/μL（图 3）。

4）SRV 抗体阳性猴样品的检测

利用建立的 SRV 巢式 PCR 检测方法对 SRV 抗体阳性猴样本进行检测，结果 24 份样本均为阳性（图 4）。

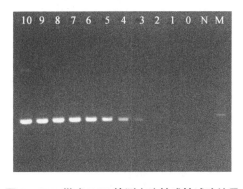

图 3 SRV 巢式 PCR 检测方法敏感性试验结果

M，100bp DNA Marker；10~0，依次为 $1 \times 10^{10} \sim$
1×10^{0} copies/μL；N，阴性对照

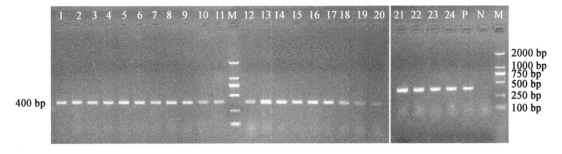

图 4 SRV 实验感染猴阳性样品中的检测

（二）猴逆转录病毒（SRV）实时荧光 PCR 检测方法的建立

1．材料与方法

1）菌株、载体和临床样本

猴免疫缺陷病毒 SIVmac251 毒株由美国伊利诺伊大学陈维政教授惠赠；猴逆转 D 型病毒 SRV-1、SRV-2、SRV-3、SRV-4、SRV-5 共 5 个血清型毒株中国科学院昆明动植物研究所贾昆龙教授惠赠；猴 T 淋巴细胞趋向性病毒 I 型（STLV-1）阳性血液病料由本实验室保存；大肠杆菌 *E.coli* DH5α 和克隆载体 pMD19-T 购自宝生物工程（大连）有限公司（TaKaRa 公司）。

临床样本来自广西、海南 3 个猴场。猴场 1：46 份 SRV 抗体阳性血液样本；猴场 3：30 份 SRV 抗体阳性血液样本；猴场 2：20 份 SRV 抗体阴性血液样本。

2）引物及探针的设计合成

利用 Primer Express3.0 引物探针设计软件（Applied Biosystems），参考文献 Jwhite 等（2009），根据 GenBank 数据库中登记的 SRV 基因序列（登录号 M11841、M16605、M12349、AF033815），选取 SRV *env* 基因保守序列区，设计一套可以同时检测 SRV-1、SRV-2、SRV-3、SRV-4 和 SRV-5 的 PCR 引物及探针，并使用 GenBank 的 Blast 软件与数据库同一病毒的其他毒株及其他种类病毒序列进行比较，保证引物序列的通用性和特异性。同时设计一对引物（SRV-F2、SRV-R2）扩增 env 基因片段，包含 qPCR 扩增片段。引物和探针由 Invitrogern（广州）公司合成。引物和探针序列见表 2。

3）病毒和样品核酸提取

血浆 RNA 的抽提按 TRIzol（Invitrogen）操作说明书进行。全血样本使用 DNA 提取试剂盒 DNeasy Blood & Tissue Kit（Qiagen），按操作说明书进行。

4）SRV 质粒标准品的制备

以提取的 SRV DNA 为模板、以 SRV-F2/SRV-R2 为引物，用 Premix Ex Taq（TaKaRa 公司）进行 PCR，反应体系为：2×Premix Ex Taq 25 μL，上游引物（10 μmol/L）2.5 μL，下游引物（10 μmol/L）2.5 μL，DNA 5 μL，加 RNase Free dH$_2$O 至 50 μL。反应条件：94℃ 2 min，一个循环；94℃ 30 s、55℃ 30 s、72℃ 30 s，共 35 个循环；最后 72℃ 延伸 5 min。将反应得到目的片段用胶回收试剂盒回收，将回收的目的片段连接至 pMD-19T 载体，并转化至 DH5α 感受态细胞中。用含有 Amp 的 LB 琼脂平板筛选阳性克隆，用 PCR 鉴定阳性克隆菌，并对阳性重组质粒测序验证。用质粒提取试剂盒提取质粒，微量紫外分光光度计测定浓度与纯度，根据下面的公式计算拷贝数：拷贝数（copies/μL）=6.022×10^{23}（copies/mol）×DNA 浓度（g/μL）/质量 MW（g/mol）。其中，MW= DNA 碱基数（bp）×660 daltons/bp，DNA 碱基数=载体序列碱基数+插入序列碱基数。

5）实时荧光 PCR 检测方法的建立和条件优化

参照 TaKaRa 公司 Premix Ex Taq（Perfect Real Time）试剂盒操作说明配制 SRV 实时荧光 PCR 反应体系，以 SRV 质粒标准品（3.7×10^5 copies/μL）作为反应模板，采用矩阵法对荧光 PCR 反应体系中引物（0.1~1.0 μmol/L）和 TaqMan 探针浓度（0.1~0.70 μmol/L）进行优化，以反应的前 3~15 个循环的荧光信号为荧光本底信号，通过比较 Ct 值和荧光强度增加值（绝对荧光强度与背景荧光强度的差值，ΔRn）来判断优化结果；采用二温循环法对反应的退火温度和循环次数进行优化。

SRV 属于逆转录病毒，也可以提取病毒 RNA，逆转录得到 cDNA，再按照优化的反应体系和条件进行 PCR 扩增。逆转录试剂采用 TaKaRa 公司的 Primerscript RT reagent Kit（Perfect Real Time），反应体系：2 μL 5× Primerscript Buffer，0.5 μL Oligo dT（50 μmol/L），

0.5 μL Random 6 mers（100 μmol/L），0.5 μL Primerscript RT Enzyme Mix I，约 1 μg RNA，补水至 10 μL，混匀离心后于 37℃作用 15 min，最后于 85℃作用 5 min 失活 Primerscript RTase。

6）特异性试验

采用建立的实时荧光 PCR 方法对 SRV-1、SRV-2、SRV-3、SRV-4、SRV-5、SIV、STLV-1 前 DNA 作为模板进行 SRV qPCR 特异性检测，同时设 Raji 细胞 DNA 为阴性对照，水作为空白对照（NTC），验证该方法的特异性。

7）标准曲线的建立及敏感性试验

将质粒标准品用 Easy dilution（TaKaRa 公司）做 10 倍系列稀释，得到 $3.7×10^7$ ~ $3.7×10^0$copies/μL 系列标准模板。利用 5）实时荧光 PCR 检测方法的建立和条件优化中优化后的反应体系和条件测定各稀释度的 Ct 值，以 Ct 值为纵坐标、以起始模板浓度的对数为横坐标，绘制标准曲线。

8）重复性试验

对 6 份 10 倍系列稀释的质粒标准品（$3.7×10^8$ ~$3.7×10^3$copies/μL）在同一次反应中进行 5 次重复测定，对各稀释度的 Ct 值进行统计，计算每个样品各反应管之间的变异系数（CV%）。

9）实时荧光 PCR 检测方法在临床样品中的检测应用

对来自 3 个猴场的猴血样品进行 PBMC 分离，采用组织基因组提取试剂盒提取 DNA 后按建立的方法进行检测，每次检测都采用梯度稀释的质粒标准品绘制标准曲线，计算病毒的拷贝数。

2．结果

1）SRV 质粒标准品制备

用 PCR 扩增 SRV 得到大小约 227 bp 的特异片段与 pMD19-T 载体连接构建重组阳性质粒，对重组质粒进行 PCR 鉴定，条带大小与预期结果相符（图 5）。重组质粒的测序结果与目的基因序列同源性为 100%，表明质粒标准品制备成功。

2）实时荧光 PCR 反应体系的建立和优化

经优化后的 PCR 反应体系：2×Premix Ex Taq 10 μL，SRV 上游引物终浓度均为 0.6 μmol/L，SRV 下游引物终浓度均为 0.8μmol/L（表 8、图 6），探针终浓度 0.1 μmol/L（表 9、图 7），SRV DNA 模板 2μL，加 RNase Free dH$_2$O 至

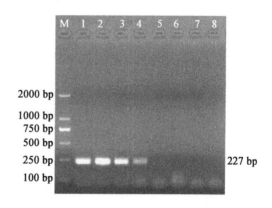

图 5　SRV 重组质粒 PCR 鉴定电泳结果

M，Marker DL2000；1~4，筛选到的质粒阳性克隆菌落；5~7，阴性质粒菌落；8，阴性对照

20 μL。反应条件： 95℃ 30 s，一个循环；95℃ 5 s，60℃ 34 s，45 个循环，60℃延伸结束后收集荧光。

表8 引物优化 Ct 值结果

SRV-R1	SRV-F1 终浓度					
终浓度	100 nmol/L	200 nmol/L	400 nmol/L	600 nmol/L	800 nmol/L	1000 nmol/L
100 nmolL	26.48	26.62	26.56	26.80	26.89	27.11
200 nmol/L	26.50	26.63	26.63	26.75	26.97	27.08
400 nmol/L	27.00	26.46	26.62	26.60	26.53	26.78
600 nmol/L	26.25	26.20	26.66	26.50	26.61	26.76
800 nmol/L	26.18	26.29	26.37	26.35	26.49	26.94
1000 nmol/L	26.45	26.34	26.58	26.72	26.86	27.06

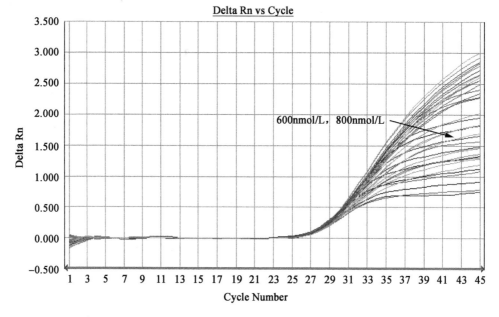

图6 引物优化扩增曲线

表9 探针优化 Ct 值结果

	SRV-P 终浓度						
	100 nmol/L	200 nmol/L	300 nmol/L	400 nmol/L	500 nmol/L	600 nmol/L	700 nmol/L
Ct 值	27.54/27.66	27.78/27.58	27.79/27.78	27.91/28.00	28.03/28.07	28.48/28.49	29/29.43

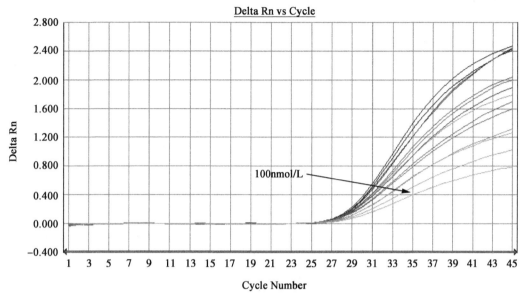

图 7　探针优化扩增曲线

3）特异性试验

采用建立的实时荧光 PCR 方法对 SRV-1、SRV-2、SRV-3、SRV-4、SRV-5、SIV、STLV-1 前 DNA 进行检测，5 个血清型的 SRV 在该反应体系中均成功扩增。其中，SRV-1、SRV-2、SRV-3、SRV-4 扩增效果较好，扩增曲线平滑，Ct 值出现在定量标准曲线的中部，qPCR 反应效率较好。SRV-5 虽然也有扩增，但荧光信号出现较晚，Ct 值在 38 左右出现（图 8），对应拷贝数低于 500。因此该方法对于血清型为 SRV5 的样本可能会出现漏检，需要增加检测样本数或采用其他方法检测。

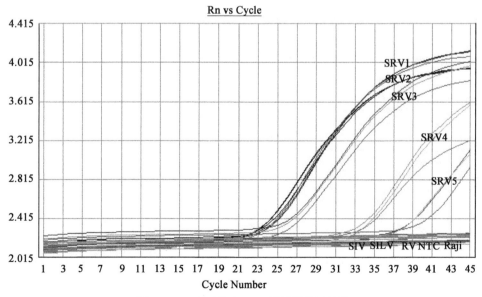

图 8　SRV 实时荧光 PCR 特异性检测结果

4）标准曲线的建立及敏感性试验

将质粒标准品用 Easy dilution（TaKaRa 公司）做 10 倍系列稀释，得到 3.7×10^8~3.7×10^0copies/μL 系列标准模板。利用优化后的反应体系和条件测定各稀释度的 Ct 值，结果见图 9，可见各梯度之间间隔的 Ct 值基本相等，Raji 细胞 DNA 和 ddH$_2$O 没有荧光扩增曲线为阴性结果。质粒浓度为 3.7×10^8~3.7×10^3copies/μL 组 PCR 扩增曲线典型，Ct 值落在 11~34 间，扩增曲线线性关系较好。3.7×10^2copies/μL 质粒 Ct 值约为 38；因对应模板浓度较低，Ct 值出现较晚，而且复孔重复性不如前六组，但仍与前六组具有良好的线性关系，而 3.7×10^0 copies/μL 组因模板浓度较低无扩增曲线。因此，本方法检测的最低检出量为 370 copies/μL，定性判定可认为 Ct 值大于 38 为阴性，Ct 值小于 38 为阳性。以标准品稀释拷贝数的对数值为横坐标、以临界环数（threshold cycle，Ct）为纵坐标建立荧光实时定量 PCR 的标准曲线，标准质粒在 3.7×10^8~3.7×10^2 copies/μL 具有良好的线性关系，结果见图 10。其线性回归方程为 Ct= $-3.44\times$lg（拷贝数）+47.89，标准曲线斜率为 -3.44，根据公式计算得扩增效率 E = $10^{1/3.44}-1$ =0.953，即扩增效率为 95.3%，相关系数 R^2=0.999，说明 PCR 扩增该标准品的效率较高。

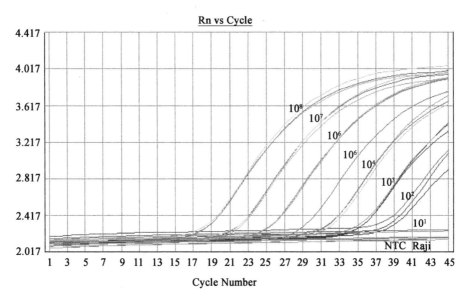

图 9　10 倍系列稀释质粒标准品的荧光定量扩增曲线

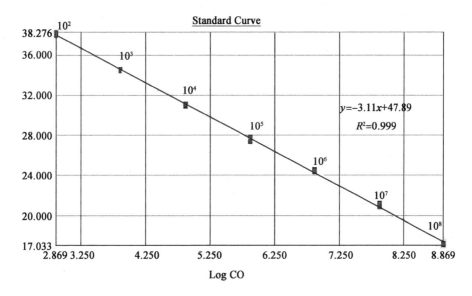

图 10　10 倍系列稀释质粒标准品的标准曲线

5）重复性试验结果

通过对 $3.7×10^7$~$3.7×10^3$copies/μL 6 个稀释度样本进行重复性检测，重复性试验的变异系数均小于 1%（表 10），表明建立实时荧光 PCR 方法重复性好，方法稳定可靠。

表 10　SRV 荧光定量检测方法的重复性实验

模板/（copies/well）	Ct1	Ct2	Ct3	Ct4	Ct5	Ct 平均值	标准差（SD）	变异系数（CV）/%
$3.7×10^7$	17.32	17.21	17.19	17.51	17.31	17.31	0.13	0.73
$3.7×10^6$	20.42	20.37	20.45	20.23	20.63	20.42	0.14	0.71
$3.7×10^5$	23.20	23.32	23.45	23.56	23.57	23.42	0.16	0.68
$3.7×10^4$	26.59	26.78	26.69	26.43	26.35	26.57	0.18	0.67
$3.7×10^3$	29.66	29.78	29.73	29.32	29.45	29.59	0.20	0.66
$3.7×10^2$	32.58	32.65	32.70	32.36	33.11	32.68	0.27	0.84

6）SRV qPCR 测方法在临床样品中的检测应用

对来自 3 个猴场的猴血样品进行 PBMC 分离，采用组织基因组提取试剂盒提取病毒前 DNA 后按建立的方法进行检测，每次检测都采用梯度稀释的质粒标准品绘制标准曲线，计算病毒的拷贝数，结果如下。

（1）猴场 1 检测结果：46 份样品共检出 32 份阳性，14 份阴性（表 11）。

表 11　猴场 1 的 46 份样品 SRV 前 DNA 病毒拷贝定量结果

序号	样本号	Ct 值	拷贝量	判定	序号	样本号	Ct 值	拷贝量	判定
1	1617	28.8423	1.20×10^5	P	25	26-9	36.2459	649.388	P
2	22-7	30.5798	3.52×10^4	P	26	2213	36.2844	632.013	P
3	22-2	30.6364	3.38×10^4	P	27	2724	36.344	606.017	P
4	22-3	31.1606	2.34×10^4	P	28	2617	36.3827	589.704	P
5	22-8	31.4011	1.97×10^4	P	29	1812	36.7445	456.993	P
6	2217	32.2583	1.08×10^4	P	30	26-6	36.7498	455.295	P
7	1610	32.2625	1.12×10^4	P	31	24-8	36.7998	439.528	P
8	18-3	32.5585	8.73×10^3	P	32	2522	36.9321	400.406	P
9	18-1	32.9523	6.61×10^3	P	33	1519	37	381.712	N
10	18-9	33.6143	4.15×10^3	P	34	15-6	37.0067	379.914	N
11	1813	34.0531	3.04×10^3	P	35	2214	37.0797	360.87	N
12	1821	34.357	2.46×10^3	P	36	2416	37.1465	344.278	N
13	1518	34.4907	2.24×10^3	P	37	2218	37.1893	334.036	N
14	27-8	34.8638	1.72×10^3	P	38	27-2	37.4042	287.108	N
15	1621	35.0042	1.56×10^3	P	39	16-2	38.2737	155.582	N
16	2521	35.1042	1.45×10^3	P	40	1518	Undetermined		N
17	22-4	35.1819	1.37×10^3	P	41	1519	Undetermined		N
18	27-6	35.3163	1.25×10^3	P	42	27-5	Undetermined		N
19	1618	35.3735	1.20×10^3	P	43	27-8	Undetermined		N
20	2613	35.4312	1.15×10^3	P	44	1514	Undetermined		N
21	2916	35.8319	869.318	P	45	25-8	Undetermined		N
22	2519	35.85	858.327	P	46	27-5	Undetermined		N
24	1618	35.9258	813.667	P					

合计　32 份阳性，12 份阴性。

注：P 为阳性，N 为阴性。

（2）猴场 2、猴场 3 检测结果：对猴场 2 的 20 份 PBMC 样本、猴场 3 的 30 份 PBMC 样本进行 QPCR 定量检测，SRV 抗体阴性猴场 2 的 20 份样品检出 SRV 前 DNA 阳性 6 份、阴性 14 份；SRV 抗体阳性猴场 3 的 30 份样品检出 SRV 前 DNA 阳性 27 份，阴性 3 份（表 12）。

表 12 猴场 2 和猴场 3 共 50 份样品 SRV 前 DNA 病毒拷贝定量结果

序号	样本号	Ct 值	拷贝量	判定	序号	样本号	Ct 值	拷贝量	判定
1	HN-1	35.4166	355.085	N	26	GX-6	34.4428	650.361	P
2	HN-2	37.0186	131.212	N	27	GX-7	35.2342	397.703	N
3	HN-3	35.4491	347.975	N	28	GX-8	35.1119	429.098	P
4	HN-4	37.3077	109.633	N	29	GX-9	29.773	1.18×10^4	P
5	HN-5	35.053	445.11	P	30	GX-10	29.0515	1.85×10^4	P
6	HN-6	33.0079	1.59×10^3	P	31	GX-11	33.511	1.16×10^3	P
7	HN-7	34.4842	633.82	P	32	GX-12	31.3146	4.54×10^3	P
8	HN-8	36.4786	183.533	N	33	GX-13	29.7084	1.23×10^4	P
9	HN-9	36.1884	219.798	N	34	GX-14	34.8198	514.509	P
10	HN-10	35.3057	380.417	N	35	GX-15	31.7914	3.38×10^3	P
11	HN-11	34.8588	502.183	P	36	GX-16	34	856.352	P
12	HN-12	34.0569	826.61	P	37	GX-17	33.8771	924.343	P
13	HN-13	35.2739	388.008	N	38	GX-18	33.972	871.399	P
14	HN-14	35.338	372.867	N	39	GX-19	33.0387	1.56×10^3	P
15	HN-15	35.6758	302.25	N	40	GX-20	32.7937	1.81×10^3	P
16	HN-16	35.276	387.501	N	41	GX-21	33.4435	1.21×10^3	P
17	HN-17	35.6354	309.937	N	42	GX-22	34.5171	621.015	P
18	HN-18	36.027	242.985	N	43	GX-23	33.8421	944.614	P
19	HN-19	34.7244	545.943	p	44	GX-24	35.1312	378.872	N
20	HN-20	35.9516	254.641	N	45	GX-25	32.5913	2.06×10^3	P
21	GX-1	32.8808	1.72×10^3	P	46	GX-26	31.6953	3.59×10^3	P
22	GX-2	28.1345	3.28×10^4	P	47	GX-27	30.2684	8.70×10^3	P
23	GX-3	30.7413	6.49×10^3	P	48	GX-28	31.9814	3.00×10^3	P
24	GX-4	30.0026	1.03×10^4	P	49	GX-29	32.703	1.92×10^3	P
25	GX-5	36.2556	210.81	N	50	GX-30	32.832	1.77×10^3	P

合计 HN 阳性 6 份，阴性 14 份，GX 阳性 27 份，阴性 3 份

7）阳性样本测序验证

对其中 3 份阳性进行测序验证，测序结果显示阳性样本扩增的基因序列为 110bp。通过 GenBank 上的 Blast 软件进行序列比对，阳性样本的序列与 GenBank 上的 SRV-2 和 SRV-4 毒株的同源性在 99%~100%，证明样本为 SRV 阳性样本，也验证了建立的检测方法正确有效（图 11）。

CTGGTCAGCCAATGACGGGTAAGAGAGTGTCGTTTCTCACTAACCTAAGACAGGAG
GGTCGTCATAGCTACTACCTTTTCCTATGACGGGTACCAGTGAAGAAACTGTAT

Sequences producing significant alignments:

Select: All None Selected 0

Alignments　Download　GenBank　Graphics　Distance tree of results

Description	Max score	Total score	Query cover	E value	Ident	Accession
Simian retrovirus 2, complete genome	204	204	100%	2e-49	100%	M16605.1
Simian retrovirus 2, complete genome	198	198	100%	1e-47	99%	AF126467.1
Simian retrovirus SRV-2 strain D2/RHE/OR/V1, complete genome	198	198	100%	1e-47	99%	AF126468.1
Simian SRV-2 retrovirus proviral envelope glycoprotein gene, complete cds and 3' long terminal repeat (LTR)	198	198	100%	1e-47	99%	L38695.1
Simian retrovirus 4 strain SRV4/TEX/2009/V3, complete genome	100	100	81%	3e-18	87%	FJ979639.1
Simian retrovirus 4 strain SRV4/TEX/2009/V2, complete genome	100	100	81%	3e-18	87%	FJ979638.1
Simian retrovirus 4 strain SRV4/TEX/2009/V1, complete genome	100	100	81%	3e-18	87%	FJ971077.1

图 11　阳性样本序列比较结果

8）抗体检测与核酸检测结果比较

本标准在编制过程中，先后对临床采集的猴血清样本约 61 份样品进行了 SRV 抗体检测和对应样本核酸 QPCR 监测，两种检测方法结果进行配对卡方检验，结果见表 13。两种方法结果无显著性关联，不可反映同一个指标。这与 SRV 这类免疫缺陷病毒的感染机制相关，SRV 感染后，病毒可在动物体内长期并潜伏存在，随着动物免疫系统机能的改变有可能又启动病毒大量复制，因此，临床上使用分子检测方法对病毒核酸载量进行监测是一个非常必要和常规的手段。

表 13　抗体检测与核酸检测结果比较

配对卡方检验		ELISA		
		+	−	合计
QPCR	+	2	8	10
	−	4	47	51
	合计	6	55	61
统计结果		关联性检验		
		卡方值		p
		0.36		0.5490
		关联性无显著意义		

该结果表明，采用血清学和病原学检测方法对同一只动物进行检测时，可能出现不一致的结果，这是由于病原感染动物后的不同阶段，抗原和抗体不同消长规律所造成的。在感染早期，动物体内可检测到病原核酸却无抗体产生。而在动物群里可能出现不同感染阶段的动物，或某些病原在动物体内潜伏感染，未刺激抗体产生却可能会持续带毒排毒，因此分子检测方法可作为抗体检测的有效补充手段。

第七节　其他说明

一、国内外同类标准分析

本标准为国内原创标准，国际上无类似标准。

二、与法律法规、标准关系

本标准的编制依据为现行的法律、法规和国家标准，与这些文件中的规定相一致。目前实验动物国家标准没有猴逆转录病毒（SRV）PCR 检测方法标准，本标准作为团体标准是对现有标准的有利补充。

三、重大分歧的处理和依据

从标准结构框架和制定原则的确定、标准的引用、有关技术指标和参数的试验验证、主要条款的确定直到标准草稿征求专家意见（通过函寄和会议形式，多次咨询和研讨），均未出现重大意见分歧的情况。

四、标准实施要求和措施

本标准发布实施后，建议通过培训班、会议宣传和网络宣传等形式积极开展宣传贯彻培训活动。面向各行业开展动物实验的机构和个人，宣传贯彻标准内容。

参 考 文 献

李晓燕，代成波，李春花，等. 2007. 猕猴逆转录病毒多重套式 PCR 检测方法的建立. 四川动物，（3）：534-537.

马荣，高英杰，崔晓兰. 2013. 逆转录病毒及逆转录酶检测方法研究评述. 病毒学报，29（1）：92-96.

王静，张钰，闵凡贵，等. 2013. 猴免疫缺陷病毒（SIV）实时荧光定量 PCR 检测方法的建立. 中国比较医学杂志，23（9）：68-72.

熊炜，蒋静，张强，等. 2013. 猴逆转录病毒 RT-PCR 和 Real-timeRT-PCR 检测方法的建立. 动物医学进展，34（12）：51-54.

杨燕飞. 2016. MBV、SRV、SIV 血清抗体调查及间接 ELISA 检测方法的初步建立. 扬州：扬州大学.

郑霞. 2012. 非人灵长类 SPF 种群建立过程中病毒抗体监测研究. 苏州：苏州大学硕士学位论文.

Buchl SJ, Keeling ME, Voss WR. 1997. Establishing specific pathogen-free（SPF）nonhuman primate colonies. Ilar Journal，38（1）：22-27.

Chung HK, Unangst T, Treece J, et al. 2008. Development of real-time PCR assays for quantitation of simian betaretrovirus serotype-1, -2, -3, and -5 viral DNA in Asian monkeys. J Virol Methods，152（2）：91-97.

Liao Q, Guo H, Tang M, et al. 2011. Simultaneous detection of antibodies to five simian viruses in nonhuman primates using recombinant virul protein based multiples microbead immunoassays. J Virol Methods，178（2）：143-152.

White JA, Todd PA, Rosenthal AN, et al. 2009. Development of a generic real-time PCR assay for simultaneous detection of proviral DNA of simian Betaretrovirus serotypes 1, 2, 3, 4 and 5 and secondary uniplex assays for specific serotype identification. J Vriol Methods，162（1-2）：148-154.

第二十一章　T/CALAS 49—2017《实验动物仙台病毒 PCR 检测方法》实施指南

第一节　工 作 简 况

根据中国实验动物学会实验动物标准化专业委员会下达的 2017 年团体标准制（修）订计划安排，由广东省实验动物监测所负责团体标准《实验动物　仙台病毒 PCR 检测方法》起草工作。该项目由全国实验动物标准化技术委员会（SAC/TC281）技术审查，由中国实验动物学会归口管理。

本标准的编制工作按照中华人民共和国国家标准 GB/T1.1—2009《标准化工作导则》第 1 部分"标准的结构和编写规则"要求进行编写。本标准是在国家科技支撑计划"实验动物质量检测关键技术研究"（项目编号 2013BAK11B01）、广东省科技计划项目"广东省实验动物检测技术平台"（项目编号 2011B040200010）课题基础上制定而成的，在制定过程中参考了国内外相关文献，对方法的敏感性、特异性、重复性等进行了研究，并对所建立的标准方法进行了应用研究，建立了可行、稳定、特异的仙台病毒普通 RT-PCR 和实时荧光 RT-PCR 检测方法。

第二节　工 作 过 程

本标准由中国实验动物学会实验动物标准化专业委员会提出，广东省实验动物监测所按照团体标准研制要求和编写工作的程序，组成了由单位专家和专业技术人员参加的编写小组，制订了编写方案，并就编写工作进行了任务分工。编制小组根据任务分工进行了资料收集和调查研究工作，在国家科技支撑计划"实验动物质量检测关键技术研究"（项目编号 2013BAK11B01）和广东省科技计划项目"广东省实验动物检测技术平台"（项目编号 2011B040200010）课题研究基础上，组织编写实验动物仙台病毒 RT-PCR 检测方法技术资料，通过起草组成员的努力，经多次修改、补充和完善，形成了标准和编制说明初稿。

2017 年 3 月,标准草案首先征求中国实验动物学会实验动物标准化专业委员会的意见，专家对标准稿提出了系列修订建议和意见。根据提出的意见编制组对《实验动物　仙台病毒 PCR 检测方法》标准草案进行修改，形成本标准征求意见稿和编制说明。

2017 年 4~6 月，标准征求意见稿在中国实验动物学会网站公开征求意见，共收集意见或建议 4 条，编制组根据专家提出的修改意见和建议，采纳 3 条，未采纳 1 条。对《实验动物　仙台病毒 PCR 检测方法》团体标准整理修改后，形成标准送审稿、标准送审稿编制说明和征求意见汇总处理表。

2017 年 8 月 30 日，全国实验动物标准化技术委员会在北京召开了标准送审稿专家审查会。会议由全国实验动物标准化技术委员会的委员组成审查组，认真讨论了标准送审稿编制说明、征求意见汇总处理表，提出了修改意见和建议。与会专家认为本标准填补了仙台病毒分子检测方法空白，是国标的有力补充，一致同意通过审查。会后，编制组根据与会专家提出的修改意见，经对《实验动物　仙台病毒 PCR 检测方法》团体标准修改完善后，形成标准报批稿、标准报批稿编制说明和征求意见处理汇总表。

2017 年 10 月 10 日，编写组就 8 月 30 日的专家意见进行了讨论修改，形成了报批稿。

2017 年 12 月 29 日，中国实验动物学会第七届理事会常务理事会第一次会议批准发布包括本标准在内的《实验动物　教学用动物使用指南》等 23 项团体标准，并于 2018 年 1 月 1 日起正式实施。

第三节　编写背景

仙台病毒（Sendai virus，SV）属副黏病毒科、副黏病毒属，可引起啮齿类动物呼吸道疾病，空气传播和直接接触传播是该病毒播散的主要方式。仙台病毒传染性较强，鼠群一旦发生感染难以清除，而且在鼠群中多呈隐性感染，动物不表现临床症状，在一定条件下病毒被激活而急性发作，对科学研究造成干扰，影响实验结果的准确性和重复性，是国标中 SPF 级小鼠需要排除的病原体，快速准确地检测 SV 是有效防制该病的前提。目前，国内 SV 感染诊断方法主要是针对抗体检测的血清学检测方法如酶联免疫吸附试验（ELISA）、免疫荧光试验（IFA）等，但是这些方法不能应用于免疫功能低下或免疫缺陷小鼠（如 SCID 小鼠和裸小鼠等）的检测，因为它们不能产生正常的抗体反应，而且，血清学检测方法不适用于病毒早期感染的诊断，检测结果也不能真实反映疾病感染的真实情况。此外，抗体检测有一定局限性，一般只有活体动物才能采集血清用于检测，对病死动物和一些动物源性的生物制品（如动物细胞及其他生物材料）检测造成限制。抗原检测方面，常规病毒分离鉴定方法既复杂又烦琐，不利于日常检测。

随着分子生物学的迅速发展，以 PCR 技术为基础的各种分子生物学诊断技术成为 SV 病毒感染诊断的重要手段。PCR 病原检测方法具有特异性强、敏感度高、诊断快速等传统诊断方法所无法比拟的优点。美国和欧盟许多实验动物质量检测实验室都推荐采用 PCR 技术作为实验动物病原的检测方法。国内一些实验动物检测机构也开展了实验动物病原 PCR 检测技术研究，增加实验动物病毒分子生物学检测技术方法主要应用于无血清实验动物样本的快速检测，是实验动物质量控制必不可少的方法。广东省实验动物监测所自 2011 年起进行仙台病毒病毒分子诊断方法研究，通过大量临床样本试验证明 PCR 检测方法具有敏感高、特异性强、重复性好的特点。

第四节 编 制 原 则

本标准的编制主要遵循以下原则。

（1）科学性原则。在尊重科学、亲身实践、调查研究的基础上，制定本标准。

（2）可操作性原则。本标准无论是从样品采集、处理、DNA 抽提到 PCR 反应，均操作简单，仅需 4 h 即可完成，具有可操作性和实用性。

（3）协调性原则。以切实提高我国实验动物仙台病毒病毒检测技术水平为核心，符合我国现行有关法律、法规和相关的标准要求。

第五节 内 容 解 读

本标准内容组成：范围；规范性引用文件；术语、定义及缩略语；检测方法原理；主要设备和材料；试剂；检测方法；结果判定；检测过程中防污染措施；附录，共 10 章。现将《实验动物　仙台病毒病毒 PCR 检测方法》征求意见稿主要技术内容确定说明如下。

一、本标准范围的确定

本标准适用于实验动物小鼠、大鼠、豚鼠、地鼠、兔及其产品、细胞培养物、实验动物环境和动物源性生物制品中仙台病毒的检测。

二、规范性引用文件

下列文件对于本文件的应用是必不可少的。凡是注明日期的引用文件，仅所注日期的版本适用于本文件。凡是不注日期的引用文件，其最新版本（包括所有的修改单）适用于本文件。

GB 19489　《实验室　生物安全通用要求》

GB/T 14926.23—2001　《实验动物　仙台病毒检测方法》

GB/T 19495.2　《转基因产品检测　实验室技术要求》

三、术语、定义及缩略语

为方便标准的使用，本标准规定了以下术语、定义及缩略语。

（一）术语及定义

1

聚合酶链反应 polymerase chain reaction，PCR

体外酶催化合成特异 DNA 片段的方法：模板 DNA 先经高温变性成为单链，在 DNA 聚合酶作用和适宜的反应条件下，根据模板序列设计的两条引物分别与模板 DNA 两条链上相应的一段互补序列发生退火而相互结合，接着在 DNA 聚合酶的作用下以四种 dNTP 为底物，使引物得以延伸，然后不断重复变性、退火和延伸这一循环，使欲扩增的基因片段以几何倍数扩增。

2

逆转录-聚合酶链反应 reverse transcription polymerase chain reaction，RT-PCR

以 RNA 为模板，采用 Oligo（dT）、随机引物或特异性引物，RNA 在逆转录酶和适宜反应条件下，被逆转录成 cDNA，然后再以 cDNA 作为模板，进行 PCR 扩增。

3

实时荧光逆转录-聚合酶链反应 real-time RT-PCR，实时荧光 RT-PCR

实时荧光 RT-PCR 方法是在常规 RT-PCR 的基础上，在反应体系中加入特异性荧光探针，利用荧光信号积累实时检测整个 PCR 进程，通过检测每次循环中的荧光发射信号，间接反映了 PCR 扩增的目标基因的量，最后通过扩增曲线对未知模板进行定性或定量分析。本标准中将"RT-PCR"称为"普通 RT-PCR"是为了与"实时荧光 RT-PCR"进行区别，避免名称混淆。

4

Ct 值 cycle threshold

实时荧光 PCR 反应中每个反应管内的荧光信号达到设定的阈值时所经历的循环数。

（二）缩略语

CPE 细胞病变效应 cytopathic effect

DEPC 焦碳酸二乙酯 diethyl pyrocarbonate

DNA 脱氧核糖核酸 deoxyribonucleic acid

PBS 磷酸盐缓冲液 phosphate buffered saline

RNA 核糖核酸 ribonucleic acid

SV 仙台病毒 Sendai virus

四、检测方法原理

根据仙台病毒保守序列 L 蛋白基因，设计合成一对普通 RT-PCR 引物，同时根据 M 蛋白基因，设计合成一对特异性引物和一条特异性探针。用合适的方法提取样本中的病毒 RNA，通过逆转录酶将病毒 RNA 逆转录成 cDNA，分别通过特异引物和探针进行 PCR 和实时荧光 PCR，根据 RT-PCR 和实时荧光 RT-PCR 检测结果判定该样品中是否含有病毒核酸成分。PCR 的基本工作原理是：以拟扩增的 DNA 分子为模板，以一对分别与模板 5′ 端和 3′ 端互补的寡核苷酸片段为引物（primer），在耐热 DNA 聚合酶的作用下，按照半保留复制的机制沿着模板链延伸直至完成新的 DNA 分子合成。重复这一过程，即可使目的 DNA 片段得以大量扩增。实时荧光 PCR 则设计合成一对特异性引物和一条特异性探针，探针两端分别标记一个报告荧光基团和一个淬灭荧光基团。探针完整时，报告基团发射的荧光信号被淬灭基团吸收；PCR 扩增时，*Taq* 酶的 5′ →3′ 外切酶活性将探针酶切降解，使报告荧光基团和淬灭荧光基团分离，淬灭作用消失，荧光信号产生并被检测仪器接受，随着 PCR 反应的循环进行，PCR 产物与荧光信号的增长呈对应关系。因此，可以通过检测荧光信号对核酸模板进行检测。采用实时荧光 PCR，可以减少检测过程的污染风险，同时实时荧光 PCR 比普通 PCR 检测灵敏度要高，可用于普通 PCR 检测结果的验证。

五、主要设备和材料

规定了检测方法所需要的设备和材料。

六、试剂

（1）灭菌 PBS，配制方法在标准附录中给出。

（2）无 RNase 去离子水：经 DEPC（焦炭酸乙二酯）处理的去离子水或商品无 RNase 水。配制方法在标准附录中给出。

（3）RNA 抽提试剂 TRIzol（Life Technologies 公司，Cat.No. 15596-026），或其他等效产品。RNA 抽提试剂给出了具体的信息，目的是为了方便标准的使用者，并不表示对该产品的认可。如果其他等效产品具有相同的效果，则可以使用这些等效产品。

（4）无水乙醇。

（5）75%乙醇（无 RNase 去离子水配制）。

（6）三氯甲烷（氯仿）。

（7）异丙醇。

（8）逆转录试剂：PrimeScript® RT reagent Kit（TaKaRa 公司），或其他等效产品。逆转录试剂给出了具体的信息，目的是为了方便标准的使用者，并不表示对该产品的认可。如果其他等效产品具有相同的效果，则可以使用这些等效产品。

（9）PCR 试剂：Premix Taq TM（Version 2.0 plus dye）（TaKaRa 公司，Cat.No.RR901A），或其他等效产品。PCR 试剂均给出了具体的信息，目的是为了方便标准的使用者，并不表示对该产品的认可。如果其他等效产品具有相同的效果，则可以使用这些等效产品。

（10）DNA 分子质量标准：100~2000 bp。

（11）50×TAE 电泳缓冲液，配制方法在标准附录中给出。

（12）溴化乙锭：10 mg/mL，配制方法在标准附录中给出，或其他等效产品。

（13）1.5%琼脂糖凝胶，配制方法在标准附录中给出。

（14）实时荧光 RT-PCR 试剂：One Step Primerscript™ RT-PCR Kit（Perfect Realtime）（TaKaRa 公司，Cat.No.RR064A）或其他等效产品。实时荧光 RT-PCR 试剂均给出了具体的信息，目的是为了方便标准的使用者，并不表示对该产品的认可。如果其他等效产品具有相同的效果，则可以使用这些等效产品。

（15）引物和探针：根据表 1、表 2 的序列合成引物和探针，引物和探针加无 RNase 去离子水配制成 10 μmol/L 和 5 μmol/L 储备液，–20℃保存。

表 1　普通 RT-PCR 扩增引物

引物名称	引物序列（5′→3′）	产物大小/bp
正向引物	ATGAAGGACAAAGCATTATCGCCTA	180
反向引物	CAACCAGTCTCCTGATTCCACGTA	

表2 实时荧光 RT-PCR 扩增引物和探针

引物和探针名称	引物和探针序列（5′→3′）	产物大小/bp
正向引物	GGGCGGCATCTGTAGAAATC	67
反向引物	CGGAAATCACGAGGGATGG-	
Probe	Fam-AGGCGTCGATGCGGTGTTCCAAC- BHQ-1	

七、检测方法的确定

（一）生物安全措施

实验操作及处理按照 GB 19489 的规定，由具备相关资质的工作人员进行相应操作。

（二）采样及样本的处理

标准规定了以下样本的采集及处理方法：动物脏器组织，胃内容物、盲肠内容物或粪便，细菌培养物，实验动物饲料、垫料和饮水，实验动物设施设备样本。

（三）样本 RNA 提取

规定了样本 RNA 的提取方法。

（四）普通 RT-PCR 检测

规定了 RT-PCR 反应体系、反应参数及结果检测方法。

1. RNA 逆转录

RNA 逆转录反应体系见表3。反应液的配制在冰上操作，反应条件为 37℃ 25 min；85℃ 5 s。反应产物即为 cDNA，立即进行下一步 PCR 反应；若不能立即进行 PCR，cDNA 保存温度不能低于–20℃，长时间保藏应置于–80℃冰箱。10 μL 反应体系可最大使用 500 ng 的 Total RNA。若使用其他公司逆转录试剂，应按照其说明书规定的反应体系和反应条件进行操作。

表3 RNA逆转录反应体系

试剂	用量/μL	终浓度
5×PrimeScript Buffer	2	1×
PrimeScript RT Enzyme Mix I	0.5	
Oligo dT Primer（50 μmol/L）	0.5	25 pmol/L
Random Primer 6 mers（100 μmol/L）	0.5	50 pmol/L
RNA 模板	5	
Rnase Free dH$_2$O	1.5	
总体积	10	

2. PCR 反应体系

普通 PCR 反应体系见表4。反应液的配制在冰上操作，每次反应同时设计阳性对照、阴性对照和空白对照。其中，以含有仙台病毒的组织或细胞培养物提取的 RNA 作为阳性对照模板；以不含有仙台病毒 RNA 样品（可以是正常动物组织或正常细胞培养物）作为阴性对照模板；空白对照即为不加模板对照（No Template Control，NTC），即在反应中用水来代替模板。

表 4 PCR 反应体系

试剂	用量/μL	终浓度
2×Premix Taq Mix （Loading dye mix）	10	1×
ddH₂O	6.4	
PCR 正向引物（10 μmol/L）	0.8	0.4 μmol/L
PCR 反向引物（10 μmol/L）	0.8	0.4 μmol/L
cDNA 模板	2	
总体积	20	

3. PCR 反应参数

PCR 反应参数见表 5。

表 5 普通 PCR 反应参数

步骤	温度/℃	时间	循环数
预变性	94	5 min	1
变性	95	30 s	40
退火	55	30 s	
延伸	72	30 s	
后延伸	72	5 min	1

注：可使用其他等效的 PCR 检测试剂盒进行，反应体系和反应参数可进行相应调整。

4. RT-PCR 产物的琼脂糖凝胶电泳检测和拍照

RT-PCR 反应结束后，取 10 μL PCR 产物在 1.5%琼脂糖凝胶进行电泳检测。将适量 50×TAE 稀释成 1×TAE 溶液，配制含核酸染料溴化乙锭的 1.5%琼脂糖凝胶。以 DNA 分子质量作参照。电压大小根据电泳槽长度来确定，一般控制在 3~5 V/cm，当上样染料移动到凝胶边缘时关闭电源。电泳完成后在凝胶成像系统拍照记录电泳结果。

（五）实时荧光 RT-PCR

规定了实时荧光 PCR 反应体系、反应参数及结果检测方法。

1. 实时荧光 RT-PCR 反应体系

荧光 PCR 反应体系见表 6。反应液的配制在冰上操作，每次反应同时设计阳性对照、阴性对照和空白对照。其中，以含有仙台病毒的组织或细胞培养物提取的 RNA 作为阳性对照模板；以不含有仙台病毒 RNA 样品（可以是正常动物组织或正常细胞培养物）作为阴性对照模板；空白对照为不加模版对照（no template control，NTC），即在反应中用水来代替模板。

表 6 实时荧光 RT-PCR 反应体系

反应组分	用量/μL	终浓度
2×One Step RT-PCR Buffer III	25	1×
Ex Taq HS（5 U/μL）	1	
PrimeScript RT Enzyme Mix II	1	

续表

反应组分	用量/μL	终浓度
正向引物（10 μmol/L）	2.5	500 nmol/L
反向引物（10 μmol/L）	2.5	500 nmol/L
探针（5 μmol/L）	2	250 nmol/L
Rox	1	
RNA 模板	10	
无 RNase 去离子水	5	
总体积	50	

注：试剂 Rox 只在具有 Rox 荧光校正通道的实时荧光 PCR 仪上进行扩增时添加，否则用水补齐。

2. 实时荧光 RT-PCR 反应参数

实时荧光 RT-PCR 反应参数见表 7。

表 7　实时荧光 PCR 反应参数

步骤	温度/℃	时间	采集荧光信号	循环数
逆转录	42	5 min	否	1
预变性	95	30 s		1
变性	95	5 s		40
退火，延伸	60	34 s	是	

注：可使用其他等效的一步法或两步法实时荧光 PCR 检测试剂盒进行，反应体系和反应参数可进行相应调整。实时荧光 RT-PCR 结束后，根据收集的荧光曲线和 Ct 值判定结果。

八、结果判定

（一）普通 RT-PCR 结果判定

1. 质控标准

阴性对照和空白对照未出现条带，阳性对照出现预期大小（856 bp）的目的扩增条带则表明反应体系运行正常；否则此次试验无效，需重新进行普通 PCR 扩增。

2. 结果判定

（1）质控成立条件下，样本未出现预期大小（180 bp）的扩增条带，则可判定样本仙台病毒核酸检测阴性。

（2）质控成立条件下，样本出现预期大小（180 bp）的扩增条带，则可判定样本仙台病毒核酸检测阳性。

（二）实时荧光 PCR 结果判定

1. 结果分析和条件设定

直接读取检测结果，基线和阈值设定原则根据仪器的噪声情况进行调整，以阈值线刚好超过正常阴性样品扩增曲线的最高点为准。

2. 质控标准

（1）空白对照无 Ct 值，并且无荧光扩增曲线，一直为水平线。

（2）阴性对照无 Ct 值，并且无荧光扩增曲线，一直为水平线。

（3）阳性对照 Ct 值≤35，并且有明显的荧光扩增曲线，则表明反应体系运行正常，否则此次试验无效，需重新进行实时荧光 PCR 扩增。

3. 结果判定

（1）质控成立条件下，若待检测样品无荧光扩增曲线，则判定样本仙台病毒核酸检测阴性。

（2）质控成立条件下，若待检测样品有荧光扩增曲线，且 Ct 值≤35 时，则判断样本仙台病毒核酸检测阳性。

（3）质控成立条件下，若待检测样品 Ct 值介于 35 和 40 之间，应重新进行实时荧光 PCR 检测。重新检测后，若 Ct 值≥40，则判定样本未检出仙台病毒。重新检测后，若 Ct 值仍介于 35 和 40 之间，则判定样本仙台病毒可疑阳性，需进一步进行序列测定。

（三）序列测定

必要时，可取待检样本扩增出的阳性 PCR 产物进行核酸序列测定。序列结果与已公开发表的仙台病毒特异性片段序列进行比对，序列同源性在 90% 以上，可确诊待检样本仙台病毒核酸阳性，否则判定仙台病毒核酸阴性。

九、检测过程中防止交叉污染的措施

按照 GB/T 19495.2 中的要求执行。

十、附录 A

本标准附录为规范性附录，给出了试剂的配制方法。

第六节 分 析 报 告

一、 材料与方法

（一）菌株和临床样本

仙台病毒病毒（SV，ATCC VR-105）、小鼠肝炎病毒（MHV，ATCC VR-246）、小鼠脑脊髓炎病毒（TMEV，ATCC VR-995）、小鼠肺炎病毒（PVM，ATCC VR-25）、呼肠孤病毒Ⅲ型（Reo-3，ATCC VR-232）购自美国典型微生物菌种保藏中心；小鼠出血热病毒（HV）抗原为浙江天元生物药业股份有限公司生产的双价肾综合征出血热（汉滩型和汉城型）灭活疫苗；淋巴细胞性脉络丛脑膜炎病毒（LCMV）核酸由中国食品药品检定研究院惠赠；MNV Guangzhou/K162/09/CHN 毒株由本实验室分离保存；BHK 细胞（ATCC CCL-10）购自美国典型微生物菌种保藏中心；pGEM-T easy 克隆载体购自 Promega 公司；大肠杆菌 *E.coli* DH5α 购自宝生物工程（大连）有限公司（TaKaRa 公司）。

临床样本包括：核酸检测临床样品包括本实验室人工感染品 150 份，临床送检 SPF 小鼠活体小鼠或小鼠组织样品 96 份。

（二）引物及探针的合成

普通 PCR 引物序列见表 1；实时荧光 PCR 引物和探针序列见表 2。引物和探针均由 Invitrogern（广州）公司合成。

（三）样品核酸提取

处理好的组织或细胞样品使用 TRIzol（Invitrogen）提取 RNA，按操作说明书进行。

（四）SV-RNA 标准品的制备

以提取的 SV RNA 为模板，用 PrimeScript™ One Step RT-PCR Kit Ver.2 试剂盒进行 RT-PCR，反应体系为：Enzyme Mix 2μL，2×Buffer 25μL，上游引物（10 μmol/L）2.5 μL，下游引物（10 μmol/L）2.5 μL，RNA 5 μL，加 RNase Free dH$_2$O 至 50 μL。反应条件：50℃ 30 min，94℃ 2 min，一个循环 94℃ 30 s、55℃ 30 s、72℃ 1 min，共 35 个循环，最后 72℃ 延伸 10 min。反应得到目的大小片段后，用胶回收试剂盒回收，将回收的目的片段连接至 pGEM-T easy 载体，并转化至 DH5α 感受态细胞中。用含有 Amp 的 LB 琼脂平板筛选阳性克隆，用 PCR 鉴定阳性克隆菌。阳性克隆菌（pGEM-SV）送英潍捷基（上海）贸易有限公司进行测序，pGEM-SVpcr 菌中含有的 PCR 产物大小为 180 bp，pGEM-SVprobe 菌中含有的 PCR 产物大小为 67 bp。

将 pGEM-SV 质粒，37℃ *Sal* I 单酶切 4 h，使质粒线性化，琼脂糖凝胶电泳及试剂盒回收纯化质粒 DNA 线性化产物，用于体外转录。按 T7 体外转录试剂盒 Ribomax™ Large Scale RNA Production Systems（Promega 公司）说明加入反应试剂于 37℃作用 2 h，然后加 DNase I 酶 1 μL，37℃消化转录产物中未转录的 DNA 15 min，70℃灭活 DNase I 酶 15 min，用 QIAamp Viral RNA Mini Kit 试剂盒（Qiagen 公司）进行 RNA 提取，得到体外转录的 SVpcr-RNA、SVprobe-RNA。用微量紫外分光光度计测定 RNA 浓度，根据 SV 转录 RNA 产物的大小计算质粒体外转录的 RNA 拷贝数。按照下面的公式计算 RNA 拷贝数：拷贝数（copies/μL）=6.022 ×10^{23}（copies/mol）×RNA 浓度（g/μL）/质量 MW（g/mol）。其中，MW= RNA 碱基数×340 daltons/碱基，RNA 碱基数=载体序列碱基数+插入序列碱基数。根据计算得到的 SV-RNA 的浓度用无 RNase 水调整到 1×10^{11}copies/μL。–80℃保存备用，

（五）普通 RT-PCR 检测方法的建立和优化

RNA 逆转录：采用 TaKaRa 公司的 PrimeScript RT Kit 对制备的 RNA 进行逆转录。反应体系为 10 μL；5×PrimeScript Buffer 2 μL，PrimeScript RT Enzyme Mix I 0.5 μL，Oligo dT Primer（50 μmol/L）0.5 μL，Random Primer 6 mers（100 μmol/L）0.5 μL，RNA 模板 5 μL，RNase Free dH$_2$O 1.5 μL；反应条件为 37℃ 25 min，85℃ 5 s。

PCR 反应：PCR 试剂采用 TaKaRa 公司的 rTaq Premix，反应体系为 20 μL：cDNA 模板 2 μL，2×Premix Buffer（含 Mg^{2+}、dNTP、rTaq 酶）10 μL，上游引物（10 μmol/L）1 μL，下游引物（10 μmol/L）1 μL，补 H$_2$O 至 20 μL。反应条件：94℃ 5 min，94℃ 30 s、55℃ 30 s、72℃ 30 s，共 20 个循环，最后 72℃延伸 5 min。

（六）荧光定量 RT-PCR 检测方法的建立和条件优化

参照 TaKaRa 公司 Primerscript™ RT-PCR Kit（Perfect Realtime Probe）试剂盒操作说明配制 SV 荧光定量 RT-PCR 反应体系。以 SV-RNA 标准品作为反应模板，采用矩阵法对荧光 RT-PCR 反应体系中引物（0.1~0.6 μmol/L）和 TaqMan 探针浓度（0.05~0.5 μmol/L）

进行优化，以反应的前 3~15 个循环的荧光信号为荧光本底信号，通过比较 Ct 值和荧光强度增加值（绝对荧光强度与背景荧光强度的差值，ΔRn）来判断优化结果；采用二温循环法对反应的退火温度和循环次数进行优化。

（七）特异性试验

分别采用建立的普通 PCR 和实时荧光 RT-PCR 方法对仙台病毒病毒（SV）、小鼠肝炎病毒（MHV）、小鼠脑脊髓炎病毒（TMEV）、小鼠肺炎病毒（PVM）、呼肠孤病毒Ⅲ型（Reo-3，）、小鼠出血热病毒（HV）、淋巴细胞性脉络丛脑膜炎病毒（LCMV）、MNV 病毒 RNA 进行检测，BHK 细胞 RNA 作为阴性对照；验证该方法的特异性。

（八）定量标准曲线的建立及敏感性试验

将 SV-RNA 标准品用 Easy Dilution（TaKaRa 公司）做 10 倍系列稀释，得到 $1×10^9$ ~ $1×10^0$ copies/μL 系列标准模板。利用表 6 中优化后的反应体系和条件测定各稀释度的 Ct 值，以 Ct 值为纵坐标、以起始模板浓度的对数为横坐标，绘制标准曲线。

（九）重复性试验

将 SV RNA 标准品进行梯度稀释，设置 4 个水平的重复性对照，包括：R1，不含 SV 的样本；R2，SV 浓度为 $2×10^4$ copies/mL； R3，SV 浓度为 $1×10^6$ copies/mL，R4，SV 浓度为 $1×10^8$ copies/mL。对 4 份 10 倍系列稀释的质粒标准品在同一次反应中进行 10 次重复测定，对各稀释度的 Ct 值进行统计，计算同一次检测中每个样品各反应管之间的变异系数（CV%）。

（十）临床样本的检测

1. 人工感染试验

实验小鼠分为人工感染组和对照组，其中对照组 3 只小鼠，于感染前一天处死，采集小鼠肺组织待检。感染组 45 只小鼠，每只小鼠经滴鼻途径接种 50 μL SV 细胞毒，感染组动物分别于感染的第 1 天、3 天、5 天、7 天、9 天、10 天、11 天、13 天、15 天、17 天、19 天、21 天、24 天、27 天、30 天各处死 3 只动物，采集小鼠肺组织提取 RNA，用所建立的荧光 RT-PCR 方法进行检测。

2. 其他临床样本检测

利用实时荧光定量 RT-PCR 方法对收集到的 123 份临床样本进行检测，每次反应同时设置阳性和阴性对照。

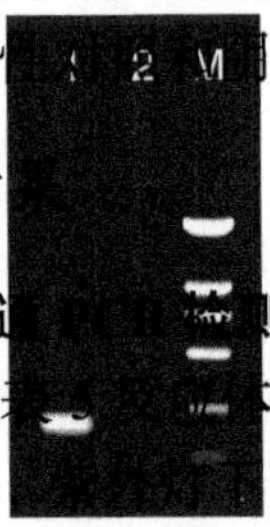

二、 结果

（一）普通 PCR 检测方法的建立

按照优化的反应体系和条件进行 PCR 扩增，完成后取 10 μL 扩增产物，1.5% 琼脂糖凝胶电泳后紫外灯下观察结果。结果 SV 阳性样本在约 180 bp 位置有一条目的条带，与预期结果相符（图 1）。

图 1　SV 普通 PCR 电泳结果
M：DL2000；1：SV 普通 PCR；2：阴性对照

（二）普通 PCR 检测方法特异性试验结果

采用建立的 SV 普通 RT-PCR 方法对仙台病毒病毒（SV）、小鼠肝炎病毒（MHV）、小鼠脑脊髓炎病毒（TMEV）、小鼠肺炎病毒（PVM）、呼肠孤病毒Ⅲ型（Reo-3）、小鼠出血热病毒（HV）、淋巴细胞性脉络丛脑膜炎病毒（LCMV）、MNV 病毒 RNA、BHK 细胞 RNA

作为阴性对照进行特异性检测，结果显示 SV 有约 180 bp 目的条带，其他病原核酸无目的条带（图2）。

（三）普通 PCR 检测方法敏感性试验

将 SV 质粒标准品用 Easy dilution（TaKaRa 公司）做 10 倍系列稀释，得到 10^9~10^1 copies/μL 系列标准模板。按表 5 所述方法进行检测，测定模板最低检出量，普通 PCR 检测敏感性分别为 10^2 copies/μL（图 3）。

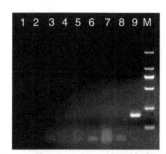

图2　SV普通 RT-PCR特异性试验结果

M，DL2000 DNAMarker；1~8 依次为 MHV、TMEV、PVM、Reo-3、HV、LCMV、MNV、BHK 特异性样本；9，SV 阳性对照

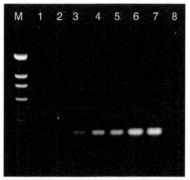

图3　SV普通 PCR检测方法敏感性试验结果

M，DL2000 DNA Marker；1~7 依次为 10^2~10^8copies/μL 质粒 DNA；8，阴性对照

（四）实时荧光 RT-PCR 反应体系的建立和优化

采用矩阵法对引物浓度、探针浓度进行优化。经优化后的 PCR 反应体系为：2×One Step RT-PCR Buffer 25 μL，SV 上游引物最适终浓度为 0.2 μmol/L，下游引物最适终浓度为 0.3 μmol/L（表8，图4），探针最适终浓度 0.3 μmol/L（表9，图5），SV RNA 模板 10 μL，加 RNase Free dH_2O 至 50 μL。反应条件：42℃ 5 min， 95℃ 30 s，一个循环；95℃ 5 s，60℃ 34 s，40 个循环，60℃延伸结束后收集荧光。

表8　SV实时荧光 RT-PCR引物优化结果

SV-F 终浓度	SV-R 终浓度					
	100 nmol/L	200 nmol/L	300 nmol/L	400 nmol/L	500 nmol/L	600 nmol/L
100 nmol/L	21.50/21.55	21.31/21.22	21.23/21.18	21.18/21.29	21.29/21.35	21.56/51.59
200 nmol/L	21.88/21.57	21.37/21.33	21.16/21.19	21.27/21.28	21.39/21.32	21.43/21.62
300 nmol/L	22.24/21.99	21.63/21.49	21.32/21.50	21.45/21.31	21.39/21.42	21.58/51.85
400 nmol/L	22.40/22.01	21.82/21.22	21.22/21.31	21.38/21.43	21.53/21.41	21.91/22.04
500 nmol/L	22.44/22.11	21.90/21.52	21.44/21.34	21.29/21.25	21.34/21.59	21.75/22.03
600 nmol/L	22.69/22.48	22.22/22.02	21.84/21.83	21.72/21.76	21.85/21.93	22.13/22.17

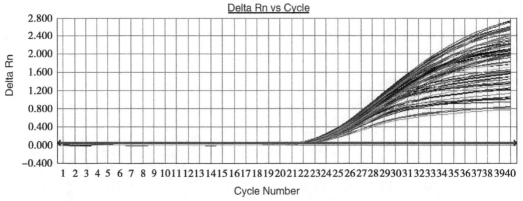

图 4 SV 实时荧光 RT-PCR 引物优化实验结果

表 9 SV 实时荧光 RT-PCR 探针优化结果

	SV-P 终浓度							
	0.05 μmol/L	0.10 μmol/L	0.15 μmol/L	0.20 μmol/L	0.25 μmol/L	0.30 μmol/L	0.35 μmol/L	0.40 μmol/L
Ct 值	25.94 ± 0.249	24.03 ± 0.423	23.37 ± 0.098	23.51 ± 0.152	23.27 ± 0.220	22.72 ± 0.097	22.77 ± 0.012	22.81 ± 0.133

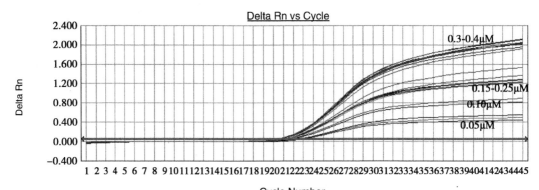

图 5 SV 实时荧光 RT-PCR 探针优化结果

（五）实时荧光 RT-PCR 标准曲线的建立及敏感性试验

将 SV RNA 标准品 Easy Dilution（TaKaRa 公司）做 10 倍系列稀释，得到 $1×10^9 ~ 1×10^0$ copies/μL 系列标准模板。利用优化后的反应体系和条件测定各稀释度的 Ct 值，以 Ct 值为纵坐标、以起始模板浓度的对数为横坐标绘制标准曲线。结果可见，各梯度之间间隔的 Ct 值基本相等，无模板对照（no template control，NTC）没有荧光扩增曲线为阴性结果。以标准品稀释拷贝数的对数值为横坐标、以临界环数（threshold cycle，Ct）为纵坐标建立荧光实时实时荧光 PCR 的标准曲线（图 6），标准品在 $1×10^8 ~ 1×10^1$ copies/μL 范围内具有良好的线性关系（结果见表 10、图 7）。其线性回归方程为 Ct= $-3.33×\log X$（拷贝数）$+38.312$，标准曲线斜率为-3.33，根据公式计算得扩增效率 E = $10^{1/3.33}-1$ =0.997，即扩增效率为99.7%，相关系数 R^2=0.999，说明 PCR 扩增该标准品的效率较高，线性关系良好。标准品 $1×10^0$ copies/μL 无扩增曲线，故本方法检测的灵敏度为 10 copies/μL。

表 10　SV 实时荧光 RT-PCR 敏感性检测结果

检测方法	检测样本/（copies/mL）							
	1×10^8	1×10^7	1×10^6	1×10^5	1×10^4	1×10^3	1×10^2	1×10^1
Ct	11.53 ± 0.207	14.89 ± 0.336	18.52 ± 0.174	21.73 ± 0.090	25.04 ± 0.004	28.52 ± 0.020	31.75 ± 0.397	34.67 ± 0.438

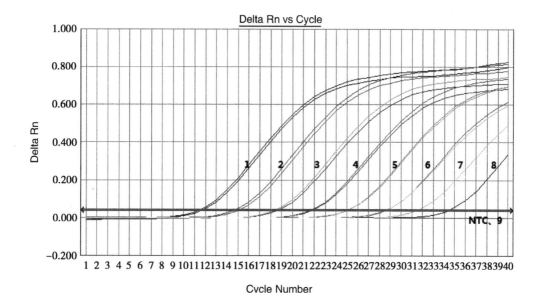

图 6　SV 实时荧光 RT-PCR 敏感性检测结果

1~8 依次为 1×10^8~1×10^1 copies/µL 标准品；9，1×10^0 copies/µL；NTC，无模板对照

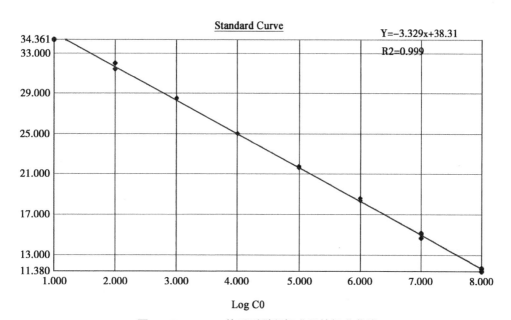

图 7　SV RNA10 倍系列稀释标准品的标准曲线

（六）实时荧光 RT-PCR 特异性试验

采用建立的实时荧光 RT-PCR 方法对仙台病毒病毒（SV）、小鼠肝炎病毒（MHV）、小鼠脑脊髓炎病毒（TMEV）、小鼠肺炎病毒（PVM）、呼肠孤病毒 III 型（Reo-3）、小鼠出血热病毒（HV）、淋巴细胞性脉络丛脑膜炎病毒（LCMV）、MNV 病毒 RNA、BHK 细胞 RNA 作为阴性对照，进行特异性检测，结果显示仅 SV Ct 值为 24，其他病原核酸均无荧光信号（结果见表11），说明本检测方法具有很好的特异性。

表 11　SV实时荧光 RT-PCR特异性试验

特异性样本编号	样本	平均 Ct 值	结果判定
N-1	阴性样本	Not	阴性
N-2	阴性样本	Not	阴性
N-3	阴性样本	Not	阴性
N-4	BHK 细胞对照	Not	阴性
N-5	小鼠肝炎（MHV）	Not	阴性
N-6	小鼠脑脊髓炎病毒（TMEV）	Not	阴性
N-7	小鼠肺炎病毒（PVM）	Not	阴性
N-8	呼肠孤病毒Ⅲ型（Reo-3）	Not	阴性
N-9	小鼠出血热病毒（HV）	Not	阴性
N-10	淋巴细胞性脉络丛脑膜炎病毒（LCMV）	Not	阴性
N-11	小鼠诺如病毒（MNV）	Not	阴性
P1	仙台病毒（SV）	24	阳性

（七）实时荧光 RT-PCR 重复性试验

将 SV RNA 标准品进行梯度稀释，设置 4 个水平的重复性对照，包括：R1，不含 SV 的样本；R2，SV 浓度为 2×10^4 copies/mL；R3，SV 浓度为 1×10^5 copies/mL；R4，SVV 浓度为 1×10^8 copies/mL。进行检测方法重复性检测，批内及批间重复性试验的变异系数均小于 2%（表 12、表 13），表明建立实时荧光 RT-PCR 方法重复性好，方法稳定可靠。

表 12　重复性试验数据（Ct）及变异系数（CV）

样本浓度/（copies/mL）	10 次检测结果（Ct 值）										CV 值/%
	1	2	3	4	5	6	7	8	9	10	
0	无	无	无	无	无	无	无	无	无	无	0
2×10^4	32.64	32.69	33.03	32.17	32.84	33.09	31.98	32.27	32.66	32.87	1.14
1×10^5	31.54	31.69	31.79	31.94	31.68	31.94	31.87	31.66	31.95	31.96	0.48
1×10^8	22.45	22.43	22.57	22.29	22.38	22.15	22.85	22.37	22.69	22.57	0.90

表 13　三批试剂批间重复性试验数据

试剂	检测样本	检测样品数	平均 Ct	标准差	CV 值/%
三批试剂	R1	30	无	无	无
	R2	30	32.48	0.352	1.08
	R3	30	31.92	0.290	0.91
	R4	30	22.41	0.289	1.29

（八）SV 分子检测方法在临床样本检测中的应用

1. 实时荧光 RT-PCR 在 SV 人工感染样本检测中的应用

人工感染组小鼠在第 3 天就可以检出 SV 核酸，SV 病毒滴度在肺组织中第 3 天开始明显上升，第 7 天达到峰值，并在第 11 天后开始下降，第 21~30 天明显下降至感染前水平，对照组未检出 SV（表 14）。因此，本检测方法适用于临床样本的检测，可以进行早期感染的检测。

表 14　SV 人工感染试验检测结果

样本采集时间/d	SV 核酸阳性检出率			SV 核酸检测平均 Ct 值		
	2014001 批次	2014002 批次	2014003 批次	2014001 批次	2014002 批次	2014003 批次
0	0/3	0/3	0/3	0	0	0
1	1/3	1/3	1/3	35.17	34.92	35.33
3	3/3	3/3	3/3	32.43	31.69	32.33
5	3/3	3/3	3/3	27.19	27.38	27.46
7	3/3	3/3	3/3	25.17	24.89	25.63
9	3/3	3/3	3/3	26.34	26.57	26.27
10	3/3	3/3	3/3	28.32	28.64	28.79
13	3/3	3/3	3/3	30.41	31.23	30.77
15	3/3	3/3	3/3	32.45	32.57	32.61
18	3/3	3/3	3/3	33.78	33.64	33.97
19	3/3	3/3	3/3	34.21	34.97	34.32
21	3/3	3/3	3/3	35.79	35.68	35.92
24	1/3	1/3	1/3	37.21	37.32	37.63
27	0/3	0/3	0/3	0	0	0
30	0/3	0/3	0/3	0	0	0

2. 临床样品的检测应用

应用 SV 普通 RT-PCR 和实时荧光 RT-PCR 检测方法对 2012~2015 年送检的 96 份 SPF 级小鼠肺组织进行检测，结果检出 0 份阳性，阳性率为 0。对 84 份开放环境饲养鼠进行检测，84 份样品 SV 抗体均为阴性，SV 核酸实时荧光 PCR 检测 84 份样品均为阴性，普通 PCR 检测 84 份样品均为阴性。

3. 抗体检测与核酸检测结果比较

感染试验分别设人工感染组和脏垫料感染哨兵鼠组，取感染后 0~42 天小鼠血清和组织样本，用 ELISA 检测血清抗体，同时用实时荧光 PCR 及普通 PCR 检测方法进行组织样本 SV 核酸检测，结果见表15。感染组小鼠血清抗体在感染后第 5 天开始检出，第 7~42 天一直维持在高抗体水平，实时荧光 PCR 检测方法在感染后第 3 天 3 只小鼠组织 SV 核酸全部阳性，组织 SV 全阳性一直维持至第 25 天，32 天后 SV 阳性率开始下降，第 42 天后组织 SV 实时荧光 PCR 检测为阴性。普通 PCR 检测阳性率结果与实时荧光 PCR 接近。 哨兵组鼠小鼠抗体阳性出现在同居后第 32 天，但组织阳性率在同居后第 7 天开始能出现少量动物阳性。

表 15　SV 人工感染试验抗体检测与分子检测结果比较

样本采集时间/d	感染组			哨兵组		
	抗体阳性率	实时荧光 PCR 阳性率	普通 PCR 阳性率	抗体阳性率	实时荧光 PCR 阳性率	普通 PCR 阳性率
0	0/3	0/3	0/3	0/3	0/3	—
3	0/3	3/3	3/3	0/3	0/3	—
5	2/3	3/3	3/3	0/3	0/3	—
7	3/3	3/3	3/3	0/3	1/3	—
10	3/3	3/3	3/3	0/3	1/3	—
18	3/3	3/3	3/3	0/3	1/3	—
25	3/3	3/3	2/3	0/3	0/3	—
32	4/4	2/4	2/4	3/6	1/4	—
42	4/4	0/4	0/4	6/7	0/4	—

该结果表明，采用血清学和病原学检测方法对同一只动物进行检测时，可能出现不一致的结果，这是由于病原感染动物后的不同阶段，抗原和抗体不同消长规律所造成的。在感染早期，动物体内可检测到病原核酸却无抗体产生。而在动物群里可能出现不同感染阶段的动物，或某些病原在动物体内潜伏感染，未刺激抗体产生却可能会持续带毒排毒，因此分子检测方法可作为抗体检测的有效补充手段。

第七节　其 他 说 明

一、国内外同类标准分析

本标准为国内原创标准，国际上无类似标准。

二、与法律法规、标准关系

本标准的编制依据为现行的法律、法规和国家标准，与这些文件中的规定相一致。目前实验动物国家标准没有仙台病毒 PCR 检测方法标准，本标准作为团体标准是对现有标准的有利补充。

三、重大分歧的处理和依据

从标准结构框架和制定原则的确定、标准的引用、有关技术指标和参数的试验验证、主要条款的确定直到标准草稿征求专家意见（通过函寄和会议形式，多次咨询和研讨），均未出现重大意见分歧的情况。

四、标准实施要求和措施

本标准发布实施后，建议通过培训班、会议宣传和网络宣传等形式积极开展宣传贯彻培训活动。面向各行业开展动物实验的机构和个人，宣传贯彻标准内容。

参 考 文 献

田克恭. 1992. 实验动物病毒性疾病. 北京：中国农业出版社：41-45.

王吉，卫礼，巩薇，等. 2008. 2003~2007 年我国实验小鼠病毒抗体检测结果与分析. 实验动物与比较医学，6：394-396.

王翠娥，陈立超，周倩，等. 2014. 实验大鼠和小鼠多种病毒的血清学检测结果分析. 实验动物科学，2：20-24.

April M, Wagner, Jessie K, et al. 2003. Detection of Sendai virus and Pneumonia virus of mice by use of fluorogenic nuclease reverse transcriptase polymerase chain reaction analysis. Comparative Medicine, 53(2): 65-69.

Bootz F, Sieber I, Popovic D, et al. 2003. Comparison of the sensitivity of *in vivo* antibody production tests with in vitro PCR-based methods to detect infectious contamination of biological materials. Lab Anim, 37（4）：341-351.

Liang CT, Shih A, Chang YH, et al. 2009. Microbial contaminations of laboratory mice and rats in Taiwan from 2004 to 2007. J Am Assoc Lab Anim Sci, 48（4）：381-386.

Manjunath S, Kulkarni PG, Nagavelu K, et al. 2015. Sero-prevalence of rodent pathogens in India. PLoS One, 10（7）：0131706.

Zenner L, Regnault J P. 2000. Ten-year long monitoring of laboratory mouse and rat colonies in French facilities：a retrospective study. Lab Anim, 34（1）：76-83.

第二十二章 T/CALAS 50—2017《实验动物呼肠孤病毒 III 型 PCR 检测方法》实施指南

第一节 工作简况

根据中国实验动物学会实验动物标准化专业委员会下达的 2017 年团体标准制（修）订计划安排，由广东省实验动物监测所负责团体标准《实验动物 呼肠孤病毒 III 型 PCR 检测方法》起草工作。该项目由全国实验动物标准化技术委员会（SAC/TC281）技术审查，由中国实验动物学会归口管理。

本标准的编制工作按照中华人民共和国国家标准 GB/T1.1—2009《标准化工作导则》第 1 部分"标准的结构和编写规则"要求进行编写。本标准是在国家科技支撑计划"实验动物质量检测关键技术研究"（项目编号 2013BAK11B01）、广东省科技计划项目"广东省实验动物检测技术平台"（项目编号 2011B040200010）课题基础上制定而成的，在制定过程中参考了国内外相关文献，对方法的敏感性、特异性、重复性等进行了研究，并对所建立的标准方法进行了应用研究，建立了可行、稳定、特异的呼肠孤病毒 III 型普通 RT-PCR 和实时荧光 RT-PCR 检测方法。

第二节 工作过程

本标准由中国实验动物学会实验动物标准化专业委员会提出，广东省实验动物监测所按照团体标准研制要求和编写工作的程序，组成了由单位专家和专业技术人员参加的编写小组，制订了编写方案，并就编写工作进行了任务分工。编制小组根据任务分工进行了资料收集和调查研究工作，在国家科技支撑计划"实验动物质量检测关键技术研究"（项目编号 2013BAK11B01）和广东省科技计划项目"广东省实验动物检测技术平台"（项目编号 2011B040200010）课题研究基础上，组织编写实验动物呼肠孤病毒 III 型 RT-PCR 检测方法技术资料，通过起草组成员的努力，经多次修改、补充和完善，形成了标准和编制说明初稿。

2017 年 3 月，标准草案首先征求中国实验动物学会实验动物标准化专业委员会的意见，专家对标准稿提出了系列修订建议和意见。根据提出的意见编制组对《实验动物 呼肠孤病毒 III 型 PCR 检测方法》标准草案进行修改，形成本标准征求意见稿和编制说明。

2017 年 4~6 月，标准征求意见稿在中国实验动物学会网站公开征求意见，共收集意见或建议 4 条，编制组根据专家提出的修改意见和建议，采纳 3 条，未采纳 1 条。对《实验

动物 呼肠孤病毒 III 型 PCR 检测方法》团体标准整理修改后，形成标准送审稿、标准送审稿编制说明和征求意见汇总处理表。

2017 年 8 月 30 日，全国实验动物标准化技术委员会在北京召开了标准送审稿专家审查会。会议由全国实验动物标准化技术委员会的委员组成审查组，认真讨论了标准送审稿编制说明、征求意见汇总处理表，提出了修改意见和建议。与会专家认为本标准填补了呼肠孤病毒 III 型分子检测方法空白，是国标的有力补充，一致同意通过审查。会后，编制组根据与会专家提出的修改意见，经对《实验动物 呼肠孤病毒 III 型 PCR 检测方法》团体标准修改完善后，形成标准报批稿、标准报批稿编制说明和征求意见处理汇总表。

2017 年 10 月 10 日，编写组就 8 月 30 日的专家意见进行了讨论修改，形成了报批稿。

2017 年 12 月 29 日，中国实验动物学会第七届理事会常务理事会第一次会议批准发布包括本标准在内的《实验动物 教学用动物使用指南》等 23 项团体标准，并于 2018 年 1 月 1 日起正式实施。

第三节 编 写 背 景

呼肠孤病毒（Reovirus，Reo-3）属于呼肠病毒科、正呼肠病毒属。病毒粒子呈正二十面体对称，核酸为双股 RNA，病毒核酸由编码 10 个片段的双股 RNA 组成。呼肠孤病毒 III 型（Reovirus type III，Reo-3）是该病毒属的代表株。该病毒可感染所有哺乳动物，包括小鼠、仓鼠、豚鼠、猫和犬等。Reo-3 感染人，能引起幼年儿童腹泻、呼吸道感染及脑膜炎等疾病。实验小鼠感染呼肠孤病毒 III 型的临床症状以油性被毛效应和脂肪性下痢为特征。病理变化主要表现肝炎、脑炎和胰腺炎，病毒可使感染动物免疫功能发生改变，严重干扰动物实验。Reo-3 在实验动物微生物学等级及监测（GB14922.2—2011）中被列为是 SPF 等级实验动物必须排除的病原微生物。

目前，国内 Reo-3 感染诊断方法主要是针对抗体检测的血清学检测方法如酶联免疫吸附试验（ELISA）、免疫荧光试验（IFA）等，但是这些方法不能应用于免疫功能低下或免疫缺陷小鼠（如 SCID 小鼠和裸小鼠等）的检测，因为它们不能产生正常的抗体反应，而且，血清抗体检测有一定局限性，一般只有活体动物才能采集血清用于检测，对病死动物和一些动物源性的生物制品（如动物细胞及其他生物材料）检测造成限制。抗原检测方面，常规病毒分离鉴定方法既复杂又烦琐，不利于日常检测。

随着分子生物学的迅速发展，以 PCR 技术为基础的各种分子生物学诊断技术成为 Reo-3 病毒感染诊断的重要手段。PCR 病原检测方法具有特异性强、敏感度高、诊断快速等传统诊断方法所无法比拟的优点。美国和欧盟许多实验动物质量检测实验室都推荐采用 PCR 技术作为实验动物病原的检测方法。国内一些实验动物检测机构也开展了实验动物病原 PCR 检测技术研究，增加实验动物病毒分子生物学检测技术方法主要应用于无血清实验动物样本的快速检测，是实验动物质量控制必不可少的方法。广东省实验动物监测所自 2011 年起进行呼肠孤病毒 III 型分子诊断方法研究，通过大量临床样本试验证明建立了敏感性高、特异性强、重复性好的普通 RT-PCR 和实时荧光 RT-PCR 检测技术。

第四节 编 制 原 则

本标准的编制主要遵循以下原则。

（1）科学性原则。在尊重科学、亲身实践、调查研究的基础上，制定本标准。

（2）可操作性原则。本标准无论是从样品采集、处理、DNA抽提到PCR反应，均操作简单，仅需4 h即可完成。具有可操作性和实用性。

（3）协调性原则。以切实提高我国实验动物呼肠孤病毒Ⅲ型检测技术水平为核心，符合我国现行有关法律、法规和相关的标准要求。

第五节 内 容 解 读

本标准内容组成：范围；规范性引用文件；术语、定义及缩略语；检测方法原理；主要设备和材料；试剂；检测方法；结果判定；检测过程中防止交叉污染的措施；附录，共10章。现将《实验动物 呼肠孤病毒Ⅲ型PCR检测方法》征求意见稿主要技术内容确定说明如下。

一、本标准范围的确定

本标准适用于小鼠、大鼠、地鼠、豚鼠及其产品、细胞培养物、实验动物环境和动物源性生物制品中呼肠孤病毒Ⅲ型核酸的检测。

二、 规范性引用文件

下列文件对于本文件的应用是必不可少的。凡是注明日期的引用文件，仅注日期的版本适用于本文件。凡是不注日期的引用文件，其最新版本（包括所有的修改单）适用于本文件。

GB/T 14926.25—2001 《实验动物 呼肠孤病毒Ⅲ型检测方法》

GB 19489 《实验室 生物安全通用要求》

GB/T 19495.2 《转基因产品检测 实验室技术要求》

三、术语、定义及缩略语

为方便标准的使用，本标准规定了以下术语、定义及缩略语。

（一） 术语及定义

1.

聚合酶链反应 polymerase chain reaction，PCR

体外酶催化合成特异DNA片段的方法：模板DNA先经高温变性成为单链，在DNA聚合酶作用和适宜的反应条件下，根据模板序列设计的两条引物分别与模板DNA两条链上相应的一段互补序列发生退火而相互结合，接着在DNA聚合酶的作用下以四种dNTP为底物，使引物得以延伸，然后不断重复变性、退火和延伸这一循环，使欲扩增的基因片段以几何倍数扩增。

2.

逆转录-聚合酶链反应 reverse transcription polymerase chain reaction，RT-PCR

以 RNA 为模板，采用 Oligo（dT）、随机引物或特异性引物，RNA 在逆转录酶和适宜反应条件下，被逆转录成 cDNA，然后再以 cDNA 作为模板，进行 PCR 扩增。

3.

实时荧光逆转录-聚合酶链反应 real-time RT-PCR，实时荧光 RT-PCR

实时荧光 RT-PCR 方法是在常规 RT-PCR 的基础上，在反应体系中加入特异性荧光探针，利用荧光信号积累实时检测整个 PCR 进程，通过检测每次循环中的荧光发射信号，间接反映了 PCR 扩增的目标基因的量，最后通过扩增曲线对未知模板进行定性或定量分析。本标准中将"RT-PCR"称为"普通 RT-PCR"是为了与"实时荧光 RT-PCR"进行区别，避免名称混淆。

4. Ct 值 cycle threshold

实时荧光 PCR 反应中每个反应管内的荧光信号达到设定的阈值时所经历的循环数。

（二）缩略语

CPE　细胞病变效应 cytopathic effect

DEPC　焦碳酸二乙酯 diethyl pyrocarbonate

DNA　脱氧核糖核酸 deoxyribonucleic acid

PBS　磷酸盐缓冲液 phosphate buffered saline

Reo-3　呼肠孤病毒 III 型 Reovirus 3

RNA　核糖核酸 ribonucleic acid

四、检测方法原理

用合适的方法提取样本中的病毒 RNA，通过逆转录酶将病毒 RNA 逆转录成 cDNA，针对病毒核酸保守序列 M2 蛋白基因设计特异的引物和探针序列，分别通过普通 PCR 和实时荧光 PCR 对 cDNA 进行扩增，根据普通 PCR 和实时荧光 PCR 检测结果判定该样品中是否含有病毒核酸成分。采用实时荧光 RT-PCR，可以减少检测过程的污染风险，同时实时荧光 RT-PCR 比普通 RT-PCR 检测灵敏度要高，可用于普通 RT-PCR 检测结果的验证。

PCR 的基本工作原理是：以拟扩增的 DNA 分子为模板，以一对分别与模板 5′ 端和 3′ 端互补的寡核苷酸片段为引物（primer），在耐热 DNA 聚合酶的作用下，按照半保留复制的机制沿着模板链延伸直至完成新的 DNA 分子合成。重复这一过程，即可使目的 DNA 片段得以大量扩增。实时荧光 PCR 则设计合成一对特异性引物和一条特异性探针，探针两端分别标记一个报告荧光基团和一个淬灭荧光基团。探针完整时，报告基团发射的荧光信号被淬灭基团吸收；PCR 扩增时，*Taq* 酶的 5′→3′ 外切酶活性将探针酶切降解，使报告荧光基团和淬灭荧光基团分离，淬灭作用消失，荧光信号产生并被检测仪器接受，随着 PCR 反应的循环进行，PCR 产物与荧光信号的增长呈对应关系。因此，可以通过检测荧光信号对核酸模板进行检测。采用实时荧光 PCR，可以减少检测过程的污染风险，同时实时荧光 PCR 比普通 PCR 检测灵敏度要高，可用于普通 PCR 检测结果的验证。

五、主要设备和材料

规定了检测方法所需要的设备和材料。

六、试剂

（1）灭菌 PBS，配制方法在标准附录中给出。

（2）无 RNase 去离子水：经 DEPC（焦炭酸乙二酯）处理的去离子水或商品无 RNase 水。配制方法在标准附录中给出。

（3）RNA 抽提试剂 TRIzol（Life Technologies 公司，Cat.No. 15596-026），或其他等效产品。RNA 抽提试剂给出了具体的信息，目的是为了方便标准的使用者，并不表示对该产品的认可。如果其他等效产品具有相同的效果，则可以使用这些等效产品。

（4）无水乙醇。

（5）75%乙醇（无 RNase 去离子水配制）。

（6）三氯甲烷（氯仿）。

（7）异丙醇。

（8）逆转录试剂：PrimeScript® RT reagent Kit（TaKaRa 公司），或其他等效产品。逆转录试剂给出了具体的信息，目的是为了方便标准的使用者，并不表示对该产品的认可。如果其他等效产品具有相同的效果，则可以使用这些等效产品。

（9）PCR 试剂：Premix Taq ™（ Version 2.0 plus dye ）（TaKaRa 公司，Cat.No.RR901A），或其他等效产品。PCR 试剂均给出了具体的信息，目的是为了方便标准的使用者，并不表示对该产品的认可。如果其他等效产品具有相同的效果，则可以使用这些等效产品。

（10）DNA 分子质量标准：100~2000 bp。

（11）50×TAE 电泳缓冲液，配制方法在标准附录中给出。

（12）溴化乙锭：10 mg/mL，配制方法在标准附录中给出；或其他等效产品。

（13）1.5%琼脂糖凝胶，配制方法在标准附录中给出。

（14）实时荧光 RT-PCR 试剂：One Step Primerscript™ RT-PCR Kit（Perfect Realtime）（TaKaRa 公司，Cat.No.RR064A）或其他等效产品。实时荧光 RT-PCR 试剂均给出了具体的信息，目的是为了方便标准的使用者，并不表示对该产品的认可。如果其他等效产品具有相同的效果，则可以使用这些等效产品。

（15）引物和探针：根据表 1、表 2 的序列合成引物和探针，引物和探针加无 RNase 去离子水配制成 10 μmol/L 和 5 μmol/L 储备液，-20℃保存。

表 1 普通 RT-PCR 扩增引物

引物名称	引物序列（5′→3′）	产物大小/bp
正向引物	TGCAAAGATGGGGAACGC	411
反向引物	TGGTGACACTGACAGCAC	

表 2　实时荧光 RT-PCR 扩增引物和探针

引物和探针名称	引物和探针序列（5′→3′）
正向引物	TGTGAGGTGGACGCGAATAG
反向引物	CGTTGATGCAGCGTGAAGAG
探针	FAM-CGGCCGGCTGGTGATCAGAGTATG-BHQ-1

七、检测方法的确定

（一）生物安全措施

实验操作及处理按照 GB 19489 的规定，由具备相关资质的工作人员进行相应操作。

（二）采样及样本的处理

标准规定了以下样品的采集及处理方法：动物脏器组织，胃内容物、盲肠内容物或粪便，细菌培养物，实验动物饲料、垫料和饮水，实验动物设施设备样本。

（三）样本 RNA 提取

规定了样本 RNA 的提取方法。

（四）普通 RT-PCR 检测

规定了 RT-PCR 反应体系、反应参数及结果检测方法。

1. RNA 逆转录

RNA 逆转录反应体系见表 3。反应液的配制在冰上操作，反应条件为：37℃ 25 min，85℃ 5 s。反应产物即为 cDNA，立即进行下一步 PCR 反应；若不能立即进行 PCR，cDNA 保存温度不能低于–20℃，长时间保藏应置于–80℃冰箱。10 μL 反应体系可最大使用 500 ng 的 Total RNA。若使用其他公司逆转录试剂，应按照其说明书规定的反应体系和反应条件进行操作。

表 3　RNA 逆转录反应体系

试剂	用量/μL	终浓度
5×PrimeScript Buffer	2	1×
PrimeScript RT Enzyme Mix I	0.5	
Oligo dT Primer（50 μmol/L）	0.5	25 pmol/L
Random Primer 6 mers（100 μmol/L）	0.5	50 pmol/L
RNA 模板	5	
RNase Free dH$_2$O	1.5	
总体积	10	

2. PCR 反应体系

普通 PCR 反应体系见表 4。反应液的配制在冰上操作，每次反应同时设计阳性对照、阴性对照和空白对照。其中，以含有呼肠孤病毒 III 型的组织或细胞培养物提取的 RNA 作为阳性对照模板；以不含有呼肠孤病毒 III 型 RNA 样品（可以是正常动物组织或正常细胞培养物）作为阴性对照模板；空白对照为不加模版对照（no template control，NTC），在反应中用水来代替模板。

表 4 PCR 反应体系

试剂	用量/μL	终浓度
2×Premix Taq Mix （Loading dye mix）	10	1×
ddH₂O	6.4	
PCR 正向引物（10 μmol/L）	0.8	0.4 μmol/L
PCR 反向引物（10 μmol/L）	0.8	0.4 μmol/L
cDNA 模板	2	
总体积	20	

3. PCR 反应参数

PCR 反应参数见表 5。

表 5 普通 PCR 反应参数

步骤	温度/℃	时间	循环数
预变性	94	5 min	1
变性	95	30 s	40
退火	55	30 s	
延伸	72	30 s	
后延伸	72	5 min	1

注：可使用其他等效的 PCR 检测试剂盒进行，反应体系和反应参数可进行相应调整。

4. RT-PCR 产物的琼脂糖凝胶电泳检测和拍照

RT-PCR 反应结束后，取 10μL PCR 产物在 1.5%琼脂糖凝胶进行电泳检测。将适量 50×TAE 稀释成 1×TAE 溶液，配制含核酸染料溴化乙锭的 1.5%琼脂糖凝胶。以 DNA 分子质量作为参照。电压大小根据电泳槽长度来确定，一般控制在 3~5 V/cm，当上样染料移动到凝胶边缘时关闭电源。电泳完成后在凝胶成像系统拍照记录电泳结果。

（五）实时荧光 RT-PCR

规定了实时荧光 RT-PCR 反应体系、反应参数及结果检测方法。

1. 实时荧光 RT-PCR 反应体系

实时荧光 RT-PCR 反应体系见表 6。反应液的配制在冰上操作，每次反应同时设计阳性对照、阴性对照和空白对照。其中，以含有呼肠孤病毒 III 型的组织或细胞培养物提取的 RNA 作为阳性对照模板；以不含有呼肠孤病毒 III 型 RNA 样品（可以是正常动物组织或正常细胞培养物）作为阴性对照模板；空白对照即为不加模版对照（no template control, NTC），即在反应中用水来代替模板。

表 6　实时荧光 RT-PCR 反应体系

反应组分	用量/μL	终浓度
2×One Step RT-PCR Buffer III	25	1×
Ex Taq HS（5 U/μL）	1	
PrimeScript RT Enzyme Mix II	1	
正向引物（10 μmol/L）	2.5	500 nmol/L
反向引物（10 μmol/L）	2.5	500 nmol/L
探针（5 μmol/L）	2	250 nmol/L
Rox	1	
RNA 模板	10	
无 RNase 去离子水	5	
总体积	50	

注：试剂 Rox 只在具有 Rox 荧光校正通道的实时荧光 PCR 仪上进行扩增时添加，否则用水补齐。

2. 实时荧光 RT-PCR 反应参数

实时荧光 RT-PCR 反应参数见表 7。

表 7　实时荧光 RT-PCR 反应参数

步骤	温度/℃	时间	采集荧光信号	循环数
逆转录	42	5min	否	1
预变性	95	30 s		1
变性	95	5 s		40
退火，延伸	60	34 s	是	

注：可使用其他等效的一步法或两步法实时荧光 PCR 检测试剂盒进行，反应体系和反应参数可进行相应调整。实时荧光 RT-PCR 结束后，根据收集的荧光曲线和 Ct 值判定结果。

八、结果判定

（一）普通 RT-PCR 结果判定

1. 质控标准

阴性对照和空白对照未出现条带，阳性对照出现预期大小（411 bp）的目的扩增条带则表明反应体系运行正常；否则此次试验无效，需重新进行普通 PCR 扩增。

2. 结果判定

（1）质控成立条件下，若样本未出现预期大小（411 bp）的扩增条带，则可判定样本呼肠孤 III 型病毒核酸检测阴性。

（2）质控成立条件下，若样本出现预期大小（411 bp）的扩增条带，则可判定样本呼肠孤 III 型病毒核酸检测阳性。

（二）实时荧光 RT-PCR 结果判定

1. 结果分析和条件设定

直接读取检测结果，基线和阈值设定原则根据仪器的噪声情况进行调整，以阈值线刚好超过正常阴性样本扩增曲线的最高点为准。

2. 质控标准

（1）空白对照无 Ct 值，并且无荧光扩增曲线，一直为水平线。

（2）阴性对照无 Ct 值，并且无荧光扩增曲线，一直为水平线。

（3）阳性对照 Ct 值 ≤35，并且有明显的荧光扩增曲线，则表明反应体系运行正常；否则此次试验无效，需重新进行实时荧光 PCR 扩增。

3. 结果判定

（1）质控成立条件下，若待检测样本无荧光扩增曲线，则判定样本呼肠孤病毒 III 型核酸检测阴性。

（2）质控成立条件下，若待检测样本有荧光扩增曲线，且 Ct 值 ≤35 时，则判断样本呼肠孤病毒 III 型核酸检测阳性。

（3）质控成立条件下，若待检测样本 Ct 值介于 35 和 40 之间，应重新进行实时荧光 PCR 检测。重新检测后，若 Ct 值 ≥40，则判定样本未检出呼肠孤病毒 III 型核酸。重新检测后，若 Ct 值仍介于 35 和 40 之间，则判定样本呼肠孤病毒 III 型可疑阳性，需进一步进行序列测定。

（三）序列测定

必要时，可取待检样本扩增出的阳性 PCR 产物进行核酸序列测定。序列结果与已公开发表的呼肠孤病毒 III 型特异性片段序列进行比对，序列同源性在 90% 以上，可确诊待检样本呼肠孤病毒 III 型核酸阳性，否则判定呼肠孤病毒 III 型核酸阴性。

九、检测过程中防止交叉污染的措施

按照 GB/T 19495.2 中的要求执行。

十、附录 A

本标准附录为规范性附录，给出了试剂的配制方法。

第六节 分析报告

一、材料与方法

（一）菌株和临床样本

呼肠孤病毒 III 型（Reo-3，ATCC VR-232）、仙台病毒（SV ATCC VR-105）、小鼠肝

炎病毒（MHV，ATCC VR-246）、小鼠脑脊髓炎病毒（TMEV，ATCC VR-995）、小鼠肺炎病毒（PVM，ATCC VR-25）购自美国典型微生物菌种保藏中心；小鼠出血热病毒（HV）抗原为浙江天元生物药业股份有限公司生产的双价肾综合征出血热（汉滩型和汉城型）灭活疫苗；淋巴细胞性脉络丛脑膜炎病毒（LCMV）核酸由中国食品药品检定研究院惠赠；MNV Guangzhou/K162/09/CHN 毒株由本实验室分离保存；BHK 细胞（ATCC CCL-10）购自美国典型微生物菌种保藏中心；pGEM-T easy 克隆载体购自 Promega 公司；大肠杆菌 *E.coli* DH5α 购自宝生物工程（大连）有限公司（TaKaRa 公司）。

临床样本包括：本实验室人工感染品 192 份，临床送检 SPF 小鼠活体小鼠或小鼠组织 96 份。

（二）引物及探针的合成

普通 PCR 引物序列见表 1；实时荧光 PCR 引物和探针序列见表 2。引物和探针均由 Invitrogern（广州）公司合成。

（三）核酸提取

处理好的组织或细胞样本使用 Trizol（Invitrogen）提取 RNA，按操作说明书进行。

（四）Reo-3-RNA 标准品的制备

以提取的 Reo-3 RNA 为模板，用 PrimeScript™ One Step RT-PCR Kit Ver.2 试剂盒进行 RT-PCR，反应体系为：Enzyme Mix 2 μL，2×Buffer 25 μL，上游引物（10 μmol/L）2.5 μL，下游引物（10 μmol/L）2.5 μL，RNA 5 μL，加 RNase Free dH$_2$O 至 50 μL。反应条件：50℃ 30 min，94℃ 2 min，一个循环 94℃ 30 s，55℃ 30 s，72℃ 1 min，共 35 个循环，最后 72℃延伸 10 min。反应得到目的大小片段后，用胶回收试剂盒回收目的片段，将回收的目的片段连接至 pGEM-T easy 载体，并转化至 DH5α 感受态细胞中。用含有 Amp 的 LB 琼脂平板筛选阳性克隆，用 PCR 鉴定阳性克隆菌。阳性克隆菌（pGEM-Reo-3）送英潍捷基（上海）贸易有限公司进行测序，pGEM-Reo-3pcr 菌中含有的 PCR 产物大小为 411 bp，pGEM-Reo-3probe 菌中含有的 PCR 产物大小为 67 bp。

将 pGEM-Reo-3 质粒于 37℃ *Sal* I 单酶切 4 h，使质粒线性化，琼脂糖凝胶电泳及试剂盒回收纯化质粒 DNA 线性化产物，用于体外转录。按 T7 体外转录试剂盒 Ribomax™ Large Scale RNA Production Systems（Promega 公司）说明加入反应试剂于 37℃作用 2 h，然后加 DNase I 酶 1 μL，37℃消化转录产物中未转录的 DNA 15 min，70℃灭活 DNase I 酶 15 min，用 QIAamp Viral RNA Mini Kit 试剂盒（Qiagen 公司）进行 RNA 提取。得到体外转录的 Reo-3pcr-RNA、Reo-3probe-RNA。用微量紫外分光光度计测定 RNA 浓度，根据 Reo-3 转录 RNA 产物的大小计算质粒体外转录的 RNA 拷贝数。按照下面的公式计算 RNA 拷贝数。拷贝数（copies/μL）=6.022×10^{23}（copies/mol）×RNA 浓度（g/μL）/质量 MW（g/mol）。其中，MW= RNA 碱基数×340 daltons/碱基，RNA 碱基数=载体序列碱基数+插入序列碱基数。根据计算得到的 Reo-3-RNA 的浓度用无 RNase 水调整到 1×10^{11} copies/μL，–80℃保存备用。

（五）普通 RT-PCR 检测方法的建立和优化

1. RNA 逆转录

采用 TaKaRa 公司的 PrimeScript RT Kit 对制备的 RNA 进行逆转录。反应体系为 10 μL；5×PrimeScript Buffer 2 μL，PrimeScript RT Enzyme Mix I 0.5 μL，Oligo dT Primer（50 μmol/L）

0.5 μL, Random Primer 6 mers（100 μmol/L） 0.5 μL, RNA 模板 5 μL, RNase Free dH$_2$O 1.5 μL；反应条件为 37℃ 25 min, 85℃ 5 s。

2. PCR 反应

PCR 试剂采用 TaKaRa 公司的 rTaq Premix, 反应体系为 20 μL: cDNA 模板 2 μL, 2×Premix Buffer（含 Mg^{2+}、dNTP、rTaq 酶）10 μL, 上游引物（10 μmol/L）1 μL, 下游引物（10 μmol/L）1 μL, 补 H$_2$O 至 20 μL。反应条件：94℃ 5 min, 94℃ 30 s、55℃ 30 s、72℃ 30 s, 共 20 个循环, 最后 72℃ 延伸 5min。

（六）实时荧光 RT-PCR 检测方法的建立和条件优化

参照 TaKaRa 公司 Primerscript^{TM} RT-PCR Kit（Perfect Realtime Probe） 试剂盒操作说明配制 Reo-3 实时荧光 RT-PCR 反应体系, 以 Reo-3-RNA 标准品作为反应模板, 采用矩阵法对荧光 RT-PCR 反应体系中引物（0.1~0.6 μmol/L）和 TaqMan 探针浓度（0.05~0.5 μmol/L）进行优化, 以反应的前 3~15 个循环的荧光信号为荧光本底信号, 通过比较 Ct 值和荧光强度增加值（绝对荧光强度与背景荧光强度的差值, ΔRn）来判断优化结果；采用二温循环法对反应的退火温度和循环次数进行优化。

（七）特异性试验

分别采用建立的普通 PCR 和实时荧光 PCR 方法对仙台病毒（SV）、小鼠肝炎病毒（MHV）、小鼠脑脊髓炎病毒（TMEV）、小鼠肺炎病毒（PVM）、呼肠孤病毒Ⅲ型（Reo-3）、小鼠出血热病毒（HV）、淋巴细胞性脉络丛脑膜炎病毒（LCMV）、MNV 病毒 RNA 进行检测, BHK 细胞 RNA 作为阴性对照, 验证该方法的特异性。

（八）定量标准曲线的建立及敏感性试验

将 Reo-3-RNA 标准品用 Easy dilution（TaKaRa 公司）做 10 倍系列稀释, 得到 1×10^9 ~ 1×10^{0}copies/μL 系列标准模板。利用表 6 中优化后的反应体系和条件测定各稀释度的 Ct 值, 以 Ct 值为纵坐标、以起始模板浓度的对数为横坐标, 绘制标准曲线。

（九）重复性试验

将 Reo-3 RNA 标准品进行梯度稀释, 设置 4 个水平的重复性对照, 包括：R1, 不含 Reo-3 的样本；R2, Reo-3 浓度为 2×10^{4}copies/mL；R3, Reo-3 浓度为 1×10^{6}copies/mL；R4, Reo-3 浓度为 1×10^{8}copies/mL。对 4 份 10 倍系列稀释的质粒标准品在同一次反应中进行 10 次重复测定, 对各稀释度的 Ct 值进行统计, 计算同一次检测中每个样本各反应管之间的变异系数（CV%）。

（十）临床样本的检测

1. 人工感染试验

取浓度为 1.5×10^7 copies/μL Reo-3 病毒液, 尾静脉和腹腔注射病毒液各 0.2 mL/只。动物接种病毒后, 观察 129 天。每天记录动物的被毛、行为活动、饮食和精神状态。并在小鼠感染后第 0 天、4 天、7 天、18 天、25 天、35 天、72 天和 129 天对 2~3 只小鼠进行眼眶采血后脱颈椎处死并采集心、肝、脾、肺、肾、脑、胃、盲肠内容物置–20℃保存备用, 用文中所述方法提取 RNA, 并进行实时荧光 RT-PCR 检测病毒拷贝量。在感染实验进行过程中的第 47 天、81 天、103 天, 随机抽取 3 只小鼠进行眼眶采血分离血清置–20℃保存待测血清抗体。

2. 其他临床样本检测

利用实时实时荧光 RT-PCR 方法对收集到的 96 份临床样本进行检测，每次反应同时设置阳性对照和阴性对照。

二、结果

（一）普通 PCR 检测方法的建立

按照所建立的普通 PCR 反应体系和条件进行 PCR 扩增，完成后取 10 μL 扩增产物，1.5% 琼脂糖凝胶电泳，紫外灯下观察结果。结果 Reo-3 阳性样本在约 411 bp 位置有一条目的条带，与预期结果相符（图 1）。

图 1　Reo-3 普通 PCR 电泳结果

M500，DNA Marker；1~3，Reo3 阳性样本；4，阴性对照

（二）普通 RT-PCR 检测方法特异性试验结果

采用建立的 Reo-3 普通 RT-PCR 方法对仙台病毒（SV）、小鼠肝炎病毒（MHV）、小鼠脑脊髓炎病毒（TMEV）、小鼠肺炎病毒（PVM）、呼肠孤病毒 III 型（Reo-3）、小鼠出血热病毒（HV）、淋巴细胞性脉络丛脑膜炎病毒（LCMV）、MNV 病毒 RNA、BHK 细胞 RNA 作为阴性对照，呼肠孤病毒 III 型（Reo-3）作为阳性对照，进行特异性检测。结果显示 Reo-3 有约 411 bp 目的条带，其他病原核酸无目的条带（图 2）。

（三）普通 RT-PCR 检测方法敏感性试验

将 Reo-3 质粒标准品用 Easy Dilution（TaKaRa 公司）做 10 倍系列稀释，得到 2.7×10^9~2.7×10^0 copies/μL 系列标准模板。按表 5 所述方法进行检测，测定模板最低检出量。普通 PCR 检测敏感性分别为 2.7×10^3 copies/μL（图 3）。

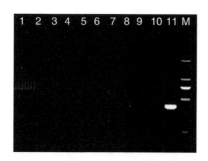

图 2　Reo-3 普通 RT-PCR 特异性试验结果

M，2000bp DNA Marker；1~8 依次为 SV、MHV、TMEV、PVM、HV、LCMV、MNV、BHK 非特异性样本；9、10，水对照；11，Reo3 阳性对照

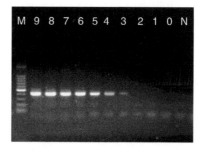

图 3　Reo-3 普通 PCR 检测方法敏感性试验结果

M，100bp DNA Marker；N，阴性对照；9~0 依次为 2.7×10^9 ~2.7×10^0 copies/μL 质粒 DNA

（四）实时荧光 RT-PCR 反应体系的建立和优化

采用矩阵法对引物浓度、探针浓度进行优化。经优化后的 PCR 反应体系为：2×One Step RT-PCR Buffer 25 μL，Reo-3 上游引物最适终浓度为 0.3 μmol/L，下游引物最适终浓度为 0.3 μmol/L，探针最适终浓度 0.25 μmol/L， Reo-3 RNA 模板 10 μL，加 RNase Free dH$_2$O 至 50 μL。反应条件：42℃ 5 min， 95℃ 30 s，一个循环；95℃ 5 s，60℃ 34 s，40 个循环，60℃延伸结束后收集荧光。

（五）实时荧光 RT-PCR 定量标准曲线的建立及敏感性试验

将 Reo-3 RNA 标准品 Easy Dilution（TaKaRa 公司）做 10 倍系列稀释，得到 $1×10^9$ ～ $1×10^0$copies/μL 系列标准模板。利用优化后的反应体系和条件测定各稀释度的 Ct 值以 Ct 值为纵坐标、以起始模板浓度的对数为横坐标绘制标准曲线。结果可见，各梯度之间间隔的 Ct 值基本相等，无模板对照（no template control，NTC）没有荧光扩增曲线为阴性结果。以标准品稀释拷贝数的对数值为横坐标、以临界环数（threshold cycle，Ct）为纵坐标建立荧光实时定量 PCR 的标准曲线（图 4），标准品在 $1×10^8$～$1×10^1$copies/μL 范围内具有良好的线性关系（图 5）。其线性回归方程为 Ct= $-3.28×X$（拷贝数）+40.941，标准曲线斜率为-3.28，根据公式计算得扩增效率 $E=10^{1/3.28}-1=1.017$，即扩增效率为 101.7%，相关系数 $R^2=0.9985$，说明 PCR 扩增该标准品的效率较高，线性关系良好。标准品 $1×10^0$ copies/μL 无扩增曲线，故本方法检测的灵敏度为 10 copies/μL。

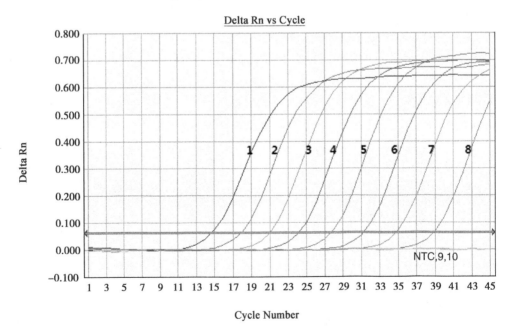

图 4 Reo-3 RT-实时荧光 RT–PCR 敏感性检测结果

1~9 依次为 $1×10^8$ ~$1×10^0$ copies/μL 标准品；10，BHK 阴性对照；NTC，无模板对照

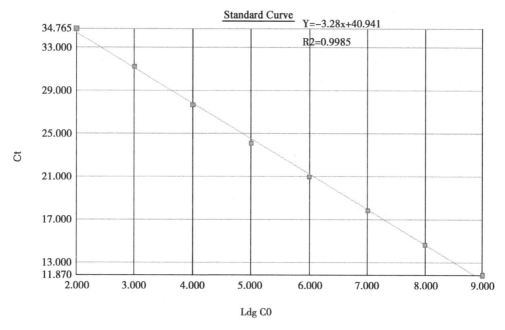

图 5　Reo-3 RNA10 倍系列稀释标准品的标准曲线

（六）实时荧光 RT-PCR 特异性试验

采用建立的 Reo-3 实时荧光 RT-PCR 方法对仙台病毒、小鼠肝炎病毒（MHV）、小鼠脑脊髓炎病毒（TMEV）、小鼠肺炎病毒（PVM）、小鼠出血热病毒（HV）、淋巴细胞性脉络丛脑膜炎病毒（LCMV）、MNV 病毒 RNA 进行特异性检测，BHK 细胞 RNA 作为阴性对照，呼肠孤病毒 III 型（Reo-3,）作为阳性对照。结果显示，仅 Reo-3 Ct 值为 24，其他病原核酸均无荧光信号（结果见表 8、图 6），说明本检测方法具有很好的特异性。

表 8　Reo-3 实时荧光 RT-PCR 特异性试验

编号	样本	平均 Ct	结果判定
N-1	阴性样本	Not	阴性
N-2	阴性样本	Not	阴性
N-3	阴性样本	Not	阴性
N-4	BHK 细胞对照	Not	阴性
N-5	仙台病毒	Not	阴性
N-6	小鼠肝炎（MHV）	Not	阴性
N-7	小鼠脑脊髓炎病毒（TMEV）	Not	阴性
N-8	小鼠肺炎病毒（PVM）	Not	阴性
N-9	小鼠诺如病毒（MNV）	Not	阴性
N-10	小鼠出血热病毒（HV）	Not	阴性
N-11	淋巴细胞性脉络丛脑膜炎病毒（LCMV）	Not	阴性
P1	呼肠孤病毒 III 型（Reo-3）	24	阳性

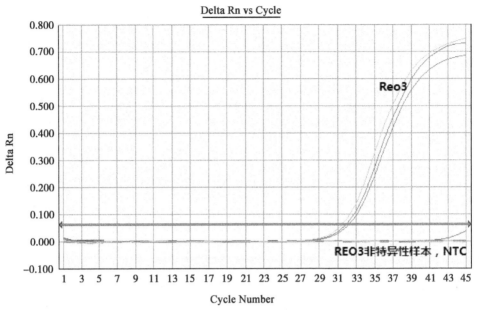

图6　Reo-3实时荧光 RT-PCR 特异性试验

（七）实时荧光 PCR 重复性试验

将 Reo-3 RNA 标准品进行梯度稀释,设置4水平的重复性对照,包括:R1,不含 Reo-3V 的样本；R2, Reo-3 浓度为 $2×10^4$copies/mL；R3, Reo-3 浓度为 $1×10^5$copies/mL, R4, Reo-3V 浓度为 $1×10^8$copies/mL。进行检测方法重复性检测, 批内及批间重复性试验的变异系数均 小于2％（表9）, 表明建立实时荧光 PCR 方法重复性好, 方法稳定可靠。

表9　重复性试验数据（Ct）及变异系数（CV）

样本浓度/（copies/mL）	10次检测结果（Ct 值）										CV 值/%
	1	2	3	4	5	6	7	8	9	10	
0	无	无	无	无	无	无	无	无	无	无	0
$2×10^4$	32.54	32.47	31.93	31.67	32.79	31.84	32.04	32.77	32.64	32.83	1.36
$1×10^5$	31.99	31.73	31.44	31.69	31.75	32.49	32.67	32.23	32.19	31.76	1.22
$1×10^8$	22.76	22.83	22..36	22.57	22.63	22.03	23.09	22.35	22.64	22.09	1.53

（八）实时荧光 RT-PCR 在临床样本检测中的应用

1．实时荧光 PCR 在 Reo-3 人工感染样本检测中的应用

1）人工感染鼠血清抗体滴度变化

感染小鼠体内抗体滴度随着感染时间迁移而升高, 接种后18天抗体阳性, 之后 抗体效价逐渐升高, 在25天抗体稀释度达到128天并维持至129天抗体稀释度达512倍） （表10）。

表 10　感染小鼠抗 Reo-3 血清抗体的测定

检测结果	接种后时间/d										
	0	4	7	18	25	35	47	72	81	103	129
抗体滴度（$\bar{x} \pm s$）	0.00 ± 0.00	0.00 ± 0.00	0.00 ± 0.00	1.00 ± 1.41	7.48 ± 0.74	7.50 ± 0.71	8.00 ± 1.41	7.33 ± 1.15	8.33 ± 0.58	8.33 ± 0.00	8.67 ± 1.16

抗体滴度为能检出阳性结果的最大稀释倍数 log2 数值。

2）感染靶器官病毒含量的测定

感染早期小鼠以肝病毒载量最高（图 7A），其次是心（Heart）、脾（Spleen）、肺（Lung）（图 7B~D）肝（Liver）以 6 天（3.3×10^6 copies/μL）含量最高（图 7A），心（Heart）在 11 天（4.5×10^5 copies/μL）（图 7B），肺（Lung）在 18 天 2.9×10^4 copies/μL（图 7C），脑（Brain）在 4 天（4.3×10^5 copies/μL）（图 7D），脾（Spleen）在 6 天（8.7×10^3 copies/μL）（图 7E），肾（Kidney）在 18 天 1.9×104copies/μL（图 7F），并随着时间推移小鼠各组织内病毒核酸含量总体呈现下降趋势，到 129 天除心和脾外检测到少量核酸外，其他组织均检测不到病毒核酸。

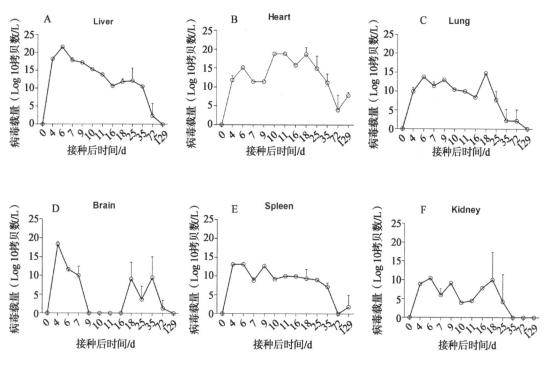

图 7　感染小鼠各内脏组织核酸测定（n=1~3）

2. 临床样本的检测应用

应用 Reo-3 普通 PCR 和实时荧光 PCR 检测方法对 2012~2015 年送检的 96 份 SPF 级小鼠盲肠内容物进行检测，结果检出 0 份阳性，阳性率为 0。

3. 抗体检测与核酸检测结果比较

感染试验取感染后 0~72 天小鼠血清和组织样本，用 ELISA 检测血清抗体，同时用实时荧光 RT-PCR 及普通 PCR 检测方法进行组织样本 Reo-3 核酸检测。检测结果见表 11。感染组小鼠血清抗体在感染后第 18 天开始检出，第 25~72 天一直维持在高抗体水平，实时荧光 RT-PCR 检测方法在感染后第 3 天小鼠组织 Reo-3 核酸实时荧光 RT-PCR 及普通 PCR 检测均阳性，组织 Reo-3 核酸阳性高滴度一直维持至第 35 天，72~129 天后 Reo-3 组织核酸阳性率明显下降，但仍然在部分高带毒后组织能检测到阳性。普通 PCR 检测阳性率结果与实时荧光 RT-PCR 接近。

该结果表明，采用血清学和病原学检测方法对同一只动物进行检测时，可能出现不一致的结果，这是由于病原感染动物后的不同阶段，抗原和抗体不同消长规律所造成的。在感染早期，动物体内可检测到病原核酸却无抗体产生。而在动物群里可能出现不同感染阶段的动物，或某些病原在动物体内潜伏感染，未刺激抗体产生却可能会持续带毒排毒，因此分子检测方法可作为抗体检测的有效补充手段。

表 11 抗体检测与核酸检测结果比较

样本采集时间/d	感染组		
	抗体阳性率	实时荧光 RT-PCR 各组织阳性率	普通 PCR 各组织阳性率
0	0/3	0/16	0/16
4	0/3	8/16	8/16
18	3/3	11/16	10/16
25	6/6	14/24	12/24
35	5/5	6/16	3/16
72	9/9	1/24	0/24
129	3/3	3/24	1/24

第七节 其 他 说 明

一、国内外同类标准分析

本标准为国内原创标准，国际上无类似标准。

二、与法律法规、标准关系

本标准的编制依据为现行的法律、法规和国家标准，与这些文件中的规定相一致。目前实验动物国家标准没有呼肠孤病毒 Ⅲ 型 PCR 检测方法标准，本标准作为团体标准是对现有标准的有利补充。

三、重大分歧的处理和依据

从标准结构框架和制定原则的确定、标准的引用、有关技术指标和参数的试验验证、主要条款的确定直到标准草稿征求专家意见（通过函寄和会议形式，多次咨询和研讨），均未出现重大意见分歧的情况。

四、标准实施要求和措施

本标准发布实施后，建议通过培训班、会议宣传和网络宣传等形式积极开展宣传贯彻培训活动。面向各行业开展动物实验的机构和个人，宣传贯彻标准内容。

参 考 文 献

郎书惠，贺争鸣，吴惠英. 1998. 呼肠孤病毒感染不同免疫功能状态小鼠的病理组织学研究. 实验动物科学与管理，15（3）：54.

田克恭. 1992. 实验动物病毒性疾病. 北京：中国农业出版社：41-45.

王翠娥，陈立超，周倩，等. 2014. 实验大鼠和小鼠多种病毒的血清学检测结果分析. 实验动物科学，31（2）：20-24.

徐蓓，李建平，屈霞琴，等. 1989. 上海地区实验小鼠病毒性传染病的血清学调查. 上海实验动物科学，9（1）：34-36.

殷震，刘景华. 1997. 动物病毒学（第 2 版）. 北京：科学出版社：329-330.

Bai B, Shen H, Hu Y, et al. 2014. Serological survey of a new type of reovirus in humans in China. Epidemiol Infect, 142（10）：2155-2158.

Bootz F, Sieber I, Popovic D, et al. 2003. Comparison of the sensitivity of in vivo antibody production tests with in vitro PCR-based methods to detect infectious contamination of biological materials. Lab Anim, 37（4）：341-351.

Cheng P, Lau CS, Lai A, et al. 2009. A novel reovirus isolated from a patient with acute respiratory disease. J Clin Virol, 45：79-80.

Jacoby RO, Lindsey JR. 1998. Risks of infection among laboratory rats and mice at major biomedical research institutions. ILAR J, 39（4）：266-271.

Kumar S, Dick EJ, Bommineni YR, et al. 2014. Reovirus-associated meningoencephalomyelitis in baboons. Vet Pathol, 51（3）：641-650.

Marty GD, Morrison DB, Bidulka J, et al. 2015. Piscine reovirus in wild and farmed salmonids in British Columbia, Canada：1974-2013. J Fish Dis, 38（8）：713-728.

Mor SK, Verma H, Sharafeldin TA, et al. 2015. Survival of turkey arthritis reovirus in poultry litter and drinking water. Poultry Sci, 94（4）：639-642.

Ouattara LA, Barin F, Barthez MA, et al. 2011. Novel human reovirus isolated from children with acute necrotizing encephalopathy. Emerg Infect Dis, 17：1436-1444.

Stanley NF, Dorman DC, Ponsford J. 1953. Studies on the pathogenesis of a hitherto undescribed virus （hepato-encephalomyelitis） producing unusual symptoms in suckling mice. Aust J Exp Biol Med Sci, 31（2）：147-159.

Tyler KL, Barton ES, Ibach ML, et al. 2004. Isolation and molecular characterization of a novel type 3 reovirus from a child with meningitis. J Infect Dis, 189：1664-1675.

Waggie K, Kagiyama N, Allen AM. 1994. Manual of microbiologicmonitoring of laboratory animals. Bethesda: MD: NIHPublication: 99-100.

Zhang S, Shu X, Zhou L, et al. 2016. Isolation and identification of a new reovirus associated with mortalities in farmed oriental river prawn, Macrobrachium nipponense（de Haan，1849），in China. J Fish Dis，39（3）: 371-375.

Zhang YW，Liu Y，Lian H，et al. 2016. A natural reassortant and mutant serotype 3 reovirus from mink in China. Arch Virol，161（2）: 495-498.

第二十三章 T/CALAS 51—2017《实验动物豚鼠微卫星 DNA 检测方法》实施指南

第一节 工 作 简 况

2015 年，中国实验动物学会成为团体标准改革的试点单位。2016 年底，我们结合行业的实际需求，提出了该标准的起草和撰写，由浙江大学和浙江省医学科学院共同完成。

第二节 工 作 过 程

DHP 豚鼠是浙江大学实验动物中心保种的封闭群，Zmu-1：DHP 是该中心花费 20 余年选育保存的豚鼠近交系。从 20 世纪 80 年代始，浙江大学实验动物中心就展开了豚鼠品系特点及其在实验动物模型应用中的研究。研究发现，中心保存的不同品系在速发型哮喘模型、口蹄疫病毒抵抗性、视觉发育方面存在很大的差异。从 20 世纪 90 年代起，相继采用生化标记方法（一代）、RAPD、小卫星 DNA 指纹技术（二代）、SSR 技术（三代）对两个品系进行遗传研究，这同时也是豚鼠封闭群和近交系质量控制方法的探索。由于第三代遗传标记技术 STR 标记具有方法简便、通量高、便于自动化检测的优点，我们采用磁珠富集法、豚鼠 short-gun 草图序列大规模筛选验证，筛选了大量（400 多个）的多态性微卫星（STR）位点，并应用这些差异性的 STR 位点进行群体遗传结构评价、基因多态性与疾病模型的相关性分析。相关研究受到浙江省科技厅和卫生厅项目的资助。经过 20 余年的研究与积累，以及在浙江省实验动物公共服务平台豚鼠繁育基地（覆盖杭州、嘉兴、湖州、宁波、绍兴、温州、金华、衢州）和温州医科大学眼视光学重点学科的科学研究实际运用后进行了总结。

第三节 编 写 背 景

DNA 多态性是实验动物遗传检测的重要手段，在动物的基因组中发现了许多简单重复序列，因为其重复单位比小卫星 DNA 短，故称为微卫星 DNA（microsatellite）。微卫星 DNA 重复单位以二核苷酸重复单位 AC/TG 最为多见，重复单位的重复次数是可变的，一般为 10 ~ 20 次，这就构成了微卫星 DNA 多态性的基础。微卫星 DNA 两端的侧翼序列是较保守的单拷贝序列，因此，微卫星 DNA 能被特异地定位在染色体的特定位置上。根据研究结果，制订出豚鼠遗传检测方法，用于遗传质量控制、遗传组成分析和品系鉴别。

国内尚无豚鼠近交系的公开报道，全国有多个封闭群豚鼠，但没有分子遗传质量控制标准。随着行业的快速发展，采用先进的技术进行实验动物的遗传质量控制，是行业发展的必然趋势。

国家标准 GB 14923—2010《实验动物 哺乳类实验动物的遗传质量控制》中，要求进行封闭群动物的遗传质量监测，具体检测方法推荐使用 DNA 多态性方法。国家标准 GB/T 14927.1—2008《实验动物 近交系小鼠、大鼠生化标记检测法》对小鼠、大鼠进行遗传检测，但尚无豚鼠的生化和 DNA 检测方法。本标准的制定可以作为豚鼠的 DNA 检测方法用于豚鼠的遗传检测。

国际标准既采用生化标记方法，也采用 DNA 多态性方法，该标准的制定有助于促进我国实验豚鼠团体标准达到国外先进标准。

本单位 Zmu-1：DHP 近交系豚鼠已达到 21 代，保有 8 个支系，远交系也出现了性状分化。考虑到这些近交系和远交系在培育过程中可能发生遗传漂变，需要设法最大限度地减少优良基因的丢失。因此，引入 SSR 进行这些支系/品系的遗传评价，使其标准化，将为以后的研究和应用提供技术支持。

第四节 编 制 原 则

本标准在制定中应遵循以下基本原则：

（1）本标准编写格式应符合 GB/T 1.1—2009 的规定；

（2）本标准规定的技术内容及要求应科学、合理，具有适用性和可操作性；

（3）本标准的水平应达到国内领先水平。

本标准为中国实验动物学会实验动物标准化专业委员会下达的编制任务，由中国实验动物学会归口管理。起草单位：浙江大学、浙江省医学科学院。本标准主要起草人：刘迪文、卫振、刘月环、吴旧生。

第五节 内 容 解 读

1. 豚鼠 SSR 位点选择

采用磁珠富集法、short-gun 基因组测序草图筛选验证，获得了 400 余个 SSR 位点，应用这些 SSR 位点进行了豚鼠群体遗传结构评价、基因多态性与疾病模型相关性分析。相关研究得到浙江省科技厅和卫生厅项目的资助。本标准在上述工作基础上总结提出。

（1）近交系豚鼠：在附表 A 中选择 15 个微卫星位点，推荐选择的位点为 2、3、4、5、6、7、8、9、10、11、12、13、14、15、16 号。

（2）封闭群豚鼠：在附表 A 中选择 43 个微卫星位点。推荐选择的位点为 2、3、4、5、6、7、8、9、10、11、12、13、14、15、16、17、18、19、21、22、23、24、25、26、27、28、29、30、32、33、36、37、38、39、41、42、43、44、46、47、49、50、51 号。

2. 检测方法的确立

1）样品 DNA 的提取

（1）观察动物外观，核对编号。

（2）豚鼠心脏采血 2 mL，或采用安乐死处死动物，取组织样品。–20℃低温保存。

（3）提取基因组 DNA：用苯酚-氯仿法或试剂盒提取基因组 DNA。

2）PCR

（1）PCR 扩增体系：PCR 总反应体积为 20 μL，其中含 10×PCR Buffer 2 μL，上、下游引物（10 pmol/μL）各 1 μL，dNTP 100 μmol/L 1.2 μL，*Taq* 酶 5 U/μL 1 μL，50~100 ng 基因组 DNA 取 1 μL，镁离子终浓度 1.5 mmol/L，纯水补齐至 20 μL。

（2）PCR 反应程序：95℃预变性，5 min；94℃变性，30 s；退火温度（各位点退火温度参见附表 A.1），30 s；72℃延伸，30 s；35 个循环；72℃继续延伸 8 min；扩增产物 4℃保存。

3）电泳

（1）制胶：制备 10%聚丙烯酰胺凝胶。

（2）点样：取 PCR 扩增结果 10 μL，用移液器在凝胶上点样。

（3）凝胶成像系统记录检测结果。

4）PCR 产物的变性：凝胶电泳，硝酸银染色，成像仪拍照。

3. 检测结果的判定

（1）豚鼠 SSR 位点等位基因和基因型的判定：对聚丙烯酰胺电泳图，用基因分型软件进行分析，确定特定位点各个体的条带和大小，判定该个体的等位基因数和基因型。

（2）杂合度分析和 Hardy-Weinberg 平衡：根据基因和基因型的结果，用遗传分析软件进行处理，计算各位点的平均杂合度，并进行 Hardy-Weinberg 平衡检验。

第六节 分 析 报 告

1. 近交系与远交系的建立

2002 年从 Zmu-1：DHP 远交系豚鼠种群中随机挑选雌雄各 4 只豚鼠，要求身体健康有活力，全身白色，耳朵及脚爪粉色。按雌：雄=1：1 配对同居，连续同胞兄妹近亲繁殖，当时采取单线平行法传代。第 5~6 代后，2 条支线出现不育、体质差及耳朵和脚爪呈黑色的豚鼠，随即淘汰，剩余豚鼠采取优选法传代，选择繁殖性能高、全身呈纯白色的 2 条支线继续繁殖。突破 10 代繁殖瓶颈效应后，两支豚鼠后代逐渐增多，分离出多个支系。至第 15 代时，改为家族优势法选择，即保持优质支系，淘汰质劣支系。因豚鼠多种优势性状与毛色连锁，所以为了方便，主要选择毛色纯白及生活力强为表型的豚鼠作为种鼠繁殖。一般情况下为了加快繁殖时间，采用第 1 胎作为种鼠，个别采用第 2~3 胎留种。某些情况下，个别豚鼠生产性能较差，为防止断种，只得采取亲子代回交繁殖，但其下一代不能晋级。等下一代繁殖性能回复正常，再继续采取同胞兄妹近亲繁殖晋级。育种过程中记录个体繁殖性能，进行个体编号，严格代数记录，编制家族系谱。

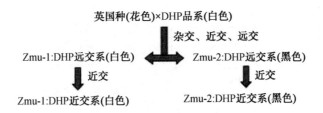

图1 近交系豚鼠品系培育路线

2. 微卫星 SSR 引物的筛选与确定

从加州大学圣克鲁兹学院 Genome Browser Home（http://genome.ucsc.edu/）网站的数据库内随机查找核心为 AC、GT 重复序列的豚鼠微卫星 DNA，用软件设计引物。通过 PCR 对 10 份豚鼠全基因组 DNA 进行初次扩增，用凝胶电泳从 400 个位点中筛选出 110 对具多态性位点的引物。根据引物在不同豚鼠品系种的检测验证，最终筛选了 51 个位点，用于标准（表 1）。

表 1 豚鼠微卫星位点引物序列及扩增条件

序号	引物序列（5′→3′）	退火温度/℃	序号	引物序列（5′→3′）	退火温度/℃
1	aagggatgtgtgctactgtagg	60		acatgtgaggttaggccctgc	
	atctcgaaggatgttggagct		13	ttgccttttgttccagcaa	62
2	gctgaaacttagctctcagactg	58		gctccaggtttgtactgc	
	agagagatgttggtttgcttacc		14	gttagcatggcttcacagag	58
3	tggcaaagttgcttcaatggaa	60		tgtaattccagcagttggca	
	ccttgcatagaatactctgggca		15	tgaaaatgtccaggaagcct	62
4	gtctgtggtaatcaggacacc	59		ttgcaagcacacagtccta	
	gaatgggtcctggagcatgtctc		16	aagccagatcccacactcac	60
5	gcacttttctaacccgaatgagg	59		agatctgctgtccagtgac	
	gctgtcatggagaaaggtcttgg		17	tcatggccaccatagcaggga	60
6	tgtctaaacgtaggaaactgcac	60		cttggtgccccagctaatgcagg	
	gatatggctcactgccaaggtc		18	gatgcaggacattgaacccagg	59
7	tcaaggtcagcctgaaccat	58		gctacagagtgagacccgtc	
	acacagatgttctgagtccga		19	tgggtgcaaattccagcctg	58
8	cagctttgaacaagggaggta	58		actgagccacaaatcctgct	
	gtgtgaagtttcttgcgatgg		20	tctaaccagggggcactgtg	58
9	tctttgcttcagcaggtg	60		ttctgctgagtcagggtgg	
	ccctgatgaagcacttagg		21	tgtgtaaaaccctggccat	59
10	ctagtgccccttgtatctgg	60		aggaggattgcagatcagta	
	gtcaactgaacctcagcac		22	gtcctcgaagacccctgtg	58
11	ctgctcttgcctgaagtgc	62		ttcagcacactccactggga	
	tttgtgaccgtggcacaagg		23	ctgcgtctcctcagcgatcc	61
12	gctgtgaaagcttctggtgg	62		gaagcctccatctcacgct	

续表

序号	引物序列（5′→3′）	退火温度/℃	序号	引物序列（5′→3′）	退火温度/℃
24	aatagccaggcaccgaagac aggggaacactggcctccat	57	38	caagactcatgctcagccca ctagactctggcccttcag	62
25	ttatgaccagcacactgtg tttaagggatggttcacctc	59	39	agttccaaggtgacccagc tctgtgteeeaaetccctc	62
26	ctaaagattcgttccacagcca gcaaccagaggttgcattcc	59	40	tcatctggctgcaaggcag tatgtcaccggtccctaagc	58
27	ttccacttgggaatcaagca tacttgccaagcagactccct	58	41	cagggcatttggtgtggcct actgtgaatctgagggcagc	58
28	agctacgctgagtgatgtt caaccacacaggagcatgg	58	42	agtcatggtctaagcgagaa tttgtgccctctactaggt	58
29	tgagaaggcagctgaactt atccatgctactaccaagagc	57	43	acacattctgagacacccca cactcaaatgggagtcatcat	62
30	ctgccaaggttccacagtg ggtgtctactgcaacggaa	62	44	aagctccctctccctctc tagaggcatgcaccaccata	60
31	tcgggatactgcaaactcat taaaggggcttctcaagtc	62	45	gggttgtaaaaggcatgtggct aagctggcttccctgtgagg	60
32	aaggggagaagcctgagta tggagttcagtgtctccac	58	46	ctcattctggctgacacctc gacacgactgatggaacagagc	60
33	caatgctgcagtttgggtt tgtgtggatcttggccctc	62	47	tggtgtgtacattcttccaggac tagcgtggtacctggcaagg	60
34	atgatggcgcatgcctgta gccattctggaacatggtgc	62	48	gattgtgagttcaatccctggt ctcttgcgttaacattgagggt	60
35	gacagacatgcctagattcag cacctccagtgacttggga	58	49	attggttcttcttacccaagagc ccagtttgaactgcataggga	58
36	tgggcctttgtccttcatcccaaa cagtccccacattgtg	62	50	gctgagctaaatccccagca gccctgactaagcactgtctc	58
37	agctaaccagggcactttgc tgatcagaccctaaggccca	62	51	actggataggaaccaccca tcagcatcctgacctctcc	61

3. 电泳结果判定（图 2、图 3）

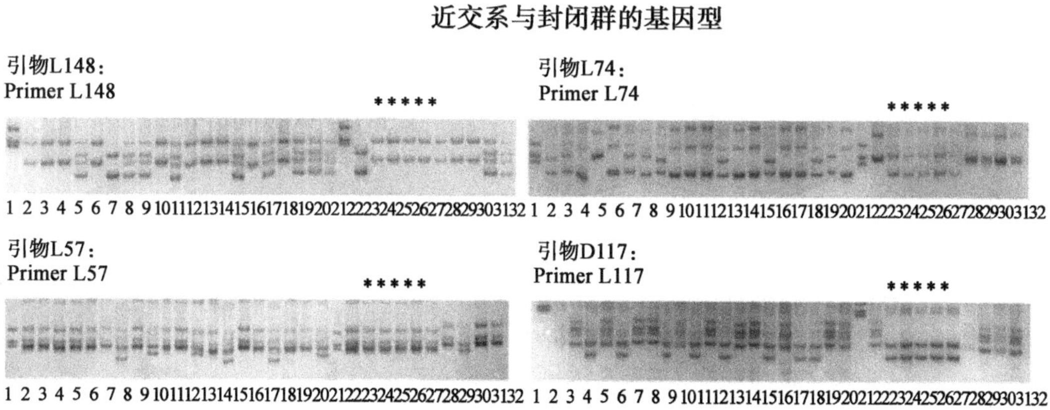

近交系与封闭群的基因型

引物L148：
Primer L148

引物L74：
Primer L74

引物L57：
Primer L57

引物D117：
Primer L117

图 2 三个品系豚鼠微卫星位点扩增产物电泳图

1~22 孔为 M，2-21 孔为 Zmu-1：DHP 远交系，23 孔为 Zmu-1：DHP 近交系 1 系，
24~28 孔为 Zmu-1：DHP 近交系 2 系（标*），29~32 孔为 Zmu-2：DHP 部分近交系

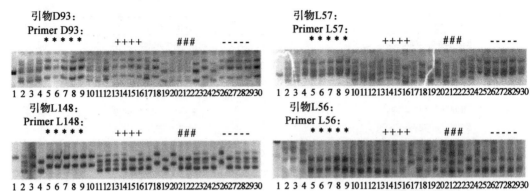

图3 Zmu-1：DHP近交系各支系豚鼠微卫星位点电泳图

1孔为M；2~4孔为第1支系；5~9孔为第2支系；10~12孔为第3支系；13~16孔为第4支系；
17~19孔为第5支系；20~22孔为第6支系；23~25孔为第7支系；26~30孔为第8支系

4. 基因频率和基因型频率的计算

序号	位点	基因型频率			备注
		Zmu-1：DHP	**DHP**	**Zmu-2：DHP**	
1	L70	11/20a，9/20b 4/20a，10/20b，	3/15a，12/15b	15/15b	白与花黑比
2	L53	6/20c 1/20a，9/20ab，	10/15b，5/15c	7/15b，8/15c	
3	L148	10/20b 10/20a，5/20b，	7/15a，3/15ab，5/15b	5/15a，7/15ab，3/15b	
4	L74	4/20c，1/20d 1/20a，3/20ab，	6/15b，9/15d	5/15b，10/15d	白与花黑比
5	L45	16/20b	2/15a，8/15ab，5/15b	2/15ab，13/15b	
6	D77	18/20ab，2/20b 1/20a，3/20ab，	13/15ab，2/15a	11/15ab，4/15a	
7	L56	16/20b 3/20a，3/20b，	3/15a，3/15b，9/15ab	13/15b，2/15ab	
8	L57	14/20c	10/15c，2/15d，3/15cd	1/15a，1/15b，4/15c， 2/15d，7/15cd，	
9	L85	17/20a，3/20b 1/20a，8/20ab，	10/15a，5/15b	5/15a，10/15b	白与花黑比
10	D93	11/20b	9/15b，6/15ab	13/15b，2/15ab	
11	D86	16/20a，4/20b	5/15a，10/15b	8/15a，7/15b	白与花比
12	D117	8/20a，12/20b	5/15a，10/15b	1/15a，14/15b	

5. 平均杂合度的计算和 Hardy-weinberg 平衡检验

Locus	k	N	Hets	Homs	H(O)	H(E)	PIC	Excl(1)	Excl(2)	HW	Null freq
L70	2	20	0	20	0.000	0.508	0.372	0.123	0.186	NA	+0.9995
L53	3	20	0	20	0.000	0.636	0.548	0.192	0.336	**	+1.0000
L148	2	20	9	11	0.450	0.409	0.319	0.080	0.160	NA	−0.0604
L74	4	20	0	20	0.000	0.662	0.587	0.223	0.384	**	+1.0000
L45	2	20	3	17	0.150	0.224	0.195	0.024	0.097	NA	+0.1864
D77	2	20	18	2	0.900	0.508	0.372	0.123	0.186	NA	−0.2902
L56	2	20	3	17	0.150	0.224	0.195	0.024	0.097	NA	+0.1864
L57	3	20	0	20	0.000	0.477	0.420	0.108	0.246	NA	+0.9989
L85	2	20	0	20	0.000	0.262	0.222	0.033	0.111	NA	+0.9662
D93	2	20	8	12	0.400	0.385	0.305	0.070	0.152	NA	−0.0323

第七节　本标准常见知识问答

1. 什么是标记微卫星？

答：微卫星标记（microsatellite）又被称为短串联重复序列（short tandem repeat，STR）或简单重复序列（simple sequence repeat，SSR），是均匀分布于真核生物基因组中的简单重复序列，由 2~6 个核苷酸的串联重复片段构成，重复单位的重复次数在个体间呈高度变异性并且数量丰富。

2. 微卫星位点的选择依据？

答：操作方便，多态性丰富，尽可能多地覆盖染色体组。

3. 什么是等位基因？

答：等位基因（allele）一般是指位于一对同源染色体的相同位置上控制着相对性状的一对基因。

4. 什么是基因频率？

答：基因频率（gene frequency）是指在群体中某一个基因占同一位点全部基因的比率。

基因频率=某基因个数/群体中同一位点基因总数

5. 什么是基因型频率？

答：基因型频率（genotype frequency）是指在二倍体生物群体中，某一基因型个体占群体总数的比率。

基因型频率=某一基因型个体数/群体总数

6. 什么是杂合度？

答：基因座位所有杂合子所占的群体频率，是衡量群体在某一作为遗传变异的指标。

杂合度=群体中杂合数/群体总数

7. 什么是哈代-温伯格定律（Hardy-Weinberg law）？

答：如果一个群体符合哈代-温伯格定律，那么这个群体各代之间的等位基因频率应该没有变化；如果一个群体一开始处在不平衡状态，那么经过一代的随机交配就足以使其达到遗传平衡（等位基因的频率不变），而且只要符合这个规则依据的条件，该群体就会保持遗传平衡状态。

第八节　其他说明

一、国内外同类标准分析

本标准在制定时，充分借鉴了《国家自然科技资源共性描述规范》和《实验动物共性描述规范》的基本内容与总体要求，在此基础上，结合近交系 Zmu-1：DHP 与封闭群 DHP 这两个大的生产群目前的遗传状况，同时还考虑到国内外目前关于各类豚鼠遗传质量控制的现有水平和发展趋势，基本上代表了我国自行培育的豚鼠近交系与封闭群质量控制、保种繁育的要求和水平。

二、与法律法规、标准关系

《实验动物管理条例》《实验动物质量管理办法》《关于善待实验动物的指导性意见》中的有关条款与本标准内容无冲突。

三、重大分歧的处理和依据

无。

四、标准实施要求和措施

由于本标准是首次制定，因此还需要经过实践的检验逐步完善，建议中国实验动物学会组织宣传贯彻和培训。

实验动物科学丛书